"十三五"国家重点研发计划项目

畜禽环境生物学

张宏福 等 著

科学出版社
北京

内 容 简 介

本书重点阐述温热、有害气体、光照、饲养密度、环境颗粒物及微生物气溶胶等主要环境因子影响畜禽生长、免疫、繁殖、泌乳健康的生理机制，并对环境生物学的新技术、新方法做了较详细的介绍。全书共十章，第一、二章介绍畜禽环境生物学概论和畜禽环境应激的生理响应机制；第三至五章讨论温热环境对畜禽健康的影响机制，包括温热环境对畜禽生长健康、繁殖健康和泌乳健康的影响机制；第六、七章讨论有害气体对畜禽生产健康的影响机制、光照对畜禽繁殖健康的影响机制；第八、九章讨论畜禽群体与环境互作机制、畜禽舍环境颗粒物和微生物气溶胶形成与危害健康机制；第十章重点论述畜禽环境生物学研究的新技术和新方法。

本书可作为畜牧、兽医、养殖、生物学、动物营养、环境工程等专业教师、研究生和科研人员的教材和参考书，对其他从事生物科学技术工作的教学和科研人员也有重要的参考价值。

图书在版编目（CIP）数据

畜禽环境生物学/张宏福等著. —北京：科学出版社，2021.8
ISBN 978-7-03-069585-7

Ⅰ. ①畜… Ⅱ. ①张… Ⅲ. ①畜禽-环境生物学 Ⅳ. ①S81

中国版本图书馆 CIP 数据核字（2021）第 162982 号

责任编辑：武仙山 / 责任校对：王万红
责任印制：吕春珉 / 封面设计：金舵手世纪

科学出版社 出版
北京东黄城根北街 16 号
邮政编码：100717
http://www.sciencep.com

北京中科印刷有限公司 印刷

科学出版社发行 各地新华书店经销

*

2021 年 8 月第 一 版 开本：787×1092 1/16
2021 年 8 月第一次印刷 印张：25 插页：1
字数：596 000

定价：288.00 元

（如有印装质量问题，我社负责调换〈中科〉）
销售部电话 010-62136230 编辑部电话 010-62135235

《畜禽环境生物学》著者名单

主　　著：张宏福

副 主 著：赵茹茜　张永亮　吴　信　伊　宝　陈　亮　解竞静

其他著者（按姓氏笔画排序）：

王　丽　王　敏　王月影　王军军　王松波　王修启
毛晨羽　方　微　方正锋　石志芳　龙定彪　史彬林
白世平　冯　丹　冯京海　伊　宝　刘　杰　刘　真
刘红云　刘作华　刘建新　刘静波　齐智利　汤善龙
孙　鹏　孙加节　孙研研　李延森　李春梅　杨晓静
吴　芬　吴　信　吴中红　吴维达　张永亮　张宏福
张金枝　张恩平　张敏红　张腾飞　陈　亮　陈昭辉
陈继兰　林　海　赵　辛　赵占中　赵茹茜　郝　月
南雪梅　施振旦　姚　文　贺　斌　袁建敏　夏　东
夏　冰　高　峰　郭振东　黄飞若　崔茂盛　程建波
解竞静　臧建军　魏凤仙

序

《畜禽环境生物学》是“十三五”国家重点研发计划项目“畜禽重大疫病防控与高效安全养殖综合技术研发”重点专项“养殖环境对畜禽健康的影响机制研究”（基础前沿）项目组历时5年，梳理国内外已有基础及面向“高密度、数智化”产业发展重大理论需求最新研究总结凝练的成果，旨在系统揭示养殖舍环境中温热、有害气体、光照、饲养密度和群体规模、空气颗粒物及微生物气溶胶对畜禽健康生产影响的规律，并运用生物学前沿技术与方法阐明其机制，并与项目组10个畜种的“畜禽健康高效养殖环境手册”丛书相呼应，最终为“全封闭、智能化、自动化、信息化”养殖工艺提供环境参数与控制标准。

畜禽舍环境是影响动物健康、高效生产、产品质量安全的直接要素，却是长期以来我国养殖业生产中未予重视的短板，学术界科研条件和研究基础非常薄弱。《畜禽环境生物学》专著的撰写与出版，不仅是弥补国内外研究及应用短板的重要实践，填补了该领域理论专著的空白，还带动了我国环境卫生学及其交叉学科一批青年学者攻坚。同时，该项目组提出“遗传 + 环境塑造动物健康高效生产综合表型”的系统生物学思路，采用的多组学、单细胞测序技术、荟萃分析等生命科学前沿技术、方法，凝练的“精准营养的环境机制/模型研究”及“畜禽健康与重大疫病防控的环境基础”研究方向，对“十四五”及今后畜禽健康高效养殖科技创新具有重要引领作用。

畜牧业产值的比重是一个国家农业现代化的重要标志，畜牧业高质量发展不仅是缓解人畜争粮矛盾、服务我国粮食安全的重大战略，也是保障人们美好生活对高质量动物食品需求的重大命题。畜牧业科技创新迫切需要以“四个面向”引领、多学科融合，“产学研用”协同攻坚克难，需要政府、企业多渠道加强资金投入，更需要广大科技同仁不辞辛劳、不畏艰难、不辱使命做出更大成绩，为乡村振兴、第二个百年做出更大贡献。

是为序。

李德发

2021年8月

前　言

畜牧业为人们提供肉蛋奶等动物性食品，畜产品的人均消费量反映了居民膳食水平。改革开放以来，我国肉蛋奶的产量快速增长。我国是畜牧业大国，2020 年我国肉类总产量 7639 万 t，居世界第一；牛奶总产量 3440 万 t，居世界第三；禽蛋产量 3468 万 t，是居世界第二的美国的 5 倍多。但我国畜牧业生产仍然存在生产效率低、畜禽发病率高、设施工艺水平差、兽药疫苗用量过滥过多、畜产品质量安全隐患严重的重大问题。同时，蛋白质不足、优质牧草饲料资源短缺成为制约我国未来粮食安全的重要因素；畜牧业生产的时空错位还造成农业面源污染等问题。我国畜牧生产迫切需要完成从追求数量增长向追求高质量发展的转型升级，满足中国特色社会主义进入新时代的发展需求。

生命有机体的生存、生长、发育、生产等一切生命过程都依赖于一定的生活环境；反之，生命有机体的一切生命活动也对环境产生影响。畜禽环境是指存在于畜禽周围的可以直接或间接影响畜禽动物的自然与社会因素的总体，包括温热、有害气体、饲养密度、空气颗粒物、光、噪声、电磁波、微生物等物理、化学、生物因子及群体规模等，各因子间还存在复杂的互作关系。例如，动物的实感温度即是环境温度、湿度、风速及辐射等因子的组合效果；微生物对环境具有感知能力，能够根据环境温度改变自身的致病力。同样的，环境因子对不同生理阶段的动物及不同生理活动周期动物的影响也有很大不同。

养殖环境是畜禽生存、生长、发育、生产的最直接的要素；也是畜禽精准饲养乃至畜禽健康、畜禽场生物安全、畜禽产品优质安全的重要命题。畜禽环境生物学是研究畜禽动物的生命、生理活动与环境关系的科学。欧美发达国家非常重视畜禽环境生理、优化控制研究及应用，关注饲养环境对畜禽精准饲养和动物情感与健康的影响，不断改进生产工艺、养殖设施，以保障畜牧业的健康可持续发展；20 世纪 60 年代，开始研究了温度、热辐射、湿度、风速等对畜禽采食、产热和性能的影响，建立了畜禽环境生理参数体系，提出了蛋鸡有效温度、奶牛温湿指数、猪风冷指数和等效标准环境温度等养殖环境评价体系，并在生产中推广应用。美国国家研究委员会（National Research Council，NRC）（2012）《猪的营养需要量》提出以环境温度和饲养密度为变量的代谢能摄入量动态模型，实现营养供给的动态预测。欧盟以动物福利理念为指导，在畜禽行为与认知、生理与代谢、环境参数与装备设施等领域开展大量研究，提出了饲养密度、空间与群体需求参数与阈值，建立了基于良好饲养条件与设施、良好健康状态和恰当行为模式等为内容的畜禽福利养殖评价指标与参数体系，并应用于装备研发、畜禽福利养殖生产。欧盟农场动物福利法规定畜禽饲养的环境参数限值，建立了满足动物福利需求的新型畜牧生产体系。

我国幅员辽阔、气候生态区复杂，生产的畜禽数量大、品种多，现代化养殖起步晚、发展迅猛。但过去养殖条件差、工艺设施水平低带来的畜禽生产水平低、健康水平差、病死率高及畜禽产品质量安全隐患多的问题也更为突出。同时，现代科学技术特别是环境科学、生命科学及其交叉学科的发展，为畜禽环境生物学的研究发展提供了新的手段、方法和视野。因此，在系统总结国内外已有成果的基础上，针对我国畜牧业生产特点和发展需要，响应产业发展重大需求，深入研究畜禽环境生物科学，引领产业和学科发展是时代赋予我们的重要使命。

“十三五”国家重点研发计划“畜禽重大疫病防控与高效安全养殖综合技术研发”专项将“养殖环境对畜禽健康的影响机制研究”列入基础前沿类项目（项目编号：2016YFD0500500），并于2016年首批启动，旨在揭示环境因子对畜禽生长、发育、繁殖、泌乳健康影响的整合生物学机制，为“全封闭、智能化、自动化、信息化”养殖工艺提供精准环境参数。《畜禽环境生物学》专著是项目的既定目标，是项目基础前沿研究的重要理论创新成果。它与10个畜种的“畜禽健康高效养殖环境手册”丛书相呼应，体现了重点研发专项一体化设计和实施的总体思路，也反映了基础前沿研究聚焦解决产业重大问题、支撑产业技术创新的宗旨。

全书共分十章，第一章介绍畜禽环境生物学概论，第二章介绍畜禽环境应激的生理响应机制，第三章～第九章系统总结温热环境、有害气体、光照、饲养密度和群体规模、空气颗粒物及微生物气溶胶共五大类主要环境因子影响畜禽生长、免疫、繁殖、泌乳健康的生理机制，第十章介绍畜禽环境生物学研究的新技术和新方法。

目前，我国还没有畜禽环境生物学的专著。我们撰写本书的目的在于构建畜禽环境生物学的理论框架，为同行专家、学者、研究生及畜牧行业从业者提供一本参考书。

参与本书撰写的有100余位项目研究专家及其团队，本书成稿过程中项目的许多研究成果还在陆续产出中，未及详尽反映，书中不足之处敬请读者指正。

2020年5月

目　录

第一章　畜禽环境生物学概论

1.1　畜禽（健康）养殖与环境

农业是国民经济的基础，畜牧业作为农业的基础产业之一，是农业经济发展的支柱，也是衡量一个国家农业发展水平的重要标志（张存根，2009）。在全球畜牧业快速发展的形势下，养殖过程中疫苗和抗生素的过度使用带来动物疫病防控风险和环境污染等诸多问题，因此提高畜禽自身免疫力、建立“养重于防、防重于治”的健康养殖体系迫在眉睫。动物品种、营养和环境是畜禽健康养殖的 3 个基本要素。畜禽养殖环境是制约畜禽生产效率的重要因素。欧盟已全面禁止抗生素作为促生长添加剂在动物生产中的使用，美国成立了国家抗生素抗药性监控体系，中国也制订并发布了抗生素的使用规则。因此，限抗及无抗饲养，关注养殖环境，维护畜禽自身健康和免疫力，保证人类食品安全是未来畜牧业的重大技术需求和发展方向。动物自身健康是畜禽健康养殖的第一要求，也是实现人类健康和环境安全的根本途径。

1.1.1　养殖环境与畜禽健康

畜禽养殖是个系统工程，是遗传、环境、饲养管理、饲料营养、生物安全的高度统一体，其中，环境因素是畜禽养殖业目前较为薄弱的环节（张宏福，2015）。在集约化养殖中，影响畜禽生理的应激原包括温度、湿度、有害气体、粉尘、光照、噪声、栏舍、活动空间和舍内微生物等。在畜禽生长发育和生产的过程中，必然会受到外界各种应激原的刺激，机体内平衡被打破，从而引起应激反应。影响畜禽的环境因素复杂多变，且以各种不同的方式，经由不同的途径，单独或综合地对畜禽机体产生作用和影响，进而影响畜禽的健康和生产力。同时，环境因素对畜禽不同生理阶段及生理活动的影响程度也有很大不同。因此，研究环境因素对畜禽生理的影响及其机制，并根据这些机制制订利用、控制、保护和改造环境的技术措施，最大限度地发挥畜禽的生产性能，提高经济效益，一直是畜牧业发展的重大技术需求和方向。

1.1.2　国外畜禽养殖环境研究进展

欧美国家规模化养殖早于我国，并且非常重视畜禽环境生理，关注养殖环境对畜禽营养、福利和健康的影响，不断改进生产工艺、养殖设施以保障畜牧业的健康可持续发展。早在 20 世纪 60～80 年代，国外开展了养殖环境对畜禽生产性能、呼吸道结构、养分消化率、免疫功能及行为学等的研究（Donham et al.，1977），建立了适合本国的畜禽品种的环境生理参数体系，提出了蛋鸡有效温度、奶牛温湿指数、猪风冷指数和等效标准环境温度等，并在生产中推广应用。20 世纪 90 年代后，研究主要集中在环境控制、有害气体等环境污染物释放及控制，环境因素以温度为主，对有害气体、粉尘等其他因素的研究较少。近十几年，畜禽环境生理开始集中于舍内空气质量的研究，涉及畜禽舍内空气成分分析、污染物去除方法研究、实时监测与控制研究、扩散方式与模型研究、舍内空气对畜禽健康影响等领域，畜禽舍内空气质量对畜禽健康的危害已成为科学研究的热点（Thorne，2007）。

1.1.3 我国畜禽养殖环境研究进展

随着全球经济一体化和集约化养殖业的迅速发展，我国畜牧品种和饲养管理水平与国外并无很大区别。在相同的遗传背景和营养条件下，生产环境成为制约我国畜禽生产效率的重要因素。养殖环境的恶化、疫苗的超剂量重复使用、免疫抑制病使畜禽的发病率呈上升趋势，严重制约畜牧养殖业的健康可持续发展，给畜牧业生产造成严重的经济损失。近几年来，畜禽饲养对舍外环境的影响日益引起人们的重视，但舍内环境对动物健康与动物福利的影响一直没有引起足够的重视，研究还很不深入，控制也很不得力。尤其在我国农村，多数畜禽舍环境条件比较恶劣，空气污染比较严重，成为畜禽健康水平低下、动物疫病频发、动物福利受损等一系列问题的重要原因。维护畜禽健康需从创造舒适的养殖环境入手。我国畜禽环境生物学科长期处于边缘化的窘境，其研究应用严重滞后于产业发展的需要。在这种背景下，我国自“十一五”开始倡导健康养殖的理念，以“畜禽健康、生产高效、产品优质安全、环境友好、养殖过程的标准化”为核心要素，并呼吁“畜禽健康是养出来的”（张宏福，2015）。“十三五”国家重点研发计划“畜禽重大疫病防控与高效安全养殖综合技术研发”专项将“养殖环境对畜禽健康的影响机制研究”列入基础前沿类项目，并于 2016 年首批批准立项（项目编号：2016YFD0500500）。项目研究目标聚焦于为“全封闭、智能化、自动化、信息化”养殖工艺提供精准环境参数，更重要的是建立“少用药、慎用苗”的健康养殖技术体系，从养殖源头保障动物食品优质安全。项目按照研究基础、平台条件、创新人才 3 个方面的研究条件组建了由 4 个中央级研究所、9 所大学等 36 个单位的 94 名骨干专家组成的研究团队，集合了具备开展精密的、安全的环境生理、呼吸代谢、生物气溶胶研究条件的优势单位协同攻关。项目围绕畜禽“全封闭”养殖环境控制技术发展的理论需求，解决畜禽对环境需求的“人—畜对话”重大难题，揭示温热、有害气体、光照、饲养密度和群体规模、空气颗粒物及微生物气溶胶共 5 类主要环境因子影响畜禽生长、免疫、繁殖、泌乳健康的机制及评价指标；提出 10 种主要畜禽高密度舍饲舒适环境参数、限值及多元化控制技术模型，为我国不同气候生态区安全、高效养殖畜禽舍设计，环境的精准控制提供支撑。

1.1.4 畜禽环境生物学研究

畜禽环境生物学是研究动物（畜禽）的生命现象和生理活动与畜禽舍环境关系的科学，重点关注畜禽舍环境对畜禽机体的生长、经济性状（包括肉、蛋、奶等）和繁殖器官的影响机制。畜禽环境生物学是在现代畜禽健康养殖需求的大背景下应运而生的一门学科，是解决当前畜禽养殖中畜禽健康水平低下、动物疫病频发、动物福利受损等一系列问题的理论前提，是发挥畜禽生产性能、提高畜禽生产效率、保证畜禽产品质量安全、减少畜禽养殖对环境污染的理论基础。但畜禽环境生物学的基础理论研究进展缓慢，我国目前尚无可参考的理论专著。畜禽环境生物学的研究在一定程度上可填补我国畜禽环境研究的空白，对我国畜禽环境生物学的发展具有重要的理论价值。本专著先对国内外畜禽舍养殖环境因子的研究现状做简要概述，为后续畜禽环境生物学研究的介绍奠定基础。从第二章开始，系统介绍畜禽舍环境因子（温度、湿度、有害气体、光照、饲养密度、环境颗粒物和微生物气溶胶等）和畜禽生理机制的关系。

1.2 畜禽舍内环境因子概述

1.2.1 畜禽舍内主要环境因子

畜禽舍环境因子分为物理因子、化学因子、生物因子和社会因子。物理因子主要有温热、湿度、光照、气流、气压等；化学因子主要有氧、CO_2、有害气体、水等；生物因子主要包括微生物、寄生虫、昆虫等；社会因子指畜群群体、人为管理措施及畜禽舍设备等（李如治，2003；蒋林树等，2018）。

环境因子在畜禽生产中发挥至关重要的作用，贯穿于畜禽生长的每个生理阶段和生理过程。在畜禽生产中，环境、品种、饲料及防疫等因素共同决定畜禽生产水平，其中30%～40%取决于环境，40%～50%取决于饲料，10%～20%取决于品种。当环境发生变化时，一定范围内，畜禽可以通过自身调节逐渐适应，保持正常的生理机能；当环境变化超出畜禽的承受能力时，环境变化会引起畜禽生理机能紊乱，抑制生长发育，降低生产性能，严重时会影响畜禽健康。因此，适宜的环境是提高畜禽生产力的先决要素，饲料优质、品种优良、防疫有效，只有在良好的环境中才能更好地发挥作用（席磊等，2016）。

在现代畜禽舍中，影响畜禽健康、生长发育和生产性能、产品品质的环境因子，主要包括温度、湿度、有害气体、光照、饲养密度和群体规模、空气颗粒物及微生物气溶胶等。

1.2.2 温湿度

1. 温度

温热环境指畜禽周围空气中的温暖、炎热与寒冷，由空气的温度、湿度、气流速度和太阳热辐射等因素综合而成，主要与畜禽自身产热、散热以及人为温度控制有关。外界环境发生变化时，恒温动物体表温度感受器接受体内外环境温度的刺激，引起体温调节中枢活动，相应地引起内分泌腺、骨骼肌、皮肤血管和汗腺等组织器官活动的改变，从而调整机体的产热和散热，使体温保持在相对恒定水平。畜禽产热过程主要包括维持代谢产热、体增热、肌肉活动产热和生产过程产热4个方面；畜禽散热主要有辐射、传导、对流和蒸发4种方式。畜禽体温的稳定，取决于产热和散热过程的平衡。外界环境温度较高时，畜禽通过物理性调节和化学性调节来减少产热量、增加散热量；温度较低时，则相反。

当舍内环境温度出现冷热极端温度时，高于或低于畜禽的上下限临界温度，会发生温度应激，即热应激（heat stress，HS）和冷应激。温度应激对畜禽生产具有极大的危害。热应激导致畜禽生产性能、繁殖性能、免疫力下降及行为紊乱，冷应激导致畜禽抗病力下降、生产性能和繁殖性能下降等。

1）热应激对畜禽的影响

高温环境导致肉鸡采食量下降，生长速度、体增重和饲料转化率降低。舍内环境温度较高时，猪通过减少自身采食量来减少产热，进而维持正常体温；研究发现，热应激状态下，猪采食量减少一半左右；随着应激程度的加重，采食量下降，体增重明显降低（杨培歌，2014）。热应激导致肉鸡胸肉产量和品质降低，胸肌pH、肌浆蛋白浸提率显著下降，滴水损失、剪切力显著升高，肌苷酸含量降低，肉色苍白，肉品质下降（冯京海，2006）。热应激导致宰后猪肉pH降低，系水力和嫩度减小，背最长肌粗蛋白含量增加、肌内脂肪含量减少（杨培歌，2014）。热应激影响肉鸡淋巴器官的发育，导致淋巴器官重量减轻（Niu et al.，2009；Quinteiro-Filho et al.，2010），体内抗体水平下降，免疫球蛋白IgM和IgG水平降低（Bartlett et al.，2003）。热应激通过降低体内循环中淋巴细胞数量，提升异嗜性细胞的数量，使肉鸡免疫机能下降（Al-Aqil et al.，2013；Prieto et al.，2010）。热应激导致畜禽胃肠道消化吸收功能降低，黏膜通透性增加，屏障功能受损，进而诱发机体免疫反应（Lambert，2009）。

热应激影响家畜的繁殖性能。热应激破坏公猪的精子发育和成熟（Hansen，2009），使精子畸形率升高、活性降低、数量减少，精液品质下降（Suriyasomboon et al.，2004）。高温抑制蛋鸡下丘脑分泌促性腺激素释放激素（gonadotropin-releasing hormone，GnRH）以及垂体前叶促性腺激素（gonadotropins，Gn）的分泌，降低繁殖性能（唐丽，2013）。

热应激是导致夏季奶牛产奶性能、繁殖性能和免疫力下降的主要因素，还可以降低牛奶的品质、奶牛的饲料转化效率和营养成分利用率（Bernabucci et al.，2014；Rhoads et al.，2009），损害奶牛的免疫系统，导致奶牛易于感染疾病并出现代谢紊乱、酮症、乳腺炎和脂肪肝（Knegsel et al.，2012）。

2）冷应激对畜禽的影响

慢性冷应激期，奶牛行为、生理方面表现为站立或游走时间缩短，卧息时间延长，饮水次数减少，排粪、排尿次数增加，反刍时间增加，呼吸频率下降（井霞，2006），维持体能需要的能量增加，采食量增加。低温降低奶牛产奶量，当温度低于4℃时，奶牛产奶量开始下降，当温度降到−23℃时，产奶量显著降低（刘光磊等，2009）。

冷应激对生理机能有显著影响。当奶牛处于慢性冷应激状态时，奶牛的血流速度和新陈代谢加快，排尿、排便次数明显增多（Faure et al.，2013）。冷应激可引起奶牛血清中肾上腺素（epinephrine，E）、胰高血糖素和醛固酮含量的显著升高，可降低血清中生长激素和催乳素含量，抑制奶牛的反刍行为（吕晓伟，2006）。

冷应激可使促卵泡激素、促黄体素、催乳素等分泌减少，导致幼年畜禽性腺发育不全，成年畜禽性腺萎缩，性欲减退，精子和卵子发育不良，并影响受精卵着床及胚胎发育，造成早期流产和胚胎畸形或死胎，降低畜禽繁殖性能（申凤华等，2008）。

2. 湿度

湿度指畜禽舍内空气中的水分含量（常明雪，2003）。一般用相对湿度（relative humidity，RH）来表示，即畜禽舍内空气中实际含水量与相同温度下饱和含水量的比值（魏凤仙，2012a）。通常认为禽舍内相对湿度超过 75%时为高湿，低于 40%时为低湿。影响舍内湿度的因素主要包括：外界空气湿度、舍内温度、通风、饲养密度以及饮水系统等（Manning et al.，2007）。

湿度影响畜禽体热调节。研究发现，舍内温度保持在 26℃时，85%高湿显著升高肉鸡耳垂、眼睑、鸡冠、小腿和脚蹼部位皮肤温度（周莹等，2015）。低温高湿能够提高鸡的可感散热，加剧冷应激，容易引起鸡感冒（魏凤仙，2012b）。

湿度影响畜禽健康。育雏初期，室温较高，雏鸡呼出的水汽较少，湿度过低使鼻、气管和肺等呼吸道黏膜水分大量流失，导致纤毛运动能力下降。另外，湿度过低导致畜禽舍内粉尘颗粒物增多，颗粒物与细菌、病毒等微生物形成气溶胶，经鼻腔、气管进入肺泡，使畜禽免疫功能降低，容易引发支气管炎、肺炎等呼吸道疾病及大肠杆菌病（高玉臣，2007；魏凤仙，2012b）。暴露于低相对湿度的新生羔羊表现出气管、支气管损伤，相对湿度越低，损伤越严重（Todd et al.，1991）。

湿度影响畜禽生产性能。与 30% RH 相比，90% RH 条件下，23～37 日龄肉鸡采食量显著降低，干物质采食量和能量采食量均有所降低（杜荣等，2000）。与 60% RH 相比，85% RH 处理能够降低肉鸡体重、日均采食量和日增重（魏凤仙等，2013）。炎热高湿环境下，猪也表现出采食量减少（Zhao et al.，2015）。

湿度影响畜禽产品品质。与 60% RH 相比，85% RH 能显著提高肉鸡宰后 45min 亮度（L*值），显著降低肉鸡胸肌率和宰后 45min 黄度（b*值）；35%和 85% RH 均显著提高胸肌存放 5d、7d 时的硫代巴比妥酸含量，显著降低胸肌谷胱甘肽过氧化物酶活性（Wei et al.，2014）。35%低湿度显著增加胸肌剪切力，降低 24h 胸肌 pH 和增加滴水损失的趋势（魏凤仙，2012a）。在炎热高湿环境下，奶牛牛奶脂肪和乳蛋白百分比降低。

湿度影响畜禽繁殖性能。畜禽繁殖性能与相对湿度呈明显负相关（常明雪，2003）。随着湿度的上升，蛋鸡的上限温度逐渐下降，当温度超过上限温度时，便会抑制蛋鸡卵巢中卵子的形成，导致蛋鸡产蛋量下降。研究表明，在 43%、53%和 63% RH 条件下，随着湿度的增加鸡胚重显著增加，53% RH 下胚胎孵化率最高，63% RH 下胚胎病死率最高（Bruzual et al.，2000）。炎热潮湿环境下，母猪淘汰率升高（Zhao et al.，2015）。

1.2.3 有害气体

1. 氨气（NH_3）

畜禽舍中的 NH_3 主要由含氮有机物（如粪、尿、饲料、垫草等）分解产生。一方面，肠道内未被消化的蛋白质和未被吸收的氨基酸，经肠道细菌作用产生 NH_3，排出体外。另一方面，NH_3 主要来自排泄物中尿素的分解。排泄物中很多微生物具有脲酶活性，在脲酶的作用下，尿素被分解为 NH_3。

肉鸡呼吸系统对 NH_3 的刺激较为敏感。NH_3 浓度过高会影响肉鸡福利，降低肉鸡生产性能（Beker et al.，2004），导致肉鸡呼吸道损伤，肉鸡气囊炎、角膜结膜炎等疾病发病率升高。研究表明，当舍内 NH_3 浓度由 13.3mg · kg^{-1} 增加至 45.6mg · kg^{-1} 时，猪的料肉比由 2.28 上升至 2.58，日增重由 186.7g 下降至 169.1g（曹进等，2003）。NH_3 显著影响肉鸡的脚垫评分、跗关节评分和步态评分，加重肉鸡羽毛污损、脚垫感染以及跛行等状况的发生率及严重程度（孟丽辉等，2016）。NH_3 暴露能够破坏肉鸡气管组织的黏膜屏障，诱导肉鸡气管组织细胞凋亡（李聪，2014）。长时间处于 NH_3 刺激下，畜禽气管和肺部组织会发生病变甚至坏死，严重时造成细支气管上皮层堵塞、水肿、出血和肺泡气肿，导致呼吸机能紊乱（Boyd et al.，1944）。舍内 NH_3 浓度达 38mg · kg^{-1}，导致猪呼吸道黏膜受损、中枢神经麻痹，诱发流行性疾病（张静等，2014）。

2. 硫化氢（H_2S）

畜禽舍中 H_2S 主要是由含硫有机物分解而来。当畜禽采食富含蛋白质的饲料而消化不良时，肠道排出大量 H_2S。另外，畜舍中含硫有机物（粪尿、垫草、饲料等）在厌氧微生物作用下分解产生 H_2S。

H_2S 能够强烈刺激动物黏膜，引起眼结膜炎、鼻炎、气管炎等炎症，甚至肺水肿等（Guarrasi et al.，2015）。H_2S 与黏液中的钠离子结合生成硫化钠，刺激动物黏膜；H_2S 进入呼吸道，刺激鼻腔，引起鼻炎，导致气管损伤；H_2S 进入肺部造成气管炎，肺部水肿；经常吸入低浓度的 H_2S，会导致植物性神经紊乱；H_2S 进入血液，会阻碍机体对氧气运输，使动物机体缺氧，家畜体质变弱，免疫力下降（孙建忠，2015）。研究表明，H_2S 降低肉鸡采食量和日增重，导致肉鸡气管黏膜黏液分泌增加，纤毛受损率及肺泡的破裂增加，肉鸡免疫力和肉品质降低（孟庆平，2009）。近期研究表明，H_2S 暴露能够引起肉鸡氧化应激和炎症反应，对气管、法氏囊、空肠等器官造成病理损伤（Chen et al.，2019；Shufang et al.，2018；Xueyuan et al.，2018）。

3. 二氧化碳（CO_2）

畜禽舍中 CO_2 主要来源于畜禽呼吸。CO_2 本身并没有毒性，但是 CO_2 浓度过高会导致舍内氧气浓度过低，引起慢性中毒，影响畜禽健康和生产性能。

鸡群长期氧气不足时，会降低采食量和免疫机能（魏凤仙等，2011）。降低舍内 CO_2 浓度，可提高猪的日增重，降低猪群病死率、呼吸道等疾病的发病率（李永明等，2013）。1～14 日龄肉鸡舍内 CO_2 浓度达 3000～9000mg · kg^{-1} 时，后期病死率升高（Olanrewaju et al.，2008）。舍内 CO_2 浓度过高时，肉鸡发生慢性呼吸性酸中毒，肺泡内充满大量蛋白浆液，炎性细胞和脱落的上皮细胞增加，静脉血管严重瘀血（戴荣国等，2009）。研究发现，当 CO_2 浓度达到 12 000mg · kg^{-1} 时，肉鸡血液中红细胞数量显著下降，血红蛋白及白细胞数量显著上升，说明机体处于应激状态，不利于肉鸡健康（陈春林等，2009）。

CO_2 浓度较高也会降低畜禽繁殖性能和产品品质。浓度为 5%的 CO_2 能够显著降低蛋鸡血液 pH 和蛋壳厚度（Helbacka et al.，1963）。CO_2 浓度增高时蛋鸡产蛋率和蛋重均会下降（卢元鹏，2015）。高浓度 CO_2 致死的猪出现瘀斑，影响猪肉 pH、导电性和含水损失，降低猪肉品质（Monin et al.，1988）。

1.2.4 光照

光照对于畜禽的生理机能和生产性能具有重要的调节作用，除了满足畜禽生产需要外，还为人类工作和畜禽活动（采食、起卧、走动等）提供方便。光源、光照颜色、光照强度和光照周期对畜禽生理机能及生产性能均有直接或间接影响。

1. 光源

光源分为自然光源和人工光源。常见的人工光源包括白炽灯、荧光灯和 LED 灯。LED 光源对肉鸡的行为、生长性能和动物福利均无不良影响，在生产实践中可代替荧光灯和白炽灯，能够节省能源，降低饲养成本，提高经济效益（Tracy et al.，2012）。

2. 光照颜色

光照颜色由光的波长决定。国际照明委员会（Commission Internationale de l′Eclairage，CIE）按波长将光波分为紫光（380～435nm）、蓝光（435～500nm）、绿光（500～565nm）、黄光（565～600nm）、橘黄光（600～630nm）和红光（630～780nm）（武玉珺等，2018）。不同光色对家禽的精神、食欲、消化功能、生长发育、性成熟等均有一定程度的影响。研究表明，绿光能显著促进胚胎后期及出壳后雏鸡骨骼肌的生长发育，显著提高肉仔鸡生长期胰岛素样生长因子和生长激素水平，进而促进肉鸡生长发育（武书庚，2014）。蓝光对禽类有镇定作用，减少活动量，促进禽类的生长。另外，蓝光还能提高下丘脑 GnRH 的分泌，刺激肉鸡分泌睾酮，促进性腺和生殖器官的发育（Cao et al.，2008）。红光则会导致鸡啄羽和互相打斗，增加运动量；黄光能刺激禽类的运动，降低饲料转化率，提高啄癖发生率（Senaratna et al.，2015）。

3. 光照强度

光照强度是物体表面所得到的光通量与被照面积之比，反映物体被照明的程度。不同光照强度对畜禽的生物学效应不同，而不同用途、不同种类、不同生理阶段的畜禽所要求的光照强度也不同。

近年来，光照强度对禽类（尤其是蛋鸡）的影响研究较多。一般认为，雏禽光照强度偏弱，易引起生长不良，病死率增高；生长阶段光照强度较弱，可使禽类保持安静，能防止或减少啄羽、啄肛等恶癖，还可以推迟性成熟时间；肉用畜禽育肥阶段光照强度弱，可使其活动减少，有利于提高畜禽增重和饲料转化率（席磊等，2016）。与高光照强度相比，低光照强度（1 lx）不仅不影响肉鸡的生长代谢，还能提高肉鸡免疫力，同时节约成本，提高经济效益（马淑梅，2016）。40～50 lx 光照强度，利于育肥猪的生长代谢，能够增强机体抗应激能力和提高日增重。但过强的光照强度（120 lx 以上），会引起猪神经兴奋，休息时间减少，甲状腺激素的分泌增加，代谢率提高，从而影响增重和饲料转化率。光照强度对猪繁殖性能也有影响，繁殖母猪舍光照强度从 10 lx 提高到 60～100 lx 能提升母猪繁殖力和仔猪成活率，种公猪在光照强度不超过 8 lx 的猪栏里饲养，会降低其繁殖性能（席磊等，2016）。因此，选择合适的光照强度对畜禽生产和经济效益有重要作用。

4. 光照周期

在生产中，以自然界一昼夜为一个光照周期。有光照的时间为光期（light，L），无光照的时间为暗期（dark，D）。根据光照持续时间可分为持续性光照和间歇性光照。在 24h 之内只出现 1 个光期和暗期称为持续性光照；在 24h 之内出现 2 个或者 2 个以上的光期和暗期称为间歇性光照。

光照时间及其变化对畜禽健康状况、生产性能和繁殖性能均有一定程度的影响。光照周期的变化影响视网膜和褪黑激素的合成，影响肉鸡眼睛发育；持续性光照、光照时间过长或过短对肉鸡的眼睛有损伤，增大眼球重量（Lewis et al.，2009；李绍钰，2014）。间歇性光照不仅刺激肉鸡生长激素的分泌，促进生长发育，增加采食量、增重以及提高饲料转化率，还能改善鸡肉品质、提高胴体重、增强机体的免疫机能（薛夫光等，2015）。研究表明，增加光照时间有助于提高生长肥育猪生产性能（Martelli et al.，2015）。对于育成期蛋鸡，育成期的光照周期和光照时间增加方式能直接影响蛋鸡的性成熟和开产时间，长时间光照能促进性成熟，使开产时间提前（Lewis et al.，2002）。光照周期对母猪的繁殖性能也有影响。母猪妊娠和哺乳期采用长光照时间有助于提高断奶活仔数，16h 光照组母猪断奶活仔数和仔猪 21d 成活率显著高于短光照组母猪（Mabry et al.，1982）。长光照时间可以缩短母猪断奶至再发情的时间，降低母猪泌乳期失重（Mcglone et al.，1988）。此外，光照周期还能影响畜禽产毛性能。人工控制光照周期能够促进绒山羊羊绒生长（勿都巴拉，2018）。

随着研究与应用的推进，变程光照逐渐被应用于生产中。变程光照指不同生长期采用不同的光照周期。先减后增的变程光照周期能显著提高肉鸡的出栏重和饲料转化率，增强肉鸡免疫力（Rahmani et al.，2012）。有研究者将变程光照与间歇性光照结合，使鸡肉的肉色、剪切力和肌内脂肪均得到改善，鸡肉品质得到提升（刘念等，2013）。

1.2.5 饲养密度

饲养密度是指畜禽在特定养殖空间范围内的密集程度，通常用每头/只畜禽占地面积或一定面积内畜禽的数量或质量表示，常用单位有 $m^2 \cdot 头^{-1}$、$头 \cdot m^{-2}$、$m^2 \cdot 只^{-1}$、$只 \cdot m^{-2}$ 和 $kg \cdot m^{-2}$。饲养密度会直接影响畜禽舍的温度、湿度、灰尘数、有害气体浓度、微生物数量、噪声等，通过这些因素的互作，间接对畜禽的健康与生产产生影响（冯培功等，2018）。

1. 饲养密度与畜禽生产性能

国内外关于饲养密度对畜禽生产性能影响的研究较多，认为过高或者过低的饲养密度对畜禽生长均有不利影响。高密度饲养会提高生长后期 22～42 日龄鸡舍的温度，进而降低肉鸡采食量（Simsek et al.，2009）。高密度饲养导致通风变差，舍内粉尘、微生物以及有害气体含量增多，进而导致鸭生长缓慢，存活率下降（吕峰等，2002）。猪群的密度对猪的增重速率以及饲料报酬都有影响。饲养密度过低时，猪的维持净能增加，竞争性采食减少，导致增重速率减慢、料重比增加（Schmolke et al.，2004）。饲养密度过大时，猪竞争性采食严重，导致弱者采食量不足，影响增重。此外，饲养密度所引起的应激反应会促进交感神经的活化，促进儿茶酚胺和糖皮质激素的释放，使机体新陈代谢速度加快，严重影响猪增重（Kaswan et al.，2015）。新疆维吾尔自治区阿勒泰地区大尾羊冬季高密度饲养，能够显著降低肉羊平均日增重和饲料转换率，且显著影响肉羊的体高、体长和胸深（王磊，2015）。

2. 饲养密度与畜禽肉品质

随着饲养密度的增加，畜禽胴体品质通常会下降。高饲养密度导致家禽脂肪分解增加，肌间脂肪含量降低（Simitzis et al.，2012）。高饲养密度显著提高肉鸡胸肌的滴水损失和蒸煮损失（饶盛达，2015）。

3. 饲养密度与畜禽繁殖性能

高饲养密度引起应激和生活资源不平衡，增加后备母猪生殖功能发育不全的概率（Hamilton et al.，2003）。研究表明，合理的饲养方式及密度，使母猪福利得到提升，促进生殖激素的分泌（于韵青等，2013），进而提高母猪平均窝产仔数、活仔数、出生窝重、断奶存活率、断奶窝重等繁殖性能（Rault，2017；张校军等，2016）。高饲养密度使母猪应激行为增多，导致母猪体质下降、生殖泌尿系统等疾病增多，引起母猪生理机能、内分泌功能及繁殖性能下降（Baxter et al.，2015；Oliviero et al.，2010）。

4. 饲养密度与畜禽行为习惯

饲养密度过高时，鸡啄羽行为会增加，争斗增多，肉鸡梳羽、抖身行为减少。高密度饲养会减少鸭的活动空间与运动量，增加应激惊厥行为和啄癖等异常行为的发生（熊霞等，2017）。高饲养密度会增加生长猪异常行为、耳朵病变及异常体温发生率（Fu et al.，2016）。饲养密度过大时，猪只的活动、休息与采食空间减少，猪只的自然行为习惯受到抑制，易出现咬栏、咬尾、空嚼、异食癖和随意排泄等消极异常行为。随着饲养密度的增大，猪群的咬斗频率会增大，站立时间增多，卧息时间减少（Damm et al.，2005）。

5. 饲养密度与畜禽健康

高饲养密度容易导致鸡舍环境变差，空气质量下降，降低鸡的免疫力，诱发呼吸道疾病，使鸡群对疾病更加敏感。研究认为，随着饲养密度的升高，肉鸡免疫器官绝对和相对重量显著下降，免疫机能减弱（Heckert et al.，2002；Sun et al.，2013）。高的饲养密度会引发猪的应激反应，导致“应激性综合征”，使猪的免疫力下降，容易患病（Spoolder et al.，2000）。饲养密度过大所引起的打斗行为也会对猪的健康造成威胁，如打斗时造成的皮肤伤口，增加猪只皮肤感染的概率（Wolter et al.，2000）。怀孕母羊高密度条件下所产羊羔的应激水平要比中、低密度条件下更高。

1.2.6　空气颗粒物和微生物气溶胶

1. 空气颗粒物

畜禽舍空气颗粒物（particulate matter，PM）指粒径小的、分散的、悬浮在气态介质中的固体或液体粒子。根据粒子大小，畜禽舍中颗粒物通常可分为总悬浮颗粒物（粒子直径 0～100μm），粗颗粒物（粒子直径为 2.5～10μm，PM2.5～10），细颗粒物（粒子直径小于 2.5μm，PM2.5）和超细颗粒物（粒子直径小于 0.1μm，PM0.1）（戴鹏远，2018）。

关于畜禽舍空气颗粒物的来源，猪舍中，主要来源于饲料和粪便（Cambra-Lopez et al.，2011），肉鸡舍中，主要来源于绒羽、尿中的矿物状晶体及废弃物，蛋鸡舍中，主要来源于皮屑、尿液、饲料及废弃物（Qi et al.，1992）。此外，畜禽舍中的垫料也是颗粒物的主要来源。畜禽舍中颗粒物浓度取决于很多因素，包括畜禽种类、饲养方式、畜禽活动、饲养密度、畜禽舍环控系统、舍内湿度以及季节等（Shen et al.，2018）。

畜禽舍内颗粒物浓度过高主要容易引起畜禽呼吸道疾病（Franzi et al.，2016；Viegas et al.，2013）。研究表明，颗粒物主要通过以下 3 种方式影响呼吸道健康：一是直接刺激呼吸道，造成呼吸道损伤（Viegas et al.，2013），降低机体免疫机能；二是通过颗粒物表面附着化合物的刺激；三是通过颗粒物表面病原性和非病原性微生物的刺激（Harry，1978）。研究表明，粗颗粒物主要通过 Toll 样受体 4（TLR4）引起炎症反应，PM2.5 主要通过 Toll 样受体 2（TLR2）引起巨噬细胞表达肿瘤坏死因子 α 和白细胞介素 6（张宏福，2015）。颗粒物作用于呼吸道黏膜屏障，降低黏膜抗菌肽防御素 2 和防御素 3 的表达，局部解除对病原微生物生长的抑制作用。此外，颗粒物能够吸附 NH_3、臭气混合物等，加剧对肉鸡的危害。

2. 微生物气溶胶

气溶胶是分散在气体中的固体粒子或液滴所构成的悬浮体系。畜禽舍中，悬浮在空气中的大小为 1nm～100μm 的固态和液态颗粒物形成的气溶胶，往往附着 NH_3、病原微生物等成分（刘杨，2016）。畜禽舍内微生物与空气中悬浮的颗粒物或小液滴结合形成的胶体分散体系，称为微生物气溶胶（孙平勇等，2010）。根据主要成分不同，可将微生物气溶胶分为细菌气溶胶、真菌气溶胶、病毒气溶胶和内毒素气溶胶等（张喜庆等，2017）。畜禽舍内微生物气溶胶主要来源于动物脱落的毛发、皮肤分泌物，饲料、垫料以及尘土等（Cambra-Lopez et al.，2011）。

当气溶胶随着呼吸进入畜禽体内，气溶胶中的颗粒物将直接刺激畜禽鼻腔黏膜，降低动物的舒适度，降低其生产潜力。如果气溶胶中附着病原微生物，则引发感染（Harrison，2004）。微生物气溶胶是畜禽舍呼吸道传染病的重要传染源与传播渠道。如猪舍中，猪瘟、蓝耳病、猪传染性胸膜肺炎等疫病可通过畜禽养殖场气溶胶短距离传播，口蹄疫、伪狂犬病、猪支原体肺炎等可通过气溶胶长距离传播。病原微生物气溶胶粒径超过 6μm 的粒子一般只停留在上呼吸道内，而粒径低于 2.5μm 的粒子可进入下呼吸道甚至进入肺泡并沉积（李福生等，2013），引发畜禽气管炎、支气管炎或肺炎等疾病。

参考文献

曹进，张峥，2003. 封闭猪场内氨气对猪群生产性能的影响及控制试验 [J]. 养猪（4）：42-44.

常明雪，2003. 气湿对家禽的影响及生产上的利用与控制 [J]. 中国家禽，25（17）：33-34.

陈春林，戴荣国，周晓容，等，2009. 鸡舍 CO_2 浓度对肉鸡血液生化指标的影响 [J]. 家畜生态学报，30（2）：59-61.

戴鹏远，2018. 畜禽养殖场颗粒物污染特征及其危害呼吸道健康的研究进展 [J]. 中国农业科学，51（16）：3214-3225.

戴荣国，周晓容，彭祥伟，等，2009. CO_2 浓度对肉鸡生产性能、体液免疫及血液指标的影响 [J]. 西南大学学报（自然科学版），31（8）：21-27.

杜荣，顾宪红，方路，2000. 高温条件下湿度对肉用仔鸡干物质和能量采食量及代谢率的影响 [J]. 畜牧与兽医，32（s1）：60-64.

冯京海，2006. 环境高温对肉鸡线粒体功能及胸肌品质的影响 [D]. 北京：中国农业科学院.

冯培功，郭艳丽，杨华明，等，2018. 畜禽饲养密度对畜禽生产性能及健康影响的研究进展 [J]. 黑龙江畜牧兽医（7）：34-38.

高玉臣，2007. 封闭式鸡舍湿度的有效控制 [J]. 河南畜牧兽医（综合版），28（12）：12-13.

蒋林树，陈俊杰，熊本海，2018. 家畜环境与营养 [M]. 北京：中国农业出版社.

井霞，2006. 慢性冷热应激对荷斯坦奶牛维持行为及免疫功能的影响研究 [D]. 呼和浩特：内蒙古农业大学.

李聪，2014. 不同浓度氨气对肉鸡生长性能及呼吸道黏膜屏障的影响 [D]. 北京：中国农业科学院.

李福生，徐新喜，孙栋，等，2013. 气溶胶颗粒在人体上呼吸道模型内沉积的实验研究 [J]. 医用生物力学，28（2）：135-141.

李如治，2003. 家畜环境卫生学 [M]. 北京：中国农业出版社.

李绍钰，2014. 规模养殖环境对肉鸡健康及福利的影响 [J]. 中国家禽，36（4）：2-5.

李永明，徐子伟，黄藏宇，2013. 新风系统对寒冷季节密闭猪舍空气质量及仔猪生产性能、血液生化和免疫指标的影响[J]. 中国畜牧杂志，49（11）：83-87.

刘光磊，王加启，刘文忠，等，2009. 全国不同地区奶牛热应激和冷应激规律研究——“健能赢”规律研究 [J]. 中国奶牛（8）：66-69.

刘念，唐诗，贾亚雄，等，2013. 光照程序和日粮能量蛋白水平对黄羽肉鸡肉品质的影响 [J]. 中国家禽，35（22）：21-24.

刘杨，2016. 育肥猪舍气溶胶产生规律与减排方法研究 [D]. 北京：中国农业科学院.

卢元鹏，2015. 笼养蛋鸡舍二氧化碳浓度与生产效率分析 [J]. 中国家禽，37（4）：62-64.

吕峰，韩文礼，郝德新，2002. 饲养密度对肉鸭生长的影响 [J]. 猪业科学，19（6）：50.

吕晓伟，2006. 慢性冷热应激对荷斯坦奶牛血清酶活力、内分泌激素水平及维持行为的影响 [D]. 呼和浩特：内蒙古农业大学.

马淑梅，2016. 不同光照制度对肉鸡生长、代谢和健康的影响 [D]. 兰州：甘肃农业大学.

孟丽辉，李聪，卢庆萍，等，2016. 不同氨气浓度对肉鸡福利的影响 [J]. 畜牧兽医学报，47（8）：1574-1580.

孟庆平，2009. 不同硫化氢浓度对肉仔鸡生长性能、免疫功能和肉质的影响 [D]. 杭州：浙江大学.

饶盛达，2015. 不同维生素组合和饲养密度对肉鸡生产性能、健康和肉品质的影响研究 [D]. 雅安：四川农业大学.

申凤华，李士泽，2008. 谷氨酰胺与 L-肉碱对低温下肉仔鸡血液生化指标的影响 [J]. 中国动物检疫，25（3）：35-36.

孙建忠，2015. 畜禽圈舍有害气体对畜禽及环境的危害 [J]. 畜禽业（1）：36-37.

孙平勇，刘雄伦，刘金灵，等，2010. 空气微生物的研究进展 [J]. 中国农学通报，26（11）：336-340.

唐丽，2013. 热应激对肉种母鸡繁殖性能、相关生理生化和分子指标的影响 [D]. 北京：中国农业科学院.

王磊，2015. 冬季不同饲养密度对肉羊生产性能的影响 [J]. 西北农业学报，24（7）：23-27.

魏凤仙，2012a. 不同湿度和氨水平对肉仔鸡抗氧化性能及肉品质的影响 [J]. 畜牧兽医学报，43（10）：1573-1581.

魏凤仙，2012b．湿度和氨暴露诱导的慢性应激对肉仔鸡生长性能、肉品质、生理机能的影响及其调控机制［D］．杨凌：西北农林科技大学．
魏凤仙，胡骁飞，李绍钰，等，2011．肉鸡舍内有害气体控制技术研究进展［J］．中国畜牧兽医，38（11）：231-234．
魏凤仙，胡骁飞，李绍钰，等，2013．慢性湿度应激对肉仔鸡生产性能及血液生理生化指标的影响［J］．河南农业科学，42（10）：137-141．
武书庚，2014．孵化期绿光刺激调控肉鸡生长新发现［J］．中国家禽，36（4）：1．
武玉珺，王梦梦，张明，等，2018．光照对肉鸡生长发育影响的研究进展与应用［J］．中国畜牧杂志，54（7）：10-13．
勿都巴拉，2018．人工控制光照促进绒山羊绒毛生长机理的研究［D］．呼和浩特：内蒙古农业大学．
席磊，程璞，2016．畜禽环境管理关键技术［M］．郑州：中原农民出版社．
熊霞，杨朝武，杜华锐，等，2017．饲养密度对鸭生产性能、健康与福利影响的研究进展［J］．中国家禽，39（16）：42-46．
薛夫光，孙研研，华登科，等，2015．光照节律对 817 肉杂鸡生产性能和胴体品质的影响［J］．中国畜牧杂志，51（7）：69-72．
杨培歌，2014．热应激对肥育猪肌肉品质及其代谢物的影响［D］．北京：中国农业科学院．
杨培歌，冯跃进，郝月，等，2014．持续高温应激对肥育猪生产性能、胴体性状、背最长肌营养物质含量及肌纤维特性的影响［J］．动物营养学报，26（9）：2503-2512．
于韵青，包军，2013．不同饲养模式对妊娠母猪行为、唾液皮质醇和淀粉酶水平的影响［J］．中国畜牧杂志，49（13）：69-73．
张存根，2009．中国畜牧业经济发展 60 年变迁［J］．中国畜牧业（19）：5-8．
张宏福，2015．环境生理在畜禽健康养殖中的研究与应用［J］．中国家禽，37（24）：1-4．
张宏福，2015．健康养殖 观念先行［J］．中国农村科技（9）：44-45．
张静，刘双红，孙斌，2014．猪场舍内氨气对猪的危害［J］．现代畜牧科技（4）：26．
张喜庆，勾长龙，娄玉杰，等，2017．畜禽养殖环境中微生物气溶胶的研究进展［J］．中国畜牧杂志，53（6）：20-24．
张校军，王占彬，鲍伟光，等，2016．不同产圈模式对母猪繁殖性能及应激水平的影响［J］．畜牧兽医学报，47（10）：2027-2036．
周莹，彭骞骞，张敏红，等，2015．相对湿度对间歇性偏热环境下肉鸡体温、酸碱平衡及生产性能的影响［J］．动物营养学报，27（12）：3726-3735．
AL-AQIL A, ZULKIFLI I, BEJO M, et al., 2013. Changes in heat shock protein 70, blood parameters, and fear-related behavior in broiler chickens as affected by pleasant and unpleasant human contact [J]. Poultry Science, 92 (1): 33-40.
BARTLETT J R, SMITH M O, 2003. Effects of different levels of zinc on the performance and immunocompetence of broilers under heat stress [J]. Poultry Science, 82 (10): 1580.
BAXTER E M, ADELEYE O O, JACK M C, et al., 2015. Achieving optimum performance in a loose-housed farrowing system for sows: the effects of space and temperature [J]. Applied Animal Behaviour Science, 1699-1716.
BEKER A, VANHOOSER S L, SWARTZLANDER J H, et al., 2004. Atmospheric ammonia concentration effects on broiler growth and performance [J]. Journal of Applied Poultry Research, 13 (1): 5-9.
BERNABUCCI U, BIFFANI S, BUGGIOTTI L, et al., 2014. The effects of heat stress in Italian Holstein dairy cattle [J]. Journal of Dairy Science, 97 (1): 471-486.
BOYD E M, MACLACHLAN M L, PERRY W F, 1944. Experimental ammonia gas poisoning in rabbits and cats [J]. Journal of Industrial Hygiene & Toxicology, 26 (1): 29-34.
BRUZUAL J J, PEAK S D, BRAKE J, et al., 2000. Effects of relative humidity during incubation on hatchability and body weight of broiler chicks from young breeder flocks [J]. Poultry Science, 79 (6): 827-830.
CAMBRA-LOPEZ M, HERMOSILLA T, LAI H T L, et al., 2011. Particulate matter emitted from poultry and pig houses: source identification and quantification [J]. Transactions of the ASABE, 54 (2): 629-642.
CAO J, LIU W, WANG Z, et al., 2008. Green and blue monochromatic lights promote growth and development of broilers via stimulating testosterone secretion and myofiber growth [J]. Journal of Applied Poultry Research, 17 (2): 211-218.
CHEN M, LI X, SHI Q, et al., 2019. Hydrogen sulfide exposure triggers chicken trachea inflammatory injury through oxidative

stress-mediated FOS/IL8 signaling [J]. Journal of Hazardous Materials, 368: 243-254.

DAMM B I, PEDERSEN L J, 2005. Long-stemmed straw as an additional nesting material in modified schmid pens in a commercial breeding unit: effects on sow behaviour, and on piglet mortality and growth [J]. Applied Animal Behaviour Science, 92 (1): 45-60.

DONHAM K J, RUBINO M, THEDELL T D, et al., 1977. Potential health hazards to agricultural workers in swine confinement buildings [J]. Journal of Occupational Medicine Official Publication of the Industrial Medical Association, 19 (6): 383-387.

FAURE J, LEBRET B, BONHOMME N, et al., 2013. Metabolic adaptation of two pig muscles to cold rearing conditions [J]. Journal of Animal Science, 91 (4): 1893-1906.

FRANZI L M, LINDERHOLM A L, RABOWSKY M, et al., 2016. Lung toxicity in mice of airborne particulate matter from a modern layer hen facility containing proposition 2-compliant animal caging [J]. Toxicology & Industrial Health, 33 (3): 211.

FU L, LI H, LIANG T, et al., 2016. Stocking density affects welfare indicators of growing pigs of different group sizes after regrouping [J]. Applied Animal Behaviour Science, 174: 42-50.

GUARRASI J, TRASK C, KIRYCHUK S, 2015. A systematic review of occupational exposure to hydrogen sulfide in livestock operations [J]. Journal of Agromedicine, 20 (2): 225-236.

HAMILTON D N, ELLIS M, WOLTER B F, et al., 2003. The growth performance of the progeny of two swine sire lines reared under different floor space allowances [J]. Journal of Animal Science, 81 (5): 1126-1135.

HANSEN P J, 2009. Effects of heat stress on mammalian reproduction [J]. Philosophical Transactions of the Royal Society of London, 364 (1534): 3341-3350.

HARRISON R M, 2004. Key pollutants-airborne particles [J]. Science of the Total Environment, 334: 3-8.

HARRY E G, 1978. Air pollution in farm buildings and methods of control: a review [J]. Avian Pathology, 7 (4): 441-454.

HECKERT R A, ESTEVEZ I, RUSSEK-COHEN E, et al., 2002. Effects of density and perch availability on the immune status of broilers [J]. Poultry Science, 81 (4): 451.

HELBACKA N V, CASTERLINE J L, SMITH C J, 1963. The effect of high CO_2 atmosphere on the laying hen [J]. Poultry Science, 42 (5): 1082-1084.

KASWAN S, PATEL B H M, MONDAL S K, et al., 2015. Effect of reduced floor space allowances on performance of crossbred weaner barrows [J]. Indian Journal of Animal Research, 49 (2): 241.

KNEGSEL A T M V, HOSTENS M, REILINGH G D V, et al., 2012. Natural antibodies related to metabolic and mammary health in dairy cows [J]. Preventive Veterinary Medicine, 103 (4): 287-297.

LAMBERT G P, 2009. Stress-induced gastrointestinal barrier dysfunction and its inflammatory effects [J]. Journal of Animal Science, 87 (suppl_14): E101-E108.

LEWIS P D, GOUS R M, 2009. Photoperiodic responses of broilers. II. Ocular development [J]. British Poultry Science, 50 (6): 667-672.

LEWIS P D, MORRIS T R, PERRY G C, 2002. A model for predicting the age at sexual maturity for growing pullets of layer strains given a single change in photoperiod [J]. Journal of Agricultural Science, 138: 441-458.

MABRY J W, CUNNINGHAM F L, KRAELING R R, et al., 1982. The effect of artificially extended photoperiod during lactation on maternal performance of the sow [J]. Journal of Animal Science, 54 (5): 918-921.

MANNING L, CHADD S A, BAINES R N, 2007. Key health and welfare indicators for broiler production [J]. Worlds Poultry Science Journal, 63 (1): 46-62.

MARTELLI G, NANNONI E, GRANDI M, et al., 2015. Growth parameters, behavior, and meat and ham quality of heavy pigs subjected to photoperiods of different duration [J]. Journal of Animal Science, 93 (2): 758-766.

MCGLONE J J, STANSBURY W F, TRIBBLE L F, et al., 1988. Photoperiod and heat stress influence on lactating sow performance and photoperiod effects on nursery pig performance [J]. Journal of Animal Science, 66 (8): 1915-1919.

MONIN J C, BARTH D, PERRUT M, et al., 1988. Extraction of hydrocarbons from sedimentary rocks by supercritical carbon dioxide [J]. Organic Geochemistry, 13 (4): 1079-1086.

NIU Z Y, LIU F Z, YAN Q L, et al., 2009. Effects of different levels of vitamin E on growth performance and immune responses of broilers under heat stress [J]. Poultry Science, 88 (10): 2101-2107.

OLANREWAJU H A, III W, PURSWELL J L, et al., 2008. Growth performance and physiological variables for broiler chickens subjected to short-term elevated carbon dioxide concentrations [J]. International Journal of Poultry Science, 7 (8): 738-742.

OLIVIERO C, HEINONEN M, VALROS A, et al., 2010. Environmental and sow-related factors affecting the duration of farrowing [J]. Animal Reproduction Science, 119 (1): 85-91.

PRIETO M T, CAMPO J L, 2010. Effect of heat and several additives related to stress levels on fluctuating asymmetry, heterophil: lymphocyte ratio, and tonic immobility duration in white leghorn chicks [J]. Poultry Science, 89 (10): 2071.

QI R, MANBECK H B, MAGHIRANG R G, 1992. Dust net generation rate in a poultry layer house [J]. Transactions of the American Society of Agricultural Engineers, 35 (5): 1639-1645.

QUINTEIRO-FILHO W M, RIBEIRO A, FERRAZ-DE-PAULA V, et al., 2010. Heat stress impairs performance parameters, induces intestinal injury, and decreases macrophage activity in broiler chickens [J]. Poultry Science, 89 (9): 1905.

RAHMANI M, KARIMI M A, TORSHIZI R V, 2012. Effect of lighting program on cellular and humoral immune responses of arian broilers [J]. Iranian Journal of Animal Science (IJAS), 43 (3): 297-305.

RAULT J L, 2017. Social interaction patterns according to stocking density and time post-mixing in group-housed gestating sows [J]. Animal Production Science, 57 (5): 896-902.

RHOADS M L, RHOADS R P, VANBAALE M J, et al., 2009. Effects of heat stress and plane of nutrition on lactating Holstein cows: I. production, metabolism, and aspects of circulating somatotropin [J]. Journal of Dairy Science, 92 (5): 1986-1997.

SCHMOLKE S A, LI Y Z, GONYOU H W, 2004. Effects of group size on social behavior following regrouping of growing-finishing pigs [J]. Applied Animal Behaviour Science, 88 (1): 27-38.

SENARATNA D, SAMARAKONE T S, GUNAWARDANE W W D A, 2015. Preference for different intensities of red light as affected by the age, temporal variation and behaviour of broiler birds [J]. Tropical Agricultural Research, 25 (2): 146.

SHEN D, WU S, DAI P Y, et al., 2018. Distribution of particulate matter and ammonia and physicochemical properties of fine particulate matter in a layer house [J]. Poultry Science, 97 (12): 4137-4149.

SHUFANG Z, XI J, MENGHAO C, et al., 2018. Hydrogen sulfide exposure induces jejunum injury via CYP450s/ROS pathway in broilers [J]. Chemosphere, 214: 25-34.

SIMITZIS P E, KALOGERAKI E, GOLIOMYTIS M, et al., 2012. Impact of stocking density on broiler growth performance, meat characteristics, behavioural components and indicators of physiological and oxidative stress [J]. British Poultry Science, 53 (6): 721-730.

SİMSEK U G, DALKİLİC B, CİFTCİ M, et al., 2009. The influences of different stocking densities on some welfare indicators, lipid peroxidation (MDA) and antioxidant enzyme activities (GSH, GSH-Px, CAT) in broiler chickens [J]. Journal of Animal & Veterinary Advances, 8 (8): 1568-1572.

SPOOLDER H A M, EDWARDS S A, CORNING S, 2000. Effects of group size and feeder space allowance on welfare in finishing pigs [J]. Animal Science, 69 (3): 481-489.

SUN Z W, YAN L, G Y Y, et al., 2013. Increasing dietary vitamin D3 improves the walking ability and welfare status of broiler chickens reared at high stocking densities [J]. Poultry Science, 92 (12): 3071-3079.

SURIYASOMBOON A, LUNDEHEIM N, KUNAVONGKRIT A, et al., 2004. Effect of temperature and humidity on sperm production in Duroc boars under different housing systems in Thailand [J]. Livestock Production Science, 89 (1): 19-31.

THORNE P S, 2007. Environmental health impacts of concentrated animal feeding operations: anticipating hazards-searching for solutions [J]. Environmental Health Perspectives 115 (2): 296-297.

TODD D A, JOHN E, OSBORN R A, 1991. Tracheal damage following conventional and high-frequency ventilation at low and high humidity [J]. Critical Care Medicine, 19 (10): 1310.

TRACY J, MILLS E, 2012. Illuminating the pecking order in off-grid lighting: a demonstration of LED lighting for saving energy in the poultry sector [J]. Light and Engineering, 19 (4): 67-76.

VIEGAS S, FAã-SCA V M, DIAS H, et al., 2013. Occupational exposure to poultry dust and effects on the respiratory system in workers [J]. Journal of Toxicology and Environmental Health. Part A, 76 (4-5): 230-239.

WEI F X, HU X F, SA R N, et al., 2014. Antioxidant capacity and meat quality of broilers exposed to different ambient humidity and ammonia concentrations [J]. Genetics and Molecular Research, 13 (2): 3117.

WOLTER B F, ELLIS M, CURTIS S E, et al., 2000. Group size and floor-space allowance can affect weanling-pig performance [J]. Journal of Animal Science, 78 (8): 2062.

XUEYUAN H, QIANRU C, DONGXU W, et al., 2018. Hydrogen sulfide inhalation-induced immune damage is involved in oxidative stress, inflammation, apoptosis and the Th1/Th2 imbalance in broiler bursa of fabricius [J]. Ecotoxicology and Environmental Safety, 164 (NOV.): 201-209.

ZHAO Y, LIU X, MO D, et al., 2015. Analysis of reasons for sow culling and seasonal effects on reproductive disorders in southern China [J]. Animal Reproduction Science, 159: 191-197.

第二章　畜禽环境应激的生理响应机制

2.1　应激的生理响应机制

2.1.1　应激研究的历史

应激（stress）最早由加拿大病理学家 Hans Selye 教授从物理学借鉴到医学研究中。Hans Selye 提出，应激是由正常身体功能以外的不规律事物造成身体的非特异性压力。应激反应是所有生命赖以生存的最重要的生物学反应。只有机体对环境和机体稳态变化做出恰当的应激反应，才能维持人和动物体的生存和健康。应激包括 3 个要素：应激原（stressor）、应激感知（stress sensation）和应激反应（stress reaction）。机体通过感觉系统收集应激原的相关信息后，将信息传递至大脑进行整合，根据应激原的模式和强度，调节自主神经系统和神经内分泌系统的协同作用，维持或重建机体稳态，维持生理的完整性。

Hans Selye 以交感神经系统和肾上腺皮质系统的“战斗或逃跑”（fight or flight）反应为基础（Selye，1998），提出“普遍适应综合征”。Hans Selye 认为应激是非特异性现象，包括警觉反应、稳态重建、衰竭 3 个阶段。越来越多的研究表明，大多数应激停留在前 2 个阶段，少数严重应激才会进入第 3 个阶段。尽管应激原相同，但不同个体的应激反应不尽相同，因此，应激不是非特异性的。从结果来看，应激并非只产生坏的影响，一些好应激（eustress）也可以动员机体的非特异性适应系统，增强机体的适应能力，给予机体一定的保护作用。1993 年美国洛克菲勒大学的 Bruce McEwen 教授提出了稳态应变（allostasis），从生物学活动角度定义应激（McEwen et al.，1993）。稳态应变是机体为适应环境变化和挑战而产生激素和其他介质的过程。与 Hans Selye 的应激理论强调肾上腺在应激反应中的作用不同，Bruce McEwen 教授更强调脑中枢在应激反应，特别是在慢性应激反应中的整合和调节作用。

2.1.2　应激的自主性神经和神经内分泌系统响应

众所周知，自主神经系统和神经内分泌系统是应激反应中最重要的效应系统。应激原激活交感—肾上腺髓质，释放肾上腺素/去甲肾上腺素（epinephrine，E/nor-epinephrine，NE）。应激原还作用于神经内分泌系统的下丘脑—垂体—肾上腺（hypothalamus-pituitary-adrenal，HPA）轴。应激发生时，下丘脑的促肾上腺皮质激素释放激素（corticotropin releasing hormone，CRH）作用于腺垂体分泌促肾上腺皮质激素（adrenocorticotropic hormone，ACTH），最终促使肾上腺糖皮质激素的释放。

在应激反应过程中，自主神经系统和神经内分泌系统活动产生的生理功能、反应性、持续时间等方面均有很大不同。应激发生时，自主神经系统、交感神经系统率先发生反应，释放的肾上腺素/去甲肾上腺素能够在数秒间作用于心血管系统，迅速提高心率、提升血压，快速改变生理活动；而副交感神经系统随即被激活，快速抑制交感神经系统活动。因此，自主神经系统应激反应是快速而短暂的。应激激活 HPA 轴后释放肾上腺糖皮质激素，在应激发生数十分钟后，循环肾上腺糖皮质激素水平达到最高。与自主神经系统的交感—肾上腺髓质突触式作用相比，HPA 轴的作用是缓慢的。两步式的 HPA 轴活动可级联式放大，并且能够维持较长的分泌和作用时间。

2.1.3 应激反应中枢机制

应激反应需要中枢和外周多器官联合工作。大脑中枢有 3 个系统参与应激反应：前脑的边缘系统、脑干以及下丘脑。边缘系统是调节情绪、学习、记忆的高级中枢；脑干不仅是机体感觉也是自主神经活动的高级中枢；下丘脑是应激信息的整合中心，也是 HPA 轴的起点。从神经联系来看，前脑边缘系统不直接与 HPA 轴或自主神经系统联系，需要通过下丘脑中间神经元或者终纹床核，作用于 HPA 轴和自主神经系统。脑干有直接的神经投射到下丘脑，促进 HPA 轴的快速反应，或者投射到节前自主神经元引发自主神经系统的快速反应。不同类型应激原的应激反应通路有所不同。例如，心理性应激原主要被边缘系统所感知，通过中间神经元调节 HPA 轴和机体的自主活动；而生理性应激原主要被脑干和下丘脑一些核团所感知，进而影响 HPA 轴和机体的自主活动。

2.1.4 应激中枢系统的结构

1. 下丘脑（hypothalamus）

下丘脑位于大脑腹面、丘脑下方，构成第三脑室下部侧壁和底部，参与调节机体内分泌活动，控制体温、采食、节律、水盐平衡等生命活动。通过对应激反应后脑神经核团中即刻早期基因 *c-fos* 表达变化的监测，发现下丘脑室旁核、背内侧核、视前区、弓状核、腹外侧核等参与各种生理和心理性应激反应（Cullinan et al.，1998；Cullinan et al.，1995；Melia et al.，1994）。这些下丘脑核团向上联系边缘系统的下行输入，向下整合脑干感觉系统的机体稳态信息，根据人和动物生理状态控制应激的整体反应。

1）*室旁核*（paraventricular nucleus，PVN）

大脑中 CRH 神经元在 PVN 分布最为集中，因此，PVN 是控制应激内分泌反应和自主应激反应最重要的核团。PVN 分为 3 个结构功能区：小细胞神经元（parvocellular neuron）区、大细胞神经元（magnocellular neuron）区和下行神经元（projecting neuron）区（Aguilera et al.，2012）。小细胞神经元投射到正中隆起（medium eminence），将合成的 CRH 和加压素（vasopressin，VP）分泌到垂体门脉系统，作用于垂体前叶，级联式促进 ACTH 和糖皮质激素的释放（Swanson et al.，1980）。在家禽中已证实，精氨酸加压素（arginine vasopressin，AVP）可以与 CRH 协同作用，刺激肾上腺皮质激素的释放（Madison et al.，2008）。PVN 大细胞神经元合成 VP 和催产素（oxytocin，OT），通过直接的神经投射，VP 和 OT 将被释放并储存到垂体后叶。PVN 下行神经元还直接投射到脑干臂旁核以及脊髓中间外侧细胞柱、迷走神经背侧运动核和孤束核，参与调节副交感神经和交感神经活动（Swanson et al.，1980）。

逆向示踪研究显示，PVN 输入神经纤维主要来自视前内侧区、下丘脑前区、下丘脑背内侧核、PVN 周边组织、乳头体上核、孤束核、室周器。家禽 PVN 的神经连接与哺乳动物类似（Korf，1984）。可见，PVN 与边缘系统、下丘脑内部、室周器以及自主神经系统发生广泛性神经联系。很多 PVN 输入神经纤维为 GABA（gamma-aminobutyric acid，γ-氨基丁酸）能神经元，为 PVN 活动提供了抑制性因素。

2）下丘脑背内侧核（dorsomedial hypothalamic nucleus，DMH）

DMH 在调节心血管系统的应激反应中有重要的作用。从 DMH 投射到 PVN 的神经元约 90%是 GABA 能神经元（Cullinan et al.，2008），因此，DMH 对 HPA 轴有抑制作用。双侧电损伤可以解除 DMH 对 HPA 轴的抑制作用，提高心理性应激原引起的 ACTH 释放和 PVN 大细胞神经元的兴奋作用（Ebner et al.，2013）。DMH 腹侧部有相对独立的神经细胞群，可以激活或者抑制 HPA 轴的活动。

3）视前区（preoptic area，POA）

下丘脑视前区正中核（medial preoptic area，mPOA）具有性别二态性（Gorski et al.，1980），有大量合成雌激素的神经元以及雌激素和雄激素受体分布（Foidart et al.，1994）。mPOA 调节体温（Blumberg et al.，1987）、觉醒、性行为（Oomura et al.，1988）等生理活动。作为海马和杏仁核内侧核主要的投射区域之一，mPOA 可以整合边缘系统输入信息到以上生理活动。mPOA 可以通过 GABA 能神经元直接支配 PVN，抑制 PVN 的活动，因此，mPOA 损伤可以提高 HPA 轴的应激反应（Viau et al.，1996），阻止杏仁核对肾上腺糖皮质激素释放的兴奋作用（Feldman et al.，1990）。

4）弓状核（arcuate nucleus，ARC）

ARC 是调节能量平衡最重要的核团，与边缘系统、下丘脑、垂体、中脑导水管周围灰质等广泛联系。神经元示踪技术发现，支配肾上腺皮质的一级神经元位于脊髓中间侧柱，二级神经元位于 PVN，而三级神经元位于 ARC（Buijs et al.，2001）。肾上腺皮质激素分泌低谷时，ARC 局部透析 I 性 GR 抑制剂，促使肾上腺皮质激素的快速、持续释放；肾上腺皮质激素分泌高峰时，ARC 局部透析 II 性 GR 抑制剂，增加肾上腺皮质激素水平，但不影响 ACTH。与之相比，PVN 透析 GR 抑制剂并不影响肾上腺皮质激素水平。因此，ARC 在肾上腺皮质激素的负反馈调节中有重要作用（Leon-Mercado et al.，2017）。此外，位于 ARC 中神经肽 Y 和豚鼠相关蛋白神经元可以直接投射到 PVN 的前交感神经元（Shi et al.，2017）。

5）视交叉上核（suprachiasmatic nucleus，SCN）

SCN 是调节生理节律的最重要核团，参与调节肾上腺糖皮质激素基础分泌。研究表明肾上腺糖皮质激素基础分泌与动物活动期耦合，有很强的日节律性。损伤 SCN 可以破坏肾上腺糖皮质激素的日节律（Spencer et al.，2018）。SCN 不直接支配 PVN 的 CRH 神经元，主要通过 DMH 和 PVN 周围区域的中继神经元作用于 CRH 神经元。但 SCN 直接投射到支配肾上腺皮质的自主神经节前神经元，控制肾上腺皮质对 ACTH 敏感性的日节律（Engeland et al.，2005；Spencer et al.，2018）。因此，SCN 对肾上腺糖皮质激素日节律性分泌主要在 PVN 和肾上腺两个水平。

2. 边缘系统（limbic system）

边缘系统杏仁核、海马和前额叶皮质等结构参与应激原信息的处理。不同边缘系统结构可以并行工作调节 HPA 轴和自主神经活动。一方面，边缘系统结构接收来自大脑皮质和下层高级感受处理区域和记忆的下行信息；另一方面，可接收控制注意力和觉醒核团的上行信息（Ulrich-Lai et al.，2009）。从解剖上看，边缘系统结构并不直接作用于 PVN 以及自主神经系统的效应神经元，而是将输出信号汇集在大脑皮质下层的中继核，通过终纹床核和下丘脑中 GABA 能神经元作用于 PVN（Herman et al.，2003）。海马和前额叶皮层投射到中继核的神经元主要是兴奋性谷氨酸能神经元，而杏仁核主要是 GABA 能神经元。因此，海马和前额叶皮质抑制 HPA 轴活动；而杏仁核兴奋 HPA 轴活动（Ulrich-Lai et al.，2009）。

1）杏仁核（amygdala）

杏仁核结构十分复杂，其中杏仁核中央核（central nucleus of the amygdala，CeA）、内侧核（medial amygdala nucleus，MeA）和腹外侧核（basolateral amygdala nucleus，BLA）均参与应激反应的调节，但功能有所不同。CeA 有大量的神经支配到孤束核，对稳态失衡和系统性应激原产生响应，参与调节应激反应的自主活动以及应激反应的相关行为（Herman et al.，2003）；而 MeA 和 BLA 主要针对心理性应激原，作用于对 HPA 轴的活动（Dayas et al.，2001）。有少量的 CeA 和 MeA 神经元直接支配 PVN 的周围区域（Gray et al.，1989），而大量 CeA 和 MeA 的 GABA 能神经元投射到中继核终纹床核以及 POA（Dong et al.，2001），通过解除中继核的抑制作用兴奋 HPA 轴的活动。BLA 主要通过投射到 CeA 和 MeA 来影响应激反应。

2）海马（hippocampus）

海马中有丰富的糖皮质激素的受体分布（Reul et al.，1986），在糖皮质激素负反馈抑制 HPA 轴的作用中至关重要。海马损伤促进糖皮质激素的基础分泌增加，延长束缚和新环境等应激原引起的糖皮质激素释放；去除海马背侧和外侧角破坏了糖皮质激素的日节律性。参与调节 PVN 活动的海马神经元主要位于海马腹侧下托。这些神经元主要为兴奋性谷氨酸能神经元，主要支配 BST、mPOA、DMH，也作用于投射到 PVN 的 GABA 能神经元，抑制 HPA 轴活动。海马还通过前额叶皮质投射到孤束核的神经元，调节自主功能。刺激海马降低大鼠的心率、血压和呼吸频率，这一作用被内侧前额叶皮质损伤所阻断（Ruit et al.，1988）。

3）内侧前额叶皮质（medial prefrontal cortex，mPFC）

mPFC 是协调生理反应性最重要的中枢区域，也是应激反应的最高中枢（Herman et al.，2003）。mPFC 不同亚区的神经联系和功能差异很大。缘前 mPFC（prelimbic mPFC）通过谷氨酸能神经元与斑纹中核后区、mPOA 和中缝核等 HPA 轴兴奋核团联系，也可以通过 BLA 和海马腹侧下托调节 HPA 轴的活动；下边缘 mPFC（infralimbic mPFC）不仅与斑纹底核前区、CeA、孤束核等 HPA 轴兴奋核团联系，也支配 DMH 和 LHA 等抑制核团（Vertes，2004）。和海马一样，缘前 mPFC 有 GR 分布，参与糖皮质激素负反馈抑制 HPA 反应。损伤缘前 mPFC 促进应激后 ACTH 和皮质酮（corticosterone，CORT）反应以及 PVN 的活化（Radley et al.，2006）。而下边缘 mPFC 损伤降低心理应激原引起的自主应激反应、减少束缚应激对 PVN 的兴奋作用。可见，缘前 mPFC 和下边缘 mPFC 在应激整合中的作用相反，mPFC 调节应激反应的作用取决于缘前 mPFC 和下边缘 mPFC 活动的净效应。

4）终纹床核（bed nucleus of stria terminalis，BST）

无论是兴奋应激的边缘系统结构（杏仁核和下边缘 mPFC）、还是抑制应激的边缘系统结构（海马和缘前 mPFC），都主要汇聚到 BST 进行信息整合。BST 位于终纹下方，可分为多个亚核。BST 不同亚核受不同边缘系统结构的神经支配，其中 BST 前区主要受 CeA 和下边缘 mPFC 的大量神经支配，而 BST 后区主要受海马和 MeA 的神经支配。BST 前区投射到 PVN 的神经元是 CRH 神经元，而 BST 后区投射到 PVN 的神经元主要是 GABA 能神经元。正因为 BST 亚核的传入和传出结构的差异，功能也截然相反。损伤 BST 前区降低 HPA 轴反应性以及抑制束缚应激引起的 PVN 神经元的快速激活，而损伤 BST 后内侧区却增加 ACTH 和糖皮质激素的分泌以及 PVN 中 *fos* 和 *CRH* 基因的表达（Choi et al.，2007）。因此，BST 前区在兴奋 HPA 轴中有重要作用，而 BST 后区抑制应激诱发的 HPA 反应。值得指出的是，BST 具有性别二态性。家禽中，35 日龄母鸡 BST 中 AVT 和甘丙肽能神经元消失（Klein et al.，2006）。这些神经细胞构筑的性别差异可能会导致不同性别动物的应激反应乃至行为的差异（Madison et al.，2008）。

3. 脑干系统

脑干是接收机体稳态变化信号（如失血、呼吸衰竭、内脏或肢体痛、炎症）最重要的神经系统结构。应激的交感神经反应依赖于延髓和脊髓灰质背侧柱节前交感神经元之间的反射弓，随即通过疑核和迷走神经背动核以及孤束核，激活副交感神经反应，以控制应激的自主反应持续的时间。另一方面髓质和脊柱系统还将应激信息向上传递至后脑、间脑和前脑的高一级自主整合区域，与下丘脑和前脑边缘系统下行信息进行整合，调整自主应激反应。孤束核、中缝核等还有大量上行通路直接支配 PVN 小细胞神经元，激活 HPA 轴。

1）孤束核（nucleus of the solitary tract，NTS）

NTS 是内脏本体感觉信息的中继站，很多生理性应激原（如内脏疾病、免疫应激、低血容、高压、缺氧）都能活化 NTS。边缘系统的 mPFC 和 CeA 以及下丘脑稳态感受核团也直接支配 NTS，因此 NTS 也接收下行的心理性应激原的刺激。PVN 小细胞神经元受大量的儿茶酚胺能神经元的支配，对 HPA 轴起兴奋作用。研究表明，支配 PVN 的绝大多数儿茶酚胺能神经元来自 NTS。破坏 NTS 的去甲肾上腺素/肾上腺素神经元上行通路，可以减少 HPA 轴对于稳态紊乱的反应性。此外，孤束核中非儿茶酚胺类细胞群，分泌胰高血糖素-1、神经肽 Y、生长抑素、脑啡肽，参与调节 HPA 轴的应激反应。

2）中缝核（nucleus of raphe）

中缝核有大量的 5-羟色胺（5-hydroxytryptamine，5-HT）能神经元分布，5-HT 能神经元直接投射 PVN 及其周围组织或者边缘应激结构。研究发现绝大多数 5-HT 能神经元投射在 PVN 周围的 GABA 能神经元，仅有少数 5-HT 能神经元直接支配 PVN 小细胞神经元。5-HT 与 5-HT 2A 受体结合，激活 HPA 轴。中缝核损伤降低 HPA 轴对于束缚应激、光刺激等应激原的反应。

4. 应激中枢整合网络

从解剖上看，边缘系统（mPFC、海马、杏仁核、BST）、下丘脑（PVN、mPOA、DMH）和脑干（如 NTS）相互联系，形成应激中枢整合网络。下丘脑和 NTS 的应激核团感知机体稳态的变化（生理性应激原），与 PVN 直接连接，通过 GABA 能神经元、儿茶酚胺能神经元以及其他肽能神经元联系，快速抑制或激活 HPA 轴的应激反应。而心理性应激原的应激反应通路非常复杂，表现为边缘系统应激结构复杂、神经联系多样，在中继核介导的多级突触联系，可以通过兴奋抑制或者解除抑制，调节 PVN 轴的活动。

2.1.5　HPA 轴的负反馈调节作用

适度的应激反应会帮助人和动物适应环境变化，然而大量应激激素的持续性释放会造成机体损伤，因此，及时关闭 HPA 轴的应激反应尤为重要。关闭 HPA 轴活动主要通过糖皮质激素的负反馈作用。糖皮质激素是固醇类激素，是 HPA 轴应激反应的最终产物，其发挥作用主要通过两种受体：糖皮质激素受体（glucocorticoid receptor，GR）和盐皮质激素受体（mineralocorticoid receptor，MR）。GR 和 MR 广泛分布在下丘脑、海马、mPFC、杏仁核以及垂体等应激神经反应通路上，因此这些结构都是糖皮质激素负反馈作用的位点（Myers et al.，2012）。内源性糖皮质激素与 GR 和 MR 亲和力不同。MR 为高亲和力受体，即使糖皮质激素水平较低时也能与其结合，主要调控 HPA 轴每天的基础性分泌；而 GR 亲和力较低，只有在糖皮质激素水平高的时候才有结合，主要参与负反馈抑制应激原刺激的 HPA 轴反应（Keller-Wood，2011）。一方面，糖皮质激素可以通过膜上 GR 发挥其非基因组效应，在糖皮质激素释放的数分钟内，快速抑制 HPA 轴的活动；另一方面，糖皮质激素和 GR、MR 结合，形成受体激活的转录因子，广泛地、长时间地调节 *CRH*、阿黑皮素原（proopiomelanocortin，*POMC*）的基因转录和蛋白合成。正由于 GR 和 MR 的广泛分布，应激反应的负反馈调节可以发生在应激神经反应通路的各个水平，应激原类型不同，负反馈调节作用的位点不同。糖皮质激素对 HPA 轴负反馈调节作用需要从时间和空间上进行整合，因此作用机制十分复杂，具有应激原特异性。依据糖皮质激素受体的作用，HPA 轴的负反馈调节作用可分为：快速负反馈调节作用和延迟负反馈调节作用。

1. 快速负反馈调节作用

糖皮质激素的快速负反馈调节作用主要发生在下丘脑和海马。PVN 是激活 HPA 轴的最重要的整合核团，不仅有大量 CRH 神经元分布，还有高丰度的 GR 表达。从解剖位置上，PVN 临近第三脑室旁和血脑屏障，因此糖皮质激素非常容易进入 PVN。糖皮质激素依赖“非基因组机制”快速作用，与 CRH 神经元的细胞膜受体 GR 结合，刺激内源性大麻素的合成。内源性大麻素作用于突触前神经元的 CB1 受体，抑制突触前神经元谷氨酸的释放，减少 PVN 的兴奋性神经输入，从而快速抑制 CRH 的释放和 HPA 轴的活动。

糖皮质激素作用于海马，主要依赖于海马神经元细胞膜上 MR 而非 GR，该作用发生在 10min 之后。通过细胞膜上 MR，糖皮质激素可逆性地快速诱发 CA1 神经元兴奋性突触后电流，增加突触前谷氨酸释放，从而兴奋 BST 的 GABA 能神经元，抑制 PVN 的 CRH 神经元的反应性。此外，糖皮质激素还可以通过 MR 快速增加突触后谷氨酸 AMPA（α-氨基-3-羟基-5-甲基-4-异恶唑丙酸）受体侧向扩散以及插入，增加海马神经元的兴奋性神经输出。

2. 延迟负反馈调节作用

HPA 轴的延迟反馈主要通过 MR 和 GR 的基因组效应，影响 CRH 和 ACTH 蛋白质的合成。糖皮质激素与核受体 MR 和 GR 结合形成配体-受体复合体，转位至核，激活转录，从而影响蛋白质翻译。因此，糖皮质激素的基因组效应通常有 15～30min 的延迟。一些新证据表明，糖皮质激素基因组效应也可能不通过糖皮质激素反应元件（glucocorticoid response element，GRE）区域等经典途径。

糖皮质激素的负反馈作用可以抑制 HPA 轴的基础分泌，该现象在库欣综合征、阿狄森氏等肾上腺功能紊乱的病人以及健康人群均得以证实。从时间上来看，皮质醇抑制低肾上腺功能病人 HPA 轴的基础性分泌需要 30min，而抑制健康人群大约需要 45～60min。相比于 GR，MR 与糖皮质激素亲和力高，因此 MR 介导对 HPA 轴的基础性分泌的负反馈调节作用。研究表明，脑室注射 MR 拮抗剂在 20～60min 可以增加 ACTH 和皮质酮的分泌（Oitzl et al.，1995）。从分布来看，大量 MR 集中在海马，因此海马可能是调节 HPA 轴基础分泌的主要位点。

机体在应激原刺激下产生高水平的肾上腺皮质激素可以作用于垂体和下丘脑，负反馈抑制促肾上腺皮质激素释放激素细胞和小细胞 PVN 神经元分泌 ACTH 和 CRH。应激反应后内源性皮质醇水平升高，增加与垂体和下丘脑中 GR 的结合，激活 GR 核转录因子的功能。在下丘脑水平，糖皮质激素通过作用于 CRH 启动子抑制 CRH 的转录。CRH 启动子区域有负向糖皮质激素反应元件（nGRE），负责糖皮质激素依赖性抑制以及 cAMP 依赖的 CRH 启动子的激活（Malkoski et al.，1999）。糖皮质激素对 CRH 转录抑制作用依赖于 AP-1，AP-1 结合位点的突变会导致糖皮质激素转录抑制作用的缺失。在垂体水平，糖皮质激素可以抑制垂体的 ACTH 前体 POMC 的合成。POMC 启动子区域也有 nGRE，介导糖皮质激素的顺转录抑制作用。GR 还通过与 STAT1-3、孤儿受体 Nur77 互作，影响 POMC 的转录。糖皮质激素的抑制作用大约需 30min（Ginsberg et al.，2003）。此外，皮质固醇可以通过多个途径影响垂体 ACTH 的分泌。糖皮质激素影响 CRH 受体的定位、减少 CRHR1 的表达等，抑制 CRH 结合到垂体促皮质激素释放激素细胞。CRH 作用于垂体促皮质激素释放激素细胞依赖于 cAMP 生成，而糖皮质激素持续暴露降低 cAMP 水平以及 ACTH 对 cAMP 的反应性。脂皮素（lipocortin），也称为细胞膜联蛋白 A1（annexin A1），也可以作为第二信使参与糖皮质激素的负反馈调节作用。研究证实，脂皮素不仅可以抑制 CRH 刺激的 ACTH 的分泌，还能抑制免疫应激刺激的 CRH 的释放

(Sudlow et al.，1996)。脂皮素通常位于细胞质中，重新定位到细胞膜后与钙调蛋白结合调控磷脂酶 A 的活动。糖皮质激素暴露增加脂皮素定位到细胞膜的机会，抑制促皮质激素释放激素细胞 ACTH 或者 CRH 的分泌（John et al.，2007）。

2.1.6 应激反应的适应过程

长期反复的应激暴露可以造成控制应激反应的脑区结构和功能的器质性变化。慢性应激会造成海马和 mPFC 顶端树突的回缩、脊髓椎体细胞密度的减少、BLA 树突分支的增加（Radley et al.，2008）。慢性应激后，与 PVN 连接的脑区结构（如下丘脑和 BST）的谷氨酸脱羧酶上调、GABA 合成增加；且 PVN 中 CRH 和加压素增加、GR 减少，其他多种神经递质受体的表达也受到影响。慢性应激可以引起自主反应的长期变化。由于自主反应的适应性高度依赖于应激模型，神经机制尚不清楚。

对弱应激原的反复暴露会引起动物对应激原的适应，因此，应激反应的幅度逐渐减小。中枢神经系统 Fos 活化也伴随着生理反应的减弱而减少（Stamp et al.，2001）。应激反应适应过程主要依赖于 MR 的作用。MR 抑制剂可以下调反复束缚引起的糖皮质激素反应。从神经解剖上来看，室旁区丘脑在应激反应适应中具有重要的作用。室旁区丘脑为应激兴奋脑区和应激抑制脑区提供中继，不仅接受大量来自海马腹侧下托和 mPFC 的神经支配，还大量支配 CeA。室旁区丘脑损伤阻断对反复束缚应激的适应、抑制慢性应激对 HPA 轴活化的促进作用（Fernandes et al.，2002）。慢性应激中高水平糖皮质激素增加 CeA 中 CRH 的表达和释放，提高 PVN 中 CRH 反应性和皮质酮释放。同时，慢性应激造成海马、mPFC 中 GR 基因表达、结合率和蛋白水平的下调，导致糖皮质激素负反馈调节敏感性的丢失，大大降低 HPA 轴活动的负反馈调节作用。因此，负反馈调节作用下调、CeA 应激兴奋性增加，将增加慢性应激后 HPA 轴对其他应激原的反应性。

总之，应激反应的发生和调控需要多级中枢神经系统和外周器官配合、多种抑制型和兴奋型神经递质和神经肽的参与，整个调控过程既有正向也有负向反馈调节的过程，整个系统设计精巧、过程复杂。应激反应控制的研究已经从 HPA 轴和自主神经系统延伸到大脑（主要是边缘系统），这对人类心理和社交健康极其重要。

2.2 畜禽自主神经系统

2.2.1 自主神经系统的结构

1. 自主神经系统的概念

自主神经系统（autonomic nervous system，ANS）是脊椎动物的末梢神经系统，由躯体神经分化、发展，形成机能上独立的神经系统。自主神经系统单一地或主要地由传出神经组成，受大脑的支配，但有较多的独立性，特别是具有不受意志支配的自主活动。因此，兰列（J. N. Langley）在 1995 年将其命名为自主神经系统。自主神经系统是外周传出神经系统的一部分，能调节内脏和血管平滑肌、心肌和腺体的活动。由于其内脏反射通常不能随意控制，故名自主神经系统，又称植物性神经系统、不随意神经系统。

2. 自主神经系统的组成

自主神经系统代表神经系统的内脏成分，由位于中枢神经系统和周围神经系统中与内脏环境的调控有关的神经元组成，其通过对腺体、心肌和平滑肌的支配，完成与躯体神经系统活动的紧密整合。内脏运动传导通路与躯体的不同，前者在周围有中继的突触联系，因此在中枢神经系统和效应器之间至少有 2 个神经元，即节前神经元和节后神经元。节前神经元的胞体位于脑干的内脏运动核和脊髓的灰质侧角内。它们的轴突通常为薄髓纤维，经相应的脑神经和脊神经出中枢神经系统，然后至周围神经节与节后神经元形成突触联系。节后神经元的轴突通常是无髓的。节后神经元的数量远大于节前神经元：1 个节前神经元可与 15～20 个节后神经元形成突触。因此，自主神经系统的作用范围更加广泛。

自主神经系统有 3 个分支：交感神经系统、副交感神经系统和肠神经系统。有些教科书中肠神经系统不作为该系统的一部分。交感神经系统（sympathetic nervous system，SNS）和副交感神经系统（parasympathetic nervous system，PSNS）作为自主神经系统的两大组成部分，能够支配和调节机体各器官、血管、平滑肌和腺体的活动和分泌，并参与调节葡萄糖、脂肪、水和电解质代谢，以及体温、睡眠和血压等。两个分系统会在大脑皮质及下丘脑的支配下，既拮抗又协调地调节器官的生理活动。交感神经系统通常被认为是“战斗或逃跑”系统，副交感神经系统通常被认为是“休息和消化”系统。在许多情况下，这两个系统都有“相反”的行为，其中一个系统激活生理反应，另一个系统抑制生理反应。研究发现，交感神经系统和副交感神经系统新的特征是交感神经系统是“快速反应动员系统”，而副交感神经系统是“更慢的激活阻尼系统”。自主神经系统结构又可分为中枢部分和周围部分。自主神经系统主要分布到内脏、心血管和腺体，它们的中枢部在脑和脊髓内，周围部包括内脏运动（传出）纤维和内脏感觉（传入）纤维，分别构成内脏运动神经和内脏感觉神经。

3. 交感神经系统（SNS）

交感神经系统起自脊髓胸腰段，始于 T1 节段，止于 L2 或 L3 节段。交感神经系统由 4 种神经元构成：节前自主神经元、前运动神经元、传入神经元、连接传入信号和更高级中枢的中间神经元。前运动神经元主要调节节前自主神经元的活动，传入神经元能够传导外周受体的信号。

交感前运动神经元位于延髓前腹侧外部、延髓前腹侧中部、尾缝核、脑桥和海马内室旁核，其中位于延髓前腹侧外部的交感前运动神经元在维持基础血压以及调节血压的时相性中起重要作用。交感前运动神经元的传出通路下行至第一胸椎到第二或第三腰椎脊髓侧角的灰质更换成交感节前神经元，位于脊髓前侧角的交感节前神经元发出的神经纤维以 3 种方式形成神经节：椎旁成对的交感神经链、各种不成对的远端神经丛和位于靶器官附近的神经节。交感神经节前纤维在脊髓前角离开脊髓，随脊神经干进入椎旁交感神经节，22 对交感神经节成对排列于脊柱两侧，各神经节间彼此连通形成交感神经链。节前纤维在交感神经节内再次更换成节后神经元，并发出交感节后纤维随脊神经直达相应的效应器官。

来自颈交感神经链 3 个神经节的交感神经分布到头颈部，调节血管张力、瞳孔大小、汗腺和唾液腺分泌以及毛发的运动。下颈部的交感神经节和第一胸椎交感神经节在脊髓两侧各融合成星状神经节。上胸部交感神经节的节后纤维分别形成心脏、食管和肺脏交感神经丛。不成对的椎前交感神经节在腹腔和盆腔椎体前形成腹腔、主动脉、肾动脉和肠系膜上、下交感神经节。腹腔神经节来自胸 5～12 脊髓侧角，节后交感神经支配肝、脾、胃、肾、胰腺、小肠和近端结肠。肠系膜上交感神经节的节后交感神经支配远端结肠。来自第 6～9 胸椎神经的交感神经纤维组成大内脏神经，终于半月神经节，由此分出神经纤维到腹腔神经节，再分支到胃。交感神经的作用为抑制胃的运动和减少胃液分泌，并传出痛觉。副交感神经纤维来自左、右迷走神经，它促进胃的运动，增加胃液分泌，与交感神经的作用相对抗。胃壁黏膜下层和肌层内的神经网由交感和副交感神经纤维共同组成，以协调胃的运动和分泌功能的相互关系。

4. 副交感神经系统（PSNS）

副交感神经系统来自中枢神经系统的 3 个部分：中脑、延髓、脊髓骶髓段。副交感神经自中枢发出的节前纤维在副交感神经节换神经元，节后纤维分布到平滑肌、心肌和腺体。副交感神经节一般都在脏器附近或脏器壁内，节后纤维短。副交感神经的低级中枢位于脑干和脊髓的骶部。节前神经元位于脑干，脑神经部分能够参与缩瞳、涎腺和泪腺分泌、胃肠运动加强、心脏抑制、支气管平滑肌收缩；而骶髓部分能够支配结肠、直肠和膀胱的运动，抑制括约肌和使生殖器血管扩张。

5. 感觉神经元

自主神经系统的独特之处在于它需要一个连续的双神经传出通路；在支配靶器官之前，神经节前神经元必须首先突触到神经节后神经元。节前神经元或第一神经元在“流出”处开始并且在节后神经元或第二神经元的细胞体上突触。然后节后神经元将在靶器官处突触。

感觉由周围神经系统（peripheral nervous system，PNS）和原发性内脏感觉神经元组成。这些感觉神经元监测血液中的 CO_2、氧气和糖，动脉压，胃和肠内容物的化学成分。它们还传达味觉和嗅觉。与 ANS 的大多数功能不同，它们是一种有意识的感知。事实上，血液氧和 CO_2 直接由颈动脉体感知，颈动脉体是由岩石（第 IX）神经节支配的颈动脉分叉处的少量化学传感器。初级感觉神经元投射（突触）到位于延髓的“二级”内脏感觉神经元，形成 NTS，整合所有内脏信息。NTS 还接收附近化学感应中心的输入，即最后区（area postrema），可用于检测血液和脑脊液中的毒素，同时对于化学诱导的呕吐或条件性味觉厌恶也是必需的。

6. 运动神经元

自主神经系统的运动神经元存在于自主神经节中。副交感神经分支靠近靶器官，而交感神经分支的神经节靠近脊髓。自主神经节神经元的活动由位于中枢神经系统中的节前神经元调节。神经节前交感神经元位于脊髓、胸腔和上腰椎水平。在延髓中发现神经节前副交感神经元，它们形成内脏运动核、迷走神经的背侧运动核，以及脊髓的骶骨区域。

2.2.2 自主神经系统的功能

正常或应激条件下，自主神经系统在维持机体的心血管系统、胃肠道和体温稳态中起重要作用。自主神经系统对机体内稳态的维持是与意识无直接关系的自主调节。自主神经系统的主要功能是调节心肌、平滑肌和腺体（包括消化腺、汗腺和部分内消化腺）的活动。两个系统的自主神经经常处于兴奋状态，即持续性紧张，将一定的神经冲动送到所支配的器官，这称为持续性支配。交感神经和副交感神经分裂通常是相互作用的。但这种相互作用在性质上更好地互补而非对抗。作为类比，人们可能会认为交感神经分裂是加速器而副交感神经分裂是制动器。交感神经分裂通常在需要快速反应的行动中起作用。副交感神经分裂的作用是不需要立即反应的动作。如前所述，交感神经系统通常被认为是“战斗或逃跑”系统，副交感神经系统通常被认为是“休息和消化”系统。然而，许多交感神经和副交感神经活动的情况不能归因于“战斗”或“休息”情况。高等生物通过体内平衡维持其完整性依赖于负反馈调节，而负反馈调节通常依赖于自主神经系统。肠神经系统是胃肠系统的内在神经系统，被描述为人体的“第二脑”，其职能包括：感知肠道中的化学和机械变化、调节肠道内的分泌物、控制蠕动和其他一些动作。

1. 交感神经系统

交感神经系统能够促进机体的分解代谢，动员机体的储备力量，维持内环境相对恒定，提高适应能力，以应付环境的急剧变化。而副交感神经系统能够加强同化作用，促进消化吸收和排泄、生殖功能，聚集能量，减少消耗，促进组织恢复等。长期以来，关于交感神经系统和副交感神经系统有两个认知，它们对内脏活动的调节具有相互拮抗和互相协调的性质，自主神经系统的外周作用与效应器的功能状态有密切关系，能持续地发放神经冲动，对效应器具有紧张性作用。交感神经系统能够通过血管收缩将血流从胃肠道（gastrointestinal tract，GIT）和皮肤转移出去，促进骨骼肌和肺部的血流量增加（骨骼肌的血流量增加 1200%），通过血液循环中的肾上腺素扩张肺部细支气管，从而允许更大的肺泡氧交换，增加心率以及心肌细胞（肌细胞）的收缩性，进而增强血液流向骨骼肌的动力，收缩所有肠括约肌和尿道括约肌，抑制蠕动，刺激性高潮等。

2. 副交感神经系统

交感神经系统的效应比较广泛，其主要作用在于应激。副交感神经系统的效应比较局限，其主要作用在于保护机体，促进消化，积累能量，加强排泄，保证种族繁衍等。

副交感神经系统可保持身体在安静状态下的生理平衡，其作用有 3 个方面：增进胃肠的活动、消化腺的分泌，促进大小便的排出；保持身体的能量、缩小瞳孔以减少刺激，促进肝糖原的生成，储存能量，使心跳减慢、血压降低、支气管收缩，以节省不必要的消耗；协助生殖活动，如使生殖血管扩张，性器官分泌液增加。

更准确的概念认为，交感神经系统和副交感神经系统共同构成了一个完整的系统，以维持内脏功能和对内环境稳态的神经调节。交感神经系统不仅可被广泛地激活，如在恐惧或愤怒时，而且也能被单独激活。总之，交感神经的兴奋可以使动脉收缩（以增加对心脏、肌肉和脑的血供）、心率加快、血压升高、括约肌收缩以及胃肠蠕动减慢，所有这些效应都是为了动员身体的能量释放以适应增强的活动。副交感神经的兴奋可使心率减慢、肠腺分泌增多以及胃肠道蠕动增强，这些可以认为与身体的能量储备有关。

3. 突触

神经元本身的兴奋是通过细胞膜电兴奋传递的。神经元的轴突末梢仅与其他神经元的胞体或突起相接触，形成突触。节前神经末梢与下一级神经元的接头或者神经末梢与效应器的接头，均称为突触（附图 1）。

突触的类型主要有：轴—轴型突触、轴—体型突触、轴—树型突触、树—树型突触。神经传导，即神经冲动的传导过程，是电化学的过程，是在神经纤维上顺序发生的电化学变化。神经受到刺激时，细胞膜的透性发生急剧变化。突触传递是一种“电—化学—电”的过程，是突触前膜释放兴奋性或抑制性递质引起突触后膜产生兴奋性突触后电位（excitatory postsynaptic potential，EPSP）或抑制性突触后电位（inhibitory postsynaptic potential，IPSP）的过程。化学性突触的传递：当动作电位扩布到突触前神经末梢时，使膜对 Ca^{2+}通透性增加，Ca^{2+}进入突触小体。进入膜内的 Ca^{2+}可以促进突触小泡向前膜移动，有利于递质释放到突触间隙。如果突触前膜释放的是兴奋性递质，它与突触后膜受体结合，提高了突触后膜对 Na^+、K^+等离子的通透性（以 Na^+为主），从而导致突触后膜产生 EPSP。当 EPSP 的幅值达到一定值时，可引起突触后神经元兴奋。如果突触前膜释放的是抑制性递质，它与突触后膜受体结合，提高突触后膜对 Cl^-和 K^+的通透性，主要是 Cl^-，导致突触后膜超极化，产生 IPSP，降低突触后神经元的兴奋性，呈现抑制效应。神经递质在突触间隙中发挥生理效应后，通过灭活酶的作用而失活，或由突触前膜摄取和进入血液途径终止其作用，保证突触传递的灵活性。突触后神经元的状态取决于 EPSP 与 IPSP 综合的结果，如 EPSP＞IPSP，进入兴奋状态，反之进入抑制状态。

突触传递要通过化学递质的中介作用，因此具有不同于神经纤维传导的特征。突触传递有如下 5 个主要特征：①单向传递。由于递质只能由突触前膜释放，然后作用于突触后膜，兴奋在突触上的传递只能向一个方向进行，就是从突触前神经末梢传向突触后神经元，而不能逆向传递。突触的单向传递使得整个神经系统的活动能够有规律地进行。②突触延搁。兴奋在突触处的传递，比在神经纤维上的传导要慢。这是因为兴奋由突触前神经末梢传至突触后神经元，需要经历递质的释放、扩散以及对突触后膜作用的过程，需要较长的时间（约 0.5ms），这段时间就叫作突触延搁。③总和。通常兴奋性突触每兴奋一次，并不足以触发突触后神经元兴奋。但是，同时传来的一连串兴奋，或是许多突触前神经末梢同时传来一排兴奋，引起较多的递质释放，就可以使突触后神经元兴奋，这种现象就叫作总和。④对内环境变化敏感。突触对内环境的变化非常敏感，缺氧、CO_2增加或酸碱度的改变等，都可以改变突触部位的传递活动。⑤对某些药物敏感。突触后膜的受体对递质有高度的选择性，因此某些药物也可以特异性地作用于突触传递过程，阻断或者加强突触的传递。

4. 神经递质和受体

当神经冲动到达神经末梢时，从神经末梢释放的一种化学传递物称为神经递质。神经递质传递神经的冲动和信号，与受体结合产生效应。受体是指细胞膜或细胞内能与激素、递质等化学物质发生特异性结合并诱发生物效应的特殊蛋白质分子。

介导自主神经系统冲动传导的化学递质主要有去甲肾上腺素和乙酰胆碱。去甲肾上腺素的生物合成主要在去甲肾上腺素能神经末梢进行。酪氨酸是合成去甲肾上腺素的基本原料。酪氨酸（tyrosine，tyr）从血液由钠依赖性载体转运进入神经元后，经酪氨酸羟化酶（tyrosine hydroxylase）催化生成多巴，再经多巴脱羧酶催化生成多巴胺（DA）（一种重要的神经递质），DA 进入囊泡中由多巴胺 β-羟化酶（dopamine β-hydroxylase）催化，转化为去甲肾上腺素并与 ATP 和嗜铬颗粒蛋白以结合的形式贮存于囊泡中。上述参与去甲肾上腺素合成的酶中，酪氨酸羟化酶的活性较低，反应速度慢且对底物的要求专一，当细胞质中 DA 或游离去甲肾上腺素浓度增高时，对该酶有反馈性抑制作用；反之，则对该酶抑制作用减弱，催化作用加强。因此，酪氨酸羟化酶是整个合成过程的限速酶，此酶的活性可被 α-甲基酪氨酸所抑制。当神经冲动抵达神经末梢时，通过胞裂外排方式，把神经递质释放入突触间隙。去甲肾上腺素作用的消除主要由突触前膜将去甲肾上腺素再摄取进入神经末梢内。这种摄取称为摄取 1，是一种主动的转运机制，其摄取量为释放量的 75%～95%。摄取进入神经末梢的去甲肾上腺素尚可进一步被囊泡摄取贮存；部分未进入囊泡的去甲肾上腺素可被细胞质中线粒体膜上的单胺氧化酶（monoamine oxidase，MAO）破坏。非神经组织如心肌、平滑肌等也能摄取去甲肾上腺素，这种摄取之后，即被细胞内的儿茶酚氧位甲基转移酶（catechol-O-methyl transferase，COMT）和 MAO 所破坏。此外，尚有小部分去甲肾上腺素从突触间隙扩散到血液，最后被肝、肾等组织中的 COMT 和 MAO 破坏失活。

乙酰胆碱是迷走神经释放的递质，在许多其他器官中（例如胃肠、膀胱、颌下腺等），刺激副交感神经也可在灌注液中找到乙酰胆碱。由此认为，副交感神经节后纤维都是释放乙酰胆碱作为递质的。释放乙酰胆碱作为递质的神经纤维，称为胆碱能纤维。现已明确躯体运动纤维也是胆碱能纤维。节前纤维和运动神经纤维所释放的乙酰胆碱的作用，与烟碱的作用相似，称为烟碱样作用（N 样作用）；而副交感神经节后纤维所释放的乙酰胆碱的作用，与毒蕈碱的药理作用相同，称为毒蕈碱样作用（M 样作用）。自主性神经传递的传统概念认为，交感神经系统和副交感神经系统的节前神经元都属于胆碱能神经，副交感神经系统的节后神经元也是胆碱能神经，而交感神经系统的节后神经元则是去甲肾上腺素能神经。在自主神经系统内，还存在不以乙酰胆碱或去甲肾上腺素为主要递质的神经元，这些神经元生成和释放的多种物质也符合神经递质或神经调质的定义，这些发现增加了自主神经系统内的神经药理学概念的复杂性。

2.3 畜禽神经内分泌系统

神经内分泌系统是研究中枢神经系统和内分泌系统之间关系的一门学科，包括下丘脑、垂体及其外周系统在内的激素信号系统。畜禽受应激原刺激时，会引起HPA轴为主轴的一系列个体防卫性非特异性反应。畜禽应激反应的机制是机体作为一个整体，通过神经内分泌系统，动员所有器官和组织来对付应激原的刺激。首先交感—肾上腺髓质系统对应激原作出有效反应，肾上腺分泌功能加强，分泌肾上腺素和去甲肾上腺素，肾上腺素参与体内物质代谢调节和循环系统调节等。下丘脑—垂体—肾上腺轴是应激反应的另一重要途径，丘脑下部接受神经和体液途径传来的应激原刺激，在应激情况下，丘脑下部促肾上腺激素释放激素分泌加强，可使垂体前叶促肾上腺皮质激素分泌增加，使肾上腺皮质束状带加速糖皮质激素的合成和释放，抑制机体免疫功能，破坏机体内电解质平衡，影响动物健康。同时，由于应激原刺激作用于中枢神经系统，使下丘脑分泌的促甲状腺素释放增多，甲状腺激素对代谢作用广泛；应激原可使下丘脑分泌的促性腺激素释放激素减少，垂体分泌的促性腺激素减少，导致动物繁殖功能下降或不育。此外，内分泌系统还与神经系统、免疫系统相互联系、相互协调，构成神经—内分泌—免疫调节网络，共同完成机体功能活动的高级整合，以维持内环境的相对稳定。

2.3.1 温热环境对畜禽神经内分泌系统的影响

1. 温度

1）热应激

畜禽处于高温环境时，机体对所处的热环境做出一系列非特异性生理反应，发生热应激（HS）。不同的动物，热应激发生的条件不同。当环境温度超过热中性区（基础产热和散热达到平衡）时，猪机体会发生热应激；当气温高于 32℃或温湿指数（temperature-humidity index，THI）高于72时，奶牛会发生热应激。热应激发生时，会伴随多种信号通路的激活和抑制。

（1）热应激对ERK1/2信号通路的影响。真核细胞对外界环境的影响是通过复杂的、相互联系的信号传导系统来实现的。这些信号传导系统可以将外部刺激转化成细胞内部的各种反应，细胞外调节蛋白激酶1和2（extracellular regulated protein kinase 1 and 2，ERK1/2）信号通路在这一过程中发挥重要作用。HS 可以通过激活 MAPK/ERK 激酶 1 和 2（MEK1/2）和抑制 ERK1/2 去磷酸化来激活细胞内的 ERK1/2 信号通路，降低 HS 对细胞造成的损伤。在温和热应激条件下，ERK1/2 由活化的 MEK1/2 所激活，当热应激变得剧烈时，MEK1/2 活性逐渐减弱，使 ERK1/2 发生去磷酸化的磷酸酯酶 3（mitogen-activated protein kinase phosphatase 3，MKP3）和磷酸酯酶 1（mitogen-activated protein kinase phosphatase 1，MKP1）由于高温而失活。因此，在长时间或剧烈的热应激条件下，磷酸酯酶的活性受到抑制，减慢 ERK1/2 去磷酸化的速度，所以，ERK1/2 能保持较长时间的活性。

（2）热应激对 AMPK 通路的影响。AMP 依赖的蛋白激酶［adenosine 5′-monophosphate（AMP）-activated protein kinase，AMPK］是一种负责代谢和能量需求的蛋白激酶，是所有真核细胞中能量代谢调节的关键分子。HS 可以激活 AMPK，抑制消耗能量的合成途径来调节细胞的能量平衡，进而影响营养代谢，以此缓解热应激。热应激在损害细胞功能的同时，也启动细胞内的保护机制，这一机制与细胞内的能量代谢有关。AMPK 参与热应激调节细胞内的能量代谢，是调节细胞能量代谢的关键因子。细胞内 AMP/ATP 比值升高，会直接激活 AMPK。热应激可通过抑制支持细胞中 AMPK 的活性，上调葡萄糖转运蛋白 3（glucose transporter 3，GLUT3）、乳酸脱氢酶 A（lactate dehydrogenase A，LDHA）和单羧酸转运蛋白（monocarborxylat transporter 1，MCT1）的表达和 LDH 的活性来促进热应激诱导的乳酸合成。

（3）热应激对紧密连接的影响。紧密连接，又称闭锁小带，是相邻细胞膜共同构成的一个液体无法穿透的屏障，是两个细胞间紧密相连的区域。紧密连接由分支状封闭索网络组成，每条封闭索独立于其他封闭索作用。因而，紧密连接防止离子通过的能力随封闭索的数目指数式增长。短暂的热应激可导致紧密连接功能发生可逆的变化。热应激可通过激活 ERK1/2 信号通路诱导猪的支持细胞发生去分化，重新回到未分化状态。热处理通过引起猪支持细胞内氧化应激从而抑制 CaMKKβ-AMPK 信号通路，进而抑制紧密连接相关蛋白表达，并使 Claudin-11 表达部位发生变化。

（4）热应激对 Keap1-Nrf2 信号通路的影响。核转录因子 Nrf2 以 Keap1-Nrf2 信号通路介导并激活多种抗氧化基因和Ⅱ相解毒酶基因的转录，从而减轻活性氧（reactive oxygen species，ROS）和亲电子物质引起的细胞损伤，维持机体氧化-抗氧化的生理平衡，是细胞抗氧化机制中最重要的通路（童海达等，2013）。细胞正常代谢时，转录因子 Nrf2 在细胞质和细胞核中的含量处于相对稳定状态。当细胞处于热应激状态时，细胞质中的 Nrf2 转入核中，使细胞核中 Nrf2 含量升高，增加 Nrf2 与核内抗氧化应答元件位点结合，提高 ARE 调控的多种解毒酶及抗氧化酶基因表达，增强细胞对热应激的抗性，进而维持细胞和组织器官内环境稳定。血红素加氧酶 1（hemeoxygenase 1，HO-1）能被各种引起细胞氧化应激损伤的因素所诱导，其 mRNA 和蛋白质在组织中表达的上调通常被认为是氧化应激的标志。热应激可提高细胞内的 ROS 水平，从而引起氧化应激，进而引发细胞毒性反应。奶牛受到热应激时，肝脏中 *Keap1* 与 *Nrf2* 的 mRNA 表达水平均显著升高，说明奶牛肝脏发生了氧化应激，*Nrf2* 下游 4 个抗氧化基因中，*HO-1* 和 *NQO1* 的 mRNA 表达水平显著升高，说明热应激时肝脏中 Keap1-Nrf2-ARE 信号通路处于激活状态，即抗氧化损伤机制处于活跃状态。夏季高温应激可致奶牛肝脏中 Keap1-Nrf2-ARE 信号通路介导的Ⅱ相解毒酶和抗氧化基因的转录被激活。通过 Nrf2/ARE 信号通路上调 *HO-1* 表达已成为近年研究者攻克细胞氧化应激难题的首要选择。

（5）热应激对内质网应激信号通路的影响。PKR 样内质网激酶（protein kinase RNA（PKR）-like ER kinase，PERK）通路，是内质网应激发生后诱导的未折叠蛋白反应（unfolded protein response，UPR）信号，PERK、肌醇必需酶 1（inositol-requiring enzyme 1，IRE1）及活化转录因子 6（activating transcription factor 6，ATF6）3 条经典信号通

路诱导适应性反应，进而促进细胞存活。单次热处理可明显上调睾丸组织内磷酸化的真核翻译起始因子 eIF2 的 α 亚基（phosphorylated α subunit of eukaryotic initiation factor 2，p-eIF2α）与 CCAAT 增强子结合蛋白同源蛋白（C/EBP-homologous protein，CHOP）的表达水平，提示内质网应激 PERK 信号通路可能部分参与热处理诱导的睾丸生殖细胞凋亡。内质网应激能通过多种途径引起凋亡，其中 IRE1 通路是决定细胞最终命运——生存或者凋亡的关键途径。短暂热应激首先能够激活内质网应激 IRE1 通路 XBP1 分支，启动内质网应激早期适应性反应。然而随着时间的延长，细胞内稳态无法修复，IRE1α 激酶活性被激活，促使 c-Jun 氨基末端激酶（JNK）发生磷酸化，从而促进睾丸生殖细胞凋亡。

（6）热应激对钙—钙调素信号通路的影响。Ca^{2+}作为生物体细胞内最重要的第二信使，负责调控细胞内信号传导，即当应激刺激导致 Ca^{2+}浓度上升时，Ca^{2+}便与相应的靶蛋白结合，从而参与细胞内多种信号途径的传导。钙调蛋白（calcium-activated calmodulin，CaM）是生物体细胞中 Ca^{2+}最重要的多功能受体蛋白，能将 Ca^{2+}信息传导给下游靶蛋白，是 Ca^{2+}参与信号传导途径中的重要成员。热应激时，细胞内 Ca^{2+}浓度上升，激活 *CaM* 基因使其表达量增加，随即 CaM 作用于其下游的 2 种靶蛋白，即 2 条信号传导支路来提高热休克因子 1（heat shock factor 1，*HSF1*）的转录活性，进而调节热休克蛋白 70（heat shock proteins 70，*HSP70*）的表达。

（7）热应激对神经内分泌的影响。热应激响应是机体内平衡失常与修复，进而达到新的平衡的过程。这种平衡体系的建立主要通过交感—肾上腺髓质轴和下丘脑—垂体—肾上腺轴的激活，引起内分泌相关激素发挥调控作用。在热应激条件下，中枢神经接受刺激信号后，下丘脑分泌 CRH，促进腺垂体合成与释放 ACTH，后者促进糖皮质激素合成和分泌并释放到血液。高温影响下丘脑的正常功能，使体温调节、血管舒缩功能发生障碍，影响其对交感神经和排汗的调节。体温升高导致的代谢增强可以引起汗腺疲劳甚至衰竭，从而加速体热的蓄积，使体温进一步升高。当体温超过体内酶的适应温度范围时，酶活性降低，代谢率也下降。高温使蛋白质变性，细胞变性坏死，可引起脑膜缺氧充血水肿，对中枢神经系统产生不可逆转的损伤。热应激能够通过下丘脑—垂体—性腺轴影响动物的繁殖性能，表现在 GnRH、FSH 和 LH 分泌下降，促性腺激素受体表达被抑制（Shimizu，2000），性激素分泌减少（Sirotkin，2010；Wolfenson et al.，2002）。热应激还可通过下丘脑—垂体—肾上腺轴调控促甲状腺激素、甲状腺激素和下丘脑促肾上腺皮质激素释放激素的分泌，促进 ACTH 的分泌，溶解黄体，从而导致胚胎死亡或流产（Maloyan et al.，2002）。

（8）热应激对 mTOR 通路的影响。mTOR 通路的核心是 mTOR 蛋白复合体，它是一种蛋白激酶，属于 3-磷脂酰肌醇激酶家族。mTOR 通路上的感受元件响应营养短缺、能量的变化和胰岛素含量的变化，调控下游蛋白质的合成和细胞增殖。在热应激条件下，猪采食量下降，营养物质短缺，日增重减少，造成间接的饥饿应激。热应激引起这些变化的机理可能是热应激影响 mTOR 通路，抑制蛋白质的合成和细胞生长。热应激引起猪采食量减少，能量供应不足，激活 AMPK 通路，进一步引起 mTOR 代谢通路的变化。

2）冷应激

目前，低温常应用于人医学治疗，尤其是亚低温治疗（32～35℃）。亚低温可以通过下调小胶质细胞 TLR4/NF-κB 信号分子的表达，减少促炎因子 TNF-α 的释放，使炎症反应趋于正向平衡，达到脑保护作用。此外，在人心室肌细胞研究中，低温处理导致细胞 454 个基因上调和 1959 个基因下调。因此，低温抑制大多数基因的表达。

世界卫生组织空气质量管理和空气污染控制中心根据热环境综合评价指标预测平均评价（predicted mean vote，PMV）、生理等效温度（physiological equivalent temperature，PET）界定了人的热灵敏度和生理应激等级。最舒适的温度在 18～23℃，在这区间定义为无应激，低于 18℃或高于 23℃又分层次界定出冷应激和热应激，这为禽畜冷应激的研究提供了参考。

人们通常只研究冷应激所带来的影响或者出现的症状。其实，不同的动物所能承受的寒冷程度不同，所以引起冷应激的温度范围和程度也不尽相同。一般来说，根据暴露在寒冷环境中的时间长短不同，可将冷应激分为急性冷应激和慢性冷应激。目前的冷应激研究主要以急性冷应激为主。

（1）冷应激对 NF-κB 信号通路的影响。NF-κB 由两类亚基形成同源或异源二聚体。一类亚基包括 p65（也称 RelA）、RelB 和 C-Rel；另一类亚基包括 p50 和 p52。最常见的 NF-κB 亚基组成形式为 p65/p50 或 p65/p65。NF-κB 是细胞内重要的转录诱导因子，能够调控一系列包括炎症细胞因子在内的多种炎症基因的转录。NF-κB 活化后，大量 p65 从胞质进入细胞核，产生大量的 TNF-α、IL-1β 等炎性因子，后者作为细胞外刺激信号反过来使得 NF-κB 再次活化，释放大量的 IL-6、IL-8 等炎性因子，最终导致炎症信号进一步放大。产前冷应激会抑制妊娠大鼠海马脑源性神经营养因子（brain-derived neurotrophic factor，BDNF）的表达，促进 RNA 结合基元蛋白 3（RNA binding motif protein 3，RBM3）蛋白的合成，并抑制 ERK1/2 磷酸化；激活 HSP70/TLR4/NF-κB 通路促进 NF-κB 的活化。此外，产前冷应激可激活胎盘 HSP70/TLR4/NF-κB 通路，促进炎症反应的发生。

（2）冷应激对神经内分泌的影响。冷应激时，增加产热是动物机体为了维持体温恒定而产生的主要生理反应。增加产热反应在冷应激条件下较为复杂，主要受内分泌系统与神经系统的双重调节。下丘脑是控制冷应激反应的主要中枢，机体可通过 HPA 轴、下丘脑—垂体—甲状腺（HPT）轴及交感—肾上腺髓质轴等实现冷应激反应。

① 交感—肾上腺髓质轴。在冷应激时，中枢肾上腺素能神经元被激活，进一步调节外周自主神经（主要是交感神经）活动，使交感—肾上腺髓质轴持续处于高度激活状态。在冷应激状态下，交感神经系统一方面通过激活肾上腺髓质嗜铬细胞合成和分泌儿茶酚胺（catecholamines，CAs）影响免疫功能；另一方面通过对中枢和外周免疫器官中存在的交感神经纤维支配而发挥作用。分布于淋巴器官的交感神经末梢释放神经递质，促使血液中肾上腺素和去甲肾上腺素合成并释放增加。NE 和 E 促进体内细胞代谢，促进糖原分解，使血糖升高，增加产能和产热。其特点为作用短暂，在动物刚进入冷环境时起作用。

② HPA 轴。冷应激下，下丘脑的 CRH 合成和分泌力增强。CRH 在应激反应中起主要调节作用，其经垂体门脉血流到达垂体，刺激 ACTH 的分泌。同时，二者通过负反馈调节下丘脑和垂体。研究表明，小鼠冷应激后，血浆中 ACTH 含量升高，ACTH 再作用

于肾上腺皮质，促进胆固醇的摄入并向皮质醇（cortisol，COR）和皮质酮（corticosterone，CORT）转化，刺激糖皮质激素（glucocorticoid，GC）的合成，GC 又名肾上腺皮质激素，通常作为判断机体是否受应激的指标。在适应长期的冷应激时 GC 起重要作用，在改变动物机体对应激刺激反应及改变动物机体对后继应激刺激反应中均有作用。当血液中 GC 上升时，抑制下丘脑释放 CRH 和阻断 CRH 对腺垂体的作用，使 ACTH 下降。此外，血液中 ACTH 增加时，抑制下丘脑释放 CRH。经上述调节，使 ACTH 和 GC 的分泌维持在相对恒定水平，不会过高或过低。

③ HPT 轴。当内外环境变化时，信息传入脑中，使丘脑下部产生促甲状腺激素释放激素（TRH），经垂体门脉系统至腺垂体，刺激促甲状腺素分泌细胞分泌促甲状腺激素（thyroid-stimulating hormone，TSH）。经过血液运输到甲状腺，促进甲状腺细胞增生和甲状腺激素的合成与释放。同时，当血中甲状腺激素增加到一定浓度时，抑制 TSH 的合成与释放，使腺垂体对 TRH 的反应性降低，TSH 增加到一定浓度时，抑制 TRH 的合成与释放。慢性冷应激时，动物较长时间处于甲状腺激素分泌增加的状态，增加体内代谢，增加产热，其特点为作用缓慢而持久。

④ 冷应激对应激蛋白的影响。冷诱导 RNA 结合蛋白（cold inducible RNA-binding protein，CIRP）是一个哺乳动物应激蛋白，它在冷应激中发挥重要的细胞保护作用。低温下 CIRP 的蛋白水平显著升高。冷应激可诱导合成金属硫蛋白，它能清除体内的自由基，发挥抗氧化作用，保护应激状态下肝脏的功能。动物在低温应激时，正常生理状态下抑制解偶联蛋白（uncoupling protein，UCP）嘌呤核苷酸的结合会被解除，打开 UCP 质子通道，增加氧化磷酸化解偶联，致使产热增多。目前，国内外对动物应激蛋白的研究很局限，仅着眼于单个或少数几个蛋白的研究，缺乏系统性、整体性的研究。深入研究动物冷应激的机制，应该考虑在蛋白质水平上对动物冷应激进行系统性和整体性的研究。

2. 湿度

湿度是畜禽舍重要环境指标之一。舍内相对湿度是一个被普遍认识而不被重视的环境因素。一般认为，空气湿度对鸡的影响是与温度相结合共同起作用的。在适温时，空气湿度对鸡体的热调节机能没有较大的影响，对生长性能的影响也不大。雏鸡对湿度的要求不像温度那样严格，适应范围较大，但如果把握不当，仍然会导致各种疾病的发生甚至死亡。鸡的繁殖率与相对湿度呈明显的负相关关系。

1）低湿

低湿时，空气干燥水汽含量低，鸡只裸露的皮肤和黏膜水分蒸发过度，易造成局部干裂，从而减弱皮肤、黏膜对病原微生物的防御能力。如果环境相对湿度持续低于 40%以下，舍内灰尘较多致使雏禽鼻黏膜持续干燥，抑制呼吸道纤毛的运动功能；同时，干燥造成的舍内粉尘大量增多，各种微生物同粉尘一起通过呼吸道进入肺泡、气囊，严重干燥时则因纤毛上皮脱落，黏膜干裂，使病原微生物直接侵入血液，易发生呼吸道疾病或者其他疾病。

2）高湿

高湿对家禽的影响一般是指在高温或低温时，高湿对鸡产生不良影响。而在温度适宜的环境中，高湿有利于灰尘下沉，使空气较为干净，对防止和控制呼吸道感染有利，使肺炎的发生率也下降。如果空气相对湿度在 85%以上，温度高低对鸡的影响都很大。高温高湿时，鸡主要靠呼吸蒸发散热，相对湿度高会增加机体蒸发散热的难度，热量不容易从体内排出，使得体温升高，生长性能下降。高温高湿还易造成饲料、垫料的霉败，病菌和虫卵容易繁殖、传播，可使雏鸡群暴发曲霉菌病。低温高湿时，由于空气的容热量大，潮湿的空气会使鸡身体的散热量增加，使得鸡感到更加寒冷，消耗饲料量增加，生产能力下降，甚至冻伤等。垫料过湿会损害鸡脚，通常还导致胸囊肿。

3. 风速

关于风速对畜禽影响的报道较少，目前，主要集中在家禽方面。最早开始研究通风对家禽的影响要追溯到 20 世纪 60 年代，“肉鸡生产得益于风速产生的风冷作用”首次被提出，该观点认为风速可以改善肉鸡生产性能（Drury et al.，1966）。有研究证实风速通过调节高温环境下家禽热平衡提高其生产性能（Yahav et al.，2004）。风速对生产性能的影响取决于风速大小（Ruzal et al.，2011）、家禽日龄（Dozier et al.，2005）、环境温度（May et al.，2000）、饲养方式和通风方式（Dozier et al.，2006）等因素。家禽所需的适宜风速也会根据上述因素的变化而不同。

风速对家禽的影响有一套特定的作用机制。风速通过影响对流散热，进而改变体热平衡，最终对家禽的生理和生产造成影响。家禽体内同样存在一套维持热平衡的响应机制。温度、湿度和风速综合表征环境的热负荷量，作用于家禽体热感受器（Boulant，1998），包括外周温度感受器和中枢温度感受器。这些器官将感受的热信息上传至调节体温的中枢结构（存在于从脊髓到大脑皮质的整个神经系统内），体温调节的基本中枢位于下丘脑。其中，PO/AH 是体温调节中枢的关键部位。热信息经过体温中枢结构处理后，通过神经或（和）内分泌途径支配效应器产生反应（Morrison，2004），调节产热量和散热量，完成热平衡的调节，以达到机体热平衡的状态。

此外，风速影响家禽的散热方式。风速增大，任何热物体的对流传递的热量也随之增大，这一复杂的过程可以用“热边界”来解释。总之，风速通过对家禽能量、水平衡的调节，从而达到调节热平衡的目的。

2.3.2　运输应激对畜禽神经内分泌系统的影响

运输应激是指在运输途中的禁食/限饲、环境变化（混群、密度、温度、湿度）、颠簸、心理压力等应激原的综合作用下，动物机体产生本能的适应性和防御性反应，是影响动物生产的重要因素之一。运输应激条件下，动物往往表现为性情急躁，呼吸、心跳加速，恐惧不安，体内的营养、水分大量消耗，最终影响动物的生产性能、免疫机能和产品品质。运输应激导致动物体重损失，奶牛泌乳量减少，蛋鸡产蛋减少，肉鸡病死率升高；此外，动物运输后屠宰肉质下降，如肌肉乳酸含量升高，pH 降低，系水力下降等。

1. 运输应激产生的原因

运输性应激产生的原因包括内在因素和外在因素。内在因素主要由畜禽个体的基因型决定。生活环境的突然改变，会使动物机体处于一种“紧张”状态，诱发神经、内分泌系统活动增强，发生应激反应。在车船运输过程中，尤其是在缺水情况下，动物体内酸碱平衡与水盐代谢紊乱，消化液分泌与营养成分吸收少，代谢产物的排泄发生障碍，使机体容易发生高渗性脱水、代谢性酸中毒等。运输过程中，由于受气温和运输车厢内水分、粪尿蒸发的影响，车厢内往往形成高热、高湿的小气候，引起畜禽体内积热，且散热困难，导致脱水、心力衰竭、肺淤血、肺水肿、全身血液循环衰竭和消化机能减退等，常常因得不到及时救治而死亡（Zhu et al.，2009）。运输时间和距离的不同，畜禽的应激反应不同。运输前对畜禽的追捕、驱赶，运输途中畜禽间拥挤、争斗，车船颠簸，车船内空气污染等均可成为运输应激的应激原。

2. 运输应激的危害

运输应激会影响动物血液中的激素水平，动物受运输应激原刺激时，下丘脑—垂体—肾上腺皮质轴功能增强，血清中促肾上腺皮质激素、糖皮质激素等激素水平发生相应变化。运输应激还会影响酶含量。运输导致剧烈运动、肌肉损伤或肌肉疲劳时，血液中血清肌酸激酶和乳酸脱氢酶含量增加。血清肌酸激酶是肌细胞特异酶，血清肌酸激酶活性显著升高是肌细胞膜系统受损的一个标志。除此之外，还会影响 pH、血红蛋白含量等生理指标。

运输应激降低畜禽免疫力。运输应激过程中，动物为了抵抗应激而增强机体特异和非特异性免疫功能进而导致炎症反应，使得参与以上反应的免疫细胞增多。研究表明，成年婆罗门牛在 72h 的运输后，白细胞尤其是嗜酸性粒细胞数量较运输前 48h 显著降低，淋巴细胞的免疫功能下降，在运输后 6d 才恢复到正常水平，但其体质明显下降，更易感染病菌。

运输应激对动物可产生行为障碍，且随应激时程的长短而有不同表现。急性应激期动物行为活动增多，慢性应激期动物行为活动减少，动物随应激原刺激时间的延长，行为表现由兴奋、焦虑转为抑制、抑郁等（Santurtun et al.，2015）。

运输应激降低畜禽产品品质。研究表明，运输时动物密度太大会造成空气流通不畅及动物活动空间受限，不仅会引起肉牛之间的争斗，消耗糖原，而且相互碰撞中更容易产生擦伤和瘀伤，从而产生较大的应激反应，影响肉品质（Rey-Salgueiro et al.，2018）。在冷应激环境与正常环境条件下模拟 3h 运输试验表明，低温环境下鸡胸肉、鸡腿肉温度显著下降，血糖含量也显著降低，间接影响肌肉品质（Dadgar et al.，2012）。

猪运输应激综合征是指生猪在运输过程中受不良因素的刺激，如运输热、拥挤、追赶、惊恐、过度疲劳、噪声等，导致机体出现恶性高热和各种神经症状以及各种疾病。在运输过程中，由于喂料和供水不方便，猪出现食欲不振。猪在排空胃肠内容物后长期处于饥饿、缺水状态，导致耗损大量的体液和组织，蓄积过多的酸类代谢产物，引起脱水和代谢性酸中毒等。

3. 运输应激的分子机制

运输应激首先影响体内非特异性免疫反应，即交感神经—肾上腺髓质轴。此外，

HPA 轴也参与运输应激应答过程。体内众多激素如糖皮质激素、甲状腺激素、β-内啡肽和促肾上腺激素释放激素等都在运输应激过程中发生变化。

运输应激也会引起血液中某些酶活性的变化，如乳酸脱氢酶、谷草转氨酶和肌酸磷酸激酶等。研究发现，运输应激导致动物体重减轻，血清肌酸激酶（creatine kinase，CK）活性升高，组织中热休克因子以及热休克蛋白表达上调。运输应激还可以通过增强一氧化氮合酶的活性和一氧化氮合酶亚型基因的转录而增加一氧化氮的生成，从而阻断细胞保护性热休克反应，对动物机体组织造成伤害（Sun et al.，2018）。此外，运输应激导致糖皮质激素升高，机体产生免疫抑制，当应激较强时动物的体液免疫水平明显下降。有研究表明，运输应激激素发出的应激信号会直接激活外周血白细胞，外周血白细胞能够增加促炎细胞因子的转录表达以及上调参与抑制自由基的血清炎性蛋白（溶菌酶和转铁蛋白）的 mRNA 表达，从而诱导一种进行组织修复和恢复的促炎反应（Wein et al.，2017）。

2.3.3　有害气体和颗粒物对畜禽神经内分泌系统的影响

1. 有害气体

1）氨气（NH_3）

NH_3 易溶于水。在畜禽舍内，NH_3 常被溶解或吸附在潮湿的地面、墙壁表面，也可溶于畜禽的黏膜上，产生刺激和损伤。低浓度的 NH_3 可刺激三叉神经末梢，引起呼吸中枢的反射性兴奋。高浓度的 NH_3，可直接刺激机体组织，引起碱性化学烧伤，使组织溶解、坏死；还能引起中枢神经系统麻痹、中毒性肝病和心肌损伤等症状。

畜禽舍内 NH_3 的来源主要有 2 条途径：一是将摄入的蛋白质代谢分解；二是尿氮分解。一般禽舍内 NH_3 浓度要高于畜舍。畜禽暴露在高 NH_3 浓度环境下，机体免疫机能降低，可诱发多种疾病（Nighot et al.，2002）；NH_3 可引起体内自由基增加，使血液中丙二醛含量增加，抗氧化酶含量下降，加剧脂质过氧化反应；NH_3 可引起肝脏组织受损、神经内分泌紊乱等不良反应，进而造成代谢增快，消耗增加，生长水平下降，行为异常，严重影响畜禽的生长健康。NH_3 对动物生长的负面作用可能是由于肠道内 NH_3 对黏膜的刺激，导致肠道黏膜细胞的代谢加快；其次，一部分 NH_3 会进入血液，机体对 NH_3 的解毒代谢加强，因此氧和能量的需求量会增加。这样大量的能量被消耗于解毒代谢，用于生长的能量就会减少，因而 NH_3 暴露会影响畜禽的生长性能。NH_3 刺激不仅会引发家禽多种呼吸道疾病，还导致肉鸡腹水症的发生及其发病率的提高，严重降低家禽的生产性能（Miles et al.，2006）。高浓度 NH_3 还会引起机体中毒，甚至引起死亡。NH_3 暴露还会使肉鸡易患角膜炎，肉鸡扎堆现象明显，进而出现用翅膀摩擦眼部、闭眼以及光过敏现象（Nemer et al.，2015）。

2）硫化氢（H_2S）

养殖环境中 H_2S 的生成主要由含硫氨基酸等在体内分解经动物肠道排出或体外发酵分解产生。畜禽舍内 H_2S 的生成主要受 3 方面因素影响：①饲粮中含硫物质；②含硫的粪尿等有机物；③局部小环境因素（通风、空间、气温、湿度等）。

畜舍中的 H_2S 产生于粪便的厌氧变性。H_2S 浓度过高时，会降低动物生产性能，严重时造成疾病，甚至死亡。H_2S 会引起动物应激，降低家畜的免疫功能和抗氧化能力，并且随着 H_2S 浓度的升高和作用时间的延长，机体的受损程度加重。有研究发现随着 H_2S 浓度的升高和应激时间的延长，血清中免疫球蛋白 A（IgA）、免疫球蛋白 G（IgG）、免疫球蛋白 M（IgM）含量显著降低，IL-1β 和 IL-6 含量显著提高，且随着应激时间的延长，IL-1β 和 IL-6 含量未出现降低趋势，表明机体产生了炎症反应。

研究表明，H_2S 可以加重组织炎症损伤的程度，肺组织中 IL-4、IL-6、TNF-α 和 IL-1β 的 mRNA 表达水平显著升高，IFN-γ 的表达水平显著下降，严重破坏了 Th1/Th2 平衡，且 NF-κB 信号通路中 *IkBα* 和 *NF-kB* 基因表达水平显著上调，并伴随着其下游的 *COX-2*、*PGE* 和 *iNOS* 基因表达水平显著升高。亦有研究认为高浓度的 H_2S 可以上调 *NF-κB*、*P38*、*ERKE1/2* 等基因表达，加重炎症反应；而低浓度的 H_2S 可以通过抑制 NF-κB 信号通路发挥抗炎作用（Wang et al.，2013）。

2. 颗粒物

畜禽生产过程中产生并释放的颗粒物（PM）对畜禽的健康生长以及现场工作人员的健康产生不利影响。根据粒径大小，PM 可分为总悬浮颗粒物（total suspended particulates，TSP），粒子直径 0～100μm；粗颗粒物（PM2.5～10），粒子直径 2.5～10μm；细颗粒物（PM2.5），粒子直径小于 2.5μm；超细颗粒物（PM0.1），粒子直径小于 0.1μm。国际标准化组织规定将直径小于等于 10μm 的颗粒物定为可吸入颗粒物。在可吸入颗粒物中，粒径大于 5μm 的粒子被阻挡在上呼吸道，粒径小于 5μm 的粒子进入气管和支气管，而粒径小于 2.5μm 的粒子能进入肺泡，这部分颗粒物称为可呼吸颗粒（Guarnieri et al.，2014）。

畜禽舍内高浓度 PM 容易引起畜禽呼吸道疾病。PM 通过以下 3 种方式影响畜禽呼吸道健康：①PM 直接刺激呼吸道，降低机体对呼吸系统疾病的抵抗力。②PM 表面附着的化合物的刺激。③PM 表面病原性和非病原性微生物的刺激。畜禽舍 PM 的表面附着大量的重金属离子、挥发性有机化合物（volatile organic chemicals，VOCs）、NO_3^-、SO_4^{2-}、NH_3、内毒素、抗生素、过敏原、尘螨及 β-葡聚糖等物质，这些物质以 PM 为载体进一步危害呼吸道健康（Takai et al.，1998）。

吸入的 PM 刺激肺泡巨噬细胞产生前炎症因子，前炎症因子刺激肺泡的上皮细胞、内皮细胞及成纤维细胞分泌细胞因子和细胞黏附因子，诱导炎性细胞聚集，引发炎症反应。PM 诱导炎症反应的一个重要机制是氧化应激。氧化应激是 ROS 的产生与抗氧化体系不平衡所造成的。PM 能刺激机体呼吸道组织细胞产生 ROS，而 ROS 能激活氧化还原敏感性信号传导通路，如丝裂原活化蛋白激酶（mitogen-activated protein kinase，MAPK）和磷脂酰肌醇-3-激酶/蛋白激酶 B（PI3K/AKT）通路。PM 诱导细胞炎症反应的另一机制是通过 Toll 样受体（Toll-like receptors，TLRs）信号通路。畜禽舍 PM 中的微生物成分是转录因子激活的有效刺激物，其可识别 TLRs 继而激活 TLRs 下游的转录因子 NF-κB 和 AP-1，从而导致肺组织中大量促炎因子（IL-1β、TNF-α、IL-6、IL-8 等）的释放，引起肺部炎症损伤（Sijan et al.，2015）。

近年来研究发现，猪舍内的颗粒物不仅能引起猪呼吸道和肺部的炎症，导致肺部细胞凋亡，增加炎症细胞数量，还可降低炎症细胞的吞噬能力以及细菌杀伤能力，引起呼吸道的高反应性。

2.3.4　饲养管理对畜禽神经内分泌系统的影响

饲养管理包括饲养密度、噪声、断喙、去势、惊吓、光照等，饲养管理不当易引起动物应激反应。

1. 饲养管理

1）饲养密度

饲养密度是反映栏舍内畜禽的密集程度的参数，是饲养动物的众多环境条件之一。集约化生产模式侧重于降低成本、提高利润，常常采用较高的饲养密度。在较高饲养密度下的动物常处于亚健康状态，不能发挥其最佳的生长性能。饲养密度直接影响舍内温度、湿度、通风、有毒有害气体及微生物的含量，影响动物的采食、饮水、排粪、排尿、自由活动和争斗等行为。例如，饲养密度过高会延长猪采食时间，缩短休息时间，影响猪的生长性能，还会使猪群咬斗次数增多，增加皮肤损伤和感染的风险。研究表明，当饲养密度过高时，猪群过大的采食竞争压力会导致猪群中较弱个体采食不足，进而影响增重。此外，由高饲养密度所引发的应激反应通过活化交感神经，进而促进邻苯二酚的胺类化合物（catecholamine，CA）和糖皮质激素（GC）的释放，猪的代谢速率上升，导致猪的生长性能下降。

2）噪声

在日常饲养管理过程中，鸡群会遇到来自各个方面的噪声应激。主要有 3 个来源：①外界传入的噪声。如飞机、火车、汽车运行以及雷鸣等产生的噪声。②畜牧场内机械运转产生的噪声。如铡草机、饲料粉碎机、风机、真空泵、除粪机、喂料机工作时的轰鸣声以及饲养管理工具的碰撞声。③畜禽自身产生运动以及鸣叫产生的噪声。噪声可造成激素分泌的变化，比如肾上腺活性的下降会造成食糜在消化道内通过的速度下降，从而导致鸡的采食量下降。噪声水平未影响干物质或蛋白质的消化率，但高水平噪声降低脂肪的消化率，并且可能还降低雏鸡的体增重。

3）断喙

断喙（trimming）是在集约化生产条件下防止啄癖发生的最为普遍的方法和手段，从 20 世纪 60 年代以来一直被广泛采用。断喙减少啄羽、啄肉等啄癖，给生产者带来了一定的经济利益。断喙以后的产蛋母鸡具有较低的病死率，采食量有所减少。同时断喙后羽毛生长良好，用于维持体温的饲料消耗减少，且鸡的活动减少，因而饲料的转化率提高。但是从长期影响来看，断喙会造成应激，导致食物吸收减少，体重降低，影响免疫器官的发育，降低机体的抵抗力。断喙应激影响雏鸡免疫器官的生长发育，主要表现在免疫器官指数的降低、细胞周期的变化及细胞增殖指数的降低；免疫器官内细胞凋亡率升高，B 淋巴细胞瘤-2（B cell lymphoma-2，Bcl-2）蛋白的表达量降低和 Bcl-2 相关蛋白（Bcl-2 associated X，Bax）的表达量升高。

4）去势

随着养殖业集约化、规模化发展，公猪早期去势得到广泛的应用与实施。去势对仔猪来说，是一种强烈的应激。除了表现明显的疼痛，去势操作不当会引起仔猪免疫力下降，容易造成感染或者引发其他并发症，严重时会出现流血甚至死亡。

2. 管理应激对神经内分泌的影响

应激对免疫系统的抑制作用可能不是免疫系统针对应激原的主动反应，而是一种自稳保护机制，目的是抑制过强的免疫反应对自身的损害。应激对免疫系统的作用机制，广泛被认为是由糖皮质激素介导的。但这可能不是唯一机制，因为切除肾上腺的动物给予应激刺激同样出现免疫抑制效应，切除肾上腺的动物给予促肾上腺皮质激素释放因子（corticotropin releasing factor，CRF）可导致免疫抑制效应，因此，CRF 可能对应激免疫抑制具有重要作用。另外，在应激过程中，机体神经内分泌系统功能活动明显改变，这可能是导致免疫系统功能变化的重要因素之一。

饲养管理不当如饲养密度过高等都将导致机体氧自由基过量生成和（或）细胞内抗氧化防御系统受损而产生氧化应激。动物机体在正常情况下处于氧化还原的动态平衡，此时体内活性氧的产生速率等于活性氧的清除速率，活性氧只处于较低的水平。机体的氧化还原失衡通常包括 2 个方面，分别是还原应激及氧化应激，一般常见氧化应激。氧化应激对机体造成的损伤涉及动物机体代谢的各个方面，例如对机体代谢底物、细胞结构、细胞器、DNA 等都会造成损伤，会影响畜禽肉品质，对葡萄糖代谢、蛋白质代谢、脂质代谢也会造成一定的影响。氧化应激会激活细胞内众多的信号通路，主要有 NF-κB 信号通路，Keap1-Nrf2 信号通路与泛素—蛋白酶体通路。

1）NF-κB 信号通路

NF-κB 信号通路的组成。核因子-kappaB（nuclear factor-kappaB，NF-κB）是一个涉及许多控制免疫和炎症反应调节的二聚性的转录因子。在动物中，NF-κB 家族包含 5 个成员：NF-κB1（p105/p50）、NF-κB2（p100/p52）、RelA（p65）、RelB 和 c-Rel。NF-κB 转录因子是由同源的或者异源的 ReL 蛋白组成，这一蛋白存在一个 Rel 同源区域（Rel homologous district，RHD），长度大约 300 氨基酸，同时具有特异的 DNA 结合序列、二聚作用、细胞核定位和抑制性蛋白相互作用的区域。其中，抑制性蛋白就是 I-κB（inhibitor of NF-κB），能将 NF-κB 固定在细胞质中。

NF-κB 信号通路的激活。存在于细胞质中的 NF-κB 二聚体由于 I-κB 蛋白的存在，是不具有细胞活性的。而它的激活是通过一系列细胞因子或者活性氧的作用。NF-κB 可通过不同的刺激物，例如细胞因子 TNF-α、IL-1 及 LPS 的作用而激活，在一些细胞中也会被过氧化氢激活。I-κB 的磷酸化增强了特异性的 I-κB 激酶，随后导致快速的泛素化，接下来 I-κB 就被蛋白酶体降解。I-κB 的降解使得 p65/p50 复合物核定位信号激活，导致其在核内的快速转移和积累，随后 p65/p50 复合物结合到特定的靶基因上，诱导下游的基因转录。

另外有研究表明，持续性的氧化应激也会使泛素—蛋白酶体的活性受到抑制，通过减少 I-κB 蛋白的降解而抑制 NF-κB 的激活。这表明蛋白酶体自身也是氧化应激的一个靶点。但也有研究表明，由氧化应激诱导的 NF-κB 的核移位作用并没有 I-κB 的降解。在这一过程中，使用蛋白酶体的抑制剂也并没有阻断氧化应激诱导的 NF-κB 的激活。因此，在氧化应激中存在一个并不依赖于 I-κBα 降解的转录因子 NF-κB 的激活途径。随后的研究指出，由 I-κBα 的降解而诱导的 NF-κB 的激活被称作是 NF-κB 的经典信号通路，而非经典的 NF-κB 的激活则是在酪氨酸上发生硝基化作用，这一途径是由过氧亚硝基阴离子介导的。

2）Keap1-Nrf2 信号通路

Keap1-Nrf2 信号通路的组成。Keap1-Nrf2 系统是抗氧化应激和亲电应激的一个主要的调节性通路，能控制细胞保护基因的表达。这是一个对细胞生存和细胞存活至关重要的机制。这一保护性应答至少需要 3 个必需的部分：①抗氧化反应元件（antioxidant response element，ARE），在每一个基因上游存在众多的调控序列，或是单个拷贝，或是多个拷贝；②核因子 E2 相关因子 2（nuclear factor erythroid 2-related factor 2，Nrf2），是一个主要的转录因子，能与膜上小的转录因子即位于细胞核内的肌肉腱膜肉瘤蛋白（muscle aponeurotic fibrosacoma proteins，Maf）家族异二聚体化，进而结合到 ARE 上，增加一般的转录机制及 ARE 调控的基因表达；③Kelch 样环氧氯丙烷相关蛋白 1（Keapl）是一个细胞质型抑制蛋白，能够与 Nrf2 结合，从而将 Nrf2 滞留在细胞质中，并且促进其被蛋白酶体降解。Keapl 中的几个关键的半胱氨酸残基可作为应激信号主要的感受器，并且半胱氨酸残基的修饰会导致 Keap1 的构象发生变化，促进 Keapl 与 Nrf2 的解离。Nrf2 是一个在亲电应激或氧化应激中能够介导较多数量细胞保护酶上调的转录因子，属于碱性亮氨酸拉链（basic leucine zipper，bZIP）转录因子一族，包括一些保守的结构序列，由于具有 cap'n'collar 结构，被称为 CNC 结构域。

Keapl-Nrf2 信号通路的激活。在正常情况下，Nrf2 会与 Keapl 相互作用形成二聚体而存在于细胞质中。在细胞中 Nrf2 的表达是一个相对稳定的状态，以维持 Nrf2 在细胞中含量稳定。当暴露于多种应激物，例如亲电子物质、活性氧、活性氮、重金属等条件下，Keapl-Cul-Nrf2 复合物中的泛素连接酶的活性会降低。Keapl 中的多个半胱氨酸参与与亲电子物质等的反应。其中主要有 3 个半胱氨酸残基，分别为 Cysl51、Cys273 和 Cys288。这些半胱氨酸巯基转化为二硫键的修饰被认为在 Keapl 与 Nrf2 相互作用的调解中起重要作用。Keapl 蛋白构象随半胱氨酸修饰发生变化，导致 DLG motif 基序（门闩）较弱的分离，进而中断 Nrf2 的泛素化作用，避免 Nrf 2 被蛋白酶体降解。Nrf2 从 Keapl-Cul-Nrf2 的“门闩和枢纽”中解离出来，通过自身核定位序列（nuclear localization sequence，NLS）转移进入细胞核，与 ARE 结合启动相关基因的转录。氧化应激和化学物质也会通过抑制 Keapl-Cul3-Rbx1 E3 泛素连接酶的活性，抑制 Nrf 2 被蛋白酶体的降解作用，进而导致 Nrf 2 水平的升高和下游靶基因的激活。

3）泛素—蛋白酶体途径

氧化应激的发生对细胞内的蛋白质进行氧化修饰，这些氧化修饰使得蛋白质功能丧失甚至会造成细胞毒性作用。在细胞中有 2 个主要的蛋白水解途径，一个是溶酶体途径，另一个是泛素—蛋白酶体途径。蛋白酶体是主要的蛋白水解机制，在细胞核和细胞质中都发现，其主要功能是对蛋白质的降解，尤其是对氧化蛋白的降解。而溶酶体途径则主要是对蛋白质的聚集物进行自吞噬作用。

随着集约化、规模化的家禽生产模式的出现和日趋成熟，在家禽生产中出现很多新的问题。各种应激原，如高温、拥挤、免疫接种、换料、有害气体等对家禽的健康与生产性能造成较大的影响，不仅造成肉鸡采食量下降，还严重影响肉鸡成活率和饲料利用率，给养鸡业带来严重的经济损失。

AMPK 是一种进化上保守的丝氨酸/苏氨酸激酶，在调节能量平衡和食欲方面起至关重要的作用，被认为是能量“感受器”。AMPK 是中枢食欲调控的重要信号通路。在中枢系统中 AMPK 的激活促进采食，反之抑制采食。外周激素及营养物质能通过影响中枢系统 AMPK 的活性，通过复杂的食欲调节通路影响食欲因子的表达，调节采食量。

AMPK 的组成。在哺乳动物上，AMPK 由一个催化亚基 α 和两个调节亚基 β 和 γ 组成。其中 α 亚基有 2 个编码基因 *α1* 和 *α2*，β 亚基有 2 个编码基因 *β1* 和 *β2*，γ 亚基有 3 个编码基因 *γ1*、*γ2* 和 *γ3*。各个亚基在不同组织器官中表达量不相同，分布存在组织特异性，即不同的组织器官中 AMPK 亚基的组成不同。α 亚基是 AMP 和 LKB1 的响应器，是维持激酶活性所必需的，α 亚基的 N 端包含一个保守的丝氨酸/苏氨酸蛋白激酶的催化结构域和一个自抑制结构域（autoinhibitory domain，AID），是起催化作用的核心部位，C 端则主要负责活性的调节以及联系 β 和 γ 亚基。β 亚基包含一个糖原结合结构域（glycogen-binding domian，GBD），AMPK 通过 β 亚基参与调节糖原磷酸化酶的表达，调节细胞能量代谢。γ 亚基含有 4 个串联重复序列，称为胱硫醚 β-合成酶（cystathione β-synthetase，CBS）重复。这些串联重复序列只在少数的蛋白质中存在，通常蛋白质只由两个重复序列组装而成，形成贝特曼域（Bateman domain）。哺乳动物 γ1 亚基的位点 4 可以与 AMP 紧密结合，然而，具有调控作用的位点 1 和 3 竞争性地与 AMP、ADP 或者 ATP 结合。AMP 与位点 1 结合导致 AMPK 变构激活，AMP 或者 ADP 与位点 3 结合可以通过 Thr172 调节 AMPK 的磷酸化状态。

AMPK 的激活。当体内 ATP 含量减少时，AMP/ATP 比值增加，AMPK 被激活，AMPK 磷酸化水平增加。AMP 激活 AMPK 主要通过 3 种方式：①变构激活，通过此种方式的激活，AMP 直接作用于 AMPK 上；②AMPK 受上游磷酸化酶如 AMP 依赖的丝氨酸/苏氨酸蛋白激酶（LKB1）、钙离子/钙调素依赖蛋白激酶（Ca^{2+}/calmodulin-dependent protein kinase kinase，CaMKK）或转化生长因子 β 激活性激酶（TGF-β-activated kinase 1，TAK1）作用时，AMPK 发生变构调节，其 α 亚基保守的苏氨酸位点（Thr172）被磷酸化，从而使 AMPK 处于激活状态；③抑制蛋白磷酸酶的脱磷酸化。

研究证实，几乎在所有的组织中，LKB1 对 AMPK 的激活具有调节作用，并且可以调节一些其他与 AMPK 有关的酶。AMPK 活性的调节除常见的 Ca^{2+}、AMP、ADP 之外，还存在一些非规范化通路，例如磷脂酰肌醇-3-激酶相关蛋白激酶［phosphatidylinositol-3-kinase（PI3K）-related protein kinase，PIKK］、共济失调毛细血管扩张突变蛋白（ataxia telangiectasia mutated protein，ATM），可以通过磷酸化 LKB1 来影响 AMPK 的活性。除上述调节因素之外，机体内还存在多种可以影响 AMPK 活性的因素。其中最重要和最直接的方式就是 AMP 与 ATP 的比值，AMPK 对体内 AMP/ATP 的变化十分敏感，轻微的变化即可导致 AMPK 磷酸化。

2.4 环境诱发的氧化应激及对线粒体的损伤

2.4.1 环境诱发的氧化应激及其机制

1. 氧化应激的产生及机体抗氧化系统

氧化应激反应是指机体在某种应激原（如紫外线辐射、高热等）的刺激下，体内的氧化-抗氧化系统平衡被破坏，产生大量的活性氧（ROS）和活性氮（reactive nitrogen species，RNS）无法被及时清除，进而对动物机体组织细胞、蛋白质和核酸等生物大分子造成损伤的过程（Shen et al.，2006）。

ROS 是多种生物和细胞反应中不断产生和清除的化学分子，也是机体在正常生理或病理条件下的特定信号分子，在基因激活、细胞生长和调节生化反应中起着至关重要的作用，如吞噬细胞内产生的 ROS 是宿主对抗感染所必需的防御机制；生长因子刺激产生的 ROS 参与调节细胞增殖（Finkel et al.，2000）。另外，它们也在 AKT 和线粒体介导细胞凋亡及调控细胞周期蛋白抑制细胞增殖的信号通路中发挥第二信使的功能（Lushchak，2014）。机体内的 ROS 主要经黄嘌呤氧化酶途径、还原型烟酰胺腺嘌呤二核苷酸磷酸（nicotinamide adenine dinucleotide phosphate，NADPH）氧化酶途径、线粒体电子传递链（electron transport chain，ETC）和非偶联一氧化氮合酶途径等产生。具有生理意义的 ROS 主要有 3 种：超氧阴离子（$\cdot O_2^-$）、羟基自由基（$\cdot OH^-$）和过氧化氢（H_2O_2）。

正常生理条件下，机体内的 ROS 处于动态平衡状态，这种动态平衡主要靠机体内复杂的抗氧化防御系统来维持。抗氧化防御系统是机体对抗活性氧 ROS 的主要防御系统，以防止细胞过度损伤。该系统包括抗氧化酶系统和抗氧化非酶系统。抗氧化酶系统主要有超氧化物歧化酶（superoxide dismutase，SOD）、过氧化氢酶（catalase，CAT）和谷胱甘肽过氧化物酶（glutathione peroxidase，GSH-Px）等。在正常生理情况下，SOD 将机体各反应过程中产生的超氧化物转化为过氧化氢，过氧化氢酶和谷胱甘肽过氧化物酶将过氧化氢转化为水。这些抗氧化剂的共同特点是需要 NADPH 作为还原剂。抗氧化非酶系统主要包括低分子量化合物，如类胡萝卜素、维生素 C、维生素 E、谷胱甘肽（GSH）及其氧化产物（GSSG）、辅酶 Q10、硒等微量元素（Wang et al.，2018）。非酶物质大都通过采食获得，参与机体内的生物转化。脂溶性维生素 E 主要存在于细胞膜的疏水区，是防止氧化性膜损伤的主要屏障。谷胱甘肽在机体细胞内含量较多，是主要的可溶性抗氧化剂，同时是多种解毒酶的辅助因子，如谷胱甘肽过氧化物酶和转移酶。它在将维生素 C 和维生素 E 转化成活性形式方面有一定的作用。同时谷胱甘肽可通过 GSH-Px 的作用缓解过氧化氢和脂质过氧化物的毒性，GSH-Px 利用 GSH 等低分子量硫醇将 H_2O_2 和脂质过氧化物还原为相应的醇类，同时还原型谷胱甘肽向膜脂提供质子，保护它们免受氧化剂的攻击。机体通过这些抗氧化防御反应抵消和调节整体的 ROS 水平，以维持机体内的生理稳态。

2. 环境引起的氧化应激反应路径

许多环境刺激包括紫外线辐射、高热甚至生长因子会诱导机体产生高水平的ROS，扰乱机体氧化还原平衡，使细胞进入氧化应激状态（Finkel et al.，2000）。氧化应激长期以来被认为是有害的，因为氧化应激中产生的高水平ROS会攻击并破坏生物分子，如脂类、蛋白质和DNA，进而造成细胞损伤等。然而，氧化应激在生理适应和细胞内信号传导调控中也发挥重要作用。因此，氧化应激更准确的定义可能是机体氧化力超过抗氧化系统的状态。氧化应激反应引起ROS水平的升高可能会构成应激信号，激活特定的氧化还原敏感通路。一旦被激活，这些不同的信号通路可能具有破坏性或潜在的保护功能，激活的破坏性信号通路会导致动物机体代谢异常、生产性能下降等。

氧化应激损伤激活的主要应激途径包括ERK、JNK和MAPK信号级联，PI3K/AKT通路，NF-κB信号通路，p53通路，热休克反应通路等。这些通路并不是由氧化应激特定激活，它们在调节细胞对其他应激的反应以及细胞正常生长和代谢方面也发挥着核心作用。一般来说，热休克反应、ERK、PI3K/AKT和NF-κB信号通路在氧化损伤过程中发挥促生存作用，而p53、JNK和p38的激活通常与凋亡相关（Ikwegbue et al.，2017）。

各通路被激活参与应激反应的机制尚不完全清楚。在p53激活路径中，氧化应激可能是通过p53蛋白的浓度或氧化修饰激活p53通路。超氧化物歧化酶是p53的另一种下游蛋白。它可以被生理水平的p53上调，具有保护细胞凋亡的抗氧化能力。然而，高水平的p53诱导超氧化物歧化酶下调，导致机体ROS浓度升高，促进细胞凋亡（Pani et al.，2011）。因此，在一些细胞中，p53表达的升高会引起氧化应激水平的升高，这表明氧化诱导p53活化的一个重要后果是氧化应激水平的进一步升高。这种正反馈回路可能在凋亡反应中起重要作用。

氧化应激似乎主要通过刺激生长因子受体来激活ERK和PI3K/AKT通路。正常情况下，PI3K与表皮生长因子（epidermal growth factor，EGF）、神经生长因子（nerve growth factor，NGF）、胰岛素、血管内皮生长因子等多种生长因子激活的受体酪氨酸激酶（receptor tyrosine kinase，RTKs）紧密结合（Ray et al.，2012）。RTKs被激活后自磷酸化，进而激活PI3K，PI3K激活催化第二信使PIP3的合成，与膜结合的PIP3作为一个信号激活3磷酸肌醇依赖性蛋白激酶1（3-phosphoinositide-dependent protein kinase 1，PDK1）和蛋白激酶B（AKT）丝氨酸/苏氨酸激酶，进而激活下游反应。另外PIP3的合成主要受磷酸酶和同源性磷酸酶-张力蛋白（phosphatase and tensin homolog，PTEN）的负调控，PTEN磷酸酶将PIP3去磷酸化，还原为PIP2。氧化过程中产生的H_2O_2氧化和抑制PTEN，从而激活PI3K/AKT信号通路。PI3K/AKT信号通路的激活参与抑制细胞凋亡，促进增殖和血管生成，其通路的过度激活被认为是癌症的一个标志（Martini et al.，2014）。

氧化应激可能通过另一种机制激活JNK和p38激酶通路。在正常条件下，氧化还原调节蛋白硫氧还蛋白（Trx）与JNK和p38的上游激活因子细胞凋亡信号调节激酶1（apoptosis signal regulating kinase 1，ASK1）结合，抑制该通路的活性（Ray et al.，2012）。然而，氧化应激会导致Trx-ASK1复合物解离，进而激活下游的JNK和p38激酶。同样，在非应激条件下，谷胱甘肽 S-转移酶（glutathione-S-transferses，GST）与 JNK 结合，抑制 JNK 的活化，但这种相互作用也被氧化应激破坏（Shen et al.，2006）。

在正常情况下，NF-κB 以同源或异源二聚体形式与 IκB 蛋白结合而保持非活性。然而，在应激条件下，IκB 磷酸化并与 NF-κB 解离，NF-κB 随后转移到细胞核，与相应位点特异性结合促进相应基因的转录，激活促炎因子和其他细胞因子的表达。

当氧化应激发生时，细胞试图通过激活或沉默编码防御酶、转录因子和结构蛋白的基因来抵消氧化作用，恢复氧化还原平衡。Nrf2-ARE 是近年发现的机体抵抗内外界氧化和化学等刺激的关键通路（Bellezza et al.，2018）。Nrf2-ARE 信号通路的核心分子包括 Nrf2、ARE 和细胞质蛋白 Keap1。在正常生理条件下，Nrf2 在细胞质中与 Keap1 结合处于非活性、易降解的状态。在氧化应激状态下，氧化剂或亲电子化合物与 Keap1 的半胱氨酸残基相互作用使其构象发生变化，导致 Nrf2 与 Keap1 解离而活化，同时减弱 Keap1 介导的蛋白酶对 Nrf2 的降解作用。活化的 Nrf2 进入细胞核，与 ARE 结合，启动 ARE 下游的一系列保护性基因如Ⅱ相解毒酶、*HO-1*、谷胱甘肽-S-转移酶（*GST*）等的转录和表达，这些物质可清除机体过多的 ROS，同时也能清除被氧化的蛋白质，在一定程度上抑制了氧化应激，从而减轻自由基和亲电子物质引起的细胞损伤，使细胞处于稳定状态，表现出对机体氧化应激损伤的防护作用。

氧化应激产生的 ROS 可诱导细胞凋亡或坏死。细胞死亡的方式由多种因素决定，包括氧化应激的程度、细胞类型和 ROS 诱导的细胞信号通路的性质。在低强度氧化应激下，Nrf2/Keap1 系统上调编码抗氧化酶的基因；中等强度氧化应激通过 NF-κB、HSF 等上调抗氧化酶，诱导炎症蛋白和热休克蛋白；在高强度氧化应激下，线粒体膜孔打开，细胞凋亡级联激活，最终导致细胞凋亡和/或坏死（Lushchak，2014）。

3. 氧化应激对 DNA、蛋白质及质膜的损伤

氧化应激产生过量的 ROS 会引起 DNA 的断裂和突变、蛋白质和酶失活、糖类氧化、脂蛋白或质膜的脂质过氧化等。改变的糖、脂类、蛋白质，甚至 DNA 会激活编码促炎细胞因子基因的表达，诱导细胞凋亡。

ROS 导致 DNA 氧化损伤，进而引起修饰改变，包括碱基降解，单链或双链 DNA 断裂，嘌呤、嘧啶或糖结合修饰，突变、缺失或易位，以及与蛋白质的交联。大多数这些 DNA 修饰有潜在的诱变作用，与癌症发生、心血管疾病和自身免疫性疾病等高度相关。DNA 氧化损伤的重要产物之一就是 8-羟基鸟嘌呤，它是潜在的致癌生物标志物。氧化攻击引起的异常 DNA 甲基化模式也影响 DNA 的修复活性（Burton et al.，2011）。

ROS 可诱导脂质过氧化，破坏膜脂双层结构，使膜结合受体和酶失活，增加组织通透性。脂质过氧化产物，如丙二醛（malondialdehyde，MDA）和不饱和醛，能够通过形成蛋白质交联而使许多细胞蛋白失活；脂质过氧化产物如 4-羟基-2-壬烯醛会引起细胞内谷胱甘肽耗竭，诱导过氧化物生成，激活表皮生长因子受体，诱导纤连蛋白生成；脂质过氧化产物如异前列腺素和硫代巴比妥酸反应物质，可作为氧化应激的间接生物标志物。

游离氨基酸和蛋白质中的氨基酸都是氧化损伤的目标。ROS 可导致肽链断裂、蛋白

质电荷改变、蛋白质的交联以及特定氨基酸的氧化，从而通过特定蛋白酶的降解增加对蛋白水解的敏感性。蛋白质中的半胱氨酸和蛋氨酸残基尤其容易被氧化，氧化后可引起构象变化、蛋白质展开和被降解。蛋白质的展开增加了其疏水性，使蛋白质具有形成潜在有害蛋白质的倾向。因此，蛋白质的氧化会导致其正常功能的丧失，如酶活性丧失、特性通道形成等。

2.4.2 ROS 产生及线粒体损伤

1. 线粒体结构及生理功能

线粒体是一种具有高度动态性、被双层膜包被的细胞器，约占细胞质体积的 25%。其双层膜结构将线粒体划分为 4 个独立但又相互依赖的区室：外膜、膜间隙（外膜和内膜之间形成的空间）、内膜和线粒体基质（由线粒体内膜围绕形成的区域）。线粒体外膜上含有许多高度保守的孔蛋白通道，小分子物质可选择性地自由进出。线粒体内膜上存在电势差及呼吸链相关酶，是氧化磷酸化反应发生的场所。

线粒体的主要功能是通过电子传递和氧化磷酸化，结合三羧酸循环氧化代谢物和脂肪酸氧化分解代谢物，合成正常生命活动所需的绝大多数 ATP（Candas et al.，2014）。此外，线粒体还参与调节细胞内 Ca^{2+}的稳态、细胞增殖和细胞凋亡/坏死等。

2. 线粒体 ROS 产生及抗氧化系统

电子传递链由移动载体（辅酶 Q 和细胞色素 C）与线粒体内膜中一系列多亚基复合物偶联形成。线粒体电子传递链上的自由电子泄漏出来，与分子氧发生反应，从而产生超氧阴离子作为呼吸过程中的代谢副产物。线粒体 ROS 主要发生在电子传递链上的两个离散点，即复合物 I（NADH 脱氢酶）和复合物III（泛素-细胞色素 C 还原酶）（Bhat et al.，2015）。氧化应激过程中线粒体内膜复合物 I 和III可大量生成 ROS，随后氧化多种多亚基复合物，使原本不产生 ROS 的线粒体内膜复合物II和IV变构为可产生 ROS 的位点。

线粒体自身也具备抗氧化功能，用以保护线粒体免受氧化应激的损伤。线粒体的抗氧化防御系统主要由 2 个氧化还原缓冲体系组成：谷胱甘肽（GSH）体系和硫氧还蛋白（Trx）体系。GSH 体系包括 GSH、GR 和 GSH-Px1。谷胱甘肽除了作为一种直接抗氧化剂，还参与多种谷胱甘肽连接的酶防御系统。谷胱甘肽过氧化物酶（GSH-Px）以谷胱甘肽为电子供体，催化 H_2O_2 和各种氢过氧化物的还原。GSH-Px 已鉴定出 5 种不同的亚型：GSH-Px1、GSH-Px2、GSH-Px3、GSH-Px4 和 GSH-Px6。其中，GSH-Px1 和 GSH-Px4 是参与线粒体抗氧化防御的 GSH 连接酶。GSH-Px1 是主要的亚型，主要定位于胞质，但也有一小部分存在于线粒体基质中。相比之下，GSH-Px4（也称为磷脂过氧化氢谷胱甘肽过氧化物酶）与膜相关，部分定位于线粒体的膜间隙中，可能在线粒体内外膜的接触位点。GSH-Px4 是一种独特的细胞内抗氧化酶，可减少磷脂、脂蛋白和胆固醇酯上的过氧化氢基团。由于其体积小，疏水表面大，可直接降低细胞膜中产生的脂质过氧化，被认为是对抗细胞膜氧化损伤的主要酶防御机制。在线粒体基质中，超氧化物生成后，

Mn-SOD 将超氧化物转化为过氧化氢，过氧化氢可被过氧化氢酶、谷胱甘肽过氧化物酶（glutathione peroxidase，GSH-Px）或过氧化物还原酶（peroxiredoxin Ⅲ，PrxⅢ）进一步代谢生成水和氧，或从线粒体扩散到胞质（Candas et al.，2014）。当产生的 O_2^- 存在于线粒体膜间隙时，它可能被细胞色素 C 清除，或者通过外膜上的电压依赖性阴离子通道等孔隙扩散到细胞质中（Orrenius et al.，2007）。超氧化物的生成是非酶性的，因此，新陈代谢的速度越快，活性氧的产生就越多。

Trx 体系是一种硫醇特异性抗氧化系统，包括 NADPH、硫氧还蛋白（Trx）、硫氧还蛋白还原酶 2（TrxR2），是维持线粒体蛋白还原状态所需的另一个重要系统。硫氧还蛋白系统还可以与过氧化物酶（peroxidase，Prx）相互作用，构成一个新的硫醇特异性过氧化物酶家族，该家族以 Trx 作为氢供体来还原过氧化氢和脂质过氧化物。值得注意的是，GSH 和 Trx 介导的还原反应都需要 NADPH 作为电子供体，因此，NADPH 水平的高低会影响线粒体的氧化还原力。

虽然谷胱甘肽是线粒体中含量最丰富的抗氧化剂，但 Trx 系统在维持线粒体蛋白处于还原状态方面更有效。当氧化应激处于一个相对较低的水平时，这两种系统都能控制过氧化氢的水平，并具有明显的作用。然而，在较严重的氧化应激条件下，Trx 系统对氧化应激的影响更有抵抗力，在保护线粒体功能障碍方面的作用似乎比 GSH 系统更重要。

3. 氧化应激对线粒体的损伤

线粒体氧化损伤包括形态结构破坏、线粒体 DNA 损伤及突变、呼吸链酶活性下降及膜电位降低、钙稳态失衡、线粒体离子通透性改变等，这些损伤造成线粒体生物合成降低、ATP 合成减少甚至导致细胞死亡。

1）氧化应激引起线粒体 DNA 损伤及突变

线粒体是细胞内 ROS 生成的最主要场所。因此发生氧化应激时，线粒体首先成为受损靶器官，尤其是线粒体膜蛋白和基质中裸露的 DNA 更易受到 ROS 的攻击。与核 DNA（nDNA）相比，线粒体 DNA（mtDNA）对氧化损伤的敏感性要高出约 50 倍。主要原因有：mtDNA 编码 13 个多肽、22 个转移 RNA（tRNAs）和 2 个核糖体 RNA（rRNAs），这些都是电子传递和氧化磷酸化生成 ATP 过程中所必需的。另外，mtDNA 与电子传递链非常接近，而电子传递链是自由基产生的主要位点，且 mtDNA 上缺乏组蛋白保护屏障，DNA 修复机制相对有限，因此，mtDNA 是氧化损伤的关键细胞靶点（Ott et al.，2007）。线粒体 DNA 的损伤主要表现为含氮碱类和糖类的改变或降解、DNA 分子错配、脱氧核糖结构改变、核酸链断裂、碱基突变，从而影响 mtDNA 的转录和表达，致使线粒体呼吸链复合物酶活性降低、电子传递受阻、ATP 合成减少。若 mtDNA 损伤没有及时修复，则会导致进一步复制错误、基因突变、线粒体内基因组稳定性下降等，甚至造成细胞死亡（Orrenius et al.，2007）。

事实上，在没有 DNA 损伤的情况下，ROS 诱导的基因表达调控与 DNA 修复相关。线粒体 DNA 一旦受到损伤，就会成为氧化损伤的靶点，与电子传递至关重要的关键蛋白表达降低，导致 ATP 生成减少，ROS 生成增加，较多的 ROS 应激会通过破坏电子传递、线粒体膜电位和 ATP 生成导致 mtDNA 和 nDNA 氧化损伤，进而放大了氧化应激。这反过来又造成 ROS 生成和细胞器损伤的恶性循环，最终导致细胞凋亡（Bhat et al.，2015）。

2）氧化应激造成线粒体呼吸链和膜损伤

线粒体损伤后，其内膜上的电子传递链受到破坏，呼吸链复合物Ⅰ、Ⅳ活性显著下降，呼吸链的氧化磷酸化功能受损，ATP 合成减少。另外，生物膜磷脂的主要成分是多聚不饱和脂肪酸，ROS 能使线粒体生物膜发生脂质过氧化，这样线粒体膜成分的活性及其结构被改变；另一方面，ROS 造成线粒体膜运动紊乱，膜流动性下降，细胞内外离子交换障碍，出现细胞膜蛋白变性、通透性和流动性改变，影响细胞膜的结构和功能。膜的结构受到破坏和线粒体膜通透性的增加造成线粒体 Ca^{2+} 内流增加。Ca^{2+} 浓度升高一方面加速黄嘌呤脱氢酶和黄嘌呤氧化酶的转化，增加 ROS 的生成，另一方面，激活磷脂酶 C，使线粒体膜磷脂大量降解，造成线粒体膜内花生四烯酸含量成倍增加，降低电子传递链的活性。呼吸链的损伤使线粒体合成 ATP 发生障碍，氧化磷酸化功能受损，这样又导致 Ca^{2+} 内流，ROS 生成，形成恶性循环造成线粒体呼吸功能障碍，能量代谢衰竭。同时，Ca^{2+} 浓度的升高可加剧脂质过氧化对线粒体的损害。膜电位和膜流动性下降还使线粒体基质体积变化和 ATP 产生减少，细胞内 Ca^{2+} 超载，线粒体肿胀、空泡化，导致线粒体无法维持正常功能而死亡。

3）氧化应激通过破坏线粒体生成、形态等影响 ATP 合成

线粒体是一种动态的细胞器，以网络的形式存在于细胞质中。在细胞发育、分裂和应激条件下，这些网络中的线粒体数量和形态会发生变化。线粒体的形态取决于分裂和融合之间的平衡，由多种蛋白控制。这种融合分裂也调节线粒体的形状、大小、数量和生物能量合成等，有利于线粒体与其他细胞器之间的主动信号沟通，以应对氧化损伤等。机体分别通过线粒体外膜的动力相关蛋白 1（dynamin related protein 1，Drp1）和线粒体内膜的 OPA1（optic atrophy 1）实现线粒体分裂，通过线粒体融合蛋白 1（mitofusion-1，Mfn1）、线粒体融合蛋白 2（mitofusion-2，Mfn2）调控线粒体的融合过程，两者使线粒体的数目和功能处于动态平衡，以适应细胞的能量需要。不平衡的融合导致线粒体伸长，不平衡的分裂导致线粒体过度破碎，这些均会损害线粒体功能。严重的氧化应激会使 Drp1 表达上升，Mfn2 表达下降，线粒体的分裂与融合失衡，线粒体分裂增强可导致其形态由正常网管状转变为碎片状，表现出结构功能异常，进而影响生物所需 ATP 的合成（Wu et al.，2011）。

线粒体的生物发生和 mtDNA 维持依赖于细胞核和线粒体中基因的协调表达。机体通过整合激素和第二信使传递细胞内外各种信号，为哺乳动物细胞提供丰富的线粒体和 mtDNA，以满足能量需求（Cherry et al.，2015）。过氧化物酶体增殖物激活受体 γ 辅激活因子 1α（peroxisome proliferator-activated receptor gamma coactivator 1 α，PGC-lα）、核转录因子（nuclear respiratory factor，NRF）、线粒体转录因子 A（mitochondrial transcription factor A，TFAM）等是其主要调控因子。线粒体丰度和 mtDNA 拷贝数增加或减少主要取决于氧化应激水平、细胞内抗氧化剂系统的能力以及线粒体和 mtDNA 的质量。当细胞具有较高的抗氧化能力，线粒体和 mtDNA 质量较好时，轻度的氧化应激会上调线粒体生物合成相关调控蛋白的表达，增加线粒体和 mtDNA 分子的丰度，以维持正常线粒体数目和质量，为损伤修复和细胞存活提供更多的能量（Chakrabarti et al.，2011）。然而，当抗氧化系统

的能力受到损害，组织细胞暴露在较高的氧化应激下，线粒体缺陷和 mtDNA 突变增加，线粒体基质金属蛋白酶-9（matrix metalloprotein-9，MMP-9）增加，破坏线粒体连接蛋白，增加孔隙通透性，线粒体中 TFAM 积累减少，同时 mtDNA 复制酶聚合酶 γ（polymerase gamma，POLG）在 d 环的结合也减弱，mtDNA 拷贝数减少，影响 mtDNA 的生物发生；同时，这些过程降低电子传递链和线粒体清除酶的活性，增加超氧自由基，这些超氧自由基继续增加导致自由基的恶性循环（Kowluru et al.，2015）。

微管是细胞骨架系统的主要组成部分，参与调控细胞内线粒体的运动与分布。有研究表明，过氧化氢处理后微管发生解聚，导致细胞线粒体质量改变（Lee et al.，2010）。氧化应激诱导的信号通路可能通过抑制去乙酰化酶（sirtuin2，Sirt2）的表达，增加微管乙酰化导致细胞骨架结构的改变，进而改变线粒体分布，影响能量供应。

4）氧化应激影响线粒体膜的通透性，释放凋亡因子引起细胞凋亡

线粒体中 ROS 产生的一个潜在有害作用是促进 Ca^{2+}依赖的线粒体通透性转变。线粒体膜通透性转换孔（mitochondrial permeablity transition pore，mPTP）是由线粒体外膜电位依赖性阴离子通道、内膜腺苷酸移位酶和亲环素 D 复合物在内外膜交接处构成的一种非特异性孔道。ATP、ADP、活性氧、高浓度 Ca^{2+}均对 mPTP 有调控作用。生理条件下 ROS 和 Ca^{2+}是 mPTP 形成和开放的诱导剂，其短暂的开放和关闭对于细胞代谢与分化具有重要意义。氧化应激损伤发生过程中，ROS 会触发 mPTP 的形成与开放，而 mPTP 开放会进一步刺激与 mPTP 开放相关的 ROS 生成，这种现象被称为“ROS 诱导 ROS 释放”。因此，mPTP 开放是线粒体对氧化应激的反应，应激反应的结果因 ROS 产量不同而不同。mPTP 形成和开放除了将 ROS 释放至胞质中触发复杂细胞信号传导通路外，还可以通过 Ca^{2+}的释放影响邻近内质网和线粒体。总之，过度的氧化应激会诱导线粒体膜 mPTP 开放，增加 ROS 释放，并影响其他线粒体 ROS 的产生而形成正反馈机制，最终加重细胞损伤（Kinnally et al.，2011）。

线粒体膜间隙内含有多种促凋亡因子，如细胞色素 C（Cyt-c）、凋亡诱导因子（apoptosis-inducing factor，AIF）等。其中，与细胞凋亡关系最密切的是 Cyt-c 的释放。Cyt-c 释放的途径有 2 种，一种是由 Bax 和电压依赖性阴离子通道（voltage dependent anion channel，VDAC）蛋白形成的线粒体凋亡诱导通道（Kuwana et al.，2002），一种是 mPTP。mPTP 的打开诱导线粒体内膜去极化，导致 ATP 耗尽，进而产生 ROS。内膜通透性的增加提高线粒体基质中的胶体渗透压，最终造成基质膨胀和线粒体外膜破裂。线粒体外膜的破裂导致 Cyt-c 等促凋亡蛋白从线粒体膜间隙释放到细胞质，Cyt-c 从线粒体释放后，线粒体呼吸链电子传递受阻，细胞能量供应减少，促进凋亡蛋白酶激活因子 1（apoptotic protease activating factor 1，Apaf-1）构象变化并发生同源寡聚化（Mirkes et al.，2000）。Cyt-c、Apaf-1 与半胱天冬酶 9（caspase-9）结合为凋亡体，激活半胱天冬酶 3（caspase-3），促进细胞凋亡。此外，活性氧的增加可能导致线粒体内膜内脂质过氧化，从而引起 Cyt-c 与脂质的解离。一旦 Cyt-c 被释放，细胞要么凋亡，要么由于呼吸功能衰竭而坏死（Bhat et al.，2015）。

除 Cyt-c 介导的凋亡外，AIF 作为一种线粒体蛋白，也被证实参与不依赖 Caspase 的线粒体凋亡途径。正常情况下，AIF 位于线粒体内部，作为一种氧化还原酶参与线粒体

氧化磷酸化。当应激造成线粒体膜通透性转换孔打开后，AIF 可由线粒体释放到胞质中，与 Cyt-c 不同，AIF 最终进入细胞核，引起 DNA 片段化以及染色体凝集，导致细胞凋亡（Norberg et al.，2010）。

4. 氧化受损线粒体的自噬清除

线粒体自噬可通过清除受损线粒体，调节线粒体的数目和质量，改善氧化应激。在正常情况下，同源性磷酸酶张力蛋白诱导的激酶 1（phosphatase and tensin homologue-induced putative kinase 1，PINK1）被线粒体膜内裂解蛋白酶 PARL 降解，维持在低水平。当氧化应激导致线粒体损伤，内膜电位去极化时，PINK1 被阻止进入内膜，从而将其隔离在线粒体外膜上，远离 PARL。PINK1 在外膜聚集，并通过 PINK1 激酶从胞质中招募 E3 连接酶 Parkin 形成自噬小体。PINK1 感知线粒体损伤后可激活 Parkin，活化的 Parkin 在受损线粒体上构建泛素链，以标记受损伤的线粒体，从而在溶酶体中将其降解，最终清除受损伤的线粒体。线粒体自噬代表细胞对各类损伤的一种防御反应，其功能是去除受损的亚细胞底物并保持线粒体内稳态。

2.5 热休克蛋白家族对环境应激的响应机制

热休克蛋白（heat shock protein，HSP）是机体在受到环境中物理、化学、生物和精神等刺激时产生应激反馈而合成的一组特异性蛋白质。HSP 可使机体迅速适应环境变化。作为进化保守的蛋白家族之一，HSP 普遍存在于各种生物体中，并在生物体内发挥重要的生理功能。作为分子伴侣，HSP 可以参与各种生命活动，其最主要的功能是帮助错误折叠蛋白回到原来的状态，维持细胞的稳态。在畜禽养殖过程中，动物遭受热应激时体内 HSP 均会有不同程度的表达，HSP 的表达量与细胞损伤程度成反比。因此，HSP 可能对动物抵抗应激具有重要作用。

2.5.1 热休克蛋白的发现及命名

Ritossa 在一次试验中偶然发现，果蝇受到热应激（从 25℃升至 30℃，持续 30min）时，其唾液腺染色体出现 3 个特殊的膨突，提示在该唾液腺细胞内含有一种特殊类型的蛋白质。因其与热应激有关，故 Ritossa 将其命名为热休克蛋白。人们也将这种现象称为热休克反应或热休克应答（heat shock response，HSR）。随着研究的不断深入，人们发现，不仅热应激可以诱导 HSP 表达，而且某些化学物质以及缺血、缺氧和炎症等均能诱导同样的反应。并且在不同的脏器，甚至在原核生物和真核生物以及单个细胞中都有这种膨突现象，表明这种反应并不是组织特异性的，而是广泛存在于各种器官的细胞中。

热应激引发机体出现热休克反应，其主要表现就是 HSP 的合成增多，而 HSP 的增多又可提高动物机体的耐热能力，增加机体耐缺血、缺氧及某些化学物质的能力。

2.5.2 热休克蛋白的分类

HSP 种类繁多，目前已经报道的就有十几种，比较流行的分类方法是按照 HSP 的分子量来进行分类。Carper 等按照分子量大小将体内存在的 HSP 分为 HSP110、HSP90、HSP70、HSP60、HSP40、小分子 HSP（small HSP，sHSP）和泛素 7 个家族。其中研究比较多的主要是 HSP90 家族［相对分子质量（83～100）$\times 10^3$］、HSP70 家族［相对分子质量（66～78）$\times 10^3$］、HSP60 家族和小分子 HSP 家族［相对分子质量（12～43）$\times 10^3$］。

2.5.3 热休克蛋白的生物学特点

1. 保守性

HSP 具有很强的保守性，同源性都非常高，其分子结构不会因为生物的进化程度高低而有大的差别。如真核生物中，来源不同的 HSP70 的同源性为 60%～78%，酵母菌和人类的 HSP90 同源性也有 60%。当然，这种同源性只存在于相同家族之间（如 HSP60 与 HSP90 家族不同，则没有同源性）。这说明 HSP 在整个生物进化过程中保持着很高的统一性和不变性，为物种的进化起源研究提供新的思路和方向。

2. 普遍性

自从 Ritossa 报道 HSP 以来，很多人对其进行了研究。1982 年，Adams 的研究证实，无论是原核生物还是真核生物，其细胞在高温刺激下均可合成一类有很强生物学活性和功能的蛋白质，这类蛋白质就是 HSP。

3. 非特异性

热应激以外的其他刺激，如神经损伤、有害金属离子、病毒或细菌感染等物理、化学或生物刺激都可以诱导 HSP 的产生。

4. 时间性

生物体或组织从受刺激到产生应激反应有一定的时间。在此期间细胞先合成 HSP 应对应激，此过程短暂。有试验分析表明，大豆幼苗在热刺激 3～5min 就可以检测到 HSP mRNA 的积累，2h 达到最高值，6h 后下降明显，12h 后消失。这说明 HSP 仅在应激后的特定时间内出现和起作用，超出一定时间后，HSP 就失去功能。

5. 其他特点

细胞内不连续分布的、不同的 HSP 存在的部位不同。蛋白翻译效率高，生物体能够对各种应激产生快速反应，一般情况下，在应激的很短时间内，体内 mRNA 和相关蛋白的表达水平迅速升高，不同的 HSP、表达量及在体内持续的时间不同，即合成和降解的动力学特性不同。热应激条件下，不同组织 HSP 表达的种类和数量也不相同，导致 HSP 有着组织特异性。

2.5.4　应激条件下热休克蛋白的变化

应激是机体受到刺激所做出的全身性非特异性反应，机体往往动员其内在力量来克服或消除各种应激对机体产生的不利影响。研究检测长途运输 6h 应激猪的骨骼肌 HSPs 的表达时发现，HSP70 和 HSP72 在肌肉组织中的表达虽然有一定增加，但统计学分析差异不显著。而 HSP86 和 HSP90 在骨骼肌中的表达明显下降，可作为判断应激损伤的指标。选择 HSP70 作为评价猪成肌细胞热休克效应的主要标准之一，通过 Western blot 和流式细胞术来定量检测猪成肌细胞中 HSP 的表达，证实热休克预处理能诱发猪成肌细胞内 HSP70 的过度表达，并改善机体正常骨骼肌移植后的生存。研究表明，热应激鸡肝脏和心脏的 HSP70 mRNA 水平随持续性高温应激时间的延长逐渐升高。荧光定量 RT-PCR 方法用于检测猪 HSP70 和 HSP90 的表达，结果发现运输应激猪组织中 HSP70 mRNA 的转录水平随着运输应激时间（10h 内）的延长呈现上升的趋势，而 HSP90 mRNA 的转录水平则随着运输应激时间的延长呈下降趋势。同时，可对牛羊采用流式细胞术评定白细胞 HSP70 的表达来评估细胞的应激反应。

在运输应激条件下，猪心肌细胞中 HSP27 和 HSP70 表达量增加，其表达量的增加伴随着心肌损伤的减轻，可能与保护心肌细胞有关。但是不同 HSP 表达趋势不同，如 HSP90 的表达量降低，可能与受损的心肌细胞抑制它的合成有关。对运输应激条件下商品猪的热应激蛋白表达与定位的研究表明，肝细胞内 HSP27 显著下降，HSP70 家族变化不明显，HSP90 家族的表达显著上调，但 HSP86 显著下调。骨骼肌中 HSP70 家族差异不显著，而 HSP90 家族的 HSP90 与 HSP86 显著下调，提示 HSP90 家族在运输应激条件下发挥重要作用。猪在经过 2h 的运输应激后，HSP60 在肝和胃中的表达量增加，而在心脏中的表达量显著降低，与心肌组织衰退、胃组织未受损的结果一致，提示不同 HSP 在不同组织细胞内表达分布存在差异，可能发挥不同的分子生物学功能。

细胞在受到各种应激时，会诱导 HSP 的合成，参与细胞保护功能，增加细胞对应激的耐受性。HSP 能否被正常激活，决定于对应激的耐受性是否形成。HSP 的表达量与细胞对应激的耐受性呈正相关。研究发现，在给予动物强刺激前，先给予温和刺激，会增强动物对强刺激的耐受性。有研究表明，HSP 在遭受热应激刺激时会出现高表达，与细胞对应激的耐受性息息相关。热应激也可以引起 HSP 的表达量增加。通过转染质粒过表达 HSP70 都会增加细胞在同等热应激条件下的存活率。向细胞中加入 HSP70 抑制剂（槲皮素）或 HSP70 的单克隆抗体，细胞在热应激条件下的存活率会显著下降（Xu et al.，2017）。山羊的外周单核细胞中 HSP70 和 HSP90 在寒冷的冬季与炎热的夏季表达量不同，并且夏季的表达量高于冬季，该结果与高热引发热应激有关。在热应激条件下，在牛乳腺上皮细胞中以及鸡不同脏器中均发现 HSP27、HSP70 和 HSP90 的表达量增加（Hu et al.，2011）。小热休克蛋白 αB-crystallin 在大鼠心肌细胞热应激模型中呈下降趋势，并且有从细胞质向细胞核移位的现象，其与细胞骨架蛋白的共定位显示其参与细胞骨架的保护（Tang et al.，2013）。随着应激对内环境的改变，氧化损伤成为常见的应激后遗症（Sharma et al.，2013）。然而，HSP 作为分子伴侣，具有识别细胞氧化还原反应的功能，并且会和未折叠或错误折叠的蛋白结合来促使它们恢复正常状态（Aluksanasuwan et al.，2017）。

应激后，机体具有快速合成 HSP 的能力，表明动物体具有自我保护的功能，说明在应激条件下 HSP 的变化具有指导动物养殖的意义。

细胞中 HSP70 的高表达可以增加其对各种应激原（如热、缺血、缺氧等）的耐受性，从而大大提高细胞在应激环境下的存活率。HSP70 也参与氧化应激通路和内质网通路，与细胞凋亡密切相关。敲除 *HSP104* 基因的酵母细胞，不能像未敲除 *HSP104* 基因的细胞那样有热耐受的表现。尽管 HSP 在正常生理条件下也有表达，但当细胞处于紧急状态时，HSP 可以通过增加合成以保护自身组织细胞免受不良应激原刺激所致的损害，在应激耐受和应激保护中发挥重要作用（Sabirzhanov et al.，2012）。

2.5.5　热休克蛋白的调控

生物体从正常的生长环境到应激环境，HSP 的表达量明显升高，以应对应激环境下机体产生的不良影响。在应对应激过程中机体内 HSP 的表达调控主要是在转录和翻译水平进行的。

1. 热休克因子（heat shock factor，HSF）

HSF 是转录因子家族的一员。在应激反应时，其触发基因表达中的启动子，快速编码 HSP。很多生物体都有 HSF，但不同的生物体所含种类不同，如 HSF1、HSF2 遍布于脊椎动物，而 HSF3、HSF4 只存在于禽类、哺乳动物。HSF 在转录调控过程中可因条件的不同而选择性地表达，如 HSF 在人的生长发育期表现为 HSF2，而在热应激时表现的是 HSF1。

2. 热休克元件（heat shock element，HSE）

HSE 是 *HSP* 基因启动子与 HSF 特异性结合的区域，在应对热刺激过程中须同 HSF 结合。HSE 是非常保守的 DNA 序列，是由 2 个不定核苷酸和 3 个固定核苷酸组成的 1 个五核苷酸序列的稳定结构。

3. HSP 转录水平的调控

研究表明，HSP 自身对 HSP 的表达具有反馈调节功能，细胞内 HSP 的水平可以影响细胞再受应激时 HSP 的表达。HSF 与 *HSP* 基因结合前需要形成三聚体，所以，HSF 与 *HSP* 基因的结合能力大小有温度依赖性。研究认为，HSF 的温度依赖性主要有两个原因：一是温度刺激下，HSF 的空间结构发生变化；二是 HSP 和 HSF 的结合影响 HSF 三聚体的形成。正常生理条件下，HSF 不能和 HSP 结合，*HSP* 基因也不会被激活。而热应激可导致蛋白变性，HSP 结合 HSF 变形蛋白，并释放出 HSF，此时 HSF 才能形成三聚体，与 HSE 结合，激活 *HSP* 基因转录。当 HSP 的合成满足需要之后，HSF 与 HSP 再次结合，关闭 *HSP* 基因。如在爪蟾卵母细胞中注入 HSF 变性蛋白，能够检测到 HSP70 的大量合成。但是，仅 HSF 与 HSE 结合形成三聚体是不行的，只有 HSF 三聚体在被磷酸化酶（磷酸激酶 A 和磷酸激酶 C）磷酸化后才能与 HSE 结合，激活 *HSP* 基因的转录。

4. HSP 翻译水平的调控

HSP 基因没有内含子，RNA 在加工过程中不需要除去内含子，使得 *HSP* 基因可以及时转录，mRNA 也可以快速加工。研究发现，细胞应对热应激时能选择性地翻译 mRNA，在其他 mRNA 未破坏的情况下，可以优先翻译 *HSP* mRNA。热应激时，*HSP* mRNA 快速大量翻译，而其他蛋白的 mRNA 翻译则受到抑制。另外，*HSP* mRNA 在热应激时很稳定，常温下却极不稳定。正是 *HSP* mRNA 在热应激时非常稳定的特性，才保证 *HSP* mRNA 在热应激时优先大量翻译。

2.5.6 热休克蛋白对环境应激的响应机制

1. 分子伴侣

HSP 是高度保守的蛋白质，作为分子伴侣广泛参与生物学过程，与其他物质共同参与蛋白质的折叠、生物基质的稳定、大分子装配、多肽的降解和转录调控等。和其他分子伴侣一样，HSP 在蛋白质合成、降解过程中与质量监控密切相关，它们有很强的结合蛋白、辅助装配的功能，防止蛋白质在细胞内聚集沉淀。

HSP70 作为主要的分子伴侣蛋白，其作用是与新生、未折叠、错误折叠或变性聚集的蛋白质结合，使某些蛋白质解离，减少不溶性聚集物的产生，并帮助需要折叠的蛋白质正确折叠，维持某些肽链的伸展状态，以利于其跨膜转运。同时还能促进某些变性蛋白质的降解和清除，维持酶的动力学特征，以维护细胞功能。当蛋白质受损或变性时，HSP70 通过促进变性蛋白质的修复和水解来维持蛋白质的结构，促进新的蛋白质取代老化的蛋白质。在多种应激情况下，HSP70 的合成可增强应激细胞处理非折叠和/或变性蛋白质的能力，因而增加暴露于致死性刺激下细胞的存活（Meimaridou et al.，2009）。

HSP90 是一类在细胞内广泛分布、表达量较高、进化过程中高度保守的组成型蛋白，在增强动物对环境刺激的适应能力方面发挥作用。作为细胞内最活跃的分子伴侣之一，HSP90 主要存在于细胞质中，在细胞周期的控制、细胞生存、激素作用以及大量相关信号通路中发挥重要作用。HSP90 能促进新生的多肽进行正确的组装、折叠，或者帮助受损伤的蛋白质恢复其正常构象，防止蛋白质错误折叠、聚集，但并不形成这些蛋白质的结构成分，因此称为分子伴侣蛋白。HSP90 在细胞的应激反应中可以和构象改变的蛋白质互作，保证蛋白质进行恰当折叠，并防止其非特异性聚集，这对于细胞维持自身生理平衡（内稳态）十分关键（Hahn et al.，2011）。

HSP90 还可以通过 26S 蛋白酶复合体抗原决定簇的生成和装配来促进主要组织相容性复合体 Ⅰ（major histocompatibility complex，MHC Ⅰ）抗原的加工。HSP90 分子伴侣作用的发挥需要一些共分子伴侣和辅助蛋白的调节［如 HSP70、HSP40、HSP70/HSP90 组织蛋白（Hsp70/Hsp90 organizing protein，Hop）和细胞分裂周期蛋白 37（cell division cycle protein，Cdc37）等］，由 ATP 提供能量。ATP 与蛋白质 N 端的 ATP 位点结合后，HSP90 的空间构象发生变化，然后与众多分子伴侣蛋白形成多分子伴侣复合体，参与细胞的生理生化过程。HSP 分子伴侣的功能主要体现在正常生理条件下。究其原因，是因为在应激状态下机体要进行自我保护，不同的刺激需要 HSP 的种类、表达量等不尽相同。专一性的唤起和保护作用导致其他功能的暂时停滞。如 HSP70 和 HSC70 在应激状态下由细胞质转移到细胞核中，在应激结束或正常状态下则处于细胞质中。

2. 提高细胞抗应激能力

HSP 在应激条件下参与细胞的抗损伤、修复和热耐受过程，保护细胞生命活动，增强对应激的抵抗力，并加快细胞或生物体从各种应激中恢复的速度。应激前后，细胞内 HSP 的分布和表达发生显著变化，这是 HSP 行使细胞保护作用的体现。多数应激，由于暴露了蛋白质的隐蔽性而使蛋白质的结构受到损伤，而 HSP70 可结合这些被损伤的蛋白质，预防它们发生聚集。HSP70 不仅可以预防细胞质内蛋白质发生聚集，而且还可以迁徙到核仁中，与部分组装的核糖体建立联系，从而保护细胞核蛋白。

研究表明，细胞中 HSP70 的高表达可以增加其对各种应激原（如热、缺血、缺氧等）的耐受性，大大提高细胞在应激环境下的存活率。转染 *HSP70* 基因的细胞对热应激有更强的抵抗力，抑制 HSP70 的表达导致细胞对损伤高度敏感。HSP70 还能通过调节细胞内某些酶的活性而引起细胞功能的变化。热应激反应产生的 HSP70 可激活在应激反应中活性受到抑制的 Ca^{2+}-ATPase，减轻钙跨膜损伤，缓解应激对心肌特别是其线粒体的影响（Mestril，1995）。

HSP70 mRNA 含量受热诱导的增加还具有时间依赖性，随着热诱导时间的延长（1～5h）而增加。研究发现，HSP70 水平高的细胞其热耐力明显高于 HSP70 水平低的细胞，HSP70 水平与细胞的热耐力呈正相关。但 HSP70 对细胞的保护作用并不是无限的，它只能在一定范围内起作用。有研究发现，当细胞在 45℃热暴露达到 6h 以上时，不管是 HSP70 表达高的细胞还是 HSP70 表达低的细胞，细胞活力均降低。主要是因为应激时间过长，使维持细胞正常生长的蛋白质合成受阻，威胁细胞的生存；同时变性蛋白过多地产生，超过了 HSP70 的保护能力，影响了细胞的功能，引起细胞死亡。

在受热应激的哺乳动物细胞内，HSP90 发生磷酸化，并在核内累积，在对高温的抗性中发挥重要作用。雷蕾和鲍恩东（2008）研究发现，在热应激状态下，肉鸡组织细胞的应激性病理损伤与 HSP90 的分布和含量存在一定程度的关联。HSP90 含量随着热应激时间的延长而出现先升高后下降并逐渐回升的波动，与同期各组织细胞所呈现的病理损伤变化相吻合，说明在热应激初期 HSP90 表达量增加，以增强细胞在不利环境中的生存能力。

20 多年前，研究人员在高温诱导下的许多组织器官中发现小分子 HSP，并且在脊椎动物的眼睛中还发现 α-晶体蛋白（α-crystallin）作为分子伴侣也参与高温应激。大量的研究已证实，大多数 HSPs 和 α-crystallin 可以联合 ATP 以分子伴侣形式保护细胞免受应激原的损伤，提高细胞应对刺激的耐受性。如热应激状态下，HSP27 和 α B-晶体蛋白（αB-crystallin）磷酸化后与肌节的结构蛋白和细胞骨架结合，增加热耐受能力（Basha et al.，2012）。

3. HSP 的抗凋亡作用

伴随各种应激，细胞凋亡是一种普遍现象，并且在早期属于可逆过程，但当细胞严重受损或死亡时属于不可逆过程。含半胱天冬酶（Caspase）依赖性凋亡具有 2 条通路：外源性通路（包含 Caspase-8 的活化）和内源性通路（包含 Caspase-9 的活化）。细胞凋亡诱导因子（AIF）属于内源性 Caspase 非依赖性凋亡通路的重要因子，一旦细胞受到应激，它从线粒体释放后进入细胞核，直接引起细胞凋亡（Concannon et al.，2003）。

HSP 在动物体内具有抗凋亡作用。研究表明，细胞内 HSP70 水平的升高可通过阻断信号通路，抑制应激诱导的 MAPK 信号通路中蛋白激酶 38（p38）和 JNK 的激活，从而减少细胞凋亡。线粒体可能是细胞选择死亡（炎症扩大）或凋亡（炎症受限）的关键细胞器，HSP70 对线粒体的保护则是 HSP70 的重要抗凋亡机制（Didelot et al.，2006）。

HSP70 和 HSP90 可以与凋亡蛋白酶激活因子 1（Apaf-1）结合，从而阻碍 Apaf-1 的下游反应。HSP70 也会抑制线粒体释放 AIF，从而阻碍 Caspase 非依赖性凋亡通路（Matsumori et al.，2005）。在热应激条件下，鸡原代心肌细胞通过线粒体通路抑制 HSP70 的表达量，从而促进细胞凋亡。细胞在热应激下，HSP90 表达增加，从而使细胞对高温产生耐受而免于凋亡。其机制涉及 HSP 抗凋亡效应及调节信号通路，进而保护细胞免于凋亡。许多信号传导蛋白的正常功能发挥都依赖于 HSP90，在这些 HSP90 引物蛋白中有相当数量的蛋白质介入了抗凋亡调节。HSP90 能够抑制肿瘤坏死因子 α（TNF-α）和放线菌酮（cycloheximide，CHX）协同诱导的细胞凋亡，过度表达的 HSP90 在 TNF-α 诱导的细胞凋亡中起抑制作用，这与 HSP90 作为一种分子伴侣保持其目标分子非活性状态的功能相一致。总之，HSP90 在不同诱导物引发的细胞凋亡现象中扮演不同角色。

HSP27 可以通过激活蛋白激酶 B 来抑制细胞凋亡的发生。研究表明，HSP27 可以通过抑制半胱天冬酶的活性来抑制细胞凋亡（Concannon et al.，2003）。HSP27 可以通过与细胞色素 C 的作用负调节 pro-Caspase-9 的活性，进而阻止细胞凋亡复合物的形成。此外，HSP27 还可以通过封锁细胞色素 C 的释放来阻止细胞凋亡。

4. 抗氧化应激作用

机体应激时氧自由基生成增多，引起脂质氧化。这对主要成分为脂质的生物膜的通透性有很大影响，对线粒体、溶酶体等细胞器造成一定程度的破坏，损伤细胞功能。增多的氧自由基可以作为应激原诱导产生 HSP，而 HSP 在细胞内具有抗氧化的生物活性。它可以通过促使机体内源性抗过氧化物酶的合成和释放增加，并抑制产生氧自由基的关键酶 NADPH 氧化酶的表达，来降低活性氧的产生，达到增强细胞抗氧化应激，保护细胞免受伤害的目的。

增加 HSP70 的表达可以使 A549 细胞抵抗氧化应激的损伤，但增加 HSP70 的表达并没有改变细胞内 SOD、CAT、GSH-Px 抗氧化酶的 mRNA 水平。表明在缓解热应激中起作用的是诱导型 HSP70，而不是抗氧化酶。研究牛血管内皮细胞对过氧化应激分子的适应，结果发现 HSP70 表达的增加能减轻氧化应激损伤。热处理或药物诱导表达的 HSP70 能明显减少细胞内因脂多糖刺激而产生的氧自由基。同时，HSP70 还可对抗 H_2O_2 对细胞膜的损伤，从而保护细胞免受由活性氧介导的 Ca^{2+} 内流引起的细胞毒性和细胞凋亡。此外还发现，HSP70 的高表达可以减弱心肌中氧自由基的损伤，提高心肌细胞内超氧化物歧化酶的活性，进而减轻心肌缺血—再灌注的损伤（Sabirzhanov et al.，2012）。而

HSP27 则可以通过促进谷胱甘肽（glutathione，GSH）自身的氧化还原循环，使细胞内 GSH 的水平提高，增加抗氧化能力。

参 考 文 献

AGUILERA G, LIU Y, 2012. The molecular physiology of CRH neurons [J]. Frontiers in Neuroendocrinology, 33 (1): 67-84.

ALUKSANASUWAN S, SUEKSAKIT K, FONG-NGERN K, et al., 2017. Role of HSP60 (HSPD1) in diabetes-induced renal tubular dysfunction: regulation of intracellular protein aggregation, ATP production, and oxidative stress [J]. The FASEB Journal, 31 (5): 2157-2167.

BASHA E, O'NEILL H, VIERLING E, 2012. Small heat shock proteins and α-crystallins: dynamic proteins with flexible functions [J]. Trends in Biochemical Sciences, 37 (3): 106-117.

BELLEZZA I, GIAMBANCO I, MINELLI A, et al., 2018. Nrf2-Keap1 signaling in oxidative and reductive stress [J]. Biochimica et Biophysica Acta (BBA)-Molecular Cell Research, 1865 (5): 721-733.

BHAT A H, DAR K B, ANEES S, et al., 2015. Oxidative stress, mitochondrial dysfunction and neurodegenerative diseases; a mechanistic insight [J]. Biomedicine and Pharmacotherapy, 74: 101-110.

BLUMBERG M S, MENNELLA J A, MOLTZ H, 1987. Hypothalamic temperature and deep body temperature during copulation in the male rat [J]. Physiology and Behavior, 39 (3): 367-370.

BOULANT J A, 1998. Hypothalamic neurons: mechanisms of sensitivity to temperature [J]. Annals of the New York Academy of Sciences, 856 (1): 108-115.

BUIJS R M, CHUN S J, NIIJIMA A, et al., 2001. Parasympathetic and sympathetic control of the pancreas: a role for the suprachiasmatic nucleus and other hypothalamic centers that are involved in the regulation of food intake [J]. Journal of Comparative Neurology, 431 (4): 405-423.

BURTON G J, JAUNIAUX E, 2011. Oxidative stress [J]. Best Practice & Research Clinical Obstetrics & Gynaecology, 25 (3): 287-299.

CANDAS D, LI J J, 2014. MnSOD in oxidative stress response-potential regulation via mitochondrial protein influx [J]. Antioxidants & Redox Signaling, 20 (10): 1599-1617.

CHAKRABARTI S, MUNSHI S, BANERJEE K, et al., 2011. Mitochondrial dysfunction during brain aging: role of oxidative stress and modulation by antioxidant supplementation [J]. Aging and Disease, 2 (3): 242-256.

CHERRY A D, PIANTADOSI C A, 2015. Regulation of mitochondrial biogenesis and its intersection with inflammatory responses [J]. Antioxidants & Redox Signaling, 22 (12): 965-976.

CHOI D C, FURAY A R, EVANSON N K, et al., 2007. Bed nucleus of the stria terminalis subregions differentially regulate hypothalamic-pituitary-adrenal axis activity: implications for the integration of limbic inputs [J]. Journal of Neuroscience, 27 (8): 2025-2034.

CONCANNON C G, GORMAN A M, SAMALI A, 2003. On the role of Hsp27 in regulating apoptosis [J]. Apoptosis, 8 (1): 61-70.

CULLINAN W E, HELMREICH D L, WATSON S J, 1998. Fos expression in forebrain afferents to the hypothalamic paraventricular nucleus following swim stress [J]. Journal of Comparative Neurology, 368 (1): 88-99.

CULLINAN W E, HERMAN J P, BATTAGLIA D F, et al., 1995. Pattern and time course of immediate early gene expression in rat brain following acute stress [J]. Neuroscience, 64 (2): 477-505.

CULLINAN W E, ZIEGLER D R, HERMAN J P, 2008. Functional role of local GABAergic influences on the HPA axis [J]. Brain Structure and Function, 213 (1-2): 63-72.

DADGAR S, CROWE T G, CLASSEN H L, et al., 2012. Broiler chicken thigh and breast muscle responses to cold stress during simulated transport before slaughter [J]. Poultry Science, 91 (6): 1454-1464.

DAYAS C V, BULLER K M, CRANE J W, et al., 2001. Stressor categorization: acute physical and psychological stressors elicit distinctive recruitment patterns in the amygdala and in medullary noradrenergic cell groups [J]. European Journal of Neuroscience,

14 (7): 1143-1152.

DIDELOT C, SCHMITT E, BRUNET M, et al., 2006. Heat shock proteins: endogenous modulators of apoptotic cell death [J]. Biochemical & Biophysical Research Communications, 286 (3): 433-442.

DONG H W, PETROVICH G D, SWANSON L W, 2001. Topography of projections from amygdala to bed nuclei of the stria terminalis [J]. Brain Research Reviews, 38 (1): 192-246.

DOZIER W A, LOTT B D, BRANTON S L, 2005. Growth responses of male broilers subjected to increasing air velocities at high ambient temperatures and a high dew point [J]. Poultry Science, 84 (6): 962-966.

DOZIER W A, PURSWELL J L, BRANTON S L. 2006. Growth responses of male broilers subjected to high air velocity for either twelve or twenty-four hours from thirty-seven to fifty-one days of age [J]. Journal of Applied Poultry Research, 15 (3): 362-366.

DRURY L, SIEGEL H, 1966. Air velocity and heat tolerance of young chickens [J]. Transactions of the American Society of Agricultural Engineers, 9 (4): 583-585.

EBNER K, MUIGG P, SINGEWALD N, 2013. Inhibitory function of the dorsomedial hypothalamic nucleus on the hypothalamic-pituitary-adrenal axis response to an emotional stressor but not immune challenge [J]. Journal of Neuroendocrinology, 25 (1): 48-55.

ENGELAND W C, ARNHOLD M M, 2005. Neural circuitry in the regulation of adrenal corticosterone rhythmicity [J]. Endocrine, 28 (3): 325-331.

FELDMAN S, CONFORTI N, SAPHIER D, 1990. The preoptic area and bed nucleus of the stria terminalis are involved in the effects of the amygdala on adrenocortical secretion [J]. Neuroscience, 37 (3): 775-779.

FERNANDES G, PERKS P, COX N, et al., 2002. Habituation and cross-sensitization of stress-induced hypothalamic-pituitary-adrenal activity: effect of lesions in the paraventricular nucleus of the thalamus or bed nuclei of the stria terminalis [J]. Journal of Neuroendocrinology, 14 (7): 593-602.

FINKEL T, HOLBROOK N J, 2000. Oxidants, oxidative stress and the biology of ageing [J]. Nature, 408 (6809): 239-247.

FOIDART A, DE CLERCK A, HARADA N, et al., 1994. Aromatase-immunoreactive cells in the quail brain: effects of testosterone and sex dimorphism [J]. Physiology & Behavior, 55 (3): 453-464.

GINSBERG A B, CAMPEAU S, DAY H E, et al., 2003. Acute glucocorticoid pretreatment suppresses stress-induced hypothalamic-pituitary-adrenal axis hormone secretion and expression of corticotropin-releasing hormone hnRNA but does not affect c-fos mRNA or fos protein expression in the paraventricular [J]. Journal of Neuroendocrinology, 15 (11): 1075-1083.

GORSKI R A, HARLAN R E, JACOBSON C D, et al., 1980. Evidence for the existence of a sexually dimorphic nucleus in the preoptic area of the rat [J]. Journal of Comparative Neurology, 193 (2): 529-539.

GRAY T S, CARNEY M E, MAGNUSON D J, 1989. Direct projections from the central amygdaloid nucleus to the hypothalamic paraventricular nucleus: possible role in stress-induced adrenocorticotropin release [J]. Neuroendocrinology, 50 (4): 433-446.

GUARNIERI M, BALMES J R, 2014. Outdoor air pollution and asthma [J]. The Lancet, 383 (9928): 1581-1592.

HAHN A, BUBLAK D, SCHLEIFF E, et al., 2011. Crosstalk between Hsp90 and Hsp70 chaperones and heat stress transcription factors in tomato [J]. The Plant Cell, 23 (2): 741-755.

HERMAN J P, FIGUEIREDO H, MUELLER N K, et al., 2003. Central mechanisms of stress integration: hierarchical circuitry controlling hypothalamo-pituitary-adrenocortical responsiveness [J]. Frontiers in Neuroendocrinology, 24 (3): 151-180.

HU H, WANG J, LI F, et al., 2011. Responses of cultured bovine mammary epithelial cells to heat stress [J]. Journal of Agricultural Biotechnology, 19 (2): 287-293.

IKWEGBUE P C, MASAMBA P, OYINLOYE B E, et al., 2017. Roles of heat shock proteins in apoptosis, oxidative stress, human inflammatory diseases, and cancer [J]. Pharmaceuticals, 11 (1): 2.

JOHN C, SAHNI V, MEHET D, et al., 2007. Formyl peptide receptors and the regulation of ACTH secretion: targets for annexin A1, lipoxins, and bacterial peptides [J]. The FASEB Journal, 21 (4): 1037.

KELLER-WOOD M, 2011. Hypothalamic-pituitary-adrenal axis-feedback control[J]. Comprehensive Physiology, 5 (3): 1161-1182.

KINNALLY K W, PEIXOTO P M, RYU S-Y, et al., 2011. Is mPTP the gatekeeper for necrosis, apoptosis, or both? [J]. Biochimica et Biophysica Acta (BBA)-Molecular Cell Research, 1813 (4): 616-622.

KLEIN S, JURKEVICH A, GROSSMANN R, 2006. Sexually dimorphic immunoreactivity of galanin and colocalization with arginine vasotocin in the chicken brain (*Gallus gallus domesticus*) [J]. Journal of Comparative Neurology, 499 (5): 828-839.

KORF H W, 1984. Neuronal organization of the avian paraventricular nucleus: intrinsic, afferent, and efferent connections [J]. Journal of Experimental Zoology, 232 (3): 387-395.

KOWLURU R A, MISHRA M, 2015. Oxidative stress, Mitochondrial damage and diabetic retinopathy[J]. Biochimica et Biophysica Acta (BBA)-Molecular Basis of Disease, 1852 (11): 2474-2483.

KUWANA T, MACKEY M R, PERKINS G, et al., 2002. Bid, Bax, and lipids cooperate to form supramolecular openings in the outer mitochondrial membrane [J]. Cell, 111 (3): 331-342.

LEE C, LIU C Y, HSIEH R H, et al., 2010. Oxidative stress-induced depolymerization of microtubules and alteration of mitochondrial mass in human cells [J]. Annals of the New York Academy of Sciences, 1042 (1): 246-254.

LEON-MERCADO L, CHAO D H M, BASUALDO M D C, et al., 2017. The arcuate nucleus: a site of fast negative feedback for corticosterone secretion in male rats [J]. eNeuro, 4 (1): 1-14.

LUSHCHAK I V, 2014. Free radicals, reactive oxygen species, oxidative stress and its classification [J]. Chemico-Biological Interactions, 224: 164-175.

MADISON F, JURKEVICH A, KUENZEL W, 2008. Sex differences in plasma corticosterone release in undisturbed chickens (*Gallus gallus*) in response to arginine vasotocin and corticotropin releasing hormone [J]. General and Comparative Endocrinology, 155 (3): 566-573.

MALKOSKI S P, DORIN R I, 1999. Composite glucocorticoid regulation at a functionally defined negative glucocorticoid response element of the human corticotropin-releasing hormone gene[J]. Molecular Endocrinology, 13 (10): 1629-1644.

MALOYAN A, HOROWITZ M, 2002. β-Adrenergic signaling and thyroid hormones affect HSP72 expression during heat acclimation [J]. Journal of Applied Physiology 93 (1): 107-115.

MARTINI M, DE SANTIS M C, BRACCINI L, et al., 2014. PI3K/AKT signaling pathway and cancer: an updated review [J]. Annals of Medicine, 46 (6): 372-383.

MATSUMORI Y, HONG S M, AOYAMA K, et al., 2005. Hsp70 overexpression sequesters AIF and reduces neonatal hypoxic/ischemic brain injury [J]. Journal of Cerebral Blood Flow & Metabolism, 25 (7): 899-910.

MAY J D, LOTT B D, SIMMONS J D, 2000. The effect of air velocity on broiler performance and feed and water consumption [J]. Poultry Science, 79 (10): 1396-1400.

MCEWEN B S, STELLAR E, 1993. Stress and the individual. Mechanisms leading to disease [J]. Archives of Internal Medicine, 153 (18): 2093-2101.

MEIMARIDOU E, GOOLJAR S B, CHAPPLE J P, 2009. From hatching to dispatching: the multiple cellular roles of the Hsp70 molecular chaperone machinery [J]. Journal of Molecular Endocrinology, 42 (1): 1-9.

MELIA K R, RYABININ A E, SCHROEDER R, et al., 1994. Induction and habituation of immediate early gene expression in rat brain by acute and repeated restraint stress [J]. Journal of Neuroscience, 14 (10): 5929.

MESTRIL R, 1995. Heat shock proteins and protection against myocardial ischemia[J]. Journal of Molecular and Cellular Cardiology, 27 (1): 45-52.

MILES D, MILLER W, BRANTON S, et al., 2006. Ocular responses to ammonia in broiler chickens [J]. Avian Diseases, 50 (1): 45-49.

MIRKES P E, LITTLE S A, 2000. Cytochrome c release from mitochondria of early postimplantation murine embryos exposed to 4-hydroperoxycyclophosphamide, heat shock, and staurosporine[J]. Toxicology and Applied Pharmacology, 162 (3): 197-206.

MORRISON S F, 2004. Central pathways controlling brown adipose tissue thermogenesis [J]. Physiology, 19 (2): 67-74.

MYERS B, MCKLVEEN J M, HERMAN J P, 2012. Neural regulation of the stress response: the many faces of feedback [J].

Cellular and Molecular Neurobiology, 32 (5): 683-694.

NEMER M, SIKKELAND L I B, KASEM M, et al., 2015. Airway inflammation and ammonia exposure among female Palestinian hairdressers: a cross-sectional study[J]. Occupational and Environmental Medicine, 72 (6): 428-434.

NIGHOT P, KOLTE G, GHALSASI G, 2002. Physiopathology of avian respiratory diseases-respiratory diseases are often complex and multi-factorial but understanding the important factors can help in disease control [J]. Poultry International, 41 (9): 24-29.

NORBERG E, ORRENIUS S, ZHIVOTOVSKY B, 2010. Mitochondrial regulation of cell death: processing of apoptosis-inducing factor (AIF) [J]. Biochemical and Biophysical Research Communications, 396 (1): 95-100.

OITZL M S, HAARST A D V, SUTANTO W, et al., 1995. Corticosterone, brain mineralocorticoid receptors (MRS) and the activity of the hypothalamic-pituitary-adrenal (hpa) axis: the Lewis rat as an example of increased central MR capacity and a hyporesponsive HPA axis [J]. Psychoneuroendocrinology, 20 (6): 655-675.

OOMURA Y, AOU S, KOYAMA Y, et al., 1988. Central control of sexual behavior [J]. Brain Research Bulletin, 20 (6): 863-870.

ORRENIUS S, GOGVADZE V, ZHIVOTOVSKY B, 2007. Mitochondrial oxidative stress: implications for cell death [J]. Annual Review of Pharmacology and Toxicology, 47 (1): 143-183.

OTT M, GOGVADZE V, ORRENIUS S, et al., 2007. Mitochondria, oxidative stress and cell death [J]. Apoptosis, 12 (5): 913-922.

PANI G, GALEOTTI T, 2011. Role of MnSOD and p66shc in mitochondrial response to p53 [J]. Antioxidants & Redox Signaling, 15 (6): 1715-1727.

RADLEY J J, ARIAS C M, SAWCHENKO P E, 2006. Regional differentiation of the medial prefrontal cortex in regulating adaptive responses to acute emotional stress [J]. Journal of Neuroscience 26 (50): 12967-12976.

RADLEY J J, ROCHER A B, RODRIGUEZ A, et al., 2008. Repeated stress alters dendritic spine morphology in the rat medial prefrontal cortex [J]. Journal of Comparative Neurology, 507 (1): 1141-1150.

RAY P, HUANG B W, TSUJI Y, 2012. Reactive oxygen species (ROS) homeostasis and redox regulation in cellular signaling [J]. Cellular Signalling, 24 (5): 981-990.

REUL J M H M, DE KLOET E R, 1986. Anatomical resolution of two types of corticosterone receptor sites in rat brain with in vitro autoradiography and computerized image analysis [J]. Journal of Steroid Biochemistry, 24 (1): 269-272.

REY-SALGUEIRO L, MARTINEZ-CARBALLO E, FAJARDO P, et al., 2018. Meat quality in relation to swine well-being after transport and during lairage at the slaughterhouse [J]. Meat Science, 142: 38-43.

RUIT K G, NEAFSEY E J, 1988. Cardiovascular and respiratory responses to electrical and chemical stimulation of the hippocampus in anesthetized and awake rats [J]. Brain Research, 457 (2): 310-321.

RUZAL M, SHINDER D, MALKA I, et al., 2011. Ventilation plays an important role in hens' egg production at high ambient temperature [J]. Poultry Science, 90 (4): 856-862.

SABIRZHANOV B, STOICA B A, HANSCOM M, et al., 2012. Over-expression of HSP70 attenuates caspase-dependent and caspase-independent pathways and inhibits neuronal apoptosis [J]. Journal of Neurochemistry, 123 (4): 542-554.

SANTURTUN E, MOREAU V, MARCHANT-FORDE J N, et al., 2015. Physiological and behavioral responses of sheep to simulated sea transport motions [J]. Journal of Animal Science, 93 (3): 1250.

SELYE H, 1998. A syndrome produced by diverse nocuous agents [J]. The Journal of Neuropsychiatry and Clinical Neurosciences, 10 (2): 230-231.

SHARMA S, RAMESH K, HYDER I, et al., 2013. Effect of melatonin administration on thyroid hormones, cortisol and expression profile of heat shock proteins in goats (*Capra hircus*) exposed to heat stress [J]. Small Ruminant Research, 112 (1-3): 216-223.

SHEN H M, LIU Z G, 2006. JNK signaling pathway is a key modulator in cell death mediated by reactive oxygen and nitrogen species [J]. Free Radical Biology and Medicine, 40 (6): 928-939.

SHI Z, CJ M, VL B, 2017. Arcuate neuropeptide Y inhibits sympathetic nerve activity via multiple neuropathways [J]. The Journal of Clinical Investigation, 127 (7): 2868-2880.

SHIMIZU S, 2000. Electrophysiological study of a novel large pore formed by bax and the voltage-dependent anion channel that is permeable to cytochrome c [J]. Journal of Biological Chemistry, 275 (16): 12321-12325.

SIJAN Z, ANTKIEWICZ D S, HEO J, et al., 2015. An in vitro alveolar macrophage assay for the assessment of inflammatory cytokine expression induced by atmospheric particulate matter[J]. Environmental Toxicology, 30 (7): 836-851.

SIROTKIN A V, 2010. Effect of two types of stress (heat shock/high temperature and malnutrition/serum deprivation) on porcine ovarian cell functions and their response to hormones [J]. Journal of Experimental Biology, 213 (12): 2125-2130.

SPENCER R L, CHUN L E, HARTSOCK M J, et al., 2018. Glucocorticoid hormones are both a major circadian signal and major stress signal: how this shared signal contributes to a dynamic relationship between the circadian and stress systems [J]. Frontiers in Neuroendocrinology, 49: 52-71.

STAMP J A, HERBERT J, 2001. Corticosterone modulates autonomic responses and adaptation of central immediate-early gene expression to repeated restraint stress [J]. Neuroscience, 107 (3): 465-479.

SUDLOW A W, CAREY F, FORDER R, et al., 1996. Lipocortin-1 inhibits CRH stimulation of plasma ACTH and IL-1 beta-stimulated hypothalamic CRH release in rats [J]. American Journal of Physiology, 270 (1): R54-R60.

SUN F, ZUO Y Z, GE J, et al., 2018. Transport stress induces heart damage in newly hatched chicks via blocking the cytoprotective heat shock response and augmenting nitric oxide production [J]. Poultry Science, 97 (8): 2638-2646.

SWANSON L W, KUYPERS H G J M, 1980. The paraventricular nucleus of the hypothalamus: cytoarchitectonic subdivisions and organization of projections to the pituitary, dorsal vagal complex, and spinal cord as demonstrated by retrograde fluorescence double-labeling methods [J]. Journal of Comparative Neurology, 194 (3): 555-570.

TAKAI H, PEDERSEN J S, JOHNSEN J O, et al., 1998. Concentrations and emissions of airborne dust in livestock buildings in northern Europe [J]. Journal of Agricultural Engineering Research, 70 (1): 59-77.

TANG S, BURIRO R, LIU Z, et al., 2013. Localization and expression of Hsp27 and αB-crystallin in rat primary myocardial cells during heat stress in vitro [J]. PLoS One, 8 (7): e69066.

ULRICH-LAI Y M, HERMAN J P, 2009. Neural regulation of endocrine and autonomic stress responses [J]. Nature Reviews Neuroscience, 10 (6): 397-409.

VERTES R P, 2004. Differential projections of the infralimbic and prelimbic cortex in the rat [J]. Synapse, 51 (1): 32-58.

VIAU V, MEANEY M J, 1996. The inhibitory effect of testosterone on hypothalamic-pituitary-adrenal responses to stress is mediated by the medial preoptic area [J]. Journal of Neuroscience, 16 (5): 1866-1876.

WANG H, ZHOU S L, GONG F Q, 2013. Biphasic regulation of hydrogen sulfide in inflammation [J]. Chinese Medical Journal, 126 (7): 1360-1363.

WANG Y, BRANICKY R, NOË A, et al., 2018. Superoxide dismutases: dual roles in controlling ROS damage and regulating ROS signaling [J]. Journal of Cell Biology, 217 (6): 1915-1928.

WEIN Y, GEVA Z, BAR-SHIRA E, et al., 2017. Transport-related stress and its resolution in Turkey pullets: activation of a pro-inflammatory response in peripheral blood leukocytes [J]. Poultry Science, 96 (8): 2601-2613.

WOLFENSON D, SONEGO H H, BLOCH A, et al., 2002. Seasonal differences in progesterone production by luteinized bovine thecal and granulosa cells [J]. Domestic Animal Endocrinology, 22 (2): 81-90.

WU S, ZHOU F, ZHANG Z, et al., 2011. Mitochondrial oxidative stress causes mitochondrial fragmentation via differential modulation of mitochondrial fission-fusion proteins [J]. The FEBS Journal, 278 (6): 941-954.

XU J, TANG S, YIN B, et al., 2017. Co-enzyme Q10 and acetyl salicylic acid enhance Hsp70 expression in primary chicken myocardial cells to protect the cells during heat stress [J]. Molecular and Cellular Biochemistry, 435 (1-2): 73-86.

YAHAV S, STRASCHNOW A, LUGER D, et al., 2004. Ventilation, sensible heat loss, broiler energy, and water balance under harsh environmental conditions [J]. Poultry Science, 83 (2): 253-258.

ZHU L, BAO E, ZHAO R, et al., 2009. Expression of heat shock protein 60 in the tissues of transported piglets [J]. Cell Stress Chaperones, 14 (1): 61-69.

第三章 温热环境对畜禽生长健康的影响及其机制

3.1 温热环境对家禽体温调节的影响及评估模型

品种、饲料、疫病和环境是制约家禽生产的四大技术要素。优良品种遗传潜力的发挥、饲料的转化效率以及疫病的发生都与家禽所处的环境密切相关。在诸多环境因素中，温热环境是影响家禽的一个重要方面。温热环境通常包括温度、湿度、风速、辐射和降雨等气象因子，在密闭鸡舍中辐射和降雨可以忽略不计，主要是温度、湿度和风速的共同影响。在温热环境发生变化时，家禽作为恒温动物，会通过调节产热和散热来维持体温恒定，因此，家禽体温调节的变化是反映温热环境舒适程度的重要指标。本节分析总结不同温热环境下家禽体温调节的变化规律，为今后研究和建立家禽舒适环境模型、科学调控家禽舍内温热环境提供参考。

3.1.1 家禽的产热和散热

恒温动物的体温调节中枢位于下丘脑（Boulant，1998；Van Tienhoven et al.，1979），下丘脑前部受到破坏会引起机体体温过高。动物外周温度感受器受温度变化的刺激，会将信号传递到下丘脑，进而调节机体的产热和散热，维持体温的恒定（Gentle，1989；Necker et al.，1980；Poulos et al.，1970）。当环境温度在一定范围内变化时，家禽可以通过调节自身的产热和散热维持体温的基本恒定（Davis et al.，1973；Wilson et al.，1952）。当环境温度超出一定可控范围时，机体通过调节产热和散热不足以维持体温的基本恒定，将引起深层体温的明显变化，严重时将导致家禽的直接死亡。由此可见，家禽产热和散热的调节与所处温热环境密切相关，其产热、散热以及深层体温的变化可以反映家禽所处温热环境的舒适程度。

家禽产热的 4 个来源主要包括饲料消化产热、肌肉活动产热、基础代谢产热和生产过程产热。规模化养殖模式下家禽肌肉活动产热的变化很小（热喘息例外），主要通过下丘脑调控肾上腺、甲状腺、性腺等内分泌器官，改变饲料的摄入及营养物质的代谢，调控饲料消化产热、基础代谢产热和生产过程产热。因此，采食量的变化可以间接反映家禽产热量的变化，也可以使用呼吸舱直接测定家禽产热量的变化。在科学研究中，一般使用呼吸舱直接测定家禽 O_2 消耗量和 CO_2 产生量，计算总产热量（total heat production，

THP）或禁食产热量（fasting heat production，FHP），其中 THP 包括肌肉活动产热、基础代谢产热和生产过程产热。有研究根据动物活动量与产热量（heat production，HP）的变化规律，或采食量与 HP 的变化规律建立动物活动产热量（physical activity heat production，AHP）和饲料热效应（thermic effect of feed，TEF）的估测模型。由于这两个估测模型的准确性还需要进一步验证，目前最为常见的还是直接测定 THP 或 FHP。与猪或肉鸡相比，在集约化饲养模式下蛋鸡更为活泼好动。因此，AHP 在 THP 或 FHP 中所占比例相对较高。

家禽的散热分为可感散热和蒸发散热。可感散热是指通过辐射、传导、对流的方式散发的热量，动物体表温度（surface temperature，ST）与环境温度（ambient temperature，AT）之间的差值影响可感散热，另外，风速也是影响可感散热的关键因素。动物可以通过改变体表血流量、调节体表温度，影响可感散热量。当环境温度升高时，动物可以提高体表温度，维持正常的可感散热。研究发现肉鸡无羽区的体表温度与环境温度之间的相关系数达到 0.8（NÄÄS et al.，2010）。因此，常用体表温度的变化反映可感散热的变化。蒸发散热可以分为皮肤蒸发和呼吸蒸发两类。家禽虽然没有汗腺，但在低温环境下皮肤蒸发散热量占全身蒸发散热量的 78%，而在高温环境下主要通过加大呼吸频率（热喘息）提高蒸发散热量，此时呼吸蒸发散热量占全身蒸发散热量的 75%。在对黄头小山雀的研究中也得到同样的结果。因此，呼吸频率的变化可以间接反映家禽蒸发散热量的变化，也可使用呼吸舱直接测定家禽蒸发散热量的变化。

3.1.2　环境温度对家禽体温调节的影响

1. 环境温度对家禽产热的影响

1）环境温度对家禽产热量的影响

使用呼吸舱测定蛋鸡的 THP，发现环境温度（AT）（18.3～35℃）升高时，蛋鸡的 THP 显著降低。但 AT 对蛋鸡 THP 的影响并非呈线性变化。对数十项研究数据汇总发现，在 10～34℃范围内，蛋鸡 HP 随 AT 呈三次曲线形式变化，其中，白来航蛋鸡在 10～32.5℃，THP 呈缓慢下降状态，当 AT 高于 32.5℃时，THP 迅速上升。该研究 THP 是用摄入的代谢能减去产蛋和体增重所储存的能量推算出的，并非实际测定的结果。采用呼吸舱直接测定不同 AT（5～40℃，升高 5℃ · h^{-1}）下蛋鸡 THP 的变化，发现低于 25℃，随着 AT 的升高 THP 降低，超过 25℃后，THP 随着 AT 的升高而升高。但另有研究发现在 12～36℃（每次升高 4℃），无论采食量大小，蛋鸡 THP 随着环境温度的升高而持续降低。在 16～34℃，肉鸡 THP 随着环境温度的变化呈曲线形式变化，其中在 16～28℃，THP 随着环境温度的升高明显下降，在 28～31℃，THP 轻微变化且差异不显著，超过 31℃，THP 急剧上升。

2）环境温度对家禽采食量的影响

家禽可以通过调节采食量来改变产热量，AT 低时家禽通过提高采食量增加 HP 以维持体温恒定（Li et al.，1992）。7 日龄肉鸡，在冷应激条件下（20℃）的采食量显著高于在热中性区（31℃）时的采食量。同样，4 周龄火鸡在 15℃下的采食量显著高于在 25℃下的采食量。AT 高时家禽通过减少采食量以降低 HP。在 21～30℃，AT 每升高 1℃，日均采食量下降 1.5%。但采食量的下降与 AT 并非呈线性变化。20～25℃时，肉鸡日均采食量变化不显著，而 AT 继续上升达到 30℃后，日均采食量下降了 2.8g。AT 从 22℃升高到 27.8℃，蛋鸡日均采食量下降 4g，而当 AT 从 27.8℃上升到 31.1℃时，采食量下降 10g，表明当 AT 超过等热区后，家禽采食量的下降呈曲线形式。在 AT 高于 22.4℃时或在 26.5～32℃，蛋鸡代谢能日均摄入量同样随 AT 的升高而以曲线形式加速下降（Smith，1971；Smith et al.，1972）。

2. 环境温度对家禽散热的影响

1）环境温度对家禽蒸发散热量的影响

通过测定进出呼吸舱气体中水蒸气含量的变化，研究 AT 对蛋鸡蒸发散热量的影响，发现在 5～25℃时白来航蛋鸡蒸发散热量增加不明显，而当 AT 超过 25℃时，白来航蛋鸡蒸发散热量急剧升高，表明 AT 超过 25℃以后，蛋鸡逐渐以蒸发散热为主。采用同样方法，测得黄头小山雀的蒸发散热量，发现 AT 为 30～36℃时，黄头小山雀的蒸发散热量增长缓慢，而超过 36℃后急剧上升。推测在热中性区（thermal neutral zone，TNZ）附近时，家禽主要通过调控可感散热量维持体温恒定，而当 AT 继续升高，将逐渐过渡到以调控蒸发散热量为主。

2）环境温度对家禽呼吸频率的影响

呼吸频率可以反映家禽呼吸蒸发散热量的变化。在高温情况下，肉鸡、蛋鸡和北京鸭呼吸频率均会升高（Bouverot et al.，1974；El Hadi et al.，1982；Hillman et al.，1985）。有研究发现当 AT 从 20℃上升到 30℃时，蛋鸡呼吸频率可从 23 次·min^{-1} 升高到 200 次·min^{-1}。Calder 等（1966）发现，在 30～33℃，鸽子的呼吸频率变化不明显，在 33～37℃开始升高，而超过 37℃后出现急剧升高。这与 AT 对蒸发散热量的影响规律相一致。

3）环境温度对家禽体表温度的影响

家禽可以通过改变体表血流量调节体表温度（ST）。当 AT 升高时，血管舒张，体表的血流量增加，从而 ST 升高，可感散热量增加（Richards，1971）。当 AT 从 24℃上升到 31℃时，蛋鸡腿部温度升高 3℃。AT 对家禽 ST 的影响并非呈线性。当 AT 从 20℃上升到 25℃时，肉鸡平均 ST 升高 3℃，而当 AT 从 25℃上升到 30℃时，肉鸡平均 ST 仅上升 0.5℃。推测在 TNZ 附近时，肉鸡以调控可感散热量为主，而当 AT 继续升高时，升高 ST 散热的作用越来越小，逐渐过渡到以蒸发散热为主。

ST 是一种评价家禽舒适和应激的重要指标。利用红外线成像仪测量 ST 不需要与家禽接触，对家禽的影响较小（McCafferty et al.，2013）。研究发现，肉鸡的翅膀、头部、腿部、背部以及鸡冠的 ST 均随 AT 的升高呈显著上升。家禽周身在测量 ST 时分无羽区和有羽区。无羽区和有羽区的 ST 也随 AT 的升高而升高，但是无羽区的 ST 要高于有羽区（Cangar et al.，2008；de Souza et al.，2013）。研究发现鸽子和蛋鸡有羽区裸露的皮肤对温度的敏感度要高于无羽区，并且在背部、胸部和腹部 3 个区域中，背部的敏感度最高。

3. 环境温度对家禽体核温度（core temperature，CT）的影响

家禽属恒温动物，但当机体产热和散热失衡时将导致 CT 改变（Boone et al.，1971；

Heywang，1938；Thornton，1962）。在 20～30℃，白来航蛋鸡的直肠温度变化不显著，超过 30℃时，直肠温度急剧上升。林海（1996）也有类似发现。与 ST 和蒸发散热量的变化规律相比，家禽 CT 剧烈变化的温度点可能略高，这表明只有当家禽产热和散热失衡时 CT 才迅速改变。

3.1.3　环境湿度对家禽体温调节的影响

RH 对家禽的影响与温度有关。低温环境下潮湿空气的导热性强，可能会增加家禽的可感散热量，但这方面研究较少。研究发现在 12.6℃时，52%～90%的 RH 对肉鸡的体增重和饲料转化效率均无显著影响。在适温环境下，RH 对家禽体温调节的影响不显著。有研究发现，在 28℃时，环境 RH 对肉鸡体温和 ST 均无显著影响。同样的，在低于 25℃的条件下，环境 RH 对肉鸡 ST 的影响不显著。21℃时，RH 对肉鸡的体重没有显著影响。而高温环境下 RH 对家禽体温调节具有明显的影响。高温时家禽以蒸发散热为主，较高的空气 RH 会抑制蒸发散热，导致直肠温度和 ST 升高。35℃时，高湿（85% vs 60%）显著提高肉鸡的直肠温度以及背部和腹部 ST。其他研究也发现，高温环境下，高湿导致家禽生产性能快速下降（Yahav，2000）。然而高温环境下低湿虽然有利于家禽的蒸发散热，但是 RH 过低易造成家禽脱水，影响家禽的生长健康（Yahav et al.，1998）。

3.1.4　环境风速对家禽体温调节的影响

高温条件下，适宜的风速可促进家禽蒸发散热和对流散热，以维持体温恒定。研究发现，在 35℃条件下，$2.0\text{m}\cdot\text{s}^{-1}$ 的风速与 $0.2\text{m}\cdot\text{s}^{-1}$ 相比，蛋鸡的采食量有显著的增加。研究不同风速和 AT 对蛋鸡 HP 的影响，发现提高风速使蛋鸡对环境高温的适应性逐渐提高。但是过高的风速可能会对家禽造成不良影响。研究发现，$1.5\text{m}\cdot\text{s}^{-1}$ 的风速可以显著增加 35℃条件下肉鸡的采食量，而 $3\text{m}\cdot\text{s}^{-1}$ 的风速却显著降低肉鸡的采食量。$2.0\text{m}\cdot\text{s}^{-1}$ 的风速可以有效降低 35℃条件下肉鸡的体温，而超出这一风速，肉鸡的体温又会增加。造成这一现象的原因目前尚不清楚。

3.1.5　环境温湿度等因素对家禽的综合影响及评估模型

AT、RH 以及风速共同影响家禽体温调节以及生产性能。1927 年 Yaglou 首次提出人的有效温度（effective temperature，ET）的概念（Yaglou，1927）。其是以人的主观温热感觉为基础，将不同温热环境（气温、气湿以及气流）共同作用于人体，产生与 RH 为 100%、风速为 $0\text{m}\cdot\text{s}^{-1}$ 环境下的相同感觉时的空气温度定义为该温热环境下的 ET。后来 ET 的运用逐渐扩展到畜禽上。由于动物无法直接表达感觉，在研究过程中选取最能表达动物舒适程度的指标建立了相应的评估模型，逐渐衍生出温湿指数（THI）模型（Egbunike，1979；Hassan，1982；Xin et al.，1992；Zulovich et al.，1990）、实感温度模型（林海，1996）、风冷指数模型（Ames et al.，1975）、黑球 RH 指数模型（Buffington，1981）、热负荷指数模型（Gaughan et al.，2008）、等温指数（Baeta et al.，1987）等。由于使用起来较为方便，测量后计算简单，THI 模型被广泛运用于家禽舒适度评价。THI 模型是通过研究 AT、RH 对家禽某一体温调节指标的共同影响规律，合理分配温度和相对湿度的影响权重，以保证 THI 与该指标的线性相关系数最大。随着后续研究的逐渐深入，将气温、气湿和风速三个因素进行拟合，建立了温湿风指数模型，对于环境的评价更为全面（陶秀萍，2003）。

THI 与家禽体温调节指标之间相关系数越大，建立回归方程后预测家禽体温调节的准确度就越高。研究发现在 22.2～33.3℃，以呼吸频率和直肠温度为指标，建立 2 个关于蛋鸡的 THI 模型，相关系数 r 值分别为 0.80 和 0.71。在 35～41℃，以 CT 为指标，得到肉鸡的 THI 模型，其回归方程的决定系数 R^2 值可达到 0.9。运用以上回归方程建立的肉鸡 THI 模型，研究 THI 与肉鸡生产性能之间的相关性，发现 THI 与肉鸡生产性能之间呈二次曲线相关。建立回归方程后，THI 与肉鸡体重、体增重、采食量之间的决定系数 R^2 分别达到 0.82、0.86 和 0.77。在 32～40℃，以 HP 为指标，得到火鸡的 THI 模型，其决定系数 R^2 值可达到 0.97。THI 与体温调节指标之间的相关系数可能与测定时 AT 范围有关。AT 本身对家禽体温调节的影响是非线性的。另外，RH 对家禽的影响在不同 AT 下也不同。而 THI 是将 AT 和 RH 的影响权重值进行了固化，因此，AT 范围过宽可能是导致 THI 与体温调节指标之间的相关系数降低的重要原因。

上述 THI 固化了 AT 和 RH 的影响权重，并与测定指标之间进行简单线性回归，可能会限制模型的适用范围。AT、风速对不同日龄白来航蛋鸡体温调节的影响规律进行研究，发现 AT 对白来航蛋鸡 HP 的影响呈三次曲线方式，日龄对白来航蛋鸡 HP 的影响呈对数式规律，而风速的影响呈线性方式，并且 AT 和风速之间以及 AT 和日龄之间存在互作效应。根据这些研究结果建立了三元多次回归方程，综合反映 AT、RH、日龄及其互作对火鸡体温调节的影响。利用这种多元多次回归方程预测家禽体温调节的变化可能更加精确，适用范围可能更宽；缺点是由于模型公式过于复杂，影响了其在实际生产中的应用。

AT 对家禽 HP、采食量、ST、蒸发散热量、呼吸频率以及 CT 等体温调节指标的影响均是非线性的，且不同体温调节指标发生剧烈变化时的温度点也不相同。进一步研究连续变化温度下体温调节指标的变化规律，监测体温调节指标发生剧烈变化时的 AT，将有助于确定家禽舒适环境的范围。另外，AT 和 RH 以及风速共同影响家禽体温调节，建立温湿指数或温湿风指数可以综合反映 AT、RH、风速的共同影响。但这类指数模型固化了 AT 和 RH 的影响权重，可能影响其适用范围。

3.2 温热环境对肉鸡采食量及养分代谢的影响及其调控机制

随着家禽的高度集约化生产和对肉鸡高生长性能基因的筛选，家禽舍内环境及其控制显得尤为重要。其中，温热环境是影响家禽生产的重要因素。肉鸡对温度十分敏感，通常来说肉鸡的温度适宜范围在 16～26℃（Diarra et al.，2014），温度过高或过低都会对肉鸡造成应激。温度超过 32℃时，鸡只很难通过自身调整控制体温，易造成热应激（Lara et al.，2013）。肉鸡在温度突然大幅度下降（10℃以上）或长期处于低温环境（4℃以下）

时则会引起冷应激（邱家祥等，2008）。空气湿度与环境温度关系密切，共同影响家禽的体热调节（常玉等，2015）。一般认为肉鸡的最适空气相对湿度（RH）为 60%～65%（Prinzinger et al.，1991）。在适宜温度条件下，空气湿度对机体的热调节无影响。在高温条件下，肉鸡的主要散热方式为呼吸蒸发（周莹等，2016），而高湿能够显著抑制肉鸡的散热，并造成更严重的应激反应；低湿虽然有利于家禽散热，但湿度过低易造成家禽脱水。而在低温条件下，高湿会增大空气的容热量，使鸡只感到更加寒冷，并增加感染呼吸道疾病的可能性。

大量研究表明，环境温度和湿度的共同作用对肉鸡生长性能有重要的影响。据联合国粮食及农业组织（FAO，http: //faostat. fao. org）统计，全球肉鸡养殖主要分布在热带和亚热带地区。这些地区肉鸡养殖密度高，集约化程度也日益提高。伴随着全球气候变暖等因素，肉鸡养殖中热应激发生的频率居高不下（Tao et al.，2006）。采食量急剧下降（可高达 50%）是热应激的一个重要标志，同时也被认为是热应激损伤动物机体和影响动物生长性能的最主要原因（Collin et al.，2001）。热应激条件下，肉鸡体温平衡被打破，为了减少产热量，肉鸡食欲下降，饮水增加，肠道蠕动减缓，肠道饱腹感激素分泌增加，并将信号传递到下丘脑采食能量调控中枢，下丘脑促食欲肽表达下调，厌食神经肽分泌增加，从而进一步降低食欲（Deaton et al.，1986；Teeter et al.，1985）。研究表明，22～30℃条件下，肉鸡平均日采食量随着温度升高而显著下降（Lara et al.，2013）。由于采食量的大幅下降，肉鸡在高温条件下通常会出现生长速度慢、饲料转化率低等现象（Zhai et al.，2014）。研究发现，持续 35℃的高温环境显著降低肉鸡的采食量（−16.4%）和体增重（−32.6%）（Sohail et al.，2012）。但也有研究指出，循环热应激（24℃到 37℃）虽然降低了肉鸡的采食量和体增重，但提高了饲料转化率（Habibian et al.，2016），这可能是应激模式的不同所导致的。此外，有研究显示，高温高湿（31℃，RH 为 85%）较单纯高温（31℃，RH 为 60%），肉鸡有更高的体温和更低的日采食量及日增重（周莹等，2015）。以上研究表明高湿抑制肉鸡的散热并加重高温对肉鸡生长性能的影响。而低温对肉鸡生长性能影响的报道则不尽相同。一般认为低温环境可以提高肉鸡的采食量，降低饲料转化率（王长平等，2011）。但也有研究认为适当低温环境有提高肉鸡生长性能的效果。如出壳后 1 周的肉鸡接受温和的冷刺激会提高其饲料转化率和体增重。对温湿度影响肉鸡生长性能的机制分析认为，采食量调控和营养物质吸收后的代谢变化可能是环境温湿度影响肉鸡生长性能的两个重要机制（Lu et al.，2018）。

3.2.1　环境温湿度对肉鸡采食量的影响及其调控机制

1. 下丘脑采食调控中枢的结构和功能

应激主要是体内平衡的破坏与再修复的过程。这一过程主要依赖于 HPA 轴和交感神经系统的激活，促进内分泌腺体分泌相关激素而发挥重要作用。下丘脑作为调节体温关键中心，在热应激情况下，下丘脑通过 HPA 和交感神经系统等途径调节产热或散热量，从而达到新的体温平衡。下丘脑的弓状核（ARC）可整合饱腹感和饿感信号并做出感应，是调控采食活动、能量平衡和体温平衡最重要的部位。研究证明，渗透性微脉管集中在垂体柄的近端，意味着 ARC 可支持垂体的血流逆行，这对于形成外周长环路、垂体环路以及神经内分泌超短反馈环路非常重要（Ito et al.，2015）。近年来，多项研究表明，下丘脑参与采食调控的主要核团有 ARC、PVN、腹内侧核（ventromedial hypothalamic nucleus，VMH）、背内侧核（DMN）和下丘脑外侧（lateral hypothalamic area，LHA）。这些核团之间构成采食活动和能量代谢的调控网络，共同维持能量代谢平衡，通常将 VMN 称为"饱感中枢"，LHA 称为"饥饿中枢"（Ciofi et al.，2009）。正常情况下，饱感中枢和饥饿中枢交替作用，共同调节动物采食行为。

ARC 是位于内侧下丘脑基底部神经元集结区，被称为"一级神经元"。由于 ARC 位于血脑屏障最薄弱的地方，ARC 对血液中的激素水平等信号的变化最为敏感。在 ARC 中，有两个重要的神经元对能量稳态调控发挥重要作用。其中一个神经元促进采食，共表达神经肽 Y（neuropeptide Y，NPY）和刺鼠相关蛋白（agouti-related protein，AgRP）；另外一个神经元抑制采食，共表达阿黑皮素原和可卡因—安菲他明调节转录肽（proopiomelanocortin/cocaine-amphetamine regulated transcript peptide，POMC/CART）。这两条神经元可表达瘦素和胰岛素等激素的受体，同时能获得血源性营养物质如葡萄糖、脂肪酸和氨基酸，所以这两种神经元对机体能量状态非常敏感（Belgardt et al.，2009；Morton et al.，2006）。无论是限饲还是再饲喂的情况，AgRP 和 NPY 的表达均与机体的营养状况密切相关。哺乳动物的下丘脑中，AgRP/NPY 神经元信号和局部的能量传感途径紧密联系，如 AMPK 和哺乳动物雷帕霉素靶蛋白（mammalian target of rapamycin，mTOR）的活性受循环代谢激素（如饥饿素和瘦素）水平的影响，以及葡萄糖和氨基酸等营养素的影响。但是 POMC/CART 神经元的表达不受限饲和再饲喂的影响（Watterson et al.，2013）。还有研究证明，NPY 神经元可通过激活其受体或者释放氨基丁酸抑制 POMC 神经元活性，但 POMC 神经元对 NPY 神经元没有类似的负调节机制（Acuna-Goycolea et al.，2005）。

2. 环境温湿度应激过程中的重要神经递质和信号分子

控制采食和能量消耗的生理系统主要通过感应机体能量状态的长期和短期传入信号，进而在下丘脑内整合信号并作出反应，然后输出信号调节饥饿感强度和能量水平。热应激情况下，机体能量平衡和体温平衡被打破，机体通过神经内分泌生理系统，分泌多种肽和激素，有些激素通过调节采食行为控制能量摄入，有些激素通过改变能量消耗从而使机体达到新的内环境稳态（Müller et al.，2017）。促甲状腺激素释放激素（TRH）、生长抑素、血管活性肠肽（vasoactive intestinal peptide，VIP）等具有升高体温的作用，神经降压肽、胆囊收缩素（cholecystokinin，CCK）、促肾上腺皮质激素（ACTH）等具有降低体温的作用。热应激环境下，机体释放瘦素，进而刺激抑制食欲的因子 POMC/α-黑素细胞刺激素（α-MSH）的分泌，抑制促进采食的因子 NPY、AgRP 的分泌，减少采食，同时 α-MSH 作为黑皮质素受体（melanocortin receptor，MCR）激动剂，促进抑制食欲因子 CRH 和 TRH 的分泌（Richards et al.，2007）。POMC 是 α-MSH 的前体物质，α-MSH 通过与黑皮质素受体 3（melanocortin 3 receptor，MC3R）和黑皮质素受体 4（melanocortin 4 receptor，MC4R）结合，从而抑制食欲。而 AgRP 作为 α-MSH 拮抗剂，可与之竞争结合 MCR，从而发挥促进采食作用。

1）NPY

NPY 是由 36 个氨基酸残基组成的长肽，属于 NPY 激素家族，该家族中也包括酪酪肽（peptide YY，PYY）和胰腺多肽。NPY 有许多重要生物学和病理生理功能，如对血压、神经内分泌、采食行为等进行调控（Loh et al.，2015）。有研究表明，NPY 是促进食欲和繁殖必需的信号分子。NPY 因其时空特异性，作用于下丘脑的两条不同的通路，接收和转换内外的环境信息，通过促进前体脂肪细胞合成，增加脂肪合成和存储（Zhang et al.，2015），维持营养平衡和生殖功能。NPY 可作用于 HPA 轴，促进垂体分泌黄体生成素（luteinizing hormone，LH），对 HPA 也有一定的调控作用。当不利的营养环境、体内激素及遗传因素的干扰时，NPY 只刺激食欲却抑制繁殖（Wang et al.，2015）。NPY 发挥以上功能，归功于 NPY 受体不同的亚型和基于 NPY 构建的多种复杂神经网络通路。NPY 受体有 Y1、Y2、Y3、Y4、Y5 和 Y6 共 6 种亚型，主要通过 NPY 与 Y1 或 Y5 这 2 种亚型受体结合而发挥促进采食作用。研究表明，在急性热应激条件下，NPY 前体 mRNA 的表达水平升高（Tallam et al.，2006），这可能与机体瘦素水平低或瘦素信号通路被抑制有关。也有研究指出动物处于禁食或饥饿等能量水平低下的生理状态时，其下丘脑 NPY 水平也会显著升高（Heilig，2004）。

2）AgRP

刺鼠基因（*agouti*）编码的旁分泌信号分子可与促黑质细胞素的受体发生拮抗，从而降低黑色素的合成，并负责调控啮齿类动物毛的颜色性状。AgRP 类似于刺鼠蛋白（25%个相同的氨基酸），是 α-MSH 的受体 MC3R 和 MC4R 的内源性拮抗剂，主要在下丘脑和肾上腺表达。AgRP 是强效的促食欲因子，瘦素通过下调 AgRP 表达水平，从而发挥抑制食欲的作用（Dunn et al.，2013）。MC4R 作为 G 蛋白偶联受体，是下丘脑分泌的一种肽类物质，在调控动物采食量过程中起着重要的作用。AgRP 蛋白可与 MC3R 和 MC4R 结合发挥拮抗作用，因此，AgRP 过度表达时将诱发肥胖症（Zendehdel et al.，2012）。

3）POMC

POMC 主要在下丘脑 ARC 表达，在大脑孤束核也有少量表达。POMC 是一个复杂的大分子，同时也是多种多肽的前体物质，其中包括广泛参与机体活动的 ACTH、β-促脂解素及多种形式的促黑素细胞激素。ARC 中 POMC 表达水平可被瘦素和胰岛素增强，同时也受营养物质的影响。在正常情况下，POMC 神经元主要作用于厌食—分解代谢系统，它与许多其他抑制食欲物质和饱腹因子（如瘦素，胰岛素）相互作用。此外，POMC 不仅有内源性激动剂 α-MSH，而且有内源拮抗剂 AgRP（Furuse，2015）。

4）CART

在啮齿类动物中，CART 主要在 ARC 中的 POMC 神经元上表达，室旁核、穹窿周围、视上核、外侧和 DMN 也有表达。CART 神经元可共表达 *TRH* 基因、黑素浓集素、神经降压素等。在 PVN 中，CART mRNA 在含 CRH 神经元共定位。通常情况下，CART 神经元上有瘦素受体，可被瘦素激活，从而发挥抑制食欲的作用。胰岛素和糖皮质激素也能激活这些神经元，低瘦素水平将下调 CART mRNA 的表达，反之高瘦素水平可上调

CART mRNA 的表达。在迷走神经传入纤维中，CCK-1 可以增强 CART mRNA 的表达水平。除了影响采食行为，CART 还参与调控代谢率和体温平衡，增强能量消耗和产热作用。总体来说，CART 不仅调控采食行为，同时也可通过提高能量消耗短期调控能量平衡（Simpson et al.，2009）。

3. 环境温湿度通过下丘脑整合外周采食信号机制

1）下丘脑 AMPK 采食调控信号通路

AMPK 是所有真核生物细胞内的能量传感器，在营养不足或者缺氧导致的 ATP 不足等应激状态下，AMPK 被激活。AMPK 是一个异源三聚体的丝氨酸/苏氨酸蛋白激酶，由 α 催化亚基及 β 和 γ 两个调节亚基组成，通过改变促进食欲或抑制食欲的 *NPY* 基因的表达从而调控采食行为。AMPK 作为家禽调控体内能量代谢平衡的关键因子之一，其中一个作用是监控 AMP 和 ATP 浓度比率，随之做出相应的代谢过程的改变。此外，AMPK 可以感受细胞能量状态信号，并通过磷酸化传递相应的信号，最终影响细胞代谢过程（Hardie et al.，2012）。近年来大量研究表明，机体在能量负平衡等情况下，AMPK 被激活参与能量采食调控。研究发现，热应激处理 14d，空肠隐窝及绒毛的增殖细胞核抗原显著降低，绒毛顶端的凋亡细胞显著增加，同时上调肠道中 AMPKα1 的 mRNA 及蛋白质的表达水平。

2）调节采食的外周信号

最近在下丘脑发现的一些肽在能量平衡中具有分解代谢作用。与甘丙肽相比，甘丙肽样肽（galanin-like peptide，GALP）是一个介导瘦素作用的分解代谢肽。长久使用将减少食物摄入量和体重，甚至在肥胖的小鼠中也如此。而且 GALP 还可以提高棕色脂肪的活性，升高体温（Ito et al.，2013）。类似的物质还有脑源性获得神经营养因子（brain-derived neurotrophic factor，BDNF），位于下丘脑腹内侧，可促进代谢作用，具有增强产热，同时下调黑皮质素系统表达的作用。外周的瘦素水平可以将信号传入大脑，让中枢感应能量储存状态。瘦素是 1994 年被发现的，它由脂肪组织分泌，能够抑制采食行为和促进能量消耗，在长期能量平衡调控通路中发挥重要作用。瘦素受体在下丘脑的不同核团均有表达，其中在 ARC 通过抑制促食欲的 NPY/AgRP 神经元的活性发挥重要的能量调控作用（Coppari et al.，2005）。除此之外，肠道内分泌的一些其他的激素也可短期调控采食行为。如 CCK、饥饿素、PYY 等，这些激素作用于肠道的迷走神经（同时有研究证明这些激素也可以作用于大脑），产生饱腹感。CCK 由十二指肠的 I 型细胞分泌，可与 CCK 受体结合，刺激胰腺产生胰岛素和消化酶，同时促进肠道排空和胆汁的分泌，此外还作用于下丘脑中的 POMC 神经元，抑制食欲（Liu et al.，2013）。饥饿素是生长激素促分泌素的内源性受体，由胃底部的内分泌细胞分泌。在哺乳动物中，饥饿素可通过调控下丘脑的 ARC 中 NPY/AgRP 神经元从而促进采食。但在家禽的研究中发现，饥饿素抑制采食，其可能的机制是饥饿素作用于 HPA 轴，增加 CRH、ACTH 和糖皮质激素的分泌，同时饥饿素可下调解耦蛋白从而抑制鸡的采食（Sato et al.，2012）。PYY 主要由小肠的回肠和结肠段的 L 细胞分泌，可感应肠道内的脂肪含量，可与下丘脑的 NPY-Y2 受体结合降低采食（Batterham et al.，2006）。研究发现，慢性热应激处理 7d 或

14d，肉鸡肠道形态显著受损，且显著增加肠道 CCK，饥饿素、PYY 等饱腹激素的分泌，同时上调 CCK 等饱腹激素的 mRNA 表达水平。这可能表明热应激促进饱腹激素分泌，是降低食欲的主要因素。

3）氨基酸化学感受器

氨基酸作为机体营养和其他代谢过程的调控因子，与机体内代谢调控及代谢疾病的发生密切相关。饲粮中氨基酸的含量和平衡情况，都会影响动物的采食量。氨基酸如亮氨酸、谷氨酸、色氨酸和精氨酸作为重要的生物活性氨基酸，参与许多重要的生化反应。尤其近十年对化学感受器的研究进展表明，游离的 L-氨基酸不同于其他营养物质，在修饰外分泌和内分泌过程中发挥至关重要的作用，其可以调节蛋白质消化、代谢和利用，通过与诸如 G 蛋白偶联受体结合激活细胞内的某特定信号通路，最终调控神经活动和激素释放，进而调节胃肠道功能，保障和维护胃肠道黏膜的完整性（San Gabriel et al.，2013）。色氨酸是最早发现的具有调控采食量作用的氨基酸，其作用机理可能与其代谢产物 5-羟色胺参与神经调节以及刺激调控食欲相关。研究表明，色氨酸可促进胃肠中饥饿素的分泌及其基因在胃肠黏膜的表达，从而促进断奶仔猪的食欲，提高采食量（Zhang et al.，2007）。亮氨酸作为必需氨基酸之一，可能代表下丘脑氨基酸可用性的一种生理信号。它可以比其他氨基酸更快地进入大脑，而且是哺乳动物氨基酸感受 mTOR 复合物 1（mTORC1）通路中最有效的激活剂（Xiao et al.，2011）。体外或体内研究均发现，亮氨酸与葡萄糖代谢和胰岛素敏感性密切相关。脑室注射亮氨酸，哺乳动物通过增加下丘脑 mTOR 信号，导致采食量下降。而雏鸡脑室注射亮氨酸可促进采食，注射谷氨酸则抑制采食（Hao et al.，2010）。据报道，采食缬氨酸缺乏但亮氨酸过量的饲粮可导致家畜的采食量迅速降低。相反，中枢神经系统中注射亮氨酸能显著刺激雏鸡的采食量。采食亮氨酸缺乏的饲粮可引起小鼠采食量显著下降，由此推断亮氨酸可能是下丘脑调节采食量的一个关键因子（Blouet et al.，2010；Cheng et al.，2011）。由于亮氨酸与缬氨酸、异亮氨酸等支链氨基酸在动物的采食调控上可能存在拮抗作用，因而亮氨酸影响动物采食量的途径也可能是通过促进瘦素的合成与分泌来调节动物的饱腹感（王洪荣等，2013）。但亮氨酸与下丘脑促进食欲因子和抑制食欲的 NPY 之间的互作机理仍待阐明。慢性热应激处理条件下，血浆中支链氨基酸缬氨酸和异亮氨酸水平显著上升。这可能与热应激情况下，下调氨基酸转运载体的表达，导致氨基酸利用受阻相关（Habashy et al.，2017）。

4）肠道黏膜上的味觉受体对采食的调控

近年来，有研究发现采食行为除了受上述的 NPY 或神经递质等激素的调控，还受胃肠机械活动和味觉受体（taste receptor，TR）的调节（Rozengurt et al.，2007）。*TR* 基因除了在口腔中表达，也在肠道黏膜、下丘脑、肝脏等表达。动物的口腔味觉系统能够识别苦、酸、甜、咸和鲜 5 种基本味觉，胃肠道内存在苦、甜、鲜 3 种味觉受体和相关味觉信号分子（Rozengurt et al，2007）。目前已证明，动物的味觉受体基因家族有 2 个，味觉受体第一家族成员（taste receptor family 1 member，T1R）和味觉受体第二家族成员（taste receptor family 2 member，T2R）（Daly et al.，2013）。T1Rs 家族属于 G 蛋白偶联受体超家族 C 亚型成员，由 *T1R1*、*T1R2* 和 *T1R3* 三个基因组成，它们以异二聚体的形式发挥作用。T1R1 和 T1R3 结合形成鲜味受体，T1R2 和 T1R3 一起作为甜味受体。研究证实，鸡缺少 *T1R2* 基因，而 *T1R2* 基因是甜味识别的必要因子，该基因的缺失，使得鸡对甜味物质较迟钝（Shi et al.，2006）。T1R1 和 T1R3 形成的异二聚体存在于胃肠的感知细胞中，能感受识别饲料的成分和氨基酸含量，促进同化作用，并刺激 CCK 的分泌（Daly et al.，2013）。CCK 在消化过程中扮演多种角色，减缓胃排空的速度，调节肠道蠕动，刺激胰腺和胆囊分泌，通过迷走神经产生饱腹感，抑制采食。采用甜味受体阻断剂能够降低饱感信号（Dockray，2012）。T1R1 和 T1R3 能感受天然的 20 多种 L 型氨基酸和嘌呤核苷酸（如肌苷酸和鸟苷酸），肠道味觉受体不仅能调控肠道激素的分泌，还能调节动物的采食（Xu et al.，2004）。在热应激条件下，机体的能量物质重新分配，蛋白质分解加速，肠道氨基酸水平提高，影响胃肠道味觉受体的正常感应（Lu et al.，2017）。慢性热应激处理条件下，除了血浆中支链氨基酸缬氨酸和异亮氨酸水平显著上升，*T1R1* 和 *T1R3* 的 mRNA 的表达水平也显著上调。

3.2.2　环境温湿度对肉鸡养分代谢的影响及其调控机制

在不同温湿度条件下，神经内分泌机能的改变会引起肉鸡的糖、脂类、蛋白质和矿物质代谢的改变。在应激条件下，机体对能量的需要量增加，营养物质发生再分配，由主要流向生产（生长）变为流向生存。总体看，在高温环境中，肉鸡的脂肪合成增加，脂类分解减少，氨基酸分解增强，进而造成蛋白质沉积下降而脂肪沉积增加的状况。在低温环境中，动物主要的代谢调整是通过提高分解代谢增加机体对能量物质的代谢，以产热维持体温。而湿度通常作为温度的辅助因素，加强温度对营养物质代谢的影响。

1. 环境温湿度对肉鸡糖代谢的影响及其调控机制

高温可通过激活家禽的 HPA 轴引起血浆皮质酮浓度升高（Quinteiro-Filho et al.，2012b），而皮质酮又与胰岛素的作用紧密相关，机体糖皮质激素浓度的升高会诱发胰岛素抵抗，发生高胰岛素血症（Lin et al.，2006）。葡萄糖作为机体的主要供能物质，在维持正常生产和生命机能方面有重要的作用，应激状态下肌肉糖代谢的紊乱常被视为应激影响肉鸡肌肉生长发育和肉品质的主要原因（Liu et al.，2014a）。家禽的血浆胰岛素浓度与哺乳动物相近，但血浆葡萄糖浓度显著高于哺乳动物（Braun et al.，2008），提示家禽本身对胰岛素不敏感，相关信号通路具有特殊性。在热应激条件下，家禽体内皮质酮水平升高，胰岛素分泌增加，二者对机体的糖代谢起重要的调控作用（Song et al.，2011）。研究表明，虽然肉鸡缺乏葡萄糖转运蛋白 4（glucose transporter 4，GLUT4）的同源基因，但胰岛素依然能够促进骨骼肌葡萄糖的跨膜转运。研究认为这可能是胰岛素信号通路通过提高葡萄糖转运蛋白 1（glucose transporter 1，GLUT1）的表达来实现的（Zhao et al.，2012）。皮质酮在糖代谢调控中可降低胰岛素的敏感性，抑制胰岛素对葡萄糖吸收的促进作用，减少葡萄糖摄取率和糖原合成率（Zhao et al.，2009）。小鼠成肌细胞的试验显示其调节机理可能为皮质酮抑制胰岛素受体下游蛋白 PI3K 的激活（Müssig et al.，2005）。有研究认为 PI3K 通路并不是禽类胰岛素信号传递的主要通路，MAPK 信号联级反应激活的 ERK1/2 通路被认为可能是禽类胰岛素作用的主要途径。因此，皮质酮影响胰岛素敏感性的具体作用机制还有待进一步研究（Liu et al.，2014a）。有报道指出，在高温条件下，肉鸡肌肉中糖的无氧酵解增加，使得肌肉中乳酸浓度升高（Wu et al.，2015）。高温热应激前期机体的能量需求增加，产生过量氧自由基，进而影响线粒体的结构和有氧氧化功能，为满足能量需求糖类无氧酵解水平升高。此外，高温条件 RH 高于 65%会提高肉鸡的维持需要，进而增加机体对糖的消耗（Yahav，2000）。而在低温环境下，肉鸡糖原分解增加（Dadgar et al.，2012），血液葡萄糖浓度显著升高，葡萄糖氧化水平提高，表明机体消耗更多的糖维持体温（Aarif et al.，2014）。也有研究认为低温环境下血液葡萄糖浓度先升高后降低，这可能与冷应激的强度和动物品种差异有关（Qin et al.，2014）。

2. 环境温湿度对肉鸡脂肪代谢的影响及其调控机制

热应激条件下肉鸡的脂肪代谢被认为是一个生物学悖论。由于采食量大幅度下降和维持需要的增加，高温条件下机体通常会出现能量供应不足的情况。在热应激条件下，动物无法充分调动体脂肪为机体补充能量。研究指出高温环境会增加肉鸡的脂肪沉积量（Yuan et al.，2008）。利用代谢组学的综合分析也得到类似的结果，慢性热应激可提高肉鸡腹脂率，降低血液中游离脂肪酸水平，促进脂肪的沉积而抑制其分解。鸡的脂肪合成与人类相似，与啮齿类动物不同，其脂肪合成过程几乎全部在肝脏中进行，因此脂肪沉积的一个重要途径就是肝脏以极低密度脂蛋白的形式输送到脂肪组织。一方面，在高温条件下，机体皮质酮浓度升高，导致胰岛素的大量分泌。而胰岛素作为一种降糖激素具有很强的抑制脂肪分解、促进脂肪合成的作用。其可能的调节机制是胰岛素和皮质酮共同作用，通过激活肝脏 X 受体 α（liver X receptor α，LXRα）或/和固醇调节元件结合蛋白（sterol regulatory element binding proteins，SREBPs），进而增加肝脏的脂肪酸合成酶（fatty acid synthetase，FAS）和乙酰辅酶 A 羧化酶（acetyl-CoA carboxylase，ACC）两种脂肪合成关键酶的基因表达水平。研究显示，单独的胰岛素或皮质酮不会激活这一通路影响脂肪合成相关酶的表达，二者共同作用的机制还有待进一步研究（蔡元丽，2009）。另一方面，糖皮质激素还可以通过胰岛素提高脂肪组织的脂蛋白脂酶（lipoprotein lipase，LPL）活性，而 LPL 是脂肪沉积过程的限速酶（Cai et al.，2011）。研究表明，慢性热应激可提高肉鸡腹脂的 LPL 水平，而降低腹脂的激素敏感性脂肪酶水平，表明热应激增加脂肪在腹脂中的沉积并降低腹脂的分解和动员。而冷应激与之相反。研究表明在低温环境下由于大量能量用于产热，脂肪沉积会显著降低（Yunianto et al.，1997）。研究显示，冷应激条件下，肉鸡可能通过提高 AMPKα 蛋白的表达水平，增加脂肪的氧化，减少脂肪合成关键酶 ACC 的基因表达（Zhang et al.，2014）。此外，冷应激条件下，肉鸡肌肉的肉碱棕榈酰转移酶 1 的表达水平和 mTOR 磷酸化水平均升高，这被认为与脂肪酸 β 氧化水平的提高有关（Nguyen et al.，2015）。相对湿度对肉鸡脂肪代谢的影响还未见报道。

3. 环境温湿度对肉鸡蛋白质代谢的影响及其调控机制

在热应激条件下，蛋白质代谢的改变会造成肉鸡的生长速度和蛋白质沉积的下降。报道指出，在持续偏热（26℃和 31℃）环境中，肉鸡的氮利用率下降，氮排出量增加（王雪敏等，2016）。肌肉蛋白质的沉积主要受胰岛素样生长因子 1（insulin-like growth factor

1，IGF-1）的调节，IGF-1 可促进氨基酸的转运和蛋白质的合成，抑制蛋白质的分解（Dupont et al.，2009）。高温应激会提高血液皮质酮浓度，而糖皮质激素能够通过抑制 IGF-1 的分泌，间接抑制骨骼肌蛋白质的合成且促进骨骼肌蛋白质的分解（Tankson et al.，2001）。研究表明，在高温热应激情况下，肉鸡肝脏和胸肌 IGF-1 的基因表达水平显著降低（Zuo et al.，2015）。而 IGF-1 对肌肉蛋白质代谢的调节作用是通过活化 mTOR 通路来实现的（Tesseraud et al.，2006）。研究指出，糖皮质激素处理条件下，mTOR 通路被抑制，下游蛋白质真核翻译起始因子 4E 结合蛋白 1（eukaryotic translation initiation factor 4E binding protein 1，eIF4EBP1）的磷酸化程度显著降低（Shah et al.，2000），而低磷酸化的 eIF 4EBP1 可以和真核细胞翻译启动因子结合，从而抑制蛋白质表达。相似地，研究发现，慢性热应激可通过下调 mTOR 通路抑制蛋白质合成和氨基酸的转运，进而降低肉鸡胸肌率。此外，研究显示不同的肌肉组织对高温引起的蛋白质代谢障碍反应不同。在胸肌中热应激主要抑制蛋白质的合成，而在腿肌中热应激主要增加蛋白质的分解（Zuo et al.，2015）。造成这一差异的原因还有待进一步研究。肌肉蛋白质降解生成的氨基酸被机体通过糖异生作用转化为血液葡萄糖用以补充能量（Rhoads et al.，2011）。在高温条件下，高湿增加机体的维持需要，使葡萄糖大量消耗（Yahav，2000），可以导致骨骼肌摄取能量不足、肌肉蛋白质合成抑制。而有关冷应激对肉鸡蛋白质代谢影响的报道指出，低温环境显著降低肉鸡的体增重（Yang et al.，2016），而显著提高肉鸡的血液尿酸水平。单胃动物血液中氮的来源主要是肝脏的脱氨基作用，这说明体增重降低与肌肉蛋白质的降解有关（Blahová et al.，2007）。

4. 环境温湿度对肉鸡矿物质代谢的影响及其调控机制

矿物质不仅是动物机体的组成成分，也是平衡机体内环境的电解质、多种酶和激素活性中心的组成成分。研究表明，热应激不仅影响肉鸡肌肉的生长，同时也会降低肉鸡的骨重和骨强度，并增加肉鸡腿病的发生率，分析这可能与高温影响机体矿物质代谢、增加钙磷流失有关。研究表明，热应激可增加细胞膜对钙离子的通透性，从而增加钙离子内流，造成血液钙浓度降低（唐湘方，2015）。在 31℃的急性热应激条件下，肉鸡血液钾离子浓度极显著升高，而钠离子浓度呈下降趋势（张少帅等，2016）。此外，热应激还可以降低锰和锌的吸收和利用（Sahin et al.，2006）。而饲粮中添加锰或锌都可以提高肉鸡组织中抗氧化酶的活性（Li et al.，2011；Liu et al.，2015），起缓解热应激的作用。在高温条件下，高湿可能引起呼吸散热效率降低，呼吸频率增加，CO_2 呼出量增加，血液 HCO_3^-浓度降低，血液 pH 升高，造成呼吸性碱中毒。而低温环境中，肉鸡血液钙离子浓度无显著变化，而磷离子浓度显著降低，其调控机理尚不清楚（Blahová et al.，2007）。此外，报道指出在高温和低温条件下，肉鸡对碘的吸收水平增加，这可能与甲状腺机能的调节有关（王长平等，2016）。

总之，不同环境温湿度对肉鸡生长性能有重要的影响，其机制主要为采食量调控和营养物质的代谢变化两大方面。一方面，环境温湿度主要通过影响下丘脑采食调控中枢以及外周的相关激素分泌和味觉受体、氨基酸化学感受器的表达，进而调节采食行为影响动物对营养物质的摄取。另一方面，环境温湿度通过对机体的糖、脂类、蛋白质和矿物质等营养物质的代谢进行调节，影响机体对养分的利用方式和效率。最终，使得动物的生长发育与环境适应达到一种有机的平衡状态。

3.3 温热环境对畜禽肠道健康的影响及其机制

3.3.1 温热环境对单胃动物肠道健康的影响及其机制

温热环境下畜禽生产性能受到严重影响是畜禽养殖生产中的普遍现象。通过 meta 方法分析 1970～2009 年发表的关于高温环境对生长育肥猪生产性能影响的 71 篇文献发现，随着环境温度的升高，猪的平均日增重（average daily gain，ADG）和平均日采食量（average daily feed intake，ADFI）均显著降低（Renaudeau et al.，2011）。温热环境下，机体为了散热，血液更多地流向外周组织，导致肠道缺血缺氧；而肠细胞对氧和营养物质的缺乏特别敏感，导致 ATP 消耗、离子泵活性改变、氧化应激和亚硝化应激，引起肠上皮细胞坏死、脱落，肠绒毛断裂，甚至完全脱落形成溃疡，肠道形态结构严重受损（Lambert，2008；Lambert，2009）。肠道通过其特殊的腔管状结构将肠道内各种物质与机体内环境有效分开，发挥屏障功能，有效阻止肠道外来病原体及内毒素等有害物质的入侵。但是温热环境下肠道形态结构遭到破坏，导致肠道黏膜通透性增加，引起病原体及有害物质的迁移、易位，进入血液循环，诱发多发性肠炎、败血症及多脏器功能衰竭综合征，使屏障功能降低，并诱发激烈的免疫反应（Quinteiro-Filho et al.，2010）。此外，热应激还破坏消化道菌群平衡，使有害菌比例上升，增加了疾病感染概率。

1. 温热环境对动物肠道形态结构的影响

肠绒毛是小肠的主要黏膜结构。正常情况下，隐窝基部干细胞不断地增殖分化并向绒毛的顶端迁移，形成具有吸收能力的成熟肠上皮细胞，补充绒毛顶端凋亡脱落的上皮细胞，因此，绒毛高度受成熟肠上皮细胞凋亡脱落、幼稚上皮细胞迁移以及隐窝干细胞增殖的共同影响。隐窝变浅表明隐窝干细胞增殖迁移过程减慢，肠上皮细胞成熟率上升，分泌功能增强。绒毛长度、隐窝深度及绒毛高度/隐窝深度（villus height/crypt depth，V/C）比值是衡量动物肠道健康的重要指标。利用肠道组织切片、染色技术，经光学显微镜等观察肠道黏膜形态，可直观地了解热应激条件下肠道黏膜形态结构的变化情况。胡艳欣等（2009）（26～39℃，24h 循环变温，在 39℃时维持 4h，连续 10d）、Yu 等（2010）（40℃，$5h \cdot d^{-1}$，连续 10d）应用 HE 染色技术研究温热环境对猪肠道结构的影响，发现热应激导致十二指肠绒毛顶端破裂，肠黏膜上皮脱落，固有层裸露，肠腺萎缩，显著水肿。各肠段 V/C 出现不同程度的降低，肠道黏膜结构损伤严重，这在研究热应激（40℃，连续 10d，相对湿度 80%～90%）对鹅小肠形态结构影响的结果中也得到了印证。温热环境对肠道形态造成的影响，以十二指肠最为严重，空肠、回肠次之。可能原因是：①肠绒毛在十二指肠和空肠头段最发达，因此绒毛损伤现象更明显；②十二指肠直接与胃相连，热应激造成肠上皮细胞损伤在胃酸作用下加剧。分析热应激导致肠道黏膜形态结构损伤的分子机制发现，热应激（40℃，5h · d^{-1}，连续 3d）导致猪小肠绒毛上皮细胞促凋亡因子半胱天冬酶 3（*caspase-3*）、半胱天冬酶 8（*caspase-8*）、半胱天冬酶 9（*caspase-9*）、Bcl-2 相关 X 蛋白（Bcl-2-associated X protein，*Bax*）基因表达显著上调，抗凋亡因子 B 淋巴细胞瘤 2（B cell lymphoma 2，*Bcl-2*）表达下调，顶端上皮细胞凋亡脱落严重（贾丹等，2012）。何莎莎（2016）通过透射电镜观察热应激大鼠空肠组织的超微结构时发现，热应激导致细胞线粒体出现肿胀、空泡化等现象，提示热应激导致肠上皮细胞损伤可能与线粒体凋亡途径有关。Cui 等（2015）研究热应激条件下肥育猪空肠黏膜蛋白质组发现下调的差异蛋白主要涉及三羧酸循环（tricarboxylic acid cycle，TCA），电子传递链（ETC）和氧化磷酸化，说明热应激导致能量代谢紊乱和线粒体氧化应激。热应激引起细胞 DNA 氧化损伤（Bruskov et al.，2002），组织或者血液中的氧化标志物、抗氧化酶活性显著变化（Akbarian et al.，2016；Kikusato et al.，2015）。因此，热应激导致的氧化应激是肠道绒毛结构损伤的原因之一，线粒体氧化应激促使上皮细胞出现凋亡、坏死、脱落。生产实践中添加硒、维生素 C、黄酮等抗氧化剂可一定程度缓解热应激的负面效应。另一方面，热应激影响 MAPK 介导的畜禽肠道黏膜损伤修复过程（Yu et al.，2010）。Liu 等（2009）发现高温（40℃，5h · d^{-1}，连续 10d）会显著下调猪空肠表皮生长因子（EGF）及其受体的表达，影响肠道表皮细胞的增殖，阻碍肠道黏膜的损伤修复。应用基因芯片技术发现，热应激通过上调磷酸化 ERK1/2 蛋白的表达，改变大鼠空肠和 IEC-6 细胞中生长相关基因 mRNA 的表达，影响肠上皮细胞的存活、增殖和迁移。热应激不仅诱导肠上皮细胞凋亡坏死还抑制肠道黏膜细胞增殖修复，最终导致肠道绒毛结构损伤。

2. 温热环境对动物胃肠道屏障功能的影响

肠道细胞主要包括吸收细胞、杯状细胞、柱状上皮细胞和未分化细胞等。细胞之间通过紧密连接、黏附连接和桥粒来维持上皮细胞的正常结构和功能。紧密连接是决定细胞间通透性的主要因素。热应激会导致肠上皮细胞渗透性增加，肠上皮细胞跨膜电阻（transepithelial electrical resistance，TEER）降低，肠道完整性降低，屏障功能损伤（Pearce et al.，2012）。Cui 等（2015）研究持续温和热应激对肥育猪的肠道影响，发现 53 个空肠黏膜蛋白的丰度发生显著改变，其中 18 种蛋白与细胞骨架及细胞流动性相关，这可能和肠道完整性和功能降低有关。体外肠道细胞培养试验证实，热应激通过蛋白激酶 C（protein kinase C，PKC）和肌球蛋白轻链激酶（myosin light chain kinase，MLCK）信号通路导致人源肠上皮细胞 T84 屏障功能紊乱（Yang et al.，2007）。热应激导致的 MLCK 升高引起肌球蛋白轻链磷酸化，调控肌动蛋白细胞骨架的收缩，导致细胞间紧密连接打开，增加小肠渗透性。热应激导致的肠道渗透功能变化还与紧密连接蛋白表达、分布变化有关。运用 iTRAQ 蛋白质组学技术研究发现，热应激导致肠道细胞骨架肌动蛋白通路、紧密连接通路蛋白表达差异显著。进一步蛋白质免疫印迹验证表明，热应激显著降低紧密连接蛋白（Occludin、ZO-1、E-cadherin）表达。在短时间温和热应激下，为维持肠上皮细胞正常屏障功能，MLCK、酪蛋白激酶Ⅱ-α（casein kinase Ⅱ-α，CKⅡ-α）上调，出现 HSP 和 HSF 1 介导的紧密连接蛋白（tight junction，TJ）、密封蛋白 3（Claudin 3）和 Occludin 蛋白等代偿性升高（Pearce et al.，2013）。这与畜禽在限饲或者营养匮乏条件下，肠上皮细胞会先出现代偿性增殖的结果一致（Ferraris et al.，2000）。有研究表明，采食量降低（限饲或者营养不良）可引起畜禽肠道长度变短，肠道绒毛受损，肠道黏膜完整性降低，热应激导致畜禽采食量显著降低，提示热应激导致的肠道组织结构改变可能部分是由于采食量降低造成的（Nuñez et al.，1996）。Pearce 等（2015）发现常温限饲配对（采食量与热应激配对）和热应激对猪肠道造成的影响相似，都出现肠道完整性降低和血液内毒素浓度升高。但是比较热应激和限饲配对组猪空肠蛋白质和 mRNA 谱图发现，热应激导致肠道蛋白和 mRNA 谱图改变的很大一部分原因并不是因为限饲。因此采食量降低只是造成热应激对肠道形态完整性影响的部分原因。其热应激处理组的组织缺氧标志物的 mRNA 丰度显著升高。由此可知，热应激导致肠道损伤的原因不仅要考虑采食量的降低，还应该考虑肠道组织缺血缺氧的情况。肠道组织缺血缺氧会导致局部产生大量酸性代谢产物；酸中毒可引起细胞代谢障碍，组织损伤，间接增加细胞外钙离子内流而使细胞组织水肿加重，引起上皮通透性增加（Tateishi et al.，1997）。此外，研究发现热应激鹅小肠各段中肥大细胞的数目明显多于对照组的小肠各段。肥大细胞释放如类胰蛋白酶和组胺等生物活性物质可增强上皮组织的通透性。因此，温热环境降低肠道黏膜的完整性可能还与肥大细胞有关。

3. 温热环境对动物肠道免疫功能的影响

肠道是机体最大的免疫器官。肠道黏膜免疫系统由肠道相关淋巴组织及分泌型抗体构成，肠道相关淋巴组织主要以两种形式存在：肠黏膜相关淋巴组织和弥散性淋巴组织。其中肠黏膜相关淋巴组织是免疫应答的传入区，包括淋巴结、肠系膜淋巴结及一些较小的孤立淋巴滤泡，是免疫应答的诱导位点；弥散性淋巴组织则是免疫应答的传出区，包括分散分布于肠道黏膜上皮及固有层的淋巴细胞，是肠黏膜免疫的效应位点。分泌型抗体的主要成分是分泌型免疫球蛋白 A（sIgA）。热应激损伤肠道形态和机械屏障，造成内毒素易位，激活机体肠道免疫应答，损伤肠道免疫功能。热应激使鹅小肠各段中肥大细胞的数目明显多于对照组的小肠各段。肥大细胞起源于骨髓或其他造血组织，具有免疫调节作用，是病原体穿越上皮屏障后第一个激活的免疫细胞。张少帅等（2015）发现热应激处理降低肉仔鸡十二指肠和空肠的 sIgA 含量。热应激处理使大鼠肠道黏膜免疫相关蛋白 TLR2、TLR4、IgA 表达显著降低，细胞因子 IFN-γ、IL-2、IL-4 和 IL-10 的 mRNA 转录显著降低。肠系膜淋巴结中 $CD3^+$、$CD3^+CD4^+CD8^-$T 细胞显著降低，同时 $CD3^+CD4^-CD8^+$T 细胞显著增多，且可以从肠系膜淋巴结中分离出 *Escherichia coli*（Liu et al.，2012）。进一步利用基因芯片技术研究小肠免疫相关基因表达，提示 Janus 激酶/信号转导与转录激活子（the Janus kinase/signal transducer and activator of transcription，JAK-STAT）通路在热应激条件下调控肠道的炎症反应中起关键作用，抗原呈递的改变减弱了肠道的免疫应答功能（Liu et al.，2014b）。

4. 温热环境对动物肠道微生物的影响

肠道环境存在一个由肠道共生菌与宿主形成的微空间结构屏障，能够促进肠道生长发育，增强肠道消化吸收功能，激活机体免疫系统，抵御外来病原菌的黏附和定植，维持肠道微生物菌群稳态，对肠道发挥正常生理功能至关重要。关于热应激对鸡肠道菌群的影响研究表明，温热环境不仅导致肠道结构的损伤，而且导致肠道微生态失衡，对空肠、回肠、盲肠部位的微生物菌群影响显著，抑制有益的乳杆菌属的增殖，促进卵形拟杆菌的生长。肠道微生态系统的稳定性遭到破坏时，容易导致肠道中潜在病原体（包括条件致病菌）的入侵（彭骞骞等，2016）。Dinan 等（2012）认为高温可能通过影响 HPA 轴和肠道微生物的互作，改变肠道微生物组成，进而影响肠道结构和功能。

补充单一或者混合益生菌有助于改善热应激造成的肠道菌群失衡，并增强肠道屏障功能。在饲粮中添加富硒益生菌，可增加高温环境中仔猪的肠道微生物多样性，并改善肠道微生物组成。张盼望（2015）利用屎肠球菌 HDRsEf1 和枯草芽孢杆菌 HDRaBS1 复合益生菌制剂显著降低鸡盲肠大肠杆菌的数量，显著增加回肠乳酸杆菌的数量，使失调的肠道菌群组成得到改善，肠黏膜得到修复，并上调紧密连接蛋白的表达，多层次地增强肠道屏障功能。Song 等（2014）利用地衣形芽孢杆菌、枯草芽孢杆菌、胚芽乳杆菌的混合益生菌改善热应激导致的鸡肠道有益菌数量下降及肠道形态结构、功能损伤的问题。Suzuki 等（2008）研究发现生理浓度的短链脂肪酸可以迅速提高结肠的跨膜电阻值，降低肠道的渗透性，因此，益生菌改善热应激导致的肠道菌群失衡有可能是通过菌群的代谢产物实现的。

5. 改善单胃动物胃肠道健康和缓解热应激的有效措施

热应激损伤畜禽的肠道健康，严重影响畜禽的生产性能，给养殖业带来巨大的经济损失。因此，在畜禽产业中推行切实可行且经济方便的缓解热应激的方法很有必要。现有的缓解热应激的方法包括选择耐热品种、改善饲养环境（如增加通风、物理降温）、加强饲养管理、调整饲喂时间、供应充足饮用水、改变饲粮营养水平和调整饲粮配方。已知的通过营养策略缓解热应激的方法，相较于选择耐热品种、改善饲养环境和加强饲养管理等方法更经济方便，易于推广实施。热应激导致畜禽采食量下降，能量供应不足，进而影响畜禽的生长性能，因此，可以通过提高饲粮营养水平来缓解热应激，增加净能的同时减少热增耗，提高代谢能转化为净能的效率。消化蛋白质比消化淀粉和脂肪的热增耗更多，因此，饲喂高脂饲粮，提高能量浓度，同时减少粗蛋白质的含量，减少体增热，可获得更高生产净能；同时也改善了饲粮的适口性，提高采食量，可一定程度缓解热应激效应（Spencer et al.，2005）。通过调整饲粮配方（如添加赖氨酸平衡氨基酸水平，并降低粗蛋白质含量）也可达到缓解热应激的目的。热应激会导致畜禽的电解质平衡紊乱，维持饲粮中电解质的平衡可防止动物消耗能量以维持体内最佳的酸碱平衡。因此，在保证氨基酸水平的同时，提高能量浓度，降低粗蛋白质含量，提高饲粮中净能与代谢能的比值，同时维持饲粮的电解质平衡可达到缓解热应激的目的。除了从饲粮营养水平考虑外，还可以通过添加其他抗氧化、抗应激物质的途径达到缓解热应激的目的，如微量元素（锌、硒、铬）（Broom et al.，2006）、抗氧化剂（维生素 C、维生素 E、大豆黄素）（赵洪进等，2005）、抗应激剂（中草药添加剂、蛋氨酸锌、吡啶甲酸铬、酸化剂）、益生菌（Song et al.，2014）等。

3.3.2　温热环境对反刍动物肠道健康的影响及其机制

反刍动物的肠道微生物通过对饲料纤维和碳水化合物等物质的降解发酵，合成微生物蛋白，为反刍动物提供营养来源（Comtet-Marre et al.，2017）。奶牛日常能量需求的70%依赖于肠道微生物的发酵副产物（如短链脂肪酸），日常蛋白质需求的50%来源于微生物本身（Yeoman et al.，2014）。肠道微生物与奶牛营养消化吸收、饲料转化率、生产性能以及机体健康密切相关（Indugu et al.，2017；Jami et al.，2014；Paz et al.，2018），而肠道微生物与其生存环境即肠道健康也密切相关。肠道健康主要包括肠道形态结构、屏障功能、免疫功能及微生物多样性等。奶牛耐寒怕热的生理特点，导致其生理机能以及生产性能容易受到外界环境温湿度的影响（Bishop-Williams et al.，2015）。奶牛处于热应激状态时，产奶量下降，免疫机能降低，乳品质量受到影响（Cheng et al.，2018；Gao et al.，2017）。同时热应激容易导致肠道疾病，影响肠道健康（Calamari et al.，2018）。

1. 温热环境对动物肠道形态结构的影响及其机制

肠道组织形态学发育指标包括肠道上皮（小肠上皮和瘤胃上皮）、瘤胃乳头形态（长度、宽度、周长及表面积）、肠绒毛高度、隐窝深度和肠壁及瘤胃壁厚度等。其中小肠上皮和瘤胃上皮是吸收营养物质（如短链脂肪酸、Na^+和Mg^{2+}等电解质）的主要部位，还具有调节pH和屏障免疫功能（高景等，2018）。上皮形态受到破坏时，会影响黏附在组织壁上的菌群的生理活性（McCann et al.，2016）。瘤胃乳头形态关系到瘤胃表皮与饲料的接触面积，从而影响营养物质消化吸收效率。瘤胃乳头的发育主要靠发酵碳水化合物产生的挥发性脂肪酸（volatile fatty acid，VFA）的刺激（Wang et al.，2017）。高温高湿环境下，奶牛采食量减少，进入瘤胃的发酵底物减少，从而导致瘤胃乳头宽度、周长以及表面积减少（Pederzolli et al.，2018）。Ding等（2018）研究发现，随着温度的升高（−18℃升至9.6℃），青海牦牛瘤胃乳头的长度和宽度极显著增加，乳头数量和肌层厚度没有明显变化。Yazdi等（2016）发现，与舒适环境（20.7℃，THI＝65.2）相比，热应激状态（29.9～41℃，THI≥85）的荷斯坦犊牛瘤胃乳头高度增加51%，乳头顶部宽度降低40%，饲料利用效率降低，不利于瘤胃发酵和内环境的稳定。外界环境温度的变化也影响肠绒毛的高度和隐窝深度。研究发现（Ding et al.，2018），随着环境温度的升高（−18℃升至9.6℃），牦牛十二指肠和空肠的绒毛高度和隐窝深度都显著增加，十二指肠、空肠和回肠的表面积和隐窝深度也都显著增加。热应激刺激下发现空肠组织细胞线粒体出现肿胀、空泡化等现象，表明热应激诱导胃肠道形态结构变化可能与线粒体凋亡有关（何莎莎，2016）。

2. 温热环境对动物胃肠道屏障功能的影响及其机制

对于反刍动物而言，瘤胃是其特殊的胃肠道组织，既是重要的消化代谢器官，也是营养物质的吸收器官。营养素的高效吸收和利用主要取决于瘤胃上皮屏障功能的完整性，而屏障功能的完整性被破坏会使其通透性增加，不仅对营养素吸收产生不利影响，另外也会致使细菌及其代谢产物移位，侵入机体循环系统，导致瘤胃内菌群结构发生变化，直接影响动物机体的健康，并最终降低生产性能和乳质量。研究发现，奶山羊在连续热应激 30d 时，瘤胃背囊和腹囊绒毛的长度和宽度分别缩短 430.26μm、145.17μm 和 1355.85μm、144.34μm；在热应激 45d 时，瘤胃背囊和腹囊绒毛的长度和宽度分别缩短 543.53μm、221.78μm 和 1461.42μm、323.78μm，且随着热应激时间的延长，缩短程度变小。此外，热应激 30d 时的瘤胃上皮组织微绒毛呈现杂乱排列，部分缺失或者细胞连接处出现扩张；当热应激 45d 时，瘤胃上皮组织微绒毛发生严重脱落，内质网的空泡变性，细胞核消失，出现大量的自噬体，细胞出现严重凋亡（马燕芬等，2013）。瘤胃是反刍动物应激的中心器官。在动物遭受热应激时，机体为促进散热，会加大外周血流量的循环以及脑、心脏等器官的血流量，而胃肠道内的血流量降低，最终引起胃肠道缺氧缺血。高温应激下长时间的缺血和缺氧可能是导致胃肠黏膜上皮细胞结构和功能严重损害的原因之一（Liu et al.，2009；Yu et al.，2008）。

紧密连接是多种蛋白相互作用形成的复合体，主要包括跨膜蛋白如闭锁蛋白（Occludin）、Claudin，膜周蛋白如 ZO-1，以及细胞骨架肌动蛋白和肌球蛋白（Furuse，2010）。胃肠黏膜屏障是调控水和溶质的跨膜转运，如单糖、氨基酸、维生素、激素和核苷酸等的选择性屏障。目前，已报道胃肠上皮细胞间的紧密连接与胃肠屏障的形成有紧密的联系。胃肠黏膜屏障的结构基础是肠上皮细胞的完整性以及和相邻肠上皮细胞间的紧密连接，研究发现，紧密连接主要是通过连续存在于细胞间的紧密连接蛋白来维持其结构和功能（Turner，2006）。当胃肠上皮细胞间的紧密连接减少、变异或者缺失时，紧密连接蛋白表达下降，上皮细胞受损萎缩，其屏障功能显著下降。热应激可通过破坏瘤胃黏膜上皮细胞紧密连接，致使瘤胃黏膜绒毛大面积萎缩和脱落，甚至坏死，进而导致瘤胃黏膜屏障通透性增加（马燕芬等，2014）。有研究发现，热应激下 Occludin 蛋白水平显著降低（马燕芬等，2013）。Occludin 蛋白水平的升高或降低，伴随着跨膜电阻及黏膜通透性的升高或降低（Saitou et al.，1998），这是热应激导致反刍动物胃肠道屏障功能降低的原因之一。研究还发现在热应激下（30d 和 45d），奶山羊瘤胃背囊和腹囊中 Claudin、ZO-1 蛋白的信号强度和表达量均有所下降，同时在 mRNA 水平上 *Claudin*、*ZO-1* 表达量均显著下降。此外，热应激（42℃）处理大鼠 IEC-6 细胞发现，*AKT*、*Nrf2*、*HO-1* 等的基因表达显著降低，*ZO-1* 的表达也显著降低（He et al.，2019）。因此，认为 PI3K/AKT 信号通路介导 Nrf2/HO-1 信号通路，调控 *ZO-1* 的表达，影响肠上皮细胞的紧密连接程度，降低肠上皮细胞的屏障功能。

3. 温热环境对动物胃肠道免疫功能的影响及其机制

胃肠道是机体最大的免疫器官。肠道由单层柱状上皮细胞排列形成动态的、可渗透的屏障，允许选择性吸收营养，同时限制获取病原体和食源性抗原进入。因此，精确调节肠道上皮屏障功能以维持黏膜稳态，一定程度上取决于黏膜内形成屏障的上皮组织和黏膜中促炎和抗炎因子之间的平衡。肠上皮细胞和瘤胃上皮细胞发育的变化以及绒毛高度和宽度直接表征胃肠道的健康，可作为胃肠道健康评价的指标（Wang et al.，2009）。此外，胃肠道内环境的稳态（pH、温度和渗透压）与其免疫功能有着密切关系。夏季高温高湿环境下，泌乳奶牛粪便中梭菌孢子的数量增多；作为条件性致病菌，梭菌属可增加胃肠道上皮屏障及血管通透性，从而诱导炎症反应。由此可见，高温高湿环境可能不利于纤维的降解。奶牛偏好利用淀粉等易消化的碳水化合物来减少机体产热，而致病菌的定植增加表明胃肠道的免疫功能可能受到热应激的影响。研究发现，在热应激条件下，环境温度每升高 1℃，奶牛瘤胃温度升高 0.03℃，而当瘤胃温度超过 40℃后，细菌占据竞争优势，产生大量丁酸，进而转变成乳酸降低瘤胃 pH，易引发瘤胃酸中毒（Newbold et al.，2015）。热应激条件下胃肠道组织炎性因子 IL-1β、IL-22、TNF-α 等的含量和表达量显著升高，免疫球蛋白水平显著下降，严重影响胃肠道免疫功能。研究发现，IL-22 可以通过与 IL22RA1/IL-10R2 受体结合介导上皮细胞激活 STAT3，导致炎症的发生（Backert et al.，2014；Schreiber et al.，2015；Sugimoto et al.，2008）。此外，热应激处理后大鼠肠道组织中 TLR4、TLR2 及免疫球蛋白的表达显著下降（Liu et al.，2014b）。因此，温热环境引起动物胃肠道炎症，免疫机能降低的机制可能为：NF-κB 和 JAK/STAT 信号通路参与了热应激诱导的胃肠道炎症反应。

4. 温热环境对动物胃肠道微生物的影响及其机制

反刍动物的瘤胃微生物通过对饲料纤维和碳水化合物等物质降解发酵，合成微生物蛋白，为反刍动物提供营养来源（Comtet-Marre et al.，2017）。奶牛日常能量需求的 70% 依赖于瘤胃微生物产生的发酵副产物（例如，短链脂肪酸），日常蛋白质需求的 50%来源于微生物本身（Yeoman et al.，2014）。瘤胃微生物群对反刍动物的消化和代谢至关重要（Deng et al.，2017）。反刍动物饲料消化依赖于瘤胃内复杂的微生物区系，瘤胃内包括不同类型的共生厌氧微生物，包括古菌、细菌、真菌、原虫、噬菌体等（Hristov et al.，2012），瘤胃内容物大约含有细菌 10^{10}～10^{11} 个 · mL^{-1}，真菌 10^3～10^6 个 · mL^{-1}，原虫 10^4～10^6 个 · mL^{-1}。瘤胃微生物能快速定植在摄入的饲料颗粒上。不同微生物类群可分泌不同的降解酶。微生物独特的发酵能力使其能够分解不易被反刍动物直接消化的物质。尤其是对纤维物质的利用。微生物能够释放生物可利用的营养成分（Huws et al.，2016），作为泌乳的物质基础以及脂肪沉积的营养来源（Schären et al.，2018）。

由于特殊的生理结构，反刍动物的生理健康和生产性能容易受环境温湿度的影响。目前通常用温湿指数（THI）评价反刍动物的热应激程度（McDowell et al.，1976）。轻度热应激时反刍动物可通过自身调节抵御温热环境影响；当热应激程度加深，超出反刍动物自身调控限度，机体热调节能力下降，影响瘤胃内环境参数及瘤胃组织形态，从而破坏宿主和瘤胃菌群的动态微生态平衡。研究发现，将牛舍温度从 20℃升高至 33℃（环境湿度保持 60%不变），奶牛瘤胃中产琥珀酸丝状杆菌（*Fibrobacter succinogenes*）、黄化瘤胃球菌（*Ruminococcus flavefaciens*）含量下降，栖瘤胃普雷沃氏菌（*Prevotella ruminicola*）含量上升。设置与上述研究相同的条件，当环境温度从 20℃升至 33℃（相对湿度均为 60%）后，利用基于 RNA 序列测定的方法，发现菌群的结构及多样性均发生了很大变化。其中链球菌（*Streptococcus*）丰度增加 10 倍，纤维分解菌（*Fibrobacter*）丰度降低 80%，颤螺旋菌属（*Oscillospira*）丰度也显著降低，颤螺旋菌属被认为是与肠道屏障完整性及渗透性密切相关的菌属（Lam et al.，2012）。同时，高温高湿可导致泌乳奶牛粪便中梭菌（*Clostridium*）孢子的数量增多，梭菌属作为条件性致病菌，可增加胃肠道上皮屏障及血管通透性，诱导发生炎症反应。当 THI 处于 80.92～88.53 时，泌乳中期奶牛发生热应激，瘤胃液总细菌数极显著降低。纤维分解菌如产琥珀拟杆菌、白色瘤胃球菌（*Ruminococcus albus*）及黄化瘤胃球菌数量显著降低，这三种菌属可分泌产生大量的纤维素酶和半纤维素酶，是瘤胃中主要的纤维降解菌。

绵羊及山羊的研究结果与上述研究相似。高温高湿条件下，绵羊瘤胃中纤维分解菌（*Fibrobacter*）丰度也显著降低，而拟球梭菌属（*Clostridium coccoides*）和链球菌（*Streptococcus*）丰度增加。Zhong 等（2019）设置不同的湿度（35%、50%、65%、80%）及温度（26℃、30℃、34℃、38℃），在 16 个逐渐上升的 THI 下检测山羊瘤胃细菌群落的动态变化，发现随着 THI 的上升，山羊瘤胃微生物群在门和属水平上发生明显变化。其中毛螺菌属（*Lachnospiraceae_ND3007_group*）数量显著下降，而致病菌的数量呈上升趋势，例如丹毒丝菌属（*Erysipelotrichaceae_UCG-004*）和密螺菌属（*Treponema_2*）（Zhong et al.，2019）。研究表明，毛螺菌科的大部分菌属如直肠真杆菌（*Eubacterium rectale*）、凸腹真杆菌（*Eubacterium ventriosum*），粪球菌属（*Coprococcus sp*）和罗斯拜瑞氏菌属（*Roseburia sp*）与丁酸产生密切相关，有利于维持结肠上皮组织健康状态。毛螺菌科丰度下降或缺失，会引发结肠炎症性疾病（Biddle et al.，2013）。密螺旋体属与哺乳动物皮肤或黏膜的许多疾病有关，可引起溃疡性乳腺皮炎、牛皮肤炎、绵羊传染性皮炎（Karlsson et al.，2014）。由此可见，高温高湿环境可能不利于纤维的降解，纤维物质含量高的饮食会使机体产生更多热增耗，这表明热应激状态下反刍动物偏好利用淀粉等易消化的碳水化合物。其原因可能是减少产热来减轻机体的散热负担。而致病菌的定植增加表明胃肠道的免疫功能可能受到热应激的影响。

热应激可能通过升高瘤胃温度改变微生物区系。瘤胃温度通常比直肠温度高 1～2℃，当其稳定在 38～42℃时可维持瘤胃微生物生存的正常环境（Lees et al.，2019）。Scharf 等（2012）对比了环境控制舱和自然环境热应激条件下奶牛体温调节反应的相似度，发现环境温度每上升 1℃，两种试验条件下的奶牛瘤胃温度分别随之上升 0.04℃和 0.03℃。而当瘤胃温度超过 40℃时，原虫的生存能力下降，细菌占据竞争优势，大量淀粉被细菌发酵成丁酸，然后转变成乳酸，而瘤胃壁对乳酸的吸收速度较慢，同时热应激状态下，瘤胃上皮的血液量减少，酸碱平衡被打破，唾液分泌量及其中的 HCO_3^- 含量减少，使得瘤胃 pH 下降（Newbold et al.，2015），瘤胃正常 pH 在 6.2～6.8，高于或低于正常范围都会改变菌群结构。在极低 pH 条件下，牛链球菌占据竞争优势从而影响其他微生物的定植（Palmonari et al.，2010），而且瘤胃 pH 较低不利于纤维分解菌的生长，进而限制纤维的消化和蛋白质的合成，还会诱导生长期或细胞裂解期间的革兰氏阴性菌外膜释放更多的脂多糖，引起胃肠道炎症反应（Dai et al.，2017）。热应激状态下，瘤胃上皮形态受到破坏，会影响黏附在瘤胃壁上的菌群的生理活性（McCann et al.，2016），同时瘤胃黏膜屏障通透性致使细菌及其代谢产物发生移位，增加致病菌入侵的概率，破坏瘤胃微生物菌群平衡。

5. 缓解热应激和改善反刍动物胃肠道健康的有效措施

热应激严重影响畜禽胃肠道健康，给畜牧业带来巨大的经济损失。如何有效缓解热应激，改善胃肠道健康是一研究热点。目前，有效且可行的措施主要有物理降温、营养调控及耐热品种的选育。

物理降温措施主要有：①设置风扇，促进空气流通，增加对流。研究发现奶牛在中度热应激条件下，提高牛舍内风扇转速能显著提高奶牛产奶量及采食量。②安装喷淋系统（喷淋型和旋转喷雾型）。研究发现牛舍采用喷淋＋风机降温措施，奶牛体温降低 0.63℃，产奶量增加 7.54%；同时还能提高采食量，降低发病率。在高温高湿环境下，牛舍采用喷淋＋风扇，可使奶牛产奶量每天增加 3.6kg。夏季高温高湿条件下，牛舍采用洒水＋风扇系统，也能使奶牛体温下降 1.7℃（施正香等，2011）。③增加遮阳及防晒措施。

营养调控手段主要有：①增加精料比例，选用优质粗饲料。保证营养物质的供应，但精料的比例不宜超过 60%，否则可能引起乳脂率降低或瘤胃酸中毒等代谢疾病。饲喂优质粗饲料，降低热增耗，同时增加动物有效纤维摄入量。饲喂发酵的酒糟等，改善适口性，增加动物采食量。②适宜的饲粮能量浓度。动物处于热应激时，为了维持机体自身和生产需要，应该补充脂肪，增加动物能量摄入。脂肪酸钙是由脂肪酸结合钙离子形成的化合物，其利用瘤胃和小肠 pH 的差异性达到补充能量的效果。有研究发现夏季高温条件下饲粮中添加 200g · 头$^{-1}$ 或 300g · d^{-1} 脂肪酸钙，奶牛产奶量升高，血糖升高，胃肠道健康状况得到改善（刘艳琴等，1999）。乙酸钠又称醋酸钠，具有补充能量、改善甲状腺机能、调节机体水盐平衡等功能。有研究报道，饲料中添加适量的乙酸钠能够改善奶牛瘤胃内环境，促进短链脂肪酸合成，同时改善饲料适口性，增加采食量（孔凡德等，2001）。③补充蛋白质，添加氨基酸。④适当补充矿物质及微量元素，维持酸碱平衡。动物在遭受高温刺激后，大量排汗造成钾离子的缺失，同时还会引起体液 pH 的变化，降低营养物质消化，易引发酸中毒，因此添加微量元素可以恢复机体酸碱平衡，进而提高生产性能（李秋凤，2002）。⑤添加抗氧化剂，如锌、铬、硒、维生素 C 、维生素 E 、大豆黄素、谷胱甘肽和谷氨酰胺等（Liu et al.，2016；Reed，2011；Yin et al.，2013）。

培育耐热品种和品系是解决热应激的根本途径。不同品种的同一种动物对高温的耐受性差异较大，出现热应激的程度不同。可以通过人工选育耐热、抗病力强、生产性能高且遗传稳定性好的优良品种，然后通过杂交培育手段，得到性状稳定的个体。

3.4 热应激对畜禽肠道黏膜屏障功能的影响及其机制

肠道是机体连通外界的媒介，具有消化吸收营养物质以及抵御外来病原体和毒素侵袭的双重作用。肠道黏膜每天会接触大量有害物质，正常情况下，肠道黏膜屏障可有效阻止这些有害物质穿过上皮层进入血液循环及其他组织器官，以保证机体进行正常的代谢。

伴随着集约化条件下畜禽饲养密度的增加及全球气候变暖，热应激已成为影响畜禽夏季生产性能的主要因素。有研究表明，肠道是应激反应的中心器官，对热应激尤为敏感（Dokladny et al.，2006）。当畜禽处于持续高温中，机体出于自我保护，重新分配体内血液流量，导致流经胃肠道的血量急剧减少，胃肠道严重缺血缺氧，上皮细胞脱落、坏死，屏障功能被破坏，黏膜通透性增加。此时，病原菌和毒素等便可通过受损的肠道黏膜进入血液循环，引起有害菌的迁移和移位，进而诱发肠炎、败血症及多脏器功能衰竭综合征（Gosain et al.，2005）。

因此，寻找有效缓解热应激损伤肠道屏障的功能性物质已成为当前的研究热点之一。目前发现谷氨酸、谷氨酰胺、α-硫辛酸、烟酸、γ-氨基丁酸、纤维寡糖和阿魏酸等功能性物质对热应激都有一定程度的缓解作用（Dai et al.，2009；Song et al.，2013；Zhang et al.，2012）。

3.4.1　热应激对畜禽肠道黏膜屏障功能的影响

传统的肠道黏膜屏障主要指肠黏膜上皮细胞及其紧密连接等构成的机械屏障。随着研究的深入，肠道黏膜免疫屏障、化学屏障和微生物屏障陆续被揭示。这4种屏障功能（附图2）以完整的肠黏膜上皮、肠道内菌群、肠道内分泌物等为依托，通过不同的调控机制及信号通路构成有机整体，形成抵御体外抗原、有害微生物侵袭的第一道防线。其中最为关键的是肠道黏膜机械屏障和免疫屏障（何莎莎，2016）。

目前，评价畜禽肠道黏膜屏障功能的方法主要包括肠道通透性、血浆或血清内毒素、细菌移位状况以及肠道黏膜结构等。通过这些指标的测定可间接反映肠道黏膜屏障受损情况，特别是肠道黏膜通透性被认为是反映肠道屏障功能最主要的指标。

1. 机械屏障

肠上皮细胞间紧密连接的通透性决定肠道黏膜的机械屏障功能（Turner，2006）。其中ZO是紧密连接支持结构的基础，Claudins为紧密连接的结构骨架(Berkes et al.，2003)。这些紧密连接蛋白分子的密闭程度会因外界刺激而发生改变（González-Mariscal et al.，2008）。在热应激状态下，猪小肠黏膜内紧密连接蛋白ZOs和Claudins等表达量降低，并且在黏膜内会重新分配和定位（Pearce et al.，2013），导致肠道紧密连接松弛，上皮内组织直接暴露在抗原或细菌面前（附图3）。

热应激可使畜禽肠道黏膜机械屏障功能受损，导致肠道通透性增加，肠道黏膜中某些组分改变，因此，通过测定这些指标可间接反映小肠黏膜的紧密连接状况。有研究发现，对肉仔鸡（Song et al.，2014）和生长猪（Liu et al.，2016）热应激处理后，细胞对异硫氰酸荧光素右旋糖酐（fluoresceinisothiocyanate-dextran 4 kDa，FD4）的渗透率增加，跨膜电阻降低，说明肠道黏膜机械屏障受到损伤。此外，哺乳动物小肠黏膜绒毛上皮细胞中特异性表达的二胺氧化酶（diamine oxidase，DAO）含量变化也是反映小肠黏膜机械屏障功能较为理想的指标。刘凤华（2009）发现我国试验用小型猪高温刺激10d后小肠黏膜受损严重，绒毛高度下降，并且黏膜上皮细胞释放大量的DAO进入血液，使血中DAO含量升高，同时十二指肠、空肠黏膜中DAO含量显著下降，说明高温应激会损伤小肠黏膜组织，破坏肠道黏膜机械屏障。

2. 免疫屏障

肠道黏膜免疫屏障主要由肠道相关淋巴组织（gut-associated lymphoid tissue，GALT）、肠系膜淋巴结（mesenteric lymph nodes，MLN）、分泌型抗体构成。其中肠道相关淋巴样组织主要包括上皮内淋巴细胞（intraepithelial lymphocyte，IEL）、固有层淋巴细胞、派氏集合淋巴结（Peyer’s patches，PP）及散布于整个肠壁中的巨噬细胞、淋巴细胞等，抗体的主要成分是分泌型免疫球蛋白 A（sIgA）（附图 4）。它们通过肠道免疫系统细胞群的细胞免疫及体液免疫作用保护肠道免受外来抗原的破坏和减少肠道异常的免疫应答（Xie et al.，2014）。

TLRs 作为先天免疫系统中广泛表达的免疫蛋白，可激活 NF-κB 和细胞因子等参与肠道炎症反应和免疫应答（Iwasaki et al.，2004；Takeda et al.，2004）。此外，上皮内淋巴细胞可通过分泌多种细胞因子发挥抗菌、抗毒素作用，在肠道免疫屏障中起免疫监控和免疫防御的作用；而固有层淋巴细胞包括 B 淋巴细胞、T 淋巴细胞、巨噬细胞等，可产生大量分泌型抗体，或直接吞噬病原体加强肠道黏膜免疫屏障。因此，TLRs 表达水平的高低及肠道内免疫细胞的种类和数量变化均可用于评价肠道黏膜免疫屏障情况。Liu 等（2012）和 Deng 等（2012）研究表明，温热应激可降低肠道黏膜内 TLR2 和 TLR4 的表达，减少回肠 IEL 等免疫细胞的数量，提示热应激减弱肠道黏膜免疫屏障功能。张相伟（2008）也发现随着热应激时间的延长，鸡肠道 IEL 数量和 sIgA 细胞平均光密度逐渐降低，提示热应激通过减少肠道免疫细胞的数量和免疫因子的分泌，进而降低动物肠黏膜免疫屏障功能。

热应激还可引发肉仔鸡小肠多灶性淋巴浆细胞性肠炎，并使感染沙门氏菌的肉仔鸡的肠道免疫屏障遭到破坏，导致沙门氏菌通过肠道黏膜迁移到脾脏，加重小肠壁炎性浸润（Quinteiro-Filho et al.，2012a）。Niu 等（2009）在 38℃高温环境下持续饲养肉仔鸡，同样发现热应激可使巨噬细胞的吞噬能力显著下降，破坏肉仔鸡的肠道免疫屏障。

3. 化学屏障

肠道化学屏障主要由覆盖在肠上皮细胞上的含一定数量微生物的疏松黏液外层和含少量微生物的黏液内层组成（邴于明等，2014）。肠道分泌的消化液可稀释毒素，冲洗肠腔，并使致病菌难以黏附或定植于肠上皮。肠道中某些分泌型细胞，如杯状细胞可分泌含糖蛋白质和糖脂的黏液，能使细菌与糖蛋白质和糖脂结合后随粪便排出，也有一些细胞分泌的黏液含有补体成分可增加溶酶菌及免疫球蛋白的抗菌作用（Lillehoj et al.，2002）。Shi 等（2015）发现蛋鸡在热应激后，小肠绒毛内杯状细胞的数量呈下降趋势，黏液分泌不足，肠道化学屏障作用减弱。Xue（2007）将 35 日龄蛋鸡在高温条件下饲养 1～10d，结果显示短时间热应激处理后黏膜中杯状细胞数量增加，但随着热应激时间的延长，杯状细胞数量也呈现下降趋势。此外，小肠绒毛刷状缘碱性磷酸酶（alkaline phosphatase，ALP）可清除肠道有害微生物产生的脂多糖等内毒素，发挥肠道黏膜化学屏障功能（Shifrin et al.，2012）。Liu 等（2013）证实高温处理后，蛋鸡 ALP 活性显著降低，这与 Pearce 等在猪上的研究结果相一致（Pearce et al.，2013）。

4. 微生物屏障

小肠黏膜微生物屏障是由肠道共生菌与宿主形成的相互作用、相互依赖的微生态平衡系统。这些共生菌参与肠道中大部分的新陈代谢活动，影响肠上皮细胞的更新过程，同时能在肠道黏膜表面形成一道保护性的微生物屏障，阻止致病菌在肠上皮细胞的黏附和定植。

越来越多的证据表明，肠道微生物对于肠道稳态的维持至关重要。当畜禽处于热应激条件下，肠道菌群结构平衡失调，微生物系统遭到破坏，有害微生物便开始在肠道中定植（Quinteiro-Filho et al.，2010）。Song 等（2014）和 He 等（2014）均发现，热应激可降低肉鸡肠道内双歧杆菌和乳酸杆菌的数量，增加大肠杆菌、沙门氏菌及荚膜梭菌的数量。此外，Li 等（2016b）通过对高温处理的蛋鸡各肠段微生物区系进行比对，发现热应激对空肠的微生物菌群影响最为明显，而在肉鸡上的试验则表明热应激条件下回肠菌群的多样性较为丰富。随着热应激的持续，对回肠菌群影响较大，共生菌群以外的菌群较为丰富。以上研究表明热应激对鸡不同功能的各肠段微生物区系影响存在差异，但是均会增加肠道外来菌群的种类和数量。

3.4.2 热应激损伤肠道干细胞

肠道黏膜屏障，尤其是机械屏障、化学屏障和免疫屏障的维持很大程度上取决于肠道干细胞正常的增殖、分化和凋亡进程。肠道干细胞是驱动肠上皮程序性更新的源泉，主要分化为 4 种功能细胞。其中吸收细胞占上皮细胞 90%以上，完成营养素的感应、转运和吸收，是维持肠道自身和机体营养代谢的基础；杯状细胞（分泌黏蛋白质形成黏液层）约占 5%，与紧密连接一起构筑肠道屏障；肠内分泌细胞约占 1%，分泌胆囊收缩素（CCK）、血管活性肠肽（vasoactive intestinal peptide，VIP）和胰高血糖素样肽-1（glucagon-like peptide-1，GLP-1）等胃肠激素调控采食和营养物质的消化吸收；潘氏细胞分泌防御素和溶菌酶，维持肠道干细胞活性，每个隐窝有 10～15 个。这些功能细胞共同维护肠道“生态系统”的良性循环。

热应激可导致肠道有序状态的紊乱，引起肠上皮稳态失衡，进而导致绒毛萎缩，肠上皮细胞脱落。Zhou 等（2019）研究表明，41℃热应激 24h 会下调富含亮氨酸重复单位的 G 蛋白质偶联受体 5（leucine-rich repeat-containing G-protein coupled receptor 5，Lgr5）的蛋白质表达，抑制肠道干细胞的增殖能力，降低其扩增为类肠团的效率和出芽指数，且在此过程中 mTOR 复合物 1（mTORC1）活性下降。有趣的是，添加 MHY1485（mTORC1 的激动剂）可促进干细胞扩增成为类肠团。除细胞增殖外，细胞凋亡也可明显影响细胞数量的变化。正常情况下，肠上皮处于一种动态平衡的状态，源源不断地再生细胞补充或替代凋亡、脱落的细胞，维持肠上皮的完整性。而凋亡作为一种细胞程序性死亡方式，是肠上皮更新进程中的关键环节之一。研究表明，41℃热应激 48h 可诱导类肠团凋亡，且这种损伤是永久性的，即使恢复正常温度培养，类肠团也无法自愈（Zhou et al.，2019）。41℃处理原代隐窝同样发现，暴露 24h，隐窝细胞停止扩增，暴露 48h 隐窝细胞发生凋亡，且 Caspase-3 蛋白表达显著上调（周加义，2019）。Caspase-3 属半胱天冬酶家族的一员，可与其他家族成员一起改变线粒体膜的通透性，共同促进凋亡进程。热应激抑制细胞增殖，促进细胞凋亡，减少肠上皮细胞数量，导致细胞间隙增大、细胞旁通透性增加。同时，还会导致肠上皮稳态失衡。这两个过程与热应激状态下畜禽肠上皮形态结构萎缩有着密不可分的联系。

肠上皮萎缩的直接后果是肠上皮屏障功能受损。热应激降低类肠团中角蛋白（keratin 20，KRT20）和黏蛋白（mucin2，Muc2）蛋白的表达，预示热应激抑制细胞分化，使杯状细胞功能受损，黏蛋白分泌不足，黏液层对肠上皮细胞无法起到有效的保护作用。此外，通过检测类肠团中紧密连接蛋白质 ZO-1、Occludin 和 Claudin-1 的表达，发现三者均显著下调（周加义，2019）。以上研究结果共同表明，热暴露抑制肠道干细胞的增殖和分化，促进其凋亡，损伤肠道屏障功能。

3.4.3 热应激影响肠道信号传导

1. Wnt/β-catenin 信号通路

肠道干细胞位于由邻近的小肠细胞和隐窝周边间充质细胞等组成的微环境中。Wnt/β-catenin 信号通路，富集于隐窝微环境，并沿着小肠隐窝—绒毛轴逐渐递减，负责调控肠道干细胞活性和肠道稳态，是肠上皮细胞有序结构的控制器（Koch，2017；Zou et al.，2018）。它可以促进猪肠上皮细胞增殖，也是肠道损伤后再生修复所必需的信号分子（Fan et al.，2017；Suh et al.，2017）。当缺乏 Wnt 信号时，β-catenin 与 Axin、糖原合成酶激酶 3β（glycogen synthase kinase 3β，GSK3β）等组成的降解复合物结合，被 GSK3β 磷酸化，使 β-catenin 通过泛素蛋白酶体途径被降解而失活；当存在 Wnt 信号时，Wnt 与细胞膜上的卷曲蛋白、低密度脂蛋白受体相关蛋白 5/6（low-density lipoprotein receptor related protein 5/6，LRP5/6）结合，使 LRP5/6 磷酸化，磷酸化的 LRP5/6 与 Axin 结合，β-catenin 从降解复合物中解离出来，以游离形式穿过核膜，与 TCF（T cell factor）/LEF 反应元件结合，调控肠道干细胞标志蛋白 Lgr5 的表达（Clevers et al.，2014；Kretzschmar et al.，2017；Mah et al.，2016；Rao et al.，2005）。

2. mTORC1 信号通路

mTOR 是一种高度保守的非典型丝氨酸/苏氨酸蛋白激酶，可整合细胞外信号，磷酸化下游靶蛋白核糖体蛋白 S6 激酶 1（ribosomal protein S6 kinase 1，S6K1）和 eiF 4EBP1，从而参与调控细胞生长、增殖等过程。其中，mTORC1 是细胞感知和整合外界信号刺激的关键，细胞蛋白质合成能力增强主要是由于 mTORC1 对氨基酸和胰岛素的敏感性增加（Suryawan et al.，2007）。Xiong 等（2015）对仔猪肠上皮隐窝绒毛轴进行分级、分离检测发现，mTORC1 与 Wnt 和 Notch 相似，富集于隐窝微环境，沿着小肠隐窝—绒毛轴逐渐递减。此外，有研究发现 mTORC1 同样参与肠道干细胞和祖细胞的代谢，并增加其活性，加速肠上皮损伤修复过程。当 mTORC1 缺失时，小鼠肠道干细胞扩增能力下降，肠上皮更新进程发生紊乱，绒毛变短，损伤后自修复终止（Sampson et al.，2016）。Zhou 等（2019）发现，热应激状态下，重新激活 mTORC1，可促进肠细胞蛋白质的合成（Zhou et al.，2019）。

3.4.4 热应激损伤肠道黏膜屏障的营养调控

热应激破坏肠道黏膜屏障，降低畜禽生产性能，给畜牧业造成巨大损失。因此，研究热应激状态下畜禽肠道黏膜屏障功能的变化及其缓解措施尤为重要。近年来，通过营养调控措施缓解畜禽热应激取得了较大进展，包括补充某些功能性氨基酸、维生素、寡糖、微量元素和中草药饲料添加剂等，均有较好的效果。

1. 功能性氨基酸

1）谷氨酰胺

谷氨酰胺是肠上皮细胞和淋巴细胞主要的能量来源，可满足肠上皮细胞和淋巴细胞快速增殖和修复的需要，保证肠道正常发育。当畜禽处于热应激状态时，内源性谷氨酰胺不能满足机体需要，额外添加谷氨酰胺对促进肠道黏膜屏障修复有积极作用。Dai 等（2009）研究表明，在热应激组肉鸡饲粮中外源添加 0.5%和 1.0%的谷氨酰胺，可增加肉鸡肠道绒毛高度，缓解肠道结构损伤。研究发现，饲粮中添加谷氨酰胺可显著提高热应激状态下不同日龄肉鸡十二指肠、空肠、回肠黏膜上皮内淋巴细胞的数量及 sIgA 含量，降低血液中内毒素、IL-1 和 TNF 的含量，改善热应激状态下肉鸡的肠道免疫性能。谷氨酰胺增强热应激条件下家禽肠道黏膜屏障的研究较多，而在猪和反刍动物上的研究较少，具体效果有待进一步研究。

谷氨酰胺可降低热应激引起的肠道黏膜通透性，维护肠上皮细胞的紧密连接结构，进而抑制细菌的入侵，并大幅度增强肠道黏膜免疫性能，提高淋巴细胞、吞噬细胞功能（Li et al.，2010）。有报道称谷氨酰胺是通过 PI3K/AKT 信号通路来调控细胞内紧密连接的完整性（Li et al.，2009），进而影响肠道黏膜屏障功能；但也有研究认为谷氨酰胺是通过下调 NF-κB 信号通路来实现其功能的（Ren et al.，2014）。

2）谷氨酸

谷氨酸是与肠道黏膜生长和代谢相关的重要氨基酸之一。作为一种功能性氨基酸，谷氨酸不仅参与蛋白质的合成和氧化供能，而且具有改善肠道完整性、增强肠道屏障功能和抗氧化、提高肠道干细胞活性和促进肠道发育的作用。研究发现，饲粮中添加 1%谷氨酸，可增加断奶仔猪空肠绒毛高度和肠道黏膜厚度，改善肠道完整性，增强机械屏障（Deng et al.，2015）。同时，谷氨酸能增加肠上皮细胞跨膜电阻值，降低其通透性，提高紧密连接蛋白 ZO-1、Occludin 和 Claudins 表达（Jiao et al.，2015）。此外，谷氨酸可通过肠道谷氨酸受体，包括钙敏感受体（calcium sensing receptors，CaSRs）、代谢型谷氨酸受体（metabotropic glutamate receptors，mGluRs），刺激一氧化氮（nitric oxide，NO）的合成，促进五羟色胺（5-HT）释放，激活迷走神经，将肠道内的信息传递至中枢神经系统，中枢神经系统接受并整合信息后调节肠道中黏液、HCO_3^-的分泌（Du et al.，2016；Kitamura et al.，2012；Torii et al.，2013）。

王枫在研究氨基酸对热暴露果蝇和哺乳动物细胞生存能力以及热休克蛋白 70（HSP70）表达的影响时发现，谷氨酸可以明显提高果蝇在热应激（36.5℃）下的存活时间，同时提高果蝇 HSP70 mRNA 丰度及热休克元件（HSE）与热休克因子（HSF）的结合能力（王枫，1998）。

3）精氨酸

精氨酸在细胞内具备多种功能，它不仅参与核酸和蛋白质的合成，而且是肌酐酸的唯一氮来源。此外，作为尿素循环的中间体，精氨酸能解除氨中毒，并能通过NO途径调控细胞的生长和分化（Wu et al.，2009）。精氨酸在保护肠道结构和功能完整性方面发挥重要作用。研究表明，饲粮补充精氨酸可提高小肠绒毛高度，降低隐窝深度，且精氨酸能有效防止仔猪因缺血造成的肠上皮细胞间紧密连接损伤，增加TEER值，降低肠道通透性（Chapman et al.，2012）。同时，精氨酸提高肠道sIgA的水平，缓解病原体及其代谢产物对机体造成的损伤（Quirino et al.，2013）。精氨酸还提高小肠*IL-2*基因表达水平，减少肥大细胞数，增加$CD4^+$、$CD8^+$ T细胞数（朱惠玲，2012）。精氨酸会影响机体天然免疫力，研究发现，添加精氨酸会显著下调因免疫应激导致的TLR4/5的过度激活，而调节TLR4信号途径的关键信号分子是NO（陈渝等，2011）。在热应激状态下，补充精氨酸可通过提高HSP70 mRNA和蛋白质的表达来缓解高温诱导造成的损伤（Wu et al.，2010）。

4）γ-氨基丁酸

γ-氨基丁酸（γ-aminobutyric acid，GABA）是一种天然存在的非蛋白质氨基酸，作为哺乳动物神经系统中广泛存在的一种抑制性神经递质，具有较好的抗应激作用。Chen等（2014，2015）的研究表明，热应激可破坏雏鸡小肠黏膜组织的完整性，降低消化酶活力，减弱肠道黏膜的免疫屏障，而GABA可有效缓解热应激造成的损伤，并且在一定程度上能促进淋巴细胞的增殖，提高小肠黏膜的免疫力。

在热应激情况下，GABA对动物肠道正常结构和功能的维持可能存在2个途径。一方面是通过直接转化成谷氨酰胺，增加肠道黏膜的修复速度，缓解小肠结构的改变，维护小肠的物理屏障（孙德文等，2004）。另一方面，GABA可能通过促进小肠黏膜中IL-7和sIgA的分泌，进而增强肠道免疫屏障功能（梁臣等，2016）。

2. 维生素

1）α-硫辛酸

α-硫辛酸（α-lipoic acid，ALA）属于B族维生素中的一类化合物，被认为是最有效的细胞抗氧化剂之一。ALA具有清除自由基的特性，能调节抗氧化酶活性。体外研究表明，热应激诱导肠道完整性缺失与肠上皮细胞钙黏蛋白（E-cadherin）表达和定位的改变有关（Varasteh et al.，2018）。热应激状态下，ALA防止钙黏蛋白移位，可能是由于其能够维持氧化还原平衡稳态。Rao等（2002）发现，氧化应激会诱导酪氨酸激酶依赖的钙黏蛋白-β-连环蛋白（E-cadherin-β-catenin）和闭锁蛋白-闭合小环蛋白（Occludin-ZO-1）复合体分解，导致这些紧密连接蛋白的再分配，从而引起屏障功能损伤。此外，Musch等（1999）研究表明，应激条件下HSP70的上调对维护肠道屏障功能具有重要作用。在细胞骨架修复过程中，部分HSP70会从细胞质转移到细胞骨架，通过维持钙黏蛋白稳定维护屏障完整性。此外，ALA还能通过氧化还原过程促进细胞周期蛋白质D1（cyclin D1）的表达，刺激上皮细胞的增殖和迁移，加速伤口愈合（Varasteh et al.，2018）。

2）烟酸

烟酸也称为维生素 B_3，是一种水溶性维生素，能促进肠道黏膜屏障损伤的修复。最新研究揭示，烟酸可以提高肠上皮细胞间紧密连接蛋白和抗菌肽的表达，增强肠道屏障功能，缓解葡聚糖硫酸钠（dextran sodium sulfate，DSS）诱导的结肠炎，且这种作用是部分通过促进沉默信息调节因子 2 相关酶 1（sirtuin1，SIRT1）的活性促进组蛋白去乙酰化，增加骨髓特异性 C/EBP 蛋白质表达实现的。此外，烟酸还能通过激活 mTORC1 信号通路，增加肠道紧密连接蛋白质的表达（Li et al.，2016）。

3. 功能性寡糖—纤维寡糖

功能性寡糖具有促进有益菌增殖、改善肠道菌群、激活机体免疫系统等多种生理功能，主要包括甘露寡糖、果寡糖、壳寡糖等。纤维寡糖作为一种新型的功能性寡糖，来源丰富，价格低廉，应用前景较好。有研究者表明，热应激处理的肉仔鸡饲粮中添加纤维寡糖可降低旁细胞通路的通透性，缓解热应激造成的肠道黏膜屏障损伤（Zhang et al.，2012）。Xu（2013）研究指出，在生长猪饲粮中添加 0.2%的纤维寡糖可以提高生长猪的生长性能，刺激结肠肠道有益菌的增殖并抑制有害菌的增殖，改善结肠黏膜屏障。此外，Hong 等（2014）也证实纤维寡糖可缓解热应激对肠道黏膜屏障功能的损伤，且纤维寡糖与益生菌组合添加效果更好。

4. 中草药饲料添加剂

阿魏酸属酚酸，是阿魏、川芎、当归等中草药的有效成分之一，具有抗氧化、抗炎、抗癌等多种功效。He 等（2016）发现阿魏酸可有效抑制热应激诱导的小肠黏膜通透性增加，改善热应激诱导的小肠紧密连接结构的破坏，并证实阿魏酸是通过抑制 MAPK 和 NF-κB 信号通路的激活，减少促炎因子 TNF-α、IFN-γ、IL-1β 的释放，从而达到缓解热应激诱导的肠黏膜屏障损伤的作用。

徐光科（2006）研究表明，藿香、苍术等有效成分组成的清凉颗粒可有效调节高温下鸡免疫器官上皮内淋巴细胞、杯状细胞数量，促进热应激小肠黏膜内 IgA 的表达。刘凤华（2009）研究发现，清凉颗粒可通过缓解热应激生长猪小肠上皮结构损伤，加快肠黏膜上皮细胞的更新与修复，维持肠道屏障的完整性。同时，通过蛋白质组学分析发现，这种抗损伤机制除了与表皮生长因子/表皮生长因子受体（epidermal growth factor/epidermal growth factor receptor，EGF/EGFR）在转录水平表达增加有关外，还与细胞外 ERK1/2 介导的信号通路密切相关。

5. 其他营养调控措施

缓解热应激的营养调控物质种类及数量繁多。它们除上面几种外，还包括一些活性多肽（如 EGF）、微量元素（如锌制剂）、益生元、酶制剂等，都有改善肠道屏障功能的作用，但其缓解机制仍需进一步研究。

总之，肠道机械屏障、化学屏障、免疫屏障、微生物屏障这 4 种屏障相互关联、相互渗透，构成肠道黏膜屏障这一有机整体，保护机体不受外来病原菌入侵。高温作为一种最为常见的环境应激因子之一，对畜禽肠道黏膜屏障的完整性造成极大的破坏。目前，关于热应激影响肠道黏膜屏障及其通过营养调控的修复机制尚不明确，特别是对参与屏障功能的Wnt/β-catenin和mTORC1等信号及各信号之间的关联方式均有待进一步研究。未来肠道黏膜屏障功能的营养调控机制将趋向于多动物类型、多组织器官、多细胞系和类肠团模型相结合等多层次多方向发展，从而为动物肠道健康的科学管理提供依据。

参考文献

蔡元丽，2009．应激影响肉仔鸡脂肪沉积的分子生物学机制［D］．泰安：山东农业大学．

常玉，冯京海，张敏红，2015．环境温度、湿度等因素对家禽体温调节的影响及评估模型［J］．动物营养学报，27（5）：1341-1347．

陈渝，陈代文，毛湘冰，等，2011．精氨酸对免疫应激仔猪肠道组织 Toll 样受体基因表达的影响［J］．动物营养学报，23（9）：1527-1535．

高景，齐智利，2018．瘤胃上皮短链脂肪酸的吸收和代谢［J］．动物营养学报，30（4）：72-79．

呙于明，刘丹，张炳坤，2014．家禽肠道屏障功能及其营养调控［J］．动物营养学报，26（10）：3091-3100．

何莎莎，2016．阿魏酸对热应激大鼠小肠黏膜屏障损伤的保护作用及机制［D］．北京：中国农业大学．

胡艳欣，肖冲，佘锐萍，等，2009．热应激对猪肠道结构及功能的影响［J］．科学技术与工程，9（3）：581-586．

贾丹，昝君兰，赵宏，等，2012．热应激对猪小肠组织形态和细胞凋亡的影响［J］．北京农学院学报，27（1）：40-42．

孔凡德，吴跃明，刘建新，2001．双乙酸钠添加剂在动物饲料中的应用［J］．饲料研究（8）：21-23．

李秋凤，2002．日粮阴阳离子平衡对不同泌乳阶段热应激奶牛的影响研究［D］．保定：河北农业大学．

梁臣，汪威，周永蔚，等，2016．GABA 对热应激雏鸡小肠黏膜中 IL-7 和 sIgA 含量的影响［J］．中国家禽，38（13）：22-25．

林海，1996．肉鸡实感温度的系统模型分析及热应激下的营养生理反应［D］．北京：中国农业科学院．

刘凤华，2009．高温应激对猪小肠上皮细胞损伤及清凉颗粒的修复机制［D］．南京：南京农业大学．

刘艳琴，高洁，高玉红，等，1999．炎热夏季奶牛日粮中添加脂肪酸钙对热应激影响的研究［J］．草食家畜（4）：38-40．

马燕芬，杜瑞平，高民，2013．热应激对奶山羊生产性能及瘤胃上皮细胞形态结构的影响［J］．中国农业科学，46（21）：4486-4495．

马燕芬，杜瑞平，高民，2014．热应激对奶山羊瘤胃黏膜紧密连接蛋白表达的影响［J］．动物营养学报，26（3）：768-775．

彭骞骞，王雪敏，张敏红，等，2016．持续偏热环境对肉鸡盲肠菌群多样性的影响［J］．中国农业科学，49（1）：204-212．

邱家祥，米克热木·沙衣布扎提赵红琼，2008．家禽冷应激研究进展［J］．动物医学进展，29（3）：96-101．

施正香，王朝元，许云丽，等，2011．奶牛夏季热环境控制技术研究与应用进展［J］．中国畜牧杂志（10）：47-52．

孙德文，詹勇，许梓荣，2004．日粮营养调控动物肠道黏膜免疫研究［J］．饲料博览（5）：24-27．

唐湘方，2015．基于蛋白质组与代谢组的肉鸡热应激分子机制研究［D］．北京：中国农业科学院．

陶秀萍，2003．不同温湿风条件对肉鸡应激敏感生理生化指标影响的研究［D］．北京：中国农业科学院．

王枫，1998．氨基酸对热暴露果蝇/K 细胞的保护作用及其机制研究［D］．上海：第二军医大学．

王洪荣，季昀，2013．氨基酸的生物活性及其营养调控功能的研究进展［J］．动物营养学报，25（3）：447-457．

王雪敏，彭骞骞，冯京海，等，2016．不同模式偏热环境对肉鸡氮代谢与生产性能的影响［J］．畜牧兽医学报，47（3）：110-117．

王长平，李剑虹，韦春波，2011．低温环境对商品肉鸡生产性能的影响［J］．中国家禽，33（4）：56-57．

王长平，杨洪升，周清波，等，2016．低温环境饲养对商品肉鸡生化指标影响的研究进展［J］．饲料工业，37（2）：58-60．

徐光科，2006．清凉冲剂对鸡肠黏膜结构和黏膜免疫相关细胞的影响［D］．乌鲁木齐：新疆农业大学．

张盼望，2015．复合益生菌缓解蛋鸡热应激效果及机理研究［D］．武汉：华中农业大学．

张少帅，甄龙，冯京海，等，2015．持续偏热处理对肉仔鸡免疫器官指数、小肠形态结构和黏膜免疫指标的影响［J］．动物营养学报，27（12）：3887-3894.
张少帅，甄龙，张敏红，等，2016. 急性偏热处理对肉仔鸡体热调节功能的影响［J］. 动物营养学报，28（2）：402-409.
张相伟，2008. 饲用芽孢杆菌对鸡肠道发育和黏膜免疫调节作用的研究［D］. 武汉：华中农业大学.
赵洪进，郭定宗，2005. 硒和维生素 E 在热应激猪自由基代谢中的作用［J］. 中国兽医学报，25（1）：78-80.
周加义，2019. Wnt/β-catenin 通路介导热暴露抑制猪肠上皮细胞增殖分化和干细胞扩增的研究［D］. 广州：华南农业大学.
周莹，彭骞骞，张敏红，等，2015. 相对湿度对间歇性偏热环境下肉鸡体温、酸碱平衡及生产性能的影响［J］. 动物营养学报，27（12）：86-95.
周莹，张敏红，2016. 相对湿度对家禽水蒸发散热和健康的影响［J］. 动物营养学报，28（2）：353-360.
朱惠玲，韩杰，谢小利，等，2012. L-精氨酸对脂多糖刺激断奶仔猪肠黏膜免疫屏障的影响［J］. 中国畜牧杂志，48（1）：27-32.
AARIF O, SHERGOJRY S A, DAR S A, et al., 2014. Impact of cold stress on blood biochemical and immune status in male and female Vanaraja chickens [J]. Indian Journal of Animal Research, 48 (2): 139.
ACUNA-GOYCOLEA C, TAMAMAKI N, YANAGAWA Y, et al., 2005. Mechanisms of neuropeptide Y, peptide YY, and pancreatic polypeptide inhibition of identified green fluorescent protein-expressing GABA neurons in the hypothalamic neuroendocrine arcuate nucleus [J]. The Journal of Neuroscience, 25 (32): 7406-7419.
AKBARIAN A, MICHIELS J, DEGROOTE J, et al., 2016. Association between heat stress and oxidative stress in poultry; mitochondrial dysfunction and dietary interventions with phytochemicals [J]. Journal of Animal Science and Biotechnology, 7: 37.
AMES D, INSLEY L, 1975. Wind-chill effect for cattle and sheep [J]. Journal of animal science, 40 (1): 161-165.
BACKERT I, KORALOV S B, WIRTZ S, et al., 2014. STAT3 activation in Th17 and Th22 cells controls IL-22-mediated epithelial host defense during infectious colitis [J]. Journal of Immunology, 193 (7): 3779-3791.
BAETA F C, MEADOR N F, SHANKLIN M D, et al., 1987. Equivalent temperature index at temperatures above the thermoneutral for lactating dairy cows [A]. In: Meeting of the American Society of Agricultural Engineers, Baltimore. American Society of Agricultural Engineers, 87: 4015.
BATTERHAM R L, HEFFRON H, KAPOOR S, et al., 2006. Critical role for peptide YY in protein-mediated satiation and body-weight regulation [J]. Cell Metabolism, 4 (3): 223-233.
BELGARDT B F, OKAMURA T, BRÜNING J C, 2009. Hormone and glucose signalling in POMC and AgRP neurons [J]. The Journal of Physiology, 587 (22): 5305-5314.
BERKES J, VISWANATHAN V K, SAVKOVIC S D, et al., 2003. Intestinal epithelial responses to enteric pathogens: effects on the tight junction barrier, ion transport, and inflammation [J]. Gut, 52 (3): 439-451.
BIDDLE A, STEWART L, BLANCHARD J, et al., 2013. Untangling the genetic basis of fibrolytic specialization by lachnospiraceae and ruminococcaceae in diverse gut communities [J]. Diversity, 5 (3): 627-640.
BISHOP-WILLIAMS K E, BERKE O, PEARL D L, et al., 2015. Heat stress related dairy cow mortality during heat waves and control periods in rural southern Ontario from 2010-2012 [J]. BMC Veterinary Research, 11 (1): 291.
BLAHOVÁ J, DOBŠÍKOVÁ R, STRAKOVÁ E, et al., 2007. Effect of low environmental temperature on performance and blood system in broiler chickens (*gallus domesticus*) [J]. Acta Veterinaria Brno, 76 (S8): 17-23.
BLOUET C, SCHWARTZ G, 2010. Hypothalamic nutrient sensing in the control of energy homeostasis [J]. Behavioural Brain Research, 209 (1): 1-12.
BOONE M A, HUGHES B L, 1971. Effect of heat stress on laying and non-laying hens [J]. Poultry Science, 50 (2): 473-477.
BOULANT J A, 1998. Hypothalamic neurons: mechanisms of sensitivity to temperature [J]. Annals of the New York Academy of Sciences, 856 (1): 108-115.
BOUVEROT P, HILDWEIN G, LE GOFF D, 1974. Evaporative water loss, respiratory pattern, gas ex change and acid-base balance during thermal panting in pekin ducks exposed to moderate heat [J]. Respiration Physiology, 21 (2): 255-269.
BRAUN E J, SWEAZEA K L, 2008. Glucose regulation in birds [J]. Comparative Biochemistry and Physiology Part B:

Biochemistry and Molecular Biology, 151 (1): 1-9.

BROOM L J, MILLER H M, KERR K G, et al., 2006. Effects of zinc oxide and *Enterococcus faecium* SF68 dietary supplementation on the performance, intestinal microbiota and immune status of weaned piglets [J]. Research in Veterinary Science, 80 (1): 45-54.

BRUSKOV V I, MALAKHOVA L V, MASALIMOV Z K, et al., 2002. Heat-induced formation of reactive oxygen species and 8-oxoguanine, a biomarker of damage to DNA [J]. Nucleic Acids Research, 30 (6): 1354-1363.

BUFFINGTON D E, CANTON G H, PITT D, COLLIER R J, 1981. Black globe-humidity index (bghi) as comfort equation for dairy cows [J]. Transactions of the American Society of Agricultural Engineers, 24 (3): 711-714.

CAI Y, SONG Z, WANG X, et al., 2011. Dexamethasone-induced hepatic lipogenesis is insulin dependent in chickens (*Gallus gallus domesticus*) [J]. Stress-the International Journal on the Biology of Stress, 14 (3): 273-281.

CALAMARI L, MORERA P, BANI P, et al., 2018. Effect of hot season on blood parameters, fecal fermentative parameters, and occurrence of *Clostridium tyrobutyricum* spores in feces of lactating dairy cows [J]. Journal of Dairy Science, 101 (5): 4437-4447.

CALDER W A, JR, SCHMIDT-NIELSEN K 1966. Evaporative cooling and respiratory alkalosis in the pigeon [J]. Proceedings of the National Academy of Sciences of the United States of America, 55 (4): 750-756.

CANGAR O, AERTS J M, BUYSE J, et al., 2008. Quantification of the spatial distribution of surface temperatures of broilers [J]. Poultry Science, 87 (12): 2493-2499.

CHAPMAN J C, LIU Y, ZHU L, et al., 2012. Arginine and citrulline protect intestinal cell monolayer tight junctions from hypoxia-induced injury in piglets [J]. Pediatric Research, 72 (6): 576-582.

CHEN Z, XIE J, HU M Y, et al., 2015. Protective effects of γ-aminobutyric acid (GABA) on the small intestinal mucosa in heat-stressed wenchang chicken [J]. Journal of Animal and Plant Sciences, 25 (1): 78-87.

CHEN Z, XIE J, WANG B, et al., 2014. Effect of γ-aminobutyric acid on digestive enzymes, absorption function, and immune function of intestinal mucosa in heat-stressed chicken [J]. Poultry Science, 93 (10): 2490-2500.

CHENG J, MIN L, ZHENG N, et al., 2018. Strong, sudden cooling alleviates the inflammatory responses in heat-stressed dairy cows based on iTRAQ proteomic analysis [J]. International Journal of Biometeorology, 62 (2): 177-182.

CHENG Y, ZHANG Q, MENG Q, et al., 2011. Leucine deprivation stimulates fat loss via increasing CRH expression in the hypothalamus and activating the sympathetic nervous system[J]. Molecular Endocrinology, 25 (9): 1624-1635.

CIOFI P, GARRET M, LAPIROT O, et al., 2009. Brain-endocrine interactions: a microvascular route in the mediobasal hypothalamus [J]. Endocrinology, 150 (12): 5509-5519.

CLEVERS H, LOH K M, NUSSE R, 2014. Stem cell signaling. an integral program for tissue renewal and regeneration: wnt signaling and stem cell control [J]. Science, 346 (6205): 1248012.

COLLIN A, VAN MILGEN J, DUBOIS S, et al., 2001. Effect of high temperature and feeding level on energy utilization in piglets [J]. Journal of Animal Science, 79 (7): 1849-1857.

COMTET-MARRE S, PARISOT N, LEPERCQ P, et al., 2017. Metatranscriptomics reveals the active bacterial and eukaryotic fibrolytic communities in the rumen of dairy cow fed a mixed diet [J]. Frontiers in Microbiology, 8: 1-13.

COPPARI R, ICHINOSE M, LEE C E, et al., 2005. The hypothalamic arcuate nucleus: a key site for mediating leptin's effects on glucose homeostasis and locomotor activity [J]. Cell Metabolism, 1 (1): 63-72.

CUI Y, GU X, 2015. Proteomic changes of the porcine small intestine in response to chronic heat stress [J]. Journal of Molecular Endocrinology, 55 (3): 277-293.

DADGAR S, LEE E S, CROWE T G, et al., 2012. Characteristics of cold-induced dark, firm, dry broiler chicken breast meat [J]. British Poultry Science, 53 (3): 351-359.

DAI H, LIU X, YAN J, et al., 2017. Sodium butyrate ameliorates high-concentrate diet-induced inflammation in the rumen epithelium of dairy goats [J]. Journal of Agricultural and Food Chemistry, 65 (3): 596-604.

DAI S F, WANG L K, WEN A Y, et al., 2009. Dietary glutamine supplementation improves growth performance, meat quality and colour stability of broilers under heat stress [J]. British Poultry Science, 50 (3): 333-340.

DALY K, AL-RAMMAHI M, MORAN A, et al., 2013. Sensing of amino acids by the gut-expressed taste receptor T1R1-T1R3 stimulates CCK secretion [J]. American Journal of Physiology Gastrointestinal and Liver Physiology, 304 (3): G271-G282.

DAVIS R H, HASSAN O E M, SYKES A H, 1973. Energy utilization in the laying hen in relation to ambient temperature [J]. The Journal of Agricultural Science, 81 (1): 173-177.

DE SOUZA J B F, DE ARRUDA A M V, DOMINGOS H G T, et al., 2013. Regional differences in the surface temperature of naked neck laying hens in a semi-arid environment [J]. International Journal of Biometeorology, 57 (3): 377-380.

DEATON J W, REECE F N, BRANTON S L, et al., 1986. High environmental temperature and broiler livability [J]. Poultry Science, 65 (7): 1268-1269.

DENG H, GERENCSER A A, JASPER H, 2015. Signal integration by Ca (2+) regulates intestinal stem-cell activity [J]. Nature, 528 (7581): 212-217.

DENG W, DONG X F, TONG J M, et al., 2012. The probiotic *Bacillus licheniformis* ameliorates heat stress-induced impairment of egg production, gut morphology, and intestinal mucosal immunity in laying hens [J]. Poultry Science, 91 (3): 575-582.

DENG Y, HUANG Z, RUAN W, et al., 2017. Co-inoculation of cellulolytic rumen bacteria with methanogenic sludge to enhance methanogenesis of rice straw [J]. International Biodeterioration & Biodegradation, 117: 224-235.

DIARRA S S, TABUACIRI P, 2014. Feeding management of poultry in high environmental temperatures [J]. International Journal of Poultry Science, 13 (11): 657-661.

DINAN T G, CRYAN J F, 2012. Regulation of the stress response by the gut microbiota: implications for psychoneuroendocrinology [J]. Psychoneuroendocrinology, 37 (9): 1369-1378.

DING B A, MA S Q, LI Z R, et al., 2018. Seasonal changes of rumen and intestine morphology of the Qinghai yak (Bos grunniens) [J]. Veterinary World, 11 (8): 1135-1138.

DOCKRAY G J, 2012. Cholecystokinin [J]. Current Opinion in Endocrinology, Diabetes, and Obesity, 19 (1): 8-12.

DOKLADNY K, MOSELEY P L, MA T Y, 2006. Physiologically relevant increase in temperature causes an increase in intestinal epithelial tight junction permeability[J]. American Journal of Physiology-Gastrointestinal and Liver Physiology, 290 (2): G204-G212.

DONKOH A, 1989. Ambient temperature: a factor affecting performance and physiological response of broiler chickens [J]. International Journal of Biometeorology, 33 (4): 259-265.

DU J, LI X H, LI Y J, 2016. Glutamate in peripheral organs: biology and pharmacology [J]. European Journal of Pharmacology, 784: 42-48.

DUNN I C, WILSON P W, SMULDERS T V, et al., 2013. Hypothalamic agouti-related protein expression is affected by both acute and chronic experience of food restriction and re-feeding in chickens [J]. Journal of Neuroendocrinology, 25 (10): 920-928.

DUPONT J, TESSERAUD S, SIMON J, 2009. Insulin signaling in chicken liver and muscle [J]. General and Comparative Endocrinology, 163 (1-2): 52-57.

EGBUNIKE G N, 1979. The relative importance of dry-and wet-bulb temperatures in the thermorespiratory function in the chicken [J]. Zentralbl Veterinarmed A, 26 (7): 573-579.

EL HADI H, SYKES A H, 1982. Thermal panting and respiratory alkalosis in the laying hen [J]. British Poultry Science, 23 (1): 49-57.

FAN H B, ZHAI Z Y, LI X G, et al., 2017. CDX2 stimulates the proliferation of porcine intestinal epithelial cells by activating the mTORC1 and Wnt/β-Catenin signaling pathways [J]. International Journal of Molecular Sciences, 18 (11): 2447.

FERRARIS R P, CAREY H V, 2000. Intestinal transport during fasting and malnutrition [J]. Annual Review of Nutrition, 20: 195-219.

FURUSE M, 2010. Molecular basis of the core structure of tight junctions [J]. Cold Spring Harbor Symposia on Quantitative Biology, 2 (1): a002907.

FURUSE M, 2015. Central regulation of food intake in the neonatal chick [J]. Animal Science Journal, 73 (2): 83-94.

GAO S T, GUO J, QUAN S Y, et al., 2017. The effects of heat stress on protein metabolism in lactating Holstein cows [J]. Journal of Dairy Science, 100 (6): 5040-5049.

GAUGHAN J B, MADER T L, HOLT S M, et al., 2008. A new heat load index for feedlot cattle [J]. Journal of Animal Science, 86 (1): 226-234.

GENTLE M J, 1989. Cutaneous sensory afferents recorded from the nervus intramandibularis of Gallus gallus var domesticus [J]. Journal of Comparative Physiology A, 164 (6): 763-774.

GONZÁLEZ-MARISCAL L, TAPIA R, CHAMORRO D, 2008. Crosstalk of tight junction components with signaling pathways [J]. Biochimica et Biophysica Acta, 1778 (3): 729-756.

GOSAIN A, GAMELLI R L, 2005. Role of the gastrointestinal tract in burn sepsis [J]. Journal of Burn Care & Rehabilitation, 26 (1): 85-91.

HABASHY W S, MILFORT M C, ADOMAKO K, et al., 2017. Effect of heat stress on amino acid digestibility and transporters in meat-type chickens [J]. Poultry Science, 96 (7): 2312-2319.

HABIBIAN M, GHAZI S, MOEINI M M, 2016. Effects of dietary selenium and vitamin E on growth performance, meat yield, and selenium content and lipid oxidation of breast meat of broilers reared under heat stress [J]. Biological Trace Element Research, 169 (1): 142-152.

HAO S, ROSS-INTA C M, GIETZEN D, 2010. The sensing of essential amino acid deficiency in the anterior piriform cortex, that requires the uncharged tRNA/GCN2 pathway, is sensitive to wortmannin but not rapamycin [J]. Pharmacology Biochemistry and Behavior, 94 (3): 333-340.

HARDIE D G, ROSS F A, HAWLEY S A, 2012. AMPK: a nutrient and energy sensor that maintains energy homeostasis [J]. Nature Reviews Molecular Cell Biology, 13 (4): 251-262.

HASSAN A B, 1982. Relative importance of environmental temperature and humidity on the physiological performance of layers [J]. Review of Animal Production, XVIII: 343-348.

HE S, GUO Y, ZHAO J, et al., 2019. Ferulic acid protects against heat stress-induced intestinal epithelial barrier dysfunction in IEC-6 cells via the PI3K/Akt-mediated Nrf2/HO-1 signaling pathway [J]. International Journal of Hyperthermia, 35 (1): 112-121.

HE S, LIU F, XU L, et al., 2016. Protective effects of ferulic acid against heat stress-induced intestinal epithelial barrier dysfunction in vitro and in vivo [J]. PLoS One, 11 (2): e0145236.

HE S, ZHAO S, LI J, et al., 2014. Effects of betaine on growth performance, activities of duodenum digestive enzymes and cecal microflora of heat-stressed broilers [J]. Chinese Journal of Animal Nutrition, 26 (12): 3731-3739.

HEILIG M, 2004. The NPY system in stress, anxiety and depression [J]. Neuropeptides, 38 (4): 213-224.

HEYWANG B W, 1938. Effect of some factors on the body temperature of hens [J]. Poultry Science, 17 (4): 317-323.

HILLMAN P E, SCOTT N R, VAN TIENHOVEN A, 1985. Physiological responses and adaptations to hot and cold environments [J]. Stress Physiology in Livestock, 3: 1-71.

HONG Q, SONG J, CAIHONG H U, et al., 2014. Effects of probiotics and cello-oligosaccharide on nutrient digestion, mRNA expression of intestinal mucosa amino acid transporters and nitrogen emission of broilers under heat stress [J]. Chinese Journal of Animal Nutrition, 26 (9): 2772-2778.

HRISTOV A N, CALLAWAY T R, LEE C, et al., 2012. Rumen bacterial, archaeal, and fungal diversity of dairy cows in response to ingestion of lauric or myristic acid [J]. Journal of Animal Science, 90 (12): 4449-4457.

HUWS S A, EDWARDS J E, CREEVEY C J, et al., 2016. Temporal dynamics of the metabolically active rumen bacteria colonizing fresh perennial ryegrass [J]. FEMS Microbiology Ecology, 92 (1): 137.

INDUGU N, VECCHIARELLI B, BAKER L D, et al., 2017. Comparison of rumen bacterial communities in dairy herds of different production [J]. BMC Microbiology, 17 (1): 190.

ITO K, BAHRY M A, HUI Y, et al., 2015. Acute heat stress up-regulates neuropeptide Y precursor mRNA expression and alters brain and plasma concentrations of free amino acids in chicks [J]. Comparative Biochemistry and Physiology Part A: Molecular &

Integrative Physiology, 187: 13-19.

ITO K, KAGEYAMA H, HIRAKO S, et al., 2013. Interactive effect of galanin-like peptide (GALP) and spontaneous exercise on energy metabolism [J]. Peptides, 49: 109-116.

IWASAKI A, MEDZHITOV R, 2004. Toll-like receptor control of the adaptive immune responses [J]. Nature Immunology, 5 (10): 987-995.

JAMI E, WHITE B A, MIZRAHI I, 2014. Potential role of the bovine rumen microbiome in modulating milk composition and feed efficiency [J]. PLoS One, 9 (1): e85423.

JIAO N, WU Z, JI Y, et al., 2015. L-glutamate enhances barrier and antioxidative functions in intestinal porcine epithelial cells [J]. The Journal of Nutrition, 145 (10): 2258-2264.

KARLSSON F, KLITGAARD K, JENSEN T K, 2014. Identification of treponema pedis as the predominant treponema species in porcine skin ulcers by fluorescence in situ hybridization and high-throughput sequencing [J]. Veterinary Microbiology, 171 (1-2): 122-131.

KIKUSATO M, YOSHIDA H, FURUKAWA K, et al., 2015. Effect of heat stress-induced production of mitochondrial reactive oxygen species on NADPH oxidase and heme oxygenase-1 mRNA levels in avian muscle cells [J]. Journal of Thermal Biology, 52: 8-13.

KITAMURA A, TSURUGIZAWA T, UEMATSU A, et al., 2012. New therapeutic strategy for amino acid medicine: effects of dietary glutamate on gut and brain function [J]. Journal of Pharmaceutical Sciences, 118 (2): 138-144.

KOCH S, 2017. Extrinsic control of Wnt signaling in the intestine [J]. Differentiation, 97: 1-8.

KRETZSCHMAR K, CLEVERS H, 2017. Wnt/β-catenin signaling in adult mammalian epithelial stem cells [J]. Developmental Biology, 428 (2): 273-282.

LAM Y Y, HA C W Y, CAMPBELL C R, et al., 2012. Increased gut permeability and microbiota change associate with mesenteric fat inflammation and metabolic dysfunction in diet-induced obese mice [J]. PLoS One, 7 (3): e34233.

LAMBERT G P, 2008. Intestinal barrier dysfunction, endotoxemia, and gastrointestinal symptoms: the 'canary in the coal mine' during exercise-heat stress? [J]. Medicine and Science in Sports and Exercise, 53: 61-73.

LAMBERT G P, 2009. Stress-induced gastrointestinal barrier dysfunction and its inflammatory effects [J]. Journal of Animal Science, 87 (14 Suppl): E101-E108.

LARA L J, ROSTAGNO M H, 2013. Impact of heat stress on poultry production [J]. Animals, 3 (2): 356-369.

LEES A M, SEJIAN V, LEES J C, et al., 2019. Evaluating rumen temperature as an estimate of core body temperature in angus feedlot cattle during summer [J]. International Journal of Biometeorology, 63 (7): 939-947.

LI N, NEU J, 2009. Glutamine deprivation alters intestinal tight junctions via a PI3-K/Akt mediated pathway in Caco-2 cells [J]. The Journal of Nutrition, 139 (4): 710-714.

LI S Q, FENG L, JIANG W D, et al., 2016. Deficiency of dietary niacin impaired gill immunity and antioxidant capacity, and changes its tight junction proteins via regulating NF-κB, TOR, Nrf2 and MLCK signaling pathways in young grass carp (*Ctenopharyngodon idella*) [J]. Fish & Shellfish Immunology, 55: 212-222.

LI S, LU L, HAO S, et al., 2011. Dietary manganese modulates expression of the manganese-containing superoxide dismutase gene in chickens [J]. Journal of Nutrition, 141 (2): 189-194.

LI Y Z, CHEN C X, JIN Z L, et al., 2016. Correlation analysis on adult chicken intestinal flora diversity and mucosal structure under heat stress environment [J]. Journal of China Agricultural University, 21 (1): 71-80.

LI Y, CHEN Y, ZHANG J, et al., 2010. Protective effect of glutamine-enriched early enteral nutrition on intestinal mucosal barrier injury after liver transplantation in rats [J]. The American Journal of Surgery, 199 (1): 35-42.

LI Y, ITO T, NISHIBORI M, et al., 1992. Effects of environmental temperature on heat production associated with food intake and on abdominal temperature in laying hens [J]. British Poultry Science, 33 (1): 113-122.

LILLEHOJ E R, KIM K C, 2002. Airway mucus: its components and function [J]. Archives of Pharmacal Research, 25 (6): 770-780.

LIN H, SUI S J, JIAO H C, et al., 2006. Impaired development of broiler chickens by stress mimicked by corticosterone exposure [J]. Comparative Biochemistry and Physiology Part A: Molecular & Integrative Physiology, 143 (3): 400-405.

LIU F, COTTRELL J J, FURNESS J B, et al., 2016. Selenium and vitamin E together improve intestinal epithelial barrier function and alleviate oxidative stress in heat-stressed pigs [J]. Experimental Physiology, 101 (7): 801.

LIU F, YIN J, DU M, et al., 2009. Heat-stress-induced damage to porcine small intestinal epithelium associated with downregulation of epithelial growth factor signaling [J]. Journal of Animal Science, 87 (6): 1941-1949.

LIU L, HEPENG L, XIANLEI L, et al., 2013. Effects of acute heat stress on gene expression of brain-gut neuropeptides in broiler chickens [J]. Journal of Animal Science, 91 (11): 5194-5201.

LIU W, ZHAO J. 2014a. Insights into the molecular mechanism of glucose metabolism regulation under stress in chicken skeletal muscle tissues [J]. Saudi Journal of Biological Sciences, 21 (3): 197-203.

LIU X, LI H, LU A, et al., 2012. Reduction of intestinal mucosal immune function in heat-stressed rats and bacterial translocation [J]. International Journal of Hyperthermia, 28 (8): 756-765.

LIU X, SHI Y, HOU X, et al., 2014b. Microarray analysis of intestinal immune-related gene expression in heat-stressed rats [J]. International Journal of Hyperthermia, 30 (5): 324-327.

LIU Z H, LU L, WANG R L, et al., 2015. Effects of supplemental zinc source and level on antioxidant ability and fat metabolism-related enzymes of broilers [J]. Poultry Science, 94 (11): 2686-2694.

LOH K, HERZOG H, SHI Y C, 2015. Regulation of energy homeostasis by the NPY system [J]. Trends in Endocrinology & Metabolism, 26 (3): 125-135.

LU Z, HE X, MA B, et al., 2017. Chronic heat stress impairs the quality of breast-muscle meat in broilers by affecting redox status and energy-substance metabolism [J]. Journal of Agricultural and Food Chemistry, 65 (51): 11251-11258.

LU Z, HE X, MA B, et al., 2018. Serum metabolomics study of nutrient metabolic variations in chronic heat-stressed broilers [J]. British Journal of Nutrition, 119 (7): 771-781.

MAH A T, YAN K S, KUO C J, 2016. Wnt pathway regulation of intestinal stem cells [J]. Journal of Physiology, 594 (17): 4837-4847.

MCCAFFERTY D J, MARSDEN S, 2013. Applications of thermal imaging in avian science [J]. Ibis, 155 (1): 4-15.

MCCANN J C, LUAN S, CARDOSO F C, et al., 2016. Induction of subacute ruminal acidosis affects the ruminal microbiome and epithelium [J]. Frontiers in Microbiology, 7: 701.

MCDOWELL R E, HOOVEN N W, CAMOENS J K, 1976. Effect of climate on performance of Holsteins in first lactation [J]. Journal of Dairy Science, 59 (5): 965-971.

MORTON G J, CUMMINGS D E, BASKIN D G, et al., 2006. Central nervous system control of food intake and body weight [J]. Nature, 443 (7109): 289-295.

MÜLLER M J, GEISLER C, 2017. From the past to future: from energy expenditure to energy intake to energy expenditure [J]. European Journal of Clinical Nutrition, 71 (5): 678.

MUSCH M W, SUGI K, STRAUS D, et al., 1999. Heat-shock protein 72 protects against oxidant-induced injury of barrier function of human colonic epithelial Caco2/bbe cells [J]. Gastroenterology, 117 (1): 115-122.

MÜSSIG K, FIEDLER H, STAIGER H, et al., 2005. Insulin-induced stimulation of JNK and the PI3-kinase/mTOR pathway leads to phosphorylation of serine 318 of IRS-1 in C2C12 myotubes [J]. Biochemical and Biophysical Research Communications, 335 (3): 819-825.

NÄÄS I D A, ROMANINI C E B, NEVES D P, et al., 2010. Broiler surface temperature distribution of 42 day old chickens [J]. Scientia Agricola, 67 (5): 497-502.

NECKER R, REINER B, 1980. Temperature-sensitive mechanoreceptors, thermoreceptors and heat nociceptors in the feathered skin of pigeons [J]. Journal of Comparative Physiology, 135 (3): 201-207.

NEWBOLD C J, DE LA FUENTE G, BELANCHE A, et al., 2015. The role of ciliate protozoa in the rumen [J]. Frontiers in

Microbiology, 6: 1313.

NGUYEN P, GREENE E, ISHOLA P, et al., 2015. Chronic mild cold conditioning modulates the expression of hypothalamic neuropeptide and intermediary metabolic-related genes and improves growth performances in young chicks [J]. PLoS One, 10 (11): e0142319.

NIU Z Y, WEI F X, LIU F Z, et al., 2009. Dietary vitamin A can improve immune function in heat-stressed broilers [J]. Animal, 3 (10): 1442-1448.

NUÑEZ M C, BUENO J D, AYUDARTE M V, et al., 1996. Dietary restriction induces biochemical and morphometric changes in the small intestine of nursing piglets [J]. The Journal of Nutrition, 126 (4): 933-944.

PALMONARI A, STEVENSON D M, MERTENS D R, et al., 2010. pH dynamics and bacterial community composition in the rumen of lactating dairy cows [J]. Journal of Dairy Science, 93 (1): 279-287.

PAZ H A, HALES K E, WELLS J E, et al., 2018. Rumen bacterial community structure impacts feed efficiency in beef cattle [J]. Journal of Animal Science, 96 (3): 1045-1058.

PEARCE S C, LONERGAN S M, HUFF-LONERGAN E, et al., 2015. Acute heat stress and reduced nutrient intake alter intestinal proteomic profile and gene expression in pigs [J]. PLoS One, 10 (11): e0143099.

PEARCE S C, MANI V, BODDICKER R L, et al., 2012. Heat stress reduces barrier function and alters intestinal metabolism in growing pigs [J]. Journal of Animal Science, 90 (4 Suppl): 257-259.

PEARCE S C, MANI V, BODDICKER R L, et al., 2013. Heat stress reduces intestinal barrier integrity and favors intestinal glucose transport in growing pigs [J]. PLoS One, 8 (8): e70215.

PEDERZOLLI R L A, VAN KESSEL A G, CAMPBELL J, et al., 2018. Effect of ruminal acidosis and short-term low feed intake on indicators of gastrointestinal barrier function in Holstein steers [J]. Journal of Animal Science, 96 (1): 108-125.

POULOS D A, LENDE R A, 1970. Response of trigeminal ganglion neurons to thermal stimulation of oral-facial regions. I. Steady-state response [J]. Journal of Neuroendocrinology, 33 (4): 508-517.

PRINZINGER R, PREßMAR A, SCHLEUCHER E, 1991. Body temperature in birds [J]. Comparative Biochemistry and Physiology Part A: Physiology, 99 (4): 499-506.

QIN B, SUN W Y, XIA H Z, et al., 2014. Effects of cold stress on mRNA level of uncoupling protein 2 in liver of chicks [J]. Pakistan Veterinary Journal, 34 (3): 309-313.

QUINTEIRO-FILHO W M, GOMES A V S, PINHEIRO M L, et al., 2012a. Heat stress impairs performance and induces intestinal inflammation in broiler chickens infected with *Salmonella enteritidis* [J]. Avian Pathology, 41 (5): 421-427.

QUINTEIRO-FILHO W M, RIBEIRO A, FERRAZ-DE-PAULA V, et al., 2010. Heat stress impairs performance parameters, induces intestinal injury, and decreases macrophage activity in broiler chickens [J]. Poultry Science, 89 (9): 1905-1914.

QUINTEIRO-FILHO W M, RODRIGUES M V, RIBEIRO A, et al., 2012b. Acute heat stress impairs performance parameters and induces mild intestinal enteritis in broiler chickens: role of acute hypothalamic-pituitary-adrenal axis activation [J]. Journal of Animal Science, 90 (6): 1986-1994.

QUIRINO I E P, CARDOSO V N, SANTOS R D G C D, et al., 2013. The role of L-arginine and inducible nitric oxide synthase in intestinal permeability and bacterial translocation [J]. Journal of Parenteral and Enteral Nutrition, 37 (3): 392-400.

RAO A S, KREMENEVSKAJA N, RESCH J, et al., 2005. Lithium stimulates proliferation in cultured thyrocytes by activating Wnt/beta-catenin signalling [J]. European Journal of Endocrinology, 153 (6): 929-938.

RAO R K, BASUROY S, RAO V U, et al., 2002. Tyrosine phosphorylation and dissociation of occludin-ZO-1 and E-cadherin-beta-catenin complexes from the cytoskeleton by oxidative stress [J]. The Biochemical Journal, 368 (2): 471-481.

REED T T, 2011. Lipid peroxidation and neurodegenerative disease [J]. Free Radical Biology and Medicine, 51 (7): 1302-1319.

REN W, YIN J, WU M, et al., 2014. Serum amino acids profile and the beneficial effects of L-arginine or L-glutamine supplementation in dextran sulfate sodium colitis [J]. PLoS One, 9 (2): e88335.

RENAUDEAU D, GOURDINE J L, ST-PIERRE N R, 2011. A meta-analysis of the effects of high ambient temperature on growth performance of growing-finishing pigs [J]. Journal of Animal Science, 89 (7): 2220-2230.

RHOADS R P, LA NOCE A J, WHEELOCK J B, et al., 2011. Alterations in expression of gluconeogenic genes during heat stress and exogenous bovine somatotropin administration [J]. Journal of Dairy Science, 94 (4): 1917-1921.

RICHARDS M P, PROSZKOWIEC-WEGLARZ M, 2007. Mechanisms regulating feed intake, energy expenditure, and body weight in poultry [J]. Poultry Science, 86 (7): 1478-1490.

RICHARDS S A, 1971. The significance of changes in the temperature of the skin and body core of the chicken in the regulation of heat loss [J]. Journal of Physiology, 216 (1): 1-10.

ROZENGURT E, STERNINI C, 2007. Taste receptor signaling in the mammalian gut [J]. Current Opinion in Pharmacology, 7 (6): 557-562.

SAHIN N, SAHIN K, ONDERCI M, et al., 2006. Effects of dietary genistein on nutrient use and mineral status in heat-stressed quails [J]. Experimental Animals, 55 (2): 75-82.

SAITOU M, FUJIMOTO K, DOI Y, et al., 1998. Occludin-deficient embryonic stem cells can differentiate into polarized epithelial cells bearing tight junctions [J]. Journal of Cell Biology, 141 (2): 397-408.

SAMPSON L L, DAVIS A K, GROGG M W, et al., 2016. mTOR disruption causes intestinal epithelial cell defects and intestinal atrophy postinjury in mice [J]. FASEB Journal, 30 (3): 1263-1275.

SAN GABRIEL A, UNEYAMA H, 2013. Amino acid sensing in the gastrointestinal tract [J]. Amino Acids, 45 (3): 451-461.

SATO T, NAKAMURA Y, SHIIMURA Y, et al., 2012. Structure, regulation and function of ghrelin [J]. The Journal of Biochemistry, 151 (2): 119-128.

SCHÄREN M, FRAHM J, KERSTEN S, et al., 2018. Interrelations between the rumen microbiota and production, behavioral, rumen fermentation, metabolic, and immunological attributes of dairy cows [J]. Journal of Dairy Science, 101 (5): 4615-4637.

SCHARF B, JOHNSON J S, WEABER R L, et al., 2012. Utilizing laboratory and field studies to determine physiological responses of cattle to multiple environmental stressors [J]. Journal of Thermal Biology, 37 (4): 330-338.

SCHREIBER F, ARASTEH J M, LAWLEY T D, 2015. Pathogen resistance mediated by IL-22 signaling at the epithelial-microbiota interface [J]. Journal of Molecular Biology, 427 (23): 3676-3682.

SHAH O J, ANTHONY J C, KIMBALL S R, et al., 2000. Glucocorticoids oppose translational control by leucine in skeletal muscle [J]. American Journal of Physiology-Endocrinology and Metabolism, 279 (5): E1185-E1190.

SHI P, ZHANG J, 2006. Contrasting modes of evolution between vertebrate sweet/umami receptor genes and bitter receptor genes [J]. Molecular Biology and Evolution, 23 (2): 292-300.

SHI Q, GAO G, XING C, et al., 2015. Effects of traditional Chinese medicine on numbers of lymphocytes and goblet cells in villus epithelia of layers under heat stress [J]. Agricultural Science & Technology, 16 (2): 311-316.

SHIFRIN D A, JR MCCONNELL R E, NAMBIAR R, et al., 2012. Enterocyte microvillus-derived vesicles detoxify bacterial products and regulate epithelial-microbial interactions [J]. Current Biology, 22 (7): 627-631.

SIMPSON K A, MARTIN N M, BLOOM S R, 2009. Hypothalamic regulation of food intake and clinical therapeutic applications [J]. Arquivos Brasileiros de Endocrinologia e Metabologia, 53 (2): 120-128.

SMITH A J, 1971. Productivity of laying pullets at high environmental temperatures [J]. Feedstuffs, 43 (17): 26.

SMITH A J, OLIVER J, 1972. Some nutritional problems associated with egg production at high environmental temperatures. 4. the effect of prolonged exposure to high environmental temperatures on the productivity of pullets fed on high-energy diets [J]. Rhodesia, Zambia and Malawi Journal of Agricultural Research, 10(1): 43-60.

SOHAIL M U, HUME M E, BYRD J A, et al., 2012. Effect of supplementation of prebiotic mannan-oligosaccharides and probiotic mixture on growth performance of broilers subjected to chronic heat stress [J]. Poultry Science, 91 (9): 2235-2240.

SONG J, JIAO L F, XIAO K, et al., 2013. Cello-oligosaccharide ameliorates heat stress-induced impairment of intestinal microflora, morphology and barrier integrity in broilers [J]. Animal Feed Science and Technology, 185 (3): 175-181.

SONG J, XIAO K, KE Y L, et al., 2014. Effect of a probiotic mixture on intestinal microflora, morphology, and barrier integrity of broilers subjected to heat stress [J]. Poultry Science, 93 (3): 581-588.

SONG Z G, ZHANG X H, ZHU L X, et al., 2011. Dexamethasone alters the expression of genes related to the growth of skeletal muscle in chickens (*Gallus gallus domesticus*) [J]. Journal of Molecular Endocrinology, 46 (3): 217-225.

SPENCER J D, GAINES A M, BERG E P, et al., 2005. Diet modifications to improve finishing pig growth performance and pork quality attributes during periods of heat stress [J]. Journal of Animal Science, 83 (1): 243-254.

SUGIMOTO K, OGAWA A, MIZOGUCHI E, et al., 2008. IL-22 ameliorates intestinal inflammation in a mouse model of ulcerative colitis [J]. The Journal of Clinical Investigation, 118 (2): 534-544.

SUH H N, KIM M J, JUNG Y S, et al., 2017. Quiescence exit of tert (+) stem cells by Wnt/β-Catenin is indispensable for intestinal regeneration [J]. Cell Reports, 21 (9): 2571-2584.

SURYAWAN A, ORELLANA R A, NGUYEN H V, et al., 2007. Activation by insulin and amino acids of signaling components leading to translation initiation in skeletal muscle of neonatal pigs is developmentally regulated [J]. American Journal of Physiology-Endocrinology and Metabolism, 293 (6): E1597-E1605.

SUZUKI T, YOSHIDA S, HARA H, 2008. Physiological concentrations of short-chain fatty acids immediately suppress colonic epithelial permeability [J]. British Journal of Nutrition, 100 (2): 297-305.

TAKEDA K, AKIRA S, 2004. TLR signaling pathways [J]. Seminars in Immunology, 16 (1): 3-9.

TALLAM L S, DA SILVA A A, HALL J E, 2006. Melanocortin-4 receptor mediates chronic cardiovascular and metabolic actions of leptin [J]. Hypertension, 48 (1): 58-64.

TANKSON J D, VIZZIER-THAXTON Y, THAXTON J P, et al., 2001. Stress and nutritional quality of broilers [J]. Poultry Science, 80 (9): 1384-1389.

TAO X, ZHANG Z Y, DONG H, et al., 2006. Responses of thyroid hormones of market-size broilers to thermoneutral constant and warm cyclic temperatures [J]. Poultry Science, 85 (9): 1520-1528.

TATEISHI S, ARIMA S, FUTAMI K, 1997. Assessment of blood flow in the small intestine by laser doppler flowmetry: comparison of healthy small intestine and small intestine in Crohn's disease [J]. Journal of Gastroenterology, 32 (4): 457-463.

TEETER R G, SMITH M O, OWENS F N, et al., 1985. Chronic heat stress and respiratory alkalosis: occurrence and treatment in broiler chicks [J]. Poultry Science, 64 (6): 1060-1064.

TESSERAUD S, ABBAS M, DUCHENE S, et al., 2006. Mechanisms involved in the nutritional regulation of mRNA translation: features of the avian model [J]. Nutrition Research Reviews, 19 (1): 104-116.

THORNTON P A, 1962. The effect of environmental temperature on body temperature and oxygen uptake by the chicken [J]. Poultry Science, 41 (4): 1053-1060.

TORII K, UNEYAMA H, NAKAMURA E, 2013. Physiological roles of dietary glutamate signaling via gut-brain axis due to efficient digestion and absorption [J]. Journal of Gastroenterology, 48 (4): 442-451.

TURNER J R, 2006. Molecular basis of epithelial barrier regulation: from basic mechanisms to clinical application [J]. American Journal of Pathology, 169 (6): 1901-1909.

VAN TIENHOVEN A, SCOTT N R, HILLMAN P E, 1979. The hypothalamus and thermoregulation: a review [J]. Poultry Science, 58 (6): 1633-1639.

VARASTEH S, FINK-GREMMELS J, GARSSEN J, et al., 2018. α-Lipoic acid prevents the intestinal epithelial monolayer damage under heat stress conditions: model experiments in Caco-2 cells [J]. European Journal of Nutrition, 57 (4): 1577-1589.

WANG B, WANG D, WU X, et al., 2017. Effects of dietary physical or nutritional factors on morphology of rumen papillae and transcriptome changes in lactating dairy cows based on three different forage-based diets [J]. BMC Genomics, 18 (1): 353.

WANG G, TACHIBANA T, GILBERT E R, et al., 2015. Exogenous prolactin-releasing peptide's orexigenic effect is associated with hypothalamic neuropeptide Y in chicks [J]. Neuropeptides, 54: 79-83.

WANG Y H, XU M, WANG F N, et al., 2009. Effect of dietary starch on rumen and small intestine morphology and digesta pH in goats [J]. Livestock Science, 122 (1): 48-52.

WATTERSON K R, BESTOW D, GALLAGHER J, et al., 2013. Anorexigenic and orexigenic hormone modulation of mammalian target of rapamycin complex 1 activity and the regulation of hypothalamic agouti-related protein mRNA expression [J]. Neurosignals, 21 (1-2): 28-41.

WILSON W O, HILLERMAN J P, 1952. Methods of cooling laying hens with water [J]. Poultry Science, 31 (5): 847-850.

WU G, BAZER F W, DAVIS T A, et al., 2009. Arginine metabolism and nutrition in growth, health and disease [J]. Amino Acids, 37 (1): 153-168.

WU S, FANG Z, XUE B, et al., 2015. A review of effects of heat stress on substance and energy metabolism in muscle [J]. Agricultural Science & Technology, 16(5): 1011-1013.

WU X, RUAN Z, GAO Y, et al., 2010. Dietary supplementation with L-arginine or N-carbamylglutamate enhances intestinal growth and heat shock protein-70 expression in weanling pigs fed a corn-and soybean meal-based diet [J]. Amino Acids, 39 (3): 831-839.

XIAO F, HUANG Z, LI H, et al., 2011. Leucine deprivation increases hepatic insulin sensitivity via GCN2/mTOR/S6K1 and AMPK pathways [J]. Diabetes, 60 (3): 746-756.

XIE T, HONGLIAN H U, GAO M, 2014. Gut mucosal immune barrier and the protective measures [J]. Chinese Journal of Animal Nutrition, 26 (5): 1157-1163.

XIN H, DESHAZER J A, BECK M M, 1992. Responses of pre-fasted growing turkeys to acute heat exposure [J]. Transactions of the American Society of Agricultural Engineers, 35 (1): 315-318.

XIONG X, YANG H, TAN B, et al., 2015. Differential expression of proteins involved in energy production along the crypt-villus axis in early-weaning pig small intestine [J]. American Journal of Physiology-Gastrointestinal and Liver Physiology, 309 (4): G229-G237.

XU H, STASZEWSKI L, TANG H, et al., 2004. Different functional roles of T1R subunits in the heteromeric taste receptors [J]. Proceedings of the National Academy of Sciences of the United States of America, 101 (39): 14258-14263.

XU L, 2013. Effects of dietary cello-oligosaccharide on growth performance, colonic microflora and intestinal mucosal permeability of growing pigs [J]. Chinese Journal of Animal Nutrition, 25 (6): 1293-1298.

XUE G K, 2007. Effects of TCM compound preparations on the number of intestinal mucosa goblet cells under high temperature in chickens [J]. Journal of Traditional Chinese Veterinary Medicine (1): 5-7.

YAGLOU C P, 1927. Temperature, humidity and air movement in industries: the effective temperature index [J]. Journal Industrial Hygiene.

YAHAV S, 2000. Relative humidity at moderate ambient temperatures: its effect on male broiler chickens and turkeys [J]. British Poultry Science, 41 (1): 94-100.

YAHAV S, PLAVNIK I, RUSAL M, et al., 1998. Response of turkeys to relative humidity at high ambient temperature [J]. British Poultry Science, 39 (3): 340-345.

YANG G L, ZHANG K Y, DING X M, et al., 2016. Effects of dietary DL-2-hydroxy-4 (methylthio)butanoic acid supplementation on growth performance, indices of ascites syndrome, and antioxidant capacity of broilers reared at low ambient temperature [J]. International Journal of Biometeorology, 60 (8): 1193-1203.

YANG P C, HE S H, ZHENG P Y, 2007. Investigation into the signal transduction pathway via which heat stress impairs intestinal epithelial barrier function [J]. Journal of Gastroenterology and Hepatology, 22 (11): 1823-1831.

YAZDI M H, MIRZAEI-ALAMOUTI H R, AMANLOU H, et al., 2016. Effects of heat stress on metabolism, digestibility, and rumen epithelial characteristics in growing Holstein calves [J]. Journal of Animal Science, 94 (1): 77-89.

YEOMAN C J, WHITE B A, 2014. Gastrointestinal tract microbiota and probiotics in production animals [J]. Annual Review Animal Biosciences, 2 (1): 469-486.

YIN L L, ZHANG Y, GUO D M, et al., 2013. Effects of zinc on interleukins and antioxidant enzyme values in psoriasis-induced mice [J]. Biological Trace Element Research, 155 (3): 411-415.

YU J, BAO E, YAN J, et al., 2008. Expression and localization of hsps in the heart and blood vessel of heat-stressed broilers [J]. Cell

Stress Chaperones, 13 (3): 327-335.

YU J, YIN P, LIU F, et al., 2010. Effect of heat stress on the porcine small intestine: a morphological and gene expression study [J]. Comparative Biochemistry and Physiology Part A: Molecular & Integrative Physiology, 156 (1): 119-128.

YUAN L, LIN H, JIANG K J, et al., 2008. Corticosterone administration and high-energy feed results in enhanced fat accumulation and insulin resistance in broiler chickens [J]. British Poultry Science, 49 (4): 487-495.

YUNIANTO V D, HAYASHI K, KANEDA S, et al., 1997. Effect of environmental temperature on muscle protein turnover and heat production in tube-fed broiler chickens [J]. British Journal of Nutrition, 77 (6): 897-909.

ZENDEHDEL M, HAMIDI F, BABAPOUR V, et al., 2012. The effect of melanocortin (Mc3 and Mc4) antagonists on serotonin-induced food and water intake of broiler cockerels [J]. Journal of Veterinary Science, 13 (3): 229-234.

ZHAI W, PEEBLES E D, MEJIA L, et al., 2014. Effects of dietary amino acid density and metabolizable energy level on the growth and meat yield of summer-reared broilers [J]. Journal of Applied Poultry Research, 23 (3): 501-515.

ZHANG H, YIN J, LI D, et al., 2007. Tryptophan enhances ghrelin expression and secretion associated with increased food intake and weight gain in weanling pigs [J]. Domestic Animal Endocrinology, 33 (1): 47-61.

ZHANG M, ZOU X T, LI H, et al., 2012. Effect of dietary γ-aminobutyric acid on laying performance, egg quality, immune activity and endocrine hormone in heat-stressed Roman hens [J]. Animal Science Journal 83 (2): 141-147.

ZHANG W, BAI S, LIU D, et al., 2015. Neuropeptide Y promotes adipogenesis in chicken adipose cells in vitro [J]. Comparative Biochemistry and Physiology Part A: Molecular & Integrative Physiology, 181: 62-70.

ZHANG Z W, BI M Y, YAO H D, et al., 2014. Effect of cold stress on expression of AMPKalpha-PPARalpha pathway and inflammation genes [J]. Avian Diseases, 58 (3): 415-426.

ZHAO J P, BAO J, WANG X J, et al., 2012. Altered gene and protein expression of glucose transporter1 underlies dexamethasone inhibition of insulin-stimulated glucose uptake in chicken muscles [J]. Journal of Animal Science, 90 (12): 4337-4345.

ZHAO J P, LIN H, JIAO H C, et al., 2009. Corticosterone suppresses insulin-and NO-stimulated muscle glucose uptake in broiler chickens (*Gallus gallus domesticus*) [J]. Comparative Biochemistry and Physiology Part C: Toxicology & Pharmacology, 149 (3): 448-454.

ZHONG S, DING Y, WANG Y, et al., 2019. Temperature and humidity index (THI)-induced rumen bacterial community changes in goats [J]. Applied microbiology and biotechnology, 103 (7): 3193-3203.

ZHOU J Y, HUANG D G, QIN Y C, et al., 2019. mTORC1 signaling activation increases intestinal stem cell activity and promotes epithelial cell proliferation [J]. Journal of Cellular Physiology, 234 (10): 19028-19038.

ZOU W Y, BLUTT S E, ZENG X L, et al., 2018. Epithelial WNT ligands are essential drivers of intestinal stem cell activation [J]. Cell Reports, 22 (4): 1003-1015.

ZULOVICH J M, DESHAZER J A, 1990. Estimating egg production declines at high enviromental temperatures and humidities [J]. American Society of Agricultural Engineers (USA).

ZUO J, XU M, ABDULLAHI Y A, et al., 2015. Constant heat stress reduces skeletal muscle protein deposition in broilers [J]. Journal of the Science of Food and Agriculture, 95 (2): 429-436.

第四章　温热环境对畜禽繁殖健康的影响及其机制

4.1　热应激对母猪卵泡发育和卵母细胞成熟的影响

温热环境是影响动物繁殖性能最重要的环境因子。夏季高温引起的热应激导致动物的繁殖性能下降，给畜牧业带来巨大的经济损失（Galan et al.，2018；Guo et al.，2018；Zaboli et al.，2019）。在所有受热应激影响的畜禽经济性状中，繁殖性能最为复杂，因为至少涉及亲子两代，甚至多代，并对畜牧业的生产效率产生长期的影响。热应激对雄性和雌性种畜（禽）的繁殖功能均会产生影响（Dash et al.，2016；Hansen，2009）。就母畜而言，热应激可直接影响母畜卵巢和子宫的功能，也可以通过影响采食、代谢和神经内分泌功能间接影响生殖系统功能（Ross et al.，2017）。卵母细胞是雌性生殖活动的最终执行者。卵母细胞的数量决定母畜的繁殖年限，而卵母细胞的质量直接影响卵细胞的受精率、受精卵的卵裂率、早期胚胎的存活、妊娠的建立和维持，甚至子代出生后的生产性能（Krisher，2004）。

卵母细胞在卵巢卵泡中发育成熟并随卵泡破裂而排出。卵泡发育是一个漫长而复杂的过程，从原始卵泡、初级卵泡、次级卵泡到有腔卵泡，直至排卵前的成熟卵泡。卵母细胞的发育并不与卵泡发育完全同步，卵原细胞在胚胎期经过大量有丝分裂完成增殖，之后启动第一次减数分裂，成为初级卵母细胞，发育停滞于第一次减数分裂前期的双线期，周围被一层扁平的卵泡细胞包围，构成原始卵泡；动物性成熟前，发育停滞的初级卵母细胞在雌性激素的作用下恢复减数分裂，排出第一极体，完成第一次减数分裂；排出极体后的次级卵母细胞进入第二次减数分裂并再次停滞于分裂中期，直至受精后才完成第二次减数分裂，排出第二极体，发育成成熟的卵子。在这个过程中，卵母细胞与其周围的卵泡细胞均发生复杂的结构与功能变化，两类细胞之间还存在复杂的细胞间通讯（Russell et al.，2016）。本节概述卵泡发育和卵母细胞成熟的过程，并对有关热应激影响卵母细胞、颗粒细胞，以及卵母细胞和卵丘细胞的互作的研究进行综述，以期为后续的深入研究提供参考，并为研发有效控制或缓解热应激的技术和手段提供思路。

4.1.1　卵泡发育和卵母细胞成熟概述

1. 卵泡发育

卵泡是哺乳动物卵巢结构和功能的基本单位，由颗粒细胞、卵母细胞及其外层的卵泡膜细胞共同构成（Petro et al.，2012）。卵泡发育是指卵泡由原始卵泡发育成为初级卵泡、次级卵泡、有腔卵泡或三级卵泡和成熟卵泡的生理过程。哺乳动物生命中出现的第一个生殖结构是生殖嵴，比如猪和牛通常出现生殖嵴的时间分别是 18 胚龄（Black et al.，1968）和 27 胚龄（Wrobel et al.，1998）。卵母细胞的发育最早可追溯到胚胎发育的囊胚期，由囊胚内细胞团衍生出的原始生殖细胞（primordial germ cells，PGCs）分化而来。PGCs 一经产生便不停地向生殖嵴移动，并通过有丝分裂进行大量增殖。猪 PGCs 的增殖过程从胚胎期第 13 天一直持续到出生后第 7 天，数量从受精后第 20 天约 5000 个迅速增加到第 50 天 110 万个左右。PGCs 到达生殖嵴后，生殖嵴经过性别决定形成原始卵巢，而 PGCs 则分化形成卵原细胞（Black et al.，1968）。从胚胎 40d 到出生后 35d 卵原细胞启动第一次减数分裂形成初级卵母细胞，此时的卵母细胞发育阻滞于第一次减数分裂前期的双线期，并被单层扁平的前颗粒细胞包围形成原始卵泡。随着原始卵泡募集的发生，大量卵泡开始启动生长，卵母细胞外周的前颗粒细胞由扁平状逐渐变为立方体或圆柱形，称初级卵泡；后者进一步发育，颗粒细胞分化产生卵泡膜细胞，形成次级卵泡；次级卵泡之前的卵泡统称无腔卵泡或腔前卵泡。初级卵母细胞的生长期缓慢，可持续数日至数月，有的可长达数十年，例如胚胎和出生后早期存活的初级卵母细胞，陆续在青春期—绝经期恢复其减数分裂过程。大多数生长的初级卵母细胞尚未成熟就退化了。生长期的卵母细胞核内核仁增大增多、生物合成活跃，细胞核膨大，称为生发泡（germinal vesicle，GV）。猪在出生后 20～30d 所有卵母细胞均进入 GV 期。在次级卵泡发育后期，卵泡内开始产生液体并且分泌量不断增多，液体进入卵泡细胞的间隙形成卵泡腔，此时颗粒细胞开始分化为解剖和功能上截然不同的壁层颗粒细胞和卵丘（颗粒）细胞，卵母细胞被卵丘细胞包裹并挤到卵泡腔的一侧，形成成熟的葛拉夫氏卵泡（graafian follicles）。猪卵巢出现有腔卵泡的时间最早为出生后 70d。后备母猪在出生后 5～6 月，部分发育停滞的初级卵母细胞在雌性激素的作用下恢复减数分裂，排出第一极体，完成第一次减数分裂；排出极体后的次级卵母细胞进入第二次减数分裂并再次停滞于分裂中期（MII 期），排卵并受精后才完成第二次减数分裂，排出第二极体，发育成成熟的卵子。

卵泡发育是一个漫长的过程。理论上卵巢早期受热刺激可能会影响后期的卵泡生长，但是有人给予体外培养的牛腔前卵泡 41 ℃的热刺激，发现腔前卵泡相比有腔卵泡是热不敏感的（Paes et al.，2016）。因此认为不同发育阶段的卵泡对热的敏感性不同。一般而言，原始卵泡、初级卵泡和次级卵泡（统称为腔前卵泡）比较耐热，而发育中的有腔卵泡，包括优势卵泡和排卵前卵泡，对热暴露比较敏感，因此热应激对 GV 期和 MII 期的卵母细胞影响较为显著。据报道，由于有腔卵泡发育为优势卵泡的时间为 40～50d，夏季高温对动物繁殖的负面影响会一直持续到秋季（Roth et al.，2001a，b）。

有腔卵泡对热应激比较敏感。目前有关热应激影响卵泡发育的研究主要集中在有腔卵泡阶段。大量证据表明，该阶段的热刺激可以严重影响动物繁殖功能，具体表现在卵泡直径减小，雌激素水平下降（Badinga et al.，1993；Ozawa et al.，2005），排出的卵母细胞质量下降等（de S Torres-Júnior et al.，2008）。Hale 等（2017）的研究发现，母猪卵泡期的热刺激可引起卵巢细胞自噬，同时伴随初级卵泡中卵母细胞和颗粒细胞抗凋亡因子 BCL2 蛋白的上调。Roth 等（2001b）研究热应激对奶牛卵泡功能滞后影响，发现奶牛连续 4d（12h · d^{-1}）的热应激会影响 20～26d 后中等大小的卵泡和排卵前卵泡的颗粒细胞活力和类固醇合成，解释了为何夏季高温会导致秋季奶牛受精率下降。此外，该研究团队通过注射 PGF2α 和 GnRH 移除因夏季高温而受损的卵泡，使健康卵泡提前发育，以提高奶牛秋季卵母细胞的质量（Roth et al.，2001a）。

2. 卵母细胞成熟

卵母细胞成熟是指阻滞于第一次减数分裂前期的卵母细胞恢复减数分裂，排出第一极体，完成第一次减数分裂，之后进入第二次减数分裂并再次停滞于分裂中期（MII 期）的过程。卵母细胞成熟包括细胞核成熟和细胞质成熟。

细胞核成熟指第一次减数分裂启动到第二次减数分裂停滞期间卵母细胞核内的一系列变化，包括生发泡的破裂（germinal vesicle breakdown，GVBD）、染色体浓缩、纺锤体运动和第一极体释放等，其结果是次级卵母细胞的形成和第一极体的产生。动物性成熟后，在雌性激素和细胞因子的作用下，部分处于 GV 期的卵母细胞恢复减数分裂，生发泡发生破裂。随后染色体聚集，微管开始组装并形成纺锤体；纺锤体向细胞一端的动物极质膜下方移动，同源染色体在动粒微管的作用下被牵引至纺锤体两极，染色体分离；最终卵母细胞膜破裂产生大小不对称的两个子细胞，即次级卵母细胞和第一极体。

细胞质成熟是指卵母细胞发育过程中细胞基质成分所发生的一系列生理生化的改变，比如线粒体、皮质颗粒等细胞器在形态、数量和空间分布上的变化（Hale et al.，2017），以及胞质内核糖核酸等物质选择性地合成和储存等（Su et al.，2007）。与细胞核相比，卵母细胞质的成熟较晚，过程更加复杂。伴随卵母细胞的发育，大多数的细胞器如线粒体、皮质颗粒、脂滴等在形态、数量、空间分布和功能上均呈明显的动态变化。例如，卵母细胞发育早期大部分线粒体位于细胞内的皮质区，线粒体簇较小，能量代谢水平较低；随着卵母细胞的生长，线粒体数量不断增加，线粒体簇变大，能量代谢水平增强，并且逐渐从皮质区向胞质中央或细胞核的周围迁移（Poulton et al.，2002）。因此，线粒体的形态、数量和空间分布可间接反映卵母细胞的成熟程度及发育潜力（Jia et al.，2016；Sun et al.，2001）。在生长的起始阶段，卵母细胞大量合成、储存或降解 mRNA、蛋白质和脂类等物质；而生发泡破裂后，卵母细胞的代谢活动逐渐减弱，以便保留更多的储备物质为第二次减数分裂后的受精及早期胚胎发育所利用。只有当卵母细胞达到细胞核和细胞质的双重成熟后，才具备受精和形成胚胎的能力（Eppig，1996）。

给予体外培养的猪卵丘—卵母细胞复合体（cumulus-oocyte complexes，COC）41.5℃持续 1～4h 不等的热刺激可以引起卵母细胞纺锤体结构以及细胞骨架结构的改变（Ju et al.，2004）。Li 等（2015）也发现猪 COC 在体外培养过程中经过 4h 的 42℃持续热处理，其卵母细胞发育潜力显著下降，表现为极体排出率、卵裂率和囊胚率下降，添加褪黑激素可对热应激的细胞起保护作用，降低 ROS 水平、增高谷胱甘肽（GSH）水平，抑制热应激引起的细胞凋亡。但热应激对卵母细胞质量的影响与热应激的时间点及持续时间有关。在猪 COC 体外培养的前 24h 给予 41.5℃热应激可以显著抑制卵母细胞的质量和发育潜力，表现为卵母细胞存活率和第一极体排出率，以及孤雌激活后早期胚胎的 2-细胞分裂率、4-细胞分裂率和囊胚率均显著降低（Yin et al.，2019）；而在体外培养的第 1 小时给予 41.5℃短时间热刺激反而可以增强卵母细胞线粒体膜电位和 ATP 含量，提高卵母细胞发育成囊胚的能力（表 4-1）（Itami et al.，2018）。

表 4-1　热应激对猪卵母细胞孤雌激活后早期胚胎发育能力的影响

指标	对照组	热应激
孤雌激活卵母细胞数/个	172	180
2-细胞分裂率/%	83.9±2.4	76.7±1.4*
4-细胞分裂率/%	79.4±4.0	66.7±3.0*
囊胚率/%	35.7±2.8	3.9±1.4**

注：对照组，COCs 体外 38.5℃培养 44h；热应激，COCs 体外培养 24h 给予 41.5℃热应激，随后 38.5℃培养 20h。

*表示 $P<0.05$，**表示 $P<0.01$。

4.1.2　热应激对卵母细胞成熟的影响

1. 热应激对卵母细胞核质成熟的影响

由于 GV 期卵母细胞，尤其是体外成熟培养过程中的卵母细胞对热应激高度敏感（Nishio et al.，2017），最易受到热应激的不良影响。例如，在猪和牛的研究发现，40～41.5℃热应激可明显扰乱卵母细胞胞质内微管和微丝骨架蛋白的生成与聚合稳态，造成染色体和纺锤体形成和分布异常（Ju et al.，2004；Roth et al.，2005；Tseng et al.，2004），卵母细胞被阻滞于 MI 至 MⅡ期，而不能达到最终成熟（Roth et al.，2005）。又如，皮质颗粒（cortical granules）是卵母细胞特有的一类细胞器，在卵母细胞排卵前的成熟过程中，皮质颗粒由胞质散在分布逐渐向皮质区过渡，最终呈单层线状排列于细胞膜下区域，对于保证单精受精和维持胚胎的正常发育具有重要意义（Carneiro et al.，2002）。然而，Payton 等（2004）和 Gharibzadeh 等（2015）的研究证实，热应激显著抑制皮质颗粒向细胞膜下区域迁移，使卵母细胞的成熟和发育潜能受抑制。此外，热应激条件下卵母细胞内 GSH 等抗氧化物质含量降低，而 ROS 等造成细胞氧化损伤的物质含量增加（Li et al.，2015）。Wang 等（2009）在小鼠 COCs 体外培养模型上发现小鼠卵母细胞核成熟对热应激的耐受能力较细胞质成熟的耐受能力更强。因此，热应激对卵母细胞成熟的抑制作用更可能源于对细胞质成熟过程的不良影响。

2. 热应激对卵母细胞转录及翻译的影响

卵泡由原始卵泡向有腔卵泡发育的过程中，卵母细胞内的转录和翻译活动非常活跃，而一旦进入有腔卵泡发育，卵母细胞中的母源性 mRNA 将进入休眠状态，直到卵母细胞生长后期或进一步胚胎发育时才被启用，并在胚胎基因组转录激活之前发挥至关重要的作用（Gandolfi et al.，2001；Piccioni et al.，2005）。

研究表明，季节性高温刺激在 GV 期卵母细胞中产生的热应激效应将会延续到胚胎发育阶段。然而，高温刺激导致的卵母细胞中转录水平的改变并不发生于热应激阶段（即 GV 期），而是发生在卵母细胞成熟 22h 后，并一直持续至胚胎基因组转录激活之前的 2-

细胞期、4-细胞期和 8-细胞期（Gendelman et al.，2012a；2012b），提示热应激影响卵母细胞内母源性 mRNA。热应激影响母源性 mRNA 的机制目前尚不清楚。然而，在非洲爪蟾和小鼠的相关研究表明，卵母细胞中的母源性 mRNA 会通过去聚腺苷酸化修饰后存储在核糖核蛋白颗粒（ribonucleoprotein particle，RNP）中，以此保护自身不被过早的翻译或降解（Cummings et al.，1988；Flemr et al.，2010；Marello et al.，1992；Oh et al.，2000；Richter，2007），因此，热应激可能改变卵母细胞中母源性 mRNA 的存储机制，导致休眠的 GV 期卵母细胞中母源性 mRNA 的储存失败或转录受损（Gendelman et al.，2012b）。siRNA 和 microRNA 等转录调节因子也可能参与热应激对卵母细胞中母源性 mRNA 的调控，但尚待进一步的研究。

3. 热应激对线粒体功能的影响

线粒体是卵母细胞中含量最丰富的一类细胞器，也是卵母细胞胞质成熟过程的关键调节因子，它通过氧化磷酸化产生 ATP 为卵母细胞提供能量，并伴随卵母细胞的生长发育发生形态、数量、功能和分布上的动态变化。若线粒体发生功能障碍，将会导致卵母细胞中 ATP 生成不足、线粒体形态和分布异常、线粒体活性氧（mROS）产生增多，甚至启动细胞凋亡（Babayev et al.，2015；Jia et al.，2016），从而严重影响卵母细胞质量及后续胚胎发育，导致胚胎流产（Wai et al.，2010）。

研究表明，在夏末和初秋季节，动物体内卵母细胞的发育能力明显下降，这与卵母细胞内线粒体的功能活性改变有关，包括线粒体分布异常、膜电位活性以及线粒体 DNA 编码基因的表达下降等（Huang et al.，2015；Slimen et al.，2014）。比如，微丝肌动蛋白（microfilamentous actin，F-actin）和微管蛋白组成的细胞骨架介导线粒体在胞质内的移动重排（Boldogh et al.，2007），这些细胞骨架对温度极为敏感，因此，热应激条件下细胞骨架的异常变化很可能引起卵母细胞内线粒体分布异常，进而导致卵母细胞质量下降。热应激对线粒体的影响具有时间和应激强度的依赖性。例如，Itami 等（2018）体外试验证明，短时间的热应激处理（41.5℃，1h）可以显著增强猪卵母细胞中线粒体的生物降解和生物合成的速率，从而显著促进卵母细胞的成熟和发育潜力；而 Kuroki 等（2013）对牛的研究则显示，长时间、重复性的热应激（40.5℃，10h×2d）会引起线粒体膜电位显著下降，进而导致牛卵母细胞的质量和发育能力显著降低；Yin 等（2019）对猪的研究也取得相似的结果，发现在 COCs 体外培养起始 24h 给予 41.5℃热应激处理后，卵母细胞内线粒体近核分布比例和线粒体 DNA 编码基因的表达水平显著下降，而线粒体活性氧的含量显著增加。

4.1.3 热应激对颗粒细胞的影响

1. 热应激对颗粒细胞增殖和凋亡的影响

次级卵泡发育后期，卵泡腔开始形成，此时的颗粒细胞开始分化为解剖和功能上截然不同的两种细胞。其中，壁层颗粒细胞位于卵泡膜的内表面，主要功能为合成并分泌各种性激素和细胞生长因子；卵丘颗粒细胞分布于卵母细胞外周，与卵母细胞一起凸出于卵泡腔内，也称为“卵丘细胞”，主要负责协调卵母细胞成熟和卵泡细胞的发育（附图 5）。两类细胞相辅相成，在卵母细胞的发育过程中发挥至关重要的作用。

研究表明，热应激可增加 mROS 生成（Alemu et al.，2018），激活凋亡或自噬信号通路（Fu et al.，2014；Hale et al.，2017），抑制颗粒细胞增殖，促进细胞凋亡，从而降低颗粒细胞的活性，导致卵母细胞质量下降。线粒体参与 Ca^{2+} 信号传导（Liu et al.，2001）和细胞凋亡（Dai et al.，2015）等生物学过程。长期热应激可引起卵丘颗粒细胞内线粒体活性降低，mROS 产生增多，Caspase 等凋亡相关级联信号被激活，最终导致卵丘颗粒细胞凋亡的增加（Kuroki et al.，2013；Yin et al.，2019）。此外，Ahmed 等（2017）研究表明，热应激还可以促进卵丘颗粒细胞核染色质的边缘化和凝聚以及核溶解过程，从而促进卵丘颗粒细胞的凋亡。

2. 热应激对壁层颗粒细胞内分泌功能的影响

性腺激素的产生和分泌对于卵泡的生长发育和卵母细胞的成熟具有关键的调节作用。该类激素的产生依赖于卵泡内的各类细胞。例如，卵泡内膜细胞和壁层颗粒细胞能够合成雌二醇（E_2）、促卵泡激素（follicle stimulating hormone，FSH）和 LH，而包括卵丘细胞在内的颗粒细胞在卵泡发生黄体化之后有产生孕激素（progesterone，P4）的作用。

以往的研究显示，颗粒细胞的内分泌功能紊乱往往伴随着细胞的凋亡，两者之间存在互为调节的作用。比如，Luo 等（2016）和 Li 等（2016）对小鼠和牛的研究均显示，卵巢颗粒细胞在体外培养过程中接受短时间的热应激处理后，细胞凋亡关键基因如 *Caspase 3*、*Bax* 的表达水平显著升高，而类固醇合成关键基因如类固醇激素合成急性调节蛋白（steroidogenic acute regulatory protein，*StAR*）、细胞色素 P450 侧链裂解酶（cytochrome P450scc，*CYP11A1*）、细胞色素 P450 芳香化酶（cytochrome P450arom，*CYP19A1*）、固醇类生成因子（steroidogenic factor 1，*SF-1*）等的表达水平显著下调，同时伴随着颗粒细胞凋亡水平的显著上升，以及细胞培养液中 E2、P4 等激素含量的显著降低。此外，热休克蛋白在应激过程中具有保护机体和修复损伤的作用。Li 等（2017）的研究还发现，HSP70 在热应激和脂多糖（lipopolysaccharide，LPS）诱导的颗粒细胞激素代谢紊乱进程中起重要的介导作用；在 HSP70 激动剂的作用下，颗粒细胞内 FSH 受体（FSH receptor，*FSHR*）、*CYP19A1* 等基因表达及 E2 激素水平均显著下调，而添加 HSP70 抑制剂则可有效缓解热应激和 LPS 刺激引起的基因表达和激素代谢水平下降。

3. 热应激对卵丘细胞细胞外基质的影响

细胞外基质（extracellular matrix，ECM）是指位于细胞周围的由多种大分子组成的复杂网络结构，该结构以透明质酸为骨架（Yudin et al.，1988），含有多种胶原、蛋白多糖和复杂的糖蛋白等（Naba et al.，2012）。哺乳动物在卵泡的发育后期，卵母细胞周围包裹着颗粒细胞突出于卵泡腔，形成卵丘这一特殊的结构。LH 可刺激卵丘细胞大量合成 ECM 成分，并沉积于卵丘细胞之间，使得 COC 体积扩大，而卵母细胞的受精则需要精子与卵母细胞周围的膨大的卵丘细胞 ECM 相互作用。即使在精卵结合后，仍有扩张的卵丘 ECM 结构包裹在受精卵周围。因此，卵丘细胞 ECM 在动物的卵泡发育、排卵、卵母细胞成熟和受精过程中扮演着重要的角色。基质金属蛋白酶（matrix metalloproteinase，MMP）几乎能降解 ECM 中的各种蛋白成分，与 ECM 结构的稳定密切相关。近年有学者将颗粒细胞中 MMPs（MMP2、MMP9 和 MMP11）及其组织抑制因子（tissue inhibitor of metalloproteinases，TIMPs）的表达作为评价妇女卵母细胞质量的指标（Luddi et al.，2018）。

研究表明，热刺激可以通过 MMP 及转化生长因子 β1（transforming growth factor β1，TGFβ1）促进肌肉中的 ECM 结构重塑（Hirunsai et al.，2015），增加阴道平滑肌细胞胶原的产生（Kozma et al.，2018）。另外，大量的研究表明，多种热休克蛋白家族成员可以调节胶原的合成（Choedkiatsakul et al.，2014；Ramsay，1989；Yamamoto et al.，2016）。但是关于热应激对卵丘细胞 ECM 结构及成分的影响还未见报道。Ahmed 等（2017）的研究表明，41.5℃处理牛 COC 可以导致卵丘细胞扩展率下降。Yin 等（2019）给予猪 COC 41.5℃热应激处理，24h 后发现对猪的研究也得到同样的结果，热应激在影响卵母细胞成熟的同时，也限制卵丘细胞的扩展。卵丘扩展不仅与卵丘细胞的增殖和凋亡有关，在很大程度上也受 ECM 含量和结构的影响，因此，热应激可能影响卵丘 ECM 成分或者结构。

4.1.4　热应激对卵丘—卵母细胞通讯结构的影响

1. 热应激对卵丘—卵母细胞通讯结构的影响

跨透明带突起（transzonal projections，TZPs）和间隙连接（gap junctions，GJs）是卵母细胞与卵丘细胞之间进行营养和信息交流的经典通道。TZPs 是卵丘细胞膜的特化结构，它们从卵丘细胞边缘向外延伸，穿过透明带后终止于卵母细胞膜的表面，通过与卵母细胞膜表面的 GJs 结构偶联，实现卵丘细胞和卵母细胞之间营养物质和信号分子的转运（Albertini et al.，2001）。转运的物质包括离子、激素、第二信使和小分子代谢中间产物等（Russell et al.，2016）。

有关热应激对 TZPs 或 GJs 结构或功能的影响研究较少。Campen 等利用钙黄绿素（calcein）荧光染料发现短期热应激（41℃和 42℃，4h）后，牛卵母细胞 GJs 结构的物质转运功能受到明显损害；Yin 等（2019）采用免疫荧光激光共聚焦技术，发现长时间热应激（41.5℃，24h）虽未影响卵母细胞 GJs 结构，但显著抑制了卵丘细胞 TZPs 通讯结构的形成及其与 GJs 结构之间的偶联。迄今热应激对卵丘—卵母细胞间通讯结构的影响机制尚不清楚。在体细胞的相关研究中发现，热应激可显著下调人 HE49 成纤维细胞、兔肌腱细胞和小鼠牙髓细胞等细胞中 GJs 关键组成的连接蛋白 Connexin 43 的表达（Amano et al.，2006；Maeda et al.，2017），增加 Connexin 43 的磷酸化水平，从而加速蛋白质降解（Hamada et al.，2003），减少细胞间 GJs 的数量，最终降低其功能活性。此外，微丝肌动蛋白（F-actin）是 TZPs 结构的主要成分，小分子的 HSP27 与 F-actin 结合可阻止单体肌动蛋白（actin）向 F-actin 端口的聚合，而 HSP27 发生磷酸化后则从该空间结构中脱离，F-actin 的生长抑制作用被解除（Mounier et al.，2002）。研究显示，热应激可通过激活 p38、MAPK、JNK 等酶类，实现对 HSP27 功能的调节，从而影响 F-actin 及 TZPs 结构的组装和形成（Clarke et al.，2013；Loktionova et al.，1998）。

2. 热应激对卵丘细胞和卵母细胞互作的影响

卵母细胞的成熟高度依赖于与其外周的“伴侣”卵丘细胞（cumulus cells）之间的功能互作。比如，卵丘细胞将卵母细胞与外界环境隔离可起到对外界应激的防御缓冲作用（Shaeib et al.，2016），同时还可以通过细胞间 TZPs 和 GJs 通道为卵母细胞提供各类营养和信号物质，如离子、激素、cGMP、mRNA、脂质以及小分子代谢中间产物等（del Collado et al.，2017；Macaulay et al.，2016；Russell et al.，2016）。反过来，卵母细胞亦可以通过旁分泌的方式主动调控卵丘细胞的增殖与分化（Gilchrist et al.，2006）、细胞凋亡（Hussein et al.，2005）和细胞扩展（Buccione et al.，1990）等过程，以维持卵泡微环境的稳定。然而迄今有关热应激对卵丘—卵母细胞间互作的影响或其机制的研究较为少见。在猪、牛和鼠等不同动物的研究中，卵母细胞和卵丘细胞对热应激的反应并不一致。例如，Pennarossa 等（2012）发现卵巢热应激后 HSPs 仅在猪的卵母细胞中表达上调，而在卵丘细胞中表达水平不变；与之相反，Curci 等（1987）报道，当小鼠卵母细胞和卵巢颗粒细胞分别暴露于高热环境下时，HSPs 则仅在卵丘颗粒细胞中表达增加，在卵母细胞中变化不明显，说明卵母细胞和卵丘颗粒细胞对于热应激的不同反应可能源于热应激对卵母细胞和卵丘细胞间互作的影响。

对此，Campen 等（2018）和 Yin 等（2019）分别在体外利用牛和猪的 COCs 模型对热应激条件下卵丘—卵母细胞的互作情况进行观察。Campen 等（2018）的研究显示，热应激显著抑制卵丘—卵母细胞间 GJs 结构的功能，使得相同时间内卵丘细胞向卵母细胞内钙黄绿素乙酰甲酯（calcein，AM）荧光染料的转运减少；类似地，Yin 等（2019）发现卵母细胞和卵丘细胞具有不同热应激反应，并发现热应激引起 TZPs 结构损伤。然而，以上研究均未指出参与卵丘—卵母细胞间互作的、受到热应激影响的具体物质或信号。

卵母细胞在生殖活动中占有主导地位。由卵母细胞分泌的多种 TGFβ 家族糖蛋白如生长分化因子 9（growth differentiation factor 9，GDF9）、骨形态发生蛋白 15（bone morphogenetic protein，BMP15）是卵泡发育、卵母细胞成熟的必须细胞因子，与后续受精及妊娠结局有密切的关系（Sanfins et al.，2018）。目前对于热应激对 GDF9 和 BMP15 的影响还不明确。有报道称夏季和冬季牛的 *GDF9* 的基因表达水平并没有显著差异（Gendelman et al.，2010）。但是，我们的研究发现给予猪体外培养 COC 以 41.5℃ 热刺激处理 24h，卵母细胞 *GDF9* 和 *BMP15* 的基因表达水平均显著下降。热应激对卵母细胞因子表达、分泌及其下游信号通路和对卵丘细胞功能调节的影响尚待进一步探究。

热应激作为畜牧生产中一种重要的影响因素，通过影响卵丘—卵母细胞互作，干扰卵泡正常发育进程和卵母细胞核质成熟，对动物的卵泡发育和卵母细胞成熟过程产生不利影响，造成母畜繁殖力显著降低。但是由于卵母细胞没有合适的替代细胞系，且分离得到的卵母细胞数目较少，不能进行体外增殖，探索热应激造成的不利影响的机制受到一定的制约。进一步的研究应更加关注不同细胞之间的互作以及动物整体代谢和神经内分泌状况对卵巢功能的影响及其机制，以寻找缓解热应激损伤、改善动物繁殖性能的调控靶点和手段。

4.2 热应激对妊娠母猪肠道菌群及胚胎发育的影响

4.2.1 热应激对母猪繁殖性能和仔猪发育的影响

猪由于缺乏足够的汗腺，只能依靠喘气、吞咽和辐射热来减少热负荷。这就降低了其热舒适区的范围，使其对于高温环境更加敏感。母猪的热舒适范围一般较低，在12～22℃；仔猪则在30～37℃（Black et al.，1993）。近年来，对高瘦肉率品系的倾向性选育，一定程度上降低了猪的舒适区温度范围（Brown-Brandl et al.，2004）。Tess等（1984）研究表明，瘦肉率增加2.1%会引起空腹产热量增加18.7%。这说明现代商业生猪品系具有较大的基础热负荷，可能更容易受到热应激的影响。

热应激对于母猪的影响主要表现在繁殖性能和胚胎发育上。高温环境伴随着高湿度和长日照会显著降低母猪的繁殖效率（Love，1978）。这些环境条件主要集中在夏季至初秋，因此也称为季节性不育。由高温环境引起的母猪季节性不育主要表现在青春期及发情间期的延长，发情周期不规律，胚胎病死率和流产率的增加，分娩率、窝仔数和活仔数的降低（Love，1978；Love et al.，1993；Peltoniemi et al.，1999；Tast et al.，2002）。其中母猪分娩率是养殖户最为关心的指标（Tast et al.，2002），也就是分娩母猪头数占配种母猪头数的百分数。夏季高温环境母猪配种分娩率显著降低的报道屡见不鲜（Auvigne et al.，2010；Hurtgen et al.，1981；Peltoniemi et al.，1999）。Peltoniemi等（1999）研究表明，相比于冬季配种的母猪，夏季配种母猪的分娩率平均下降8.3%。Tast等（2002）的研究也指出高温环境下配种母猪容易在配种后25～35d恢复发情。通常，当母猪分娩率达到90%以上才有助于最大化实现母猪的生产力，较低的分娩率会引起严重的经济损失（St-Pierre et al.，2003）。

热应激对于胚胎发育的影响主要表现在妊娠期胚胎发育阶段和分娩后仔猪发育阶段（Tao et al.，2013）。有研究表明，妊娠早期的热应激显著增加胚胎的病死率，进而影响分娩率和窝仔数（Johnson et al.，2013；Omtvedt et al.，1971；Wildt et al.，1975）；妊娠后期的热应激则显著增加流产率，降低新生仔猪和断奶仔猪的重量（Gao et al.，2013；Johnson et al.，2015；Wilmoth，2014；Wildt et al.，1975）。Tompkins等（1967）研究表明，妊娠早期母猪持续受热应激影响120h会显著降低其胚胎存活率。Widlt等（1975）同样证实，相对于常温对照组，配种2d后开始受热应激影响的母猪的胚胎病死率增加28%。Omtvedt等（1971）进一步的研究表明，母猪妊娠前期8～15d和妊娠后期102～110d胚胎最容易受热应激的影响，而妊娠中期则影响较小。

妊娠期母体长期的热应激对于子代的生长发育也有显著影响。Johnson等（2013）研究表明，相比于妊娠常温母猪组，妊娠热应激母猪组的仔猪在生长过程中表现出直肠温度显著增加，饲料摄入量、体增重和料重比增加。说明母体妊娠热应激对于子代的生物学作用确实存在。同时，Johnson等（2015）进一步研究指出，相比于对照组，妊娠热应激母猪组的仔猪具有显著的胴体成分的改变，蛋白质的沉积量减少16%，脂肪的沉积量增加 33%，脂肪与蛋白质的沉积比增加 95%。提示母猪妊娠期的热应激促进仔猪的脂肪沉积，这可能是由于妊娠期热应激促进了子代血液中胰岛素的循环，从而促进了脂肪的合成。Boddicker 等（2014）研究证实，妊娠热应激母猪组的仔猪血液中的胰岛素浓度超出对照组 33%。

4.2.2　热应激对动物病理生理和肠道菌群的影响

1. 热应激和动物病理生理

热应激的病理作用主要包括引起蛋白质变性和细胞凋亡，促进炎症细胞因子引发炎症反应和血管内皮损伤（Gao et al.，2013；Leon et al.，2006；Lugo-Amador et al.，2004）。其中热应激显著提高促炎因子在人和动物血浆中的水平，比如，TNF-α、IL-1β、IFN-γ，即使恢复常温后也不会降低（Bouchama et al.，1993；Bouchama et al.，2000；Bouchama et al.，1991；Chang，1993；Hammami et al.，1997）。同时炎症细胞因子水平的升高会引起其和抗炎细胞因子间的不平衡，这种不平衡会进一步导致机体的炎症性损伤和免疫抑制（Dematte et al.，1998）。Lin 等（1994，1997）研究表明，在大鼠和兔子中，热应激能够促进 TNF-α 和 IL-1β 在中枢神经系统的产生。炎症细胞因子产生的同时促进颅内压升高、脑血流量减少和严重的神经元损伤（Lin et al.，1997）。在热应激前给予动物 IL-1β 受体拮抗剂或类固醇皮质激素可以有效减轻其神经损伤，预防动脉血压过低和改善其生存状态（Lin et al.，1994；Lin et al.，1997；Liu et al.，2000）。另外，热应激还会引起其他应激反应，如热应激可以通过改变血流量和供氧量导致内脏器官缺氧（Hall et al.，1999），还可以通过降低肠道和肌肉中谷胱甘肽等抗氧化剂的含量引起动物体的氧化应激（Pearce et al.，2013；Pearce et al.，2012）。因此热应激对于动物体的不利影响是全面而复杂的。

面对热应激，动物体有一套自我保护机制（Bouchama et al.，2002）。其中热休克反应和热适应是两种消除热应激不利影响的常用机制（Horowitz，2002）。热应激后，动物机体首先激活热休克蛋白引发快速的热休克反应，保护其细胞不受热应激影响而死亡。HSP 是一大类在物种之间高度保守，以分子量命名的应激蛋白。虽然它们的大小和功能极为广泛，但通常作为蛋白质变性的分子伴侣或稳定剂（Horowitz，2002）。HSP 的表达是通过激活 HSF1 而介导的。HSF1 是一种转录因子，通过结合热休克元件启动热休克基因的转录（Singh et al.，2013）。在 HSP 家族中，HSP70～72 是一种主要的可诱导型热休克蛋白。它参与蛋白质的折叠、泛素化、复性，同时能够在细胞应激时提供保护作用（Petrof et al.，2004）。另外，它还通过调节肠道内的 Toll 样受体 4（TLR-4）信号通路降低机体的免疫应答（Afrazi et al.，2012）。另一种重要的 HSP 为 HSP25/27。它也是一种可诱导型应激蛋白，有助于在应激期间保护细胞结构的完整性（Petrof et al.，2004）。Petrof 等（2004）研究表明，胃肠道中含有丰富的 HSP70 和 HSP25/27，它们的主要作用在于保护肠道黏膜屏障的完整性，进而保证肠道正常的功能。

热适应则是机体通过激素调节保持健康的生理状态以适应环境的变化（Bernabucci et al.，2010）。涉及热适应的激素包括肾上腺素、瘦素、催乳素、糖皮质激素、甲状腺素和生长激素。无论是热休克反应还是热适应都是动物体对于热应激的适应性反应，在一定程度上对动物具有保护作用。但是长期的热应激会显著影响动物的生理健康状况，包括肠道菌群的改变，采食量的减少，继发性感染和疾病易感性的增加（Bernabucci et al.，2010）。

2. 热应激和动物肠道微生物

越来越多的研究表明多种类型的应激（包括热应激、冷应激、氧化应激和心理应激）都对肠道生理功能和菌群结构具有重要的影响，会引起肠道功能障碍甚至引发肠炎（Collins et al.，2001；Mayer et al.，2000）。因此近年来对脑—肠道—微生物之间相互作用的研究逐渐成为热点。

应激通过引起肠道功能的改变影响菌群结构。应激对肠道功能的改变主要表现在对肠道屏障功能的影响。肠道屏障能够控制肠腔内细菌和抗原穿过肠道上皮与免疫系统相互作用，进而保证肠道上皮相对无菌的微环境（Amann et al.，1990）。但当机体处于应激状态时，肠道屏障功能受到破坏，肠黏膜上皮的革兰氏阴性细菌数量显著增加（Martin et al.，2004；Spitz et al.，1996），使得肠道免疫系统被激活导致局部黏膜炎症的发生（Lutgendorff et al.，2008）。另外，还有研究表明肠道内乳酸杆菌的数量与应激诱导的肠道生理环境密切相关，比如胃酸释放的抑制，胃肠运动速度和十二指肠碳酸氢盐的增加都可以显著降低肠道内乳酸杆菌的数量（Lenz，1989a，1989b；Lenz et al.，1990）。这可能是因为应激诱导的肠道内环境变化不利于乳酸杆菌的存活、黏附和增殖，从而使其数量降低。Lizko（1991）的研究进一步证实，应激条件下人粪便中乳酸杆菌和双歧杆菌的数量显著降低，而大肠杆菌的数量则显著升高，表明应激诱导的肠道内环境的变化不仅降低了乳酸杆菌和双歧杆菌等有益菌的数量，还增加了大肠杆菌等致病菌的数量。

应激通过引起肠道内儿茶酚胺类激素水平的变化影响菌群结构。有研究表明，应激会引起肠系膜分泌的去甲肾上腺素水平的升高，导致肠腔内儿茶酚胺类激素水平显著升高，改变肠道菌群结构（Eisenhofer et al.，1995；Eisenhofer et al.，1996；Lyte et al.，1997）。Lyte 等（1992）体外研究证实儿茶酚胺类激素对于大肠杆菌，小肠结肠炎耶尔森菌和铜绿假单胞菌等革兰氏阴性细菌都具有促生长作用。其中去甲肾上腺素效果最明显。去甲肾上腺素还会促进大肠杆菌产生一种名为“生长诱导剂”的生长激素（Lyte et al.，1996），其作用在于促进其他革兰氏阴性细菌的生长（Freestone et al.，1999）。随后 Lyte 等（1992）在动物体内进一步证实高水平的去甲肾上腺素的确能显著地增加肠道内大肠杆菌的数量。另外 Holdeman 等（1976）研究表明应激状态下人粪便中的脆弱拟杆菌的比例升高20%～30%，应激状态解除后恢复正常。这可能是由应激引起的肾上腺素水平的升高引起的，肾上腺素可以促进肠道蠕动和胆汁分泌，而高浓度的胆汁能够有效促进脆弱拟杆菌的生长（Moore et al.，1978）。

最后，应激还可以通过引起肠道内黏液素和免疫球蛋白 A 水平的改变影响菌群结构。动物的长期应激会引起肠道内黏液素和肠道黏膜表面酸性黏多糖的显著降低（Pfeiffer et al.，2001）。黏液素和酸性黏多糖的作用在于抑制病原微生物对肠黏膜的黏附。因此二者的降低会显著增加病原微生物在肠道内的定植，进而引发肠道的病理反应（Söderholm et al.，2002）。另外，长期应激还会导致肠道内 IgA 的分泌受损（Spitz et al.，1996）。IgA 对于预防病原微生物在肠道黏膜上的定植发挥着关键性的作用，IgA 的分泌受损也会导致肠道内病原微生物定植数量的增加。

热应激作为一种主要的环境应激，不仅显著地降低妊娠母猪的繁殖性能和妊娠早晚期胚胎的存活率，还促进其分娩后仔猪的脂肪沉淀。应激反应通过改变肠道的结构和生理状态显著地影响肠道菌群的结构，即降低乳酸杆菌、双歧杆菌等有益菌的数量，同时增加大肠杆菌、假单胞菌等致病菌的数量，促进肠道炎症反应的发生。

4.3 妊娠期和哺乳期母猪热应激对子代生长发育的影响

胚胎期是个体发育的特殊阶段，其生长发育取决于从母体获取的营养物质，因此母体的机体状况决定着子代的生长情况。母体营养摄入不足或者母体环境的改变都可能导致子代出现相关代谢异常及紊乱，并且这种改变有可能影响个体出生后的生长甚至发生成年后代谢综合征。早在 2001 年，Ozanne 提出代谢程序化（metabolic programming）的概念，即胚胎及出生后早期对不利营养环境的适应会导致发育期胰岛内分泌功能和结构的改变以及靶器官敏感性的下降，这种变化可终生持续（Ozanne，2001）。现在，代谢程序化一词被用来广义地描述当某种刺激或损伤作用于机体或器官发育的关键和敏感时期，会造成机体长期或永久性的结构或功能改变这一现象。

热应激即处于高温下的动物机体应对高温侵害做出超出正常生理情况的调节，进而对机体产生损伤，影响机体各种正常功能，甚至威胁生命。胚胎通过胎盘与母体相连，所以母猪热应激对子代造成的影响几乎不可避免。夏季高温湿热天气可导致母体体温升高，内分泌调节发生改变，导致各器官系统发生生理性变化（Webster et al.，1984）。研究表明，孕期处于高温环境，如热浴等，随着外界环境温度的升高，极易导致母体体温升高，机体外周血管扩张，产热散热失衡，内分泌调节改变，促使流向胚胎的血液重新分布（颜志辉，2014）。妊娠期和哺乳期热应激会使母猪代谢改变，这种改变使仔猪胚胎期或新生期受到影响，并且有些影响可能会持续影响子代猪的生长发育。

4.3.1 妊娠期和哺乳期热应激对母猪的影响

恒温动物有确定的体温调定点，正常情况下，当体温偏离调定点时，机体将通过反馈系统将信息传入下丘脑体温调节中枢，由中枢整合后通过神经和体液调节相应地调节散热或产热机制，最终使体温维持恒定。在夏季气温较高、空气湿度也较大的情况下，猪作为一种汗腺不发达、散热能力差的动物，在现代集约化规模化的养殖中更易受到热应激的危害。

1. 热应激对母猪代谢的影响

研究发现，高温环境使母猪食欲减退甚至没有食欲，呼吸速率加快，皮肤和直肠温度上升并引起母猪活动减少等。Johnson 等（2015）研究表明，处于热应激状态的妊娠母猪产后采食量显著下降，体重显著下降，直肠温度和呼吸频率升高，且仔猪肌肉生长率降低。热应激使动物的脂肪分解减少，这可能与游离脂肪酸的含量有关（Sami et al.，2015）。此外，高温环境下机体血流分配改变，流经体表的血量增多而内部器官获得的血量减少。天气炎热饮水不足时，水盐代谢紊乱，缺乏运动，胃肠蠕动减慢等造成母猪消化机能的紊乱（高婕等，2009）。研究发现，环境温度与泌乳母猪的采食量呈负相关，即当环境温度在 16℃以上时，每升高 1℃，采食量会降低 0.17g。另有研究表明，虽然母猪采食量受环境温度影响较大，但采食量与环境温度并不成直线，而是随着环境温度升高呈曲线降低（McGlone et al.，1988b）。

热应激状况下，母猪雌激素分泌受到抑制进而发情不明显、短暂发情、断奶后发情延迟、返情、后备母猪发情期推迟等。母猪长期处于高温环境中可造成雌二醇降低，母猪发情推迟，繁殖胎次减少，仔猪断奶后发情延迟（Barb et al.，1991；Cronin et al.，1997）。此外，当温度从正常升高到 30℃时，母猪体内催乳素没有改变，但甲状腺素浓度降低（Biensen et al.，1996）。同时由于母猪采食量不足，母猪体内 LH 水平降低，进而使母猪发情时间延长。Cox 等（1893）在长期研究中发现，夏季母猪断奶后发情的时间要比冬季长 13d 左右，这种作用对初产母猪影响更为明显（Quiniou et al.，1999），且热应激使母猪甲状腺激素分泌减少，三碘甲状腺原氨酸（triiodothyronine，T3）和四碘甲状腺原氨酸（tetraiodothyronine，T4）的分泌量也明显减少，从而使机体代谢水平降低。

另外，热应激可使泌乳母猪血液中胰岛素、IGF-1 等激素水平改变，这可能是为了适应高温而采取的降低代谢水平以减少产热保持身体温度稳定的结果（de Braganca et al.，1999）。Maloyan 等（2002）研究发现，高温应激激活了泌乳母猪的 HPA 轴，引起内分泌改变，促肾上腺皮质激素水平增加，体内肾上腺皮质激素和糖皮质激素水平增高。且有研究发现泌乳母猪于 35℃环境处理 24h，母猪血液中 LPS 水平升高，高浓度的 LPS 会使母猪泌乳减少，这会对仔猪的生长发育造成不利影响（吴结革等，2007）。

2. 热应激对母猪泌乳的影响

高温环境中，母猪会适应性地调整行为和代谢，以加快热量的散发，减少体内热量的积聚，尽力维持体温恒定。比如从体内到体表的血液循环再分配，以及降低采食量以减少热量的产生和保存。夏季温度较高，母猪最先通过减少自身采食量和调控内分泌功能来适应过高的外界环境温度（Renaudeau et al.，2001）。若仍不能消除高温造成的热应激，则会由于采食量的降低母猪泌乳性能最先受到影响，并对仔猪的生长发育造成影响（Williams et al.，2013）。

当环境温度上升到 29℃时，母猪的呼吸频率显著增加，平均日采食量明显下降，泌乳母猪体重明显降低。研究表明，在 30℃左右的环境温度中，泌乳母猪的采食量相比 23℃时减少，母猪体重降低。此外高温环境下为增加散热，机体外周血流量增加，从而导致乳腺细胞血流供应减少，母猪泌乳量相应降低。高温还影响母猪的血糖利用，减少母猪乳腺细胞对葡萄糖的摄取和利用，导致机体储备能量不足、泌乳减少（Renaudeau et al.，2001）。

热应激对泌乳母猪的乳汁成分及其比例有很大影响。研究表明在环境温度为 29℃时，泌乳第 14 天母猪乳汁中干物质含量比 20℃时母猪乳汁中干物质含量升高 0.6%，提示高温可能导致母猪动用了自身储备的能量（Gourdine et al.，2006）。但也有报道表明，高温对母猪的乳汁成分没有影响，外界温度水平没有改变初乳和正常乳中的干物质、粗蛋白质和脂肪含量，各成分的比例也没有改变（Janse van Rensburg et al.，2014）。此外还有数据显示，高温对母猪乳汁中乳脂率和蛋白质含量没有任何影响（Schoenherr et al.，1989）。

4.3.2　妊娠期和哺乳期母猪热应激对子代的影响

胚胎期是动物个体早期生长和发育的重要时期。怀孕母体营养状况和环境变化决定了胚胎宫内生长的环境。热应激影响妊娠后期母体的营养状况，间接导致其子代的出生重乃至出生后发育、体脂沉积等代谢的不同（Zhou et al.，2019）。早期研究发现，哺乳期营养的降低会导致幼鼠生长迟缓（Zhao et al.，2019）。母体效应在生物机体内广泛存在，影响早期动物机体的生长发育，通过影响或改变体内 mRNA 转录、激素分泌、胎盘通透性、母乳成分和母体抚育行为等对子代产生影响或永久性改变子代生长发育的轨迹（Wilkens et al.，2019）。

1. 母猪热应激对子代生长的影响

已有的研究表明，与对照组仔猪相比，母猪热应激组的仔猪各阶段体重都显著降低，热应激组仔猪的断奶重和日增重分别降低 1.1kg 和 58.8g，表明仔猪生长受到显著影响（Plat et al.，2019）。动物的妊娠期热应激能够降低脐带血流量，减少脐带对营养和气体的吸收，妊娠期热应激使子宫血液分流造成子代体重和初生重的降低。子宫血流的减少可能是由于周围血管扩张，以达到身体的降温（Jegadeesan et al.，2018）。高温条件下（29℃）仔猪的吮乳失败较多，反映出乳汁分泌不足，导致仔猪生长变慢（Piscianz et al.，2019）。由于母猪产奶量的减少，进而减少窝仔体重的增加（Seo et al.，2019）。研究表明，在 18℃、25℃和 30℃环境温度下，25℃时仔猪病死率最低，30℃会降低泌乳母猪的采食量，从而减少产奶量。妊娠母猪热应激研究表明，尽管出生体重和体长没有显著变化，但母体效应导致子代出生后的生长速率明显下降，性成熟延迟，繁殖率下降（Molinero et al.，2019）。但也有研究表明热应激不会影响产仔数或子代的体重。研究有发现母猪妊娠的最后 1 个月，每天给予限制性的强应激，母猪子代的出生重没有差异。

动物试验研究表明，高温刺激会增加子代脑组织发育不良、重量下降、脑畸形的风险（Li et al.，2019）。有试验表明妊娠期母猪热应激的子代具有独特的表型，如直肠温度升高，脂肪沉积增加，性腺发育障碍。在胚胎发育的早期阶段，胚胎对热应激高度敏感，但随着妊娠期的发展敏感性降低（Kumar et al.，2019）。热应激在奶牛妊娠第 1 天显著影响胚胎的存活和发育。然而妊娠第 3 天，胚胎对母体热应激的不良反应更具抵抗力（Seifi et al.，2018）。体外培养的牛胚胎仅在生长的早期阶段对热应激非常敏感（Schleh et al.，2018）。体外培养的牛胚胎（第 3 天、第 4 天和第 5 天）暴露于热应激（$10h \cdot d^{-1}$，40.5℃）中，与对照组相比，显著降低了胚泡发育的效率（Saarinen et al.，2018）。在这种情况下，暴露于轻度热应激会增加对更严重的热应激的抵抗力。这种能力的获得与热诱导 ROS 时胚胎中抗氧化剂的积累有关；也与合成 HSP70 的能力有关。此外，胚胎氧化还原状态的改变不仅影响发育所需能量的产生，还会影响氧化还原敏感转录因子的活性，从而改变基因表达模式。

孕期处于高温环境中，外界环境温度的升高极易导致母体体温升高，机体外周血管扩张，产热散热失衡，内分泌调节发生改变，促使流向胚胎的血液重新分布（Tao et al.，2019）。在绵羊中，热应激（40℃，9h · d^{-1}，持续 7～20d）显著减少胎盘灌注并限制胚胎发育，特别是在怀孕的中心阶段。胎盘灌注降低可能是由于血管生成减少导致血管阻力增加。妊娠晚期暴露于热应激，幼仔的出生体重较轻，体型较短（Tao et al.，2012）。在人类医学中有一种假设：即使轻微的母体热应激，理论上也可能导致向外周分流的血容量增加，作为一种散热机制。这可能会导致胎盘和脐血液灌注改变，并减少与胚胎的热交换（Nagase et al.，2017）。与此同时，由于胚胎着床于母体子宫，当母体深部体温达到 39.2℃以上时，子宫内的胚胎发育不良、畸形率大大增加（Šošić-Jurjević et al.，2019）。

2. 母猪热应激对子代 HPA 轴的影响

急性应激的动物，如束缚应激，可以激活 HPA 轴，使血浆糖皮质激素在 5min 后达到峰值，然后 6h 后可以降至基础水平（Aguilera，1994）。然而，如果慢性应激持续时间延长，HPA 轴可能会发生变化，使血浆糖皮质激素持续较高（Hong et al.，2017）。研究表明，由于限饲引起的母猪皮质醇水平升高可能会导致胚胎处于高水平的糖皮质激素环境中而影响其发育，并可能造成胚胎内分泌和免疫系统功能紊乱，并扰乱 HPA 轴调节功能（van der Kant et al.，2019）。对妊娠 60～62d 的豚鼠给予慢性应激刺激，雄性仔鼠血浆皮质醇浓度以及 HPA 轴活性显著提高；对妊娠 50～62d 的豚鼠给予慢性应激刺激，雄性仔鼠海马体中 *GR* 表达显著降低，垂体食欲有关基因表达显著增加（Rydhmer et al.，2013）。研究表明，母猪妊娠期受到应激刺激时可增强子代公猪的 HPA 轴功能，提高其血浆皮质醇水平（Kanitz et al.，2006）。然而妊娠大鼠遭受应激后，雌性子代海马中 GR 的表达显著降低（Kanitz et al.，2006）。

海马组织作为调节 HPA 轴活动的重要上游控制系统，其通过 HPA 轴的反馈调节抑制应激反应。海马中糖皮质激素受体和盐皮质激素受体表达丰富，在处理应激反应中起重要作用，同时接受 HPA 轴的负反馈调节（Zhou et al.，2008），并影响动物反应能力。妊娠期母体受到应激会增加子代血浆中的皮质醇水平，使子代的 HPA 轴反应增强，并可能提高子代的皮质醇（酮）基础水平和 ACTH 水平。据报道，妊娠期母体受到应激后，其体内皮质激素可通过胎盘屏障进入子代体内。在猪的试验研究表明，妊娠母猪在受到应激时能改变雄性子代的 HPA 轴功能，导致其皮质醇水平升高（Kanitz et al.，2006）。同时由于母体效应，应激会传递给子代，影响子代海马的正常发育，从而导致认知能力和学习能力受损，并影响子代对应激的反应（Klein et al.，2016）。海马不仅受基因的严格调控，而且对环境更敏感。海马可以参与 HPA 轴以形成 H-HPA 轴参与负反馈调节。海马在动物的空间学习能力中起着重要作用，损伤后空间学习能力会降低。

4.3.3 母猪热应激对子代表观遗传的影响

研究表明，表观遗传修饰参与母体环境对子代的代谢程序化调控（Simmons，2011）。表观遗传修饰是不涉及DNA序列改变的基因表达调控方式，主要通过DNA和组蛋白上一些可遗传的共价修饰来实现。表观遗传修饰包括：DNA甲基化、组蛋白修饰、染色质重塑和RNA调控等。DNA甲基化是常见的表观遗传修饰，与基因沉默密切相关。DNA甲基化主要发生在基因启动子区CpG岛甲胞嘧啶的5′位点。尽管甲基化是一种相当稳定的修饰，但是在一些特殊时间点，如发育期间、胚胎发生期间，环境的因素能够改变DNA甲基化的模式，从而导致基因表达改变（Sosnowski et al.，2018）。有研究表明，受到内分泌干扰的母体通过DNA甲基化方式不仅影响第一代，而且甲基化模式可以传递至少4代（Simmons，2011）。

组蛋白修饰是表观遗传学研究的重要内容，其修饰状态不仅影响基因的表达活性，而且有效地调节染色质转录状态的转换。组蛋白修饰是发生在染色体组成成分——组蛋白上的修饰，主要有甲基化、乙酰化、磷酸化、泛素化、ADP-核糖基化等修饰方式。组蛋白乙酰化是最明确的组蛋白修饰方式，与H3（Lys9、Lys14、Lys18、Lys27）和H4（Lys5、Lys8、Lys12、Lys16）N端的赖氨酸残基连接在一起。在乙酰化过程中，乙酰基乙酰辅酶A转移到组蛋白的N端赖氨酸残基中，这会改变电荷并减少带正电荷的组蛋白和带负电荷的DNA之间静电相互作用。组蛋白甲基化修饰比较复杂，可以发生在赖氨酸或精氨酸上，而且每个修饰位点可以有不同的甲基化修饰状态。根据修饰位点以及修饰状态的不同，甲基化修饰可以激活或抑制基因转录，从而参与正常生理如个体发育、胚胎干细胞定向分化等过程，同时也参与病理如癌症的形成和发展等过程（Banik et al.，2017；Burenkova et al.，2019）。

4.4 热应激对动物精子发生和精子活力的影响

哺乳动物作为恒温动物，其典型特征是能维持其核心体温（35.8～39.8℃）（Jardine，2007）。在这个温度范围内，机体借助于物理和化学调节来维持恒定的体温。动物机体有其适宜温度，超出适宜温度的上限，就会出现热应激，主要表现有产热增加、排汗增多、心血管系统紧张性增加、中枢神经系统兴奋性降低等。热应激分两类：急性热应激和慢性热应激。急性热应激是指环境温度条件相对极端，持续时间较短；慢性热应激是指环境温度条件相对温和，但持续时间较长。随着全球气温的不断升高，以及畜牧业集约化生产的不断扩大，热应激导致的畜牧业牲畜生产力的下降及其带来的经济损失越来越严重（Li et al.，2015）。据估算，仅夏季高温应激每年给美国畜牧业造成16.9亿～23.6亿美元的经济损失（St-Pierre et al.，2003）。

公畜的繁殖能力主要取决于精子的质量，已有的研究表明，不适宜的生产温度是限制公猪发挥生产潜能的首要原因。对于大多数雄性动物而言，睾丸位于体外的阴囊内，以保持睾丸温度低于核心体温，这是正常精子形成的必要条件。小鼠、人和公牛睾丸的温度一般低于核心体温 2～8℃（Banks et al.，2005；Ivell，2007）。公牛正常的精子发生过程中，睾丸最适宜温度为 33～34.5℃（Wildeus et al.，1983）。热应激严重影响睾丸的功能，比如抑制小鼠、大鼠、猪、羊及牛的精子发生（Lue et al.，1999；Mieusset et al.，1991；Wettemann et al.，1976；Yaeram et al.，2006）。热应激不仅影响公畜精液的品质，如精子活力、精子畸形率、射精量，还影响母猪的受胎率、胚胎发育以及产仔数，如种公猪急性热应激后，使用其精液进行授精，受精后的胚胎质量及生长速率均降低（Jannes et al.，1998）。可见，雄性动物生殖系统，尤其是睾丸的精子发生过程对热应激非常敏感，并影响整个养殖效率。

4.4.1 热应激对动物精子发生的影响

睾丸内的温度是由精索静脉丛和睾丸动脉之间的热交换系统调节的，阴囊的温度通常低于体温 2～8℃（Brito et al.，2004；Waites et al.，1961）。温度升高会导致睾丸结构退化（Rasooli et al.，2010），破坏精子的形成，最终导致生殖障碍（Pereira et al.，2017）。因此，睾丸温度调节对于保持睾丸温度在精子形成的最佳范围内至关重要。阴囊温度每增加 1℃会导致精子数量减少 14%（Hjollund et al.，2000）。不育男性的平均阴囊温度明显高于可育的男性，并且随着阴囊温度的升高精子的质量逐渐下降（Mieusset et al.，1987）。由此可见，睾丸内精确的温度调节对于精子的形成至关重要。

1. 热应激对睾丸结构及激素合成的影响

睾丸表面有一层坚厚的纤维膜，称为白膜。沿睾丸后睾丸缘白膜增厚，凸入睾丸内形成睾丸纵隔。从纵隔发出许多结缔组织小隔，将睾丸实质分成许多睾丸小叶。睾丸小叶内含有盘曲的曲细精管，曲细精管的上皮能产生精子。曲细精管之间的结缔组织内有分泌雄性激素的间质细胞。曲细精管结合成精直小管，进入睾丸纵隔交织成睾丸网。从睾丸网发出 12～15 条睾丸输出小管，出睾丸后缘的上部进入附睾。哺乳动物睾丸由曲细精管和睾丸间质组成。曲细精管内主要包含 2 类细胞：一类是支持细胞（Sertoli 细胞），另一类是镶嵌于支持细胞中的各级生精细胞。睾丸间质主要包含间质细胞（Leydig 细胞）和巨噬细胞。睾丸的正常结构是维持精子发生的关键。热应激时，小鼠曲细精管上皮细胞间连接被破坏，导致精子发生障碍，这可能与 TGFβ 表达上调有关（Cai et al.，2011）。同样，热应激可导致大鼠支持细胞与生殖细胞、支持细胞之间的间隙扩大，这与雄激素受体表达下调有关。支持细胞通过细胞连接为生殖细胞提供营养和结构支持，细胞间隙扩大影响生殖细胞的正常减数分裂（Chen et al.，2008）。同样，热应激通过抑制 AMPK 信号通路从而干扰猪支持细胞间紧密连接（Yang et al.，2018）。

动物生殖过程受下丘脑—垂体—性腺轴激素的调控。热应激状态下，下丘脑—垂体—睾丸轴的功能受到抑制。热应激能够降低安哥拉公牛血浆 LH 水平，但不影响睾酮水平，而 GnRH 注射可以缓解热应激的作用（Minton et al.，1981）。热应激导致公猪血浆睾酮含量降低（Murase et al.，2007）。在非繁殖季节，热应激导致睾丸结构损伤，但不影响公羊血清中睾酮水平（Rasooli et al.，2010）。

2. 热应激对睾丸生殖细胞的影响

精子发生是一个高度协调的细胞分裂和分化的过程。从精原细胞发育到成熟精子可分为前减数分裂、减数分裂和后减数分裂 3 个阶段。在前减数分裂阶段，二倍体的精母细胞经过分裂增殖产生初级精母细胞。在减数分裂阶段，一个初级精母细胞经过 2 次减数分裂产生 4 个单倍体圆形精子细胞。在精子发生的后减数分裂阶段，圆形精子细胞会经历形态变化，形成细长的精子细胞和成熟的精子（Cooke et al.，2002）。

精子发生过程中，生殖细胞高频的有丝分裂和减数分裂使其更容易受到热应激的影响（Shiraishi et al.，2012）。热应激对生殖细胞的影响主要体现在细胞数量减少、DNA 异常及染色质结构损伤等方面（Love et al.，1999；Rockett et al.，2001）。早期研究发现，在人和大鼠中，最容易受热应激影响的生殖细胞类型是粗线期和双线期的精母细胞以及早期的圆形精子细胞（Chowdhury et al.，1970；Hikim et al.，2003）。热应激导致生殖细胞损害的基本机制包括凋亡（Lue et al.，1999；Lue et al.，2002；YIN et al.，1997）和自噬（Eisenberg-Lerner et al.，2009；Zhang et al.，2012），染色体联会改变及断裂引起的 DNA 损伤，产生 ROS 诱发氧化损伤等（Ikeda et al.，1999）。在隐睾症试验中，单个或两个睾丸通过手术暴露在腹部温度下，可诱导生殖细胞的 DNA 断裂引起凋亡（Ohta et al.，1996；Shikone et al.，1994；Yin et al.，1997）。将阴囊浸泡在热水水浴（43℃）加热 15～20min 也会导致生殖细胞凋亡（Lue et al.，1999；Rockett et al.，2001）。另外，从未性成熟的大鼠睾丸中分离的生殖细胞在 43℃维持 1h 同样可导致生殖细胞凋亡（Ikeda et al.，1999）。由此可见，热应激导致睾丸生殖细胞丢失最主要的途径是生殖细胞凋亡。一方面，Bcl-2 蛋白质家族成员 Bax（促进细胞凋亡）、Bcl-2（抑制细胞凋亡）参与调节生殖细胞的凋亡过程。研究表明，热应激诱导 Bax 从细胞质转位进入细胞核，导致 DNA 损伤，引起生殖细胞凋亡（Fan et al.，2017）。另一方面，细胞色素 C 作为一种重要的凋亡起始因子，热应激导致线粒体中细胞色素 C 释放到细胞质，进一步激活 Caspase-3、6、7，发出死亡信号诱导睾丸生殖细胞凋亡（Hikim et al.，2003）。

热应激状态下，机体会启动自身的保护机制从而发挥抗应激作用。研究发现，应激颗粒（stress granule，SG）的形成是细胞应对热应激的保护机制之一。在男性生殖细胞发育过程中，类无精症缺失（deleted in azoospermia-like，*DAZL*）基因参与特定的 mRNA 的转运和翻译。当生殖细胞处于热应激状态时，引起真核翻译起始因子磷酸化，参与形成 SG。研究发现，DAZL 是 SG 形成的关键调节因子，DAZL 在将相关的 mRNA 纳入到 SG 的过程中发挥关键作用，能够有效防止热应激引起的睾丸生殖细胞凋亡（Kim et al.，2012）。除此之外，热应激导致生殖细胞中原癌基因酪氨酸蛋白激酶（YES proto-oncogene 1，Src family tyrosine kinase，*YES1*）表达显著升高，引起 YES1/ERK/MTA1 级联激活，这一过程在热应激导致睾丸生殖细胞损伤中具有不可缺少的防御作用（Liang et al.，2013）。

3. 热应激对睾丸支持细胞的影响

支持细胞主要存在于曲细精管管壁上偏于基膜侧，其主要作用是维持生精上皮结构的完整性，为生精细胞提供发育所必需的营养物质以及吞噬凋亡生殖细胞，从而维持正常的生精功能。在哺乳动物精子发生过程中，约有75%的生精细胞发生凋亡，其余的在分化为成熟精子前，大部分胞质脱落形成残体（Dym，1994；Huckins，1978；Johnson et al.，1983；Oakberg，1956）。研究表明，体外培养的支持细胞将大部分葡萄糖转化为乳酸，然后分泌出来（Robinson et al.，1981），支持细胞脂肪酸及乳酸代谢。当生精细胞凋亡时，支持细胞通过识别凋亡细胞表面的磷脂酰丝氨酸介导支持细胞吞噬凋亡生殖细胞（Callard et al.，1995）。支持细胞可以吞噬并降解凋亡的生精细胞和残体形成脂滴，进一步氧化分解，为发育中的生精细胞提供能量，这一过程对于维持精子发生以及内环境的稳定有重要意义（Miething，1992；Pineau et al.，1991）。

研究证实，支持细胞代谢失调可以破坏支持细胞与生殖细胞的体内平衡，导致生殖细胞凋亡（Hazra et al.，2016）。热应激会改变支持细胞内的脂质稳态，导致支持细胞内脂滴积累（Vallés et al.，2014）。支持细胞内脂滴增加会抑制其吞噬能力（Gilchrist et al.，2006）。Gong 等（2018）发现热应激诱导支持细胞糖原生成激酶（glycogen synthase kinase 3α，GSK3α）的 Ser21 位点去磷酸化从而被激活，GSK3α 活化后诱导动力相关蛋白 1（dynamin-related protein 1，Drp1）Ser637 位点的磷酸化，从而抑制线粒体分裂，导致线粒体活性下降，最终导致支持细胞吞噬能力下降。通过代谢组学检测发现，热应激导致支持细胞中肉毒碱减少，参与调节血生精小管屏障的因子被破坏，以致支持细胞代谢紊乱（Xu et al.，2015）。另外，热应激能够引起支持细胞自噬，导致猪支持细胞乳酸分泌增加（Bao et al.，2017；Guan et al.，2018）。成纤维细胞生长因子 4（fibroblast growth factor，FGF-4）同样可作为一种重要的生理抗凋亡因子，在热应激情况下，能够促进支持细胞的乳酸生成（Hirai et al.，2004）。一方面，乳酸可作用于生精细胞的细胞表面死亡受体（Fas cell surface death receptor，Fas），抑制 Fas 介导的凋亡途径，另一方面，乳酸可调解细胞内 Ca^{2+}和 H^{+}浓度以增强生殖细胞抗凋亡能力（Erkkilä et al.，2002），保护生殖细胞发育。

4.4.2　热应激对动物精子活力的影响

动物精子对高温非常敏感，在炎热的环境下，很容易发生热应激。已有研究证实，在热应激条件下，公猪精子活力严重下降，畸形率显著升高，顶体受损等（Corcuera et al.，2002；Rahman et al.，2014；Sabés-Alsina et al.，2016）。精子活力是表现精子功能状态的重要指标，是决定雄性生育力的关键因素。精子活力的高低与精子能否通过雌性生殖道和卵子进行受精息息相关。研究证实，热应激对 X 精子和 Y 精子存在不同的影响。在热应激的情况下，雌性与雄性小鼠交配，子代中雌性占的比例更大，推测 Y 精子对热应激更敏感（Pérez-Crespo et al.，2008）。热应激对动物生理功能的影响还与品种、品系、生长期、细胞类型、细胞所处的环境等有关。通常情况下，禽类对高温比猪和牛敏感（Sun et al.，2015a；Sun et al.，2015b），高温导致夏洛莱牛的精子畸形率显著高于利木赞牛（刘晓静等，2017）。

线粒体结构及功能对维持精子结构及活力至关重要。精子线粒体的缺陷与精子运动能力的降低有关（Pelliccione et al.，2011）。精子线粒体电子传递链是氧化磷酸化产生 ATP

的关键部位，其活性与精子的存活和运动能力密切相关（Ruiz-Pesini et al., 2000）。然而，线粒体对高温十分敏感，热应激能够诱导 Ca^{2+}蓄积引起线粒体损伤（Momma et al., 2017）。热应激破坏线粒体完整性，引起线粒体中 ROS 生成增加，引起氧化应激（Christen et al., 2018）。热应激诱导 GSK3α 去磷酸化从而被激活，阻断线粒体重塑，导致线粒体功能下降及 ATP 的合成障碍，最终导致精子活力降低（Gong et al., 2017）。

研究发现，热应激情况下，热休克蛋白 HSP90 在维持公猪的精子活力和线粒体膜电位中起关键作用（Calle-Guisado et al., 2017）。精子热应激状态下，添加 ATP 可提高精子活力，但 ATP 带负电荷，不能通过精子细胞膜，因此，ATP 可能是作为信号分子调节精子活力，而非直接进入精子改变精子内部 ATP 含量（Gong et al., 2017）。

动物精子的形成是一个极其复杂的生理过程。而热应激可影响生精过程的多个阶段。热应激可使睾丸内发生一系列生理和生化反应，改变睾丸的微环境，从而使生精细胞发生凋亡，亦可在精子形成后引发精子线粒体功能障碍，降低精子活力。阐明热应激导致雄性动物生精障碍和精子活力下降的细胞与分子机制，可为筛选生理调节剂提高动物精子质量提供科学依据。

4.5　热应激条件下畜禽转录组应答

4.5.1　热应激条件下猪转录组应答

高温环境对猪饲养和猪肉品质非常不利。Ma 等（2019）研究高温环境对育肥猪肉质和营养代谢的影响。饲喂玉米豆粕饲粮，24 只长白×大白杂交猪（60kg 体重，均为雌性）随机分为 3 组：22AL（22℃随意喂养）、35AL（35℃随意喂养）和 22PF（22℃，但饲喂与 35℃情况下随意喂养的猪的消耗量相同的饲粮），试验持续 30d。背最长肌的转录组分析表明，饲料限制引起的下调基因主要参与肌肉发育和能量代谢，而上调基因主要参与营养代谢或细胞外刺激的反应。除饲料限制的直接影响外，高温对肌肉结构和发育、能量或分解代谢有负面影响，上调基因主要参与 DNA 或蛋白质损伤或重组、细胞周期过程、应激反应或免疫应答。研究表明，高温和减少采食量都会影响生长性能和肉质。除了采食量减少外，高温下调细胞周期和上调热应激应答相关基因的表达。此外，高温还通过 PPAR 信号通路降低能量代谢水平。

Hao 等（2016a）采用 mRNA-seq 方法分析热应激对猪背部肌 mRNA 的影响。结果表明，热应激导致 78 个基因差异表达，其中 37 个被上调，41 个因恒定的热应激而下调。预测的 5247 个未知基因和 6108 个新的转录本可能是由于可变剪接造成的。在对照组和热应激组的 RNA-seq 文库中，分别观察到 30 761 个和 31 360 个可变剪切。猪骨骼肌中差异表达的基因主要参与糖酵解、乳酸代谢、脂质代谢、细胞防御和应激反应。此外，这些基因的表达水平与热应激组的肉质变化相关，表明热应激调节对骨骼肌发育和代谢至关重要。

热应激对动物表现和肌肉功能有深远的影响，miRNAs 在肌肉发育和应激反应中起关键作用。Hao 等（2016b）通过 Illumina 深度测序分析确定了骨骼肌中响应热应激的 miRNA 的变化，确定了在恒定热应激（30℃）或对照温度（22℃）下培养 21d 的猪背最长肌的 miRNA 表达谱。共鉴定出 58 个差异表达的 miRNA，其中 30 个表达下调，28 个表达上调。GO 和 KEGG 分析显示，差异表达的 miRNA 调节的基因富集于葡萄糖代谢、细胞骨架结构和应激反应等。实时定量 PCR 显示 PDK4、HSP90 和半胱氨酸脱巯基酶（DES）的 mRNA 水平显著增加，而 SCD 和 LDHA 的 mRNA 水平显著降低。CALM1、DES 和 HIF1a 的蛋白质水平也在恒定热应激组显著增加。

已知热应激在牲畜生产中引起各种生理挑战，包括脂质代谢的变化。m6A 是真核生物中最常见和最丰富的 RNA 分子修饰，它几乎影响 RNA 代谢的所有方面。因此它可能参与热量过程中脂质代谢基因表达的变化。Heng 等（2019）研究热应激处理的妊娠第 85 天至泌乳第 21 天的母猪 21 日龄大白×长白猪仔猪脂肪代谢的改变。研究检测了仔猪 *HSPs*、脂质代谢相关基因、m6A 相关酶和仔猪腹部脂肪和肝脏中 m6A 的表达。结果表明，高温环境显著增加肝脏和腹部脂肪中 *HSP70* 的表达，肝脏中 *HSP27* 的表达上调。此外，热应激试验组仔猪腹部脂肪中参与脂肪代谢的基因，如 *ACACA*、*FAS*、*DGAT1*、*PPAR-γ*、*SREBP-1c* 和 *FABP4* 表达上调。在肝脏中，热应激增加 *DGAT1*、*SREBP-1c* 和 *CD36* 的 mRNA 表达，降低 *ATGL* 和 *CPT1A* 的表达。热应激组仔猪肝脏和腹部脂肪中 m6A 水平显著高于对照组。热应激也增加了腹部脂肪和肝脏中 *METTL14*、*WTAP*、*FTO* 和 *YTHDF2* 的基因表达。而腹部脂肪中 *METTL3*、*METTL14* 和 *FTO* 的蛋白质丰度在热应激后上调，但在肝脏中没有显著变化。研究表明，热应激增加参与脂肪生成的基因的表达，m6A RNA 修饰可能与热应激时脂质代谢变化有关。

4.5.2 热应激条件下家禽转录组应答

热应激对家禽健康及生产性能有严重的负面影响，能够导致生长迟缓、饲料利用率降低、产蛋减少、免疫性能及肠道完整性受损等（Bartlett et al.，2003；Lara and Rostagno，2013；Mashaly et al.，2004；Quinteiro-Filho et al.，2010），造成家禽养殖产业每年数百万美金的直接损失，而因免疫功能降低等导致的疾病多发，将导致更为严重的间接损失。热应激会抑制家禽免疫反应，这会增加对传染病的易感性，从而加剧热量对家禽福利和表现的负面影响。检测热应激时基因表达的整体性，有助于确定参与热应激或受热应激负面影响的基因和信号传导途径（Monson et al.，2018）。

1. 热应激对家禽法氏囊转录组的影响

鉴定受高温影响的基因和通路，特别是热诱导的免疫反应变化，可以提供改善鸡的抗病性的靶点。法氏囊是一种与泄殖腔相连的禽类特异性初级免疫组织，负责 B 淋巴细胞的发育和抗体谱的多样性。作为肠道相关淋巴组织（GALT）的一部分，法氏囊很可能受到热应激的肠道完整性丧失的影响。在肉鸡中，热应激已被证明可以增加肠道通透性、炎症和沙门氏菌感染（Burkholder et al.，2008；Mashaly et al.，2004；Quinteiro-Filho et al.，2017；Quinteiro-Filho et al.，2012；Quinteiro-Filho et al.，2010）。热应激破坏肠道内肠细胞之间的紧密连接，从而导致肠道病原体和 LPS 等分子的入侵（Dokladny et al.，

2016)。LPS 是革兰氏阴性细菌细胞壁成分，可刺激免疫系统，引起全身性炎症反应（Dokladny et al.，2016)。LPS 对法氏囊的不利影响与热应激相似，包括法氏囊组织萎缩（Ansari et al.，2017)，及数量减少（Lydyard et al.，1975)。LPS 可以在转录组水平影响鸡免疫组织的基因表达。Monson 等（2018）使用 RNA-seq 研究热应激和/或 LPS 注射对肉鸡法氏囊的影响，从转录组水平确定热应激与免疫刺激的交互作用。利用 RNA-seq 采用 2×2 因子设计研究 LPS 暴露于急性热应激和/或皮下免疫刺激后的转录组反应，4 个处理分别为：热中性＋盐水，热应激＋盐水，热中性＋LPS 和热应激＋LPS。所有处理都在两个鸡系中进行了调查：相对耐热和抗病的 Fayoumi 系和更易感的肉鸡系，差异表达分析显示热应激＋盐水对肉鸡或 Fayoumi 法氏囊基因（n=1 或 63）表达的影响有限。然而，热中性＋LPS 和热应激＋LPS 导致 Fayoumi 法氏囊多个基因（n=368 和 804）表达发生变化。热中性＋LPS 可增加免疫相关细胞信号传导和细胞迁移，而热应激＋LPS 可激活死亡相关功能并降低 Wnt 信号通路。在 Fayoumi 系中的分析表明，热应激阻止了由 LPS 引起的部分基因表达。尽管暴露于热中性＋LPS（n=59）或热应激＋LPS（n=146）的肉鸡差异表达的基因并不多，但预测两种处理都会增加细胞迁移。品系间的直接比较证实每个品系对处理有不同的反应。因此，该分析中鉴定的重要基因，例如 *Wnt* 和 *NR4A* 基因，可以为进一步研究抗热和抗传染病提供靶标；筛选到与细胞运动和免疫信号传导相关的基因可能是热应激后用于改善体液介导的免疫应答的有效候选基因（Monson et al.，2018)。

2. 热应激对家禽肝脏转录组的影响

肝脏在新陈代谢中发挥重要作用，对维持全身的代谢平衡极为重要。Jastrebski 等（2017）整合转录组和代谢组数据，研究肝脏在慢性热应激下的变化。对快速生长肉鸡每天热应激 8h，持续一周，并在孵化后 28d 收集组织样品。转录组分析揭示，发生显著变化的是负责细胞周期调控、DNA 复制和 DNA 修复以及免疫功能的基因。整合代谢组和转录组数据，发现多种生物代谢途径受热应激的显著影响，包括葡萄糖、氨基酸和脂质代谢以及谷胱甘肽产生和β-氧化。总体而言，肝脏似乎在一周的周期性热应激后产生对热应激的强烈反应，维持体内平衡并防止由于氧化应激造成的损伤。转录组和代谢组分析证明，在热应激条件下，糖原分解和糖异生以及脂肪沉积、糖基化和谷胱甘肽生成增加。炎症系统在热应激中被抑制，伴随着脂解、β-氧化和内源性大麻素合成途径的改变。此外，7 个参与昼夜节律的基因受热应激影响，将昼夜节律响应与热应激应答同步可能是对环境热应激响应的适应机制。

3. 热应激对家禽肌肉转录组的影响

温度的变化影响禽类胚胎肌肉的发育。Liu 等（2015）研究从 11～20d 增加孵化温度 1℃对北京鸭胚胎和孵化后骨骼肌发育的影响，使用 RNA-seq 方法对肌肉组织的差异表达基因进行鉴定。结果表明，高温改变肌肉组织中 1370 个基因的表达。GO 分析表明，细胞内进程包括与肌肉品质相关的代谢、细胞周期、催化活性和酶调节活性受到热应激的影响。TGF-β 和胰岛素通路是两个经典的肌肉发育相关通路，可能参与肌肉品质的调节。这些发现有助于了解禽类发育过程中环境因子对肌肉发育生理生化过程的影响。

4. 热应激对不同品系家禽转录组的影响

1）热应激对不同热敏感度肉鸡品系转录组的影响

高温环境会对家禽造成压力，特别是对于一些肉鸡品系，这些品系是基于肌肉生长的遗传优势得以选择形成。Lan 等（2016）研究急性（3h，35℃）和慢性（7d，35℃，$7h \cdot d^{-1}$）热应激对 3 周龄热敏感肉鸡品系、热耐受 Fayoumi 品系，以及它们的杂交品系（advanced intercross line，AIL）肝脏转录组的影响。研究使用 Illumina HiSeq 技术对 48 只雄性鸡进行转录组测序。急性热应激时，与对照（25℃）相比，肉鸡的差异表达基因（differentially expressed genes，DEG）（n=627）比 Fayoumis（n=78）高 8 倍。在同样热处理下，Fayoumi 和肉鸡系之间出现最高数量的 DEG。基因表达的主成分分析和 DEG 数量的分析表明，在急性热应激期间，AIL 具有更接近于肉鸡的转录组学应答反应。DEG 的数量也表明，急性热应激对肉鸡肝脏转录组的影响大于慢性热应激。血管生成素样蛋白 4（angiopoietin-like protein 4，*ANGPTL4*）基因在所有 6 种对比中均存在差异表达。研究采用 IPA（ingenuity pathway analysis）软件创建了一个新型网络，将热休克蛋白家族与免疫应答基因相结合，确定了热应激对不同遗传品系的鸡肝脏转录组的影响，并明确表明 ANGPTL4 是改善鸡耐热性的候选基因。

2）热应激对不同生长速度肉鸡转录组的影响

快速生长的肉鸡在热应激下易于心力衰竭，因为它们相对较小的心脏不能满足增加的心脏泵血需求。为了通过育种提高现代肉鸡对热应激的心脏耐受性，需要找到导致心脏发育不平衡与热应激相关的心脏功能障碍的重要基因和作用途径。Zhang 等（2017）以两个肉鸡品系（罗斯 708 和伊利诺伊州肉鸡）分别作为快速增长和缓慢增长的肉鸡模型，研究热应激对不同生长速度肉鸡的影响。在孵化后 21d 将每个肉鸡系分成两组，一组在 35～37℃进行热应激处理 8h/d，另一组保持在热中性条件下。在孵化后 42d 测量身体和心脏重量，并通过 RNA-seq 分析各处理和不同肉鸡系左心室中基因的表达，结果表明，只有罗斯 708 肉鸡在热应激情况下显著降低体重。在罗斯 708 肉鸡中，与对照组相比，热应激共导致 325 个基因的差异表达，但在伊利诺伊州肉鸡中仅检测到 3 个。此外，在热中性条件下，罗斯 708 肉鸡的细胞周期活性高于伊利诺伊州肉鸡，但在热应激组则降低。因此，与生长缓慢的肉鸡相比，现代肉鸡在热应激下对心脏功能障碍的易感性增加可能是由于心脏容量的减少。转录组分析表明，热应激组罗斯 708 肉鸡心脏重量减少，是由于细胞周期蛋白活性降低和细胞凋亡增加引起。

3）热应激对特定品系禽类转录组的影响

高温是一种主要的非生物来源的应激，限制了全世界动物的生长和生产力。番鸭（cairina moschata），也被称为巴巴里雄鸭，是一种具有不寻常驯化历史的鸭子。Zeng 等（2015）对该物种的表达谱分析数据可作为鉴定基因和开发分子标记的重要资源。使用 Illumina 测序技术进行转录组从头装配和基因表达分析，产生超过 2.25 亿个“读长（reads）”，并组装成平均长度为 1135bp 的 36 903 个独特的转录本。其中 21 221（57.50%）个转录本得以注释。注释的转录本的 GO 分析显示，大多数转录本与转录、信号传导和凋亡有关。此外，还对番鸭的热处理组进行基因表达谱分析，鉴定到 470 个独特的转录本。GO 富集显示其在蛋白质折叠和分子伴侣结合通路中显著富集，而 KEGG 通路分析显示 Ras 和 MAPK 在番鸭热应激后被激活。该研究丰富了番鸭的序列信息，提供了特定鸭品系对热应激的应答信息，并提出候选基因或标记，用于指导耐热鸭的培育。

5. 热应激对禽类繁育相关器官转录组的影响

热应激影响性激素的分泌，如催乳素、促黄体激素和促卵泡激素，从而降低雌性家畜的生育能力（Krulich et al.，1974；Neill，1970；Rozenboim et al.，2007；Sirotkin，2010）。此外，热应激会阻碍卵巢卵泡的发育，导致卵巢退化（Guzeloglu et al.，2001；Roth et al.，2000；Shimizu et al.，2005；Wolfenson et al.，1997）。在热应激条件下，蛋鸡的生产特性，包括体重、产蛋率、蛋重、蛋壳厚度和饲料利用效率均显著降低（Cooper et al.，1998；Donkoh，1989；Mashaly et al.，2004）。小黄色卵泡（small yellow follicle，SYF）位于关键的前层次阶段并形成一个池，每天从中选择一个卵泡进入排卵阶段（Hernandez et al.，2003；Johnson et al.，2009）。Cheng 等（2018）调查急性热应激的鸡小黄色卵泡（SYF；直径 6～8mm）组织中的基因和蛋白质表达。将 12 只 30 周龄的母鸡分成 4 组，对照母鸡维持在 25℃，而处理母鸡在 36℃下进行急性热应激 4h 而不恢复、2h 后恢复、6h 后恢复。每个时间点收集 SYF 用于 mRNA 和蛋白质分析。共鉴定出 176 个差异表达的基因和 93 个蛋白，主要与催化活性和结合的分子功能有关。急性热应激后热休克蛋白和过氧化物酶家族的上调表达提示机体发挥响应机制以保护细胞免于凋亡和氧化损伤。

6. 表观遗传修饰用于缓解热应激的研究

1）PARPi 处理法

有研究表明，生命早期经历应激反应与生命后期的应激反应之间存在联系，表观遗传修饰在这些长期的变化过程中发挥主要作用（Klengel et al.，2015；McEwen et al.，2015；Zannas et al.，2015）。通过对促肾上腺皮质激素释放激素（CRH）的 DNA 甲基化和去甲基化调节，改变其表达水平，在决定未来的弹性或对热应激的易感性中起直接作用，同时对腹腔注射聚腺苷二磷酸核糖聚合酶［Poly（ADP-ribose）polymerase，PARP］抑制物（PARPi）改变 DNA 甲基化模式，从而对长期热应激应答的机制进行解析。研究采用单次 PARPi 给药，诱导 5 甲基胞嘧啶（5-methylcytosine，5mC）和 5-羟甲基胞嘧啶（5-hydroxymethylcytosine，5hmC）的减少而不影响体温。3 种 PARPi 剂量的累积效应导致 5mC%和 5hmC%的长期下降。DNA 甲基化的变化可能是由于 PARPi 注射导致的 DNA 甲基转移酶活性的降低。此外，CRH 内含子的 DNA 甲基化模式的评估显示，PARPi 处理导致 5mC%降低，同时 CRH mRNA 表达降低。因此，PARPi 治疗可以影响 DNA 甲基化，其可以改变 HPA 轴（例如 CRH），从而潜在地增强对热应激的长期弹性。

2）膳食补充锰

母体的热应激，能够诱导异常的表观遗传模式，从而导致子代胚胎的异常发育。Zhu 等（2017b）研究母体膳食补充作为表观遗传修饰因子的锰，保护鸡胚胎发育免受母体热应激的影响。研究采用2个温度（母体正常和高环境温度，分别为21℃和32℃）×3种母体膳食锰处理（不含锰补充的对照饮食、+120mg · kg^{-1}无机锰、+120mg · kg^{-1}有机锰）因子完全随机设计。研究表明，母体在高温环境能够增加HSP90和HSP70、细胞周期蛋白依赖性激酶6和Bcl-2相关X蛋白的mRNA表达，在胚胎的心脏中显示氧化损伤和细胞凋亡。此外，母体热应激损害与表观遗传状态改变相关的胚胎发育，如整体的DNA低甲基化和胚胎心脏中组蛋白3赖氨酸9低乙酰化。母体膳食中补充锰增加母体热应激情况下心脏抗凋亡基因B细胞CLL/淋巴瘤2的表达，并增加胚胎心脏中锰超氧化物歧化酶的活性。母体膳食有机锰补充剂有效地消除了母体热应激对胚胎发育的损害。母体膳食锰补充剂通过减少DNA甲基化和增加其启动子的组蛋白3赖氨酸9乙酰化来上调锰超氧化物歧化酶的mRNA表达。研究表明，添加母体膳食锰可以通过增强表观遗传激活的抗氧化和抗细胞凋亡能力从而保护鸡胚胎发育免受母体热应激，为减少母体热应激导致的胚胎损伤，提供了有效的缓解手段。

3）膳食补充锌

此外，Zhu等（2017a）研究表明，母体膳食锌的补充，同样可以通过表观遗传机制保护胚胎免受母体热应激的负面影响。将母肉鸡暴露于2个温度（21℃和32℃）×3种母体膳食锌处理（未补锌的对照饮食，对照饮食+110mg无机锌 · kg^{-1}，对照饮食+110mg有机锌 · kg^{-1}）饲养，持续8周。结果表明，母体热处理增加胚胎病死率，并促进热休克蛋白基因的mRNA表达，表明发生了氧化损伤。母体膳食锌缺乏破坏了与胚胎中肝脏DNA低甲基化和组蛋白3赖氨酸9（H3K9）高度乙酰化相关的胚胎发育。母体饲粮中锌的补充有效消除了母体热应激引起的胚胎死亡，并增强了抗氧化能力，同时胚胎肝脏中金属硫蛋白IV的mRNA和蛋白质表达增加，增加的金属硫蛋白IV mRNA表达是由于DNA甲基化减少和金属硫蛋白IV启动子的组蛋白3赖氨酸9乙酰化增加，而与锌源无关。这些数据表明，作为表观遗传修饰因子的母体膳食锌添加可以通过增强抗氧化能力来保护胚胎发育免受母体热应激的影响。

4.5.3 热应激条件下反刍动物转录组应答

热应激是造成荷斯坦牛的生产和繁殖率显著下降的原因之一（West，2003）。热应激实质上影响奶牛的生长发育（Flamenbaum et al.，2010），导致奶牛代谢紊乱和产奶量减少（Shwartz et al.，2009；Tao et al.，2012），降低奶牛免疫力，增加对乳腺炎、子宫内膜炎疾病的易感性，甚至在严重情况下导致死亡（Biffani et al.，2016；Carroll et al.，2007；Ravagnolo et al.，2002）。此外，夏季泌乳奶牛繁殖性能下降亦与体温调节能力下降有关（Flamenbaum and Galon，2010）。

1. 热应激对反刍动物乳腺转录组的影响

Wetzel-Gastal等（2018）通过对生长于热带地区的荷斯坦奶牛（巴西）与生长于温带地区的荷斯坦奶牛（葡萄牙）乳腺转录组的比较分析，获得不同气候温度下差异表达的功能基因。基因组结果显示，从微阵列载玻片中获得的4608个基因中，65个转录物被鉴定为在乳腺中差异表达。与乳腺发育和热应激反应相关的基因在巴西组动物中表达更高。在葡萄牙组中，观察到与细胞凋亡和血管发育相关的上调基因和与热应激抗性相关的下调基因。巴西组动物的血液生长激素水平升高。两组血液催乳素和 T3 的水平相似，并且巴西组的 GH 水平上升。结果表明，巴西荷斯坦牛的基因发生改变，以长期适应热带热应激条件。

2. 热应激对不同发育期反刍动物转录组的影响

1）犊牛

Srikanth 等（2017）研究暴露于极端温度和湿度范围内的荷斯坦犊牛应答热应激的基因和途径。将 10 只 4～6 月龄的犊牛在 37℃和 90%湿度下热应激 12h。在热应激之前和之后测量皮肤和直肠温度，证实直肠温度是监测热应激的更好的“晴雨表”。采用 RNA-seq 对转录组进行测定，结果显示热应激情况下，465 个基因显著上调，49 个基因显著下调。对热应激敏感的基因和通路包括伴侣蛋白、磷酸化、激酶活化、免疫反应、细胞凋亡、Toll 样受体信号通路、PI3K/AKT 活化、内质网蛋白加工、干扰素信号、雌激素信号传导通路和 MAPK 信号传导通路等。在该分析中鉴定的基因和途径扩展了对热应激的转录应答的理解，并展现了它们在使动物适应高温应激中的潜在功能。鉴定的基因可以用作关联研究的候选基因，以选择和培育耐热性的动物。该研究还确定了受热应激影响的转录因子。对热应激的响应包括 3 个主要反应：最初，伴侣蛋白和热休克基因表达升高，其作用是阻止蛋白质聚集和错误折叠，有助于细胞存活；随后，细胞外 HSP 的存在引发各种免疫系统激活；最终，持续暴露于严重的环境压力下会导致细胞周期的阻滞。

2）围产期奶牛肝脏

肝脏是主要的代谢器官，其协调围产期奶牛的适应性变化到泌乳期的转化，取决于环境因素，如温度、分娩季节和光照周期，而不仅仅是管理实践。Shahzad 等（2015）分析产犊季节对围产期奶牛肝脏转录组的影响，根据产犊季节（6 头母牛 3～4 月，春季；6 头母牛 6～7 月，夏季，SU 组）将 12 头荷斯坦奶牛随机分为 2 组。在 3 个时间节点进行活体采样，获得肝脏样本，使用 Agilent 44K Bovine（V2）基因表达微阵列对肝脏基因进行检测。结果表明，与春季相比，SU 中共检测到 4307 个差异表达基因。与春季奶牛相比，在 SU 中检测到 73 个特有的差异表达基因。对差异基因进行 KEGG 通路分析，并使用 IPA 软件分析上游转录调节因子并进行基因网络构建。在代谢途径中，脂质、碳水化合物和氨基酸的能量代谢受 SU 组中产犊的强烈影响，其中脂肪酸合成、氧化、再酯化和脂蛋白合成水平降低，导致肝脂质沉积。SU 奶牛中的聚糖合成途径被下调可能作为抵消这种脂质沉积进程的机制。相反 SU 组中的产犊导致糖异生的上调，但更多地使用葡萄糖作为能量来源。在非代谢途径中，SU 奶牛的热应激反应明显激活，也与炎症和细胞内应激反应有关。奶牛在分娩时也会遇到内质网应激。转录调节因子分析揭示代谢变化如何与重要的调节机制相关，包括表观遗传修饰。夏季在高环境温度下对肝脏转录组产犊反应的整体分析强调在此期间应如何谨慎管理转型奶牛，因为它们在产后早期经历肝脏能量代谢和炎症状态的改变，增加了易感性。

3）干奶期乳腺

牛干奶期是一个动态的非哺乳期。在此期间，乳腺经历广泛的细胞更新。Dado-Senn

等（2018）利用 RNA 测序揭示参与该过程的新基因和途径，并确定干奶期热应激的影响。该研究在泌乳晚期和退化早期之间鉴定了 3315 个差异表达基因（differentially expressed genes，DEGs），在退化过程中鉴定了 880 个 DEGs。环境热应激对退化期乳腺的影响相对而言不太显著，参与导管分支形态发生、细胞死亡、免疫功能和组织应激保护等过程的基因、通路和上游调节因子得以确定。该研究强调在干奶期发挥作用的基因、通路和上游调节因子，从而探讨减轻热应激对乳腺功能负面影响的机制。

3. 热应激对反刍动物繁育相关转录组的影响

高温环境对牛的繁殖过程产生不利影响。Vanselow 等（2016）针对排卵前期急性热应激对哺乳期奶牛优势卵泡形态、生理和分子参数影响的研究。将已确定泌乳期的 8 头德国荷斯坦奶牛暴露于热应激（28℃）或热中性条件（15℃），配对喂养 4d，超声波监测各个优势卵泡的生长 2d，然后给予排卵 GnRH 剂量，并且此后 23h 测定卵泡类固醇激素和颗粒细胞特异性基因表达谱。mRNA 微阵列和分层聚类分析显示，与配对热中性奶牛相比，源自热应激奶牛的颗粒细胞具有不同的表达谱。在 255 个受影响的基因中，不存在热应激或凋亡相关基因。相反，研究发现表达上调的基因基本涉及 G 蛋白偶联的信号传导途径、细胞外基质组成和溶质载体家族的几个成员以及编码卵泡抑素的 FST。研究表明，排卵前急性热应激可以特异性地改变颗粒细胞中的基因表达谱，但是不会诱导应激相关基因和途径，并且由于影响活化素—抑制素—卵泡抑素系统而可能损害卵泡生长。

4. 热应激对反刍动物小非编码 RNA（miRNA）表达谱的影响

1）血清

miRNA 是小的单链非编码 RNA，其在动物生长和发育过程中具有重要的调节功能。热应激牛血清或外周血单核细胞（peripheral blood mononuclear cell，PBMC）中的 miRNA 谱已被揭示（Sengar et al.，2018a；Sengar et al.，2018b；Zheng et al.，2014）。Zheng 等（2014）通过 Solexa 深度测序和生物信息学方法研究热应激和正常荷斯坦奶牛血清中差异表达的 miRNA 及其靶基因的潜在功能。该研究鉴定 486 种已知 miRNA 中的 52 种 miRNA 在热应激时表达差异显著。靶基因分析显示，在已鉴定的 52 种差异表达的 miRNA 中，至少有 7 种 miRNA（miR-19a、miR-19b、miR-146a、miR-30a-5p、miR-345-3p、miR-199a-3p 和 miR-1246）参与热应激、氧化应激、免疫系统发育和免疫应答等生物学过程。5 种 miRNA（miR-27b、miR-181a、miR-181b、miR-26a 和 miR-146b）参与热应激和免疫应答。此外，RT-qPCR 和深度测序方法显示 12 种 miRNA 中有 8 种 miRNA（miR-19a、miR-19b、miR-27b、miR-30a-5p、miR-181a、miR-181b、miR-345-3p 和 miR-1246）在热应激荷斯坦奶牛的血清中高表达。GO 和 KEGG 分析显示这些差异表达的 miRNA 可能参与调节应激反应和免疫应答等生物过程。该研究概述了 miRNA 表达谱以及 miRNA 与其靶基因之间的相互作用，这将有助于进一步了解 miRNA 在热应激荷斯坦奶牛中的重要作用，如 miR-181a 的下调可以减少荷斯坦奶牛 PBMC 的热应激损伤（Chen et al.，2016）。

2）乳腺

Li 等（2018）通过对春季及夏季荷斯坦奶牛乳腺 miRNA 表达谱的分析，揭示 miRNA

在热应激应答过程中的潜在作用。通过 RNA 测序分析，鉴定与牛乳腺热应激相关的 miRNA。在这项研究中，鉴定了 483 种已知的牛 miRNA 和 139 种新的 miRNA，也鉴定了在热应激和正常条件的乳腺组织之间差异表达的 27 种 miRNA。20 种 miRNA 在热应激荷斯坦牛的乳房组织中具有更高的表达。结果显示差异表达的 miRNA 的预测靶基因在几个生物过程中显著富集，包括发育过程、细胞进程、生物调节、细胞死亡、黏着斑和次级代谢物的生物合成等。针对靶基因的富集分析显示，热应激与对照组乳腺中差异表达的 miRNA 主要与 Wnt、TGF-β、MAPK、Notch 和 JAK-STAT 的调节相关。这些数据表明，差异表达的 miRNA 可能在热应激期间充当显性调节剂，通过上调或下调这些差异表达的 miRNA 来减少荷斯坦奶牛的热应激损伤。

3）特定品种

Sengar 等（2018b）研究 Frieswal 杂交奶牛 miRNA 对热应激的应答，这些奶牛明显适应环境温度威胁，因为它们是由温带奶牛品种 Holstein Friesian 进化而来的。结果表明，夏季热应激时的生理生化指标存在显著差异。与正常冬季相比，在热应激下观察到 miRNA 的差异表达。在总共 420 个 miRNA 中，65 个 miRNA 在夏季高峰温度下差异表达。研究发现，大多数 miRNA 属靶向热休克反应相关基因，特别是 HSP 家族成员，并且网络分析显示它们中的大多数具有应激介导的信号机制。选择 bta-miR-2898 进行功能分析，以鉴定其在受胁迫牛的 PBMC 细胞培养模型中对靶 *HSPB8*（*HSP22*）基因的影响。此外，Sengar 等（2018b）还揭示了印度本土能够适应热带气候的印度 Sahiwal（*Bos indicus*）奶牛品种，在热应激过程中差异表达的 miRNAs。经过 Ion Torrent 深度测序和 CLC 基因组软件的分析发现在夏季和冬季奶牛中差异表达的 miRNAs。发现大多数差异表达 miRNAs 靶向热休克应答基因，尤其是 HSP 家族成员。与冬季奶牛相比，bta-mir-1248、bta-mir-2332、bta-mir-2478 和 bta-mir-1839 在夏季奶牛表达显著上调，而 bta-mir-16a、bta-let-7b、bta-mir-142 和 bta-mir-425 显著下调。这可能对进一步了解 miRNA 在体温调节机制中的作用具有重要意义。

5. 热应激对反刍动物长链非编码 RNA 表达谱的影响

奶牛对环境胁迫的反应机制非常复杂。长链非编码 RNA（long non-coding RNA，lncRNA）通常被定义为长度超过 200 个核苷酸的转录物，以便将它们与小的 ncRNA［如微小 RNA（miRNA），小干扰 RNA（siRNA）和小核仁 RNA（snoRNA）］区分开来，但是在定义 lncRNA 时，大小应该被认为是一个相当主观的限制（Wapinski et al.，2011）。LncRNA 被认为是哺乳动物转录组中最庞大的一类（Derrien et al.，2012）。哺乳动物中，只有不到 2%的基因组实际编码蛋白质，约 70%～90%转录为 lncRNAs。lncRNA 最初被认为只是基因组的“暗物质”，现已被证明在多种过程中发挥重要的调节作用，包括基因调控、信号传导、发育、热休克应答和基因组重排等（Mattick，2011）。Li 等（2020）采用深度 RNA 测序来检测热应激和非热应激中国荷斯坦奶牛的 lncRNA 表达谱。研究发现在牛乳腺中表达 24 795 个新的和 3763 个已知的 lncRNAs，174 个 lncRNAs 在热应激条件下差异表达，其中 156 个表达上调，18 个表达下调。通过顺式作用分析，16 474 个 lncRNAs 被转录到蛋白质编码基因的附近。此外，11 个和 2024 个 lncRNAs 分别包含已知和预测的

miRNA 前体，在 miRNA 的前体分析中得以注释。该研究结果代表中国荷斯坦牛热应激 lncRNA 表达的首次系统研究，为进一步研究奶牛 lncRNA 功能的分子机制提供了资源。

6. 热应激对反刍动物表观遗传修饰的影响

随着绵羊产业的深入发展和全球气温的升高，近年来绵羊的热应激已成为一个日益严峻和重要的问题。应激诱导的 N6 甲基腺苷（N6-methyladenosine，m6A）RNA 甲基化变化在应激反应中起重要作用。然而，m6A 在绵羊热应激反应中的作用仍不清楚。为了探讨这个问题，Lu 等（2019）检测了热休克蛋白的表达、肝功能指数、RNA 上的 m6A 表达、m6A 相关的酶表达以及受热应激的绵羊的组织损伤情况。在转录组水平发现，热应激时 RNA 上的 m6A 显著增加，HSPs（HSP70、HSP90 和 HSP110）以及 m6A 相关酶［甲基转移酶样蛋白 3（methyltransferase-like 3，METTL3）、METTL14、wilms 肿瘤 1-相关蛋白（wilms tumor 1-associated protein，WTAP）、脂肪量和肥胖相关蛋白（fat mass and obesity-associated protein，FTO）、alkB 同系物 5（alkB homologue 5，ALKBH5）、YTH 结构域家族蛋白（YTH domain family proteins，YTHDF1-3）以及含有 YTH 结构域的蛋白质（YTH domain-containing proteins，YTHDC1-2）］在热应激后 mRNA 表达显著增加。在蛋白质水平，METTL3、YTHDF1-2 和 YTHDC2 的表达在热应激后没有显著差异。与热应激后的 mRNA 水平相反，YTHDF3 蛋白的表达降低，而 HSPs（HSP70，HSP90 和 HSP110）、METTL14、WTAP、FTO、ALKBH5、YTHDF3 和 YTHDC1 蛋白的表达增加与其 mRNA 水平一致。组织学试验表明，热应激对绵羊肝组织造成不同程度的损伤。免疫组织化学染色表明 m6A 相关酶在绵羊肝细胞中表达，并且在对照组和热应激组之间存在差异。在热应激后观察绵羊肝脏中 m6A 水平和 m6A 相关酶表达的差异表明，m6A 参与绵羊热应激的调节，为研究绵羊热应激提供了一条新途径。

因此，选择遗传上对热应激相对耐受的动物有助于提高其在炎热夏季的生产性能，而鉴定热应激特异性响应的基因是获得相关信息的基础。热应激反应是一个应激相关基因在转录和转录后水平参与调控的复杂过程。基因表达的变化与环境变化导致组织器官的变化相关，而功能基因组学分析有助于揭示基因表达和各组织器官表型变化之间的联系。miRNA 被认为是转录后水平的基因表达的重要调节剂，并且已被证明参与多个生物过程，如分化、发育、细胞凋亡和病毒感染等。而 RNA-Seq 可以研究环境变化对基因表达的影响，因此采用高通量的 RNA 测序技术研究热应激对畜禽转录组的影响具有重要的意义。

参 考 文 献

高婕，赵晓静，阎永平，2009. 如何解决夏季母猪便秘和热应激的问题［J］. 当代畜牧（6）：13-14.

刘晓静，郝永兰，刘若岩，等，2017. 季节对不同品种种公牛精液品质的影响［J］. 中国畜牧杂志：45-48.

吴结革，茆达干，常秀程，2007. 热应激对猪繁殖性能的影响及防止措施［J］. 畜牧兽医杂志（1）：36-37.

颜志辉，2014. 极端温度对奶牛生产与生理影响及其调控措施研究［D］. 北京：中国农业大学.

AFRAZI A, SODHI C P, GOOD M, et al., 2012. Intracellular heat shock protein-70 negatively regulates TLR4 signaling in the newborn intestinal epithelium [J]. The Journal of Immunology, 188 (9): 4543-4557.

AGUILERA G, 1994. Regulation of pituitary ACTH secretion during chronic stress [J]. Frontiers in Neuroendocrinology, 15 (4): 321-350.

AHMED J, NASHIRUDDULLAH N, DUTTA D, et al., 2017. Cumulus cell expansion and ultrastructural changes in in vitro matured bovine oocytes under heat stress [J]. Iranian Journal of Veterinary Research, 18 (3): 203.

ALBERTINI D F, COMBELLES C, BENECCHI E, et al., 2001. Cellular basis for paracrine regulation of ovarian follicle development [J]. Reproduction, 121 (5): 647-653.

ALEMU T W, PANDEY H O, WONDIM D S, et al., 2018. Oxidative and endoplasmic reticulum stress defense mechanisms of bovine granulosa cells exposed to heat stress [J]. Theriogenology, 110130-110141.

AMANN R I, KRUMHOLZ L, STAHL D A, 1990. Fluorescent-oligonucleotide probing of whole cells for determinative, phylogenetic, and environmental studies in microbiology [J]. Journal of Bacteriology, 172 (2): 762-770.

AMANO T, MURAMATSU T, AMEMIYA K, et al., 2006. Responses of rat pulp cells to heat stress in vitro [J]. Journal of Dental Research, 85 (5): 432-435.

ANSARI A R, LI N Y, SUN Z J, et al., 2017. Lipopolysaccharide induces acute bursal atrophy in broiler chicks by activating TLR4-MAPK-NF-κB/AP-1 signaling [J]. Oncotarget, 8 (65): 108375-108391.

AUVIGNE V, LENEVEU P, JEHANNIN C, et al., 2010. Seasonal infertility in sows: a five year field study to analyze the relative roles of heat stress and photoperiod [J]. Theriogenology, 74 (1): 60-66.

BABAYEV E, SELI E, 2015. Oocyte mitochondrial function and reproduction [J]. Current Opinion in Obstetrics Gynecology, 27 (3): 175.

BADINGA L, THATCHER W, DIAZ T, et al., 1993. Effect of environmental heat stress on follicular development and steroidogenesis in lactating Holstein cows [J]. Theriogenology, 39 (4): 797-810.

BANIK A, KANDILYA D, RAMYA S, et al., 2017. Maternal factors that induce epigenetic changes contribute to neurological disorders in offspring [J]. Genes, 8 (6): 150.

BANKS S, KING S A, IRVINE D S, et al., 2005. Impact of a mild scrotal heat stress on DNA integrity in murine spermatozoa [J]. Reproduction, 129 (4): 505-514.

BAO Z Q, LIAO T T, YANG W R, et al., 2017. Heat stress-induced autophagy promotes lactate secretion in cultured immature boar Sertoli cells by inhibiting apoptosis and driving SLC2A3, LDHA, and SLC16A1 expression [J]. Theriogenology, 87: 339-348.

BARB C R, ESTIENNE M J, KRAELING R R, et al., 1991. Endocrine changes in sows exposed to elevated ambient temperature during lactation [J]. Domestic Animal Endocrinology, 8 (1): 117-127.

BARTLETT J R, SMITH M O, 2003. Effects of different levels of zinc on the performance and immunocompetence of broilers under heat stress [J]. Poultry Science, 82 (10): 1580-1588.

BERNABUCCI U, LACETERA N, BAUMGARD L H, et al., 2010. Metabolic and hormonal acclimation to heat stress in domesticated ruminants [J]. Animal, 4 (7): 1167-1183.

BIENSEN N, VON BORELL E, FORD S, 1996. Effects of space allocation and temperature on periparturient maternal behaviors, steroid concentrations, and piglet growth rates [J]. Journal of Animal Science, 74 (11): 2641-2648.

BIFFANI S, BERNABUCCI U, VITALI A, et al., 2016. Short communication: effect of heat stress on nonreturn rate of Italian Holstein cows [J]. Journal of Dairy Science, 99 (7): 5837-5843.

BLACK J L, ERICKSON B H, 1968. Oogenesis and ovarian development in the prenatal pig [J]. The Anatomical Record, 161 (1): 45-55.

BLACK J, MULLAN B, LORSCHY M, et al., 1993. Lactation in the sow during heat stress [J]. Livestock Production Science, 35 (1-2): 153-170.

BODDICKER R L, SEIBERT J T, JOHNSON J S, et al., 2014. Gestational heat stress alters postnatal offspring body composition indices and metabolic parameters in pigs [J]. PLoS One, 9 (11): e110859.

BOLDOGH I R, PON L A, 2007. Mitochondria on the move [J]. Trends in Cell Biology, 17 (10): 502-510.

BOUCHAMA A, AL-SEDAIRY S, SIDDIQUI S, et al., 1993. Elevated pyrogenic cytokines in heatstroke [J]. Chest, 104 (5): 1498-1502.

BOUCHAMA A, HAMMAMI M, AL SHAIL E, et al., 2000. Differential effects of in vitro and in vivo hyperthermia on the production of interleukin-10 [J]. Intensive Care Medicine, 26 (11): 1646-1651.

BOUCHAMA A, KNOCHEL J P, 2002. Heat stroke [J]. New England Journal of Medicine, 346 (25): 1978-1988.

BOUCHAMA A, PARHAR R S, EL-YAZIGI A, et al., 1991. Endotoxemia and release of tumor necrosis factor and interleukin 1 alpha in acute heatstroke [J]. Journal of Applied Physiology, 70 (6): 2640-2644.

BRITO L F, SILVA A E, BARBOSA R T, et al., 2004. Testicular thermoregulation in Bos indicus, crossbred and Bos taurus bulls: relationship with scrotal, testicular vascular cone and testicular morphology, and effects on semen quality and sperm production [J]. Theriogenology, 61 (2-3): 511-528.

BROWN-BRANDL T M, NIENABER J A, XIN H, et al., 2004. A literature review of swine heat production [J]. Transactions of the American Society of Agricultural Engineers, 47 (1): 259.

BUCCIONE R, VANDERHYDEN B C, CARON P J, et al., 1990. FSH-induced expansion of the mouse cumulus oophorus in vitro is dependent upon a specific factor (s) secreted by the oocyte [J]. Developmental Biology, 138 (1): 16-25.

BURENKOVA O V, ALEKSANDROVA E A, ZARAYSKAYA I Y, 2019. Effects of early-life stress and HDAC inhibition on maternal behavior in mice [J]. Behavioral Neuroscience, 133 (1): 39.

BURKHOLDER K, THOMPSON K, EINSTEIN M, et al., 2008. Influence of stressors on normal intestinal microbiota, intestinal morphology, and susceptibility to *Salmonella enteritidis* colonization in broilers [J]. Poultry Science, 87 (9): 1734-1741.

CAI H, REN Y, LI X X, et al., 2011. Scrotal heat stress causes a transient alteration in tight junctions and induction of TGF-β expression [J]. International Journal of Andrology, 34: 352-362.

CALLARD G V, JORGENSEN J C, REDDING J M, 1995. Biochemical analysis of programmed cell death during premeiotic stages of spermatogenesis in vivo and in vitro [J]. Developmental Genetics, 16 (2): 140-147.

CALLE-GUISADO V, BRAGADO M, GARCíA-MARíN L J, et al., 2017. HSP90 maintains boar spermatozoa motility and mitochondrial membrane potential during heat stress [J]. Animal Reproduction Science, 187: 13-19.

CAMPEN K A, ABBOTT C R, RISPOLI L A, et al., 2018. Heat stress impairs gap junction communication and cumulus function of bovine oocytes [J]. Journal of Reproduction, 64 (5): 8.

CARNEIRO G F, LIU I K, HYDE D, et al., 2002. Quantification and distribution of equine oocyte cortical granules during meiotic maturation and after activation [J]. Molecular Reproduction Development: Incorporating Gamete Research, 63 (4): 451-458.

CARROLL J A, FORSBERG N E, 2007. Influence of stress and nutrition on cattle immunity [J]. The Veterinary Clinics of North America. Food Animal Practice, 23 (1): 105-149.

CHANG D J I I, 1993. The role of cytokines in heat stroke [J]. Immunological Investigations, 22 (8): 553-561.

CHEN K L, FU Y Y, SHI M Y, et al., 2016. Down-regulation of miR-181a can reduce heat stress damage in PBMCs of Holstein cows [J]. In Vitro Cellular and Developmental Biology. Animal, 52 (8): 864-871.

CHEN M, CAI H, YANG J L, et al., 2008. Effect of heat stress on expression of junction-associated molecules and upstream factor AR and WT1 in monkey sertoli cells [J]. Endocrinology(10): 4871.

CHENG C Y, TU W L, CHEN C J, et al., 2018. Functional genomics study of acute heat stress response in the small yellow follicles of layer-type chickens [J]. Scientific Reports, 8 (1): 1320-1320.

CHOEDKIATSAKUL I, NGAOSUWAN K, CRAVOTTO G, et al., 2014. Biodiesel production from palm oil using combined mechanical stirred and ultrasonic reactor [J]. Ultrasonics Sonochemistry, 21 (4): 1585-1591.

CHOWDHURY A, STEINBERGER E, 1970. Early changes in the germinal epithelium of rat testes following exposure to heat [J]. Reproduction, 22 (2): 205-212.

CHRISTEN F, DESROSIERS V, DUPONT-CYR B A, et al., 2018. Thermal tolerance and thermal sensitivity of heart mitochondria: mitochondrial integrity and ROS production [J]. Free Radical Biology Medicine, 116: 11-18.

CLARKE J P, MEAROW K M, 2013. Cell stress promotes the association of phosphorylated HspB1 with F-actin [J]. PLoS One, 8 (7): e68978.

COLLINS S, PICHE T, RAMPAL P, 2001. The putative role of inflammation in the irritable bowel syndrome [J]. Gut, 49 (6): 743-745.

COOKE H J, SAUNDERS P T K, 2002. Mouse models of male infertility [J]. Nature Reviews Genetics, 3 (10): 790-801.

COOPER M A, WASHBURN K W, 1998. The relationships of body temperature to weight gain, feed consumption, and feed utilization in broilers under heat stress [J]. Poultry Science, 77 (2): 237-242.

CORCUERA B, HERNANDEZ-GIL R, ROMERO C D A, et al., 2002. Relationship of environment temperature and boar facilities with seminal quality [J]. Livestock Production Science, 74 (1): 55-62.

COX N, BRITT J, ARMSTRONG W, et al., 1983. Effect of feeding fat and altering weaning schedule on rebreeding in primiparous sows [J]. Journal of Animal Science, 56 (1): 21-29.

CRONIN G, BARNETT J, 1997. Comment on the paper "Effects of space allocation and temperature on periparturient maternal behaviors, steroid concentrations, and piglet growth rates" [J]. Journal of Animal Science, 75 (7): 1985-1987.

CUMMINGS A, SOMMERVILLE J, 1988. Protein kinase activity associated with stored messenger ribonucleoprotein particles of Xenopus oocytes [J]. The Journal of Cell Biology, 107 (1): 45-56.

CURCI A, BEVILACQUA A, MANGIA F, 1987. Lack of heat-shock response in preovulatory mouse oocytes [J]. Developmental Biology, 123 (1): 154-160.

DADO-SENN B, SKIBIEL A L, FABRIS T F, et al., 2018. RNA-Seq reveals novel genes and pathways involved in bovine mammary involution during the dry period and under environmental heat stress [J]. Scientific Reports, 8 (1): 1-11.

DAI J, WU C, MUNERI C W, et al., 2015. Changes in mitochondrial function in porcine vitrified MII-stage oocytes and their impacts on apoptosis and developmental ability [J]. Cryobiology, 71 (2): 291-298.

DASH S, CHAKRAVARTY A, SINGH A, et al., 2016. Effect of heat stress on reproductive performances of dairy cattle and buffaloes: a review [J]. Veterinary World, 9 (3): 235.

DE BRAGANCA M M, PRUNIER A J D A E, 1999. Effects of low feed intake and hot environment on plasma profiles of glucose, nonesterified fatty acids, insulin, glucagon, and IGF-I in lactating sows [J]. Domestic Animal Endocrinology, 16 (2): 89-101.

DE S TORRES-JúNIOR J R, DE F A PIRES M, DE Sá W F, et al., 2008. Effect of maternal heat-stress on follicular growth and oocyte competence in Bos indicus cattle [J]. Theriogenology, 69 (2): 155-166.

DEL COLLADO M, DA SILVEIRA J C, SANGALLI J R, et al., 2017. Fatty acid binding protein 3 and transzonal projections are involved in lipid accumulation during in vitro maturation of bovine oocytes [J]. Scientific Reports, 7 (1): 1-13.

DEMATTE J E, O'MARA K, BUESCHER J, et al., 1998. Near-fatal heat stroke during the 1995 heat wave in Chicago [J]. Annals of Internal Medicine, 129 (3): 173-181.

DERRIEN T, JOHNSON R, BUSSOTTI G, et al., 2012. The GENCODE v7 catalog of human long noncoding RNAs: analysis of their gene structure, evolution, and expression [J]. Genome Research, 22 (9): 1775-1789.

DOKLADNY K, ZUHL M N, MOSELEY P L, 2016. Intestinal epithelial barrier function and tight junction proteins with heat and exercise [J]. Journal of Applied Physiology, 120 (6): 692-701.

DONKOH A, 1989. Ambient temperature: a factor affecting performance and physiological response of broiler chickens [J]. International Journal of Biometeorology, 33 (4): 259-265.

DYM M, 1994. Spermatogonial stem cells of the testis [J]. Proceedings of the National Academy of Sciences of the United States of America, 91 (24): 11287-11289.

EISENBERG-LERNER A, BIALIK S, SIMON H U, et al., 2009. Life and death partners: apoptosis, autophagy and the cross-talk between them [J]. Cell Death Differentiation, 16 (7): 966-975.

EISENHOFER G, ANEMAN A, HOOPER D, et al., 1995. Production and metabolism of dopamine and norepinephrine in mesenteric organs and liver of swine [J]. American Journal of Physiology-Gastrointestinal Liver Physiology, 268 (4): G641-G649.

EISENHOFER G, ÅNEMAN A, HOOPER D, et al., 1996. Mesenteric organ production, hepatic metabolism, and renal elimination of norepinephrine and its metabolites in humans [J]. Journal of Neurochemistry, 66 (4): 1565-1573.

EPPIG J J, 1996. Coordination of nuclear and cytoplasmic oocyte maturation in eutherian mammals [J]. Reproduction, Fertility Developmental biology, 8 (4): 485-489.

ERKKILä K, AITO H, AALTO K, et al., 2002. Lactate inhibits germ cell apoptosis in the human testis [J]. Molecular Human Reproduction, 8 (2): 109-117.

FAN X, XI H, ZHANG Z, et al., 2017. Germ cell apoptosis and expression of Bcl-2 and Bax in porcine testis under normal and heat stress conditions [J]. Acta Histochemica, 119 (3): 198-204.

FLAMENBAUM I, GALON N, 2010. Management of heat stress to improve fertility in dairy cows in Israel [J]. Journal of Reproduction and Development, 56 (Suppl): S36-S41.

FLEMR M, MA J, SCHULTZ R M, et al., 2010. P-body loss is concomitant with formation of a messenger RNA storage domain in mouse oocytes [J]. Biology of reproduction, 82 (5): 1008-1017.

FREESTONE P P, HAIGH R D, WILLIAMS P H, et al., 1999. Stimulation of bacterial growth by heat-stable, norepinephrine-induced autoinducers [J]. FEMS Microbiology Letters, 172 (1): 53-60.

FU Y, HE C J, JI P Y, et al., 2014. Effects of melatonin on the proliferation and apoptosis of sheep granulosa cells under thermal stress [J]. International Journal of Molecular Sciences, 15 (11): 21090-21104.

GALAN E, LLONCH P, VILLAGRA A, et al., 2018. A systematic review of non-productivity-related animal-based indicators of heat stress resilience in dairy cattle [J]. PLoS One, 13 (11): e0206520.

GANDOLFI T B, GANDOLFI F, 2001. The maternal legacy to the embryo: cytoplasmic components and their effects on early development [J]. Theriogenology, 55 (6): 1255-1276.

GAO Z, LIU F, YIN P, et al., 2013. Inhibition of heat-induced apoptosis in rat small intestine and IEC-6 cells through the AKT signaling pathway [J]. BMC Veterinary Research, 9 (1): 241.

GENDELMAN M, AROYO A, YAVIN S, et al., 2010. Seasonal effects on gene expression, cleavage timing, and developmental competence of bovine preimplantation embryos [J]. Reproduction, 140 (1): 73-82.

GENDELMAN M, ROTH Z, 2012a. In vivo vs. in vitro models for studying the effects of elevated temperature on the GV-stage oocyte, subsequent developmental competence and gene expression [J]. Animal Reproduction Science, 134 (3-4): 125-134.

GENDELMAN M, ROTH Z, 2012b. Seasonal effect on germinal vesicle-stage bovine oocytes is further expressed by alterations in transcript levels in the developing embryos associated with reduced developmental competence [J]. Biology of Reproduction, 86 (1): 1-9.

GHARIBZADEH Z, RIASI A, OSTADHOSSEINI S, et al., 2015. Effects of heat shock during the early stage of oocyte maturation on the meiotic progression, subsequent embryonic development and gene expression in ovine [J]. Zygote, 23 (4): 573-582.

GILCHRIST R B, RITTER L J, MYLLYMAA S, et al., 2006. Molecular basis of oocyte-paracrine signalling that promotes granulosa cell proliferation [J]. Journal of Cell Science, 119 (18): 3811-3821.

GONG Y, GUO H, ZHANG Z, et al., 2017. Heat stress reduces sperm motility via activation of glycogen synthase kinase-3α and inhibition of mitochondrial protein import [J]. Frontiers in Physiology, 8: 718.

GONG Y, ZHANG Z, CHANG Z, et al. 2018. Inactivation of glycogen synthase kinase-3α is required for mitochondria-mediated apoptotic germ cell phagocytosis in Sertoli cells [J]. Aging (Albany NY), 10 (11): 3104-3116.

GOURDINE J, BIDANEL J, NOBLET J, et al., 2006. Effects of breed and season on performance of lactating sows in a tropical humid climate [J]. Journal of Animal Science, 84 (2): 360-369.

GUAN J Y, LIAO T T, YU C L, et al., 2018. ERK1/2 regulates heat stress-induced lactate production via enhancing the expression of HSP70 in immature boar sertoli cells [J]. Cell Stress Chaperones, 23 (6): 1193-1204.

GUO Z, LV L, LIU D, et al., 2018. Effects of heat stress on piglet production/performance parameters [J]. Tropical Animal Health Production, 50 (6): 1203-1208.

GUZELOGLU A, AMBROSE J D, KASSA T, et al., 2001. Long-term follicular dynamics and biochemical characteristics of dominant follicles in dairy cows subjected to acute heat stress [J]. Animal Reproduction Science, 66 (1-2): 15-34.

HALE B J, HAGER C L, SEIBERT J T, et al., 2017. Heat stress induces autophagy in pig ovaries during follicular development [J]. Biology of Reproduction, 97 (3): 426-437.

HALL D M, BAUMGARDNER K R, OBERLEY T D, et al., 1999. Splanchnic tissues undergo hypoxic stress during whole body hyperthermia [J]. The American Physiological Society: G1195-G1203.

HAMADA N, KODAMA S, SUZUKI K, et al., 2003. Gap junctional intercellular communication and cellular response to heat stress [J]. Carcinogenesis, 24 (11): 1723-1728.

HAMMAMI M M, BOUCHAMA A, AL-SEDAIRY S, et al., 1997. Concentrations of soluble tumor necrosis factor and interleukin-6 receptors in heatstroke and heatstress [J]. Critical Care Medicine, 25 (8): 1314-1319.

HANSEN P J, 2009. Effects of heat stress on mammalian reproduction [J]. Philosophical Transactions of the Royal Society of London, 364 (1534): 3341-3350.

HAO Y, FENG Y, YANG P, et al., 2016a. Transcriptome analysis reveals that constant heat stress modifies the metabolism and structure of the porcine longissimus dorsi skeletal muscle [J]. Molecular Genetics and Genomics, 291 (6): 2101-2115.

HAO Y, LIU J R, ZHANG Y, et al., 2016b. The microRNA expression profile in porcine skeletal muscle is changed by constant heat stress [J]. Animal Genetics, 47 (3): 365-369.

HAZRA R, UPTON D, DESAI R, et al., 2016. Elevated expression of the Sertoli cell androgen receptor disrupts male fertility [J]. American Journal of Physiology-Endocrinology Metabolism, 311 (2): E396-E404.

HENG J, TIAN M, ZHANG W, et al., 2019. Maternal heat stress regulates the early fat deposition partly through modification of m (6)A RNA methylation in neonatal piglets [J]. Cell Stress Chaperones, 24 (3): 635-645.

HERNANDEZ A G, BAHR J M, 2003. Role of FSH and epidermal growth factor (EGF) in the initiation of steroidogenesis in granulosa cells associated with follicular selection in chicken ovaries [J]. Reproduction, 125 (5): 683-691.

HIKIM A P S, LUE Y, YAMAMOTO C M, et al., 2003. Key apoptotic pathways for heat-induced programmed germ cell death in the testis [J]. Endocrinology, 144 (7): 3167-3175.

HIRAI K, SASAKI H, YAMAMOTO H, et al., 2004. HST-1/FGF-4 protects male germ cells from apoptosis under heat-stress condition [J]. Experimental Cell Research, 294 (1): 77-85.

HIRUNSAI M, SRIKUEA R, YIMLAMAI T, 2015. Heat stress promotes extracellular matrix remodelling via TGF-β 1 and MMP-2/TIMP-2 modulation in tenotomised soleus and plantaris muscles [J]. International Journal of Hyperthermia, 31 (4): 336-348.

HJOLLUND N H I, BONDE J P E, JENSEN T K, et al., 2000. Diurnal scrotal skin temperature and semen quality [J]. International Journal of Andrology, 23 (5): 309-318.

HOLDEMAN L, GOOD I, MOORE W, 1976. Human fecal flora: variation in bacterial composition within individuals and a possible effect of emotional stress [J]. Applied and Environmental Microbiology, 31 (3): 359-375.

HONG J K, KIM K H, HWANG H S, et al., 2017. Behaviors and body weight of suckling piglets in different social environments [J]. Asian-Australasian Journal of Animal Sciences, 30 (6): 902-906.

HOROWITZ M, 2002. From molecular and cellular to integrative heat defense during exposure to chronic heat [J]. Comparative Biochemistry Physiology Part A: Molecular & Integrative Physiology, 131 (3): 475-483.

HUANG C, JIAO H, SONG Z, et al., 2015. Heat stress impairs mitochondria functions and induces oxidative injury in broiler chickens [J]. Journal of Animal Science, 93 (5): 2144-2153.

HUCKINS C, 1978. The morphology and kinetics of spermatogonial degeneration in normal adult rats: an analysis using a simplified classification of the germinal epithelium [J]. The Anatomical Record, 190 (4): 905-926.

HURTGEN J, LEMAN A, 1981. The seasonal breeding pattern of sows in seven confinement herds [J]. Theriogenology, 16 (5): 505-511.

HUSSEIN T S, FROILAND D A, AMATO F, et al., 2005. Oocytes prevent cumulus cell apoptosis by maintaining a morphogenic paracrine gradient of bone morphogenetic proteins [J]. Journal of Cell Science, 118 (22): 5257-5268.

IKEDA M, KODAMA H, FUKUDA J, et al., 1999. Role of radical oxygen species in rat testicular germ cell apoptosis induced by heat stress [J]. Biology of Reproduction, 61 (2): 393-399.

ITAMI N, SHIRASUNA K, KUWAYAMA T, et al., 2018. Short-term heat stress induces mitochondrial degradation and biogenesis and enhances mitochondrial quality in porcine oocytes [J]. Journal of Thermal Biology, 74: 256-263.

IVELL R, 2007. Lifestyle impact and the biology of the human scrotum [J]. Reproductive Biology Endocrinology, 5 (1): 15.

JANNES P, SPIESSENS C, VAN DER AUWERA I, et al., 1998. Male subfertility induced by acute scrotal heating affects embryo quality in normal female mice [J]. Human Reproduction, 13 (2): 372-375.

JANSE VAN RENSBURG L J, SPENCER B T, 2014. The influence of environmental temperatures on farrowing rates and litter sizes in South African pig breeding units [J]. The Onderstepoort Journal of Veterinary Research, 81 (1): e1-e7.

JARDINE D S, 2007. Heat illness and heat stroke [J]. Pediatrics in Review, 28 (7): 249-258.

JASTREBSKI S F, LAMONT S J, SCHMIDT C J, 2017. Chicken hepatic response to chronic heat stress using integrated transcriptome and metabolome analysis [J]. PLoS One, 12 (7): e0181900.

JEGADEESAN S, CHATURVEDI P, GHATAK A, et al., 2018. Proteomics of heat-stress and ethylene-mediated thermotolerance mechanisms in tomato pollen grains [J]. Frontiers in Plant Science, 9: 1558.

JIA L, LI J, HE B, et al., 2016. Abnormally activated one-carbon metabolic pathway is associated with mtDNA hypermethylation and mitochondrial malfunction in the oocytes of polycystic gilt ovaries [J]. Scientific Reports, 6 (1): 1-11.

JOHNSON A L, WOODS D C, 2009. Dynamics of avian ovarian follicle development: cellular mechanisms of granulosa cell differentiation [J]. General and Comparative Endocrinology, 163 (1-2): 12-17.

JOHNSON J S, BODDICKER R L, SANZ-FERNANDEZ M V, et al., 2013. Effects of mammalian in utero heat stress on adolescent body temperature [J]. International Journal of Hyperthermia, 29 (7): 696-702.

JOHNSON J S, SANZ FERNANDEZ M V, PATIENCE J F, et al., 2015. Effects of in utero heat stress on postnatal body composition in pigs: II. Finishing phase [J]. Journal of Animal Science, 93 (1): 82-92.

JOHNSON L, PETTY C S, NEAVES W B, 1983. Further quantification of human spermatogenesis: germ cell loss during postprophase of meiosis and its relationship to daily sperm production [J]. Biology of Reproduction, 29 (1): 207-215.

JU J C, TSENG J K J M R, 2004. Nuclear and cytoskeletal alterations of in vitro matured porcine oocytes under hyperthermia [J]. Molecular Reproduction Development: Incorporating Gamete Research, 68 (1): 125-133.

KANITZ E, OTTEN W, TUCHSCHERER M, 2006. Changes in endocrine and neurochemical profiles in neonatal pigs prenatally exposed to increased maternal cortisol [J]. Journal of Endocrinology, 191 (1): 207-220.

KIM B, COOKE H J, RHEE K, 2012. DAZL is essential for stress granule formation implicated in germ cell survival upon heat stress [J]. Development, 139 (3): 568-578.

KLEIN S, PATZKÉWITSCH D, REESE S, et al., 2016. Effects of socializing piglets in lactation on behaviour, including tail-biting, in growing and finishing pigs [J]. Tierarztl Prax Ausg G Grosstiere Nutztiere, 44 (3): 141-150.

KLENGEL T, BINDER E B, 2015. Epigenetics of stress-related psychiatric disorders and gene × environment interactions [J]. Neuron, 86 (6): 1343-1357.

KOZMA B, CANDIOTTI K, PóKA R, et al., 2018. The effects of heat exposure on vaginal smooth muscle cells: elastin and collagen production [J]. Gynecologic Obstetric Investigation, 83 (3): 247-251.

KRISHER R J J O A S, 2004. The effect of oocyte quality on development [J]. Journal of Animal Science, 82 (suppl_13): E14-E23.

KRULICH L, HEFCO E, ILLNER P, et al., 1974. The effects of acute stress on the secretion of LH, FSH, prolactin and GH in the normal male rat, with comments on their statistical evaluation[J]. Neuroendocrinology, 16 (5-6): 293-311.

KUMAR S, SINGH S V, 2019. Inhibition of NF-κB signaling pathway by astaxanthin supplementation for prevention of heat stress-induced inflammatory changes and apoptosis in Karan fries heifers [J]. Tropical Animal Health and Production, 51 (5):

1125-1134.

KUROKI T, IKEDA S, OKADA T, et al., 2013. Astaxanthin ameliorates heat stress-induced impairment of blastocyst development in vitro: astaxanthin colocalization with and action on mitochondria [J]. Journal of Assisted Reproduction Genetics, 30 (5): 623-631.

LAN X, HSIEH J C F, SCHMIDT C J, et al., 2016. Liver transcriptome response to hyperthermic stress in three distinct chicken lines [J]. BMC Genomics, 17: 955.

LARA L J, ROSTAGNO M H J A, 2013. Impact of heat stress on poultry production [J]. Animals, 3 (2): 356-369.

LENZ H J, 1989a. Neurohumoral pathways mediating changes in rat gastrointestinal transit [J]. Gastroenterology, 97 (1): 216-218.

LENZ H J, 1989b. Regulation of duodenal bicarbonate secretion during stress by corticotropin-releasing factor and beta-endorphin [J]. Proceedings of the National Academy of Sciences, 86 (4): 1417-1420.

LENZ H J, DRüGE G, 1990. Neurohumoral pathways mediating stress-induced inhibition of gastric acid secretion in rats [J]. Gastroenterology, 98 (6): 1490-1492.

LEON L R, BLAHA M D, DUBOSE D A, 2006. Time course of cytokine, corticosterone, and tissue injury responses in mice during heat strain recovery [J]. Journal of Applied Physiology, 100 (4): 1400-1409.

LI C, WANG Y, LI L, et al., 2019. Betaine protects against heat exposure-induced oxidative stress and apoptosis in bovine mammary epithelial cells via regulation of ROS production [J]. Cell Stress, 24 (2): 453-460.

LI H, GUO S, CAI L, et al., 2017. Lipopolysaccharide and heat stress impair the estradiol biosynthesis in granulosa cells via increase of HSP70 and inhibition of smad3 phosphorylation and nuclear translocation [J]. Cellular Signalling, 30: 130-141.

LI L, WU J, LUO M, et al., 2016. The effect of heat stress on gene expression, synthesis of steroids, and apoptosis in bovine granulosa cells [J]. Cell Stress, 21 (3): 467-475.

LI Q, QIAO J, ZHANG Z, et al., 2020. Identification and analysis of differentially expressed long non-coding RNAs of Chinese Holstein cattle responses to heat stress [J]. Animal Biotechnology, 31 (1): 9-16.

LI Q, YANG C, DU J, et al., 2018. Characterization of miRNA profiles in the mammary tissue of dairy cattle in response to heat stress [J]. BMC Genomics, 19 (1): 975.

LI Y, ZHANG Z, HE C, et al., 2015. Melatonin protects porcine oocyte in vitro maturation from heat stress [J]. Journal of Pineal Research, 59 (3): 365-375.

LIANG Y, DONG Y, ZHAO J, et al., 2013. YES1 activation elicited by heat stress is anti-apoptotic in mouse pachytene spermatocytes [J]. Biology of Reproduction, 89 (6): 131.

LIN M T, KAO T Y, SU C F, et al., 1994. Interleukin-1β production during the onset of heat stroke in rabbits [J]. Neuroscience Letters, 174 (1): 17-20.

LIN M, LIU H, YANG Y, 1997. Involvement of interleukin-1 receptor mechanisms in development of arterial hypotension in rat heatstroke [J]. American Journal of Physiology-Heart Circulatory Physiology, 273 (4): H2072-H2077.

LIU C C, CHIEN C H, LIN M T, 2000. Glucocorticoids reduce interleukin-1β concentration and result in neuroprotective effects in rat heatstroke [J]. The Journal of Physiology, 527 (2): 333-343.

LIU H, LIU J, YAN X, et al., 2015. Impact of thermal stress during incubation on gene expression in embryonic muscle of Peking ducks (Anasplatyrhynchos domestica) [J]. Journal of Thermal Biology, 53: 80-89.

LIU L, HAMMAR K, SMITH P, et al., 2001. Mitochondrial modulation of calcium signaling at the initiation of development [J]. Cell Calcium, 30 (6): 423-433.

LIZKO N, 1991. Problems of microbial ecology in man space mission [J]. Acta Astronautica, 23: 163-169.

LOKTIONOVA S A, KABAKOV A E, 1998. Protein phosphatase inhibitors and heat preconditioning prevent Hsp27 dephosphorylation, F-actin disruption and deterioration of morphology in ATP-depleted endothelial cells [J]. FEBS Letters, 433 (3): 294-300.

LOVE C C, KENNEY R M, 1999. Scrotal heat stress induces altered sperm chromatin structure associated with a decrease in protamine disulfide bonding in the stallion [J]. Biology of Reproduction, 60 (3): 615-620.

LOVE R, 1978. Definition of a seasonal infertility problem in pigs [J]. The Veterinary Record, 103 (20): 443-446.

LOVE R, EVANS G, KLUPIEC C, 1993. Seasonal effects on fertility in gilts and sows [J]. Journal of Reproduction Fertility Supplement, 48: 191-206.

LU Z, MA Y, LI Q, et al., 2019. The role of N 6-methyladenosine RNA methylation in the heat stress response of sheep (Ovis aries) [J]. Cell Stress Chaperones, 24 (2): 333-342.

LUDDI A, GORI M, MARROCCO C, et al., 2018. Matrix metalloproteinases and their inhibitors in human cumulus and granulosa cells as biomarkers for oocyte quality estimation [J]. Fertility and Sterillity, 109 (5): 930-939.

LUE Y H, HIKIM A P, SWERDLOFF R S, et al., 1999. Single exposure to heat induces stage-specific germ cell apoptosis in rats: role of intratesticular testosterone on stage specificity [J]. Endocrinology, 140 (4): 1709-1717.

LUE Y H, LASLEY B L, LAUGHLIN L S, et al., 2002. Mild testicular hyperthermia induces profound transitional spermatogenic suppression through increased germ cell apoptosis in adult cynomolgus monkeys (*Macaca fascicularis*) [J]. Journal of Andrology, 23 (6): 799-805.

LUGO-AMADOR N M, ROTHENHAUS T, MOYER P, 2004. Heat-related illness [J]. Emergency Medicine Clinics of North America, 22 (2): 315-327.

LUO M, LI L, XIAO C, et al., 2016. Heat stress impairs mice granulosa cell function by diminishing steroids production and inducing apoptosis [J]. Molecular Cellular Biochemistry, 412 (1-2): 81-90.

LUTGENDORFF F, AKKERMANS L, SODERHOLM J D, 2008. The role of microbiota and probiotics in stress-induced gastrointestinal damage [J]. Current Molecular Medicine, 8 (4): 282-298.

LYDYARD P M, IVANYI J, 1975. Immunodeficiency in the chicken. III. Hypoplasia of bursal follicles following intravenous injection of embryos with lipopolysaccharide or allogeneic lymphocytes [J]. Immunology, 28 (6): 1023-1031.

LYTE M, BAILEY M T, 1997. Neuroendocrine-bacterial interactions in a neurotoxin-induced model of trauma [J]. Journal of Surgical Research, 70 (2): 195-201.

LYTE M, ERNST S, 1992. Catecholamine induced growth of gram negative bacteria [J]. Life Sciences, 50 (3): 203-212.

LYTE M, FRANK C D, GREEN B T, 1996. Production of an autoinducer of growth by norepinephrine cultured Escherichia coli O157: H7 [J]. FEMS Microbiology Letters, 139 (2-3): 155-159.

MA X, WANG L, SHI Z, et al., 2019. Mechanism of continuous high temperature affecting growth performance, meat quality, and muscle biochemical properties of finishing pigs [J]. Genes Nutrition Research, 14 (1): 23.

MACAULAY A D, GILBERT I, SCANTLAND S, et al., 2016. Cumulus cell transcripts transit to the bovine oocyte in preparation for maturation [J]. Biology of Reproduction, 94 (1): 16.

MAEDA E, KIMURA S, YAMADA M, et al., 2017. Enhanced gap junction intercellular communication inhibits catabolic and pro-inflammatory responses in tenocytes against heat stress [J]. Journal of Cell Communication Signaling, 11 (4): 369-380.

MALOYAN A, HOROWITZ M, 2002. beta-Adrenergic signaling and thyroid hormones affect HSP72 expression during heat acclimation [J]. Journal of Applied Physiology, 93 (1): 107-115.

MARELLO K, LAROVERE J, SOMMERVILLE J, 1992. Binding of Xenopus oocyte masking proteins to mRNA sequences [J]. Nucleic Acids Research, 20 (21): 5593-5600.

MARTIN H M, CAMPBELL B J, HART C A, et al., 2004. Enhanced *Escherichia coli* adherence and invasion in Crohn's disease and colon cancer [J]. Gastroenterology, 127 (1): 80-93.

MASHALY M M, HENDRICKS G L, KALAMA M A, et al., 2004. Effect of heat stress on production parameters and immune responses of commercial laying hens [J]. Poultry Science, 83 (6): 889-894.

MATTICK J S, 2011. The central role of RNA in human development and cognition [J]. FEBS Letters, 585 (11): 1600-1616.

MAYER J, RAU B, GANSAUGE F, et al., 2000. Inflammatory mediators in human acute pancreatitis: clinical and pathophysiological implications [J]. Gut, 47 (4): 546-552.

MCEWEN B S, BOWLES N P, GRAY J D, et al., 2015. Mechanisms of stress in the brain [J]. Nature Neuroscience, 18 (10): 1353.

MCGLONE J J, STANSBURY W F, TRIBBLE L F, 1988a. Management of lactating sows during heat stress: effects of water drip, snout coolers, floor type and a high energy-density diet [J]. Journal of Animal Science, 66 (4): 885-891.

MCGLONE J J, STANSBURY W F, TRIBBLE L F, et al., 1988b. Photoperiod and heat stress influence on lactating sow performance and photoperiod effects on nursery pig performance [J]. Journal of Animal Science, 66 (8): 1915-1919.

MIETHING A, 1992. Germ-cell death during prespermatogenesis in the testis of the golden hamster [J]. Cell Tissue Research, 267 (3): 583-590.

MIEUSSET R, BUJAN L, MONDINAT C, et al., 1987. Association of scrotal hyperthermia with impaired spermatogenesis in infertile men [J]. Fertility and Sterillity, 48 (6): 1006-1011.

MIEUSSET R, QUINTANA CASARES P I, SANCHEZ-PARTIDA L G, et al., 1991. The effects of moderate heating of the testes and epididymides of rams by scrotal insulation on body temperature, respiratory rate, spermatozoa output and motility, and on fertility and embryonic survival in ewes inseminated with frozen semen [J]. Annals of the New York Academy of Sciences, 637: 445-458.

MINTON J E, WETTEMANN R P, MEYERHOEFFER D C, et al., 1981. Serum luteinizing hormone and testosterone in bulls during exposure to elevated ambient temperature [J]. Journal of Animal Science, 53 (6): 1551-1558.

MOLINERO N, RUIZ L, SANCHEZ B, et al., 2019. Intestinal Bacteria interplay with bile and cholesterol metabolism: implications on host physiology [J]. Frontiers in Physiology, 10: 185.

MOMMA K, HOMMA T, ISAKA R, et al., 2017. Heat-induced calcium leakage causes mitochondrial damage in caenorhabditis elegans body-wall muscles [J]. Genetics, 206 (4): 1985-1994.

MONSON M S, VAN GOOR A G, ASHWELL C M, et al., 2018. Immunomodulatory effects of heat stress and lipopolysaccharide on the bursal transcriptome in two distinct chicken lines [J]. BMC Genomics, 19 (1): 643.

MOORE W, CATO E, HOLDEMAN L, 1978. Some current concepts in intestinal bacteriology [J]. The American Journal of Clinical Nutrition, 31 (10): S33-S42.

MOUNIER N, ARRIGO A-P J C S, 2002. Actin cytoskeleton and small heat shock proteins: how do they interact? [J]. Cell Stress Chaperones, 7 (2): 167.

MURASE T, IMAEDA N, YAMADA H, et al., 2007. Seasonal changes in semen characteristics, composition of seminal plasma and frequency of acrosome reaction induced by calcium and calcium ionophore A23187 in Large White boars [J]. Journal of Reproduction and Development, 53 (4): 853-865.

NABA A, CLAUSER K R, HOERSCH S, et al., 2012. The matrisome: in silico definition and in vivo characterization by proteomics of normal and tumor extracellular matrices [J]. Molecular Cellular Proteomics, 11 (4): 1-18.

NAGASE M, SAKURAI A, SUGITA A, et al., 2017. Oxidative stress and abnormal cholesterol metabolism in patients with post-cardiac arrest syndrome [J]. Journal of Clinical Biochemistry Nutrition, 61 (2): 108-117.

NEILL J D, 1970. Effect of "stress" on serum prolactin and luteinizing hormone levels during the estrous cycle of the rat [J]. Endocrinology, 87 (6): 1192-1197.

NISHIO K, YAMAZAKI M, TANIGUCHI M, et al., 2017. Sensitivity of the meiotic stage to hyperthermia during in vitro maturation of porcine oocytes [J]. Acta Veterinaria Hungarica, 65 (1): 115-123.

OAKBERG E F, 1956. A description of spermiogenesis in the mouse and its use in analysis of the cycle of the seminiferous epithelium and germ cell renewal [J]. American Journal of Anatomy, 99 (3): 391-413.

OH B, HWANG S, MCLAUGHLIN J, et al., 2000. Timely translation during the mouse oocyte-to-embryo transition [J]. Development, 127 (17): 3795-3803.

OHTA Y, NISHIKAWA A, FUKAZAWA Y, et al., 1996. Apoptosis in adult mouse testis induced by experimental cryptorchidism [J]. Acta Anatomica, 157 (3): 195-204.

OMTVEDT I, NELSON R, EDWARDS R L, et al., 1971. Influence of heat stress during early, mid and late pregnancy of gilts [J].

Journal of Animal Science, 32 (2): 312-317.

OZANNE S E, 2001. Metabolic programming in animals: type 2 diabetes [J]. British Medical Bulletin, 60 (1): 143-152.

OZAWA M, TABAYASHI D, LATIEF T, et al., 2005. Alterations in follicular dynamics and steroidogenic abilities induced by heat stress during follicular recruitment in goats [J]. Reproduction, 129 (5): 621-630.

PAES V, VIEIRA L, CORREIA H, et al., 2016. Effect of heat stress on the survival and development of in vitro cultured bovine preantral follicles and on in vitro maturation of cumulus-oocyte complex [J]. Theriogenology, 86 (4): 994-1003.

PAYTON R R, ROMAR R, COY P, et al., 2004. Susceptibility of bovine germinal vesicle-stage oocytes from antral follicles to direct effects of heat stress in vitro [J]. Biology of Reproduction, 71 (4): 1303-1308.

PEARCE S, GABLER N, ROSS J, et al., 2013. The effects of heat stress and plane of nutrition on metabolism in growing pigs [J]. Journal of Animal Science, 91 (5): 2108-2118.

PEARCE S, MANI V, BODDICKER R, et al., 2012. Heat stress reduces barrier function and alters intestinal metabolism in growing pigs [J]. Journal of Animal Science, 90 (suppl_4): 257-259.

PELLICCIONE F, MICILLO A, CORDESCHI G, et al., 2011. Altered ultrastructure of mitochondrial membranes is strongly associated with unexplained asthenozoospermia [J]. Fertility and Sterillity, 95 (2): 641-646.

PELTONIEMI O, LOVE R, HEINONEN M, et al., 1999. Seasonal and management effects on fertility of the sow: a descriptive study [J]. Animal Reproduction Science, 55 (1): 47-61.

PENNAROSSA G, MAFFEI S, RAHMAN M M, et al., 2001. Characterization of the constitutive pig ovary heat shock chaperone machinery and its response to acute thermal stress or to seasonal variations [J]. Biology of Reproduction, 87 (5): 119.

PEREIRA R, Sá R, BARROS A, et al., 2017. Major regulatory mechanisms involved in sperm motility [J]. Asian Journal of Andrology, 19 (1): 5-14.

PéREZ-CRESPO M, PINTADO B, GUTIéRREZ-ADáN A, 2008. Scrotal heat stress effects on sperm viability, sperm DNA integrity, and the offspring sex ratio in mice [J]. Molecular Reproduction and Develpoment, 75 (1): 40-47.

PETRO E, LEROY J, VAN CRUCHTEN S, et al., 2012. Endocrine disruptors and female fertility: focus on (bovine) ovarian follicular physiology [J]. Theriogenology, 78 (9): 1887-1900.

PETROF E O, CIANCIO M J, CHANG E B, 2004. Role and regulation of intestinal epithelial heat shock proteins in health and disease [J]. Chinese Journal of Digestive Diseases, 5 (2): 45-50.

PFEIFFER C J, QIU B, LAM S K, 2001. Reduction of colonic mucus by repeated short-term stress enhances experimental colitis in rats [J]. Journal of Physiology-Paris, 95 (1-6): 81-87.

PICCIONI F, ZAPPAVIGNA V, VERROTTI A C, 2005. Translational regulation during oogenesis and early development: the cap-poly (A) tail relationship [J]. Comptes Rendus Biologies, 328 (10-11): 863-881.

PINEAU C, LE MAGUERESSE B, COURTENS J L, et al., 1991. Study in vitro of the phagocytic function of Sertoli cells in the rat [J]. Cell Tissue Research, 264 (3): 589-598.

PISCIANZ E, BRUMATTI L V, TOMMASINI A, et al., 2019. Is autophagy an elective strategy to protect neurons from dysregulated cholesterol metabolism? [J]. Neural Regeneration Research, 14 (4): 582.

PLAT J, BAUMGARTNER S, VREUGDENHIL A C, et al., 2019. Modifying serum plant sterol concentrations: effects on markers for whole body cholesterol metabolism in children receiving parenteral nutrition and intravenous lipids [J]. Nutrients, 11 (1): 120.

POULTON J, MARCHINGTON D R, 2002. Segregation of mitochondrial DNA (mtDNA) in human oocytes and in animal models of mtDNA disease: clinical implications [J]. Reproduction, 123 (6): 751-755.

QUINIOU N, NOBLET J, 1999. Influence of high ambient temperatures on performance of multiparous lactating sows [J]. Journal of Animal Science, 77 (8): 2124-2134.

QUINTEIRO-FILHO W M, CALEFI A S, CRUZ D, et al., 2017. Heat stress decreases expression of the cytokines, avian β-defensins 4 and 6 and Toll-like receptor 2 in broiler chickens infected with *Salmonella enteritidis* [J]. Veterinary Immunology Immunopathology, 186: 19-28.

QUINTEIRO-FILHO W M, GOMES A, PINHEIRO M L, et al., 2012. Heat stress impairs performance and induces intestinal inflammation in broiler chickens infected with *Salmonella enteritidis*[J]. Avian Pathology, 41 (5): 421-427.

QUINTEIRO-FILHO W M, RIBEIRO A, FERRAZ-DE-PAULA V, et al., 2010. Heat stress impairs performance parameters, induces intestinal injury, and decreases macrophage activity in broiler chickens [J]. Poultry Science, 89 (9): 1905-1914.

RAHMAN M B, VANDAELE L, RIJSSELAERE T, et al., 2014. Bovine spermatozoa react to in vitro heat stress by activating the mitogen-activated protein kinase 14 signalling pathway [J]. Reproduction Fertility and Development, 26 (2): 245-257.

RAMSAY R E, 1989. Pharmacokinetics and clinical use of parenteral phenytoin, phenobarbital, and paraldehyde [J]. Epilepsia, 30: S1-S3.

RASOOLI A, TAHA JALALI M, NOURI M, et al., 2010. Effects of chronic heat stress on testicular structures, serum testosterone and cortisol concentrations in developing lambs [J]. Animal Reproduction Science, 117 (1-2): 55-59.

RAVAGNOLO O, MISZTAL I, 2002. Effect of heat stress on nonreturn rate in Holstein cows: genetic analyses [J]. Journal of Dairy Science, 85 (11): 3092-3100.

REINHART B J, SLACK F J, BASSON M, et al., 2000. The 21-nucleotide let-7 RNA regulates developmental timing in *Caenorhabditis elegans* [J]. Nature, 403 (6772): 901-906.

RENAUDEAU D, NOBLET J, 2001. Effects of exposure to high ambient temperature and dietary protein level on sow milk production and performance of piglets [J]. Journal of Animal Science, 79 (6): 1540-1548.

RICHTER J D, 2007. CPEB: a life in translation [J]. Trends in Biochemical Sciences, 32 (6): 279-285.

ROBINSON R, FRITZ I B, 1981. Metabolism of glucose by sertoli cells in culture [J]. Biology of Reproduction, 24 (5): 1032-1041.

ROCKETT J C, MAPP F L, GARGES J B, et al., 2001. Effects of hyperthermia on spermatogenesis, apoptosis, gene expression, and fertility in adult male mice [J]. Biology of Reproduction, 65 (1): 229-239.

ROSS J W, HALE B J, SEIBERT J T, et al., 2017. Physiological mechanisms through which heat stress compromises reproduction in pigs [J]. Molecular Reproduction, 84 (9): 934-945.

ROTH Z, ARAV A, BOR A, et al., 2001a. Improvement of quality of oocytes collected in the autumn by enhanced removal of impaired follicles from previously heat-stressed cows [J]. Reproduction, 122 (5): 737-744.

ROTH Z, HANSEN P, 2005. Disruption of nuclear maturation and rearrangement of cytoskeletal elements in bovine oocytes exposed to heat shock during maturation [J]. Reproduction, 129 (2): 235-244.

ROTH Z, MEIDAN R, BRAW-TAL R, et al., 2000. Immediate and delayed effects of heat stress on follicular development and its association with plasma FSH and inhibin concentration in cows [J]. Journal of Reproduction and Fertility, 120 (1): 83-90.

ROTH Z, MEIDAN R, SHAHAM-ALBALANCY A, et al., 2001b. Delayed effect of heat stress on steroid production in medium-sized and preovulatory bovine follicles [J]. Reproduction, 121 (5): 745-751.

ROZENBOIM I, TAKO E, GAL-GARBER O, et al., 2007. The effect of heat stress on ovarian function of laying hens [J]. Poultry Science, 86 (8): 1760-1765.

RUIZ-PESINI E, LAPEñA A C, DiEZ C, et al., 2000. Seminal quality correlates with mitochondrial functionality [J]. Clinica Chimica Acta, 300 (1-2): 97-105.

RUSSELL D L, GILCHRIST R B, BROWN H M, et al., 2016. Bidirectional communication between cumulus cells and the oocyte: old hands and new players? [J]. Theriogenology, 86 (1): 62-68.

RYDHMER L, HANSSON M, LUNDSTRöM K, et al., 2013. Welfare of entire male pigs is improved by socialising piglets and keeping intact groups until slaughter [J]. Animal, 7 (9): 1532-1541.

SAARINEN H J, SITTIWET C, SIMONEN P, et al., 2018. Determining the mechanisms of dietary turnip rapeseed oil on cholesterol metabolism in men with metabolic syndrome [J]. Journal of Investigative Medicine, 66 (1): 11-16.

SABéS-ALSINA M, TALLO-PARRA O, MOGAS M T, et al., 2016. Heat stress has an effect on motility and metabolic activity of rabbit spermatozoa [J]. Animal Reproduction Science, 173: 18-23.

SAMI M, MOHRI M, SEIFI H A, 2015. Effects of dexamethasone and insulin alone or in combination on energy and protein metabolism indicators and milk production in dairy cows in early lactation-A randomized controlled trial [J]. PLoS One, 10 (9): e0139276.

SANFINS A, RODRIGUES P, ALBERTINI D F, et al., 2018. GDF-9 and BMP-15 direct the follicle symphony [J]. Journal of Assisted Reproduction, 35 (10): 1741-1750.

SCHLEH M W, RUBY B C, DUMKE C L, 2018. Short term heat acclimation reduces heat stress, but is not augmented by dehydration [J]. Journal of Thermal Biology, 78: 227-234.

SCHOENHERR W, STAHLY T, CROMWELL G, 1989. The effects of dietary fat or fiber addition on yield and composition of milk from sows housed in a warm or hot environment [J]. Journal of Animal Science, 67 (2): 482-495.

SEIFI K, REZAEI M, YANSARI A T, et al., 2018. Saturated fatty acids may ameliorate environmental heat stress in broiler birds by affecting mitochondrial energetics and related genes [J]. Journal of Thermal Biology, 78: 1-9.

SENGAR G S, DEB R, SINGH U, et al., 2018a. Identification of differentially expressed microRNAs in Sahiwal (*Bos indicus*) breed of cattle during thermal stress [J]. Cell Stress & Chaperones, 23 (5): 1019-1032.

SENGAR G S, DEB R, SINGH U, et al., 2018b. Differential expression of microRNAs associated with thermal stress in Frieswal (*Bos taurus x Bos indicus*) crossbred dairy cattle [J]. Cell Stress & Chaperones, 23 (1): 155-170.

SEO E, KANG H, CHOI H, et al., 2019. Reactive oxygen species-induced changes in glucose and lipid metabolism contribute to the accumulation of cholesterol in the liver during aging [J]. Aging Cell, 18 (2): e12895.

SHAEIB F, KHAN S N, ALI I, et al., 2016. The defensive role of cumulus cells against reactive oxygen species insult in metaphase II mouse oocytes [J]. Reproductive Sciences, 23 (4): 498-507.

SHAHZAD K, AKBAR H, VAILATI-RIBONI M, et al., 2015. The effect of calving in the summer on the hepatic transcriptome of Holstein cows during the peripartal period [J]. Journal of Dairy Science, 98 (8): 5401-5413.

SHIKONE T, BILLIG H, HSUEH A J, 1994. Experimentally induced cryptorchidism increases apoptosis in rat testis [J]. Biology of Reproduction, 51 (5): 865-872.

SHIMIZU T, OHSHIMA I, OZAWA M, et al., 2005. Heat stress diminishes gonadotropin receptor expression and enhances susceptibility to apoptosis of rat granulosa cells [J]. Reproduction, 129 (4): 463-472.

SHIRAISHI K, MATSUYAMA H, TAKIHARA H, 2012. Pathophysiology of varicocele in male infertility in the era of assisted reproductive technology [J]. International Journal of Urology, 19 (6): 538-550.

SHWARTZ G, RHOADS M L, VANBAALE M J, et al., 2009. Effects of a supplemental yeast culture on heat-stressed lactating Holstein cows [J]. Journal of Dairy Science, 92 (3): 935-942.

SIMMONS R, 2011. Epigenetics and maternal nutrition: nature v. nurture [J]. Proceedings of the Nutrition Society, 70 (1): 73-81.

SINGH I S, HASDAY J D, 2013. Fever, hyperthermia and the heat shock response [J]. International Journal of Hyperthermia, 29 (5): 423-435.

SIROTKIN A V, 2010. Effect of two types of stress (heat shock/high temperature and malnutrition/serum deprivation) on porcine ovarian cell functions and their response to hormones [J]. Journal of Experimental Biology, 213 (Pt 12): 2125-2130.

SLIMEN I B, NAJAR T, GHRAM A, et al., 2014. Reactive oxygen species, heat stress and oxidative-induced mitochondrial damage. a review [J]. International Journal of Hyperthermia, 30 (7): 513-523.

SöDERHOLM J D, YANG P C, CEPONIS P, et al., 2002. Chronic stress induces mast cell-dependent bacterial adherence and initiates mucosal inflammation in rat intestine [J]. Gastroenterology, 123 (4): 1099-1108.

ŠOŠIĆ-JURJEVIĆ B, LüTJOHANN D, RENKO K, et al., 2019. The isoflavones genistein and daidzein increase hepatic concentration of thyroid hormones and affect cholesterol metabolism in middle-aged male rats [J]. The Journal of Steroid Biochemistry Molecular Biology, 1901-1910.

SOSNOWSKI D W, BOOTH C, YORK T P, et al., 2018. Maternal prenatal stress and infant DNA methylation: a systematic review [J]. Developmental Psychobiology, 60 (2): 127-139.

SPITZ J C, GHANDI S, TAVERAS M, et al., 1996. Characteristics of the intestinal epithelial barrier during dietary manipulation and glucocorticoid stress [J]. Critical Care Medicine, 24 (4): 635-641.

SRIKANTH K, KWON A, LEE E, et al., 2017. Characterization of genes and pathways that respond to heat stress in Holstein calves through transcriptome analysis [J]. Cell Stress & Chaperones, 22 (1): 29-42.

ST-PIERRE N, COBANOV B, SCHNITKEY G, 2003. Economic losses from heat stress by US livestock industries [J]. Journal of Dairy Science, 86: E52-E77.

SU YQ, SUGIURA K, WOO Y, et al., 2007. Selective degradation of transcripts during meiotic maturation of mouse oocytes [J]. Developmental Biology, 302 (1): 104-117.

SUN H, JIANG R, XU S, et al., 2015a. Transcriptome responses to heat stress in hypothalamus of a meat-type chicken [J]. Journal of Animal Science Biotechnology, 6 (1): 6.

SUN L, LAMONT S J, COOKSEY A M, et al., 2015b. Transcriptome response to heat stress in a chicken hepatocellular carcinoma cell line [J]. Cell Stress & Chaperones, 20 (6): 939-950.

SUN Q, WU G, LAI L, et al., 2001. Translocation of active mitochondria during pig oocyte maturation, fertilization and early embryo development in vitro [J]. Reproduction, 122 (1): 155-163.

TAO S, DAHL G E, 2013. Invited review: heat stress effects during late gestation on dry cows and their calves [J]. Journal of Dairy Science, 96 (7): 4079-4093.

TAO S, DAHL G E, LAPORTA J, et al., 2019. PHYSIOLOGY SYMPOSIUM: effects of heat stress during late gestation on the dam and its calf [J]. Journal of Animal Science, 97 (5): 2245-2257.

TAO S, MONTEIRO A, THOMPSON I, et al., 2012. Effect of late-gestation maternal heat stress on growth and immune function of dairy calves [J]. Journal of Dairy Science, 95 (12): 7128-7136.

TAST A, PELTONIEMI O, VIROLAINEN J V, et al., 2002. Early disruption of pregnancy as a manifestation of seasonal infertility in pigs [J]. Animal Reproduction Science, 74 (1-2): 75-86.

TESS M, DICKERSON G, NIENABER J, et al., 1984. The effects of body composition on fasting heat production in pigs [J]. Journal of Animal Science, 58 (1): 99-110.

TOMPKINS E, HEIDENREICH C, STOB M, 1967. Effect of post-breeding thermal stress on embryonic mortality in swine [J]. Journal of Animal Science, 26 (2): 377-380.

TSENG J, CHEN C, CHOU P, et al., 2004. Influences of follicular size on parthenogenetic activation and in vitro heat shock on the cytoskeleton in cattle oocytes [J]. Reproduction in Domestic Animals, 39 (3): 146-153.

VALLéS A S, AVELDAñO M I, FURLAND N E, 2014. Altered lipid homeostasis in sertoli cells stressed by mild hyperthermia [J]. PLoS One, 9 (4): e91127.

VAN DER KANT R, LANGNESS V F, HERRERA C M, et al., 2019. Cholesterol metabolism is a druggable axis that independently regulates tau and amyloid-β in iPSC-derived Alzheimer's disease neurons [J]. Cell Stem Cell, 24 (3): 363-375.

VANSELOW J, VERNUNFT A, KOCZAN D, et al., 2016. Exposure of lactating dairy cows to acute pre-ovulatory heat stress affects granulosa cell-specific gene expression profiles in dominant follicles [J]. PLoS One, 11 (8): e0160600.

WAI T, AO A, ZHANG X, et al., 2010. The role of mitochondrial DNA copy number in mammalian fertility [J]. Biology of Reproduction, 83 (1): 52-62.

WAITES G M, MOULE G R, 1961. Relation of vascular heat exchange to temperature regulation in the testis of the ram [J]. Journal of Reprodution and Fertility, 2(3): 213-224.

WANG J Z, SUI H S, MIAO D Q, et al., 2009. Effects of heat stress during in vitro maturation on cytoplasmic versus nuclear components of mouse oocytes [J]. Reproduction, 137 (2): 181.

WAPINSKI O, CHANG H Y, 2011. Long noncoding RNAs and human disease [J]. Trends in Cell Biology, 21 (6): 354-361.

WEBSTER W S, EDWARDS M J, 1984. Hyperthermia and the induction of neural tube defects in mice [J]. Teratology, 29 (3): 417-425.

WEST J W, 2003. Effects of heat-stress on production in dairy cattle [J]. Journal of Dairy Science, 86 (6): 2131-2144.

WETTEMANN R P, WELLS M E, OMTVEDT I T, et al., 1976. Influence of elevated ambient temperature on reproductive performance of boars [J]. Journal of Animal Science, 42 (3): 664-669.

WETZEL-GASTAL D, FEITOR F, VAN HARTEN S, et al., 2018. A genomic study on mammary gland acclimatization to tropical environment in the Holstein cattle [J]. Tropical Animal Health and Production, 50 (1): 187-195.

WILDEUS S, ENTWISTLE K W, 1983. Spermiogram and sperm reserves in hybrid Bos indicus X Bos taurus bulls after scrotal insulation [J]. Journal of Reprodution and Fertility, 69 (2): 711-716.

WILDT D, RIEGLE G D, DUKELOW W R, 1975. Physiological temperature response and embryonic mortality in stressed swine [J]. American Journal of Physiology, 229 (6): 1471-1475.

WILKENS M R, FIRMENICH C S, SCHNEPEL N, et al., 2019. A reduced protein diet modulates enzymes of vitamin D and cholesterol metabolism in young ruminants [J]. The Journal of Steroid Biochemistry Molecular Biology, 186: 196-202.

WILLIAMS A, SAFRANSKI T, SPIERS D, et al., 2013. Effects of a controlled heat stress during late gestation, lactation, and after weaning on thermoregulation, metabolism, and reproduction of primiparous sows [J]. Journal of Animal Science, 91 (6): 2700-2714.

WOLFENSON D, LEW B J, THATCHER W W, et al., 1997. Seasonal and acute heat stress effects on steroid production by dominant follicles in cows [J]. Animal Reproduction Science, 47 (1-2): 9-19.

WROBEL K H, SüSS F, 1998. Identification and temporospatial distribution of bovine primordial germ cells prior to gonadal sexual differentiation [J]. Anatomy and Embryology, 197 (6): 451-467.

XU B, CHEN M, JI X, et al., 2015. Metabolomic profiles reveal key metabolic changes in heat stress-treated mouse Sertoli cells [J]. Toxicology In Vitro, 29 (7): 1745-1752.

YAERAM J, SETCHELL B P, MADDOCKS S, 2006. Effect of heat stress on the fertility of male mice in vivo and in vitro [J]. Reproduction Fertility and Development, 18 (6): 647-653.

YAMAMOTO N, TOKUDA H, KUROYANAGI G, et al., 2016. Heat shock protein 22 (HSPB8) limits TGF-β-stimulated migration of osteoblasts [J]. Molecular Cellular Endocrinology, 436: 1-9.

YANG W R, LIAO T T, BAO Z Q, et al., 2018. Role of AMPK in the expression of tight junction proteins in heat-treated porcine Sertoli cells [J]. Theriogenology, 121: 42-52.

YIN C, LIU J, HE B, et al., 2019. Heat stress induces distinct responses in porcine cumulus cells and oocytes associated with disrupted gap junction and trans-zonal projection colocalization [J]. Journal of Cellular Physiology, 234 (4): 4787-4798.

YIN Y, HAWKINS K L, DEWOLF W C, et al., 1997. Heat stress causes testicular germ cell apoptosis in adult mice [J]. Journal of Andrology, 18 (2): 159-165.

YUDIN A I, CHERR G N, KATZ D F, 1988. Structure of the cumulus matrix and zona pellucida in the golden hamster: a new view of sperm interaction with oocyte-associated extracellular matrices [J]. Cell Tissue Research, 251 (3): 555-564.

ZABOLI G, HUANG X, FENG X, et al., 2019. How can heat stress affect chicken meat quality?-a review [J]. Poultry Science, 98 (3): 1551-1556.

ZANNAS A S, PROVENçAL N, BINDER E B, 2015. Epigenetics of posttraumatic stress disorder: current evidence, challenges, and future directions [J]. Biological Psychiatry, 78 (5): 327-335.

ZENG T, ZHANG L, LI J, et al., 2015. De novo assembly and characterization of muscovy duck liver transcriptome and analysis of differentially regulated genes in response to heat stress [J]. Cell Stress & Chaperones, 20 (3): 483-493.

ZHANG J, SCHMIDT C J, LAMONT S J, 2017. Transcriptome analysis reveals potential mechanisms underlying differential heart development in fast-and slow-growing broilers under heat stress [J]. BMC Genomics, 18 (1): 295.

ZHANG M, JIANG M, BI Y, et al., 2012. Autophagy and apoptosis act as partners to induce germ cell death after heat stress in mice [J]. PLoS One, 7 (7): e41412.

ZHAO J F, CHEN H Y, WEI J, et al., 2019. CCN family member 1 deregulates cholesterol metabolism and aggravates atherosclerosis [J]. Acta Physiologica, 225 (3): e13209.

ZHENG Y, CHEN K L, ZHENG X M, et al., 2014. Identification and bioinformatics analysis of microRNAs associated with stress and immune response in serum of heat-stressed and normal Holstein cows [J]. Cell Stress & Chaperones, 19 (6): 973-981.

ZHOU J, LI L, TANG S, et al., 2008. Effects of serotonin depletion on the hippocampal GR/MR and BDNF expression during the stress adaptation [J]. Behavioural Brain Research, 195 (1): 129-138.

ZHOU J, LI T, CAI K, et al., 2019. Molecular regulation mechanism of farnesyl X receptor in bile acid and cholesterol metabolism in hyperlipidemic rats [J]. Journal of Biological Regulators Homeostatic Agents, 33 (1): 205-211.

ZHU Y, LIAO X, LU L, et al., 2017a. Maternal dietary zinc supplementation enhances the epigenetic-activated antioxidant ability of chick embryos from maternal normal and high temperatures [J]. Oncotarget, 8 (12): 19814.

ZHU Y, LU L, LIAO X, et al., 2017b. Maternal dietary manganese protects chick embryos against maternal heat stress via epigenetic-activated antioxidant and anti-apoptotic abilities [J]. Oncotarget, 8 (52): 89665.

第五章 温热环境对家畜泌乳健康的影响及其机制

5.1 热应激对母猪内分泌系统的影响

5.1.1 家畜内分泌系统概述

1. 内分泌系统的概念和组成

家畜的内分泌系统主要指全身的内分泌腺，是神经系统以外的一个重要机能调节系统。家畜体内的内分泌系统可分为两大类：一是在形态结构上独立存在的器官，包括脑垂体、甲状腺、松果体、甲状旁腺、肾上腺等；二是分散于其他器官内的内分泌组织或细胞，如胰腺内的胰岛、睾丸内的间质细胞、卵巢内的颗粒细胞以及胃肠道的内分泌细胞。

2. 内分泌系统的功能

构成内分泌系统的各种内分泌腺以及组织细胞可以分泌激素，内分泌系统可以通过激素对畜体的特定机能发挥调节作用。这类调节作用依赖血液和组织液进行，所以又称为体液调节（激素调节）。下丘脑和垂体是机体内两个重要的内分泌器官，它们在结构和机能上的联系非常密切。下丘脑的一些神经元既能分泌神经激素，又具有神经细胞的功能，可以将从大脑或中枢神经系统其他部位传来的神经信息转变为激素的信息，通过垂体门脉系统联系垂体，从而以下丘脑—垂体作为枢纽，把神经调节与体液调节紧密联系起来，组成下丘脑—垂体功能单位，进而参与调控机体的各种生理功能。家畜机体可以通过下丘脑—垂体—肾上腺轴/甲状腺轴上的激素调节机体内环境稳态以及新陈代谢、各器官的正常生长发育与功能活动、生殖器官的发育和成熟以及生殖活动、乳腺器官的发育以及泌乳的启动和维持。

5.1.2 热应激对母猪内分泌系统的影响

环境因素对动物内分泌系统的影响具有两重性。当各种环境因素在动物适宜生长的范围内，机体会维持内环境稳定。当某一个或者一些环境因素超出机体的适应能力，就会引起机体内分泌状态的改变，以适应环境的变化；但如果不利环境因素的强度过大，机体内分泌状态改变仍无法适应环境变化时，机体就会出现异常的生理状态以及生产性能等的降低。例如，高温会引起动物热应激，导致动物繁殖性能和泌乳性能下降。由此可见，环境因素与机体内分泌系统也密切相关。本节我们主要就温热环境对动物内分泌系统的影响进行总结，为该领域的深入研究提供参考。

在畜牧生产中，当动物长期处于高温环境，超过其适温区上限时，极易产生热应激。母猪由于体型较大，代谢率较高以及蒸发散热差而对高温更加敏感（Williams et al.，2013）。泌乳母猪的等热区是 12～22℃（Black et al.，1993），环境温度达到 28℃时会使母猪中暑，导致泌乳母猪的采食量下降（Quiniou et al.，1999），产奶量下降以及延迟母猪断奶后的再发情（Prunier et al.，1996）。此外，瞬时热刺激或者长期热应激会影响动物的内分泌腺，进而引起相关激素的分泌与释放。因此，动物生产性能的降低很可能是高温改变了相关内分泌激素的分泌所造成的。

1. HPA 轴

高温引起动物热应激，热应激会引起动物 HPA 轴、HPT 轴和下丘脑—垂体—性腺（hypothalamic pituitary gonadal，HPG）轴的改变，其中最重要的就是 HPA 轴的激活。热应激时，下丘脑分泌的 CRH 和垂体分泌的 ACTH 升高，导致较高浓度的皮质醇和皮质酮，而肾素、加压素的升高，引起较高的醛固酮分泌。醛固酮分泌量增加，促进机体保钠排钾贮水，代偿机体在高温时所失的过多水分，维持机体的体液平衡（邹胜龙等，2000）。皮质酮分泌增加以调节盐、糖、蛋白质及脂肪的分解。皮质醇（COR）是动物的主要应激激素，是血液中葡萄糖浓度升高的主要因素，COR 分泌增加能帮助机体有效抵御热应激。有研究指出，热应激使猪、奶牛以及水牛的血浆 COR 浓度升高（Titto et al.，2017）。但是也有研究发现，泌乳母猪在产后第 4 天和第 19 天以及断奶后第 1 天，30℃组的 COR 浓度低于 20℃组（Messias et al.，1998）。分析认为这可能是由于 COR 属于分解代谢激素，在高温条件下，母猪 COR 浓度降低，进而抑制分解代谢，减少体热的产生，导致高温条件下机体储备动员不足以及泌乳量减少。此外，热应激条件下，母猪升高的 ACTH 还会抑制垂体前叶分泌促卵泡激素（FSH）和 LH，造成卵泡发育和排出数量的减少。

2. HPT 轴

热应激对下丘脑—垂体—甲状腺轴的影响主要表现为甲状腺功能降低和甲状腺激素合成减少（López et al.，2018）。甲状腺激素是由甲状腺分泌的一种含碘激素，主要有 T4、T3 两种。甲状腺激素的合成和分泌受脑垂体分泌的促甲状腺激素（TSH）的调控。在热应激状态下，由于动物采食量下降，营养摄入不足，必然动用机体贮备加速分解代谢以提供足够多的能量，导致血液中蛋白质含量下降。同时高温刺激大脑皮质，抑制 TSH 分泌而降低 T3、T4 水平。有研究发现，奶牛血浆中 T3 和 T4 的水平在热应激时下降（Magdub et al.，1982），这种甲状腺激素的下降还会伴随血浆 GH 水平的降低，从而达到降低产热的作用（Yousef et al.，1966）。高温对母猪的甲状腺激素也有影响，在热应激期间无论是泌乳期母猪还是母猪断奶后，T3 的浓度都会显著降低（Messias et al.，1998；Prunier et al.，1996）。高温对母猪 T4 的影响并不一致，在泌乳期间，饲养于 30℃与饲养于 20℃、22℃的母猪相比，T4 的分泌不受影响（Prunier et al.，1996）。也有研究发现 T4 的分泌显著降低（Messias et al.，1998）。由于甲状腺激素是控制体热产生的重要激素，且 T3 相对于 T4 活性更高，所以 T3 在高温下显著下降与产热减弱直接相关。此外，环境温度升高可能诱导脱碘酶活性降低，导致血液中 T3/T4 的比率降低（Todini et al.，2015）。

3. HPG 轴

热应激还会影响下丘脑—垂体—性腺轴，调节 GnRH 和促性腺激素的合成和分泌。环境温度刺激能够转换为生理信号刺激神经元，作用于下丘脑的 GnRH 神经元，改变 GnRH 和促性腺激素的分泌模式，调节生殖行为（Smith et al.，2008）。垂体前叶分泌的 FSH 和 LH 在动物泌乳期的分泌是受抑制的，同时仔畜吮吸的次数与 LH 的脉冲频率呈负相关（Rojkittikhun et al.，1993）。不同的研究报道热应激分别不影响（Gwazdauskas et al.，1981）、促进（Roman-Ponce et al.，1981）或者降低（Wise et al.，1988）奶牛 LH 的水平。造成结果不一致的原因可能是采样的频率或者热应激的程度不同（急性和慢性）。另外，还发现热应激下 FSH 与雌二醇变化相一致，Gilad 等（1993）报道在急性或者慢性热应激下，低浓度的 FSH 伴随低浓度的雌二醇，而在雌二醇浓度正常的奶牛中检测到 FSH 的浓度未发生明显变化。Roth 等（2000）发现高温或者非高温环境下奶牛 FSH 的脉冲频率和幅度以及基础浓度都没有变化。此外，高温环境下也会出现 FSH 升高的情况，这主要是调控 FSH 分泌的抑制素浓度降低所引起的。高温对母猪促性腺激素影响的报道相对较少。Bard 等（1991）发现从泌乳第 9 天处于 30℃的母猪与处于 22℃的母猪相比，LH 平均水平没有受到影响，但第 24 天时，LH 的脉冲频率降低，这可能是高温使母猪断奶后发情延迟的原因。雌激素是性腺轴调控的一个重要激素，主要指由卵巢和胎盘产生的固醇类激素，它不仅可以促进乳腺腺泡导管的发育，还可以促进腺泡的发育及乳汁的生成（李楠等，2011）。给母牛连续注射雌激素，可以提高母牛的产奶量（Hindery et al.，1964）。泌乳母猪雌二醇-17β 的浓度在高温环境中要低于凉爽环境，而雌二醇的降低又与高温环境下母猪断奶后再发情的延迟有关（Biensen et al.，1996）。同样地，高温会降低奶牛血浆雌二醇浓度（Wilson et al.，1998）。而且母羊处在 36.8℃、70%湿度的环境中 48h，卵泡雌二醇的合成活性也会降低（Ozawa et al.，2005）。相对于急性热应激，在长期慢性热应激中更容易出现雌二醇浓度的下降（Khodaei-Motlagh et al.，2011）。

4. 下丘脑—垂体—生长轴

热应激也会影响下丘脑—垂体—生长轴，参与调控的激素主要是 GH 和 IGF-1。GH 是由垂体前叶的生长激素细胞分泌和释放的一种蛋白类激素，可以促进乳腺发育和维持泌乳。Kleinberg 等（2009）发现 GH 可以刺激牛乳腺上皮细胞的大量增殖，而且研究表明利用垂体或重组牛生长激素可以提高产奶量（Bauman et al.，1980）。高温会影响 GH 的水平，当环境温度从 20℃提高到 30℃，会提高母猪 GH 的基础浓度，同时增强 GH 对促甲状腺激素释放激素（thyrotropin-releasing hormone，TRH）的反应（Barb et al.，1991）。高温影响 GH 的机制还不清楚，但是高温对 GH 的影响可能与动物采食量降低有关，因为在限饲的泌乳母猪中同样出现 GH 浓度的升高（Quesnel et al.，1998）。也有不少研究指出热应激会降低奶牛体内循环的 GH 水平（McGuire et al.，1991；Rhoads et al.，2009b），而且这种影响的产生依赖于营养水平。IGF-1 是 GH 诱导靶细胞产生的具有多种生理功能的活性蛋白多肽，也是一种有效的促泌乳激素（Bauman et al.，1985）。有研究指出高温对母猪 IGF-1 的影响与 GH 相反，30℃下母猪具有更低的 IGF-1 水平（Messias et al.，1998）。此外，热应激会降低母猪在泌乳第 2 天和第 21 天的 IGF-1 浓度（Farmer et al.，2006）。Lucy 等（2017）详细记录了热应激对母猪妊娠期和泌乳期 IGF-1 水平的变化，结果显示，热应激会降低妊娠 60～110d IGF-1 的水平，但不影响泌乳期 IGF-1 的水平。通常情况下，GH 可以刺激肝脏合成和分泌大量 IGF-1，但在高温条件下，IGF-1 可能从 GH 的刺激中逃逸，不受其影响，从而出现与 GH 不一致的变化。

5. 下丘脑—垂体—乳腺轴

热应激对下丘脑—垂体—乳腺轴也有影响。催乳素（prolactin，PRL）是垂体分泌的维持乳腺细胞新陈代谢所必需的激素，作为泌乳过程中的一个“综合信号”参与泌乳的多个方面。PRL 可以促进乳的生成，PRL 的浓度降低会导致泌乳量下降。给山羊体内注射多巴胺拮抗剂抑制体内 PRL 的水平，会导致山羊产奶量下降 28%（Lacasse et al.，2016）。研究发现，在热应激条件下荷斯坦奶牛或者摩拉水牛的循环催乳素水平增加（Rhoads et al.，2010；Roy et al.，2016）。而大部分研究表明，高温对母猪催乳素基础水平没有影响。Barb 等（1991）将泌乳 9d 后的母猪分别置于 30℃和 20℃，在泌乳 24d 和 25d 时检测催乳素含量，结果发现催乳素含量没有差异。随后 Messias 等（1998）和 Farmer 等（2007）也得到类似的结果。但是 Farmer 等（2006）在另一项研究中指出，母猪在高温组（30℃）相对于常温组（20℃），催乳素浓度有下降趋势。虽然高温可导致动物产奶量下降，且催乳素是促进动物泌乳的主要激素，但是高温环境下，催乳素水平与泌乳量的变化之间并无明显规律。因此，催乳素很可能并不是高温环境下动物泌乳能力降低的主要作用激素。

热应激会引起动物一系列内分泌激素水平的变化，而动物的生长、繁殖以及泌乳受多种激素的协同调控。热应激可能通过引起相关激素水平的变化影响动物的健康生长及生产性能。热应激会引起母猪内分泌的适应性变化，这对母猪自身的采食量、泌乳量以及繁殖性能都会产生不利影响。已证明热应激影响母猪泌乳调控的相关激素，并推测可能的原因是高温造成的采食量下降以及机体为减少产热而降低总的代谢等，但对热应激影响泌乳的具体作用机制还不清楚。因此深入分析热应激对动物下丘脑—垂体—靶器官的相关激素变化，对揭示热应激影响内分泌进而调控动物生长以及泌乳的分子生物学机制具有重要意义。

5.2 热应激对母猪乳腺发育和乳品质的影响

恒温动物具有等温区，动物位于等温区时可以维持正常的体温，并且能量消耗最小；但是动物的体温超过其等温区规定的范围，机体的热负荷超过动物的散热能力，动物便会发生热应激（Bernabucci et al.，2010）。在热应激条件下，母猪的繁殖性能会下降，怀孕初期的母猪胚胎病死率增加，影响分娩率和窝产仔数，而妊娠后期的母猪则会增加死产仔猪的数量，降低产仔数和仔猪成活率（Wegner et al.，2016）。目前，猪热应激研究主要集中在泌乳母猪，泌乳母猪的舒适温度范围为 16～22℃，仔猪的舒适温度范围为 30～32℃，分娩室中的温度虽然属于仔猪的舒适区范围，但这个温度远远高于泌乳母猪的舒适区范围，母猪会发生热应激。且母乳对于仔猪的生长尤为重要，猪乳中不仅包括各种营养物质，还有各种活性成分，能提供肠腔营养、对抗病原微生物及促进胃肠道免疫，对于仔猪的抵抗力增强极为重要，同时乳汁影响胃肠道微生物，能帮助仔猪形成健康的微生物区系。母乳中还含有多种肽、激素和酶，这些生物活性物质能促进消化系统的成熟、调节肠道微生物、诱导肠道内激素和肽的分泌，维持仔猪正常生长过程。而热应激可能会在一定程度上改变母猪泌乳量和乳成分，进而减缓仔猪生长。

5.2.1　母猪乳腺发育及其影响因素

乳腺是由实质（导管和腺泡）和间质（结缔组织和脂肪）组成的复合分泌器官。母猪乳腺位于腹股沟与胸廓之间，在腹壁中线两侧平行排列。每头母猪乳腺数目一般为 6～8 对，个别可见到 9 对以上，太湖猪可见 10 对乳腺（王丁等，2017）。母猪乳腺的良好发育是其充分发挥泌乳功能的前提。母猪乳腺快速发育包括初情期（3 月龄到初情期）、妊娠期（妊娠后 1/3 期）和泌乳期 3 个关键阶段（Farmer，2013）。其中，初情期乳腺发育主要表现为乳腺导管的生长和分支，而妊娠期和泌乳期乳腺发育主要表现为乳腺腺泡数量增加和体积变大。仔猪出生后，乳腺输乳管发育仍不完善，在 3 月龄后开始快速发育，表现为乳腺组织中 DNA 的迅速增加（可达 4～6 倍）。妊娠期的后 1/3 阶段，主要表现为乳腺实质的生长和乳腺 DNA 的增加，此阶段乳腺组织中 DNA 大量聚集，乳腺的组成也由脂肪组织和结缔组织转变成具有分泌功能的腺泡小叶组织，同时其内容物的成分也由高脂肪向高蛋白转换（Ji et al.，2006）。进入哺乳期后，乳腺发育仍在继续。仔猪的吮吸使乳腺发育更好，乳腺重量及乳腺组织中蛋白质、氨基酸的含量都在不断增加，在泌乳期 21d 达到高峰。当仔猪断奶后，乳腺的实质组织在前 7d 迅速退化进入一种复位过程，此阶段乳腺实质组织的湿重和 DNA 含量均降低 2/3 左右。

乳腺发育受遗传、激素、营养以及环境等因素的共同影响。遗传因素对乳腺发育的影响表现在不同品种遗传物质的差异对其生长发育和激素分泌产生影响，进而影响乳腺发育。乳腺发育的过程受机体内分泌系统的严格控制。在初情期，乳腺发育主要受 GH、IGF-1 和 E2 的调控（Macias et al.，2012）。在妊娠期，主要由黄体酮和 PRL 控制腺泡的形成，为之后的哺乳做准备。营养供应对各个时期的乳腺发育均有影响。初情期的限饲会阻碍乳腺发育，妊娠期的高能量摄入对乳腺发育及后期泌乳能力也有不利影响（Farmer et al.，2014）。环境因素的改变能直接影响动物生长期间的舒适程度，对其采食、生长以及生理指标均产生影响。

5.2.2　热应激对母猪乳腺发育的影响

在环境因素中，气候因子（主要是温度和相对湿度）对母猪年生产力的影响较大。随着全球气候温室效应的不断加剧及高度集约化动物生产的发展趋势，高温高湿环境极易使母猪产生热应激，对其乳腺发育和泌乳能力产生不良影响。

泌乳母猪适宜的环境气温在15～20℃，在我国北方7～8月（南方7～9月）大部分地区的气温在30℃以上。因此，泌乳母猪在夏季常常遭受热应激。母猪对热应激很敏感，因为躯体大，代谢率高，缺乏功能性汗腺，无法通过蒸发过程散发体热，热应激下血液会从内脏重新分布到皮肤中去，导致乳房的血流量减少，从而影响乳腺发育及其泌乳功能。同时，热应激会使泌乳期母猪采食量降低近50%，母猪失重增加，也会影响到乳腺发育和泌乳量。此外，热应激会影响机体的激素分泌。热应激会影响下丘脑促性腺激素释放激素和垂体前叶促性腺激素的分泌，进而影响促卵泡激素、LH以及催乳素的合成，影响乳腺发育和泌乳能力。

在广东地区，夏季（6月）哺乳母猪的乳腺组织（第4对）DNA含量极显著低于冬季（12月～1月）母猪，而总蛋白含量、RNA/DNA值、蛋白/DNA值均无显著差异。结果说明夏季哺乳母猪乳腺的乳腺细胞含量低于冬季，夏季高温会阻碍哺乳期母猪的乳腺发育。与冬季哺乳母猪相比，夏季母猪乳腺组织中的增殖相关基因*PCNA*、*Cyclin B1*、*Cyclin D3*、*Cyclin A2*、*Cyclin E2*的mRNA水平以及*PCNA*的蛋白水平均显著降低；相反，夏季哺乳母猪乳腺中炎症相关基因*TLR4*的蛋白表达显著高于冬季母猪。同时，夏季哺乳母猪乳腺中增殖相关信号通路AKT磷酸化水平显著低于冬季哺乳母猪，表明夏季哺乳母猪乳腺中增殖相关通路AKT被显著抑制。在血清激素水平方面，夏季哺乳母猪血清中E2的浓度与冬季哺乳母猪无显著差异。综上所述，热应激抑制哺乳母猪乳腺的发育。热应激对乳腺发育的抑制作用可能是通过调控细胞增殖、炎症相关基因表达及相关信号通路来实现的。

5.2.3 热应激条件下母猪乳腺发育不良的改善措施

在实际的养猪生产中，如果能及时采取一些有效的措施，改善饲养管理，就能够有效缓解热应激。首先，供应充足饮水。一般情况下，泌乳母猪采食料、水比为1∶3，高温时可达1∶（4～5），母猪得不到充足饮水必然抑制采食。其次，改变营养配比。选择适口性好、新鲜质优的饲料原料，采取高能量、高蛋白、高赖氨酸饲料配方设计方案。为提高能量浓度可添加5%以内的油脂，适当降低高纤维原料配比，控制饲粮粗纤维水平，以减少体增热的产生。最后，改善饲养环境，如采取调整饲养密度，舍内有效降温等措施。对于封闭式猪舍，通风和蒸发是最主要的降温措施（田允波等，2005）。目前，温热环境（或热应激）对动物乳腺发育的研究主要集中在奶牛，对母猪乳腺发育的影响及营养调控相关报道很少。随着相关研究的逐步深入，缓解热应激导致母猪乳腺发育不良的营养调控技术，必将改善母猪乳腺发育和提高母猪泌乳力，增加断奶仔猪数量和重量，有效提高我国生猪养殖水平。

5.2.4 热应激对母猪乳品质的影响

1. 热应激对母猪产仔和泌乳性能的影响

由表5-1可知夏冬两季母猪的产仔和泌乳性能。试验中的夏季平均温度为32.7℃，这个温度远高于泌乳母猪的舒适区温度，且泌乳本身就是一个高负荷代谢的过程，这使得母猪极易发生热应激。从试验结果可知，热应激虽然不影响仔猪初生窝重和存活数，但是能极显著降低母猪泌乳量和仔猪日增重。Liao 等（1994）发现，母猪在妊娠早期受热应激对胚胎成活率无影响。但 Omtvedt 等（1971）发现热应激会减少母猪窝产仔数，并降低初生窝重，且 21d 仔猪断奶窝重有变轻的趋势。研究发现，当环境温度高于 35℃时，母猪的产仔率和窝产仔数呈降低趋势。Gourdine 等（2006）也发现热应激显著抑制窝产仔猪重和仔猪平均日增重。

表 5-1　夏冬两季试验母猪的产仔和泌乳性能

指标	夏季/（n=30）	冬季/（n=30）
平均体温/℃	32.7 ± 0.40^{A}	14.3 ± 0.81^{B}
产活仔数/头	10.8 ± 0.13	10.9 ± 0.09
断奶存活数/头	10.4 ± 0.13	10.5 ± 0.11
初生窝重/kg	14.9 ± 0.18	15.2 ± 0.17
断奶窝重/kg	61.3 ± 0.73^{B}	67.2 ± 1.59^{A}
平均日增重/g	193.9 ± 2.19^{B}	218.0 ± 1.89^{A}

注：同行数据不同小写字母表示差异显著（$P<0.05$），同行数据不同大写字母表示差异极显著（$P<0.01$）。

当泌乳母猪处于热应激状态时，往往会通过降低采食量而减少代谢产热。Black 等（1993）通过试验发现环境温度到达 16℃时，为了减少产热，温度每升高 1℃，母猪采食量会下降 0.17kg；Baumgard 等（2013）也发现了相同的情况，在热应激下，动物会通过减少采食量进而降低代谢热量的产生。但是，泌乳动物在哺乳期时，其摄入能量的 60%～70%都用于合成乳汁，采食量的下降会导致摄入的能量和营养物质过低。因此，当泌乳动物处于热应激状态时，摄入养分的减少造成乳原料的不足，可能会导致泌乳量下降，这可能也是热应激状态下母猪泌乳量下降的原因。

有研究认为，在热应激情况下，仔猪生长慢是由于母猪泌乳量的下降，而泌乳量的下降是由于母猪采食量下降引起的营养供应不足。深入研究发现，热应激时采食量的下降仅能部分地解释母猪泌乳量的减少，还有其他因素导致泌乳量下降（Cowley et al.，2015）。对非热应激与热应激的奶牛进行配对饲喂试验发现，当采食量相同时，热应激组中牛泌乳量下降得更多（Wheelock et al.，2010）。导致这一结果的原因可能是外界环境温度过高。为了加大散热效率，机体会舒张皮肤血管，增加全身血流量，使血液分布重新调整，让血液更多地分布到皮肤表面，远离乳腺等组织。这一生理调节会导致流经乳腺的血量和合成乳的原料减少，进而降低泌乳量（Laspiur et al.，2001）。同样地，急性热应激还可以通过激活乳源性负反馈系统直接作用于乳腺，降低乳汁的分泌（Dima et al.，2009）。此外，受热应激的影响，与泌乳相关激素（如皮质醇、催乳素等）的分泌也可能发生变化。

2. 热应激对母猪免疫功能的影响

通过对夏冬两季泌乳母猪血清生化指标的分析发现，在夏季热应激条件下，乳酸脱氢酶（LDH）、免疫球蛋白 G（IgG）和热休克蛋白 70（HSP70）都显著上升，而超氧化物歧化酶（SOD）、COR 和 PRL 等都显著下降（表 5-2）。LDH、IgG 和 HSP70 都可以作为检测动物是否处于应激状态的指标（尤其 HSP70）。热应激可以显著提高 HSP70 的表达，HSP70 可以增强机体的耐热能力，其表达量和环境温度成正相关（Dangi et al.，2016）。当以上 3 个指标都显著上升时，表明母猪已发生热应激。由于热应激的发生，机体自身动态平衡被破坏，氧自由基大量增加，机体要消耗大量的抗氧化酶来清除过多的自由基，引起 SOD 水平显著下降。

表 5-2 环境温度对母猪免疫功能的影响

指标	夏季/（n=30）	冬季/（n=30）
乳酸脱氢酶/（$U \cdot L^{-1}$）	2145.28 ± 65.36^a	1688.67 ± 74.48^b
免疫球蛋白 G/（$\mu g \cdot mL^{-1}$）	447.5 ± 10.15^a	374.64 ± 19.58^b
超氧化物歧化酶/（$ng \cdot mL^{-1}$）	87.08 ± 2.51^b	104.65 ± 3.67^a
热休克蛋白 70/（$ng \cdot mL^{-1}$）	1.19 ± 0.17^a	0.73 ± 0.09^b
皮质醇/（$ng \cdot mL^{-1}$）	344.82 ± 27.78^b	461.06 ± 31.07^a
催乳素/（$ng \cdot mL^{-1}$）	238.36 ± 5.44^b	311.47 ± 18.77^a

注：同行数据不同小写字母表示差异显著（$P<0.05$），同行数据不同大写字母表示差异极显著（$P<0.01$）。

COR 在促进乳腺发育的同时，还可刺激糖原异生（Tucker，2000）。当 HPA 轴长时间经受高温刺激时，母猪体内 COR 显著下降，说明热应激发生时，抑制母猪体内的 COR，导致 COR 浓度下降，进而降低机体的分解代谢，减少体热的产生，这使得高温条件下泌乳母猪体内储备动用不足以及泌乳量减少（Renaudeau et al.，2003）。

PRL 在泌乳过程中必不可少，作为一个综合信号参与泌乳的多个方面。Lacasse 等（2016）发现降低山羊体内 PRL 的水平，会显著降低山羊的泌乳量。Farmer 等（2006）发现相对于常温组，高温组母猪的 PRL 呈下降趋势。这与表 5-1 和表 5-2 的试验结果相符，PRL 的下降会导致泌乳量的降低。另一方面，也有试验表明 PRL 对泌乳量无影响。Bard 等（1991）分别测量 30℃和 20℃泌乳母猪的 PRL，发现在这两个温度下，PRL 水平并未发生明显变化。关于 PRL 的以上两种试验结果表明，需要进一步开展试验研究 PRL 在热应激过程中的作用。

3. 热应激对泌乳母猪乳成分和乳蛋白的影响

乳蛋白主要成分是酪蛋白和乳清蛋白，热应激情况下，乳蛋白中主要是酪蛋白显著下降。Silva 等（2009）研究夏季高温高湿环境对泌乳母猪的影响，发现母猪的泌乳量会下降且乳中的乳蛋白也会下降。Renaudeau 等（2001）发现母猪乳汁中的蛋白质随着温度的升高而下降。研究热应激对奶牛的影响也得到相似的结果。Barash 等（2001）发现温度与乳蛋白含量呈负相关，随着温度的上升，乳蛋白含量下降。Cowley 等（2015）对牛奶成分进行鉴定，发现热应激降低了牛奶中乳蛋白的含量，增加了尿素的浓度。Rhoads 等（2009b）的研究发现，奶牛处于热应激时，其泌乳量下降 40%，乳蛋白含量下降 4.8%。

血液中游离氨基酸作为乳蛋白合成的前体物，其含量的多少直接影响乳蛋白的合成。对泌乳山羊的研究发现，当血液中氨基酸含量增加，生鲜乳中乳蛋白的含量也会增加。在热应激时，机体血管舒张，血液更多地流向皮肤表面，流向乳腺等组织的血液量大大减少，导致乳腺得到较少的能量和营养成分，不能完全满足猪乳的合成，且猪乳中乳蛋白含量下降（Laspiur et al.，2001）。同时，血液中包含的游离氨基酸，常常优先作为功能性氨基酸参与机体的各项活动，这进一步降低了流向乳腺的游离氨基酸含量，降低了乳蛋白的合成。艾阳等（2015）通过试验发现当奶牛发生热应激时，虽然血液中游离氨基酸水平显著升高，但牛奶中乳蛋白的含量反而下降，这表明热应激时，血液中游离的氨基酸并未完全用于乳蛋白的合成。Katane 等（2008）发现丝氨酸在动物体内可以参与糖异生和蛋白质的磷酸化过程。有报道表明，血液中所含的氨基酸，尤其是支链氨基酸可能会优先用于体内的免疫反应，热应激时，机体免疫力下降，更多的氨基酸流向免疫反应（Rhoads et al.，2009a）。

也有研究认为，当热应激发生时，即使是生长激素轴上的微小变化也可能导致乳蛋白含量的下降（Rhoads et al.，2009b）。HSP 是热休克蛋白，在热应激发生时，HSP 的表达会保护机体适应高温环境。体外细胞培养试验发现，为避免热应激对机体造成不可逆的损伤，增强机体的耐热能力，体内的热休克蛋白含量增加，而正常的蛋白质的合成受到限制，这可能是导致乳蛋白含量低的另一个原因（Hu et al.，2016）。

4．热应激对乳糖的影响

动物泌乳过程中，葡萄糖在乳腺中先经过酶的作用转变成半乳糖，然后再结合葡萄糖形成乳糖。乳糖是乳腺中调节渗透压的重要物质，可以通过改变水分吸收的多少改变乳产量，作为乳糖合成的原料和渗透压的调节物质，葡萄糖在乳合成的过程中起着至关重要的作用。

热应激导致乳糖显著下降，这可能是因为动物在热应激状态下，采食量减少，使得动物处于能量负平衡，合成乳糖的葡萄糖减少，最终使得乳糖生成减少。权素玉（2016）研究热应激对奶牛葡萄糖的影响，发现热应激条件下，机体内部葡萄糖消耗量显著增加，热应激促使乳腺外葡萄糖的利用增加，血糖含量降低，合成乳糖的葡萄糖原料减少，乳糖产量降低。生物大分子，如 DNA、RNA 以及蛋白质合成时，都需要大量的能量。Pearce 等（2013）报道，淋巴细胞在增殖分化以及分泌抗体，乃至适应新环境的过程都需要大量的营养物质进行氧化供能，葡萄糖作为其最重要的能量来源，发挥着关键的作用。在热应激时，机体营养摄入不足，处于能量负平衡状态，但葡萄糖仍优先为机体提供能量。

从食物进入体内的葡萄糖到最终形成乳糖需要经过消化道的吸收、肝脏的代谢转化及乳腺的利用等步骤，肝脏和乳腺的作用直接影响乳糖的正常合成。血液中肝脏相关酶的活力水平是肝脏功能是否正常的指标，应激引起肝脏损伤，导致 GOT、LDH、AKP 等肝脏内相关酶穿过细胞膜进入血液。因此，肝脏相关酶在血液中的水平可作为诊断应激的指标（杨小娇等，2011）。研究发现热应激使荷斯坦奶牛血液中 GOT 水平显著升高，以此判断肝脏受到损伤。另有研究发现，热应激会造成鸡的肝脏氧化损伤。由上述结果可知，热应激可以导致肝脏损伤，并增强肝脏的炎症反应，激活细胞凋亡，同时激活应激蛋白的抗凋亡过程。以上均会增加肝脏对能量的需求和消耗，而肝脏损伤会减弱机体的糖异生，降低机体产生葡萄糖的能力。因此，机体只能减少乳腺组织的葡萄糖分配，导致乳糖产量下降（权素玉，2016）。

综上，热应激时机体乳腺外组织发生氧化应激、免疫反应等，增加葡萄糖的消耗，且肝脏损伤使葡萄糖产量大大降低，双重不利因素导致机体乳糖含量下降。

5. 热应激对乳脂的影响

热应激造成乳脂含量显著下降。热应激时，机体对能量的需求急剧增加，葡萄糖不能满足其能量需求，机体处于能量负平衡状态。Bauman 等（1980）证明营养物质不足，机体处于能量负平衡状态时，机体会通过动员体脂来维持血糖的稳定，并提高血液中游离脂肪酸的水平。Farmer 等（2006）通过研究发现，29℃相比 20℃条件下，母猪乳中干物质和脂肪含量低时，乳糖基本不受影响，这可能是由于高温环境下体内存储脂肪的分解维持动物血液内正常葡萄糖水平的缘故。在奶牛也发现类似的结果。脂肪组织对能量的变化极为敏感。当感应到能量负平衡后，脂肪组织的动员仅次于肝糖原的动员（Sumner-Thomson et al.，2011）。Moyes 等（2014）也发现，当能量负平衡时，机体会动员脂肪组织产生大量的游离脂肪酸。Bohmanova 等（2007）经试验发现血液中约 40%的游离脂肪酸（nonestesterified fatty acid，NEFA）用于合成乳脂，NEFA 作为合成乳脂的前体物，在血液中的高低直接影响最终乳脂的含量。经前人试验我们可知，发生热应激时，机体动员体脂进行能量供应，血液中 NEFA 显著升高，NEFA 对乳脂的合成至关重要。Moyes 等（2014）通过对围产期奶牛试验得出结论，当奶牛处于能量负平衡时，游离脂肪酸含量的提高可以有效地促进乳脂的合成。但是艾阳（2015）研究热应激的乳品质时发现，热应激时机体血液中的 NEFA 含量显著升高，但乳品质反而下降，与上述试验结果相违背，这说明血液中升高的 NEFA 并不仅仅应用于乳脂的生成。Sano 等（1983）通过研究发现，热应激时机体会借助 NEFA 和氨基酸等物质弥补因葡萄糖利用率下降而造成的能量不足。

热应激时乳脂率下降可能是由于母猪在热应激时，机体处于能量负平衡状态，为维持机体正常功能，机体动员脂肪组织，血液中的 NEFA 浓度升高，NEFA 作为供能物质要填补因葡萄糖不足造成的能力供给缺损，还要作为乳脂的前体物提供给乳腺。热应激时，血液中的 NEFA 可能既作为能量供给物，又参与乳脂的合成，NEFA 过度的消耗造成乳脂率的下降。

5.3 热应激对泌乳母猪采食量及泌乳性能的影响

泌乳母猪的等热范围为 16～22℃（Quiniou et al.，1999），当环境温度低于 16℃或高于 22℃时，泌乳母猪的能量代谢水平将发生改变。尤其当环境温度高于上限温度 22℃，母猪暴露在高温环境中时极易引起热应激。泌乳母猪对热应激格外敏感是因为母猪产生的高代谢热会严重影响其繁殖能力，导致母猪季节性不孕，发情期延长，断奶至发情间隔延长，产仔数减少等不利现象以及母猪泌乳能力严重受损，泌乳量下降并影响乳品质（Williams et al.，2013）。炎热的夏季，泌乳母猪暴露在30℃以上的高温环境中，很大程度上降低母猪的繁殖性能和泌乳性能，甚至提高母猪的病死率。热应激还造成母猪直肠温度升高，呼吸速率加快，这是因为母猪在泌乳期会产生大量的代谢热，需通过加快呼吸速率来增加散热。20 世纪 90 年代，有研究证实热应激引起母猪在泌乳期间采食量下降、泌乳量降低、乳成分改变等，进一步对仔猪的生长产生副作用，造成巨大的经济损失（Christon et al.，1999）。本节以泌乳母猪为对象，探讨高温即热应激对泌乳母猪采食量和泌乳性能的影响，为现代养猪生产和发展提供参考。

5.3.1　热应激对泌乳母猪采食量的影响

下丘脑既是动物的体温调节中枢，亦是动物的摄食中枢。因此，下丘脑在调控高温环境中泌乳母猪的采食量发挥关键作用。下丘脑作为体温调节的中枢，在热应激下，可通过下丘脑—垂体—肾上腺/甲状腺轴、交感神经系统和其他神经内分泌系统等调节机体产热和散热，从而达到新的体温平衡。下丘脑的外侧区存在摄食中枢，腹内侧核存在饱中枢，两个中枢交互抑制，协调活动，通过改变食欲来调节母猪的采食量（Martins et al.，2016）。此外，研究表明下丘脑中的弓状核、室旁核、核穹隆周区对动物采食也具有明显的调节作用（Cota，2006；Williams et al.，2009）。在下丘脑还发现能促进动物食欲的神经肽 Y 和食欲素等多肽，而十二指肠分泌的缩胆囊素和动物体内白色脂肪组织合成分泌的瘦素等则能抑制动物食欲，减少采食量。Morera 等（2012）通过小鼠试验证明高温环境会诱导瘦素分泌，瘦素通过与下丘脑弓状核神经元中的瘦素受体结合，可引起神经肽 Y 分泌减少，促黑皮质素含量增加，最终造成泌乳母猪的食欲下降，采食量减少。其中，促黑皮质素也具有降低食欲的作用。并且在热应激环境下，通过对泌乳母猪血液中激素水平的研究，发现肾上腺糖皮质激素分泌增加，这与 Si 等得到的结果一致（Si et al.，2015）。糖皮质激素具有提高血液中葡萄糖水平、加强糖异生的功能。下丘脑中的外侧区和腹内侧核对血液中的葡萄糖浓度变化特别敏感，当血糖浓度升高时，腹内侧核产生兴奋而具有饱感，抑制外侧区，从而降低高温环境下泌乳母猪的食欲，减少采食量。甲状腺激素能促进机体各组织产热，加快氧化速率，提高基础代谢。同时，甲状腺激素还具有影响动物采食行为的能力，如 T3 能刺激下丘脑摄食中枢，提高动物食欲，增加采食量（Kong et al.，2004）。在高温环境下，动物为了减少产热，会抑制甲状腺的功能，下降基础代谢率，同时甲状腺激素分泌减少，反馈到摄食中枢，引起采食量下降（Victoria et al.，2015）。动物的采食行为是极其复杂的，受到多种神经递质和激素的调节，并且神经递质和激素之间存在交叉作用，构成复杂的神经体液调节网络。

在热带地区，高温是制约养殖的第一要素。已有许多研究表明热应激对泌乳母猪采食量有负面影响，显著降低母猪的采食水平。一般情况下，母猪在泌乳期的日采食量维持在 5.7～6.1kg（Kruse et al.，2011）。在热应激刺激下，泌乳母猪的日采食量显著下降，这是母猪为降低代谢产热而自发的一种方式。Black 等早在 1993 年就报道，当环境温度高于 16℃时，随着温度每升高 1℃，泌乳母猪日采食量相应减少 170g（Black et al.，1993）。当环境温度从 18℃上升到 29℃，泌乳母猪的采食量也相应地从 7.78kg · d^{-1} 逐步下降到 3.499kg · d^{-1}（Quiniou et al.，2000）。通过热应激对泌乳母猪采食量的影响研究发现，在等热环境中，母猪在 28d 泌乳期间的平均采食量为 7.65kg · d^{-1}，而在热应激环境下降低为 5.35kg · d^{-1}。当母猪哺乳期为 22d 时，饲养于高温环境下的泌乳母猪日均采食量显著低于等热环境；当哺乳期为 44d，母猪的采食量随泌乳天数的增加而增加，并且第 6 周达到 6.5kg · d^{-1}，而高温环境下的采食量始终低于等热环境（Farmer et al.，2007）。Renaudeau 等（2003）和 Gourdine 等（2004，2006）通过研究热应激对多胎大白泌乳母猪采食量的影响发现，热应激刺激下的母猪日采食量较适温条件下分别显著下降 1460g · d^{-1}、850g · d^{-1} 和 910g · d^{-1}。当环境相对湿度为 85%时，气温在 25～27℃每升高 1℃，泌乳母猪日采食量下降 584g（Renaudeau et al.，2003）。当环境温度在 23.5～26℃，每升高 1℃，高温环境下的初产母猪和经产母猪的日采食量分别降低 120g 和 340g（Gourdine et al.，2004）。通过对母猪舍进行降温措施证实高温确实对泌乳母猪采食量具有负效应，采食量在高温环境中显著降低（Gourdine et al.，2017）。

5.3.2 热应激对泌乳母猪泌乳量的影响

母猪在泌乳期间的泌乳量与环境温度息息相关。20 世纪 90 年代，有研究表明高温环境会降低母猪的泌乳量（Quiniou et al.，1999）。Gourdine 等（2004）也发现在高温环境下，母猪的泌乳能力不佳。探究热应激对母猪泌乳量影响发现，热应激组和常温组的母猪泌乳量分别为7.28kg · d^{-1}和10.12kg · d^{-1}，差异显著。当环境温度从20℃上升到29℃，母猪泌乳量从 10.43kg · d^{-1} 逐步减少到 7.35kg · d^{-1}（Renaudeau et al.，2001）。Spencer 等（2003）研究发现，与适温环境相比，高温环境下的母猪在泌乳期前 5d 的泌乳量下降 20%左右，从第 5 天之后一直到泌乳期结束，泌乳量下降大约 30%，母猪在整个泌乳阶段的总泌乳量大约下降 23%。Silva 等（2006）的研究表明，高温环境下，母猪日均泌乳量为 8.05kg · d^{-1}，当进行降温处理后，日均泌乳量提高至 10.20kg · d^{-1}。进一步发现，母猪在泌乳期前 21d，高温环境和适温环境下的泌乳量分别为 6.8kg · d^{-1} 和 8.1kg · d^{-1}，说明环境温度对母猪泌乳量影响显著。Jeon 等（2006）发现，通过降低饮用水的温度能有效削弱高温对母猪泌乳性能的负面效应。

造成泌乳母猪在高温环境下泌乳量下降的原因有很多。普遍认为高温环境母猪采食量下降是造成母猪在泌乳期间泌乳量下降的主要原因。母猪的泌乳行为需要消耗大量的营养物质和能量，而营养物质的主要来源是通过饲料进行补充，当母猪在泌乳期间的采食量减少，营养物质不足以维持其泌乳行为，必定会导致泌乳量的下降。也有研究发现，母猪在高温环境下引起的泌乳量下降并不一定与采食量减少有关，还可能是环境高温直接或间接影响母猪的泌乳量。首先，乳腺是少数能重复经历生长、功能分化和退化过程的器官，从动物出生到妊娠直至泌乳阶段，乳腺都在不断的发育过程中。乳腺的发育受多种激素的协调作用，包括雌激素、孕激素、催乳素、生长激素等。其中，催乳素作为乳腺发育相关激素，在哺乳动物如母猪乳腺发育过程中起着关键作用（Tucker，2000）。研究表明，妊娠期乳腺的发育决定泌乳期分泌细胞即乳腺上皮细胞的数量及产后的泌乳能力（Ji et al.，2006）。Tao 等（2011）研究发现，奶牛在妊娠期受热应激刺激会影响乳腺的发育，主要表现为乳腺上皮细胞扩增能力受损，推测是由于环境高温引起的催乳素信号调节紊乱，导致产后泌乳量下降，该结论同样适用于母猪。雌激素参与泌乳的起始过程，而孕激素则对泌乳行为具有抑制作用。研究表明，高温会升高妊娠期间血液中孕激素含量而降低雌激素水平，因此，在母猪泌乳期间乳腺上皮细胞分化过程极可能受到抑制，进而导致泌乳量下降（Tao et al.，2011）。其次，皮肤血液流量具有调节体温的作用（Ogoh et al.，2013）。在热应激下，机体散热中枢兴奋性增强，血管舒张，血流阻力减少，导致皮肤中血流加快，血流量增多，散热加快。此外，内脏交感缩血管纤维兴奋增强，造成乳腺等血管收缩，血流阻力增加，血流量减少，乳合成量也随之减少（Farmer et al.，2008）。最后，热应激会改变机体的内分泌状态，由于甲状腺激素、糖皮质激素等都与动物体产热、泌乳等行为相关，在高温环境下，动物为了减少产热相应地减少该类激素的分泌。血液中这些激素含量的减少，不仅抑制动员机体储备的能力，也影响乳的合成与分泌（Laspiur et al.，2006）。已有研究表明，当采食量不足以支撑猪乳的生产需求，此时动员机体储备对维持母猪泌乳起到关键作用（Beyer et al.，2007）。

5.3.3　热应激对泌乳母猪乳成分的影响

热应激不仅显著影响母猪的泌乳量，甚至严重影响乳品质。Farmer 等（2007）的研究发现，热应激显著降低母猪断奶前 1d 乳中的干物质和脂肪含量，同时在断奶后第 1 天，乳中干物质和脂肪含量存在下降趋势，且在断奶后的第 2～3 天，热应激环境下的乳糖含量显著下降，而乳蛋白含量则不受温度影响。Christont 等（1999）发现，相较于适温条件，高温条件下初乳中的总能量更低，而常乳中的脂肪含量更高，并且热应激对猪乳中 ω-3 多不饱和脂肪酸（ω-3 PUFAs）和 ω-6 多不饱和脂肪酸（ω-6 PUFAs）的代谢具有负效应，会降低猪乳的营养价值。与适温环境相比，高温环境下母猪初乳中的皮质醇和 IgA 含量显著升高，其他乳成分，如乳中固形物、乳蛋白、乳糖和乳脂在不同环境温度下的含量并无差异，说明泌乳母猪对环境高温产生应激行为，且机体的免疫能力受到影响（Spencer et al.，2003）。有研究将泌乳母猪暴露在 29℃的高温环境中，发现乳中能量、干物质和灰分含量有增加的趋势，但乳蛋白、乳糖和乳脂的含量无显著变化（Renaudeau et al.，2001）。Gourdine 等（2006）发现猪乳中干物质、乳蛋白、乳脂和灰分都不受环境温度的影响。也有研究表示，母猪暴露在高温环境下导致猪乳中乳蛋白含量减少而乳脂含量升高，其中乳脂含量升高可能与母猪在高温环境下为维持稳定而加强脂肪动员有关（Silva，2009）。

综上，热应激确实对母猪的乳成分造成影响，改变了乳脂、乳糖、乳蛋白等的水平。然而关于热应激对母猪泌乳性能影响的研究条件不尽相同，得到的研究结果也不尽相同。这些差异的出现可能与母猪品种、胎次、饲料、温度控制等条件有关。

5.3.4　热应激对泌乳母猪泌乳行为的影响

环境温度也同样影响母猪的泌乳行为，包括泌乳次数、泌乳时间间隔等。母猪的泌乳行为受神经—激素的调节，通常仔猪通过鼻吻摩擦和拱撞乳房或吮吸乳头来刺激母猪泌乳。一般情况下，母猪一昼夜可泌乳 20 次以上，单次泌乳持续时间为 30～60s，也有研究认为母猪单次泌乳持续时间为 10～20s。艾琴等（2007）的研究发现，出生仔猪对乳的需求量较大，表现为母猪较高的泌乳次数、较短的泌乳间隔和较长的泌乳持续时间。张金枝等（2000）对浙江中白猪泌乳行为进行研究发现，母猪在 35d 泌乳期间平均每天泌乳 24 次，并且随着泌乳期的延长，母猪的泌乳次数逐渐减少。在 29℃环境下，仔猪一昼夜吮吸母猪乳头次数为 40 次，显著高于在 18℃环境下的 26 次，期间包括不成功吮乳次数，说明环境温度会改变仔猪对乳的需求情况从而影响母猪的泌乳行为（Quiniou et al.，1999）。另有研究发现，母猪在 20℃和 29℃的环境下一昼夜的泌乳次数分别为 34.2 和 39.2，泌乳间隔分别为 42.4min 和 37.0min，且母猪每次泌乳 313g 和 215g，每头仔猪每次吮乳 30g 和 20g（Renaudeau et al.，2001）。以上研究结果都表明，环境温度会影响母猪的泌乳行为。

5.4 热应激对奶牛代谢的影响

5.4.1 奶牛适宜温度范围

由于全球环境的变化，天气对奶牛的影响越来越重要，热应激和冷应激对奶牛的生产力和福利都有负面影响。有学者将热中性区定义为动物体验最佳健康和最大生产力的热环境，且在寒冷、潮湿或多风的条件下，奶牛的舒适度和生产力会降低。气候的变化对全球畜牧业经济造成相当大的损失，热应激每年给美国畜牧业带来的经济负担在 16.9 亿～23.6 亿美元，在这一估计数内，对乳制品行业造成的经济损失达 1.5 亿～8.97 亿美元，牛肉行业造成的经济损失为 3.7 亿美元（Lees et al.，2019）。

维持动物生命活动的一个重要基础是保持一定的体温。为此必须使体内产生的热量与散发的热量达到平衡。炎热的夏季或寒冷的冬季，可能引起家畜的散热困难或散热增加，热平衡被打破，此时，畜体必须产生物理和化学上的反应，来调节热平衡。为了保持体温恒定，动物需要与外界环境保持相对的热平衡，包括环境因素中的气温、气流、湿度和辐射。泌乳奶牛适宜的环境温度 5～25.8℃，称为“热平衡”区。当环境温度达到 26.8℃时，奶牛因自身机体调节不足以维持体温平衡，进入热应激状态（单强等，2019）。当环境温度超过热中性区上限时，奶牛的呼吸频率、心率、体温和皮肤温度等都会随动物机体的不适程度而发生变化。一般奶牛在 22～25℃时采食量开始下降，30℃时急剧下降，当超过 40℃时，不耐热的奶牛品种停止采食。当气温从 25.9℃升高到 28.6℃时，牛的受胎率下降 33.3%。另外，当奶牛生活的环境温度超过 35℃时，甲状腺活动也会降低（李玮等，2015）。当温度低于−5℃时，奶牛出现冷应激。有研究认为无风时，奶牛在气温−6.8℃时进入冷应激区（赖登明等，1997）。当环境温度降到 5℃时，饲料消耗量增加 7%；当环境温度降到−10℃时，饲料消耗量增加 20%；当环境温度低于−18℃时，气温每下降 1℃，奶牛增加每千克代谢体重需要能量 2.68KJ。在寒冷环境下，奶牛采食量虽然增加，但饲粮消化率降低，导致用于生产方面的能量下降（郭祎玮等，2011）。在生产性能方面，低温会使奶牛的泌乳量降低，当温度低于−4℃时，自由采食的奶牛泌乳量开始下降，当温度降到−23℃时，泌乳量显著降低（田粉莉等，2006）。

5.4.2 热应激对奶牛能量代谢的影响

能量对奶牛的生长和生产至关重要，奶牛生命活动的维持以及生产性能的发挥都涉及体内能量的消耗，因此，摄取足够的能量是保证奶牛发挥高生产性能、高泌乳量的基础。能量代谢与物质代谢密不可分。动物可通过采食饲料获取自身所需的各类营养物质和能量，饲料中所含的 3 大营养物质（碳水化合物、脂类和蛋白质）进入动物体内后，不论是大分子物质经酶水解进行分解代谢，如将碳水化合物水解为小分子葡萄糖的过程，还是直接利用饲料中的小分子物质进行合成代谢，如利用维生素 B_{12} 合成菌体蛋白质的过程，都伴随着能量代谢，且主要是氧化还原反应的形式。饲料中的 3 大营养物质在参与机体不同氧化反应的过程中，不仅自身氧化分解成可供机体消耗、吸收、利用的小分子物质，同时各步反应也伴随着能量的吸收和释放，反之，这些物质代谢途径也会因机体能量水平的不同而发生变化。泌乳期的奶牛体内能量不仅用于维持自身生命活动还兼顾犊牛的哺乳，极易出现能量负平衡，这将降低奶牛的繁殖性能，还会增加代谢疾病的发病率。因此，泌乳奶牛需要摄入大量饲料获取其所需能量以避免体内能量负平衡情况的发生。

热应激对于奶牛能量代谢的影响主要与采食量有关。研究结果表明，奶牛泌乳量降低的部分原因是热应激导致奶牛营养物质摄入量的减少。当泌乳奶牛处于热应激环境时，周围过高的温度造成奶牛食欲下降，饲料摄入量降低，实际干物质摄入减少，最终引起机体能量负平衡，奶牛用于维持生产的能量供应不足，泌乳量下降。同时，处于热应激状态下的奶牛体温也高于正常生理水平，影响机体内分泌系统，导致体内激素分泌紊乱，各类激素水平处于非正常范围，导致机体代谢功能障碍，造成奶牛酮病和脂肪肝等代谢疾病发病率增高。体温过高使参与营养物质合成代谢和分解代谢相关酶的活性改变，造成机体物质代谢不足而引起泌乳量下降（Baumgard et al.，2012）。研究表明，热应激对于奶牛能量代谢有影响。奶牛处于热应激时，其摄入的营养物质分配比例发生改变（Wheelock et al.，2010），导致机体能量分配的变化，使奶牛维持消耗的能量增大，用于生产的能量减少，相关具体机制仍需进一步探究。

饲料中的碳水化合物是奶牛主要的能量来源，消化后的碳水化合物主要以两种形式被吸收利用。一方面，碳水化合物在瘤胃中经微生物发酵产生乙酸、丙酸和丁酸，即挥发性脂肪酸（VFA），为反刍动物利用碳水化合物的主要形式。随后，VFA 经瘤胃壁吸收进入血液，经血液循环进入肝脏后经糖异生途径被机体利用。另一方面，少部分碳水化合物直接水解成葡萄糖进入小肠被机体利用。研究表明，热应激奶牛的血糖浓度明显低于正常奶牛，其原因是热应激改变了糖代谢相关酶的数量和活性，造成动物体内葡萄糖含量不足，进而导致机体能量供应不够而出现能量负平衡，影响奶牛的生产性能（Abeni et al.，2007）。

奶牛产后因自身能量负平衡而增加周围脂肪组织的动员，以弥补营养摄入不足造成的能量不足。此过程中，脂肪首先被分解为非酯化脂肪酸，随后经血液循环被运送到肝脏。在肝脏中，非酯化脂肪酸被分解产生乙酸，此过程会产生少量的能量。乙酸进一步分解产生 CO_2 和水，释放大量能量，但这个过程需要丙酸。由于奶牛分娩前后饲料摄入量降低，体内丙酸含量不足，没有足够的丙酸参与此反应，非酯化脂肪酸分解产生的过多乙酸在肝脏聚集，随后在相关酶的作用下转化为丙酮、乙酰乙酸和β-羟丁酸，这些产物称为酮体。酮体可被释放到奶牛的血液中，当血液中的酮体蓄积到一定水平时，会引起奶牛发生产后高血酮病。研究表明，若产后奶牛处于热应激状态，这种因能量负平衡而引发的酮病发病率将进一步增加。原因是热应激对于奶牛酮体代谢相关酶的活性有影响，导致肝脏中产生的酮体无法及时被氧化降解，从而使奶牛血液中酮体增多而造成奶牛发生高血酮症。

此外，研究表明，母牛热应激会影响犊牛对能量的利用能力和能量来源偏好（Monteiro et al.，2016）。热应激条件下生产的犊牛具有非胰岛素依赖的葡萄糖利用效应，与 VFA 和酮体相比，更倾向利用葡萄糖。对葡萄糖的利用偏好，造成犊牛断奶前血糖水平较低，影响犊牛的正常发育。

5.4.3 热应激对奶牛蛋白代谢的影响

在畜牧业中，热应激是有效生产动物蛋白和食品安全的主要制约因素，给养殖者带来经济负担，并引发严重的动物福利问题。环境温度升高时，奶牛采食量下降，膳食能量和蛋白质摄入量降低，体内生物合成和相关基因的表达能力下调，蛋白修复能力上调，协同反应加强用以维持体况的正常水平。同时，影响乳腺蛋白的合成能力，降低牛奶产量和品质。热应激对奶牛蛋白代谢的影响主要包括以下几方面：

1. 热应激对尿素氮代谢的影响

乳中的尿素氮是一种非蛋白氮，是机体蛋白质分解代谢的产物。热应激干扰奶牛的氮代谢，造成体内蛋白到尿素氮的重新分配，使血浆尿素氮含量增加（Martins et al.，2016）。血浆尿素氮主要有 2 种来源：一种是瘤胃氨与微生物蛋白的结合，另一种是氨基酸作为糖异生底物的分解代谢。Cowley 等（2015）的研究表明，在热应激和无热应激条件下，奶牛瘤胃氨浓度和微生物蛋白变化不显著。因此，血浆尿素氮的增加很可能是氨基酸分解代谢的结果（Min et al.，2016）。多数氨基酸进一步降解为有机酸、NH_3 和 CO_2。如果降解速度过快，NH_3 在瘤胃内聚集并超过微生物所能利用的最大氨浓度。此时，多余的 NH_3 被瘤胃壁吸收，通过血液循环进入肝脏用于合成尿素，生成的尿素一部分从尿液排出体外，另一部分进入血液、体组织和乳中，引起血浆和乳中尿素含量升高。

2. 热应激对氨基酸代谢的影响

血液中的氨基酸是牛乳腺中合成乳蛋白的主要成分。热应激条件下，奶牛体内氨基酸循环受到影响。高温条件下奶牛采食量下降，导致营养缺乏，肝脏中氨基酸分解代谢能力增加，血浆中氨基酸浓度升高，其中，包括用于糖异生的谷氨酸、甘氨酸、天冬氨酸、缬氨酸、丙氨酸、亮氨酸和异亮氨酸（艾阳等，2015）。研究发现，丙氨酸可以调节糖异生和糖酵解过程，以确保在缺粮或者血糖水平降低时葡萄糖的产生（Gao et al.，2017）。热应激奶牛体内丙氨酸浓度增加表明糖异生可能在热应激时加强。热应激还增加苏氨酸的产生，苏氨酸在体内参与免疫应答过程，同时参与免疫应答的氨基酸还有缬氨酸、亮氨酸和异亮氨酸。另外，热应激还会引起赖氨酸浓度降低，限制牛奶中蛋白的合成。因此，热应激奶牛饲喂高水平赖氨酸饲粮可以提高奶牛的产奶量和乳蛋白含量。综上，热应激条件下，氨基酸较少的被用于合成牛奶蛋白，而是更多地参与免疫反应和糖异生，以维持体况的稳定。

3. 热应激对奶牛免疫相关蛋白及乳中活性蛋白的影响

研究表明，热应激会降低奶牛的免疫功能，损害奶牛在过渡时期的先天免疫和后天免疫，具体表现为免疫球蛋白分泌量减少，如免疫球蛋白 A（IgA）、IgM、IgG（Cheng et al.，2018）。另外，长期热应激显著增加血浆肿瘤坏死因子和 IL-6、IL-4 等炎性因子，即长时间的热应激会引起奶牛的炎症反应（Min et al.，2016）。奶牛机体免疫力降低，影响乳中活性蛋白的含量。乳中活性蛋白包括 α-乳白蛋白、β-乳球蛋白、乳铁蛋白、IgG、IgA、IgM 和溶菌酶等多种活性蛋白。热应激时，牛乳中 α-乳白蛋白浓度升高，尤其在炎热的夏季最高。另外，牛奶中 IgA 和 IgG 含量减少。热应激奶牛体细胞数升高，破坏乳腺上皮细胞通透性，血—乳通透性增加，使血液中的血清蛋白进入乳中。

4. 热应激对相关信号蛋白的影响

当奶牛处于热应激状态时，内分泌系统受到刺激，影响体内相关信号蛋白的表达。热应激激活热休克蛋白转录因子，使乳腺细胞中热休克蛋白的表达量增加。热休克转录因子是热应激期间重要的第一反应者，增加 HSP 的表达。在所有的 HSP 中，HSP70 的表达水平最能反映热应激的强弱。另外，热应激还会激活 AMPK。AMPK 是一种重要的蛋白激酶，是生物能量代谢调节的关键分子。当细胞能量被耗竭、AMP/ATP 比例增加时，AMPK 被活化。热应激改变细胞的能荷状态，使 ATP 水平降低，AMP 浓度升高，进而激活 AMPK（施忠秋等，2013）。热应激还可能导致上皮连接蛋白的净损失，但并不改变乳腺上皮细胞连接蛋白的表达，也不影响乳腺上皮的完整性。

5. 热应激对其他蛋白类物质的影响

在相同的干物质摄入条件下，热应激增加胰岛素和瘦素的浓度（Min et al.，2015）。此外，在热应激时，α-酪蛋白、β-酪蛋白和 κ-酪蛋白指数降低，合成酪蛋白的乳腺上皮细胞的数量也会减少，牛奶蛋白基因表达衰减，对乳蛋白的合成造成负面影响。

5.4.4 热应激对奶牛脂代谢的影响

脂类是机体储能和供能的重要物质。维持正常的脂代谢功能，对于生命活动具有重要的意义。脂代谢是一个复杂的生理过程，除了体内的各种酶和激素，脂代谢还受遗传、营养和环境温度等因素的影响，其中，环境温度升高可能导致奶牛脂代谢异常。当奶牛遭受超过自身体温调节能力的温度时会产生热应激反应，热应激对奶牛健康不利，影响奶牛脂代谢，具体表现在以下几部分。

1．热应激降低脂肪分解能力

脂肪分解产物 NEFA 氧化会释放大量的能量和代谢热，远远高于碳水化合物和蛋白质分解产热（Baumgard et al.，2013）。在热应激状态下，奶牛需要增加散热，减少自身产热，从而维持内环境稳定，因此，奶牛自发地降低脂肪分解率是温热环境下减少机体产热的机制。

研究表明，奶牛热应激状态下，脂肪组织的分解能力减弱，脂肪酶的活性显著降低（Shwartz et al.，2009），且与未遭受热应激的奶牛相比，热应激奶牛对促脂肪分解激素——肾上腺素的敏感度显著降低（Baumgard et al.，2013）。热应激降低奶牛脂肪分解能力，降低脂肪分解的机制可能是降低机体内脂肪分解速率和体外脂肪分解酶的活性。

另外，对代谢物水平和蛋白质组学的分析表明，热应激的脂代谢特征在于脂解功能降低。通过蛋白质组学研究发现，与无热应激奶牛相比，热应激下奶牛血浆中磷脂酰胆碱（phosphatidyl cholines，PC）的浓度较低（Tian et al.，2015），在热应激奶牛血清中磷脂酰胆碱甾醇酰基转移酶、载脂蛋白 B-100、载脂蛋白 AI 和载脂蛋白 A-II 水平降低。载脂蛋白和脂代谢酶的下调更深刻地揭示了热应激对脂质转运和代谢功能产生的不利影响。

2．热应激降低血浆循环 NEFA 水平

NEFA 是中性脂肪的分解产物，当糖原耗尽时，脂肪组织会分解中性脂肪生成 NEFA，作为能源。NEFA 是进行持久活动所需的能源物质。研究发现，热应激状态下奶牛血液中 NEFA 水平降低，且牛乳中短链和中链脂肪酸，磷脂酰乙醇胺、磷脂酰丝氨酸、磷脂酰胆碱和葡萄糖神经酰胺等极性脂质含量均显著降低（Liu et al.，2017）。目前有关降低 NEFA 的机制还缺乏定论，分析原因可能是，热应激状态下脂肪分解能力减弱，导致血液中循环的分解产物 NEFA 相应减少（Torlińska et al.，1987）。有研究认为，热应激奶牛血浆 NEFA 浓度较低是由于奶牛适应环境，并提高了 NEFA 利用率。此外，胰岛素在调控热应激期间脂代谢发挥关键作用。热应激状态下奶牛胰岛素分泌增加也能介导脂质代谢，胰岛素是一种有效的抗脂肪分解激素，它可以维持脂肪生成（Wheelock et al.，2010）。胰岛素水平提高也可能导致血浆 NEFA 减少。胰岛素可与促脂解激素进行负反馈调节（Baumgard et al.，2013），将泌乳期的脂肪动员控制在安全的范围之内。另外，鉴于奶牛在热应激状态下，生酮作用也可能导致 NEFA 水平降低，且有试验显示随着温度升高，奶牛的血酮浓度降低，尿酮含量保持不变，即酮体的总量没有升高，故分析认为，热应激期间 NEFA 水平降低不太可能是 NEFA 转化为酮体引起的。

3．热应激动员泌乳盛期奶牛脂肪

脂肪动员是指储存在脂肪细胞中的甘油三酯在脂肪酶的作用下逐步水解为脂肪酸和甘油的过程。脂肪酸进入血液循环后存在 3 条代谢途径：一是运输至乳腺被乳腺上皮细

胞用于合成乳脂；二是运输至外周组织作为能源物质氧化分解，产生大量能量；三是运输至肝脏重新酯化为甘油三酯通过极低密度脂蛋白的形式进入血液循环，或者通过分解产物，间接参与三羧酸循环氧化供能。由此可见，这些途径均可产生泌乳所需的能量或乳脂肪。显然脂肪动员这一过程经常发生在产奶高峰期，同时构成泌乳盛期奶牛容易出现肌体消瘦的原因。

由于采食量下降，热应激有时可能会引起奶牛脂肪动员，这常见于夏季泌乳盛期的奶牛。处于泌乳盛期的奶牛泌乳机能旺盛，然而夏季奶牛的低采食量常难以满足营养需要，泌乳奶牛受到30%～40%的营养限制，导致体重减轻 40kg 左右（Wheelock et al.，2010），奶牛处于能量负平衡状态。为了维持泌乳，奶牛采取脂肪动员缓解能量负平衡和产生乳脂。此时机体的激素水平也会发生变化，参与调控脂肪动员。例如，奶牛机体中的促脂解激素、肾上腺素、生长激素等会促进糖原和脂肪分解，从而缓解能量负平衡对泌乳的影响。总体而言，由于脂肪动员产物 NEFA 的氧化会释放大量的热能，高温期间奶牛不选择分解脂肪作为获取能量的首选。而在脂肪动员期间，抗脂解激素胰岛素会与促脂解激素肾上腺素等通过负反馈调控的方式，将脂肪动员控制在安全的水平，从而维持生产和内环境的稳态。

5.4.5 热应激对奶牛碳水化合物代谢的影响

热应激会改变奶牛碳水化合物代谢。乳糖和葡萄糖的分泌量往往是相似的。有研究发现，热应激奶牛合成的乳糖约减少 225g，分泌的乳糖约减少 370g，且其全身葡萄糖出现率升高 5.6%（Rhoads et al.，2009b）。也有研究表明，与热中性对照组奶牛相比，热应激奶牛乳糖产量下降，但乳糖产量降低的潜在机制仍不清楚（Wheelock et al.，2010）。牛奶产量下降因素的 50%左右是由于热应激引起的干物质采食量下降，还有很大一部分因素可能是吸收后代谢的变化。具体来说，热应激奶牛的肝脏葡萄糖产量与营养水平一致的热中性环境的奶牛相似，然而，热应激奶牛不能利用葡萄糖保留机制（热应激奶牛会有脂肪动员，防止奶牛在营养摄入不足时牛奶产量的严重下降），因此，葡萄糖对全身能量的贡献增加。这种不能释放葡萄糖的情况导致组织利用葡萄糖的层级重新分布，乳腺优先利用，葡萄糖的重要性降低（Wheelock et al.，2010）。

糖原分解和糖异生是肝脏葡萄糖产量增加的原因（Collins et al.，1980）。动物在高温环境中运动时肝脏葡萄糖生成增加，血糖降低，随后迅速恢复，在消耗脂肪时全身碳水化合物氧化增强，而且在摄取碳水化合物之后肝脏葡萄糖生成显著减少。并且，血糖与每日最大 THI 呈显著相关。葡萄糖耐受试验表明，热应激奶牛消耗外源葡萄糖的速度更快（Rhoads et al.，2011a）。此外，摄入碳水化合物不能抑制肝脏葡萄糖的降低，即外源碳水化合物不能抑制热应激引起的肝脏葡萄糖的输出（Angus et al.，2001）。有研究表明，热应激降低牛奶中葡萄糖浓度，上调丙酮酸和乳酸浓度，同时乳酸脱氢酶活性显著升高（Tian et al.，2015）。热应激引起肝脏糖异生基因表达的改变，这可能与不同的前体供应有关。反刍动物的肝脏在葡萄糖的输出方面仍然是正常的，在热应激期间，葡萄糖优先用于牛奶合成以外的其他过程（Baumgard et al.，2013）。胞质磷酸烯醇丙酮酸羧激酶 mRNA 丰度不受热应激的影响。在热应激期间，丙酮酸羧化酶基因表达上调，且热应激导致奶牛肝脏葡萄糖异生酶表达谱改变，这似乎与营养水平有关（Rhoads et al.，2011b）。有研究表明，当奶牛遭受热应激时，血浆乳酸浓度升高，这可能与外周组织的有氧糖酵解在一定程度上增加有关（Yaspelkis et al.，1993）。此外，Monteiro 等（2016）指出，热应激奶牛通过减少采食量来改变其子代的新陈代谢，这增强了独立于胰岛素的葡萄糖利用。糖酵解和无氧呼吸的加强可能是为了维持热应激奶牛体内能量平衡。同时，热应激增加了心肌和肌肉的耗氧量，减少了氧的供应，导致厌氧发酵。这些代谢途径的改变使热应激期间干物质摄入量减少所引起的平衡负能量更加严重。

5.5 热应激对奶牛生产及乳腺炎症的影响

20 世纪后，全球气候变暖日益严重，热应激已成为危害奶牛生产的重要因素之一。奶牛发生热应激时，生理方面通常表现为直肠温度升高，呼吸频率加快，心率增强（魏学良等，2005）；此外，还伴随着干物质采食量减少，营养物质摄入不足，出现能量负平衡状态；更严重的甚至出现代谢紊乱、脱水、休克或死亡。北京地区夏季泌乳奶牛的热应激发生率达 100%，泌乳损失在 20%以上；南方地区，奶牛夏季热应激问题表现得更为严重（侯引绪等，2014）。

5.5.1 热应激对奶牛生产性能的影响

环境温度升高往往导致奶牛泌乳量下降和干物质采食量（dry matter intake，DMI）下降。持续热应激可使 DMI 减少 50%，甚至更多，即使在防暑措施良好的奶牛场，泌乳量下降也要超过 10%（Collier et al.，1982）。一直以来，人们认为高温导致奶牛 DMI 降低，从而致使泌乳量下降；然而，通过配对饲养试验研究表明，DMI 降低导致泌乳量减少仅仅占高温引起泌乳量降低的 35%～50%。因此，高温可以直接导致泌乳量下降，且比例较大（Baumgard et al.，2013）。当 THI 值高于 72 时，THI 每升高一个单位，泌乳量降低 0.2kg，但是该指标还要因地域和牧场管理条件的不同而有所差异（Ravagnolo et al.，2000）。李征等（2009）的研究结果表明，夏季热应激奶牛的泌乳量与非热应激奶牛相比存在显著差异，下降率为 18.1%。薛白等（2010）进行温湿度指数与奶牛生产性能之间关系的验证时，发现中度热应激的奶牛较非热应激的奶牛泌乳量降幅达 27.4%；另一个试验发现，与 10℃时奶牛的泌乳量相比，温度上升到 21.1℃、27.4℃、29.4℃和 38℃时，泌乳量分别下降 10.7%、24.8%、30.4%和 73.1%。比如，吴建良等（2012）报道，浙江省伊康和佳乐两个牛场奶牛夏季泌乳量最低，且显著低于其他季节。同时，热应激对奶牛不同胎次和不同泌乳阶段泌乳性能的影响也不同。与冬季非热应激奶牛相比，泌乳前期、中期和后期奶牛泌乳量分别降低 19.3%、15.88%和 13.83%。

热应激造成牛奶产量降低的原因可能涉及多个方面。第一，热应激导致采食量降低，营养物质摄入减少。第二，热应激造成内分泌改变，包括合成代谢和分解代谢的激素之间的相互变化。第三，热应激影响细胞内信号通路，这些信号通路参与调控乳的合成、机体能量代谢和多项生理活动。此外，乳腺上皮细胞可能直接受高温的影响。第四，最近的证据表明，β-酪蛋白的衍生物发挥配体的作用，通过结合乳腺上皮细胞顶端的受体，破坏钾通道，最终降低牛奶合成，这类似于“反馈抑制泌乳”的概念。

5.5.2　热应激对奶牛瘤胃发酵及微生物的影响

瘤胃是一个动态的、开放的微生态系统，其微生物区系主要由细菌、原虫及厌氧真菌组成。瘤胃微生物对温度要求较严格，在 39～39.5℃时最活跃，高于此温度对瘤胃发酵不利。而且瘤胃内纤维分解菌对 pH 也有较严格的要求。pH 为 6.6～7.0 时纤维分解菌最为活跃（廖晓霞等，2005），粗纤维消化率较高。而热应激奶牛流涎增多，采食量下降，这必然导致瘤胃的 pH 变化，造成消化障碍（高民等，2011）。可见，热应激对奶牛瘤胃微生物区系和微生物功能有一定的影响。Tajima 等（2007）报道不同环境温度对青年牛瘤胃微生物组成无显著影响，但相对湿度和体重影响较大。Benchaar 等（2007）报道，在热应激奶牛的饲粮中添加必需脂肪酸，其瘤胃总细菌数、纤维菌数和原虫总数比例未受影响。李旦等（2008）报道，热应激对不同个体奶牛产琥珀酸丝状杆菌和黄色瘤胃球菌数影响较小。王建平等（2010）利用 RT-PCR 定量 6 种纤维分解菌数量的研究结果表明，在热应激状态下，奶牛瘤胃中黄色瘤胃球菌和栖瘤胃普雷沃氏菌数量变化较大。热应激对奶牛瘤胃液发酵指标造成诸多严重影响，可能原因是热应激时，奶牛呼吸频率增加，换气过度，诱发血液 CO_2 降低，肾脏分泌 HCO_3^-量增多，唾液中 HCO_3^-分泌量减少，进入瘤胃以维持瘤胃健康的 HCO_3^-量也随之减少，瘤胃 pH 降低；此外，由于热应激的关系，奶牛流涎增加，唾液量减少，唾液中 HCO_3^-含量降低且流入瘤胃中的唾液量减少，使得热应激奶牛对亚临床和急性瘤胃酸中毒更敏感，瘤胃功能降低。同时，热应激时随环境温度的升高，奶牛干物质采食量降低，饮水量增大，瘤胃蠕动和食糜流通速度降低，瘤胃发酵模式改变，奶牛能量的摄入减少，从而瘤胃 VFA 的产生量减少，总 VFA 产量降低，乙酸与丙酸比值增加，瘤胃 pH 降低，引起瘤胃消化不良，使得饲料的利用率也降低，最终导致奶牛生产性能下降。

研究表明，不同温湿度变化影响瘤胃内微生物，尤其是厚壁菌门（Firmicuies）和拟杆菌门（Bacteroidetes）微生物数量的变化（Tajima et al.，2007）。运用序列特异性的 16S rRNA 测序技术分析热应激对犊牛（250kg）和青年牛（430kg）瘤胃微生物群落组成的影响发现，随着温度升高，瘤胃内直肠真杆菌—球形梭菌（*E. rectale-C. coccoides*）和链球菌（*Streptococcus*）数量增加，而纤维杆菌（*Fibrobacter*）数量减少；有 2 个未培养的细菌簇（Uncultured rumen bacteria cluster）呈现相反的变化趋势。因此，不管犊牛还是青年牛，热应激会改变瘤胃微生物区系的组成，瘤胃内大肠杆菌和乳酸杆菌数量显著升高，丝状杆菌数量显著降低；未培养瘤胃细菌在瘤胃发酵中扮演一个重要的角色，对温度的变化敏感（Uyeno et al.，2010）。有研究表明，热应激条件下瘤胃黄色球菌（*Ruminococcus flavefaciens*）和栖瘤胃普雷沃氏菌（*Prevotella ruminicola*）变化较大，丁酸弧菌（*Butyrivibrio fibrisolven*）和嗜淀粉瘤胃杆菌（*Ruminobacter amylophilus*）无显著变化，因此，嗜淀粉瘤胃杆菌含量与奶牛的耐热应激能力无明显关系（王建平等，2011；王建平等，2010）。热应激提高泌乳前期瘤胃微生物数量和泌乳中期的产琥珀酸丝状杆菌

（*Fibrobacter succinogene*）以及泌乳后期的黄色瘤胃球菌数量，降低泌乳中、后期的总细菌数量，白色瘤胃球菌（*Ruminococcus albus*）数量以及后期的产琥珀酸丝状杆菌数量；因此，泌乳前期奶牛热应激期间的瘤胃液中各类微生物数量均极显著高于非热应激期，泌乳前期组奶牛瘤胃液微生物数量对热应激的反应更敏感（杜瑞平等，2013）。

5.5.3　热应激对奶牛内分泌代谢的影响

大量的研究表明，热应激条件下，体内生化指标的变化对判断奶牛热应激有着重要的意义，奶牛体内的一些血液生化指标，如血糖、T3、T4、皮质醇、血清离子等均有一定变化。宋代军等（2013）的研究表明，与非热应激期相比，奶牛在各热应激期血清中的胰岛素、皮质醇、T3、T4 浓度均降低，而随着热应激的加重，各泌乳阶段奶牛的血清催乳素浓度均有升高的趋势。马燕芬等（2007）的研究发现，热应激奶牛哺乳的犊牛血清中各成分含量在 144h 内均低于非热应激奶牛哺乳的犊牛，其中血清中 IgG、T3、T4 等含量的变化差异显著。Nardone 等（1997）研究也发现，热应激使牛血清中 T3 浓度下降，这有利于机体降低代谢率来缓解奶牛热应激。

热应激条件下，动物机体免疫功能会受到抑制，这种免疫抑制可能是通过大脑对免疫功能的调节，肾上腺皮质激素和交感神经的免疫修饰作用实现的。大脑受到热应激刺激，可导致机体免疫器官、组织和细胞功能被抑制。脑内的一些激素会参与免疫功能的调节，以脑垂体为中心，经垂体—肾上腺途径进行调节。交感神经系统也通过其对多种免疫器官的肾上腺能受体的作用，来直接抑制机体的免疫功能。

5.5.4　热应激对奶牛乳成分的影响

乳蛋白率、乳脂率、乳糖率和非脂固体含量等是奶牛乳品质的重要指标。研究表明，热应激状态下，奶牛乳蛋白率、乳脂率和非脂固体含量均呈下降趋势，且在泌乳前期降低幅度最大，但对牛奶中乳糖率没有显著影响（韩佳良等，2018）。当 THI 指数从 68 上升到 78 时，也就是奶牛从正常生理状况转为轻度热应激状态时，乳脂率从 3.58%下降到 3.24%，乳蛋白率从 2.96%下降到 2.88%，体细胞数从 4.1×10^5 个 · mL^{-1} 增加到 8.6×10^5 个 · mL^{-1}。但也因奶牛个体和饲养管理条件的不同降幅不同（Bouraoui et al.，2002）。奶牛在热应激时对粗饲料的采食量是降低的。胰岛素—葡萄糖理论认为，乙酸是乳脂合成的前体物，丙酸是糖异生的前体物。高温条件下的奶牛摄入较多的高精饲粮，因瘤胃发酵产生丙酸较多，刺激机体分泌胰岛素，造成更多的营养物质被体组织利用而不是参与乳腺组织代谢，从而引起乳脂率降低（胡宝森，2010）。热应激对乳蛋白的影响主要表现为乳腺上皮细胞中酪蛋白等主要乳蛋白基因表达下调，乳中总酪蛋白减少而尿素浓度增加，导致乳蛋白含量降低（Hu et al.，2016）。

5.5.5　热应激对奶牛乳腺炎症的影响

1. 奶牛乳腺炎症概述

奶牛乳腺炎是奶牛乳腺组织发生的炎症反应，在牛群中发病率较高。调查显示，乳腺炎约占据奶牛总发病的 25%，发病率达到 50%（王双坡，2019）。奶牛乳腺炎分为临床型乳腺炎、急性乳腺炎和慢性乳腺炎 3 种类型。

临床型乳腺炎的特征为奶牛乳腺与乳汁有肉眼可见的明显变化。乳腺患病区不同程度地呈现红、肿、热、痛等症状，只出现局部临床症状的属于轻度或中度乳腺炎。如果炎症引起全身症状，出现发热、厌食、休克则被认为是重度乳腺炎。如果发病急，症状严重则称之为急性重度乳腺炎。重度乳腺炎多出现浆液性分泌物也就是常说的清水或黄水样。

患急性乳腺炎的奶牛无明显的临床症状，但奶牛泌乳量下降，乳汁体细胞数（＞50 万 mL）、电导率、pH（＞7.0）等理化性质已改变。必须通过体细胞计数检测法、乳中酶类检验法、微生物诊断、PCR 等方法才能检测奶牛是否患有乳腺炎（薛银，2018）。急性乳腺炎不易发现，但发病率高于临床型乳腺炎，并影响奶产量和乳品质，其造成的经济损失也不容小觑。急性乳腺炎若处理治疗不当，则会发展为临床型乳腺炎。据统计，我国 2016 年奶牛急性乳腺炎的经济损失高达 3.45 亿元。

慢性乳腺炎病程较长，通常是由急性乳腺炎没有得到及时治疗或治疗后未痊愈，而使乳腺组织渐进性发炎造成的。虽然乳腺患炎症，但通常无任何临床症状，偶然可出现较明显的临床症状，可反复发作。仔细检查可发现乳腺患部组织弹性降低，有较硬的肿块，泌乳量减少，挤出的乳汁变稠并带黄色，常含有絮状沉淀物。

2. 奶牛乳腺炎症成因

奶牛乳腺炎成因复杂，包括病原微生物、奶牛自身免疫能力、饲养管理、环境因素和遗传因素。

1）病原微生物

微生物感染是引起奶牛乳腺炎的主要原因。目前已经鉴定出超过 100 种的乳腺炎病原微生物。乳腺炎病原菌分为主要病原菌和次要病原菌两类。主要病原菌包括金黄色葡萄球菌、无乳链球菌、其他链球菌、大肠杆菌类、环境来源的肠道球菌等。次要病原菌包括凝固酶阴性葡萄球菌、牛棒状杆菌、表皮葡萄球菌、微球菌等。

病原微生物大体可分为两类：一类是接触传染性病原微生物，其定植于乳腺，并可通过手工挤奶或挤奶机传播，如无乳链球菌、停乳链球菌、金黄色葡萄球菌等；另一类是环境性致病微生物。这一类微生物通常不引起乳腺感染，但当奶牛饲养环境、乳头或挤乳容器等被污染，细菌从乳头进入乳导管后不断地黏附并快速的增殖，冲破奶牛血乳屏障中的由乳导管与角蛋白构成的第一道防线，迁移到乳池中并黏附在乳腺腺泡的上皮细胞，最后引起局部或者全身性的炎症或疾病（马梦汝，2018）。这类细菌主要包括大肠杆菌、肺炎克雷伯菌、产气肠杆菌、沙雷氏菌、变形杆菌、假单胞菌以及其他革兰氏阴性菌、凝固酶阴性葡萄球菌、环境链球菌、酵母菌或真菌、化脓性放线菌及牛棒状杆菌等（毕秀军等，2018）。

黄瑛等（2007）从 105 例患临床型乳腺炎奶牛乳汁中分离鉴定出 76 个菌株，其中 58 株为无乳链球菌，18 株为大肠杆菌，说明无乳链球菌是奶牛临床型乳腺炎的主要病原菌，其次是大肠杆菌。Gianneechini 等（2002）发现急性乳腺炎的主要病原菌是金黄色葡萄球菌（62.8%），其次是无乳链球菌（11.3%）。这一结论和众多文献报道相一致。所以，金黄色葡萄球菌、链球菌和大肠杆菌为奶牛乳腺炎的重点和控制微生物（徐继英等，2012）。

2）奶牛自身免疫能力

免疫系统的活性及奶牛机体的防御能力对防止乳腺炎的发生起重要作用。奶牛的乳腺免疫包括固有免疫和适应性免疫。乳头管是最重要的阻止病原微生物进入乳腺的物理性屏障，乳头管内的角蛋白不仅可以作为阻挡细菌的机械性屏障，还可以通过抗菌性脂类和蛋白质组成防护体系，抑制细菌生长（徐继英等，2012）。乳头管和角蛋白构成乳腺抵抗病菌入侵的第一道防线。乳汁中含有的补体蛋白、溶菌酶、乳铁蛋白和乳过氧化物酶系统等抗菌活性物质对保护乳腺和维持乳腺功能有重要作用。细胞因子也是乳腺防御机制的重要组成部分，白细胞介素（IL-6、IL-8 等）、干扰素（IFN-γ）、集落刺激因子（colony-stimulating factor，CSF）和肿瘤坏死因子（如 TNF-α）等细胞因子也参与炎症反应，调控机体的免疫应答。适应性免疫包括细胞免疫和体液免疫，主要是 T 淋巴细胞和 B 淋巴细胞发挥作用。免疫学认为应激反应中，细胞免疫起主导作用，体液免疫起辅助作用。

3）饲养管理

牛舍、挤奶场地以及挤奶工具没有经过严格的卫生消毒，挤奶操作不规范，人工挤奶手法不正确；其他继发感染性疾病没有及时进行治疗；奶牛在干乳期没有及时、正确地进行干乳；患有慢性乳腺炎且经过长时间治疗未康复的病牛未及时进行淘汰等，都是常见的引发乳腺炎的原因。另外，奶牛饲喂高蛋白质、高能量的饲粮，尽管保证泌乳量高，但同时也使乳腺负担加重，导致机体抵抗力下降，从而引发奶牛疾病（肖锋，2019）。

4）环境因素

温度、湿度、降水量对奶牛乳腺炎的发病率也有显著影响。夏季高温使奶牛食欲减退，机体抗病能力减弱，从而导致急性乳腺炎的发生。牛舍环境差、通风不良、采光不良等都易使细菌在牛舍内大量滋生，使得病原菌在牛体表进行繁殖，从而诱发奶牛乳腺炎。

5）遗传因素

奶牛乳腺炎能够遗传，尤其是急性乳腺炎。急性乳腺炎发病率较高的母牛所产子代患病概率也更大。表观遗传在乳腺炎的发生发展过程中也发挥重要的调控作用（张晓建等，2019），例如 αs1-酪蛋白启动子的甲基化通过减少酪蛋白的合成对急性乳腺炎起作用，组蛋白 H3 的乙酰化可以有效调节奶牛乳腺先天免疫基因的表达，从而更好地防御细菌感染（Ochoa-Zarzosa et al.，2009）。

3. 热应激影响奶牛乳腺炎症的原因

热应激不仅会导致奶牛采食量下降，繁殖性能下降，代谢紊乱，还会降低奶牛自身免疫力，增加奶牛患病概率。除此之外，热应激为细菌生长繁殖提供了良好的环境，细菌与奶牛乳头接触机会增加，病原菌从乳头侵入乳腺组织，引发乳腺炎。研究表明，夏季奶牛乳腺炎发病率比春季高 8%（陈峰杰等，2016）。穆秀明在 2008 年每月月末对张家口地区某牛场的乳腺炎发生情况进行统计，得出该牛场 7 月份奶牛乳腺炎总发病率（临床型乳腺炎发病率与急性乳腺炎发病率之和）最高（穆秀明等，2008）。陈永生在 1993 年对安徽淮南地区奶牛临床乳腺炎发生情况与当地主要气象因素关系的分析得出，奶牛乳腺炎与风速呈不显著的负相关，与气温、相对湿度、降雨量均呈显著的正相关，且 7 月、8 月临床乳腺炎数明显高于其他月（陈永生，1993）。随玉龙在 1994 年对上海市星火农场奶牛的临床型乳腺炎发病率进行统计，发现 1985～1987 年每年的 7～8 月是乳腺炎发病的高峰期（随玉龙，1994）。

夏季热应激造成奶牛乳腺炎症高发的原因主要有以下两个方面。

1）热应激环境有利于病原菌繁殖

夏季高温高湿的环境有利于奶牛乳腺炎病原菌的生长与繁殖，致使奶牛乳腺炎发病率升高。恒定温度条件下，高温（37℃）有利于大肠杆菌 *E. coli.* 1.1187 的生长繁殖。金黄色葡萄球菌生物膜生长的最佳温度为 35℃（习玲，2017）。热应激需要大量的水为奶牛降温，这些水为细菌的生长提供条件。奶牛暴露于容易滋生细菌的环境中，患病率大大增加。

2）热应激降低奶牛免疫能力

热应激分为急性热应激和慢性热应激，急性应激还有可能发展成为长期慢性应激，而急性和慢性热应激都会影响免疫系统的功能，体现为对免疫功能的抑制作用，奶牛的固有免疫和适应性免疫均会受到损害，导致奶牛抗病能力下降（刘嘉莉等，2018）。热应激也显著影响奶牛外周血白细胞、红细胞及血红蛋白等多项生理指标。同时慢性热应激时期，奶牛血液中白细胞总数、淋巴细胞数、单核细胞数下降，说明慢性热应激使奶牛的免疫功能下降或受到抑制（井霞，2006）。

热应激对奶牛适应性免疫有影响。适应性免疫包括细胞免疫和体液免疫。乳腺内部的细胞免疫防御功能广义地讲包括 T 细胞、巨噬细胞、NK 细胞等发挥的作用。巨噬细胞主要通过蛋白酶和活性氧吞噬和杀伤病原微生物，维持乳腺和乳汁健康。当病原菌侵入乳腺后，乳腺巨噬细胞主要释放前列腺素、白三烯和细胞因子等化学物质，吸引大量多形核中性粒细胞（poly nucleated neutrophils，PMN）进入感染部位，加剧炎性反应并中和毒性产物，同时在乳区周围吞噬和消化病原菌，减少病原菌数量。狭义的细胞免疫仅指 T 细胞介导的免疫应答，即 T 细胞受到抗原刺激后，分化、增殖、转化为致敏 T 细胞，当相同抗原再次进入机体，致敏 T 细胞对抗原的直接杀伤作用及致敏 T 细胞所释放的细胞因子的协同杀伤作用。井霞在 2006 年研究发现相对于非应激期而言，慢性热应激期，奶牛血液中 CD^{3+}T 淋巴细胞有所下降，说明免疫反应诱导及效应不足，特异性抵御应激的免疫能力下降（井霞，2006）。奶牛乳腺中 B 细胞是参与体液免疫应答的重要成分。B 淋巴细胞在抗原刺激下可分化为浆细胞，合成和分泌免疫球蛋白。B 细胞对复杂抗原及多种有丝分裂原的识别均需要 T 细胞协助。慢性热应激期，奶牛 CD^{21+}B 淋巴细胞显著降低，抑制动物抗体的产生，使循环抗体浓度下降，最终使机体的体液免疫作用受到抑制。

白细胞介素（interleukin，IL）是由多种细胞产生并作用于多种细胞的一类细胞因子。由于最初是由白细胞产生又在白细胞间发挥作用，所以由此得名，现仍一直沿用。

白细胞介素在传递信息，激活与调节免疫细胞，介导 T、B 细胞活化、增殖与分化及在炎症反应中起重要作用。持续热应激会导致奶牛 IL-6、IL-8 含量增加，引起奶牛炎症反应（闵力，2017）。然而奶牛血浆中 IL-1β 的浓度不受热应激的影响。细胞因子的升高不仅会引起全身的炎症反应，损害奶牛健康，还可通过影响胰岛素、胰高血糖素和皮质醇等激素的分泌和相应的受体活性间接调节糖原分解，影响血糖水平，进而影响奶牛的生理功能。

TNF 是一种能杀伤某些肿瘤细胞或使体内肿瘤组织发生血坏死的细胞因子。根据来源分为 TNF-α 和 TNF-β 两种类型，由激活淋巴细胞产生的 TNF 称为 TNF-β，而由巨噬细胞产生的 TNF 称为 TNF-α。TNF-α 在急性炎症过程中产生，特别是大肠杆菌引起的严重乳腺炎乳汁和血清中表达水平很高。夏季持续热应激会使奶牛血液中 TNF-α 浓度较春季非热应激时期升高（张凡建，2015）。

参考文献

艾琴，杨红军，顾宪红，2007．五指山猪的泌乳性能及泌乳行为［J］．饲料工业，28（9）：31-34.

艾阳，2015．热应激对泌乳奶牛泌乳性能和乳品质的影响及其机制［D］．南京：南京农业大学.

艾阳，曹洋，谢正露，等，2015．热应激时奶牛血液中游离氨基酸流向与乳蛋白下降的关系研究［J］．食品科学，36（11）：38-41.

毕秀军，王维浩，吴连华，2018．奶牛乳房炎的综合防治技术［J］．山东畜牧兽医，39（2）：42.

曹进，张峥，2003．封闭猪场内氨气对猪群生产性能的影响及控制试验［J］．养猪（4）：42-44.

陈春林，戴荣国，周晓容，等，2009．鸡舍 CO_2 浓度对肉鸡血液生化指标的影响［J］．家畜生态学报，30（2）：59-61.

陈峰杰，杜斌，李福星，等，2016．奶牛热应激发病机理影响因素及预防措施［J］．中国牛业科学，42（1）：78-80.

陈永生，1993．奶牛乳房炎受主要气象因素影响的分析［J］．中国奶牛（2）：27-29.

单强，马峰涛，魏婧雅，等，2019．热应激影响荷斯坦奶牛泌乳机制的研究进展［J］．中国畜牧杂志，55（3）：34-38.

杜瑞平，温雅俐，姚焰础，等，2013．热应激对奶牛瘤胃液微生物数量的影响［J］．动物营养学报，25（2）：334-343.

高民，杜瑞平，温雅丽，2011．热应激对奶牛生产的影响及应对策略［J］．畜牧与饲料科学，32（9-10）：59-61.

郭祎玮，史彬林，崔玉铭，等，2011．北方农牧交错区奶牛场舍内外温热环境指标的监测与评价［J］．中国奶牛（12）：59-61.

韩佳良，刘建新，刘红云，2018．热应激对奶牛泌乳性能的影响及其机制［J］．中国农业科学（16）：3159-3170.

侯引绪，魏朝利，2014．夏季热应激对牛奶成分的影响与应对措施［J］．中国奶牛（Z1）：10-12.

胡宝森，2010．影响奶牛乳脂合成的因素分析［J］．山东畜牧兽医，31（12）：71-72.

黄瑛，尹晓敏，李丽好，等．2007．奶牛临床型乳房炎病原菌的分离与鉴定［J］．中国畜牧兽医，34（12）：74-76.

井霞，2006．慢性冷热应激对荷斯坦奶牛维持行为及免疫功能的影响研究［D］．呼和浩特：内蒙古农业大学.

赖登明，蒋俊杰，1997．热应激对几种主要畜禽生产性能的影响［J］．家畜生态学报（3）：48-49.

李旦，王加启，卜登攀，等，2008．应用 Real-time PCR 方法测定瘤胃液功能菌群数量［J］．农业生物技术学报（5）：787-791.

李楠，高学军，2011．雌激素及其受体对动物乳腺上皮细胞泌乳性能的影响［J］．中国畜牧兽医，38（4）：151-153.

李玮，史远刚，王雅春，等，2015．奶牛热应激相关生理生化指标影响因素分析［J］．黑龙江畜牧兽医，491（23）：18-21.

李征，梅成，郭智成，2009．热应激对荷斯坦奶牛生产性能和乳脂脂肪酸组成的影响［J］．中国乳品工业，37（9）：17-19.

廖晓霞，叶均安，2005．泌乳奶牛热应激研究进展［J］．中国饲料（19）：21-23.

刘嘉莉，窦金焕，胡丽蓉，等，2018．热应激对奶牛生理和免疫功能的影响及其机理［J］．中国畜牧兽医，45（1）：263-270.

马梦汝，2018．LncRNA-XIST 通过 NF-κB/NLRP3 炎性小体通路调节奶牛乳腺上皮细胞的炎性应答［D］．杨凌：西北农林科技大学.

马燕芬，陈志伟，2007．热应激牛初乳对新生犊牛血清免疫指标的影响研究［J］．饲料工业，28（13）：20-22.

闵力，2017. 基于生理代谢、蛋白组学和菌群多样性解析热应激对泌乳奶牛的影响 [D]. 北京：中国农业大学.
穆秀明，李寸欣，马旭平，等，2008. 奶牛舍温湿度与乳腺炎发病率的关系 [J]. 河北北方学院学报（自然科学版），24（6）：36-38.
彭癸友，覃发芬，2002. 光照对母猪几项繁殖指标的影响 [J]. 当代畜牧（7）：21-26.
彭继勇，杨佳梦，车炼强，等，2018. 光照对母猪繁殖性能的影响及其作用机理 [J]. 动物营养学报，30（2）：437-443.
权素玉，2016. 热应激对荷斯坦奶牛乳糖合成的影响及其机制 [D]. 南京：南京农业大学.
施忠秋，齐智利，2013. AMPK 信号通路在热应激中的调控作用 [J]. 中国奶牛（19）：3-5.
宋代军，何钦，姚焰础，2013. 热应激对不同泌乳阶段奶牛生产性能和血清激素浓度的影响 [J]. 动物营养学报，25（10）：2294-2302.
随玉龙，1994. 外界气象因素对奶牛乳房炎的影响 [J]. 上海畜牧兽医通讯（3）：13-14.
孙朋朋，宋春阳，2014. 猪舍环境因素对猪生长性能的影响及应对措施 [J]. 猪业科学，31（8）：86-87.
田粉莉，姚瑞兰，王正秀，等，2006. 冷热应激对奶牛产奶量的影响及预防措施 [J]. 河南畜牧兽医，27（2）：24-25.
田允波，施振旦，2005. 夏季热应激对泌乳母猪的影响与对策 [J]. 养猪（3）：14-16.
王丁，曾志凯，朴香淑，2017. 母猪的乳腺发育及其影响因素 [J]. 中国畜牧杂志，53（2）：3-9.
王建平，王加启，卜登攀，2011. 热应激奶牛瘤胃液中嗜淀粉杆菌的含量 [J]. 中国农业大学学报，16（4）：102-106.
王建平，王加启，卜登攀，等，2008. 热应激对奶牛影响的研究进展 [J]. 中国奶牛（7）：21-24.
王建平，王加启，卜登攀，等，2010. 热应激对奶牛瘤胃纤维分解菌的影响 [J]. 农业生物技术学报，18（2）：302-307.
王双坡，2019. 奶牛乳腺炎调查及病因分析要点 [J]. 中国畜禽种业，15（2）：75.
魏学良，张家骅，王豪举，等，2005. 高温环境对奶牛生理活动及生产性能的影响 [J]. 中国农学通报，21（5）：13-15.
吴建良，姜俊芳，蒋永清，2012. 环境因素对奶牛生产性能的影响 [J]. 浙江农业科学（11）：1577-1579.
习玲，2017. 培养条件对金黄色葡萄球菌生物被膜生长的影响研究 [J]. 产业与科技论坛（22）：70-71.
肖锋，2019. 奶牛乳腺炎的病因、临床表现和防治措施 [J]. 现代畜牧科技，51（3）：116-117.
徐继英，刘俊林，霍生东，等，2012. 致奶牛乳腺炎大肠杆菌的分离与鉴定 [J]. 中兽医医药杂志，31（3）：20-24.
薛白，王之盛，李胜利，等，2010. 温湿度指数与奶牛生产性能的关系 [J]. 中国畜牧兽医，37（3）：153-157.
薛银，2018. 奶牛隐性乳房炎的几种诊断方法 [J]. 畜牧兽医科技信息，502（10）：70-71.
杨小娇，许静，宗凯，等，2011. 不同温度热应激对肉鸡血液生化指标及肉品质的影响 [J]. 家禽科学（3）：10-14.
张凡建，2015. 日粮添加铬对热应激奶牛脂质代谢和免疫应答的作用研究 [D]. 北京：中国农业大学.
张丰泉，董恩恒，王茂，等，2017. PM2.5 对雌鼠生殖内分泌水平和妊娠结局的影响 [J]. 中国实验动物学报，25（4）：455-460.
张金枝，卢伟，2000. 饲粮蛋白质（赖氨酸）水平对高产母猪泌乳行为，泌乳量和乳成分的影响研究 [J]. 养猪（3）：11-13.
张士霞，王洪斌，姜岩，等，2014. CO_2 气腹压对小型猪氧化应激水平和神经内分泌激素的影响 [J]. 中国兽医杂志，40（4）：83-85.
张晓建，赵俭，张伟，等，2019. 奶牛乳腺炎致病机制的表观遗传调控研究进展 [J]. 中国畜牧杂志（1）：5.
赵勇，沈伟，张宏福，2016. 大气微粒、氨气和硫化氢影响动物繁殖机能和生产性能的研究进展 [J]. 中国农业科技导报，18（4）：132-138.
邹胜龙，冯定远，2000. 动物热应激机理及其研究进展 [J]. 广东饲料（4）：20-23.
ABENI F, CALAMARI L, STEFANINI L, 2007. Metabolic conditions of lactating Friesian cows during the hot season in the Po valley. 1. Blood indicators of heat stress [J]. International Journal of Biometeorology, 52 (2): 87-96.
ANGUS D J, FEBBRAIO M, LASINI D, et al., 2001. Effect of carbohydrate ingestion on glucose kinetics during exercise in the heat [J]. Journal of Applied Physiology, 90 (2): 601-605.
BARASH H, SILANIKOVE N, SHAMAY A, et al., 2001. Interrelationships among ambient temperature, day length, and milk yield in dairy cows under a Mediterranean climate [J]. Journal of Dairy Science, 84 (10): 2314-2320.
BARB C R, ESTIENNE M J, KRAELING R R, et al., 1991. Endocrine changes in sows exposed to elevated ambient temperature

during lactation [J]. Domestic Animal Endocrinology, 8 (1): 117-127.

BAUMAN D E, CURRIE W B, 1980. Partitioning of nutrients during pregnancy and lactation: a review of mechanisms involving homeostasis and homeorhesis [J]. Journal of Dairy Science, 63 (9): 1514-1529.

BAUMAN D E, EPPARD P J, DEGEETER M J, et al., 1985. Responses of high-producing dairy cows to long-term treatment with pituitary somatotropin and recombinant somatotropin [J]. Journal of Dairy Science, 68 (6): 1352-1362.

BAUMGARD L H, RHOADS R P, 2012. Ruminant nutrition symposium: ruminant production and metabolic responses to heat stress [J]. Journal of Animal Science, 90 (6): 1855-1865.

BAUMGARD L H, RHOADS R P, 2013. Effects of heat stress on postabsorptive metabolism and energetics [J]. Annual Review of Animal Biosciences, 1 (1): 311-337.

BENCHAAR C, PETIT H V, BERTHIAUME R, et al., 2007. Effects of essential oils on digestion, ruminal fermentation, rumen microbial populations, milk production, and milk composition in dairy cows fed alfalfa silage or corn silage [J]. Journal of Dairy Science, 90 (2): 886-897.

BERNABUCCI U, LACETERA N, BAUMGARD L H, et al., 2010. Metabolic and hormonal acclimation to heat stress in domesticated ruminants [J]. Animal, 4 (7): 1167-1183.

BEYER M, JENTSCH W, KUHLA S, et al., 2007. Effects of dietary energy intake during gestation and lactation on milk yield and composition of first, second and fourth parity sows [J]. Archives of Animal Nutrition, 61 (6): 452-468.

BIENSEN N, VON BORELL E, FORD S, 1996. Effects of space allocation and temperature on periparturient maternal behaviors, steroid concentrations, and piglet growth rates [J]. Journal of Animal Science, 74 (11): 2641-2648.

BLACK J, MULLAN B, LORSCHY M, et al., 1993. Lactation in the sow during heat stress [J]. Livestock Production Science, 35 (1-2): 153-170.

BOHMANOVA J, MISZTAL I, COLE J B, 2007. Temperature-humidity indices as indicators of milk production losses due to heat stress [J]. Journal of Dairy Science, 90 (4): 1947-1956.

BOURAOUI R, LAHMAR M, MAJDOUB A, et al., 2002. The relationship of temperature-humidity index with milk production of dairy cows in a Mediterranean climate [J]. Animal Research, 51 (6): 479-491.

CANADAY D, SALAK-JOHNSON J, VISCONTI A, et al., 2013. Effect of variability in lighting and temperature environments for mature gilts housed in gestation crates on measures of reproduction and animal well-being [J]. Journal of Animal Science, 91 (3): 1225-1236.

CHENG J B, FAN C Y, SUN X Z, et al., 2018. Effects of *Bupleurum* extract on blood metabolism, antioxidant status and immune function in heat-stressed dairy cows [J]. Journal of Integrative Agriculture, 17 (3): 657-663.

CHRISTON R, SAMINADIN G, LIONET H, et al., 1999. Dietary fat and climate alter food intake, performance of lactating sows and their litters and fatty acid composition of milk [J]. Animal Science, 69 (2): 353-365.

COLLIER R J, DOELGER S G, HEAD H H, et al., 1982. Effects of Heat stress during pregnancy on maternal hormone concentrations, calf birth weight and postpartum milk yield of holstein cows [J]. Journal of Animal Science, 54 (2): 309-319.

COLLINS F G, MITROS F A, SKIBBA J L, 1980. Effect of palmitate on hepatic biosynthetic functions at hyperthermic temperatures [J]. Metabolism-Clinical & Experimental, 29 (6): 524-531.

COTA D, 2006. Hypothalamic mTOR signaling regulates food intake [J]. Science, 312 (5775): 927-930.

COWLEY F, BARBER D, HOULIHAN A, et al., 2015. Immediate and residual effects of heat stress and restricted intake on milk protein and casein composition and energy metabolism [J]. Journal of Dairy Science, 98 (4): 2356-2368.

DANGI S S, DANGI S K, CHOUHAN V, et al., 2016. Modulatory effect of betaine on expression dynamics of HSPs during heat stress acclimation in goat (*Capra hircus*) [J]. Gene, 575 (2): 543-550.

DELLO RUSSO C, TRINGALI G, RAGAZZONI E, et al., 2000. Evidence that hydrogen sulphide can modulate hypothalamo-pituitary-adrenal axis function: in vitro and in vivo studies in the rat [J]. Journal of Neuroendocrinology, 12 (3): 225-233.

DIMA S, FIRA S, NISSIM S, 2009. Acute heat stress brings down milk secretion in dairy cows by up-regulating the activity of the milk-borne negative feedback regulatory system [J]. BMC Physiology, 9 (1): 1-9.

DORMAN D C, STRUVE M F, GROSS E A, et al., 2004. Respiratory tract toxicity of inhaled hydrogen sulfide in fischer-344 rats, sprague-dawley rats, and B6C3F1 mice following subchronic (90-day) exposure [J]. Toxicology and Applied Pharmacology, 198 (1): 29-39.

ETO K, OGASAWARA M, UMEMURA K, et al., 2002. Hydrogen sulfide is produced in response to neuronal excitation [J]. Journal of Neuroscience, 22 (9): 3386-3391.

FARMER C, 2013. Mammary development in swine: effects of hormonal status, nutrition and management [J]. Canadian Journal of Animal Science, 93 (1): 1-7.

FARMER C, DEVILLERS N, WIDOWSKI T, et al., 2006. Impacts of a modified farrowing pen design on sow and litter performances and air quality during two seasons [J]. Livestock Science, 104 (3): 303-312.

FARMER C, KNIGHT C, FLINT D, 2007. Mammary gland involution and endocrine status in sows: effects of weaning age and lactation heat stress [J]. Canadian Journal of Animal Science, 87 (1): 35-43.

FARMER C, LAPOINTE J, PALIN M F, 2014. Effects of the plant extract silymarin on prolactin concentrations, mammary gland development, and oxidative stress in gestating gilts [J]. Journal of Animal Science, 92 (7): 2922-2930.

FARMER C, TROTTIER N L, DOURMAD J Y, 2008. Review: current knowledge on mammary blood flow, mammary uptake of energetic precursors and their effects on sow milk yield [J]. Canadian Journal of Animal Science, 88 (2): 195-204.

FELIPO V, BUTTERWORTH R F, 2002. Neurobiology of ammonia [J]. Progress in Neurobiology, 67 (4): 259-279.

GAO S T, GUO J, QUAN S Y, et al., 2017. The effects of heat stress on protein metabolism in lactating Holstein cows [J]. Journal of Dairy Science, 100 (6): 5040-5049.

GIANNEECHINI R, CONCHA C, RIVERO R, et al., 2002. Occurrence of clinical and sub-clinical mastitis in dairy herds in the west littoral region in Uruguay [J]. Acta Veterinaria Scandinavica, 43 (4): 221.

GILAD E, MEIDAN R, BERMAN A, et al., 1993. Effect of heat stress on tonic and GnRH-induced gonadotrophin secretion in relation to concentration of oestradiol in plasma of cyclic cows [J]. Reproduction, 99 (2): 315-321.

GOURDINE J L, BIDANEL J P, NOBLET J, et al., 2006. Effects of breed and season on performance of lactating sows in a tropical humid climate [J]. Journal of Animal Science, 84 (2): 360-369.

GOURDINE J L, MANDONNET N, GIORGI M, et al., 2017. Genetic parameters for thermoregulation and production traits in lactating sows reared in tropical climate [J]. Animal, 11 (3): 365-374.

GOURDINE J L, RENAUDEAU D, NOBLET J, et al., 2004. Effects of season and parity on performance of lactating sows in a tropical climate [J]. Animal Science, 79 (2): 273-282.

GWAZDAUSKAS F C, THATCHER W W, KIDDY C A, et al., 1981. Hormonal patterns during heat stress following PGF (2)alpha-tham salt induced luteal regression in heifers [J]. Theriogenology, 16 (3): 271-285.

HAMMON D, HOLYOAK G, DHIMAN T, 2005. Association between blood plasma urea nitrogen levels and reproductive fluid urea nitrogen and ammonia concentrations in early lactation dairy cows [J]. Animal Reproduction Science, 86 (3-4): 195-204.

HAYDEN L J, GOEDEN H, ROTH S H, 1990. Growth and development in the rat during sub-chronic exposure to low levels of hydrogen sulfide [J]. Toxicology and Industrial Health, 6 (3-4): 389-401.

HERTELENDY F, TODD H, PEAKE G, et al., 1971. Studies on growth hormone secretion: I. Effects of dibutyryl cyclic AMP, theophylline, epinephrine, ammonium ion and hypothalamic extracts on the release of growth hormone from rat anterior pituitaries in vitro [J]. Endocrinology, 89 (5): 1256-1262.

HINDERY G, TURNER C, 1964. Effect of repeated injection of estrogen on milk yield of nulliparous heifers [J]. Journal of Dairy Science, 47 (10): 1092-1095.

HU H, ZHANG Y, ZHENG N, et al., 2016. The effect of heat stress on gene expression and synthesis of heat-shock and milk proteins in bovine mammary epithelial cells [J]. Animal Science Journal, 87 (1): 84-91.

JEON J H, YEON S C, CHOI Y H, et al., 2006. Effects of chilled drinking water on the performance of lactating sows and their litters during high ambient temperatures under farm conditions [J]. Livestock Science, 105 (1-3): 86-93.

JI F, HURLEY W, KIM S, 2006. Characterization of mammary gland development in pregnant gilts [J]. Journal of Animal Science, 84 (3): 579-587.

KATANE M, HANAI T, FURUCHI T, et al., 2008. Hyperactive mutants of mouse d-aspartate oxidase: mutagenesis of the active site residue serine 308 [J]. Amino Acids, 35 (1): 75-82.

KHODAEI-MOTLAGH M, SHAHNEH A Z, MASOUMI R, et al., 2011. Alterations in reproductive hormones during heat stress in dairy cattle [J]. African Journal of Biotechnology, 10 (29): 5552-5558.

KLEINBERG D L, WOOD T L, FURTH P A, et al., 2009. Growth hormone and insulin-like growth factor-I in the transition from normal mammary development to preneoplastic mammary lesions [J]. Endocrine Reviews, 30 (1): 51-74.

KONG W M, MARTIN N M, SMITH K L, et al., 2004. Triiodothyronine stimulates food intake via the hypothalamic ventromedial nucleus independent of changes in energy expenditure [J]. Endocrinology (11): 11.

KRAELING R R, MARPLE D N, RAMPACEK G B, et al., 1987. Effect of photoperiod and temperature on prolactin secretion in ovariectomized gilts [J]. Journal of Animal Science, 64 (6): 1690-1695.

KRUSE S, TRAULSEN I, KRIETER J, 2011. Analysis of water, feed intake and performance of lactating sows [J]. Livestock Science, 135 (2-3): 177-183.

LACASSE P, OLLIER S, LOLLIVIER V, et al., 2016. New insights into the importance of prolactin in dairy ruminants [J]. Journal of Dairy Science, 99 (1): 864-874.

LASPIUR J P, FARMER C, KERR B J, et al., 2006. Hormonal response to dietary L-arginine supplementation in heat-stressed sows [J]. Canadian Veterinary Journal La Revue Veterinaire Canadienne, 86 (3): 373-381.

LASPIUR J P, TROTTIER N, 2001. Effect of dietary arginine supplementation and environmental temperature on sow lactation performance [J]. Livestock Production Science, 70 (1-2): 159-165.

LEES A M, SEJIAN V, LEES J C, et al., 2019. Evaluating rumen temperature as an estimate of core body temperature in Angus feedlot cattle during summer [J]. International Journal of Biometeorology, 63 (7): 939-947.

LIAO C W, VEUM T L, 1994. Effects of dietary energy intake by gilts and heat stress from days 3 to 24 or 30 after mating on embryo survival and nitrogen and energy balance [J]. Journal of Animal Science, 72 (9): 2369-2377.

LIU Z, EZERNIEKS V, WANG J, et al., 2017. Heat stress in dairy cattle alters lipid composition of milk [J]. Scientific Reports, 7 (1): 961.

LÓPEZ E, MELLADO M, MARTÍNEZ A, et al., 2018. Stress-related hormonal alterations, growth and pelleted starter intake in pre-weaning Holstein calves in response to thermal stress [J]. International Journal of Biometeorology, 62 (4): 493-500.

LOU L X, GENG B, DU J B, et al., 2008. Hydrogen sulphide-induced hypothermia attenuates stress-related ulceration in rats [J]. Clinical and Experimental Pharmacology and Physiology, 35 (2): 223-228.

LUCY M C, SAFRANSKI T J, 2017. Heat stress in pregnant sows: thermal responses and subsequent performance of sows and their offspring [J]. Molecular Reproduction and Development, 84 (9): 946-956.

MABRY J W, CUNNINGHAM F L, KRAELING R R, et al., 1982. The effect of artificially extended photoperiod during lactation on maternal performance of the sow [J]. Journal of Animal Science, 54 (5): 918-921.

MACIAS H, HINCK L, 2012. Mammary gland development[J]. Wiley Interdisciplinary Reviews: Developmental Biology, 1 (4): 533-557.

MAGDUB A, JOHNSON H D, BELYEA R L, 1982. Effect of environmental heat and dietary fiber on thyroid physiology of lactating cows [J]. Journal of Dairy Science, 65 (12): 2323-2331.

MARTINS L, SEOANE-COLLAZO P, CONTRERAS C, et al., 2016. A functional link between AMPK and orexin mediates the effect of BMP8B on energy balance [J]. Cell Reports, 16 (8): 2231-2242.

MASI A D, ASCENZI P, 2013. H_2S: a “double face” molecule in health and disease [J]. Biofactors, 39 (2): 186-196.

MCGUIRE M, BEEDE D, COLLIER R J, et al., 1991. Effects of acute thermal stress and amount of feed intake on concentrations of somatotropin, insulin-like growth factor (IGF)-I and IGF-II, and thyroid hormones in plasma of lactating Holstein cows [J]. Journal of Animal Science, 69 (5): 2050-2056.

MESSIAS D, MOUNIER A M, PRUNIER A, 1998. Does feed restriction mimic the effects of increased ambient temperature in lactating sows? [J]. Journal of Animal Science, 76 (8): 2017-2024.

MIN L, CHENG J B, SHI B L, et al., 2015. Effects of heat stress on serum insulin, adipokines, AMP-activated protein kinase, and heat shock signal molecules in dairy cows [J]. Journal of Zhejiang University-Science B, 16 (6): 541-548.

MIN L, CHENG J, ZHAO S, et al., 2016. Plasma-based proteomics reveals immune response, complement and coagulation cascades pathway shifts in heat-stressed lactating dairy cows [J]. Journal of Proteomics, 146: 99-108.

MONTEIRO A P A, GUO J R, WENG X S, et al., 2016. Effect of maternal heat stress during the dry period on growth and metabolism of calves [J]. Journal of Dairy Science, 99 (5): 3896-3907.

MOORBY J M, THEOBALD V J, 1999. Short communication: the effect of duodenal ammonia infusions on milk production and nitrogen balance of the dairy cow [J]. Journal of Dairy Science, 82 (11): 2440-2442.

MORERA P, BASIRICO L, HOSODA K, et al., 2012. Chronic heat stress up-regulates leptin and adiponectin secretion and expression and improves leptin, adiponectin and insulin sensitivity in mice [J]. Journal of Molecular Endocrinology, 48 (2): 129-138.

MOYES K M, LARSEN T, SØRENSEN P, et al., 2014. Changes in various metabolic parameters in blood and milk during experimental *Escherichia coli* mastitis for primiparous Holstein dairy cows during early lactation [J]. Journal of Animal Science and Biotechnology, 5 (1): 47.

MULLOY A L, VISEK W, 1979. Arginine-induced secretion of insulin and glucagon in rats with experimental hyperammonemia [J]. Hormone and Metabolic Research, 11 (9): 527-528.

NARDONE A, NG L, BERNABUCCI U, et al., 1997. Composition of colostrum from dairy heifers exposed to high air temperatures during late pregnancy and the early postpartum period [J]. Journal of Dairy Science, 80 (5): 838-844.

OCHOA-ZARZOSA A, VILLARREAL-FERNÁNDEZ E, CANO-CAMACHO H, et al., 2009. Sodium butyrate inhibits *Staphylococcus aureus* internalization in bovine mammary epithelial cells and induces the expression of antimicrobial peptide genes [J]. Microbial Pathogenesis, 47 (1): 1-7.

OGOH S, SATO K, OKAZAKI K, et al., 2013. Blood flow distribution during heat stress: cerebral and systemic blood flow [J]. Journal of Cerebral Blood Flow & Metabolism, 33 (12): 1915-1920.

OMTVEDT I, NELSON R, EDWARDS R L, et al., 1971. Influence of heat stress during early, mid and late pregnancy of gilts [J]. Journal of Animal Science, 32 (2): 312-317.

OVERTON M, SISCHO W, TEMPLE G, et al., 2002. Using time-lapse video photography to assess dairy cattle lying behavior in a free-stall barn [J]. Journal of Dairy Science, 85 (9): 2407-2413.

OZAWA M, TABAYASHI D, LATIEF T, et al., 2005. Alterations in follicular dynamics and steroidogenic abilities induced by heat stress during follicular recruitment in goats [J]. Reproduction, 129 (5): 621-630.

PEARCE S C, MANI V, BODDICKER R L, et al., 2013. Heat stress reduces intestinal barrier integrity and favors intestinal glucose transport in growing pigs [J]. PLoS One, 8 (8): e70215.

PRUNIER A, DOURMAD J, ETIENNE M, 1994. Effect of light regimen under various ambient temperatures on sow and litter performance [J]. Journal of Animal Science, 72 (6): 1461-1466.

PRUNIER A, QUESNEL H, DE BRAGANCA M M, et al., 1996. Environmental and seasonal influences on the return-to-oestrus after weaning in primiparous sows: a review [J]. Livestock Production Science, 45 (2-3): 103-110.

QUESNEL H, PASQUIER A, MOUNIER A M, et al., 1998. Influence of feed restriction in primiparous lactating sows on body condition and metabolic parameters [J]. Reproduction Nutrition Development, 38 (3): 261-274.

QUINIOU N, DUBOIS S, NOBLET J, 2000. Voluntary feed intake and feeding behaviour of group-housed growing pigs are affected by ambient temperature and body weight [J]. Livestock Production Science, 63 (3): 245-253.

QUINIOU N, NOBLET J, 1999. Influence of high ambient temperatures on performance of multiparous lactating sows [J]. Journal of Animal Science, 77 (8): 2124-2134.

RAVAGNOLO O, MISZTAL I, 2000. Genetic component of heat stress in dairy cattle, parameter estimation [J]. Journal of Dairy Science, 83 (9): 2126-2130.

RENAUDEAU D, NOBLET J, 2001. Effects of exposure to high ambient temperature and dietary protein level on sow milk production and performance of piglets [J]. Journal of Animal Science, 79 (6): 1540-1548.

RENAUDEAU D, NOBLET J, DOURMAD J, 2003. Effect of ambient temperature on mammary gland metabolism in lactating sows [J]. Journal of Animal Science, 81 (1): 217-231.

RHOADS J M, WU G, 2009a. Glutamine, arginine, and leucine signaling in the intestine [J]. Amino Acids, 37 (1): 111-122.

RHOADS M L, RHOADS R P, VANBAALE M J, et al., 2009b. Effects of heat stress and plane of nutrition on lactating Holstein cows: I. Production, metabolism, and aspects of circulating somatotropin [J]. Journal of Dairy Science, 92 (5): 1986-1997.

RHOADS M, KIM J, COLLIER R J, et al., 2010. Effects of heat stress and nutrition on lactating Holstein cows: II. Aspects of hepatic growth hormone responsiveness [J]. Journal of Dairy Science, 93 (1): 170-179.

RHOADS R P, LA NOCE A J, WHEELOCK J B, et al., 2011a. Alterations in expression of gluconeogenic genes during heat stress and exogenous bovine somatotropin administration [J]. Journal of Dairy Science, 94 (4): 1917-1921.

RHOADS R P, NOCE A J, WHEELOCK J B, et al., 2011b. Short communication: alterations in expression of gluconeogenic genes during heat stress and exogenous bovine somatotropin administration [J]. Journal of Dairy Science, 94 (4): 1917-1921.

ROJKITTIKHUN T, EINARSSON S, UVNAS-MOBERG K, et al., 1993. Patterns of release of oxytocin, prolactin, insulin and LH in lactating sows, studied using continuous blood collection technique [J]. Zentralbl Veterinarmed A, 40 (6): 412-421.

ROMAN-PONCE H, THATCHER W, WILCOX C, 1981. Hormonal interelationships and physiological responses of lactating dairy cows to a shade management system in a subtropical environment [J]. Theriogenology, 16 (2): 139-154.

ROTH Z, MEIDAN R, BRAW-TAL R, et al., 2000. Immediate and delayed effects of heat stress on follicular development and its association with plasma FSH and inhibin concentration in cows [J]. Journal of Reproduction and Fertility, 120 (1): 83-90.

ROY A K, SINGH M, KUMAR P, et al., 2016. Effect of extended photoperiod during winter on growth and onset of puberty in Murrah buffalo heifers [J]. Veterinary World, 9 (2): 216.

SANO H, TAKAHASHI K, AMBO K, et al., 1983. Turnover and oxidation rates of blood glucose and heat production in sheep exposed to heat [J]. Journal of Dairy Science, 66 (4): 856-861.

SENER A, HUTTON J C, KAWAZU S, et al., 1978. The stimulus-secretion coupling of glucose-induced insulin release. Metabolic and functional effects of NH_4^+ in rat islets [J]. Journal of Clinical Investigation, 62 (4): 868-878.

SHWARTZ G, RHOADS M, VANBAALE M, et al., 2009. Effects of a supplemental yeast culture on heat-stressed lactating Holstein cows [J]. Journal of Dairy Science, 92 (3): 935-942.

SI M W, YANG M K, FU X D, 2015. Effect of hypothalamic-pituitary-adrenal axis alterations on glucose and lipid metabolism in diabetic rats [J]. Genetics and Molecular Research, 14 (3): 9562-9570.

SILVA B A N, 2009. Effects of dietary protein level and amino acid supplementation on performance of mixed-parity lactating sows in a tropical humid climate [J]. Journal of Animal Science, 87 (12): 4003.

SILVA B A N, OLIVEIRA R F M, DONZELE J L, et al., 2006. Effect of floor cooling on performance of lactating sows during summer [J]. Livestock Science, 105 (1-3): 176-184.

SILVA B A N, TOLENTINO R L S, ESKINAZI S, et al., 2017. Evaluation of feed flavor supplementation on the performance of lactating high-prolific sows in a tropical humid climate [J]. Animal Feed Science and Technology, 81 (3): 717-725.

SMITH J T, COOLEN L M, KRIEGSFELD L J, et al., 2008. Variation in kisspeptin and RFamide-related peptide (RFRP) expression and terminal connections to gonadotropin-releasing hormone neurons in the brain: a novel medium for seasonal breeding in the sheep [J]. Endocrinology, 149 (11): 5770-5782.

SPENCER J D, BOYD R D, CABRERA R, et al., 2003. Early weaning to reduce tissue mobilization in lactating sows and milk supplementation to enhance pig weaning weight during extreme heat stress [J]. Journal of Animal Science, 81 (8): 2041-2052.

SUMNER-THOMSON J M, VIERCK J L, MCNAMARA J P, 2011. Differential expression of genes in adipose tissue of first-lactation dairy cattle [J]. Journal of Dairy Science, 94 (1): 361-369.

TAJIMA K, NONAKA I, HIGUCHI K, et al., 2007. Influence of high temperature and humidity on rumen bacterial diversity in Holstein heifers [J]. Anaerobe, 13 (2): 57-64.

TAO S, BUBOLZ J W, AMARAL B C D, et al., 2011. Effect of heat stress during the dry period on mammary gland development [J]. Journal of Dairy Science, 94 (12): 5976-5986.

TIAN H, WANG W, ZHENG N, et al., 2015. Identification of diagnostic biomarkers and metabolic pathway shifts of heat-stressed lactating dairy cows [J]. Journal of Proteomics, 125: 17-28.

TITTO C G, NEGRÃO J A, CANAES T D S, et al., 2017. Heat stress and ACTH administration on cortisol and insulin-like growth factor I (IGF-I) levels in lactating Holstein cows [J]. Journal of Applied Animal Research, 45 (1): 1-7.

TODINI L, SALIMEI E, MALFATTI A, et al., 2015. Thyroid hormones in donkey blood and milk: correlations with milk yield and environmental temperatures [J]. Italian Journal of Animal Science, 14 (4): 4089.

TORLIŃSKA T, BANACH R, PALUSZAK J, et al., 1987. Hyperthermia effect on lipolytic processes in rat blood and adipose tissue [J]. Acta Physiologica Polonica, 38 (4): 361-366.

TUCKER H A, 2000. Hormones, mammary growth, and lactation: a 41-year perspective [J]. Journal of Dairy Science, 83 (4): 874-884.

UYENO Y, SEKIGUCHI Y, TAJIMA K, et al., 2010. An rRNA-based analysis for evaluating the effect of heat stress on the rumen microbial composition of Holstein heifers [J]. Anaerobe, 16 (1): 27-33.

VICTORIA SANZ FERNANDEZ M, JOHNSON J S, ABUAJAMIEH M, et al., 2015. Effects of heat stress on carbohydrate and lipid metabolism in growing pigs [J]. Physiological Reports, 3 (2): e12315.

WANG Y, HUANG M, MENG Q, et al., 2011. Effects of atmospheric hydrogen sulfide concentration on growth and meat quality in broiler chickens [J]. Poultry Science, 90 (11): 2409-2414.

WEBER R, MACEIRA J P, MANCEBO M, et al., 2012. Effects of acute exposure to exogenous ammonia on cerebral monoaminergic neurotransmitters in juvenile Solea senegalensis [J]. Ecotoxicology, 21 (2): 362-369.

WEGNER K, LAMBERTZ C, DAS G, et al., 2016. Effects of temperature and temperature-humidity index on the reproductive performance of sows during summer months under a temperate climate [J]. Animal Science Journal, 87 (11): 1334-1339.

WHEELOCK J, RHOADS R, VANBAALE M, et al., 2010. Effects of heat stress on energetic metabolism in lactating Holstein cows [J]. Journal of Dairy Science, 93 (2): 644-655.

WILLIAMS A M, SAFRANSKI T J, SPIERS D E, et al., 2013. Effects of a controlled heat stress during late gestation, lactation, and after weaning on thermoregulation, metabolism, and reproduction of primiparous sows [J]. Journal of Animal Science, 91 (6): 2700-2714.

WILLIAMS K W, SCOTT M M, ELMQUIST J K, 2009. From observation to experimentation: leptin action in the mediobasal hypothalamus [J]. American Journal of Clinical Nutrition, 89 (3): 985S-990S.

WILSON S, MARION R, SPAIN J, et al., 1998. Effects of controlled heat stress on ovarian function of dairy cattle. 1. lactating cows1 [J]. Journal of Dairy Science, 81 (8): 2124-2131.

WISE M, ARMSTRONG D, HUBER J, et al., 1988. Hormonal alterations in the lactating dairy cow in response to thermal stress [J]. Journal of Dairy Science, 71 (9): 2480-2485.

YASPELKIS B, SCROOP G, WILMORE K, et al., 1993. Carbohydrate metabolism during exercise in hot and thermoneutral environments [J]. International Journal of Sports Medicine, 14 (1): 13-19.

YOUSEF M, JOHNSON H, 1966. Calorigenesis of cattle as influenced by growth hormone and environmental temperature [J]. Journal of Animal Science, 25 (4): 1076-1082.

第六章　有害气体对畜禽生产健康的影响及其机制

6.1　畜禽舍有害气体及其生成机制

随着畜牧生产发展的集约化、规模化，畜禽场排泄物等产生的有害气体已经成为一个严峻的生态问题和社会问题，制约着畜牧业的健康发展。畜禽舍有害气体危害机体健康，降低生产性能，造成巨大的经济损失。同时，这些有害气体排放到大气中，对周围环境也会造成一定程度的破坏。畜禽养殖过程中产生的有害气体主要包括：NH_3、H_2S、甲烷、氧化亚氮、一氧化碳、二氧化碳、吲哚及其他有害气体。其中，NH_3 是主要的有害气体，H_2S 的毒性最大。本节重点阐述了 NH_3 和 H_2S 在体内的生成路径。

6.1.1　NH_3 前体物生成机制

1. NH_3 产生过程

NH_3 是无色、有刺激性臭味的碱性气体，是畜禽舍内主要的污染物之一。畜禽舍内的 NH_3 来源于微生物对畜禽粪便中有机物的脱氨基作用或者对含氮物质的分解作用；其主要来自对畜禽肾脏和肠道中含氮排泄物的分解作用（Groot Koerkamp et al.，1998）。

畜禽舍内 NH_3 的产生路径主要有 2 条：①畜禽摄入的蛋白质经代谢分解产生 NH_3；②畜禽尿氮分解产生 NH_3。大部分 NH_3 是由排泄物中尿素经过分解形成（李季等，2017）。NH_3 的来源主要是尿液中的尿素，极少部分来自粪。由于粪中含有脲酶，畜禽粪便和尿液混合后，尿素在脲酶的催化作用下快速降解生成 NH_3（张云刚，2003）。粪便和尿液中尿素的氮源主要来源于饲料中的蛋白质。蛋白质被机体消化吸收以后产生的氨基酸在脱氨基作用下生成 NH_3，再经过鸟氨酸循环生成尿素，这部分尿素氮约占总氮排泄量的 60%～80%（Bjerg et al.，2013）。饲料中没有被消化吸收的蛋白质直接以粪氮的形式排出体外，这部分氮约占总氮排泄量的 20%～40%（张益焘等，2016）。

家禽的主要含氮排泄物包括尿酸（80%）、NH_3（10%）和尿素（5%）。排泄物中的尿酸极易被微生物酶——尿酸氧化酶降解成 NH_3；尿素也可以在脲酶的作用下分解成 NH_3 和 CO_2。巴氏芽孢杆菌是一种重要的尿酸分解菌，其能促进垫料中 NH_3 的产生，但此菌在酸性环境下不能生长（Schefferle，1965；Tasistro et al.，2007）。因此，家禽粪便的 pH 高于 7 时，有利于 NH_3 的生成（Li et al.，2013；Elliott et al.，1982）。家禽肝脏中没有精氨酸酶和氨甲酰磷酸合成酶，不能通过肝脏鸟氨酸循环将体内代谢生成的NH_3合成尿素，只能在肝脏与肾脏中合成嘌呤，再通过黄嘌呤氧化酶的作用生成尿酸（李季等，2017）。尿酸随粪尿排出体外，被脲酶分解生成NH_3（David et al.，2015）。

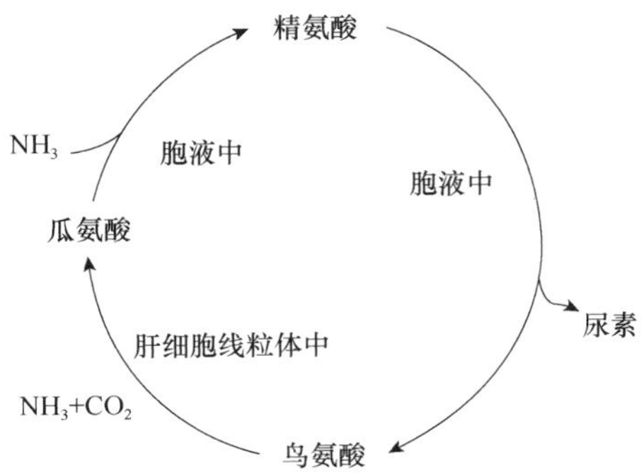

图 6-1 鸟氨酸循环过程

2. 家畜体内尿素的生成

饲粮中蛋白质被胃肠道分泌的各种蛋白酶和肽酶水解，大部分水解产物（氨基酸）通过肝门静脉被转运至肝脏，发生脱氨基作用，通过鸟氨酸循环转化为尿素。鸟氨酸循环过程见图 6-1。在家畜肝细胞的线粒体中，一分子鸟氨酸、一分子氨和二氧化碳结合形成瓜氨酸，然后在细胞液中，瓜氨酸与另一分子氨结合形成精氨酸，精氨酸水解形成尿素与鸟氨酸，完成一次鸟氨酸循环。

反刍家畜由于瘤胃对蛋白质的部分降解消化，鸟氨酸循环过程与单胃动物略有不同。对于反刍家畜，部分饲粮蛋白质在瘤胃内降解生成肽、氨基酸和氨，肽和氨基酸可脱氨基转化为氨，使得瘤胃内的氨浓度通常超过微生物的生长需要量。瘤胃内过量的氮素常以氨的形式被吸收进入血液，在肝脏经过鸟氨酸循环生成尿素。肝脏处合成的尿素，部分经唾液分泌进入瘤胃，部分经消化道上皮扩散进入瘤胃和肠道，被瘤胃或肠道微生物再利用，剩余的尿素通过肾脏随尿液排出体外（汪水平等，2009）。

鸟氨酸循环的过程主要包括 4 部分：①氨在门静脉回流内脏组织中的吸收；②尿素的合成；③尿素的转移；④尿素在胃肠道的水解。

6.1.2 H_2S 前体物生成机制

1. H_2S 生成过程

H_2S 是无色、易挥发、具有臭味的有毒气体，易溶于水。家畜采食含硫量高的蛋白饲料，当消化道功能紊乱时，可由肠道排出 H_2S。同时，含硫化合物的粪积存、腐败、降解，也可以产生H_2S。大肠杆菌、变形杆菌和沙门氏菌是产生H_2S的主要微生物（Peu et al.，2006）。这些微生物在厌氧条件下，对排泄物中含硫物质（如硫酸盐、含硫有机质等）进行厌氧降解，通过蛋白质代谢途径产生H_2S（李晓刚，2012）。此外，半胱氨酸、胱氨酸与蛋氨酸经微生物降解也可产生H_2S。

家禽排泄物中的含硫化合物是家禽舍内H_2S的主要来源。微生物可将含硫氨基酸转化成甲硫醇和二甲硫醇中间产物，进而再生成 H_2S；也可以将硫酸根直接还原成 H_2S（Saksrithai et al.，2018）。粪便中的有机硫包括 C-S 键和硫酯键（$R-O-SO_3H$）结合的两类化合物，前者主要包括含硫氨基酸，如蛋氨酸、胱氨酸和半胱氨酸；后者主要包括苯基硫酸酯和多糖硫酸酯。蛋白质被降解成氨基酸以后，其中未被消化吸收的氨基酸在微生物的作用下可以脱氨基生成NH_3，亦可以脱巯基生成H_2S。有研究表明，蛋氨酸和半胱氨酸能被微生物降解产生H_2S和硫醇（Kiene et al.，1995）。在厌氧条件下，半胱氨酸可以在微生物半胱氨酸脱巯基酶的作用下，转化成丙酮酸，释放 NH_3 和 H_2S；在好氧条件下，半胱氨酸可被降解成硫酸，使环境酸性增强，对 NH_4^+有一定的缓冲作用（纪华，2004）。此外，家禽粪便中的硫酯键化合物，可以被硫酸酯酶所降解。例如家禽排泄物中的真菌类微生物可以产生芳基硫酸酯酶，其能水解硫酯键而释放无机硫（王新谋，1997）。许多微生物能通过一系列的厌氧降解过程将硫酸盐还原生成 H_2S，包括脱硫弧菌属（*Desulfovibrio*）、脱硫杆菌属（*Desulfobacter*）、脱硫球菌属（*Desulfococcus*）和脱硫线菌属（*Desulfonema*）。这一途径也在弯曲杆菌、大肠杆菌和沙门氏菌代谢中发现过。硫酸盐还原性菌能利用氢和有机物生长繁殖，同时将硫酸盐还原成 H_2S。家禽 H_2S 主要在盲肠中通过微生物发酵产生。Gong 等（2002）发现家禽盲肠黏膜层与肠腔中菌群的差异化菌属主要是丁酸产生菌，包括普拉梭杆菌、梭状芽孢杆菌、盲肠肠球菌、大肠杆菌、乳酸菌和瘤胃球菌。研究发现，梭菌属产生的蛋白酶能将半胱氨酸降解生成 H_2S。因此，研究家禽盲肠微生物组成对控制内源性 H_2S 的产生至关重要。

2. H_2S 前体物（氢）生成机制

瘤胃内氢包括氢的电子载体和氢分子两种形式，其中，氢分子以溶解态氢和气体态氢两种形式存在。饲料在瘤胃内发酵生成挥发性脂肪酸的过程伴随着氢形态的相互转化（图 6-2）。进入瘤胃内进行消化的底物经微生物厌氧发酵生成电子载体，电子载体被产甲烷菌及其他产氢微生物利用转化为溶解态氢，溶解态氢和气体态氢之间可相互转化，气体态氢最终以嗳气的形式释放到大气中。

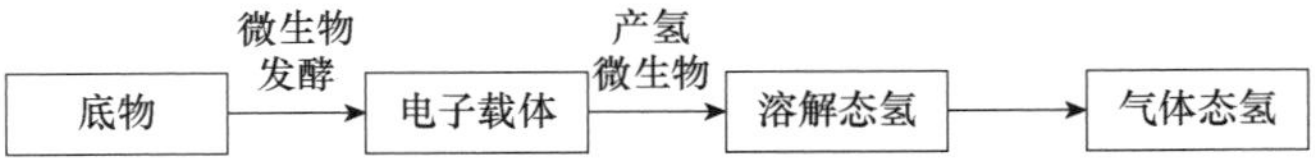

图 6-2　瘤胃内氢的存在形式

1）电子载体

电子载体是在电子传递过程中与释放的电子结合并能继续传递电子的物质，如 NAD^+、$NADP^+$等。在瘤胃内厌氧代谢过程中，氢（包括质子和电子）的迁移过程起传递电子的作用。在葡萄糖代谢过程中，NAD^+被还原为 NADH，在厌氧发酵条件下，NAD^+依赖于不以氧为受体的电子传递，其中，最重要的电子消耗过程是由 CO_2 生成甲烷（其他受体包括硫酸盐、柠檬酸盐和延胡索酸等）。电子载体存在的目的是生成 ATP，为反刍家畜提供所需能量，并用于微生物的生长。电子载体在产氢微生物的作用下产生溶解态氢。

2）溶解态氢

溶解态氢是能够与微生物接触发挥生物学功能并被微生物利用的氢分子。溶解态氢可以用于产甲烷菌的生长，产生甲烷。在甲烷生成过程中，溶解态氢调控有机物的降解（Robinson et al.，1981）及挥发性脂肪酸产生的途径。正常功能的瘤胃中溶解态氢的浓度为 $0.1\sim50\mu mol\cdot L^{-1}$。受饲养条件、采样时间等影响，溶解态氢的浓度有较大差异。有研究发现，母牛饲喂苜蓿干草的瘤胃内容物中溶解态氢浓度为 $0.6\sim1.3\mu mol\cdot L^{-1}$，在喂食后 1h 约为 $15\mu mol\cdot L^{-1}$（Robinson et al.，1981）。Smolenski 和 Robinson（1988）对饲喂干草的肉牛进行研究，发现采食前瘤胃内溶解态氢的浓度是 $1.0\sim1.4\mu mol\cdot L^{-1}$，在采食后浓度直线上升，峰值为 20μmol · L^{-1}。对不同采样时间点奶牛瘤胃内溶解态氢浓度进行测定，结果表明溶解态氢浓度在采食后上升，于 2.5h 达到峰值（3.33μmol · L^{-1}）。

3）气体态氢

气体态氢是存在于大气中和瘤胃顶端的氢分子，是未被微生物利用的溶解态氢。在没有抑制剂的条件下，释放到大气中的气体态氢浓度很低。牛的瘤胃中气体态氢的浓度为 1.0～1.4μmol · L^{-1}，饲喂后可达 20μmol · L^{-1}（Smolenski et al.，1988）。饲喂青贮饲料和浓缩料的绵羊呼吸中气体态氢浓度约为 15μl · L^{-1}，而在仅饲喂青贮饲料的绵羊中，气体态氢浓度为 2μl · L^{-1}。

3. 氢生成与消耗路径

在瘤胃内，氢化酶作用于还原性铁氧还蛋白后释放 H_2，这些还原性铁氧还蛋白来自磷酸裂解反应（不包含 NADH）或者作为可以引起还原当量（如 NADH）再氧化的氧化还原电子对的一部分（Hegarty et al.，1999）。能够将质子还原为 H_2 的细菌氢化酶是单一多肽链（Van et al.，1979）或者包含铁/硫离子和镍离子的多重亚基酶（Sawers，1994）。瘤胃原虫和真菌的氢化酶最初位于氢化酶颗粒中。丙酮酸合酶、氢化酶和乳酸脱氢酶使氢化酶颗粒成为产生 H_2 和 CO_2 的原始位点（Yarlett et al.，1981）。原虫的氢化酶会被一氧化碳抑制，高 CO_2 分压会使瘤胃发酵向消耗 H_2 的反应方向进行，例如，丁酸和乳酸的生成（Marvin-Sikkema et al.，1993；Ellis et al.，1991）。NAD^+ 从 NADH 再生的主要途径是通过 NADH 铁氧还蛋白氧化还原酶和氢化酶的共同作用。NADH 铁氧还蛋白氧化还原酶的活性主要受溶解 H_2 浓度的控制，高浓度的氢分压会抑制其活性（Hegarty et al.，1999）。

瘤胃中氢的生成和消耗主要发生在碳水化合物降解生成挥发性脂肪酸和生成甲烷的过程中（Mitsumori et al.，2008），纤维和淀粉在瘤胃内降解为已糖，已糖通过糖酵解成为瘤胃中的丙酮酸且伴随电子载体的电子传递。丙酮酸继续转化为挥发性脂肪酸，主要是生成乙酸、丙酸和丁酸，其中，由磷酸激酶参与反应产生的乙酰辅酶 A 代谢为乙酸时释放 H_2。另外，甲酸的生成伴随少量 H_2 的释放。相对于乙酸和丁酸，丙酸的生成会消耗 H_2。试验验证了 H_2 消耗途径，并表明山羊瘤胃中大约 48%的 H_2 被 CO_2 利用，33%的 H_2 被用于挥发性脂肪酸的生成，12%的 H_2 被用于微生物的合成，1%～2%的 H_2 被应用于脂肪酸生物氢化作用。反刍家畜瘤胃内 H_2 的生成与消耗和饲粮组成密切相关，当饲粮中结构性碳水化合物（主要为粗纤维）含量高时，瘤胃内乙酸比例升高，产氢较多；而非结构性碳水化合物（主要成分为淀粉）含量较高时，则丙酸比例升高，H_2 的消耗过程会加强，产氢减少（Janssen，2010）。

6.2 有害气体对家禽生产健康的影响及其调控

6.2.1 NH_3 对家禽的影响

1. NH_3 对家禽健康的影响

NH_3 是水溶性的，可以吸附在家禽舍内粉尘颗粒、垫料及家禽黏液层的表面（Visek，

1984)。NH_3 可以损害家禽多种黏膜组织和皮肤。NH_3 浓度高于 25μl·L^{-1} 危害家禽生产健康，主要的临床症状包括角膜结膜炎、咳嗽、打喷嚏、呼吸困难和气喘（Bullis et al.，1950；Miles et al.，2006；Olanrewaju et al.，2007）。幼龄家禽比成年家禽对 NH_3 更敏感。NH_3 对家禽健康的损害主要集中在呼吸系统。家禽直接吸入 NH_3 或者吸入吸附 NH_3 的颗粒或气溶胶可导致呼吸系统的上皮层损伤。高于 25μl·L^{-1} 的 NH_3 暴露会损伤家禽呼吸道，致使气管纤毛脱落，气管上皮组织发生病变；黏膜上皮变薄、气管纤毛脱落和杯状细胞增多是气管 NH_3 暴露损伤的典型症状（Anderson et al.，1966，1968；Wolfe et al.，1968；Coon et al.，1970；Al-Mashhadani et al.，1983）。气管黏膜的损伤可以解释 NH_3 暴露增加家禽气囊炎、肺炎和大肠杆菌败血症的发生率。过高浓度的 NH_3（100μl·L^{-1}）暴露可导致肉鸡上呼吸道上皮组织衰退，其上皮细胞中黏液的分泌将加重上皮组织损伤，此时也可见宏观和微观的气囊损伤（Oyetunde et al.，1978）。

NH_3 暴露产生的组织损伤会降低家禽的抗病力。暴露在 20μl·L^{-1} NH_3 环境下的肉鸡对新城疫病毒的易感性增加。低浓度的 NH_3 暴露使肉鸡面对病原菌时产生更严重的呼吸道损伤（Quarles et al.，1974）。暴露在 10～40μl·L^{-1} NH_3 环境下的火鸡感染大肠杆菌后，其肺脏中的大肠杆菌数量显著增加。60～70μl·L^{-1} NH_3 环境下极易使肉鸡产生呼吸系统疾病及其继发感染。暴露在 NH_3 环境下的家禽，当免疫弱毒的传染性支气管炎病毒和新城疫病毒后，产生法氏囊萎缩的症状（Quarles et al.，1974）。NH_3 暴露还能加重家禽球虫病的感染，长期暴露导致家禽脾脏、肾脏和肾上腺的病变（Quarles et al.，1979）。

2. NH_3 对家禽生长性能的影响

研究表明，高于 25μl·L^{-1} 的 NH_3 暴露降低肉鸡的生产性能。将肉鸡和蛋鸡饲养在高于 78μl·L^{-1} 的 NH_3 环境 7 周以上，其采食量显著降低，且 NH_3 暴露停止后，蛋鸡和肉鸡的采食量并不能恢复（Charles et al.，1966）。将肉鸡饲养在含 25 和 50μl·L^{-1} 的 NH_3 环境下 4 周，7 周龄肉鸡的体重分别降低 4%和 8%，但耗料、增重比和病死率无显著变化。随着生长速度和体重的增加，肉鸡对 NH_3 的敏感程度增加。Miles 等（2004）研究发现，肉鸡暴露在 25μl·L^{-1} NH_3 条件下饲养 4 周，其体重降低 2%；50μl·L^{-1} 和 75μl·L^{-1} NH_3 条件下肉鸡体重分别下降 17%和 21%。

3. NH_3 对家禽行为的影响

家禽对一定浓度的 NH_3 产生厌恶感，禽舍内超过一定浓度的 NH_3 会引起家禽行为的异常。让蛋鸡在充满新鲜空气、10μl·L^{-1} NH_3、20μl·L^{-1} NH_3、30μl·L^{-1} NH_3 和 40μl·L^{-1} NH_3 的隔室间选择时，蛋鸡都选择充满新鲜空气的隔室，这提示蛋鸡对 NH_3 的反应阈值在 10μl·L^{-1} 以下。在肉鸡的研究中也发现，肉鸡在 16d 的试验期内都逃避 20 和 37μl·L^{-1} 的 NH_3 处理，而对新鲜空气、4 和 11μl·L^{-1} 的 NH_3 没有明显的选择性。早期发现 NH_3 能引起肉鸡角膜结膜炎，受影响的肉鸡聚在鸡舍内黑暗的角落，利用翅膀摩擦眼睛，并且眼睛紧闭，对光有较强的敏感性（Bullis et al.，1950）。研究发现，蛋鸡在 6d 的试验期内于新鲜空气隔室内搜寻食物、休息和整理羽毛的时间远高于 25 和 50μl·L^{-1} NH_3 的隔室，而采食、饮水、就巢和行走的时间无明显差异。但 NH_3 浓度超过 50μl·L^{-1}，会导致肉鸡跛行，NH_3浓度达到75μl·L^{-1}时，跗关节出现损伤的家禽数量明显增加，且NH_3浓度越高，损伤程度越大（孟丽辉等，2016）。NH_3浓度达到80μl·L^{-1}时，肉鸡趴卧时间显著降低，走动站立时间和次数显著增加，表现为躁动不安症状（李聪，2014）。

6.2.2 H_2S对家禽的影响

将1～3周肉鸡分别饲养在含0、2、4或8μl·L^{-1} H_2S的环境中，将4～6周肉鸡分别饲养在含0、3、6或12μl·L^{-1} H_2S的环境中，结果发现，H_2S降低了肉鸡的生产性能；随着H_2S浓度的增加1～3周肉鸡的采食量和耗料/增重也增加。高浓度的H_2S降低肉鸡的屠宰率、胸肌和腿肌的滴水损失。蛋鸡急性吸入0.05%的H_2S 30min后，对总的呼吸气体量无影响，但是0.2%和0.3%的H_2S使蛋鸡的呼吸频率和每次气体呼吸量变得没有规律；蛋鸡吸入0.4%的H_2S 15min后全部死亡（Klentz et al.，1978）。H_2S暴露增加蛋鸡肺内CO_2气体的释放频率和胸骨的运动，从而抑制中枢神经系统中碳酸酐酶的活性，导致窒息。监测蛋鸡舍内NH_3、H_2S和CO_2含量在一年四季中的变化，发现冬季和春季以上气体的浓度［(25.06±13.40）μl·L^{-1}、(5.94±3.99）μl·L^{-1}和（2700±904.9）μl·L^{-1}］高于夏季和秋季［(9.31±2.56）μl·L^{-1}、(3.54±1.56）μl·L^{-1}和（715.4±247.8）μl·L^{-1}］。鸡舍内的有害气体增加了蛋鸡的耗料量和产蛋重比值。最近关于H_2S暴露对家禽免疫功能的影响。研究发现，H_2S暴露能导致肉鸡外周血液中淋巴细胞显著增加，炎症反应增强（Chi et al.，2018）；法氏囊氧化应激、细胞凋亡增加，Th1/Th2型免疫反应失衡（Hu et al.，2018）；通过FOS/IL-8途径可促进气管的氧化应激和炎症反应（Chen et al.，2019）；通过细胞色素450S/ROS途径可导致回肠损伤（Zheng et al.，2019）。

6.2.3 家禽舍内有害气体的调控

1. 家禽舍内NH_3的调控

1）圈舍设备与设施

与传统的阶梯饲养、定期清粪的圈舍相比，安装清粪带的家禽圈舍NH_3浓度和总NH_3释放量明显降低。清粪带清理粪便的频率越高，圈舍内的NH_3浓度就越低。利用清粪带每天清理一次粪便的圈舍比每周清理两次粪便的圈舍内NH_3浓度降低74%（Liang et al.，2005）。NH_3浓度降低的原因可能是由于清粪带清理排泄物降低了排泄物与空气的接触面积，并且降低了圈舍湿度（Xin et al.，2011）。与富氧条件相比，厌氧条件显著降低了家禽粪便排泄物的NH_3释放（Mahimairaja et al.，1994）。比较无笼地面平养、带清粪带高层笼养和传统阶梯高层笼养三种蛋鸡饲养方式圈舍内NH_3的浓度，结果发现，带清粪带高层饲养方式圈舍内的NH_3浓度最低（7μl·L^{-1}），传统阶梯高层笼养次之（14μl·L^{-1}），无笼地面平养最高（46μl·L^{-1}）。有氧条件下，堆积粪便中的尿酸可被微生物降解产生NH_3，增加粪便的pH，使粪便中的NH_3-NH_4^+平衡向NH_3方向移动，增加NH_3的释放。家禽粪便堆肥几天后，粪便中30%的氮将转化成NH_3挥发；25d后，62%的粪氮以NH_3形式挥发。

2）粪便的处理方式

在家禽排泄物中添加化学物质可以降低NH_3的释放。Carlile（1984）将其分为两大类：

一类抑制微生物的生长繁殖，从而减缓尿酸的降解；一类与释放的 NH_3 化合。这些化合物包括氯化钙、多聚甲醛、沸石粉、过磷酸钙、磷酸、硫酸亚铁、石膏、镁盐、丝兰皂苷、乙酸、丙酸和抗生素等。Moore 等（1995）发现，在肉鸡垫料中添加 $25g \cdot kg^{-1}$ 或 $50g \cdot kg^{-1}$ 的氢氧化钙并不影响 NH_3 的释放；添加 $100g \cdot kg^{-1}$ 或 $200g \cdot kg^{-1}$ 硫酸铝显著降低排泄物中 NH_3 的累积释放量，分别比对照组降低 36%和 99%；添加 $100g \cdot kg^{-1}$ 或 $200g \cdot kg^{-1}$ 硫酸亚铁也显著降低排泄物中的 NH_3 释放，分别比对照组降低 11%和 58%。但 Wallner-Pendleton（1986）报道，硫酸亚铁的添加虽然降低了鸡舍内垫料 NH_3 的释放，但是大大增加了幼龄肉鸡的病死率。Moore 等（1996）也发现，垫料中添加 $65g \cdot kg^{-1}$ 和 $130g \cdot kg^{-1}$ 硫酸亚铁或硫酸铝、$20g \cdot kg^{-1}$ 和 $40g \cdot kg^{-1}$ 磷酸均能降低肉鸡排泄物中 NH_3 的释放（Moore et al.，1996）。在肉鸡排泄物中添加 $100g \cdot kg^{-1}$、$200g \cdot kg^{-1}$ 和 $300g \cdot kg^{-1}$ 氯化铝分别降低其 NH_3 释放量 63%、76%和 76%，增加了排泄物中总氮和可利用氮的含量（Choi et al.，2008）。封闭式鸡舍垫料中添加硫酸铝可使鸡舍内 NH_3 浓度从 $28 \sim 43\mu l \cdot L^{-1}$ 下降到 $6 \sim 20\mu l \cdot L^{-1}$。McWard 等（2000）比较酸性黏土、硫酸氢钠和硫酸铝对肉鸡垫料中 pH 值和 NH_3 释放的影响，发现 3 种添加物均能降低垫料的 pH 并降低 NH_3 释放，而且三者间没有显著差异。在用过的肉鸡垫料中添加过磷酸钙和磷酸能有效地降低饲养前 10d 肉鸡舍内的 NH_3 浓度；磷酸可以通过调节垫料的 pH 来控制 NH_3 的释放，当垫料的 pH 低于 7 时，NH_3 释放明显降低（Reece et al.，1979）。对粪便处理是控制舍内 NH_3 释放的最佳方式，不同类型的吸附剂、微生物抑制剂和垫料的选择可以调控家禽舍内的 NH_3 浓度。硫酸铝和硫酸氢钠是最常用的添加剂种类，其可以通过降低粪便的 pH，将 NH_3 转化成硫酸铵，从而降低 NH_3 的释放。

3）饲粮控制

（1）蛋白质水平。高蛋白饲粮促进粪便中 NH_3 的产生。家禽贮存过量的氨基酸，可导致粪便中排出的氮含量增加。Liang 等（2005）研究发现，降低 1%粗蛋白的饲粮可降低鸡舍内的 NH_3 浓度和粪便中的 NH_3 释放。Ferguson 等（1998）研究发现，前期肉鸡饲粮中的粗蛋白含量从 26.4%降低到 24.1%和 21.9%，鸡舍内的 NH_3 浓度降低 31%；同时粪便中的氮含量（16.5%）和水分下降。Gates（2000）的研究也发现，当生长期肉鸡饲粮中的粗蛋白含量从 23%降低到 16.3%～20.7%时，鸡舍内的 NH_3 浓度显著下降。Kim 等（2014）报道，将玉米—豆粕型肉鸡饲粮中的粗蛋白从 23%降低到 16%，在保证氨基酸水平一致的情况下，饲粮中的氮含量降低 23%，粪便中的含氮量也显著降低。研究表明，添加合成氨基酸的低蛋白饲粮与高蛋白饲粮相比，能降低家禽粪便中的氮排泄（Summers，1993；Sloan et al.，1995）。饲粮中的粗蛋白从 21%下降到 18%，肉鸡粪便中氮的排泄降低 27%（Blair et al.，1999）。

（2）纤维水平。饲粮中的纤维含量影响家禽排泄物中 NH_3 的释放。高纤维饲粮降低家禽 NH_3 的释放；其原因可能是饲喂高纤维饲粮的家禽排泄物中氨基酸不易被降解为尿素，进而产生的 NH_3 较少（Roberts et al.，2007b）。另外，可发酵纤维能促进微生物将含氮物质转化成微生物蛋白；也可通过产生挥发性脂肪酸降低排泄物的 pH，将含氮物质转化成铵盐，从而降低排泄物中 NH_3 的释放（Roberts et al.，2006）。Roberts 等（2007a）通过添加大豆皮、小麦麸和 DDGS 来提高饲粮的中性洗涤纤维（neutral detergent fiber，

NDF）到相同水平，发现高纤维饲粮并未增加蛋鸡的氮排泄量，但是降低了排泄物中 NH_3 的释放。小麦麸显著降低了粪便中尿酸的含量；高纤维饲粮降低了排泄物的 pH 值（Roberts et al.，2007a）。

（3）益生菌。添加益生菌可以降低家禽排泄物的气味释放。在肉鸡饲粮中添加干酪乳酸菌（*Lactobacillus casei*）显著降低了肉鸡胃肠道 NH_3 的产生。干酪乳酸菌的添加降低了肉鸡肠道脲酶的活性（Yeo et al.，1997）。Isshiki（1997）也发现，干酪乳酸菌降低了排泄物中非蛋白氮和尿素氮的含量，从而降低尿酸和 NH_3 的水平。Ahmed 等（2014）在肉鸡饲粮中添加 $1g \cdot kg^{-1}$、$5g \cdot kg^{-1}$、$10g \cdot kg^{-1}$ 或 $20g \cdot kg^{-1}$ 的解淀粉芽孢杆菌（*Bacillus amyloliquefaciens*），结果发现，添加益生菌显著降低了排泄物中 NH_3 的释放；随着添加水平的升高，NH_3 释放减少。在蛋鸡和肉鸡饲粮中添加枯草芽孢杆菌（*Bacillus subtilis*）培养物，结果发现，其不影响家禽的采食量、体重和产蛋率，但显著降低排泄物中氨态氮含量。其原因可能是枯草芽孢杆菌产生了枯草菌素，抑制胃肠道脲酶产生菌的生长，从而降低 NH_3 的产生（Samanya et al.，2002）。Tanaka 等（2000）在肉鸡的研究也发现，枯草芽孢杆菌发酵物降低排泄物中氨态氮的含量，但是对总氮和尿酸盐氮无显著影响。Zhang 等（2013）报道，饲粮中添加 0.01%屎肠球菌（*Enterococcus faecium* DSM 7134）降低了 40 周龄蛋鸡肠道 NH_3 的释放。原因可能是其促进了蛋鸡肠道菌群的平衡，增加了乳酸菌的数量，降低了大肠杆菌的数量，从而降低了 NH_3 的释放。在肉鸡饲粮中添加植物乳酸菌（*Lactobacillus plantarum*）、酵母菌（*Saccharomyces cerevisiae*）和枯草芽孢杆菌混合物（Hassan et al.，2012）或乳酸杆菌（*Lactobacillus acidophilus*）、枯草芽孢杆菌和丁酸梭菌（*Clostridium butyricum*）混合物（Hossain et al.，2015）同样也可以降低排泄物中 NH_3 的释放。

2. 家禽舍内 H_2S 的控制

1）圈舍设备与设施

Li 等（2013）研究蛋鸡饲粮中硫的去向，结果发现，粪便、鸡蛋、空气和体组成中硫的分配比例分别为 67.8%、25.9%、6%和 0.3%。但 Wu-Haan 等（2007）的研究表明，如果肉鸡经过 3 周试验后再清粪，粪便中硫的比例为 57.1%，空气中的硫含量增加，粪便中的硫酸盐将通过微生物的还原作用转化成 H_2S。家禽舍内主要的有害气体为 NH_3 和 H_2S（Li et al.，2012）。圈舍类型决定粪便在圈舍内贮存的时间长短，对圈舍内有害气体 H_2S 的浓度至关重要。如果粪便在圈舍内贮存一段时间，适宜的通风量可以控制圈舍内粪便的水分含量，提高空气质量（Zhang et al.，2011）。饲喂玉米豆粕型饲粮、高层笼养蛋鸡舍内的 H_2S 浓度平均值为 $0.045\mu l \cdot L^{-1}$。Almuhanna 等（2011）的监测也发现，肉鸡舍内 H_2S 含量的平均值为 $0.01\mu l \cdot L^{-1}$（$6.05 \sim 8.6\mu g \cdot L^{-1}$）。带清粪带、集约化笼养蛋鸡舍内每只蛋鸡每天 H_2S 的释放量比传统的高层笼养方式高 53%（$1.96mg \cdot d^{-1} \cdot$ 只$^{-1}$ vs $1.28mg \cdot d^{-1} \cdot$ 只$^{-1}$）（Ni et al.，2017a；2017b）。Guarrasi 等（2015）比较家禽、肉牛和猪圈舍内 H_2S 的浓度，结果发现，家禽舍内的 H_2S 浓度最高，其加权平均值为 $0.33\mu l \cdot L^{-1}$；进一步比较地面平养肉鸡舍和高层笼养蛋鸡舍内的 H_2S 浓度发现，地面平养肉鸡舍内的 H_2S 浓度更高（$4.52\mu l \cdot L^{-1}$）。

美国农业工程师学会（American Society of Agricultural Engineers，ASAE）推荐夏季家禽的最低通风量为 $1.8m^3 \cdot h^{-1} \cdot kg^{-1}$。研究发现，10 倍最低通风量比 5 倍最低通风量显著降低家禽舍内 H_2S 的浓度（Zhang et al.，2011）。另外，生物过滤器可以去除机械通风圈舍内排出的 H_2S。恶臭假单胞菌（*Pseudomonas putida*）能将 H_2S 转化成单质硫。当其被海藻酸钙固定后，恶臭假单胞菌可以去除圈舍内机械排出风中 96%的 H_2S（风速低于 $72L \cdot h^{-1}$，$10 \sim 150\mu l \cdot L^{-1}$）。排硫杆菌（*Thiobacillus thioparus*）可以将 H_2S 氧化生成硫酸根离子、单质硫和亚硫酸根离子；在实验室条件下，排硫杆菌也可以去除 97.5%的 H_2S（Chung et al.，1996）。同时固定亚硫酸单胞菌（*Nitrosomonas europaea*）和排硫杆菌（*Thiobacillus thioparus*）也可以降低 H_2S 的排出（Chung et al.，2000）。Sercu 等（2004）研究发现，利用嗜酸氧化硫硫杆菌（*Acidithiobacillus thiooxidans*）和生丝微菌（*Hyphomicrobium*）进行两步法生物过滤，99.8%的 H_2S 被成功降解。Sun 等（2000）研究不同湿度和反应时间对 H_2S 降解的影响，结果发现，50%湿度木屑垫料堆粪中 H_2S 的降解比例为 47%～94%，H_2S 气体最大降解速率情况下也要保证气体停留 20s。由于高效、低成本的特点，生物过滤器可能是未来圈舍内 H_2S 降解排放的主要研究方向。

2）饲粮控制

（1）饲粮中硫含量。控制饲粮中的含硫氨基酸及含硫化合物的水平是控制家禽 H_2S 产生的主要途径。Jiao 等（2017）在饲粮中添加 0、0.05%、0.10%和 0.20%的蛋氨酸，结果发现，随着蛋氨酸水平的升高 H_2S 的释放量有线性升高的趋势。Bostamin 等（2017）比较豆油、禽油、猪油和牛油对肉鸡生产性能和排泄物气体释放的影响，发现不同来源油脂对肉鸡的体重和采食量无显著影响，但豆油能降低肉鸡的耗料∶增重，豆油和禽油能降低肉鸡排泄物中 NH_3、H_2S 和二氧化硫的释放。Sharma 等（2016）利用等蛋能比的小麦—菜籽粕型饲粮（$7.3g \cdot kg^{-1}$ 含硫氨基酸）和小麦—豆粕型饲粮（$7.0g \cdot kg^{-1}$ 含硫氨基酸）饲喂肉鸡，结果发现，菜籽粕组肉鸡排泄物中甲硫醇的释放量显著升高。排泄物中甲硫醇、H_2S、二甲硫化物和三甲胺的释放量与其水分含量成正比（Sharma et al.，2016）。研究发现，在饲粮中添加 6.90%硫酸钙的沸石粉能增加蛋鸡粪便中的 H_2S 含量（$0.010\mu l \cdot L^{-1}$ vs $0.004\mu l \cdot L^{-1}$）。Cai 等（2007）也发现，饲粮中添加沸石粉虽然对粪便中挥发性有机化合物浓度没有显著影响，但显著增加挥发性的含硫化合物浓度。Wu-Haan 等（2010）报道，应用 20%的 DDGS 来降低蛋鸡饲粮中硫含量可降低粪便中 58%的 H_2S 浓度。Ahmed 等（2015）在饲粮中添加 0.05%或 0.1%的二氧化氯，发现其不仅能降低回肠和盲肠中的大肠杆菌和沙门氏菌数量，而且能降低肉鸡粪便中 H_2S、二氧化硫和甲硫醇的释放。另外，Saksrithai 等（2019）在肉鸡饲粮中添加 20%的葵花籽粕提高纤维含量，降低了排泄物中 H_2S 和总硫的含量，增加了硫酸盐形式硫的含量。

（2）益生素。益生素是饲粮中不被动物消化的营养组分，但可以促进宿主肠道微生物的生长和繁殖（Gibson et al.，2004）。研究发现，添加 0.25%和 0.5%果聚糖能显著降低排泄物中 NH_3 的释放，但对 H_2S 和乙酸的含量无显著影响。但在肉鸡饲粮中添加乳果糖能显著降低 NH_3、H_2S 和乙酸的释放量，同时增加肉鸡肠道乳酸菌的含量，降低大肠杆菌的含量。

（3）益生菌。益生菌是活的微生物，进入动物肠道后能促进营养物质的消化吸收

（Fuller，1989）。乳酸菌被作为家禽的益生菌在饲粮中使用（Fuller，2001）。作为动物益生菌的单一菌种有蜡样芽孢杆菌（*Bacillus cereus*）、地衣芽孢杆菌（*Bacillus licheniformis*）、枯草芽孢杆菌（*Bacillus subtilis*）、屎肠球菌（*Enterococcus faecium*）、乳酸片球菌（*Pediococcus acidilactici*）、香肠乳酸菌（*Lactobacillus farciminis*）、鼠李糖乳酸菌（*Lactobacillus rhamnosus*）、干酪乳酸菌（*Lactobacillus casei*）、植物乳酸菌（*Lactobacillus Plantarum*）、婴儿链球菌（*Streptococcus infantarius*）和酿酒酵母菌（*Saccharomyces cerevisiae*）。体外厌氧和好氧条件下，添加鼠李糖乳酸菌能降低 H_2S 的产生（Naidu et al.，2002），这可能是因为鼠李糖乳酸菌和植物乳酸菌具有抑制产气荚膜梭菌的作用，而产气荚膜梭菌能将硫酸盐、亚硫酸盐转化成硫离子。在体内的研究方面，Jeong 等（2014）在饲粮中添加 300mg·kg^{-1} 或 600mg·kg^{-1} 的枯草芽孢杆菌并不能影响 H_2S 的释放量。Zhang 等（2014）也发现，在饲粮中添加屎肠球菌对蛋鸡粪便中 H_2S 和硫醇的释放量也没有显著的影响。但饲粮中添加虾青素（红发夫酵母产生的一种类胡萝卜素）能显著降低排泄物中 H_2S 的产生（Zhang et al.，2013）。Lan 等（2017）在肉鸡饲粮中添加 0.05%、0.1%和 0.2%的屎肠球菌，发现在 0.2%屎肠球菌添加组 35 日龄肉鸡粪便中 H_2S、总硫醇和 NH_3 的释放量显著降低，肠道乳酸菌的数量显著增加。Zhang 等（2013）研究发现，饲粮中添加 10^5cfu·kg^{-1} 的枯草芽孢杆菌能降低 37.9%的 H_2S 释放量。Sharma 等（2017）也发现，在高蛋白饲粮中添加枯草芽孢杆菌能降低 29.9%的 H_2S 释放量；Ahmed 等（2014）研究饲粮中添加 0、1、5、10 和 20（g·kg^{-1}）解淀粉芽孢杆菌对肉鸡粪便中 H_2S 释放量的影响，结果发现，粪便中 H_2S 的释放量随着饲粮中添加解淀粉芽孢杆菌的添加量升高而降低。同时添加干酪乳酸杆菌、短乳杆菌、布氏乳杆菌和植物乳杆菌能显著降低挥发性硫化物二甲硫醇和甲硫醇的释放量（Chang et al.，2003）。Endo 等（1999）发现芽孢杆菌、乳酸菌、链球菌、梭菌、酵母菌和念珠球菌组成的益生菌能降低公鸡和母鸡粪便中 H_2S、甲硫醇和 NH_3 的释放量，提高肉鸡的生产性能。副干酪乳酸菌（*Lactobaccillus paracasei*）、植物乳酸菌和鼠李糖乳酸菌的益生菌组合能显著提高肉鸡排泄物中硫酸盐形式硫的含量（Saksrithai et al.，2019）。但也有多种组合益生菌不影响 H_2S 释放的报道。Zhang 等（2014）发现嗜酸乳杆菌、枯草芽孢杆菌和丁酸梭菌组成的益生菌对粪便发酵后的第 1 天、第 3 天和第 5 天的 H_2S 释放量均无显著影响。凝结芽孢杆菌、枯草芽孢杆菌、地衣芽孢杆菌和丁酸梭菌的组合与凝结芽孢杆菌、地衣芽孢杆菌和枯草芽孢杆菌的组合也不能降低肉鸡粪便中 H_2S 的释放量。Hossain 等（2015）也发现，枯草芽孢杆菌、丁酸梭菌和嗜酸性乳杆菌组成的益生菌也不能降低肉鸡粪便中 H_2S 的释放量。

6.3 有害气体对奶牛生产健康的影响及其调控

6.3.1 奶牛场空气污染物种类及产生途径

按照污染物的性质和危害，奶牛生产产生的空气污染物可以分为以下几类：①温室气体，包括 CH_4、N_2O 和 CO_2 等；②有毒有害气体，包括 NH_3 和 H_2S 等；③悬浮颗粒物，包括 PM10、PM2.5 等。上述空气污染物的主要产生途径是奶牛瘤胃发酵、粪污贮存处理以及粪污还田利用过程中直接或间接排放。

1. 温室气体种类与产生途径

在中国，畜禽养殖业生产活动排放的 CH_4、N_2O 和 CO_2 占全国人为排放量的 37%、65%和 9%（孟祥海等，2014）。奶牛产业是公认的重要的农业温室气体排放源，奶牛生产排放的主要温室气体为 CH_4、N_2O 以及 CO_2。我国奶牛等反刍动物生产中 CH_4 排放量约占农业领域 CH_4 排放总量的 58%（Knapp et al.，2014），约占世界 CH_4 排放总量的 28%（Yusufa et al.，2012）。

1）CH_4

地球生态系统中的 CH_4 是在严格厌氧环境下由微生物活动而产生的，即在酶的作用下分解碳水化合物成单糖，单糖再分解成酸，进而生成 CH_4。而奶牛生产中可以产生 CH_4 的部位主要有瘤胃和大肠，以及奶牛粪污贮存和处理过程中的厌氧发酵（Allister et al.，1996）。瘤胃微生物将饲料中的纤维素、半纤维素等碳水化合物发酵分解成挥发性脂肪酸、H_2 和 CO_2，产甲烷菌利用其中的 H_2 和 CO_2 最终生成 CH_4，这是反刍动物产生 CH_4 的最主要的途径，可占到奶牛等反刍动物本体 CH_4 排放量的 87%（Torrrent et al.，1994）。奶牛产生的 CH_4 会以嗳气的形式排出体外，成为全球气候变暖的原因之一。我国华北地区，奶牛肠道产生 CH_4 量占该地区奶牛产业总 CH_4 排放量的 84%，粪便贮存和处理过程中产生的 CH_4 占 16%，两者比例约为 5∶1（董红敏等，2008）。

反刍动物牛羊生产活动中 CH_4 总产量约占全球动物和人类 CH_4 释放总量的 95%，而 CH_4 全球变暖潜值是 CO_2 的 21 倍（胡向东等，2010）。反刍动物生产中大约 89% CH_4 来源于肠道发酵，其余来自粪便等排泄物厌氧发酵，而且 CH_4 不易被生物直接利用，在空气中可停留 9～15 年（Jiao et al.，2014）。

奶牛粪污中的有机物在厌氧条件下可被细菌分解成有机酸、CO_2 和氢离子，然后在产甲烷菌的作用下生成 CH_4。影响奶牛粪污 CH_4 排放的因素很多，主要有以下几个方面。①粪污自身特性。奶牛采食饲料成分的不同，导致奶牛排泄的粪污中挥发性固体如脂肪、蛋白质以及碳水化合物的含量发生变化，从而影响 CH_4 排放量。同时，奶牛粪污在贮存期间由于干燥、排水、降雨、阳光辐射、温湿度、风速等自然因素的影响，其特性会发生很大的变化，也会影响 CH_4 产生。②粪污的 pH。CH_4 是由厌氧微生物产甲烷菌的活动产生的，而厌氧微生物产甲烷菌的生命活动、物质代谢与 pH 有密切的关系。动物粪便的 pH 是个动态参数，受存放时间、动物类型、饲养条件等影响。产甲烷菌对 pH 的变化敏感，其最适宜的 pH 为 7.0。pH 在 6.6～7.6 都有 CH_4 产生，当 pH 为 6.5 和 8.3 时，CH_4 的排放量减少一半（齐玉春等，2000），当 pH 小于 5.75 或大于 8.76 时，CH_4 的产生几乎完全受到抑制。③温度。温度是影响 CH_4 产生的重要因素。研究表明，液态粪便的温度在 2～10℃时，牛的液态粪便 CH_4 转化速率在 0%～3%，在 20℃时甲烷转化因子（methane conversion factor，MCF）大约是 50%，因此，CH_4 产生速率与液态粪便温度有很大关系。对于固态粪便，温度的影响更加复杂。有研究表明，夏天厌氧贮存的固态粪便 CH_4 排放量是冬天厌氧贮存的 2 倍，估算的 MCF 值大约是 5%（Amon et al.，2001）。对于暴露于空气中的固态粪便，其上层氧气充足的部分产生的 CH_4 少。然而，有氧发酵的粪便表层产生的热量可使厌氧发酵的粪便下层温度上升，从而促进了CH_4的产生。④湿度。湿度对CH_4产生量的影响也较大。当粪便的湿度比较大时，粪便的透气性比较差，厌氧发酵占主要部分，将会产生较多的CH_4。但当粪便的湿度较小时，粪便的透气性好，好氧发酵占主要部分，则基本不产生CH_4。研究表明，粪便湿度高于60%就会阻碍氧气向堆料内部扩散，从而不利于微生物的降解作用。粪便的湿度70%～80%将使堆肥过程中主要发生厌氧发酵。

2）N_2O

奶牛生产中N_2O的主要来源为奶牛场粪污贮存、奶牛舍垫料发酵及青贮饲料发酵。N_2O的生成机理可能有多种途径，硝化作用和反硝化作用被认为是产生N_2O的基本机理。在有氧条件下，氨和铵盐通过硝化细菌的作用，被氧化成硝酸盐和亚硝酸盐的过程称为硝化作用。一般说来，硝化作用包括2个步骤，即氨氧化为亚硝酸和亚硝酸氧化为硝酸，分别由氨氧化菌和亚硝酸氧化菌完成。首先由氨氧化成亚硝酸，然后亚硝酸再氧化成硝酸，这两步反应的中间产物就有N_2O。反硝化作用是在厌氧条件下，反硝化细菌将NO_3^-、NO_2^-还原生产NO、N_2O以及N_2的过程。可见，粪便厌氧发酵或好氧发酵均能产生N_2O。此外，贮存过程中尿液及粪污养分下渗后也会产生N_2O。N_2O排放速率受动物类型和数量、氮排泄率、粪污管理方式、pH和温湿度等因素影响。pH对N_2O排放速率的影响十分复杂。一般认为反硝化细菌最适宜的pH为6～8，pH在7～10，随着pH下降N_2O排放速率呈递增趋势，pH为6左右，N_2O排放速率最大，当pH＜5或＞8时，N_2O排放速率几乎为零。此外，研究表明，奶牛运动场N_2O的排放速率为12.05kg·头$^{-1}$·a^{-1}，而奶牛舍和粪污管理系统中N_2O的排放速率则为17.6kg·头$^{-1}$·a^{-1}（Leytem et al.，2011）。我国华北地区农业源N_2O排放量为6240.27×10^3t，占全国N_2O排放总量的92.47%，其中奶牛粪便管理过程中N_2O排放量约占27%（董红敏等，2008）。

3）CO_2

农业生产中CO_2产生途径包括动物生产、农田耕作、化学肥料生产和谷物干燥。奶牛场CO_2的排放主要来源于奶牛的呼吸以及供暖设备中化石燃料的燃烧，还有一少部分来源于粪污中微生物的呼吸作用（Chianese et al.，2009）。Leytem等（2011）对美国爱达荷州奶牛运动场的监测结果表明，CO_2的排放通量为28.1kg·头$^{-1}$·d^{-1}。Borhan等（2011）研究表明，奶牛运动场CO_2排放量占全场该气体产生量的51%。据FAO估测，畜牧业的CO_2排放量占总排放量的9%，并以每年至少0.5%的速度增长。董红敏等（2008）研究表明，耗能产生的CO_2排放量占奶牛养殖过程总排放量的24%。

2. 有毒有害气体种类与产生途径

奶牛养殖除了向大气排放CH_4等温室气体外，还排放一些有毒有害气体如NH_3、H_2S以及有机酸类等。这些有害气体严重影响空气质量和动物健康。

1）NH_3

NH_3对人畜的毒性与环境中NH_3的浓度及接触时间有关。家畜排泄的N是NH_3产生的主要来源。粪尿中的含N有机物在微生物的作用下会分解产生NH_3。如果粪便或粪肥暴露在空气中（畜舍、粪肥和放牧动物的排泄物），就会排放NH_3。奶牛养殖也是NH_3的主要产生源之一，在奶牛生产中的每一个环节都伴随着NH_3的排放。养牛生产中，未经处理的粪尿中的 N 会以 NH_3 的形式挥发到空气中，这部分 N 约占养牛生产总输入 N 的 32.3%。研究表明，畜禽排放的 NH_3 量已经占到全球 NH_3 排放总量的 50%，美国达到 80%，而在欧洲则高达 90%（Erisman et al.，2008）。2002 年，美国奶牛养殖业 NH_3 总排放量为 55.8 万 t，占畜牧业 NH_3 总排放量的 12.7%（Aneja et al.，2008）。对荷兰全年农牧业生产 NH_3 排放情况进行研究，全年 NH_3 排放量为 88.8Gg，其中 50%来自牛舍内部，3%来自露天贮存的牛粪，1%来自放牧过程，另有 37%来自农田中施用的牛粪（Velthof et al.，2012）。

研究表明，奶牛养殖场牛粪的氨排放系数的顺序为：圈舍阶段＞贮存阶段＞施肥阶段，而牛尿的氨排放系数顺序为：贮存阶段＞施肥阶段＞圈舍阶段。圈舍阶段牛粪的氨排放系数最大，为 50.03%，贮存阶段牛尿的氨排放系数最大，为 47.70%。牛粪的氨排放系数要高于牛尿，平均为牛尿的 1.05 倍。奶牛养殖场的平均氨排放系数为 29.23%（表 6-1）。

表 6-1　某奶牛场 NH_3 释放总量、排放系数和牧场 NH_3 排放量（美英等，2018）

粪便管理阶段	粪污类型	NH_3 排放系数/%	冬季 NH_3 排放量/（$kg \cdot d^{-1}$）	夏季 NH_3 排放量/（$kg \cdot d^{-1}$）
圈舍阶段	粪	50.05	35.89	27.64
	尿	9.76	20.09	40.50
储存阶段	粪	33.28	11.93	9.19
	尿	47.70	88.57	178.56
施肥阶段	粪	17.30	3.12	2.40
	尿	17.30	13.10	26.42
合计			172.70	284.71

奶牛舍的通风条件与 NH_3 散发关系密切。奶牛舍的通风模式，地面结构、护栏结构等均影响 NH_3 的产生与散发。奶牛舍设计是否合理与清洁度影响 NH_3 的产生量。有研究表明，畜禽舍地面的结构影响 NH_3 的产生量，无缝地板可显著降低 NH_3 的产生量（Misselbrook et al.，2001）。同时，NH_3 的产生量与圈舍清洁程度呈现极显著负相关。

粪便堆肥过程中 N 素的转化过程，伴随着 NH_3 的产生，其中产生 NH_3 的环节为氨化作用与反硝化作用。畜禽粪便中残余营养物质产生 NH_3，NH_3 被有机物料吸收形成铵态氮。铵态氮不稳定，受温度、pH、通风等多种因素的综合影响，在 N 素发生转移时，可发生硝化作用和反硝化作用，或以 NH_3 形式挥发。

2）H_2S

H_2S 是一种无色且具有臭鸡蛋味的气体，是畜禽饲养过程中有毒有害的污染气体。家畜采食较多的富含硫的氨基酸，如蛋氨酸、半胱氨酸、胱氨酸等高蛋白饲料，在肠道功能紊乱时，腐败细菌发酵分解含硫氨基酸，可产生大量 H_2S 并经肠道排出，含硫化物的粪便堆积腐败也可分解产生 H_2S。反刍动物采食高硫饲料后，在瘤胃内硫酸盐还原菌（sulfate-reducing bacteria，SRB）的作用下产生大量 H_2S。Drewnoski 等（2014）发现高精料高硫饲粮促进瘤胃 H_2S 的产生，由 SRB 作用产生的 H_2S 最大产量发生在采食高精高硫饲粮后的 10～35d。Sarturi 等（2013）研究发现，饲粮中 S 含量的高低及其在瘤胃中的利用与产生 H_2S 的浓度呈正相关。奶牛摄入饲粮的含硫底物量与牛粪 H_2S 排放量呈正相关，饲喂含硫较高精料的奶牛，粪中产生 H_2S 的量较高。含硫有机物（粪尿、垫草、饲料）被细菌发酵分解产生 H_2S，也是畜舍 H_2S 产生的主要来源。

养殖环境中 H_2S 主要是由含硫氨基酸等在体内分解经动物肠道排出或在体外发酵分解产生。畜禽舍内 H_2S 的释放量还受环境温度、季节、通风率、粪肥贮存方法、动物生长阶段、活动量、饲料类型等影响。在白天或夏季较暖时 H_2S 的释放量较高，在冬季由于微生物分解活动减弱而减少，夏季高温增加了畜舍内 H_2S 的释放（Sun et al.，2010）。另外，冬季由于空气流通速度低，增加了畜舍内 H_2S 的浓度，夏季畜舍通风增加降低了 H_2S 的浓度。动物的生长阶段也对 H_2S 的释放有重要影响。动物体格越大，粪便产生量越大，产生和释放的 H_2S 就越多。动物的代谢活动也影响舍内 H_2S 含量。

畜禽舍内 H_2S 的生成主要受 3 个方面条件影响：饲粮中含硫物质，含硫的粪尿等有机物，局部小环境因素（通风、空间、气温、湿度等）。由于饲粮结构和奶牛自身消化特征，奶牛生产中 H_2S 产生量并不大。但由于 H_2S 具有强烈的刺激性和危害性，会对奶牛和工作人员造成影响，仍然不可忽视 H_2S 的作用。奶牛舍中 H_2S 主要由粪尿中含硫有机物分解而来，当牛采食富含蛋白质的饲料而消化不良时，肠道也会排出少量的 H_2S。

3. 悬浮颗粒物

通常，将粒径在 10μm 以下的可吸入颗粒物称为 PM10，将直径小于或等于 2.5μm 的颗粒物称为可入肺颗粒物（PM2.5）。动物养殖场中饲料、垫料、动物毛发（体屑）、动物排泄物等混合在一起，在一定条件下就形成了微粒。与常规的大气微粒相比，养殖场中微粒表面携带着重金属元素、挥发性有机化合物、硝酸根、硫酸根、NH_3、H_2S、内毒素、抗生素、过敏原、螨虫和病毒等物质。因此，养殖场微粒也被称为有机悬浮颗粒。不论是舍内饲养还是自由放养，奶牛饲养都导致 PM 的排放。奶牛场的悬浮颗粒物产生途径主要为奶牛活动、牛舍通风以及粪便和空气中夹带的矿物和有机质。这些悬浮颗粒物的主要成分包括饲料粉尘、奶牛毛发皮屑、排泄物、微生物以及某些昆虫等，其中 70%～90%的物质是有机物。这些颗粒物中 80%～90%的颗粒物为 PM2.5。有研究表明，欧洲畜禽场排放的颗粒物占空气颗粒物总量的 20%，其中 PM2.5 占 5%，而 PM10 则占 25%。它们通常是许多恶臭气体（如 NH_3、H_2S）及微生物的吸附载体，因此，在关注奶牛场空气污染物排放和治理的工作中悬浮颗粒物应得到足够的关注。

6.3.2 奶牛场空气污染物的危害

1. 温室气体的危害

奶牛场排放的三大类空气污染物，都具有不同程度的危害性。联合国政府间气候变化专门委员会（Intergovernmental Panel on Climate Change，IPCC）2001 年发布的各种温室气体百年全球增温潜势中规定，CO_2、CH_4 和 N_2O 的影响因子分别为 1、23、296，也就是说每排放相同质量的这 3 种温室气体，CH_4 和 N_2O 的温室效应分别是 CO_2 的 23 倍和 296 倍。它们主要对大气臭氧层进行破坏，对全球气候变暖的影响占 15%～20%。在养牛生产中，CO_2 被作为重要的环境质量指示气体。通过检测舍内 CO_2 的含量可间接反映通风散热情况，反映舍内空气环境质量的高低。CO_2 无毒，但舍内 CO_2 含量过高时，氧气含量则会相对不足，牛会出现慢性缺氧，精神萎靡，食欲下降，体质虚弱，易感染慢性传染病等状况。一氧化二氮（N_2O）是 N 污染的重要组成部分，按 CO_2 当量计算，它占全球温室气体年排放量的 6%。其他 N 化合物在大气中存在的时间较短，特别是 NH_3 和氮氧化物（NOx），可促进大气中气溶胶化合物的形成，对太阳辐射能起反射作用，从而使气候变冷。

2. NH_3 的危害

在大气中，碱性 NH_3 中和大部分由硫和氮的氧化物产生的酸，形成二硫酸盐和硝酸盐气溶胶。有相关研究表明，灰霾主要由 NH_3 与二氧化硫和氮氧化物反应形成 PM2.5 并吸水、结合其他污染物形成，NH_3 大量存在会加速 PM2.5 的形成（巨晓棠等，2017）。除了大气 NH_3 对空气质量产生不利影响外，沉积物将大部分气态 NH_3 和颗粒状 NH_3 返回土壤或水体中，导致水生态系统的酸化和富营养化（Breemen et al.，1982；Paerl et al.，2002；Krupa，2003；Luo et al.，2014）。例如，NH_3 和氮氧化物是空气污染的主要原因，它们可以反应形成含硫酸铵和硝酸根离子（NO_3^-）气溶胶等成分的细颗粒物，使空气能见度下降，影响人类健康。此外 NO_3^- 诱导的富营养化是水质恶化的主要驱动因素之一，可能会导致结肠癌。

NH_3 对人畜的毒性与环境中 NH_3 的浓度及接触时间有关。低浓度 NH_3 对呼吸道和眼睛黏膜有刺激作用，严重时还会导致眼睛流泪、眼角膜和结膜发炎及视觉障碍等情况。长期吸入 NH_3 会产生一种慢性压力，容易感染疾病，直接影响年轻动物的生长。NH_3 进入呼吸道以后可能引起咳嗽、气管炎，严重时甚至会出现肺水肿、出血、呼吸困难等情况。高浓度 NH_3 可造成组织蛋白变性，导致脑代谢障碍，影响机体的代谢机能和免疫机能（Bobermin et al.，2012）。

有报道认为，NH_3 还可能增加空气中 PM2.5 的浓度，从而成为 PM2.5 的主要成因。据测，美国近 50%的 PM2.5 为 NH_3 的衍生物硫酸铵（Anderson et al.，2003），而中国学者研究表明，25%～60%的 PM2.5 由硫酸盐、硝酸盐以及铵盐的次生衍生物产生（He et al.，2001；Niu et al.，2006；Fang et al.，2009）。NH_3 最重要的影响是其具有广泛的神经毒性，影响鱼类到人类。脑部血液中 NH_3 过量会导致严重的神经功能障碍，如癫痫、共济失调和昏迷等脑部疾病。

3. H_2S 的危害

H_2S 具有强烈的刺激性和腐蚀性，对奶牛眼睛和呼吸系统伤害较大，可引起眼部疾病和呼吸系统疾病。研究表明，H_2S 具有广泛的生理病理功能。外源性 H_2S 可显著降低心率、改善麻醉过程缺氧状态及有效舒张血管平滑肌（李研等，2014）；在肺炎、足底水肿、内毒素血症、脓毒症等多种病理条件下 H_2S 表现出明显的抗炎效应，一定剂量的外源 H_2S 能明显降低内毒素引起的肺损伤，具有抗中性粒细胞浸润、清除活性氧而发挥抗炎、抗氧化及抑制细胞凋亡的作用。

外源性的 H_2S 脂溶性较强，主要通过呼吸道和消化道进入机体，可快速穿过生物质膜结构，在细胞质和线粒体间自由扩散。H_2S 作为一种新型的炎性介质，可参与不同的炎症反应，引起中枢神经系统及呼吸系统损伤。H_2S 在体内少部分以 H_2S 形式存在，大部分解离成 HS^-，还有少量为 S^{2-}。

外源高浓度 H_2S 被吸入机体后，与呼吸道黏膜接触发生碱化作用生成 Na_2S，进入血液后水解释放出 H_2S，通常会引起呼吸系统疾病和眼部损伤。高浓度 H_2S 可引起咽喉灼热、咳嗽、胸闷胸痛甚至肺部水肿等病变，吸入的 H_2S 可引起嗜酸性粒细胞渗出和肺部纤维化为特征的实质性肺气肿。由于 H_2S 溶于水，在接触眼睛泪液时会生成氢硫酸，对眼睛造成损伤（Lewis et al.，2015）。此外，H_2S 可造成动物体神经损伤，高浓度的 H_2S 可造成动物体嗅觉神经快速损伤及基底神经节异常（Nam et al.，2004）。饲养环境中 H_2S 浓度较高时，动物食欲不振，生长缓慢，抵抗力下降，繁殖性能降低（Dorman et al.，2004）。Zhang 等（2008）研究认为，H_2S 可上调 NF-κB、P38、ERK1/2 等的表达进而加重炎症反应，环境中高浓度 H_2S 可降低机体免疫力，是导致犊牛支原体、肺炎链球菌混合感染的原因之一。

4．悬浮颗粒物的危害

悬浮颗粒物可以吸附空气中的有害气体和微生物成为疾病的传播媒介，引起传染病和呼吸道疾病，危害人体和动物健康。PM10 进入呼吸系统后会黏附在气管壁或肺壁上，而 PM2.5 则可以进入肺深部，由于其表面积大且常富集一些有毒有害物质，对动物健康危害更大，可引起肺气肿或肺癌等疾病。研究表明，PM2.5 可在大气中停留 7～30d，因此可在长距离传输过程中造成更大污染（汪开英等，2008）。

悬浮颗粒物会影响动物的繁殖机能，可导致雄性生殖细胞受到毒害，可造成 DNA 损伤、精子形态不正常和精子活力降低等现象（Somers et al.，2009；Lewtas，2007）。还有研究发现，大气微粒可能通过小鼠肺部进入到睾丸，造成雄性小鼠生殖细胞中基因突变，而且这些突变可以传给下一代（Samet et al.，2004）。怀孕期间暴露在 PM2.5 的环境下，将会对胚胎造成危害，而且雄性胚胎受到的危害要远大于雌性胚胎（Jedrychowski et al.，2009）。胚胎之所以更容易受到大气微粒的危害，是因为胚胎在不断发育，胎儿体内的细胞是高度增殖的，增殖的细胞最容易受到微粒中化学物质的攻击，且胎儿的免疫系统发育不完善，没有能力来修复大气微粒造成的 DNA 损伤（Perera et al.，2004）。因此，悬浮颗粒物会阻碍胚胎的发育，容易造成早产、死胎和出生体重低等现象（Jedrychowski et al.，2009）。

6.3.3 奶牛场空气污染物的调控

养牛生产中减少污染气体排放的措施，按照其作用方式和原理可以分为源头控制和过程控制。源头控制主要是营养因素调控，即从源头减少污染气体的产生，例如，通过饲粮配比、添加剂的运用等方式降低粪污中碳氮的含量。过程控制包括环境因素调控、粪污管理和生产调控等手段，即在粪污贮存和使用管理过程中减少污染气体的排放，以及进行生产工艺与设计的改进等。

1．营养调控

1）饲粮配比

饲粮中粗蛋白的含量和比例对污染气体的产生和排放存在显著影响。研究表明，增加饲粮中粗蛋白含量会使粪便中总氮和尿素氮含量增加，并导致粪便的 NH_3 排放量增加，降低饲料中粗蛋白的含量可以有效地降低粪尿中氮的含量，减少 NH_3 和 N_2O 的产生量，同时使牛奶中乳蛋白的产生效率得到显著提高（Niu et al.，2016）。相比于饲粮中粗蛋白含量，碳氮比对 N_2O 排放的影响更大，N_2O 的排放量随着碳氮比的不同而发生变化（Pratt et al.，2015）。饲粮中粗蛋白的比例以及粪污管理方式等对牛床表面 CO_2 的产生没有显著的影响（Borhan et al.，2013）。此外，饲粮中脂肪含量、氮磷比以及精粗饲料的比例均会对污染气体的产生和排放产生不同影响。Gautam 等（2016）认为，向饲粮中添加不同比例的脂肪对 CH_4 的排放和粪便的组成影响不显著。研究发现优化氮磷的利用效率可使每生产单位牛奶氮磷的排泄量减少 17%～35%。使用秸秆青贮、氨化技术，可减少单个动物的 CH_4 排放。饲粮合理搭配，可降低单个动物的 CH_4 排放量。饲粮中饲料精粗比不仅影响饲养成本也直接影响反刍动物生产水平和 CH_4 排放量。粗纤维水平过高可能导致饲粮营养浓度偏低，动物为摄取足够的营养物质而增加采食量，从而提高动物 CH_4 排放量。樊霞等（2006）的研究结果表明，影响动物 CH_4 排放量的饲料因素主次顺序为粗饲料类型＞饲料精粗比＞能量摄入水平，粗饲料类型对 CH_4 排放量影响最大，精粗比为 40∶60 的饲粮 CH_4 排放量低于精粗比为 25∶75 的饲粮。

2）添加剂

通过使用一些提高营养物质利用率的添加剂，可以提高饲料利用率，降低粪氮、粪磷、干物质、微量元素的排泄量。调控瘤胃发酵的新型添加剂主要有抗生素、天然植物提取物、离子载体、有机酸、油类和益生菌等。抗生素在养殖中的使用具有严重的环境残留问题，如莫能菌素在肉牛粪便中的残留率达 40%，金霉素在青年牛粪便中残留率达 17%～75%，土霉素在犊牛粪便中残留率达 23%（Daniel，2014）。这些抗生素在粪便的厌氧发酵过程中可以降低污染气体的产生，影响微生物群落的活性（Ince et al.，2012）。作为添加剂使用的天然植物提取物包括壳聚糖、单宁和皂苷等。Henry（2013）认为，高浓度的壳聚糖可以有效抑制瘤胃产生 CH_4，但在离体条件下，壳聚糖有可能会增加 CH_4 的释放。添加低浓度的单宁或皂苷可以有效抑制 CH_4 的产生，对动物的行为表现和经济特性没有不良影响，但 Krueger 等（2010）认为，单宁对反刍动物体内食源性致病菌的影响有待进一步研究，Pen 等（2007）也有不同观点，认为皂苷对反刍动物 CH_4 的产量并没有影响，可能的原因是皂角提取物或其他成分促进了纤维菌和产甲烷菌的生长。离子载体影响污染气体产量主要有 2 种方式：一是增加饲料转化效率降低每单位产品的气体排放量；二是通过影响瘤胃发酵而降低单位干物质的污染气体产量（Lascano et al.，2010）。富马酸等有机酸可以引起瘤胃发酵的潜在有利的变化，但对污染气体的排放没有显著影响；油类可以用来减少牛肠道内的 CH_4 排放量，但由于采食量降低和纤维消化率降低等问题，动物的生产性能可能会受到影响（Beauchemin et al.，2006）。通过添加益生菌改善肠道微生物环境，降低温室气体排放，得到众多学者的关注。有研究发现，饲喂饲草情况下，短棒菌苗并没有降低肉牛小母牛肠道 CH_4 的产生，可能是由于它们融入瘤胃微生物群落。

添加剂调控措施，在生产中存在很多问题，比如生产成本提高、动物产生耐受性和影响动物生产性能等。结合现存的问题进行改进可以更好地对污染气体的排放进行调控，比如确定适宜的天然植物提取物的添加量，在不影响动物生产性能的前提下有效地抑制污染气体的产生；对硝酸盐进行包被处理，减缓其在瘤胃内的释放速度，降低中毒的风险等。

2. 环境调控

1）建筑类型与通风方式

不同建筑类型牛舍空气中的污染气体含量差异较大，这主要与舍内通风结构密切相关。关于牛舍通风结构和舍内污染气体排放的研究在国外已有很多。Schrade 等（2012）对瑞士自然通风条件下实心地板奶牛舍的 NH_3 排放情况进行研究，结果表明，夏季奶牛舍内的平均 NH_3 排放量为 31～67g NH_3-N · LU^{-1} · d^{-1}（1LU＝500kg 活体重），冬季奶牛舍内的平均 NH_3 排放量为 6～23gNH_3-N · LU^{-1} · d^{-1}，其他时期的平均 NH_3 排放量为 16～44gNH_3-N · LU^{-1} · d^{-1}。对气候因素对自然通风奶牛舍内 CH_4 和 NH_3 排放的影响进行研究，结果显示，NH_3 和 CH_4 的排放呈显著相关，NH_3 排放率和外部风速以及空气温度之间的线性关系显著。Pereira 等（2010）对葡萄牙自然通风奶牛舍的舍内和舍外 NH_3 浓度研究显示，舍内外 NH_3 排放平均值为 43.7gNH_3-N · LU^{-1} · d^{-1}。

2）地面类型

欧洲环境局（European Environment Agency，EEA）根据牛舍结构、粪尿存在形态，针对不同情况下的 NH_3 挥发系数进行研究，发现实心地板型牛舍 NH_3 排放系数范围为 10%～23%，垫料型牛舍 NH_3 排放系数范围为 8%～12%。在同一温度条件下，实心地板牛舍 NH_3 和 CO_2 排放量比漏缝地板高 36%和 45%，实心地板牛舍 CO_2 排放量占实心地板牛舍气体排放总量的 70%（Pereira et al.，2010；2011）。

3）环境因素

温度、湿度、含氧量和通风率等环境因素对污染气体产生及释放过程具有显著的影响。研究发现，在实验室条件下高温加速有机物的分解，促进 NH_3 的产生和释放，在 25℃时 CH_4、CO_2 等温室气体的排放量达到最大值。在混凝土地板牛舍系统内，高温同样促进 NH_3 的排放，当舍内温度高于 15℃时，温度对 NH_3 的排放影响增强，因而在气候温暖地区进行牛舍 NH_3 排放估算时温度因素应重点考虑（Pereira et al.，2010）。空气湿度增加或降水增多会使粪便的含水率增加，使牛舍粪便中通气孔隙率大大减少，会减少 N_2O 的排放。夏季高温联合降雨时，会增加 CH_4 的排放。好氧发酵状况下粪便中 N_2O 的排放量大于厌氧发酵状况，当粪堆内的通气孔隙率通过压缩或注水的方式减少 20%～60%时，N_2O 及 NH_3 的排放量可降低 30%～70%。粪便表面的风速不会直接影响 CH_4 的产生，但会影响排放表面的传导过程和表面的结壳，进而影响污染气体的排放量。风速的增加没有显著影响 NH_3 浓度的分布，但会降低出风口处 NH_3 浓度和抑制排放量（Saha et al.，2010）。

4）空气过滤装置

在丹麦等欧洲发达国家，牛舍多为封闭舍，其通过将通风系统与空气过滤系统进行集成，实现污染气体的过滤和清除。空气过滤系统包括：第一层过滤能够过滤空气粉尘 30%，配备燃气或电力加热系统，给空气加温，解决冬天冷空气进入牛舍降低舍温的问题；配备空气降温或蒸汽降温体系，将夏天热空气进行降温；配备各种速度的离心风机，调整进入猪舍的空气和有效排除猪舍内 NH_3 等有害气体；第二层过滤装置可以实现 90%空气的过滤；第三层过滤可以实现 99.997%空气的过滤。

3. 粪污管理

动物废弃物厌氧贮存和处理过程中均产生和排放 CH_4。动物粪便 CH_4 排放通量主要取决于粪便 CH_4 排放潜力、粪便处理方式和气候条件。减少粪便 CH_4 排放的主要措施是针对 CH_4 排放潜力大的粪便减少液体贮存过程，并通过厌氧发酵回收 CH_4，减少温室气体排放。

牛舍粪便和尿液管理过程中清粪工艺、粪污贮存状态、堆放高度、堆放面积、表面覆盖及结壳状况都会影响粪污中污染气体的排放。对意大利奶牛场中刮板、漏缝地板和冲洗 3 种清粪工艺进行研究发现，冲洗 CH_4 排放量最低，刮板对牛粪 CH_4 排放量没有直接影响，漏缝地板由于粪污贮存过程中的生物降解作用，CH_4 的排放量显著增加。粪便贮存状态分为固体、半固体和液体，固液比和环境温度对粪便中温室气体和 CH_4 的排放具有显著影响，固液分离有助于降低污染气体的排放。可以通过建设沼气工程回收利用 CH_4。可改湿清粪方式为干清粪方式减少 CH_4 排放量。厌氧环境是粪便 CH_4 产生的先决条件。通过干清粪和固液分离，不仅可以减少污水产生量，而且可以提高粪便收集率，减少进入厌氧环境的有机物总量，从而减少 CH_4 的排放。朱志平等的研究表明，人工干清粪的粪便收集率可达 60%（朱志平等，2006），与水冲清粪和水泡粪相比可减少 CH_4 排放 50%以上。通过覆盖等改变粪便贮存方式减少 CH_4 排放。试验研究提出在粪浆贮存过程中添加覆盖物是减少温室气体排放的经济有效的方式（Soren et al.，2005）。

6.4　NH_3 排放规律及对畜禽健康的危害

随着畜禽规模化和集约化养殖方式的快速发展，畜禽粪尿大量集中排放的 NH_3 不仅对环境造成巨大污染，而且导致畜禽疾病的发生和生产性能的下降。因此，分析畜禽舍 NH_3 排放规律及其对畜禽生产健康的影响，对控制畜禽舍 NH_3 浓度具有重要意义。本节主要阐述畜禽舍 NH_3 排放的影响因素，以及 NH_3 排放规律；分析 NH_3 对畜禽健康的影响及其对机体的损伤机理，为规模化畜禽生产提供参考。

6.4.1　畜禽舍 NH_3 产生及排放影响因素

畜禽舍内 NH_3 产生主要有 2 条途径：畜禽摄入蛋白质后代谢分解产生 NH_3；畜禽尿氮分解产生 NH_3。畜舍 NH_3 大部分来源于排泄物中尿素分解，由于家禽肝脏没有精氨酸酶和氨甲酰磷酸合成酶，家禽不能通过肝脏鸟氨酸循环把体内代谢产生的氨合成尿素，只能在肝脏和肾脏中合成嘌呤，在黄嘌呤氧化酶的作用下生成尿酸。嘌呤代谢通常在肝脏中进行，嘌呤氧化后变为尿酸。另外家禽消化道较短，食糜在其中停留的时间不长，有很多营养物质不能被充分利用而以粪便的形式排出体外。因此家禽粪尿中含氮量高达 70%，其中的尿酸和尿素很容易被脲酶分解为 NH_3（David et al.，2015）。

1. 畜禽生长阶段

随着畜禽生长阶段的变化，体重越大，采食量和日平均蛋白的摄入也越多，畜禽机体代谢产生的尿酸、尿素越多，NH_3 排放量随之增加。Hayes 等（2006）监测从哺乳仔猪到育肥猪各生长阶段的 NH_3 排放，育肥猪平均每头猪 NH_3 排放量为 11.3～11.9g·d^{-1}，而保育猪平均每头猪 NH_3 排放量为 1.1～1.7g·d^{-1}。影响肉鸡舍 NH_3 排放的因素中日龄及体重最为重要，肉鸡 NH_3 排放与日龄和体重呈线性关系。对肉鸡舍 NH_3 浓度和单位动物 NH_3 排放量的调查发现，1 日龄和 23 日龄肉鸡的单位动物 NH_3 排放量差异达 0.92g。不同生长阶段畜禽的 NH_3 排放量差异较大不仅是因为体重和采食量的变化，而且是因为饲粮营养成分的差异和畜禽舍建筑结构的不同。

2. 畜禽舍结构

研究分别监控 3 种类型鸡舍内的环境参数，发现超大型密闭鸡舍内 NH_3 浓度约为普通密闭鸡舍和开放型鸡舍 NH_3 浓度的 2 倍，其原因可能是超大型密闭鸡舍长轴过长，减小了长轴方向的通风速率，导致 NH_3 等有害气体不能有效排出。畜禽舍的通风状况会直接影响舍内 NH_3 排放量，空气流速增加会加快尿素分解，增加 NH_3 的排放（Ye et al.，2009）。据报道，通风速率变为原来的 5 倍，NH_3 的排放速率增加 2 倍，这是因为空气流速增加导致粪尿的表面气体交换加快（Jeppsson，2002）。值得注意的是，空气流动的物理因素是导致畜禽舍 NH_3 浓度降低的主要因素。因此，空气流速增加虽然会导致 NH_3 排放量增加，但畜禽舍 NH_3 浓度却显著降低（Philippe et al.，2011）。

漏缝地板的材质会显著影响猪舍 NH_3 排放量，用金属或塑料漏缝地板替代混凝土漏缝地板可减少 NH_3 排放量 10%～40%（Pedersen et al.，2008）。原因可能是，混凝土表面相对于金属和塑料材质更粗糙，粪尿黏附在其表面会增加尿素分解面积，而且混凝土表面黏附的粪尿更不容易冲洗，会增加粪尿在漏缝部分的残留，导致舍内 NH_3 排放增加。除此之外，漏缝地板的面积也会影响 NH_3 排放。据报道，用部分漏缝地板（37%的漏缝面积）代替全漏缝地板，NH_3 排放量减少约 40%；漏缝地板的面积从总面积的 50%降低到 25%，每头育肥猪的日平均 NH_3 排放量从 6.4g 降至 5.7g（Aarnink et al.，1996）。漏缝地板的面积增加导致粪尿和板条之间的接触面积增加，并且相对于实心地面，粪尿黏附在漏缝地板上的面积更大，因此，漏缝地板增加了 NH_3 排放。同时漏缝地板面积扩大会增加漏缝下方的排粪沟宽度，增加尿素反应面积，导致 NH_3 增加。

3. 季节和地区差异

不同季节的气候对猪舍内温度及通风量有很大影响。而温度影响 NH_3 排放主要是通过影响粪尿中的脲酶活性。研究发现，温度升高，脲酶活性增强，且 90℃以下脲酶仍然保持较高活性，因此，夏季畜禽舍内温度升高导致排泄物中的脲酶活性增强，尿素分解加快，NH_3 排放量增加（李素芬等，2001；杨春璐等，2007）。据报道猪舍高温时间段（13:00～17:00）的 NH_3 排放量占全天 NH_3 排放量的 33%（代小蓉，2010）。堆肥过程中随着粪堆内部的温度升高，在 14～28d 时堆粪内部温度达 60℃以上，NH_3 排放量最大（江滔等，2011）。夏季温度较高，因此，畜禽舍要保持通风，以减少 NH_3 及其他有害气体浓度。地区不同导致的猪舍 NH_3 浓度差异主要是因为地区环境差异。我国北方冬季气温低，时间长。猪舍保温基本采用密闭式，通风时间短，猪舍 NH_3 浓度较高。而南方地区在冬季还可以保持一定的通风频率，猪舍 NH_3 浓度相对低于北方。国外猪舍夏季 NH_3 浓度普遍低于冬季（表 6-2）。总的来说，对于同一猪舍，冬季温度低较少通风，NH_3 浓度普遍高于夏季。因此，在寒冷的冬季，在中午温度稍高时适当地开窗通风，能有效降低猪舍的 NH_3 浓度。

表 6-2 国外规模化猪舍 NH_3 浓度变化调研 （单位：$mg \cdot kg^{-1}$）

<table>
<tr><th>猪舍类型</th><th>英国</th><th>荷兰</th><th>丹麦</th><th>德国</th><th>参考文献</th></tr>
<tr><td>哺乳母猪</td><td>5.1（夏）</td><td>—</td><td>—</td><td>12.5（夏）</td><td rowspan="5">Takai et al.，1998</td></tr>
<tr><td>哺乳母猪</td><td>11.0（冬）</td><td>17.8（冬）</td><td>8.7（冬）</td><td>10.2（冬）</td></tr>
<tr><td>哺乳仔猪</td><td>7.8（冬）</td><td>4.6（冬）</td><td>5.3（冬）</td><td>4.5（冬）</td></tr>
<tr><td>育肥猪</td><td>4.3（夏）</td><td>—</td><td>9.1（夏）</td><td>—</td></tr>
<tr><td>育肥猪</td><td>12.1（冬）</td><td>18.2（冬）</td><td>14.9（冬）</td><td>14.3（冬）</td></tr>
<tr><td>猪舍类型</td><td colspan="5">爱尔兰</td></tr>
<tr><td>空怀母猪</td><td colspan="4">13.6±0.10</td><td rowspan="4">Hayes et al.，2006</td></tr>
<tr><td>哺乳仔猪</td><td colspan="4">8.8±0.07</td></tr>
<tr><td>保育猪</td><td colspan="4">10.8±0.06</td></tr>
<tr><td>生长猪</td><td colspan="4">15.2±0.09</td></tr>
</table>

注：—表示未测定。

4. 饲粮中的营养成分

适当降低畜禽饲粮中粗蛋白含量、添加必需氨基酸不仅能提高畜禽生长性能，还可以显著减少畜禽排泄物的 NH_3 排放（表 6-3）。研究发现，猪饲粮粗蛋白（crude protein，CP）下降 1%可以减少 NH_3 排放量 10%～12.5%，CP 含量从 20%下降到 12%时，猪舍 NH_3 排放量减少 63%（Hansen，2007；Otto et al.，2003）。饲粮 CP 含量减少导致畜禽排泄物中的尿素和尿酸含量降低，且畜禽血液中的尿氮含量相应降低，通过血液循环产生的尿氮减少，进而减少 NH_3 排放量（Meluzzi et al.，2001；Liu et al.，2017）。

饲粮中纤维水平会影响畜禽 NH_3 排放。研究发现膳食纤维在畜禽大肠中发酵有利于肠道微生物生长。盲肠中的部分微生物能分解纤维素产生丙酸、丁酸等短链脂肪酸，会降低家畜盲肠和粪便的 pH，从而抑制脲酶活性，减少 NH_3 的排放（Clark et al.，2005）。另一方面，大肠有益菌的生长也会促进微生物对蛋白质的吸收利用，进而减少蛋白质的排出和浪费，降低粪氮的排泄（Philippe et al.，2011）。蛋鸡饲粮中加入玉米酒糟，粗纤维含量升高 2.47%，蛋鸡一周内的 NH_3 排放总量下降 48%（Roberts et al.，2006）。

5. 饲粮添加剂

饲粮添加剂减少畜禽舍 NH_3 排放主要是通过抑制脲酶活性、物理吸附和增加畜禽蛋白利用率等措施。在饲粮中添加丝兰属等植物提取物可以抑制粪尿中脲酶活性。丝兰提取物的有效成分可能与其中的皂苷有关，有人认为皂苷可以抑制脲酶活性并能与 NH_3 化学结合，从而减少 NH_3 排放。研究报道，哺乳母猪饲粮中添加 $125mg \cdot kg^{-1}$ 丝兰提取物能显著降低猪舍内 NH_3 浓度（王俐等，2007）。物理方法减少 NH_3 排放则是通过在饲料中添加天然或人工合成的吸附材料（活性炭、斜发沸石、氧化铝），这些吸附材料的特点是多孔隙，能有效吸附小分子气体。研究表明22～42日龄肉鸡饲粮中添加5%沸石可以减少约50%的NH_3排放（吕东海等，2003）。同时，添加益生菌可以改善畜禽肠道微生物区系，提高有益菌数量，增加菌体蛋白利用率，减少粪氮排出，从而减少粪尿NH_3排放。有研究报道，育成猪饲粮中添加0.05%的乳酸菌和酵母菌能降低NH_3浓度4.02～6.00mg · L^{-1}（王俐等，2007）。

表6-3 降低饲粮粗蛋白水平、平衡氨基酸对畜禽氨氮排放影响

饲料类型	CP降低水平/%	畜禽种类	添加氨基酸	生产性能	NH_3、尿氮排放	参考文献
玉米杂粕型	3（15.03～12.03）*	生长猪	Lys、Met、Thr、Ile、Trp	NS	NH_3排放↓	黄健等，2015
小麦豆粕型	3（15～12）	育肥猪	Lys、Cys、Ile、His、Val	—	NH_3排放↓	Le et al.，2009
玉米豆粕型	5.2（18.7～13.5）	断奶猪、育肥猪	Lys、Met、Thr、Ile、Trp、Val	—	NH_3排放↓	Liu et al.，2017
玉米豆粕型	2.82（18.11～15.29）	生长猪	Lys、Met、Thr、Cys	NS	NS	谢春艳等，2014
玉米豆粕型	3.4（18.2～14.8）	生长猪	Lys、Met、Thr、Trp	NS	尿氮排放↓	Monteiro et al.，2017
玉米豆粕型	2（19～17）	肉鸡	Gly、Glu	NS	尿酸排放↓	Namroud et al.，2008
玉米豆粕型	1.6（20.4～18.8）	21～24日龄肉鸡	Trp、Thr	NS	尿氮排放↓	Ferguson et al.，1998
玉米豆粕型	2（17～15）	24周龄蛋鸡	Lys、Met、Thr、Trp、Cys	NS	尿氮排放↓	Meluzzi et al.，2001
玉米豆粕型	1.98（21.88～19.90）	18周龄蛋鸡	Lys、Met、Thr、Cys	NS	NS	Burley et al.，2013
玉米豆粕型	2.0（18～16）	21～34周龄蛋鸡	Lys、Met、Thr、Ile、Trp、Val	NS	尿酸含量↓	Ji et al.，2014

注：↑表示上升，↓表示下降，NS表示差异不显著。

*CP降低水平（初始值～终末值）。

6. 清粪方式和频率

粪尿是畜禽舍NH_3排放的主要来源。畜禽粪尿的清理方式会影响舍内NH_3浓度。研究表明，猪舍水泡粪比人工干清粪的NH_3浓度高9.97%（杨亮，2013）；羊舍采用人工清粪和刮粪板自动清粪，发现刮粪板自动清粪在冬夏两季对NH_3浓度都有显著降低，而且刮粪板自动清粪对地面清洁度有很好的改善。提高清粪频率对舍内 NH_3 浓度控制尤为重要，粪尿堆放时间延长不仅会滋生大量有害微生物，而且会明显增加 NH_3 浓度。粪尿堆积过程中内部温度升高，会导致脲酶活性增加，NH_3 排放量增加（臧冰等，2016）。据报道，每周清粪 1 次和清粪 2 次比深坑自然积粪减少 NH_3 排放量 52%和 63%。

综上，主要可以从 NH_3 的来源和去路 2 个方面减少畜禽舍 NH_3 排放。减少 NH_3 排放可以通过营养措施降低粪氮和尿氮排出；控制粪尿中尿素分解产生的 NH_3，可以在饲粮中添加丝兰提取物或脲酶抑制剂等抑制脲酶活性；在饲粮和粪尿中加入各种吸附剂可以除去一部分 NH_3；同时注意保持畜禽舍良好通风、改进清粪工艺、及时清粪也是比较常见的降低舍内 NH_3 浓度的措施。

6.4.2 NH_3 对畜禽健康的影响

1. 动物福利

畜禽长时间暴露在 NH_3 中会出现一些异常行为。对 NH_3 的刺激，畜禽具有本能的逃避性，通过 10d 仔猪 NH_3 暴露试验发现 2/3 的仔猪都会逃避 $100\mu l \cdot L^{-1}$ 的 NH_3 浓度，而选择正常环境 $5 \sim 10\mu l \cdot L^{-1}$ 的 NH_3 浓度（Smith et al.，1996）。利用呼吸仓研究 NH_3 对肉鸡动物福利的影响，结果表明，随着 NH_3 浓度的升高，肉鸡出现跗关节及脚垫感染、跛行、步态不稳等状况的加剧（孟丽辉等，2016）。NH_3 会引起肉鸡的眼部异常。高浓度 NH_3 环境中肉鸡会出现用翅膀揉眼睛的行为（Miles et al.，2006）。在 $50\mu l \cdot L^{-1}$ NH_3 条件下，保育猪血液中巨噬细胞、淋巴细胞和皮质酮含量显著增加，这是呼吸应激的一种免疫应答（Borell et al.，2007）。在 $70\mu l \cdot L^{-1}$ NH_3 浓度时，肉鸡血清球蛋白和溶菌酶浓度降低，溶菌酶主要由巨噬细胞分泌，是动物机体的一种非特异性免疫成分（Wei et al.，2015）。因此，NH_3 会导致畜禽的免疫性能下降，使病原微生物随之入侵机体，诱发呼吸道疾病，导致生产性能下降（表 6-4）。

表 6-4 不同 NH_3 浓度对畜禽生产健康的影响

动物种类	体重或日龄	NH_3/（$mg \cdot kg^{-1}$）	NH_3 控制	测定指标与结论	参考文献
哺乳仔猪	1 周	5、10、15、25、35、50	环境控制室	$10mg \cdot kg^{-1}$ NH_3 猪萎缩性鼻炎最严重，呼吸道黏膜损伤	Hamilton et al.，1996
断奶仔猪	—	0、10、20、40	环境控制室	对高浓度 NH_3 环境有逃逸行为	Wathes et al.，2002
断奶仔猪	10kg	15～100	猪舍＋氨水挥发	NH_3 浓度 $60mg \cdot kg^{-1}$ 时，生长性能↓、萎缩性鼻炎发病率↓	曹进等，2003
断奶仔猪	29 日龄	0、35、50	环境控制室	35 和 50（$mg \cdot kg^{-1}$）NH_3 导致血液白细胞、淋巴细胞和单核细胞数↓	Wathes et al.，2002

续表

动物种类	体重或日龄	NH_3/（mg · kg^{-1}）	NH_3控制	测定指标与结论	参考文献
断奶仔猪	8.4kg	0、5、10、20、40	环境控制室	呼吸道疾病 NS，40mg · $kg^{-1}$$NH_3$，猪膝盖关节出现炎症	Done et al.，2005
育肥猪	16 周	0、10、25、50	环境控制室	NH_3 浓度↑，呼吸道α-溶血性球菌含量↑、机体免疫↓	Murphy et al.，2012
生长猪	—	5、20	密闭环境室	生长性能和肝基因的表达 NS	Cheng et al.，2014
生长猪	25kg	（18.6±2.8）～（33.9±4.7）	猪舍	NH_3浓度↑，病死率、肺炎发病率↑	Michiels et al.，2015
肉鸡	21 日龄	3、75	环境控制室	75mg · kg^{-1} NH_3 干扰免疫器官和肠绒毛的发育，生产性能↓，加速肠道组织氧化磷酸化	Zhang et al.，2015a
肉鸡	21 日龄	0、25、50、75	呼吸仓	病死率、羽毛清洁度 NS；75mg · kg^{-1} 跗关节损伤最大	孟丽辉，2016
肉鸡	21 日龄	0、75	呼吸仓	75mg · kg^{-1} NH_3 肉鸡生长性能↓，病死率↑炎性因子和黏蛋白分泌↑	Yan et al.，2016
肉鸡	21 日龄	0、13、26、52	环境控制室	13mg · kg^{-1} 血常规中红细胞↑，52mg · kg^{-1} 饲料转化率↓	宋弋，2008
蛋鸡	28 周龄	5、50、100	环境控制室	100mg · kg^{-1} NH_3 时蛋鸡采食量↓，产蛋量↓，蛋重↓	Amer et al.，2004

注：↑表示上升，↓表示下降，NS 表示差异不显著。

2. 呼吸道

呼吸道主要由鼻、咽、喉所构成的上呼吸道和由气管、支气管和肺组织所构成的下呼吸道组成，NH_3 浓度过高对畜禽最直接的损伤部位就是呼吸道黏膜。呼吸道黏膜是机体非特异性免疫的重要组成部分，也是机体的第一道免疫屏障，对抵抗复杂环境致病菌有重要作用。呼吸道黏膜的物理屏障、化学屏障和免疫屏障共同构成一道防御系统。由于呼吸道运输气体的过程与环境空气直接接触，呼吸道对空气中的有害气体、微生物等

较为敏感。有害气体排放量增加会刺激呼吸道，导致呼吸道免疫屏障被破坏，进而导致微生物侵入，引发畜禽疾病，影响畜禽生长性能。

NH_3 对呼吸道黏膜的破坏也会影响呼吸道黏膜的菌群定植。微生物在黏膜部位的定植数量和种类可以影响黏膜的完整性和免疫性能。鼻腔弯曲的结构、厌氧环境决定了其中含有丰富的微生物群落。NH_3 作为一种碱性刺激性气体在通过呼吸道时会影响微生物的生存环境。研究发现，NH_3 浓度增加导致鼻腔巴氏杆菌数量增加。在猪萎缩性鼻炎的患病猪鼻腔中能检测到大量产毒多杀性巴氏杆菌（Hamilton et al.，1996）。这说明鼻腔作为呼吸道的起点，其微生物区系的改变会影响呼吸道健康，黏膜微生物区系是影响黏膜健康的重要因素。利用微生物分析技术，研究不同浓度 NH_3 条件下，生长猪鼻腔微生物多样性的变化，结果表明，NH_3 浓度高于 20μl·L^{-1} 时，生长猪鼻腔微生物 OUT（operational taxonomic units）数显著降低，微生物组成下降，且有害菌的定植增加（李季，2018）。

3. 消化系统

NH_3 作为一种应激原会造成肠道黏膜损伤，同时，影响肠道消化酶活性及黏膜上皮养分转运载体，进一步影响畜禽的养分消化率。大鼠注射乙酰胺，发现注射组（血氨浓度高）会抑制肠道短链脂肪酸氧化（Jr et al.，2003）。据报道，75μl·L^{-1} NH_3 环境中肉鸡小肠细胞骨架蛋白表达下调，小肠黏膜上皮细胞的形态改变，表现为肠道绒毛的长度变短或缺失、纤毛之间的隐窝加深，肉鸡的生长性能下降。高浓度 NH_3 导致肠道黏膜中与氧化磷酸化和细胞凋亡有关的蛋白质表达上调，触发氧化应激，并干扰肉鸡的免疫功能和小肠黏膜对营养物质的吸收（Murphy et al.，2012）。70μl·L^{-1} NH_3 环境中肉仔鸡十二指肠、空肠、盲肠内容物 pH 极显著增加，随着时间的延长 NH_3 对肠道发育的影响越严重。pH 是肠道健康的重要指标之一，酸性条件有利于乳酸菌和双歧杆菌等有益菌的繁殖生长，对大肠杆菌、沙门氏菌等有害微生物有抑制作用。肠道内主要致病菌如大肠杆菌、链球菌、葡萄球菌等的适宜 pH 在 6.5～8.0，而有益菌适宜生存 pH 环境偏酸性，因此，高浓度 NH_3 不利于肠道微生物区系平衡，而有利于肠道腐败菌的滋生（魏凤仙，2012）。

4. 肝脏组织

NH_3 可以作为动物机体氨基酸合成的来源之一，同时也可以经氨基酸脱氨产生。NH_3 作为氨基酸和蛋白质代谢的产物主要在肝脏代谢合成尿素。前期研究发现，随着门静脉血液中 NH_4^+ 浓度的升高，进入猪肝脏的 NH_4^+ 增加，由于合成尿素的氮来源于血氨以及氨基酸脱氨提供的氨基，门静脉血液中 NH_4^+ 进入肝脏后会加速猪肝脏氨基酸分解代谢，导致尿氮排放增加（包正喜等，2017）。此外，NH_3 和 CO_2、H_2O 结合生成尿素，这个过程消耗的能量约占肝脏消耗总能量的 45%（Lobley et al.，1995）。畜禽吸入的 NH_3 过多，会影响整个机体的能量代谢。高血氨导致肝脏负荷加重，造成肝脏疲劳及衰竭，增生肥大（Lin et al.，2006）。NH_3 同样会减弱肝细胞的抗氧化性能，导致 ROS 升高（邢焕，2015）。高浓度 NH_3 环境下的肉仔鸡肝脏代谢紊乱，抗氧化性能降低，肝细胞再生能力减弱，甚至可能出现肝硬化（Zhang et al.，2015b）。

5. 神经系统

NH_3浓度过高导致一部分NH_3进入血液后无法全部转化为NH_4^+，过量的NH_3进入脑组织。NH_3的毒性对脑组织中神经元、小胶质细胞和星形胶质细胞都具有很强的破坏作用，易导致星形胶质细胞的肿胀（Vijay et al.，2016）。NH_3在脑组织的主要转运途径是形成谷氨酸和谷氨酰胺，大脑将NH_3转化为谷氨酰胺的能力有限，导致脑氨和谷氨酰胺升高，大脑功能异常，包括脑积水增多、离子运输和神经递质功能异常（Butterworth，2014）。高血氨引起的大脑缺氧或细胞有氧呼吸抑制会导致脑组织乳酸含量增加（Rose et al.，2017）。肉牛饲喂过量尿素引起氨中毒会出现肌肉震颤、瘤胃停滞、心率加快、轻度或严重脱水和抽搐等病理反应（Antonelli，2004）。

NH_3会抑制三羧酸循环中α-酮戊二酸脱氢酶和丙酮酸脱氢酶的活性，导致星形胶质细胞线粒体中NADH和ATP生成减少（Nazih et al.，2010）。$5mmol \cdot L^{-1}$ NH_4Cl处理大鼠星形胶质细胞，细胞能量代谢和氧化磷酸化功能严重受损，ATP生成量骤降（Albrecht et al.，2010）。NH_3导致线粒体膜通透性转换孔（mitochondrial permeability transition pore，mPTP）开放程度加大，通透性增加，线粒体基质肿胀，氧化磷酸化不完全及ATP合成阻断（Malik et al.，2010；Alvarez et al.，2011）。NH_3处理培养星形胶质细胞产生活性氮氧化物，导致氧化/亚硝化应激，NH_3诱导的氧化/亚硝化应激与星形胶质细胞体积的增加相关。这种反应的相关机制包括一氧化氮合成增加，部分偶联到N-甲基-D-天冬氨酸（N-methyl-D-aspartic acid，NMDA）受体、通过NADPH氧化酶增加ROS的产生。氧化/亚硝化应激增加和星形胶质细胞肿胀导致谷氨酰胺合成增多，其在线粒体中积累和降解后损害线粒体功能（Norenberg，2013）。

NH_3对畜禽的危害主要包括直接吸入的NH_3对呼吸道的影响和血氨升高对机体的肝脏、神经系统、消化系统和细胞代谢的影响。随着NH_3浓度的增加，畜禽的生长性能降低、呼吸道损伤程度加重。但是，NH_3浓度对畜禽健康影响的结果并不完全一致，一方面可能与畜禽接触NH_3的时间有关；另一方面不同畜禽种类和生长阶段的NH_3耐受性也不尽相同。随着动物福利的提倡，NH_3对畜禽影响的阈值不断降低，不再局限于畜禽的生长性能。结合规模化畜禽舍实际NH_3浓度范围和不同浓度NH_3对畜禽的影响，本节推荐$20\mu l \cdot L^{-1}$以下为畜禽舍NH_3阈值浓度。

6.5 NH_3对畜禽肌肉品质的影响及其机制

全封闭畜禽舍和集约化、高密度的养殖模式在生猪和家禽养殖中的普及提高了畜产品的产量和生产效率，同时也导致畜禽舍内空气污染物浓度的升高。畜禽舍内空气质量已成为影响畜禽健康、生产效率、畜产品品质的重要环境因子。NH_3暴露刺激呼吸道黏膜产生炎症反应，降低黏膜的屏障功能。环境中NH_3可通过肺泡进入血液，与血红蛋白结合，造成组织缺氧和贫血。高浓度舍内NH_3降低畜禽的采食量，影响动物行为，严重危害畜禽的生长健康（邓小闻等，2012；张国强等，2012）。NH_3对畜禽健康影响的相关研究主要集中在消化道、呼吸道、血液血红蛋白、免疫和行为损伤等方面。本节就集约化养殖中 NH_3 的来源及代谢、环境 NH_3 对畜禽生长性能和肉品质的影响及其影响肉品质的可能分子机制进行论述，旨在阐述 NH_3 影响畜禽生产的作用途径和机制，为健康养殖和生产优质畜产品提供理论依据。

6.5.1　畜禽舍内 NH_3 的产生及代谢途径

畜禽的粪便、尿液和饲料残渣等含氮有机物的分解是舍内环境 NH_3 的主要来源（Behera et al.，2013；Philippe et al.，2011）。粪尿、饲料残渣等分解形成 NH_3 的速度不同，粪便和饲料残渣中含有约 80%的有机氮，在微生物作用下分解成 NH_3 需要几周时间；而尿液中的尿素/尿酸在常温条件下被微生物分解成 NH_3 仅需要几小时（Aarnink et al.，2007）。畜禽舍内 NH_3 排放受畜禽生长阶段、畜禽舍结构、饲粮组成、舍内温度以及包括清粪方式与频率在内的饲养管理模式等多个因素的综合影响（David et al.，2015；Miles et al.，2011；Zhao et al.，2015）。随着动物生长阶段的变化，体重的增长，代谢产生的尿素/尿酸增多，舍内 NH_3 含量增加；饲粮粗蛋白水平影响动物氮排放量，畜禽粪尿中有机氮含量越高，粪滞留舍内时间越长，舍内温度越接近微生物分解酶的最适温度，NH_3 产生越多，累积浓度越高。因此，增加舍内有效通风量和保持舍内环境清洁能够降低舍内 NH_3 浓度（David et al.，2015）。

环境 NH_3 进入动物的呼吸道，在肺泡通过气体交换进入血液后，以 NH_4^+（主要）和 NH_3 的形式存在。血液中 NH_4^+/NH_3 的比例取决于血液的 pH（Dasarathy et al.，2017）。动物机体自身的物质代谢，如氨基酸的脱氨基作用以及胺类、嘌呤和嘧啶的分解（邹思湘，2013），可产生 NH_3。部分氨基酸在消化道微生物作用下也会生成 NH_3。正常生理条件下，防止 NH_3 对组织和细胞造成损伤，机体有 2 个途径。一方面，NH_3 可以通过脱氨基过程的逆反应与 α-酮酸形成氨基酸，其中包括 NH_3 与丙酮酸反应生成无毒的丙氨酸，此外，还参与嘌呤和嘧啶等重要含氮化合物的合成；另一方面，NH_3 还可以和谷氨酸在谷氨酰胺合成酶的作用下转化成无毒的谷氨酰胺（Dasarathy et al.，2017）。谷氨酰胺不仅是生物合成途径中重要的氨基酸成分和氨基供体，也是非常重要的供能物质（Schneider et al.，1996）。骨骼肌体量大，是 NH_3 转化成谷氨酰胺、解除 NH_3 中毒途径发生的重要组织。NH_3 代谢生成的丙氨酸和谷氨酰胺被运输到肝脏合成尿素，或运输到肾脏将 NH_3 释放直接随尿排除，在肝脏中合成的尿素/尿酸和铵盐形式可运输到肾脏随尿液排出体外（邹思湘，2013）。

6.5.2　NH_3 对畜禽生长及肉品质的影响

1. NH_3 对畜禽生长性能的影响

NH_3 严重危害畜禽的生长性能，主要体现在 NH_3 暴露降低畜禽采食量、饲料转化率和体增重，以及增加动物死淘率。Reece 等（1980）研究发现不同 NH_3 浓度下暴露 4 周，肉鸡出栏体重均出现下降，暴露于 25、50 和 200（$mg \cdot kg^{-1}$）NH_3 浓度时体重分别下降 4%、10%和 25%，当 NH_3 浓度超过 $100mg \cdot kg^{-1}$ 时，肉鸡致死率增加；Yahav

（2004）研究发现，肉鸡分别在 0、27、54 和 81.4（$mg \cdot kg^{-1}$）浓度的 NH_3 环境中饲养 49d 后，$54mg \cdot kg^{-1}$ 和 $81.4mg \cdot kg^{-1}$ NH_3 环境下肉鸡的体重分别下降 6.5%和 9.1%，$81.4mg \cdot kg^{-1}$ NH_3 浓度下肉鸡的死亡淘汰率升高 8.3%；李聪等（2014）将 21 日龄肉鸡分别暴露在 25、50 和 75（$mg \cdot kg^{-1}$）NH_3 浓度下 21d，肉鸡的平均日采食量和平均日增重分别显著降低 4.01%、6.68%、9.56%和 8.25%、11.83%、15.42%；李东卫等（2012）的研究发现当 NH_3 浓度达到 $80mg \cdot kg^{-1}$ 时，肉鸡的平均日采食量和平均日增重分别显著降低 9.82%和 18%；Miles 等（2004）发现高浓度 NH_3（$50mg \cdot kg^{-1}$ 以上）显著降低肉鸡的平均日采食量和平均日增重。由上述结果可知，由于家禽品种和暴露时间的差异低浓度 NH_3 暴露（$25mg \cdot kg^{-1}$ 对生产性能的影响略有不同，但高浓度 NH_3 暴露（$50mg \cdot kg^{-1}$ 以上）降低家禽体重及体增重，提高病死率。该结论在蛋鸡试验中也得到印证（Amer et al.，2004）。

NH_3 暴露影响生长性能的研究，在畜种上研究较为缺乏。特别是牛、羊舍多为半封闭式，产生的有毒有害气体可以及时与外界交换，故研究多集中在牛、羊 NH_3 减排方面。对 NH_3 暴露影响猪的生长性能研究，Stombaugh 等（1969）的研究发现，将杜洛克猪连续 5 周暴露在 50、100 和 150（$mg \cdot kg^{-1}$）NH_3 浓度下，发现猪的增重速度减缓，饲料转化效率降低（Stombaugh et al.，1969）；Drummond 等（1980）把 4 周龄仔猪分别暴露在 50、100 和 150（$mg \cdot kg^{-1}$）NH_3 浓度下 4 周，发现猪体重分别降低 12%、30%和 29%；Colina 等（2000）将猪连续暴露在 $50mg \cdot kg^{-1}$ NH_3 下 3h，猪采食量显著降低，生长性能受到严重危害；曹进等（2003）的研究发现随着舍内 NH_3 浓度的升高，饲料转化率在降低，同时平均日增重随 NH_3 浓度升高而下降，当 NH_3 浓度达到 $80 \sim 100mg \cdot kg^{-1}$ 时差异显著；Cheng 等（2014）将生长猪连续 15 周暴露在 $20mg \cdot kg^{-1}$ 环境 NH_3 中，发现猪的生长率未受到显著影响。以上研究结果表明 NH_3 暴露对猪的生长性能影响呈现浓度依赖性，高浓度 NH_3 暴露对其影响尤为显著。一方面，高浓度 NH_3 暴露刺激动物的眼睛、鼻和口，影响采食行为和采食量，从而降低体增重和生长性能（Colina et al.，2000）；另一方面，高浓度 NH_3 作为应激原，使得营养物质向免疫和机体防御组织器官重分配（刘凤华等，1997），减少能量物质在肌肉中的沉积，降低饲料转化率。

2. NH_3 对畜禽肉品质的影响

NH_3 暴露显著降低动物采食量，减少对蛋白质和能量的摄入量。研究表明，蛋白质和能量水平的摄入量会影响动物肌肉内氧化型肌纤维的比例和脂肪含量（孙相俞，2009；周招洪等，2013），进而影响畜禽的肌肉品质。同时，高浓度 NH_3 暴露，导致动物产生应激反应，一方面应激会减少能量物质在肌肉中的沉积，降低饲料转化率（刘凤华等，1997）；另一方面应激会造成肌肉中糖原含量的变化，当糖原含量达到一定的阈值时会引起肌肉中 pH 的变化（Henckel et al.，2002），导致肉的颜色变淡，货架寿命变短。宰前短暂的应激（包括热应激、电致晕等）会引起肌肉发酸、系水力下降，易造成PSE（pale，soft and exudative）肉（Mallia et al.，2000；Petracci et al.，2001）。NH_3 暴露对畜禽肉品质影响的研究大都是以肉鸡作为模型，在猪等其他畜种上的研究报道相对较少。20 世纪 70 年代，Quarles 等（1974）发现肉鸡暴露在 $25mg \cdot kg^{-1}$ 和 $50mg \cdot kg^{-1}$ NH_3 浓度中，胸肌产生水疱，胴体等级评分降低。Sackett 等（1986）在屠宰前 7d 将 7 周龄肉鸡暴露在 25、50、75、100（$mg \cdot kg^{-1}$）NH_3 浓度下，发现 $25mg \cdot kg^{-1}$ NH_3 浓度有降低胸肌 pH、增加滴水损失的趋势；而高浓度 NH_3（$75mg \cdot kg^{-1}$ 和 $100mg \cdot kg^{-1}$）显著降低胸肌的嫩度。周凤珍（2003）发现肉鸡暴露在 $20mg \cdot kg^{-1}$ NH_3 浓度下 2 周，宰后 45min 的胸肌 pH 显著降低；$50mg \cdot kg^{-1}$ NH_3 暴露显著提高胸肌肉色亮度值（L^*值）。Wei 等（2014）研究发现高浓度 NH_3（$70mg \cdot kg^{-1}$）极显著提高肉鸡胸肌的滴水损失，显著降低肉鸡胸肌的嫩度和宰后 45min 的胸肌肉色红度值（a^*值），显著提高宰后 45min 的胸肌肉色 L^*和 b^*值以及宰后 24h 肉鸡胸肌肉色的 b^*值。李聪等（2014）发现 NH_3 暴露显著增加肉鸡胸肌的滴水损失，但对肉色无显著影响。NH_3 暴露还改变肉鸡体脂分布，显著改变肉鸡胸肌内的脂肪含量（邢焕，2015）。以上研究表明，舍内 NH_3 暴露能够影响肉鸡的肉品质，降低质量等级评分，降低肌肉 pH、肉嫩度和肉色，增加肌肉的滴水损失。对猪的研究发现，NH_3 暴露（$25mg \cdot kg^{-1}$ 和 $50mg \cdot kg^{-1}$）对猪肉品质的影响存在浓度依赖性，并且降低肌肉肉色、蛋白质含量以及水分，显著改变肌肉中脂肪含量；NH_3 暴露显著降低肌肉中Ⅰ型肌纤维比例（氧化型肌纤维），显著提高Ⅱx 型肌纤维比例（酵解型肌纤维），即 NH_3 暴露可能会引起肌纤维由氧化型向酵解型转化。

6.5.3　NH_3 影响肉品质可能的分子机制

环境中高浓度的 NH_3 通过呼吸系统（主要）和消化系统进入机体后，会引起动物血液内 NH_3 浓度升高，最终导致动物机体内相关的信号通路和关键基因表达发生改变。这些改变不仅影响骨骼肌细胞的能量代谢和生长，以及肌肉内脂肪的沉积，导致骨骼肌肌纤维类型之间相互转化，而且还会致使血清和肌肉中氧化还原反应失衡，造成氧化应激，引起炎症反应，从而损伤骨骼肌细胞，最终影响畜禽肌肉产量和品质。

1. NH_3 诱导肌肉生长抑素影响肌细胞生长

舍内高浓度 NH_3 通过呼吸道和肺泡进入血液中后，引起血液中 NH_3 浓度升高。高浓度的血氨可以显著上调骨骼肌中肌肉生长抑素（myostatin，MSTN）的表达（Dasarathy et al.，2017；Qiu et al.，2013）。研究发现长期低浓度（$25mg \cdot kg^{-1}$）NH_3 暴露的肉鸡，其胸肌中 MSTN 的表达量显著提高。MSTN 是强有力的蛋白质合成抑制剂，经蛋白激酶 B（AKT）依赖或非依赖机制抑制 mTOR 的激活，从而造成骨骼肌细胞蛋白质合成功能障碍（Dasarathy et al.，2011），最终导致动物产肉量下降；除此之外，MSTN 还是骨骼肌肌纤维转化调控的关键因子，可以通过激活转化生长因子 β（transforming growth factor-β，TGF-β）/Smad3 蛋白（Smad3）通路的下游分子 Smad2 和 Smad3，调节叉头框蛋白 O（Forkhead box O，FoxO）和肌萎缩因子，减少骨骼肌肌纤维粗肌丝肌球蛋白的表达（Earnest et al.，2004），诱导肌肉萎缩（Lokireddy et al.，2011），以及调控肌纤维由Ⅰ型向Ⅱ型转化（于亮等，2014）。肌纤维的类型与肉色、系水力、pH、嫩度以及肌内脂肪沉积等肉品质指标均存在密切的联系，氧化型（Ⅰ型和Ⅱa 型）肌纤维中肌红蛋白和脂质含量较高，故氧化型肌纤维比例越高，肉的颜色越深（张耿等，2007），越有利于水分的保持；酵解型（Ⅱb 型）肌纤维糖原含量高，故酵解型肌纤维比例高时，糖原无氧酵解产生乳酸多，宰后 pH 下降快（Gosker et al.，2002），不利于保存。

Qiu 等（2013）的研究同样发现，高浓度 NH_3 通过激活 NF-κB 介导的信号通路调节 MSTN 的表达。高浓度 NH_3 可以激活 NF-κB 抑制因子激酶 α/β（inhibitor of NF-κB kinase α/β，IKKα/β）以及下游信号分子，将 p50-p65 异二聚体释放，p50-p65 进入细胞核与 MSTN 启动子上的顺式作用元件相结合，从转录水平调节其表达（Ma et al.，2001）。目前，NH_3 通过激活 NF-κB 信号通路诱导 MSTN 表达，从而抑制肌肉蛋白质合成的研究主要在体外的细胞水平，细胞内 NH_3 的感受器尚未发现。NH_3 激活 IKKα/β、IκB 等分子机制仍不清楚且相关的动物试验也鲜见报道。

2. NH_3 影响肌细胞能量代谢

血液中 NH_3 浓度稳定在一个较高水平时，动物机体的肝脏不能及时将 NH_3 转化成尿素或者尿酸。由于 NH_3 可以自由通过细胞膜，是联系肝脏和肌肉间重要的气体信号分子，大量的 NH_3 能够进入肌肉中，与 α-酮戊二酸结合，回补转化成谷氨酸和谷氨酰胺，降低血氨浓度（Wootton，1983）。α-酮戊二酸是联系碳氮循环非常重要的代谢物，作为 TCA 循环中重要的中间产物，其含量的降低将减少 ATP 的生成，从而影响高耗能的蛋白质合成过程（Dasarathy et al.，2017），最终导致骨骼肌肌纤维减少，影响肌肉产量。这与医学研究中肝硬化病人由于肝功能缺失，鸟氨酸循环受阻，血氨（NH_3/NH_4^+）浓度升高，最终造成少肌症和肌无力等骨骼肌机能障碍相一致。研究发现，亮氨酸是生成 α-酮戊二酸的回补反应底物（Schachter et al.，1997），故添加亮氨酸有可能能缓解 NH_3 对骨骼肌的损伤，降低 NH_3 暴露对肉品质的不利影响。

除此之外，由 ATP 含量降低导致的 AMP/ATP 上升，会促使 AMPK 激活（Sakamoto et al.，2005）。AMPK 是细胞内的能量感受器，在调节糖、脂代谢过程中具有重要作用（于亮等，2014）。一方面 AMPK 的激活活化糖原磷酸酶，促进糖原的分解；活化磷酸果糖激酶 2（PFK-2）促进糖酵解。研究表明，宰后初期（30min 内）PSE 猪肉的 AMPK 活性显著高于正常肌肉，与正常肌肉相比，PSE 肉具有更低的 pH 和更高的乳酸含量（Shen et al.，2006）。相反，有研究发现采用 Compound C 抑制 AMPK 的活性，最终会抑制宰后肌肉中糖原的分解和 pH 的下降（Shen et al.，2008）。这说明 NH_3 暴露可能通过影响肌肉细胞内能量代谢（AMPK 通路）调控肌肉的糖酵解，最终影响肌肉 pH。此外，AMPK 激活会增加自噬，清除翻译后修饰的肌肉蛋白，这可能会损伤肌动球蛋白的交互作用，最终导致肌肉功能障碍（Dasarathy et al.，2017）。另一方面，AMPK 活性升高能够诱导 *PGC-1α* 基因表达，PGC-1α 是转录共激活因子，其在骨骼肌中表达水平的高低与肌纤维类型关系十分密切（于亮等，2014）。体外研究表明，PGC-1α 与肌细胞增强因子 2（myocyte enhancer factor 2，MEF2）蛋白协同激活慢肌纤维相关基因表达（Lin et al.，2002）。PGC-1β 也在骨骼肌中高表达，Arany（2007）研究发现小鼠中过表达 PGC-1β 增加了肌肉中线粒体和氧化酶，提高了肌肉中Ⅱx 型肌纤维数量。而在小鼠骨骼肌中过表达 AMPK 也可以使Ⅱb 型肌纤维向Ⅱa 型或者Ⅱx 型肌纤维转化（Murphy，2011）。因此 AMPK 可以通过调节 PGC-1α

的表达水平影响肌纤维的类型进而影响动物肌肉品质。

3. NH_3 引起氧化应激与炎症反应损伤肌细胞

氧化应激指动物体内氧化反应和抗氧化反应（还原反应）的失衡。动物机体内存在系列抗氧化防御机制的酶，包括超氧化物歧化酶（SOD）、谷胱甘肽过氧化物酶（glutathione peroxidase，GPx）和过氧化氢酶，以及非蛋白质硫醇在内的非酶抗氧化剂，特别是谷胱甘肽。当机体的防御能力不足以中和机体产生的活性氧，致使其在肌肉细胞中积累时就会引起氧化应激损伤。氧化应激会损伤肌细胞内蛋白质、脂肪以及核酸等生物大分子，使肌细胞增殖和分化受到影响、代谢受阻，最后导致肌细胞代谢紊乱、受损，影响肌肉产量和品质。其中最为严重的一种是膜脂质过氧化。研究发现，肉鸡暴露在 $75mg \cdot kg^{-1}$ NH_3 浓度下，除了显著降低平均采食量、平均日增重和饲料转化率外，显著降低血液中总超氧化物歧化酶（total superoxide dismutase，T-SOD）活力。邢焕等（2015）将 21 日龄肉鸡暴露在 25、50、75（$mg \cdot kg^{-1}$）NH_3 浓度下 21d，肌肉和血清中的总抗氧化能力（total antioxidant capacity，T-AOC）呈现不同程度的下降，最终影响肉品质。研究发现将 21 日龄肉鸡在 $70mg \cdot kg^{-1}$ NH_3 浓度下饲养 21d，肉鸡血液及肌肉中 T-AOC 水平显著降低，血液中 SOD 也有降低的趋势（Wei et al.，2014）。在黄麻羽肉鸡中研究发现，黄麻羽肉鸡在 56～70 日龄期间，随着 NH_3 浓度［25、50、75（$mg \cdot kg^{-1}$）］的升高，CAT 和 GSH-Px 活性显著下降，其中，$75mg \cdot kg^{-1}$ 组的 CAT 和 GSH-Px 活性显著低于 $25mg \cdot kg^{-1}$ 和 $50mg \cdot kg^{-1}$ 组。这些结果表明高浓度 NH_3 暴露会降低体内抗氧化酶活性。其原因是 NH_3 应激使体内代谢发生改变，体内产生过多的自由基，打破了体内抗氧化与氧化系统之间的平衡状态而引起氧化应激反应。

研究表明，氧化应激发生的同时常伴随着炎症反应。这说明氧化应激与炎症反应关系密切，但二者之间关系十分复杂。一方面，ROS 对 NF-kB 的激活具有非常重要的调节作用，而 NF-κB 的激活会诱导 TNF-α、IL-1β、IL-6 以及其他细胞因子的表达，引起炎症（Reuter et al.，2010）。由于 NF-κB 和 ROS 之间的复杂关系，ROS 激活 NF-κB 的具体机制仍不清楚。轻度氧化应激下，ROS 可轻微激活 NF-κB，但是剧烈的 ROS 可以抑制 NF-κB 的激活（Gloire et al.，2006）。ROS 也被认为是第二信使，可通过 TNF 和 IL-1 激活 NF-κB（Schulzeosthoff et al.，1998）。有研究表明，抑制 TNF 和 IL-1 的表达可以下调 NF-κB 的表达，从而抑制淋巴瘤细胞和骨髓性白血病细胞的增殖（Giri et al.，1998）。几乎任何刺激物所引起的 NF-κB 激活都可以由抗氧化剂（例如，L-半胱氨酸、N-乙酰半胱氨酸、硫醇、绿茶多酚和维生素 E）所阻止（Nomura et al.，2000），虽然抗氧化剂有很多作用目标，但这也进一步证明了 ROS 在 NF-κB 激活中的重要作用。另一方面，在氧化应激状态下，ROS 可能参与 TLRs 下游的信号传递。有证据表明，TLR4 的激活可能通过 TLR4 与 NADPH 氧化酶的直接相互作用引起 ROS 信号（Gill et al.，2010）。Wang 等（2019）将 1 日龄肉仔鸡暴露于 $30mg \cdot kg^{-1}$ NH_3 下 28d，肉仔鸡外周血淋巴细胞中促炎细胞因子 IL-1β 和 IL-6 mRNA 表达水平显著提高，而抑炎细胞因子 IL-4 和 IL-10 mRNA 表达水平无变化。类似的细胞因子变化结果也在 H_2S 暴露试验中发现，IL-1β 和 IL-6 mRNA 表达增加，IL-4 和 IL-10mRNA 表达降低。NLRP3（NACHT，LRR and PYD domains-containing protein 3）炎性小体是一种多蛋白复合物，在炎症过程中起着至关重要的作用。NLRP3 炎性小体是一种激活半胱天冬酶 1（caspase 1）的多蛋白复合物，可以引起促炎细胞因子的加工和分泌。而 Wang 等（2019）研究表明，在过量 NH_3 暴露下，NLRP3 炎性小体被激活，引起进一步的病理应答（Wang et al.，2019）。

综上，环境 NH_3 暴露会降低肌肉和血清中抗氧化酶的活性，导致氧化应激的发生；同时还会引起外周血中性粒细胞的炎症反应，提高促炎细胞因子的表达，最终引起肌细胞代谢紊乱，肌细胞损伤，品质降低。

4. NH_3 影响肌内脂肪沉积

NH_3 暴露改变肉鸡的体脂分布，降低胸肌内脂肪沉积，增加腹部脂肪的沉积（邢焕等，2015）。通过转录组学方法，发现 NH_3 可以调控与脂肪代谢相关基因（*CD36*、*SLC27A1*、*ACSL1*、*ASB2* 和 *PLIN2* 等）的表达，降低胸肌中脂肪含量（Sa et al.，2018；Yi et al.，2016）。其中，分化抗原簇 36（cluster of differentiation 36，CD36）是位于细胞质膜和线粒体上的脂肪酸受体，参与脂肪酸的摄取、转运和脂肪酸氧化（Davis et al.，2015）。*CD36* 在需要脂肪酸氧化供能的骨骼肌组织中表达量很高（Tarhda et al.，2013），敲除 *CD36* 基因阻碍脂肪酸的转运和氧化，降低肌肉的脂肪含量（McFarlan et al.，2012）。溶质载体家族 27 成员 1（solute carrier family 27 member 1，*SLC27A1*）是参与脂肪酸转运和脂肪代谢的另一个关键基因，它主要在肌肉组织和脂肪组织中表达。Wu 等（2006）发现 *SLC27A1* 失活可以使小鼠避免由饲粮诱导而引起的肥胖症。长链脂酰辅酶 A 合成酶 1（acyl-CoA synthetase long-chain family member 1，*ACSL1*）基因与脂肪沉积能力和肉品质有很大关联。Joseph 等（2015）研究表明 *ACSL1* 基因参与不饱和脂肪酸的生物合成和脂肪酸的代谢。锚蛋白重复序列和细胞因子信号抑制物盒蛋白质 2（the ankyrin repeats and suppressor of cytokine signaling box 2，*ASB2*）作为参与加速排酸过程的重要基因，其产物能够造成肌纤维蛋白的降解，该基因表达量高时肌肉具有较高嫩度（Wei et al.，2014）。脂滴包被蛋白 2（perilipin 2，*PLIN2*）基因参与肌内脂肪的储存和脂肪动员。研究发现 *PLIN2* 基因高表达能降低肌肉力量，对猪的研究表明 *PLIN2* 基因 mRNA 表达量增加的同时肌肉内脂肪含量也随之增加（Xing et al.，2014）。

另外，关于猪的研究发现 NH_3 暴露增加猪背最长肌肉中粗脂肪的含量，进一步研究发现 NH_3 暴露是通过上调脂肪酸合成基因（*FASN*、*SCD* 和 *FADS1*）的表达，下调脂肪酸 β 氧化基因如长链乙酰辅酶 A 脱氢酶（*ACADL*）基因的表达，从而改变肌肉中脂肪含量。其中，脂肪酸合成酶（FAS）在长链脂肪酸的从头合成中发挥重要作用。在小鼠和鸡上的研究发现，FAS 受到抑制时，肝脏脂肪减少，脂肪酸氧化增加（Mobbs et al.，2002；Thupari et al.，2002）。硬脂酰辅酶 A 去饱和酶（stearoyl-coenzyme A desaturase，SCD）催化单不饱和脂肪酸合成最后一步，该基因表达的抑制会破坏脂质合成，从而显著降低肥胖症的发生（Rahman et al.，2003）。脂肪酸去饱和酶 1（fatty acid desaturase 1，*FADS1*）基因是合成长链不饱和脂肪酸的关键基因，其表达水平的高低与血清和脂肪组织中脂肪酸含量呈正相关（Stoffel et al.，2008）。长链乙酰辅酶 A 脱氢酶（acyl-CoA dehydrogenase long chain，ACADL）主要负责线粒体内脂肪酸的 β 氧化。这些研究结果表明，舍内 NH_3

暴露可以通过调节脂肪的沉积位置、从转录水平调节组织脂肪代谢，改变肌肉脂肪沉积，从而影响肌肉品质。

环境中的 NH_3 如何调节动物肌肉中脂肪酸代谢这一问题尚未得到解答。众所周知，肝外组织（例如大脑和肌肉）可以将 NH_3 转化成谷氨酰胺来解毒，谷氨酰胺是体内能量代谢和合成代谢的第二大碳源。有研究发现在肿瘤细胞中谷氨酰胺代谢由氧化向还原羧化转变时，可以促进脂质的合成（Sun et al.，2014）。Gottschalk 等（2010）发现高氨引起星形胶质细胞中脂肪酸和脂质甘油合成增加，而该结果可以通过添加甲硫氨酸磺酰亚胺（一种谷氨酰胺合成酶抑制剂）部分逆转。研究发现 NH_3 暴露改变猪背最长肌脂肪代谢，影响肉品质，同时导致肌肉中游离的谷氨酰胺含量发生显著改变。这些证据均表明，动物暴露于高浓度 NH_3 时，NH_3 转化为谷氨酰胺的过程对骨骼肌脂质的代谢和沉积具有重要的作用，但其具体机制仍需进一步研究。

畜禽养殖环境中 NH_3 浓度的高低直接关系到饲养员和动物的健康。过高浓度的 NH_3 暴露不仅影响畜禽采食、降低饲料转化率、严重危害生产性能，还能显著影响畜禽肌肉品质。目前舍内 NH_3 对畜禽肉品质影响的研究多是以肉鸡为模型，动物种类偏少；不同动物品种、日龄、生理阶段以及 NH_3 暴露时间的累积效应等缺乏系统研究；已有研究多侧重肉品质表观指标，而对于分子机制方面的探究不够深入。进一步深入研究 NH_3 暴露影响肌肉生长的机制，不仅可以揭示骨骼肌生长规律，还可以为品种、营养、环境多维度考察肉品质的形成及其调控手段提供路径。

6.6 H_2S 对炎症反应和细胞凋亡的影响

6.6.1 畜禽舍内 H_2S 的生成

畜舍中含硫有机物经过分解可以产生 H_2S，当饲料中蛋白质的含量过高或者家畜的消化机能出现障碍时，肠道内就会排出大量的 H_2S；含硫化物的粪尿堆积腐败分解产生 H_2S。

H_2S 主要来自粪中微生物还原的硫酸盐。此外，半胱氨酸和蛋氨酸经微生物降解也可产生 H_2S。含硫有机物（粪尿、垫草、饲料）被细菌发酵分解产生 H_2S，也是畜舍 H_2S 的主要来源。粪中 H_2S 的排放量受家畜饲粮中硫的含量、粪中 H_2S 的浓度、粪 pH、好氧菌或厌氧菌的发酵、温度、通风状况等的影响。一般在鸡舍和牛舍中，由于供给的饲料蛋白含量较高，舍内空气中 H_2S 的含量亦较高。在大型封闭式的蛋鸡舍中，当破损鸡蛋较多时，空气中的 H_2S 显著增加。

畜禽舍内 H_2S 的排放量还受环境温度、季节、通风率、粪肥贮存方法、动物生长阶段、活动量、饲料类型等影响。Ni 等（2002）通过对伊利诺伊州两猪场监测 180d 发现，H_2S 的平均排放浓度为 $0.15mg \cdot kg^{-1}$，粪槽表面 H_2S 排放量是 $0.74g \cdot d^{-1} \cdot m^{-2}$；Bicudo 等（2000）发现猪舍的储粪池内 H_2S 释放量为 $0.59g \cdot d^{-1} \cdot m^{-2}$；Zhu 等（2000）发现机械通风和自然通风条件下猪场 H_2S 的排放量分别为 $0.44g \cdot d^{-1} \cdot m^{-2}$ 和 $0.70g \cdot d^{-1} \cdot m^{-2}$。

禽舍环境中的 H_2S 是由粪便、饲料残渣等含硫有机物分解而来。韩杰等（2008）发现禽舍内破壳蛋增多时，舍内 H_2S 浓度会显著升高，越接近地面浓度越高。

H_2S 排放量在白天或夏季较暖时较高，在冬季由于微生物分解活动减弱而减少，夏季高温增加畜舍内 H_2S 的排放（Sun et al.，2010）。另外，冬季空气流通低，增加了舍内 H_2S 的浓度，夏季畜舍通风操作，降低 H_2S 的浓度。动物生长阶段在 H_2S 的排放量方面也起重要作用。动物体格越大，粪便产生量越大，H_2S 的产生和排放就越多，生长和育肥猪舍比保育猪舍的 H_2S 浓度高。不同饲养阶段的饲料也影响畜舍 H_2S 的含量，保育猪比育肥猪饲喂的饲料含硫量低，舍内 H_2S 含量也低。动物的代谢活动也影响舍内 H_2S 含量。夏季动物代谢旺盛，H_2S 含量相应增加。

6.6.2 舍内 H_2S 对畜禽健康的影响

H_2S 在各组织器官广泛分布，体内以气态形式和硫氢化钠（sodiumhydrosulfide，NaHS）形式存在。NaHS 能解离成 Na^+ 和 HS^-，HS^- 能与体液中 H^+ 结合生成 H_2S，H_2S 与 NaHS 在体内维持一个动态平衡。H_2S 在体内少部分以 H_2S 形式存在，大部分解离成 HS^-，还有少量为 S^{2-}。H_2S 主要通过呼吸道和消化道进入机体，脂溶性较强，可快速穿过生物质膜结构，在细胞质和线粒体间进行自由扩散。H_2S 主要刺激黏膜，当 H_2S 遇到器官黏膜上的水分时，就会和钠离子生成硫化钠，对黏膜产生刺激作用，引起眼炎，出现流泪、角膜混浊、畏光，或者诱发鼻炎、气管炎等疾病，严重的甚至可以诱发肺水肿。此外，H_2S 可造成动物体神经损伤。

经常吸入低浓度的 H_2S，可出现植物性神经紊乱，偶尔发生多发性神经炎。H_2S 在肺泡内可快速扩散至血液，氧化成硫酸盐或硫代硫酸盐等。游离在血液中的 H_2S 能和氧化型的细胞色素氧化酶中的三价铁结合，使酶失去活性，以致影响细胞的氧化过程，造成组织缺氧，所以长期处于低浓度 H_2S 环境中，家畜的体质变弱，抗病力下降，易发生肠胃病、心脏衰弱等。高浓度的 H_2S 可直接抑制呼吸中枢，引起窒息和死亡。高浓度的 H_2S 被吸入机体后，与呼吸道黏膜接触发生碱化作用生成 Na_2S，进入血液后水解释放出 H_2S，引起呼吸系统疾病和眼部损伤，如咽喉灼热、咳嗽、胸闷胸痛甚至肺部水肿等病变，引起嗜酸性粒细胞渗出和纤维细胞肺炎为特征的实质性肺气肿（谭明成等，2014）；由于 H_2S 溶于水，在接触眼睛泪液时会生成氢硫酸，对眼睛造成损伤（Lewis，2015）。高浓度的 H_2S 可造成动物体嗅觉神经快速损伤以及基底神经节异常（Nam et al.，2004）。动物脱离 H_2S 的毒害后，对肺炎和其他呼吸道疾患仍很敏感，会经常发生气管炎和咳嗽等症状。

6.6.3 内源性 H_2S 的生成及调节

哺乳动物组织中的内源性 H_2S 主要通过酶依赖和非酶依赖 2 种途径产生。目前的研究主要集中在酶依赖途径。机体内源性 H_2S 产生主要依赖胱硫醚-β-合成酶（cystathionie-β-sythase，CBS）和胱硫醚-γ-裂解酶（cystathionine-γ-lyase，CSE）以及半胱氨酸氨基转移酶（cysteine aminotransferase）与 3-巯基丙酮酸硫转移酶（3-mercapto pyruvate sulfurtransferase，3-MST）等。CBS、CSE 和 3-MST 在内源性 H_2S 产生中发挥关键作用。CBS 和 CSE 在不同组织器官中的表达量具有组织特异性，生理条件下 CBS 主要在神经系统表达，CSE 主要在心血管系统表达（Kanagy et al.，2017）。CSE 是体内合成 H_2S 的主要酶，CSE 的活性对 H_2S 的生成起重要调节作用（Rose et al.，2017）。CSE 的不可逆抑制剂 DL-炔丙基甘氨酸在低浓度时可明显降低门静脉和胸主动脉 H_2S 的生成量。β-氰基-L-丙氨酸能显著抑制 H_2S 的生成。体内的某些酶，如 S-腺苷-L-甲硫氨酸酶，可以增强 CSE 的活性（肖琳，2006）。研究发现 NO 作为内源性气体信号分子，不仅可以影响血管平滑肌上 CSE 的活性，而且可以增加血管平滑肌 CSE 的转录水平，促进内源性 H_2S 的生成（Nagpure et al.，2015）。NO 的供体硝普钠能显著上调内源性 H_2S 的生成，推测 NO 可能通过环鸟苷酸上调 H_2S 的生成（Ji et al.，2017）。

6.6.4 H_2S 在炎症反应中的双重作用

H_2S 生理作用复杂，生理浓度的 H_2S 具有抗氧化应激、抗炎和舒张血管等作用。外源性 H_2S 可显著降低心率、改善麻醉过程缺氧状态以及有效舒张血管平滑肌（李妍等，2014），明显降低内毒素引起的肺损伤，具有抗中性粒细胞浸润、清除活性氧而发挥抗炎和抗氧化以及抑制细胞凋亡的作用（谭明成等，2014）。H_2S 参与不同的炎症反应，引起中枢神经系统及呼吸系统损伤。在肺炎、足底水肿、内毒素血症、脓毒症等多种病理条件下，H_2S 明显促进炎症反应的发展。在细胞模型中，外源性 H_2S 具有剂量依赖的细胞保护作用。H_2S 是细胞呼吸链上的亚铁细胞色素 C 氧化还原酶的抑制剂，可与细胞色素氧化酶中的 Fe^{3+}结合，阻碍细胞色素氧化酶还原为 Fe^{2+}的还原型细胞色素氧化酶，从而抑制细胞呼吸链电子传递和分子氧的利用，造成细胞内呼吸抑制引起细胞缺氧，造成内窒息。H_2S 能与体内谷胱甘肽中的巯基结合，耗竭还原型谷胱甘肽，阻断细胞生物氧化过程，部分 H_2S 还可与血红蛋白结合生成硫化高铁血红蛋白，降低血液携氧能力，加重组织缺氧。

饲养环境中高浓度 H_2S 的条件下，动物食欲不振，生长缓慢，抵抗力下降，繁殖性能降低（Dorman et al.，2004；赵勇等，2016）。研究表明，高浓度的 H_2S（$12\mu l \cdot L^{-1}$）可以降低鸡白细胞数量、体重以及腿肌 pH，引起胸肌和腿肌的失水率增加，对鸡生长性能存在负面影响。研究认为，H_2S 可上调 NF-κB、P38、ERK1/2 等加重炎症反应。此外，王明轩（2013）发现高浓度 H_2S 降低机体免疫力，是导致犊牛支原体、肺炎链球菌混合感染的原因之一。当猪舍中 H_2S 浓度达到 $20\mu l \cdot L^{-1}$时，猪表现畏光、食欲减退、出现神经质等一系列症状；猪舍中 H_2S 浓度在 50～$200\mu l \cdot L^{-1}$时，能引起猪只发生呕吐和腹泻症状；当猪舍 H_2S 浓度大于 $650\mu l \cdot L^{-1}$时，猪只意识丧失，中枢神经麻痹而死亡（张莹莹等，2014）。暴露在 $4000\mu l \cdot L^{-1}$ H_2S 中 15min 的鸡只，可全部死亡（Klentz et al.，1978）。

部分研究表明内源性 H_2S 能阻止嗜中性粒细胞和淋巴细胞从血管内皮渗出，降低促炎因子 TNF-α、IL-1 和 IL-6 的表达，下调 NF-κB 中 p65 的表达水平，这说明 H_2S 通过抑制 NF-κB 信号通路发挥抗炎反应（徐文明等，2013）。抑制 H_2S 的合成能加剧大鼠肠黏膜损伤和炎性反应（Wallace et al.，2009）。H_2S 通过抑制 NF-κB 减少 IL-1β mRNA 的表达，减弱内皮细胞炎性反应（Feng et al.，2017）。另外，Spassov 等（2017）发现 H_2S

对机械导致的大鼠肺损伤有保护作用。研究发现 H_2S 通过降低氧化/硝化应激和炎性反应减弱 LPS 诱导的急性肺损伤（Zhang et al，2016）。在葡聚糖诱导的淋巴细胞浸润及爪水肿模型中，H_2S 供体 NaHS 降低细胞炎性因子 IL-1β、IL-17 和 TNFα 的 mRNA 表达，显著抑制内皮细胞 NF-κB 转位，减弱 LPS 诱导的炎性反应（Chen et al.，2016）。Zhao 等（2016）发现 H_2S 可以减轻小鼠肠细胞的炎性反应。给予外源性 H_2S 供体 NaHS 能降低心肌缺血大鼠的病死率，减少氧化应激和白细胞浸润（Pan et al.，2017）。Wallace 等（2007）发现 H_2S 供体非甾体抗炎药（HS-NSAID，ABT-337）明显抑制前列腺素的合成，修复黏膜损伤，减轻 NSAID 类抗炎药物引起的胃肠黏膜损伤。H_2S 也可以缓解缺血—再灌注的损伤效应，H_2S 降低缺血—再灌注损伤模型猪的肌酸激酶、乳酸脱氢酶和天冬氨酸转移酶浓度及促炎细胞因子（IL-6 和 TNFα）水平（Villamaria et al.，2014）。Magierowski 等（2016）发现 H_2S 可以减少血中炎性因子 IL-1β mRNA 的表达，缓解由阿司匹林导致的大鼠胃损伤。

6.6.5　H_2S 在细胞凋亡中的作用

H_2S 在细胞凋亡调节中具有双重作用。H_2S 对不同种类细胞增殖的影响存在显著差别。研究发现低浓度 H_2S 对细胞起抗凋亡作用，高浓度 H_2S 发挥促凋亡效应。研究发现，给全脑缺血大鼠腹腔注射不同剂量 H_2S，低浓度 H_2S 具有保护脑的作用，上调线粒体超氧化物歧化酶、谷胱甘肽过氧化物酶和 Bcl-2 的含量，下调线粒体丙二醛、神经元 Bax 和 Caspase-3 蛋白的含量；能改善大鼠空间学习和脑损伤所致的记忆减退，减轻神经元水肿和萎缩；可通过活化 ATP 依赖的离子通道增加神经元内谷胱甘肽含量发挥抗氧化应激作用。高浓度 H_2S 能加剧脑损伤，增大梗死体积。内源性 H_2S 对 LPS 引起的大鼠肝细胞凋亡具有双向调节作用。过表达 CSE 显著抑制平滑肌细胞生长，增加凋亡，可能是增加了内源性 H_2S 的缘故（Yang et al.，2006）。

高浓度的 H_2S 通过阻断细胞色素 C 氧化酶而抑制线粒体呼吸，造成细胞死亡，或通过死亡受体途径调控自由基形成、内质网应激、谷胱甘肽和细胞内铁的释放发挥促凋亡作用。H_2S 对血管壁平滑肌细胞的增殖和凋亡具有一定的调节作用，H_2S 通过 MAPK 信号通路抑制血管平滑肌增殖。H_2S 能下调 *Bcl-2* 及 *NF-κB* 等抗凋亡基因的水平，激活 Caspase-3 诱导细胞凋亡，是维持正常血管平滑肌增殖凋亡状态的重要因素（闫辉等，2004）。Calenic 等（2013）发现 H_2S 的供体 NaHS 能促进人牙龈上皮干细胞的凋亡；Keuling 等（2010）发现 H_2S 通过抑制 p38 MAPK 途径增强 Bcl-2 抑制剂诱导的黑色素瘤细胞凋亡；沈钦海等（2012）发现外源性 H_2S 可抑制 NF-κB 表达从而促进肝星形胶质细胞凋亡。Baskar 等（2007）发现外源性 NaHS 可诱导人肺成纤维细胞凋亡，呈现剂量和时间依赖性。Paola 等（2017）发现 H_2S 供体通过 NF-κB 显著抑制黑色素瘤细胞的增殖，发挥促凋亡作用。在肝癌细胞中也发现 H_2S 可抑制其增殖，诱导细胞凋亡发生。

低浓度的 H_2S 具有抗凋亡作用，对细胞起保护作用。Guo 等（2014）发现 H_2S 通过调节 Caspase-3 活性抑制缺血再灌注或脑缺血大鼠胃上皮细胞的凋亡。Sen 等（2012）发现肿瘤坏死因子 α 能促进转录因子 SP1 与 *CSE* 基因增强子结合，提高 CSE 蛋白表达水平进而促进 H_2S 合成，H_2S 通过与 NF-κB 的 p65 发生巯基化反应，促进下游抗凋亡基因的表达而发挥抗凋亡作用。在多发性骨髓瘤研究中，AKT 通路参与 NaHS 诱导的细胞增生和迁移，加速细胞周期的进程，减少凋亡基因 *Caspase-3* 的表达，增加抗凋亡基因 *Bcl-2* 的表达，从而抑制细胞凋亡（Zheng et al.，2016）。外源性 H_2S 或过表达 CSE 降低胰岛 β 细胞的活性（Yang et al.，2007）。H_2S 对 6-羟-多巴胺和 1-甲基-4-苯基-吡啶离子分别诱导的神经母细胞和肾上腺嗜铬细胞瘤细胞的损伤和细胞毒性起保护作用，发挥抗凋亡作用（Tiong et al.，2010）。

H_2S 是畜禽饲养过程中动物释放的毒性气体，也是体内一种重要的气体信号分子。有关 H_2S 在机体生理病理方面的研究方兴未艾，但研究结果存在不同甚至相反的结论，值得进一步研究。总体上，H_2S 对细胞功能的调节可能存在双重性，内源性低浓度的 H_2S 可能有助于降低细胞凋亡和炎症的程度，外源性高浓度的 H_2S 以及内源性短时间内大量生成 H_2S 可能会促进炎症损伤和细胞凋亡。H_2S 究竟为何产生截然不同的生理病理作用，可能与其浓度、生成的速率及其来源有关，有待进一步研究。

参考文献

包正喜，李鲁鲁，王同心，等，2017. 门静脉血氨对猪肝尿素循环和糖异生的影响［J］. 畜牧兽医学报，48（1）：91-98.

曹进，张峥，2003. 封闭猪场内氨气对猪群生产性能的影响及控制试验［J］. 养猪（4）：42-44.

代小蓉，2010. 集约化猪场 NH_3 的排放系数研究［D］. 杭州：浙江大学.

邓小闻，张宏娟，张学兰，等，2012. 猪舍氨气的危害及降低氨气浓度的意义［J］. 现代畜牧兽医（3）：67-69.

董红敏，李玉娥，陶秀萍，等，2008. 中国农业源温室气体排放与减排技术对策［J］. 农业工程学报，24（10）：269-273.

樊霞，董红敏，韩鲁佳，等，2006. 肉牛甲烷排放影响因素的试验研究［J］. 农业工程学报，22（8）：179-183.

韩杰，袁缨，2008. 禽舍内有害气体的危害及防治措施［J］. 养禽与禽病防治（2）：31-33.

胡向东，王济民，2010. 中国畜禽温室气体排放量估算［J］. 农业工程学报，26（10）：247-252.

黄健，邓红，谢跃伟，等，2015. 低蛋白和杂粕日粮对生长猪生产性能、养分消化、血液指标和猪舍氨气的影响［J］. 饲料工业，36（21）：45-47.

纪华，2004. 垃圾填埋场恶臭气体产气机制及其动态变化研究［D］. 北京：中国农业大学.

江滔，FSchuchardt，李国学，2011. 冬季堆肥中翻堆和覆盖对温室气体和氨气排放的影响［J］. 农业工程学报，27（10）：212-217.

巨晓棠，谷保静，蔡祖聪，等，2017. 关于减少农业氨排放以缓解灰霾危害的建议［J］. 科技导报，35（13）：11-17.

李聪，2014. 不同浓度氨气对肉鸡生长性能及呼吸道粘膜屏障的影响［D］. 北京：中国农业科学院.

李聪，卢庆萍，唐湘方，等，2014. 不同氨气浓度对肉鸡生长性能及肉质性状的影响［J］. 中国农业科学，47（22）：4516-4523.

李东卫，卢庆萍，白水莉，等，2012. 模拟条件下鸡舍氨气浓度对肉鸡生长性能和日常行为的影响［J］. 动物营养学报，24（2）：322-326.

李季，2018. 不同浓度氨气对生长猪鼻腔微生物区系和呼吸道粘膜屏障的影响［D］. 武汉：华中农业大学.

李季，王同心，姚卫磊，等，2017. 畜禽舍氨气排放规律及对畜禽健康的危害［J］. 动物营养学报，29（10）：3472-3481.

李素芬，杨丽杰，霍贵成，2001. 膨化处理对全脂大豆抗营养因子及营养价值的影响［J］. 畜牧兽医学报（3）：193-201.

李晓刚，2012. 巨大芽孢杆菌降低蛋鸡排泄物中氨和硫化氢机理的研究［D］. 扬州：扬州大学.

李妍，唐琦超，时静，等，2014. 外源性 H_2S 对氯胺酮全麻大鼠主要生理指标的影响［J］. 中国畜牧兽医，41（9）：150-154.

吕东海，王冉，周岩民，等，2003. 不同品位沸石在肉鸡生产中的应用效果研究［J］. 粮食与饲料工业（3）：32-34.

美英，魏坤昊，崔钠淇，等，2018. 集约化奶牛养殖场不同粪尿处理阶段氮素分布及氨排放特征［J］. 农业工程学报，34（18）：261-267.

孟丽辉，李聪，卢庆萍，等，2016. 不同氨气浓度对肉鸡福利的影响［J］. 畜牧兽医学报，47（8）：1574-1580.

孟祥海，程国强，张俊飚，等，2014. 中国畜牧业全生命周期温室气体排放时空特征分析［J］. 中国环境科学，34（8）：

2167-2176.
齐玉春，董云社，章申，2000．农业微环境对土壤温室气体排放的影响［J］．中国生态农业学报，8（1）：45-48.
沈钦海，秦召敏，于天贵，等，2012．外源性硫化氢对大鼠肝纤维化的影响［J］．第三军医大学学报，34（8）：754-757.
宋弋，王忠，姚中磊，等，2008．氨气对肉鸡生产性能、血氨和尿酸的影响研究［J］．中国家禽，30（13）：10-12，16.
孙相俞，2009．不同品种和营养水平对猪肌纤维类型和胴体肉质性状的影响［D］．雅安：四川农业大学.
谭明成，邓立普，2014．H_2S 与急性肺损伤研究进展［J］．蛇志，26（1）：78-79.
汪开英，代小蓉，2008．畜禽场空气污染对人畜健康的影响［J］．中国畜牧杂志，44（10）：32-35.
汪水平，王文娟，谭支良，2010．反刍动物体内氨与尿素代谢研究进展［J］．广东奶业，37（1）：64-72.
王俐，张红星，朱鹤岩，2007．益生菌和丝兰提取物降低猪舍有害气体浓度的效果试验［J］．饲料工业（23）：29-31.
王明轩，2013．犊牛支原体、肺炎链球菌混合感染的诊治［J］．兽医导刊（2）：69.
王新谋，1997．家畜粪便学［M］．上海：上海交通大学出版社.
魏凤仙，2012．湿度和氨暴露诱导的慢性应激对肉仔鸡生长性能、肉品质、生理机能的影响及其调控机制［D］．杨凌：西北农林科技大学.
肖琳，2006．硫化氢对颈动脉窦压力感受器活动和反射的易化作用［D］．石家庄：河北医科大学.
谢春艳，黎俊，吴信，等，2014．饲粮粗蛋白质水平日变化对生长猪生长性能和血液生理生化指标的影响［J］．动物营养学报，26（7）：1753-1759.
邢焕，2015．舍内氨气对肉鸡脂肪代谢的影响［D］．北京：中国农业科学院.
邢焕，栾素军，孙永波，等，2015．舍内不同氨气浓度对肉鸡抗氧化性能及肉品质的影响［J］．中国农业科学，48（21）：4347-4357.
徐文明，郭润民，陈景福，等，2013．硫化氢通过调控 NF-κB 通路抑制阿霉素引起的心肌细胞炎症与细胞毒性［J］．中国病理生理杂志，29（9）：1561-1566.
闫辉，杜军保，唐朝枢，2004．硫化氢对自发性高血压大鼠主动脉平滑肌细胞增殖与凋亡的影响［J］．实用儿科临床杂志（3）：188-190.
杨春璐，孙铁珩，和文祥，等，2007．温度对汞抑制土壤脲酶动力学影响研究［J］．环境科学（2）：278-282.
杨亮，2013．两种清粪方式对保育猪生长性能、环境指标以及粪污成分的影响研究［D］．杭州：浙江大学.
于亮，陈晓萍，王瑞元，2014．骨骼肌纤维类型转化的分子调控机制研究进展［J］．中国运动医学杂志，33（5）：470-475.
臧冰，李恕艳，李国学，2016．风干预处理对堆肥腐熟度及臭气排放量的影响［J］．农业工程学报，32（S2）：247-253.
张耿，肖淑华，何军，2007．劣质肉的形成机理以及微营养素对肉质的调控方法综述［J］．今日养猪业（1）：39-44.
张国强，谭德富，孟杰，等，2012．内外源氨气的危害及控制方法［J］．国外畜牧学—猪与禽，32（5）：73-75.
张益焘，廖新俤，2016．发酵豆粕促进仔猪肠道健康与减少氨气生成的机制［J］．家畜生态学报，37（8）：1-6.
张莹莹，刘春青，刘晓辉，等，2014．畜禽舍有害气体的来源及其常用消毒方法［J］．饲料博览（3）：11-13.
张云刚，2003．樟科植物提取物对生长猪粪尿氮排放的影响及其机理探讨［D］．杭州：浙江大学.
赵勇，沈伟，张宏福，2016．大气微粒、氨气和硫化氢影响动物繁殖机能和生产性能的研究进展［J］．中国农业科技导报，18（4）：132-138.
周风珍，2003．鸡舍氨浓度对肉仔鸡免疫机能和肉品质影响的研究［D］．广州：华南农业大学.
周招洪，陈代文，郑萍，等，2013．饲粮能量和精氨酸水平对育肥猪生长性能、胴体性状和肉品质的影响［J］．中国畜牧杂志，49（15）：40-45.
朱志平，董红敏，尚斌等，2006．妊娠猪舍氨气及氧化亚氮浓度测定与排放通量的估算［J］．农业工程学报（S2）：175-178.
邹思湘，2013．动物生物化学［M］．北京：中国农业出版社.
AARNINK A J A, BERG A J V D, KEEN A, et al., 1996. Effect of slatted floor area on ammonia emission and on the excretory and lying behaviour of growing pigs[J]. Journal of Agricultural Engineering Research, 64(4): 299-310.
AARNINK A J A, VERSTEGEN M W A, 2007. Nutrition, key factor to reduce environmental load from pig production[J]. Livestock Science, 109(1): 194-203.

AHMED S T, ISLAM M M, MUN H S, et al., 2014. Effects of bacillus amyloliuefaciens as a probiotic strain on growth performance, cecal microflora and fecal noxious gas emissions of broiler chickens[J]. Poultry Science, 93: 1963-1971.

AHMED S T, KIM G, ISLAM M, et al., 2015. Effects of dietary chlorine dioxide on growth performance, intestinal and excreta microbiology, and odorous gas emissions from broiler excreta[J]. Journal of Applied Poultry Research, 24: 502-510.

ALBRECHT J, ZIELIŃSKA M, NORENBERG M D, 2010. Glutamine as a mediator of ammonia neurotoxicity: a critical appraisal[J]. Biochemical Pharmacology, 80(9): 1303-1308.

ALLISTER T A, OKINE E K, MATHISON G W, et al., 1996. Dietary, environmental and microbiological aspects of methane production in ruminants[J]. Canadian Journal of Animal Science, 76: 231-243.

AL-MASHHADANI E H, BECK M M, 1983. An SEM study of pulmonary ultrastructure in chickens subjected to various levels of atmospheric ammonia[J]. Poultry Science, 62: 1715-1716.

ALMUHANNA E A, AHMED A S, AL-YOUSIF Y M, 2011. Effect of air contaminants on poultry immunological and production performance[J]. International Journal Poultry Science, 10: 461-470.

ALVAREZ V M, RAMA R K, BRAHMBHATT M, et al., 2011. Interaction between cytokines and ammonia in the mitochondrial permeability transition in cultured astrocytes[J]. Journal of Neuroscience Research, 89(12): 2028-2040.

AMER A H, PINGEL H, HILLIG J, et al., 2004. Impact of atmospheric ammonia on laying performance and egg shell strength of hens housed in climatic chambers[J]. Archiv fur Geflugelkunde, 68(3): 120-125.

AMON B, AMON T, BOXBERGER J, et al., 2001. Emissions of NH_3 and CH_4 from dairy cows housed in manure tying stall (housing, manure storage, manure spreading)[J]. Nutrient Cycling in Agroecosystems, 60: 103-113.

ANDERSON D P, BEARD C W, HANSON R P, 1966. Influence of poultry house dust, ammonia and carbon dioxide on the resistance of chickens to Newcastle disease virus[J]. Avian Diseases, 10: 177-188.

ANDERSON D P, WOLFE R R, CHERMS E L, et al., 1968. Influence of dust and ammonia on the development of air sac lesions in turkeys[J]. American Journal of Veterinary Research, 29: 1049-1058.

ANDERSON N, STRADER R, DAVIDSON C, 2003. Airborne reduced nitrogen: ammonia emissions from agricultural and others source[J]. Environment Interntional (29): 277- 286.

ANEJA V P, BLUNDEN J, JAMES K, et al., 2008. Ammonia assessment from agriculture: U.S. status and needs[J]. Journal of Environmental Quality, 37: 515-520.

ANTONELLI A C, 2004. Experimental ammonia poisoning in cattle fed extruded or prilled urea: clinical findings[J]. Brazilian Journal of Veterinary Research and Animal Science, 41(1): 67-74.

ARANY Z, LEBRASSEUR N, MORRIS C, et al., 2007. The transcriptional coactivator PGC-1beta drives the formation of oxidative type IIX fibers in skeletal muscle[J]. Cell Metabolism, 5(1): 35-46.

ASMAN W A H, SUTTON M A, SCHJRRING J K, 1998. Ammonia: emission, atmospheric transport and deposition[J]. New phytologist, 139(1): 27-48.

BASKAR R, LI L, MOORE P K, 2007. Hydrogen sulfide-induces DNA damage and changes in apoptotic gene expression in human lung fibroblast cells[J]. The FASEB Journal, 21(1): 247-255.

BEAUCHEMIN K A, MCGINN S M, 2006. Methane emissions from beef cattle: effects of fumaric acid, essential oil, and canola oil[J]. Journal of Animal Science, 84(6): 1489-1496.

BEHERA S N, SHARMA M, ANEJA V P, et al., 2013. Ammonia in the atmosphere: a review on emission sources, atmospheric chemistry and deposition on terrestrial bodies[J]. Environmental Science and Pollution Research International, 20(11): 8092-8131.

BICUDO J R, TENGMAN C L, JACOBSON L D, et al., 2000. Odor, hydrogen sulfide and ammonia emissions from swine farms in Minnesota[J]. Proceedings of the Water Environment Federation, 2000(3): 589-608.

BJERG B, NORTON T, BANHAZI T, et al., 2013. Modelling of ammonia emissions from naturally ventilated livestock buildings. Part 1: Ammonia release modelling[J]. Biosystems Engineering, 116(3): 232-245.

BLAIR R, JACOB J P, IBRAHIM S, et al., 1999. A quantitative assessment of reduced protein diets and supplements to improve nitrogen utilization[J]. Journal of Applied Poultry Research, 8: 25-27.

BOBERMIN L D, SANTOS A Q, GUERRA M C, et al., 2012. Resveratrol prevents ammonia toxicity in astroglial cells[J]. PLoS One, 7(12): e52164.

BORELL V, OZPINAR E, ESLINGER A, et al., 2007. Acute and prolonged effects of ammonia on hematological variables, stress responses, performance, and behavior of nursery pigs[J]. Journal of Swine Health and Production, 15(15): 137-145.

BORHAN M S, CAPAREDA C S, MUKHTARS, et al., 2011. Greenhouse gas emissions from ground level area sources in dairy and cattle feed yard operations[J]. Atmosphere, 2: 303-329.

BORHAN M S, GAUTAM D P, et al., 2013. Effects of pen bedding and feeding high crude protein diets on manure composition and greenhouse gas emissions from a feedlot pen surface[J]. Journal of the Air and Waste Management Association, 63(12): 1457-1468.

BOSTAMI A B M, MUN H S, KIM G I, et al., 2017. Evaluation of dietary fat sources on growth performance, excreta microbiology and noxious gas emissions in Ross broilers[J]. African Journal of Agricultural Research, 12: 1980-1992.

BREEMEN N V, BURROUGH P A, VELTHORST E J, et al., 1982. Soil acidification from atmospheric ammonium sulphate in forest canopy throughfall[J]. Nature, 299: 548-550.

BULLIS K L, SNOEYENBOS G H, ROEKEL H V, 1950. A keratoconjunctivitis in chickens[J]. Poultry Science, 29: 386-389.

BURLEY H K, PATTERSON P H, ELLIOT M A, 2013. Effect of a reduced crude protein, amino acid-balanced diet on hen performance, production costs, and ammonia emissions in a commercial laying hen flock[J]. Journal of Applied Poultry Research, 22(2): 217-228.

BUTTERWORTH R F, 2014. Pathophysiology of brain dysfunction in hyperammonemic syndromes: the many faces of glutamine[J]. Molecular Genetics and Metabolism, 113(1-2): 113-117.

CAI L, KOZIEL J A, LIANG L, et al., 2007. Evaluation of zeolite for control of odorants emissions from simulated poultry manure storage[J]. Journal of Environmental Quality, 36: 184-193.

CALENIC B, YAEGAKI K, ISHKITIEV N, et al., 2013. p53-Pathway activity and apoptosis in hydrogen sulfide-exposed stem cells separated from human gingival epithelium[J]. Journal of Periodontal Research, 48(3): 322-330.

CARLILE F S, 1984. Ammonia in poultry houses: a literature review[J]. World's Poultry Science Journal, 40: 99-113.

CHANG M H, CHEN T C, 2003. Reduction of broiler house malodor by direct feeding of a lactobacilli containing probiotic[J]. International Journal of Poultry Science, 2: 313-317.

CHARLES D R P C G, 1996. The influence of graded levels of atmospheric ammonia on chickens: II. Effects on the performance of laying hens[J]. British Poultry Science, 7(3): 189-198.

CHEN M, LI X, SHI Q, et al., 2019. Hydrogen sulfide exposure triggers chicken trachea inflammatory injury through oxidative stress-mediated FOS/IL8 signaling[J]. Journal of Hazardous Materials, 368: 243-254.

CHEN X, LIU X S, 2016. Hydrogen sulfide from a NaHS source attenuates dextran sulfate sodium (DSS)-induced inflammation via inhibiting nuclear factor-κB[J]. Journal of Zhejiang University-SCIENCE B, 17(3): 209-217.

CHENG Z, O'CONNOR E A, JIA Q, et al., 2014. Chronic ammonia exposure does not influence hepatic gene expression in growing pigs[J]. Animal, 8(2): 331-337.

CHI Q, CHI X, HU X, et al., 2018. The effects of atmospheric hydrogen sulfide on peripheral blood lymphocytes of chickens: perspectives on inflammation, oxidative stress and energy metabolism[J]. Environmental Research, 167: 1-6.

CHIANESE D S, ROTZ C A, RICHARD T L, 2009. Simulation of carbon dioxide emission from dairy farms to assess greenhouse gas reduction strategitea[J]. Transactions of the ASABE, 52: 1301-1312.

CHOI I H, MOORE Jr P A, 2008. Effects of liquid aluminum chloride additions to poultry litter on broiler performance, ammonia emissions, soluble phosphorus, total volatile fatty acids, and nitrogen contents of liter[J]. Poultry Science, 87: 1955-1963.

CHUNG Y C, HUANG C, TSENG C P, 1996. Operation optimization of *Thiobacillus thioparus* CH11 biofilter for hydrogen sulfide removal[J]. Journal of Biotechnology, 52: 31-38.

CHUNG Y C, HUANG C, TSENG C P, et al., 2000. Biotreatment of H_2S and NH_3-containing waste gases by co-immobilized cells biofilter[J]. Chemosphere, 44: 329-336.

CLARK O G, MOEHN S, EDEOGU I, et al., 2005. Manipulation of dietary protein and nonstarch polysaccharide to control swine manure emissions[J]. Journal of Environmental Quality, 34(5): 1461-1466.

COLINA J, LEWIS A, MILLER P S, 2000. A review of the ammonia issue and pork production[J]. Nebraska Swine Report, 108: 23-25.

COON R A, JONES R A, JENKINS L J, et al., 1970. Animal inhalation studies on ammonia, ethylene, glucol, formaldehyde, dimethylamine and ethanol[J]. Toxicology and Applied Pharmacology 16: 646-655.

DANIEL I, 2014. Potential of biological processes to eliminate antibiotics in livestock manure: an overview[J]. Animals, 4(2): 146-163.

DASARATHY S, MCCULLOUGH A J, MUC S, et al., 2011. Sarcopenia associated with portosystemic shunting is reversed by follistatin[J]. Journal of Hepatology, 54(5): 915-921.

DASARATHY S, MOOKERJEE R P, RACKAYOVA V, et al., 2017. Ammonia toxicity: from head to toe? [J]. Metabolic Brain Disease, 32(2): 529-538.

DAVID B, MEJDELL C, MICHEL V, et al., 2015. Air quality in alternative housing systems may have an impact on laying hen welfare. Part II-Ammonia[J]. Animals, 5(3): 886-896.

DAVIS R V, LAMONT S J, ROTHSCHILD M F, et al., 2015. Transcriptome analysis of post-hatch breast muscle in legacy and modern broiler chickens reveals enrichment of several regulators of myogenic growth[J]. PLoS One, 10(3): e0122525.

DONE S H, CHENNELLS D J, GRESHAM A C, et al., 2005. Clinical and pathological responses of weaned pigs to atmospheric ammonia and dust[J]. Veterinary Record, 157(3): 71-80.

DORMAN D C, STRUVE M F, GROSS E A, et al., 2004. Respiratory tract toxicity of inhaled hydrogen sulfide in Fischer-344rat, Sprague-Dawley rats, and B6C3F1 mice following subchronic (90-day) exposure[J]. Toxicology and Applied Pharmacology, 198(1): 29-39.

DREWNOSKI M E, POGGE D J, HANSEN S L, 2014. High-sulfur in beef cattle diets: a review[J]. Journal of Animal Science, 92 (9): 3763-3780.

DREWNOSKI M E, RICHTER E L, HANSEN S L, 2012. Dietary sulfur concentration affects rumen hydrogen sulfide concentrations in feedlot steers during transition and finishing[J]. Journal of Animal Science, 90 (12): 4478-4486.

DRUMMOND J G, CURTIS S E, SIMON J, et al., 1980. Effects of aerial ammonia on growth and health of young pigs[J]. Journal of Animal Science, 50(6): 1085-1091.

EARNEST C P, MORSS G M, WYATT F, et al., 2004. Effects of a commercial herbal-based formula on exercise performance in cyclists[J]. Medicine and Science in Sports and Exercise, 36(3): 504.

ELLIOTT H A, COLLINS N E, 1982. Factors affecting ammonia release in broiler houses[J]. Transaction of American Society of Agricultural Engineers, 25: 413-418.

ELLIS J, MCINTYRE P, SALEH M, et al., 1991. Influence of CO_2 and low concentrations of O_2 on fermentative metabolism of the ruminal ciliate polyplastron multivesiculatum[J]. Applied and Environmental Microbiology, 57(5): 1400-1407.

ENDO T, NAKANO M, 1999. Influence of a probiotic on productivity, meat components, lipid metabolism, caecal flora and metabolites, and raising environment in broiler production[J]. Journal of Animal Science, 70: 207-218.

ERISMAN J W, BLEEKER A, HENSEN A, et al., 2008. Agricultural air quality in Europe and the future perspectives[J]. Atmospheric Environment, 14: 3209-3217.

FANG M, CHAN C K, YAO X H, 2009. Managing air quality in a rapidly developing nation: China[J]. Atmospheric Environment, 43(1): 79-86.

FENG S, CHEN S, YU W, et al., 2017. H_2S inhibits pulmonary arterial endothelial cell inflammation in rats with monocrotaline-induced pulmonary hypertension[J]. Laboratory Investigation, 97(3): 268-278.

FERGUSON N S, GATES R S, TARABA J L, et al., 1998. The effect of dietary protein and phosphorus on ammonia concentration and litter composition in broilers[J]. Poultry Science, 77(8): 1085.

FERGUSON N S, GATES R S, TARBA J L, et al., 1998. The effect of dietary crude protein on growth, ammonia concentration and litter composition in broilers[J]. Poultry Science, 77: 1481-1487.

FULLER R, 1989. Probiotics in man and animals[J]. Journal of Applied Bacteriology, 66: 365-378.

FULLER R, 2001. The chicken gut microflora and probiotic supplements[J]. Poultry Science, 38: 189-196.

GATES R S, 2000. Poultry diet manipulation to reduce output of pollutants to environment[J]. Simpósio sobre Resíduos da Produção Avícola, 12: 62-74.

GAUTAM D P, RAHMAN S, et al., 2016. The effect of feeding high fat diet to beef cattle on manure composition and gaseous emission from a feedlot pen surface[J]. Journal of Animal Science and Technology, 58(1): 1-15.

GIBSON G R, PROBERT H M, LOO J, et al., 2004. Dietary modulation of the human colonic microbiota: updating the concept of prebiotics[J]. Nutrition Research Review, 17: 259-275.

GILL R, TSUNG A, BILLIAR T, 2010. Linking oxidative stress to inflammation: toll-like receptors[J]. Free Radical Biology and Medicine, 48(9): 1121-1132.

GIRI D K, AGGARWAL B B, 1998. Constitutive activation of NF-κB causes resistance to apoptosis in human cutaneous T cell lymphoma HuT-78 cells. Autocrine role of tumor necrosis factor and reactive oxygen[J]. Journal of Biological Chemistry, 273(22): 14008-14014.

GLOIRE G, LEGRANDPOELS S, PIETTE J, 2006. NF-κB activation by reactive oxygen species: fifteen years later[J]. Biochemical Pharmacology, 72(11): 1493-1505.

GONG J, FORSTER R J, YU H, et al., 2002. Diversity and phylogenetic analysis of bacteria in the mucosa of chicken ceca and comparison with bacteria in the cecal lumen[J]. FEMS-Microbiology Letter, 208: 1-7.

GOSKER H R, ENGELEN M P, VAN M H, et al., 2002. Muscle fiber type IIX atrophy is involved in the loss of fat-free mass in chronic obstructive pulmonary disease[J]. American Journal of Clinical Nutrition, 76(1): 113-119.

GOTTSCHALK S, ZWINGMANN C, 2010. Altered fatty acid metabolism and composition in cultured astrocytes under hyperammonemic conditions[J]. Journal of Neurochemistry, 109(S1): 258-264.

GROOT KOERKAMP P W, BLEIJENBERG R, 1998. Effect of type of aviary, manure and litter handling on the emission kinetics of ammonia from layer houses[J]. British Poultry Science, 39: 379-392.

GUARRASI J, TRASK C, KIRYCHUK S, 2015. A systematic review of occupational exposure to hydrogen sulfide in livestock operations[J]. Journal of Agromedicine, 20(2): 225-236.

GUO C, LIANG F, MASOOD W S, et al., 2014. Hydrogen sulfide protected gastric epithelial cell from ischemia/reperfusion injury by Keap1 s-sulfhydration, MAPK dependent anti-apoptosis and NF-κB dependent anti-inflammation pathway[J]. European Journal of Pharmacology, 725: 70-78.

HAMILTON T D, ROE J M, WEBSTER A J, 1996. Synergistic role of gaseous ammonia in etiology of Pasteurella multocida-induced atrophic rhinitis in swine[J]. Journal of Clinical Microbiology, 34(9): 2185-2190.

HANSEN C F, 2007. Reduced diet crude protein level, benzoic acid and inulin reduced ammonia, but failed to influence odour emission from finishing pigs[J]. Livestock Science, 109(1): 228-231.

HASSAN M R, RYU K S, 2012. Naturally derived probiotic supplementation effects on physiological properties and manure gas emission of broiler chickens[J]. Journal of Agricultural Life Science, 46: 119-127.

HAYES E T, CURRAN T P, DODD V A, 2006. Odour and ammonia emissions from intensive pig units in Ireland[J]. Bioresource Technology, 97(7): 933-939.

HE K B, YANG F M, MA Y L, et al., 2001. The characteristics of PM2.5 in Beijing, China[J]. Atmospheric Environment, 35(29): 4959-4970.

HEGARTY R, GERDES R, 1999. Hydrogen production and transfer in the rumen[J]. Recent Advances in Animal Nutrition in Australia, 12: 37-44.

HENCKEL P, KARLSSON A, JENSEN M T, et al., 2002. Metabolic conditions in porcine longissimus muscle immediately pre-slaughter and its influence on peri- and post mortem energy metabolism[J]. Meat Science, 62(2): 145-155.

HENRY D D, 2013. Effects of feeding a natural biopolymer (chitosan) on methane emissions and performance in beef cattle[D]. University of Florida.

HOSSAIN M M, BEGUM M, KIM I H, 2015. Effect of *Bacillus subtilis, Clostridium butyricumand* and *Lactobacillus acidophilus* endospores on growth performance, nutrient digestibility, meat quality, relative organ weight, microbial shedding and excreta noxious gas emission in broilers[J]. Veterinarni Medicina, 60: 77-86.

HU X, CHI Q, WANG D, et al., 2018. Hydrogen sulfide inhalation-induced immune damage is involved in oxidative stress, inflammation, apoptosis and the Th1/Th2 imbalance in broiler bursa of Fabricius[J]. Ecotoxicology and Environmental Safety, 164: 201-209.

INCE B, COBAN H, et al., 2012. Effect of oxytetracycline on biogas production and active microbial populations during batch anaerobic digestion of cow manure[J]. Bioprocess and Biosystems Engineering, 36(5): 541-546.

ISSIKI Y, 1979. Effect of lactobacilli in the diet on the concentration of nitrogenous compounds and minerals in blood of chickens[J]. Journal of Poultry Science, 16: 254-258.

JANSSEN P H, 2010. Influence of hydrogen on rumen methane formation and fermentation balances through microbial growth kinetics and fermentation thermodynamics[J]. Animal Feed Science and Technology, 160(1-2): 1-22.

JEDRYCHOWSKI W, PERERA F, MROZEK-BUDZYN D, et al., 2009. Gender differences in fetal growth of newborns exposed prenatally to airborne fine particulate matter[J]. Environmental Research, 109(4): 447-456.

JEONG J S, KIM I H, 2014. Effect of *Bacillus subtilis* C-3102 spores as a probiotic feed supplement on growth performance, noxious gas emission, and intestinal microflora in broilers[J]. Poultry Science, 93: 3097-3103.

JEPPSSON K H, 2002. SE-structures and environment: diurnal variation in ammonia, carbon dioxide and water vapour emission from an uninsulated, deep litter building for growing/finishing pigs[J]. Biosystems Engineering, 81(2): 213-223.

JI F, FU S Y, REN B, et al., 2014. Evaluation of amino-acid supplemented diets varying in protein levels for laying hens[J]. Journal of Applied Poultry Research, 23(3): 384-392.

JI J, XIANG P, LI T, et al., 2017. NOSH-NBP, a novel nitric oxide and hydrogen sulfide-releasing hybrid, attenuates ischemic stroke-induced neuroinflammatory injury by modulating microglia polarization[J]. Frontiers in Cellular Neuroscience, 11: 154-172.

JIA H, YE J, YOU J, et al., 2017. Role of the cystathionine β-synthase/H_2S system in liver cancer cells and the inhibitory effect of quinolone-indolone conjugate QIC_2 on the system[J]. Oncology Reports, 37(5): 3001-3009.

JIAO H, YAN T, WILLS D A, et al., 2014. Development of prediction models for quantification of total methane emission from enteric fermentation of young Holstein cattle at various ages[J]. Agriculture Ecosystems and Environment, 183: 160-166.

JIAO Y, PARK J H, KIM Y M, et al., 2017. Effects of dietary methyl sulfonyl methane (MSM) supplementation on growth performance, nutrient digestibility, meat quality, excreta microbiota, excreta gas emission, and blood profiles in broilers[J]. Poultry Science, 96: 2168-2175.

JOSEPH R, POSCHMANN J, SUKARIEH R, et al., 2015. ACSL1 is associated with fetal programming of insulin sensitivity and cellular lipid content[J]. Molecular Endocrinology, 29(6): 909-920.

JR C J, FITCH M D, FLEMING S E, 2003. Glucose alleviates ammonia-induced inhibition of short-chain fatty acid metabolism in rat colonic epithelial cells[J]. American Journal of Physiology Gastrointestinal and Liver Physiology, 285(1): G105-G114.

KANAGY N L, SZABO C, PAPAPETROPOULOS A, 2017. Vascular biology of hydrogen sulfide[J]. American Journal of Physiology-Cell Physiology, 312(5): C537-C549.

KEULING A M, ANDREW S E, TRON V A, 2010. Inhibition of p38 MAPK enhances ABT-737-induced cell death in melanoma cell lines: novel regulation of PUMA[J]. Pigment Cell and Melanoma Research, 23(3): 430-440.

KIENE R P, HINES M E, 1995. Microbial formation of dimethyl sulfide in anoxic sphagnum peat[J]. Journal of Applied and Environmental Microbiology, 61: 2720-2726.

KIM J H, PATTERSON P H, KIM W K, 2014. Impact of dietary crude protein, synthetic amino acid and keto acid formulation on nitrogen excretion[J]. International Journal of Poultry Science, 13: 429-436.

KLENTZ R D, FEDDE M R, 1978. Hydrogen sulfide: effects on avian respiratory control and intrapulmonary CO_2 receptors[J]. Respiratory Physiology 32: 355-367.

KNAPP J R, LAUR G L, VADAS P A, et al., 2014. Enteric methane in dairy cattle production: quantifying the opportunities and impact of reducing emissions[J]. Journal of Dairy Science, 97: 3231-3261.

KRUEGER W K, BANUELOS H G, et al., 2010. Effects of dietary tannin source on performance, feed efficiency, ruminal fermentation, and carcass and non-carcass traits in steers fed a high-grain diet[J]. Animal Feed Science and Technology, 159(1): 1-9.

KRUPA S V, 2003. Effects of atmospheric ammonia (NH_3) on terrestrial vegetation: a review[J]. Environmental Pollution, 124(2): 179-221.

LAN R X, LEE S I, KIM I H, 2017. Effects of *Enterococcus faecium* SLB 120 on growth performance, blood parameters, relative organ weight, breast muscle meat quality, excreta microbiota shedding, and noxious gas emission in broilers[J]. Poultry Science, 96: 3246-3253.

LASCANO C E, CáRDENAS E, 2010. Alternatives for methane emission mitigation in livestock systems[J]. Revista Brasileira de Zootecnia, 39: 175-182.

LE P D, AARNINK A J A, JONGBLOED A W, 2009. Odour and ammonia emission from pig manure as affected by dietary crude protein level[J]. Livestock Science, 121(2-3): 267-274.

LEWIS R J, COPLEY G B, 2015. Chronic low-level hydrogen sulfide exposure and potential effects on human health: a review of the epidemiological evidence[J]. Critical Reviews in Toxicology, 45(2): 93-123.

LEWTAS J, 2007. Air pollution combustion emissions: characterization of causative agents and mechanisms associated with cancer, reproductive, and cardiovascular effects[J]. Mutation Research, 636(1-3): 95-133.

LEYTEM A B, DUNGAN R S, BJORNEBERG D L, et al., 2011. Emissions of ammonia, methane, carbon dioxide, and nitrous oxide from dairy cattle housing and manure managements systems[J]. Journal of Environmental Quality, 40: 1383-1394.

LI H, LIN C, COLLIER S, et al., 2013. Assessment of frequent litter amendment application on ammonia emission from broilers operations[J]. Journal of Air and Waste Management Association, 63: 442-452.

LI H, XIN H, BURNS R T, et al., 2012. Reducing ammonia emissions from laying-hen houses through dietary manipulation[J]. Journal of Air and Waste Management Association, 62: 160-169.

LIANG Y, XIN H, WHEELER E F, et al., 2005. Ammonia emissions from U.S. laying hen houses in Iowa and Pennsylvania[J]. Transaction of American Society of Agricultural Engineers, 48: 1927-1941.

LIN H, SUI S J, JIAO H C, et al., 2006. Impaired development of broiler chickens by stress mimicked by corticosterone exposure[J]. Comparative Biochemistry and Physiology Part A: Molecular and Integrative Physiology, 143(3): 400-405.

LIN J, WU H, TARR P T, et al., 2002. Transcriptional co-activator PGC-1 alpha drives the formation of slow-twitch muscle fibres[J]. Nature, 418(6899): 797-801.

LIU S, NI J Q, RADCLIFFE J S, et al., 2017. Mitigation of ammonia emissions from pig production using reduced dietary crude protein with amino acid supplementation[J]. Bioresource Technology, 233: 200-208.

LOBLEY G E, CONNELL A, LOMAX M A, et al., 1995. Hepatic detoxification of ammonia in the ovine liver: possible consequences for amino acid catabolism[J]. British Journal of Nutrition, 73(5): 667-685.

LOKIREDDY S, MCFARLANE C, GE X, et al., 2011. Myostatin induces degradation of sarcomeric proteins through a Smad3 signaling mechanism during skeletal muscle wasting[J]. Molecular Endocrinology, 25(11): 1936-1949.

LUO X S, TANG A H, SHI K, et al., 2014. Chinese coastal seas are facing heavy atmospheric nitrogen deposition[J]. Environmental Research Letters, 9(9): 1-10.

MA K, MALLIDIS C, ARTAZA J, et al., 2001. Characterization of 5'-regulatory region of human myostatin gene: regulation by dexamethasone in vitro[J]. American Journal of Physiology Endocrinology and Metabolism, 281(6): 1128-1136.

MAGIEROWSKI M, MAGIEROWSKA K, HUBALEWSKA-MAZGAJ M, et al., 2016. Interaction between endogenous carbon monoxide and hydrogen sulfide in the mechanism of gastroprotection against acute aspirin-induced gastric damage[J]. Pharmacological research, 114: 235-250.

MAHIMAIRAJA S, BOLAN N S, HEDLEY M J, et al., 1994. Losses and transformation of nitrogen during composting of poultry manure with different amendments: an incubation experiment[J]. Bioresource Technology, 47: 265-273.

MALIK S G, IRWANTO K A, OSTROW J D, et al., 2010. Effect of bilirubin on cytochrome c oxidase activity of mitochondria from mouse brain and liver[J]. BMC Research Notes, 3(1): 1-6.

MALLIA J G, BARBUT S, VAILLANCOURT J P, et al., 2000. A dark, firm dry-like condition in turkeys condemned for cyanosis[J]. Poultry Science, 79(2): 281-285.

MARVIN-SIKKEMA F D, REES E, KRAAK M N, et al., 1993. Influence of metronidazole, CO, CO_2, and methanogens on the fermentative metabolism of the anaerobic fungus Neocallimastix sp. strain L2[J]. Applied and Environmental Microbiology, 59(8): 2678-2683.

MCFARLAN J T, YOSHIDA Y, JAIN S S, et al., 2012. In vivo, fatty acid translocase (CD36) critically regulates skeletal muscle fuel selection, exercise performance, and training-induced adaptation of fatty acid oxidation[J]. Journal of Biological Chemistry, 287(28): 23502-23516.

MCWARD G W, TAYLOR D R, 2000. Acidified clay litter amendment[J]. Journal of Applied Poultry Research, 9: 518-529.

MELUZZI A, SIRRI F, TALLARICO N, et al., 2001. Nitrogen retention and performance of brown laying hens on diets with different protein content and constant concentration of amino acids and energy[J]. British Poultry Science, 42(2): 213-217.

MICHIELS A, PIEPERS S, ULENS T, et al., 2015. Impact of particulate matter and ammonia on average daily weight gain, mortality and lung lesions in pigs[J]. Preventive Veterinary Medicine, 121(1): 99-107.

MILES D M, BRANTON S L, LOTT B D, 2004. Atmospheric ammonia is detrimental to the performance of modern commercial broilers[J]. Poultry Science, 83(10): 1650-1654.

MILES D M, MILLER W W, BRANTON S L, et al., 2006. Ocular responses to ammonia in broiler chickens[J]. Avian Diseases, 50(1): 45-49.

MILES D M, ROWE D E, CATHCART T C, 2011. High litter moisture content suppresses litter ammonia volatilization[J]. Poultry Science, 90(7): 1397-1405.

MISSELBROOK T H, WEBB J, CHADWICK D R, et al., 2001. Gaseous emissions from outdoor concrete yards used by livestovk[J]. Atmospheric Environment, 35(31): 5331-5338.

MITSUMORI M, SUN W, 2008. Control of rumen microbial fermentation for mitigating methane emissions from the rumen[J]. Asian-Australasian Journal of Animal Sciences, 21(1): 144-154.

MOBBS C V, MAKIMURA H, 2002. Block the FAS, lose the fat[J]. Nature Medicine, 8(8): 335-336.

MONTEIRO A N T R, BERTOL T M, DE OLIVEIRA P A V, et al., 2017. The impact of feeding growing-finishing pigs with reduced dietary protein levels on performance, carcass traits, meat quality and environmental impacts[J]. Livestock Science, 2017, 198: 162-169.

MOORE Jr. P A, DANIEL T C, EDWARDS D R, et al., 1995. Effect of chemical amendments on ammonia volatilization from poultry litter[J]. Journal of Environmental Quality, 24: 293-300.

MOORE Jr. P A, DANIEL T C, EDWARDS D R, et al., 1996. Evaluation of chemical amendments to reduce ammonia volatilization from poultry litter[J]. Poultry Science, 75: 315-320.

MURPHY R M, 2011. Enhanced technique to measure proteins in single segments of human skeletal muscle fibers: fiber-type dependence of AMPK-alpha1 and -beta1[J]. Journal of Applied Physiology, 110(3): 820-825.

MURPHY T, CARGILL C, RUTLEY D, et al., 2012. Pig-shed air polluted by α-haemolytic cocci and ammonia causes subclinical disease and production losses[J]. Veterinary Record, 171(5): 123-129.

NAGPURE B, BIAN J S, 2015. Interaction of hydrogen sulfide with nitric oxide in the cardiovascular system[J]. Oxidative Medicine and Cellular Longevity, 2016: 1-16.

NAIDU A, XIE X, LEUMER D, et al., 2002. Reduction of sulfide, ammonia compounds, and adhesion properties of lactobacillus casei strain KE99 in vitro[J]. Current Microbiology, 42: 196-205.

NAM B, KIM H, CHOI Y, et al., 2004. Neurologic sequela of hydrogen sulfide poisoning[J]. Industrial Health, 42(1): 83-87.

NAMROUD N F, SHIVAZAD M, ZAGHARI M, 2008. Effects of fortifying low crude protein diet with crystalline amino acids on performance, blood ammonia level, and excreta characteristics of broiler chicks[J]. Poultry Science, 87(11): 2250-2258.

NAZIH L N, SOLANGE M A N, EMILE L B, et al., 2010. Substrate specificity of Rhbg: ammonium and methyl ammonium transport[J]. American Journal of Physiology-Cell Physiology, 299(3): 695-705.

NI J Q, DIEHL C A, CHAI L L, et al., 2017a. Factors and characteristics of ammonia, hydrogen sulfide, carbon dioxide, and particulate matter emissions from two manure-belt layer hen houses[J]. Atmosphere Environment, 156: 113-124.

NI J Q, HEBER A, LIM T, et al., 2002. Hydrogen sulphide emission from two large pig-finishing buildings with long-term high-frequency measurements[J]. The Journal of Agricultural Science, 138(2): 227-236.

NI J Q, LIIU S, DIEHL C A, et al., 2017b. Emission factors and characteristics of ammonia, hydrogen sulfide, carbon dioxide, and particulate matter at two high-rise layer hen houses[J]. Atmosphere Environment, 154: 260-273.

NIU M, APPUHAMY J A D R N, LEYTEM A B, et al., 2016. Effect of dietary crude protein and forage contents on enteric methane emissions and nitrogen excretion from dairy cows simultaneously[J]. Animal Production Science, 56(3): 312-321.

NIU Y W, HE L Y, HU M, et al., 2006. Pollution characteristics of atmospheric fine particles and their secondary components in the atmosphere of Shenzhen in summer and in winter[J]. Science China Chemistry, 49(5): 466-474.

NOMURA M, MA W, CHEN N, et al., 2000. Inhibition of 12-O-tetradecanoylphorbol-13-acetate-induced NF-kappaB activation by tea polyphenols, (-)-epigallocatechin gallate and theaflavins[J]. Carcinogenesis, 21(10): 1885-1890.

NORENBERG M D, 2013. Oxidative and nitrosative stress in ammonia neurotoxicity[J]. Neurochemistry International, 62(5): 731-737.

OLANREWAJU H A, MILLER W W, MASLIN W R, et al., 2007. Interactive effects of ammonia and light intensity on ocular, fear and leg health in broiler chickens[J]. International Journal of Poultry Science, 6: 762-769.

OTTO E R, YOKOYAMA M, HENGEMUEHLE S, et al., 2003. Ammonia, volatile fatty acids, phenolics, and odor offensiveness in manure from growing pigs fed diets reduced in protein concentration[J]. Journal of Animal Science, 81(7): 1754-1763.

OYETUNDE O O F, THOMSON R G, CARLSON H C, 1978. Aerosol exposure of ammonia, dust and Escerichia coli in broiler chickens[J]. Canadian Veterinary Journal, 19: 187-193.

PAERL J W, DENNIS R L, WHITALL D R, 2002. Atmospheric deposition of nitrogen: implications for nutrient over-enrichment of coastal waters[J]. Estuaries, 25(4): 677-693.

PAN L L, QIN M, LIU X H, et al., 2017. The role of hydrogen sulfide on cardiovascular homeostasis: an overview with update on immunomodulation[J]. Frontiers in Pharmacology, 8: 686.

PEDERSEN S, RAVN P, 2008. Characteristics of floors for pig pens: friction, shock absorption, ammonia emission and heat conduction[J]. Agricultural Engineering International CIGR Journal, X: 1-16.

PEN B, TAKAURA K, YAMAGUCHI S, et al., 2007. Effects of Yucca schidigera and Quillaja saponaria with or without β 1-4 galacto-oligosaccharides on ruminal fermentation, methane production and nitrogen utilization in sheep[J]. Animal Feed Science and Technology, 138(1): 75-88.

PEREIRA J, FANGUEIRO D, MISSELBROOK T, et al., 2011. Ammonia and greenhouse gas emissions from slatted and solid floors in dairy cattle houses: a scale model study[J]. Biosystems Engineering, 109(2): 148-157.

PEREIRA J, MISSELBROOK T H, CHADWICK D R, et al., 2010. Ammonia emissions from naturally ventilated dairy cattle buildings and outdoor concrete yards in Portugal[J]. Atmospheric Environment, 44(28): 3413-3421.

PERERA F P, TANG D L, TU Y H, et al., 2004. Biomarkers in maternal and newborn blood indicate heightened fetal susceptibility to procarcinogenic DNA damage[J]. Environmental Health Perspect, 112: 1133-1136.

PETRACCI M, FLETCHER D L, NORTHCUTT J K, 2001. The effect of holding temperature on live shrink, processing yield, and breast meat quality of broiler chickens[J]. Poultry Science, 80(5): 670-675.

PEU P, BRUGERE H, POURCHER A M, et al., 2006. Dynamics of a pig slurry microbial community during anaerobic storage and management[J]. Applied and Environmental Microbiology, 72(5): 3578-3585.

PHILIPPE F X, CABARAUX J F, NICKS B, 2011. Ammonia emissions from pig houses: influencing factors and mitigation techniques[J]. Agriculture Ecosystems and Environment, 141(3-4): 245-260.

PRATT C, REDDING M, HILL J, et al., 2015. Does manure management affect the latent greenhouse gas emitting potential of livestock manures[J]. Waste Management, 46: 568-576.

QIU J, THAPALIYA S, RUNKANA A, et al., 2013. Hyperammonemia in cirrhosis induces transcriptional regulation of myostatin by an NF-κB-mediated mechanism[J]. Proceedings of the National Academy of Sciences of the United States of America, 110(45): 18162-18167.

QUARLES C L, CAVENY D D, 1979. Effect of air contaminants on performance and quality of broilers[J]. Poultry Science, 58: 543-548.

QUARLES C L, KLING H F, 1974. Evaluation of ammonia and infectious bronchitis vaccination stress on broiler performance and carcass quality[J]. Poultry Science, 53(4): 1592-1596.

RAHMAN S M, DOBRZYN A, DOBRZYN P, et al., 2003. Stearoyl-CoA desaturase 1 deficiency elevates insulin-signaling components and down-regulates protein-tyrosine phosphatase 1B in muscle[J]. Proceedings of the National Academy of Sciences of the United States of America, 100(19): 11110-11115.

REECE F N, BATES B J, LOTT B D, 1979. Ammonia control in broiler houses[J]. Poultry Science, 58: 754-755.

REECE F N, LOTT B D, 1980. The effect of ammonia and carbon dioxide during brooding on the performance of broiler chickens[J]. Poultry Science, 59(7): 1654-1654.

REUTER S, GUPTA S C, CHATURVEDI M M, et al., 2010. Oxidative stress, inflammation, and cancer: how are they linked？[J]. Free Radical Biology and Medicine, 49(11): 1603-1616.

ROBERTS S A, XIN H, KERR B J, 2007a. Effects of dietary fiber and reduced crude protein on nitrogen balance and egg production in laying hens[J]. Poultry Science, 86: 1716-1725.

ROBERTS S A, XIN H, KERR B J, et al., 2007b. Effects of dietary fiber and reduced crude protein on ammonia emission from laying-hen manure[J]. Poultry Science, 86: 1625-1632.

ROBERTS S, BREGENDAHL K, XIN H, et al., 2006. Adding fiber to the diet of laying hens reduces ammonia emission[J]. Animal Industry Report, 652: 49.

ROBINSON J, STRAYER R, TIEDJE J, 1981. Method for measuring dissolved hydrogen in anaerobic ecosystems: application to the rumen[J]. Applied and Environmental Microbiology, 41(2): 545-548.

ROSE P, MOORE P K, ZHU Y Z, 2017. H_2S biosynthesis and catabolism: new insights from molecular studies[J]. Cellular and Molecular Life Sciences, 74(8): 1391-1412.

SA R N, XING H, LUAN S J, et al., 2018. Atmospheric ammonia alters lipid metabolism-related genes in the livers of broilers (*Gallus gallus*)[J]. Journal of Animal Physiology and Animal Nutrition, 102(2): e941-e947.

SACKETT B A M, FRONTING G W, DESHAZER J A, et al., 1986. Effect of gaseous preslaughter environment on chicken broiler meat quality[J]. Poultry Science, 65(3): 511-519.

SAHA C K, ZHANG G, NI J Q, et al., 2010. Airflow and concentration characterisation and ammonia mass transfer modelling in wind tunnel studies[J]. Biosystems Engineering, 107(4): 328-340.

SAKAMOTO K, MCCARTHY A, SMITH D, et al., 2005. Deficiency of LKB1 in skeletal muscle prevents AMPK activation and glucose uptake during contraction[J]. EMBO Journal, 24(10): 1810-1820.

SAKSRITHAI K, KING A J, 2018. Controlling hydrogen sulfide emissions during poultry productions[J]. Journal of Animal Research Nutrition, 3: 1-14.

SAKSRITHAI K, KING A J, 2019. Lactobacillus and dietary sunflower meal supplementation in layer diets: effects on specific serum content and hydrogen sulfide concentration in layer manure[J]. Research in Veterinary Science, 122: 64-71.

SAMANYA M, YAMAUCHI K, 2002. Histological alterations of intestinal villi in chickens fed dried *Bacillus subtilis* var. natto[J]. Comparative Biochemistry and Physiology. Part A: Molecular and Integrative Physiology, 133: 95-104.

SAMET J M, DE MARINI D M, MALLING H V, 2004. Do airborne particles induce heritable mutations[J]. Science, 304(5673): 971-972.

SARTURI J O, ERICKSON G E, KLOPFENSTEIN T J, et al., 2013. Impact of source of sulfur on ruminal hydrogen sulfide and logic for the ruminal available sulfur for reduction concept[J]. Journal of Animal Science, 91(7): 3352-3359.

SAWERS G, 1994. The hydrogenases and formate dehydrogenases of *Escherichia coli*[J]. Antonie Van Leeuwenhoek, 66(1-3): 57-88.

SCHACHTER D, SANG J C, 1997. Regional differentiation in the rat aorta for a novel signaling pathway: leucine to glutamate[J]. American Journal of Physiology, 273(2): 1484-1492.

SCHEFFERLE H E, 1965. The decomposition of uric acid in built up poultry litter[J]. Journal of Applied Bacteriology, 28: 412-420.

SCHNEIDER M, MARISON I W, STOCKAR U V, 1996. The importance of ammonia in mammalian cell culture[J]. Journal of Biotechnology, 46(3): 161-185.

SCHRADE S, ZEYER K, GYGAX L, et al., 2012. Ammonia emissions and emission factors of naturally ventilated dairy housing with solid floors and an outdoor exercise area in Switzerland[J]. Atmospheric Environment, 47(47): 183-194.

SCHULZEOSTHOFF K, FERRARI D, LOS M, et al., 1998. Apoptosis signaling by death receptors[J]. European Journal of Biochemistry, 254(3): 439-459.

SEN N, PAUL B D, GADALLA M M, et al., 2012. Hydrogen sulfide-linked sulfhydration of NF-κB mediates its antiapoptotic actions[J]. Molecular Cell, 45(1): 13-24.

SERCU B, NUNEZ D, VAN LANGENHOVE H, et al., 2004. Operational and microbiological aspects of a bioaugmented two-stage biotrickling filter removing hydrogen sulfide and dimethyl sulfide[J]. Biotechnology Bioengineering, 90: 259-269.

SHARMA N K, CHOCT M, DUNLOP M W, et al., 2017. Characterisation and quantification of changes in odorants from litter headspace of meat chickens fed diets varying in protein levels and additives[J]. Poultry Scencei, 96: 851-860.

SHARMA N K, CHOCT M, WU S B, et al., 2016. Performance, litter quality and gaseous odour emissions of broilers fed phytase supplemented diets[J]. Animal Nutrition, 2: 288-295.

SHEN Q W, GERRARD D E, DU M, 2008. Compound C, an inhibitor of AMP-activated protein kinase, inhibits glycolysis in mouse longissimus dorsi postmortem[J]. Meat Science, 78(3): 323-330.

SHEN Q W, MEANS W J, UNDERWOOD K R, et al., 2006. Early post-mortem AMP-activated protein kinase (AMPK) activation leads to phosphofructokinase-2 and -1 (PFK-2 and PFK-1) phosphorylation and the development of pale, soft, and exudative (PSE) conditions in porcine longissimus muscle[J]. Journal Agricultureal and Food Chemistry, 54(15): 5583-5589.

SLOAN D R, HARMS R H, BARMARD D, et al., 1995. Effect of diet on feces composition and the implications on environmental quality[J]. Journal of Applied Poultry Research, 4: 379-383.

SMITH J H, WATHES C M, BALDWIN B A, 1996. The preference of pigs for fresh air over ammoniated air[J]. Applied Animal Behaviour Science, 49(4): 417-424.

SMOLENSKI W J, ROBINSON J A, 1988. In situ rumen hydrogen concentrations in steers fed eight times daily, measured using a mercury reduction detector[J]. FEMS Microbiology Ecology, 4(2): 95-100.

SOMERS C M, COOPER D N, 2009. Air pollution and mutations in the germline: are humans at risk[J]. Human Genetics, 125(2):

119-130.

SOREN O P, AMON B, ANDREAS G, 2005. Methane oxidation in slurry storage surface crusts[J]. Journal of Environmental Quality, 34: 455-461.

SPASSOV S G, DONUS R, IHLE P M, et al., 2017. Hydrogen sulfide prevents formation of reactive oxygen species through PI3K/Akt signaling and limits ventilator-induced lung injury[J]. Oxidative Medicine and Cellular Longevity, 2017: 1-14.

STOFFEL W, HOLZ B, JENKE B, et al., 2008. Δ6-Desaturase (FADS2) deficiency unveils the role of ω3- and ω6-polyunsaturated fatty acids[J]. EMBO Journal, 27(17): 2281-2292.

STOMBAUGH D P, TEAGUE H S, ROLLER W L, 1969. Effects of atmospheric ammonia on the pig[J]. Journal of Animal Science, 28(6): 844-847.

SUMMERS J D, 1993. Reducing nitrogen excretion of the laying hen by feeding lower crude protein diets[J]. Poultry Science, 72: 1473-1478.

SUN G, GUO H, PETERSON J, 2010. Seasonal odor, ammonia, hydrogen sulfide, and carbon dioxide concentrations and emissions from swine grower-finisher rooms[J]. Journal of the Air and Waste Management Association, 60 (4): 471-480.

SUN R C, DENKO N C, 2014. Hypoxic regulation of glutamine metabolism through HIF1 and SIAH2 supports lipid synthesis that is necessary for tumor growth[J]. Cell Metabolism, 19(2): 285-292.

SUN Y, CLANTON C J, JANNI K A, et al., 2000. Sulfur and nitrogen balances in biofilters for odorous gas emission control[J]. Transaction of American Society of Agricultural Engineers, 43: 1861-1875.

TAKAI H, PEDERSEN S, JOHNSEN J O, et al., 1998. Concentrations and emissions of airborne dust in livestock buildings in northern Europe[J]. Journal of Agricultural Engineering Research, 70(1): 59-77.

TANAKA K, SANTOSO S, 2000. Fermented product from *Bacillus subtilis* inhibits lipid accumulation and ammonia production of broiler chicks[J]. Asian-Australasian Journal of Animal Sciences, 13: 78-80.

TARHDA Z, SEMLALI O, KETTANI A, et al., 2013. Three-dimensional structure prediction of fatty acid binding site on human transmembrane receptor CD36[J]. Bioinformatics Biology Insights, 7: 369-373.

TASISTRO A S, RITZ C W, KISSEL D E, 2007. Ammonia emissions from broiler litter: response to bedding materials and acidifiers[J]. British Poultry Science, 48: 399-405.

THUPARI J N, LANDREE L E, RONNETT G V, et al., 2002. C75 increases peripheral energy utilization and fatty acid oxidation in diet-induced obesity[J]. Proceedings of the National Academy of Sciences of the United States of America, 99(14): 9498-9502.

TIONG C X, LU M, BIAN J S, 2010. Protective effect of hydrogen sulphide against 6-OHDA-induced cell injury in SH-SY5Y cells involves PKC/PI3K/Akt pathway[J]. British Journal of Pharmacology, 161(2): 467-480.

TORRRENT J, 1994. Methane production in the large intestine of sheep[J]. Energy Metabolism of Farm Animals, 76: 391-394.

VAN NEVEL C, DEMEYER D, 1979. Stoichiometry of carbohydrate fermentation and microbial growth efficiency in a continous culture of mixed rumen bacteria[J]. European Journal of Applied Microbiology and Biotechnology, 7(2): 111-120.

VELTHOF G L, VAN BRUGGEN C, GROENESTEIN C M, et al., 2012. A model for inventory of ammonia emissions from agriculture in the Netherlands[J]. Atmospheric Environment, 46: 248-255.

VIJAY G M, HU C, PENG J, et al., 2016. Ammonia-induced brain oedema and immune dysfunction is mediated by toll-like receptor 9 (TLR9)[J]. Journal of Hepatology, 64(2): S314-S314.

VILLAMARIA C Y, FRIES C A, SPENCER J R, et al., 2014. Hydrogen sulfide mitigates reperfusion injury in a porcine model of vascularized composite autotransplantation[J]. Annals of Plastic Surgery, 72(5): 594-598.

VISEK W J, 1984. Ammonia: its effects on biological systems, metabolic hormones, and reproduction[J]. Journal of Dairy Science, 67:481-498.

WALLACE J L, CALIENDO G, SANTAGADA V, et al., 2007. Gastrointestinal safety and anti-inflammatory effects of a hydrogen sulfide-releasing diclofenac derivative in the rat[J]. Gastroenterology, 132(1): 261-271.

WALLACE J L, VONG L, MCKNIGHT W, et al., 2009. Endogenous and exogenous hydrogen sulfide promotes resolution of colitis in rats[J]. Gastroenterology, 137(2): 569-578.

WALLNER-PENDLETON E, FROMAN D P, HEDSTROM O, 1986. Identification of ferrous sulfate toxicity in a commercial broiler flock[J]. Avian Disease, 30: 4430-4432.

WANG D, ZHANG Y, CHI Q, et al., 2019. Ammonia exposure induced abnormal expression of cytokines and heat shock proteins via glucose metabolism disorders in chicken neutrophils[J]. Environmental Science and Pollution Research, 26(11): 10529-10536.

WATHES C M, JONES J B, KRISTENSEN H H, et al., 2002. Aversion of pigs and domestic fowl to atmospheric ammonia[J]. Transactions of the American Society of Agricultural Engineers, 45(5): 1605-1610.

WEI F X, HU X F, SA R N, et al., 2014. Antioxidant capacity and meat quality of broilers exposed to different ambient humidity and ammonia concentrations[J]. Genetics and Molecular Research, 13(2): 3117-3127.

WEI F X, HU X F, XU B, et al., 2015. Ammonia concentration and relative humidity in poultry houses affect the immune response of broilers[J]. Genetics and Molecular Research, 14(2): 3160-3169.

WOLFE R R, ANDERSON D P, CHERMS F L, et al., 1968. Effect of dust and ammonia air contamination on turkey response[J]. Transactions of the American Society of Agricultural Engineers, 11: 515-518.

WOOTTON J C, 1983. Reassessment of ammonium-ion affinities of NADP-specific glutamate dehydrogenases. Activation of the Neurospora crassa enzyme by ammonium and rubidium ions[J]. Biochemical Journal, 209(2): 527-531.

WU Q, ORTEGON A M, TSANG B, et al., 2006. FATP1 is an insulin-sensitive fatty acid transporter involved in diet-induced obesity[J]. Molecular and Cellular Biology, 26(9): 3455-3467.

WU-HAAN W, POWERS W J, ANGEL C R, et al., 2007. Effect of an acidifying diet combined with zeolite and slight protein reduction on air emissions from laying hens of different ages[J]. Poultry Science, 86: 182-190.

WU-HAAN W, POWERS W J, ANGEL C R, et al., 2010. The use of distillers dried grains plus solubles as a feed ingredient on air emissions and performance from laying hens[J]. Poultry Science, 89: 1355-1359.

XIN H, GATES R S, GREEN A R, et al., 2011. Environmental impacts and sustainability of egg production systems[J]. Poultry Science, 90: 263-277.

XING K, ZHU F, ZHAI L, et al., 2014. The liver transcriptome of two full-sibling Songliao black pigs with extreme differences in backfat thickness[J]. Journal of Animal Science and Biotechnology, 5(1): 32.

YAHAV S, 2004. Ammonia affects performance and thermoregulation of male broiler chickens[J]. Animal Research, 53(4): 289-293.

YAN X, TANG X, MENG Q, et al., 2016. Differential expression analysis of the broiler tracheal proteins responsible for the immune response and muscle contraction induced by high concentration of ammonia using iTRAQ-coupled 2D LC-MS/MS[J]. Science China Life Sciences, 59(11): 1166-1176.

YANG G, WU L, WANG R, 2006. Pro-apoptotic effect of endogenous H_2S on human aorta smooth muscle cells[J]. The FASEB Journal, 20(3): 553-555.

YANG G, YANG W, WU L, et al., 2007. H_2S, endoplasmic reticulum stress, and apoptosis of insulin-secreting beta cells[J]. Journal of Biological Chemistry, 282(22): 16567-16576.

YARLETT N, HANN A C, LLOYD D, et al., 1981. Hydrogenosomes in the rumen protozoon Dasytricha ruminantium Schuberg[J]. Biochemical Journal, 200(2): 365-372.

YE Z, ZHANG G, SEO I H, et al., 2009. Airflow characteristics at the surface of manure in a storage pit affected by ventilation rate, floor slat opening, and headspace height[J]. Biosystems Engineering, 104(1): 97-105.

YEO J, KIM K I, 1997. Effect of feeding diets containing an antibiotic, a probiotic, or yucca extract on growth and intestinal urease activity in broiler chicks[J]. Poultry Science, 76: 381-385.

YI B, CHEN L, SA R, et al., 2016. Transcriptome profile analysis of breast muscle tissues from high or low levels of atmospheric ammonia exposed broilers (*Gallus gallus*)[J]. PLoS One, 11(9): e0162631.

YUSUFA R O, NOORA Z Z, ABBAA A H, et al., 2012. Methane emission by sectors: a comprehensive review of emission sources and mitigation methods[J]. Renewable & Sustainable Energy Reviews, 16(7): 5059-5070.

ZHANG G, ZHANG Y, KIM Y, et al., 2011. Field study on the impact of indoor air quality on broiler production[J]. Indoor Built Environment, 20: 449-455.

ZHANG H X, LIU S J, TANG X L, et al., 2016. H_2S attenuates LPS-induced acute lung injury by reducing oxidative/nitrative stress and inflammation[J]. Cellular Physiology and Biochemistry, 40(6): 1603-1612.

ZHANG H, MOOCHHALA S M, BHATIA M, 2008. Endogenous hydrogen sulfide regulates inflammatory response by activating the ERK pathway in polymicrobial sepsis[J]. The Journal of Immunology, 181(6): 4320-4331.

ZHANG J, LI C, TANG X, et al., 2015a. High concentrations of atmospheric ammonia induce alterations in the hepatic proteome of broilers (*Gallus gallus*): an iTRAQ-based quantitative proteomic analysis[J]. PLoS One, 10(4): e0123596.

ZHANG J, LI C, TANG X, et al., 2015b. Proteome changes in the small intestinal mucosa of broilers (*Gallus gallus*) induced by high concentrations of atmospheric ammonia[J]. Proteome Science, 13(1): 9.

ZHANG Z F, CHO J H, KIM I H, 2013. Effects of Bacillus subtilis UBTMO2 on growth performance, relative immune organ weight, gas concentration in excreta, and intestinal microbial shedding in broiler chickens[J]. Livestock Science, 155: 343-347.

ZHANG Z F, KIM I H, 2013. Effects of probiotic supplementation in different energy and nutrient density diets on performance, egg quality, excreta microflora, excreta noxious gas emission and serum cholesterol concentrations in laying hens[J]. Journal of Animal Science, 91(11):4781-4787.

ZHANG Z F, KIM I H, 2014. Effects of multistrain probiotics on growth performance, apparent ileal nutrient digestibility, blood characteristics, cecal microbial shedding, and excreta odor contents in broilers[J]. Poultry Science, 93: 364-370.

ZHAO H, YAN R, ZHOU X, et al., 2016. Hydrogen sulfide improves colonic barrier integrity in DSS-induced inflammation in Caco-2 cells and mice[J]. International Immunopharmacology, 39: 121-127.

ZHAO Y, SHEPHERD T A, LI H, et al., 2015. Environmental assessment of three egg production systems-Part I: Monitoring system and indoor air quality[J]. Poultry Science, 94(3): 518.

ZHENG D, CHEN Z, CHEN J, et al., 2016. Exogenous hydrogen sulfide exerts proliferation, anti-apoptosis, migration effects and accelerates cell cycle progression in multiple myeloma cells via activating the Akt pathway[J]. Oncology reports, 36(4): 1909-1916.

ZHENG S, JIN X, CHENG M, et al., 2019. Hydrogen sulfide exposure induces jejunum injury via CYP450S/ROS pathway in broilers[J]. Chemosphere, 214: 25-34.

ZHU J, JACOBSON L, SCHMIDT D, et al., 2000. Daily variations in odor and gas emissions from animal facilities[J]. Applied Engineering in Agriculture, 16(2): 153.

第七章　光照对畜禽繁殖健康的影响及其机制

7.1 光照对母猪卵泡发育的影响及其机制

光照对母猪繁殖性能具有重要影响。在长光照季节，促性腺激素和性腺激素分泌量和分泌幅度都小于短光照季节，母猪繁殖性能降低。生产中，光照对母猪繁殖性能，如发情征兆、发情周期，妊娠率、产仔数以及促性腺激素和性腺激素分泌模式等的影响已进行了大量观测，但仍缺乏光照对母猪繁殖生理的深入探讨，如光照调控生殖激素相关基因表达的通路等，特别是光照对母猪卵子、卵泡发育等的影响方面。光照对母猪卵泡的影响主要体现在促性腺激素、性腺激素的合成与分泌，卵巢功能等。本节重点论述光照对母猪生殖激素调控、卵泡和卵子发育潜力、卵巢功能、子宫内膜状态的影响，并结合高通量测序技术，探讨光照对卵巢、子宫内膜基因组转录的影响。

7.1.1　光照影响母猪繁殖性能的基本原理

光照周期是影响动物季节性繁殖性能最重要的因素（Hälli et al.，2008）。松果体是动物对光照进行调节的重要组织，能将外界光信号转换为神经内分泌信号，通过分泌褪黑激素的方式调控动物繁殖节律（Romerowicz-Misielak et al.，2015）。在哺乳动物中，光照对褪黑激素（melatonine，MLT）分泌的影响非常明显，MLT 分泌的持续时间和每次分泌幅度与光照强度呈负相关（Ueno-Towatari et al.，2007）。与低等动物不同，哺乳动物松果体不能直接感应光信号，而是通过眼睛视网膜将光信号沿着光神经传递到位于下丘脑的视交叉上核，在这里将光信号转变为节律信息（Goldman，2001）。研究表明，光照通过松果体分泌的 MLT 调控 GnRH 释放的方式影响动物的繁殖性能。GnRH 神经核在前脑分布广泛，但主要集中存在于下丘脑前段和视叶前区，终止于正中隆起位置。在此，GnRH 进入垂体，调节 FSH 和 LH 等促性腺激素分泌。性腺激素如雌激素和孕激素的合成与分泌起始于垂体分泌的 FSH 和 LH，促性腺激素通过 G 蛋白偶联受体（G protein-coupled receptors，GPCRs）作用于卵泡细胞上，促进类固醇激素的合成。GPGRs 有不同类型，如 Gas、Gaq、Gai 等，性腺激素主要和 Gas 信号结合，导致细胞内多个信号通路的激活，例如：腺苷酸环化酶/cAMP 依赖性的蛋白激酶 A 途径（PKA）或钙调蛋白依赖性途径。PKA 被促性腺激素激活后，在哺乳动物卵泡细胞中产生 2 个重要的信号通路：一是长时间上调 *StAR* 基因的 mRNA 表达，长达数小时；二是在几分钟内快速反向激活表皮生长因子受体（EGFR），而 EGFR 的活化立即激活 StAR 蛋白。活化的 StAR 蛋白能将胞质中胆固醇带入线粒体，合成类固醇激素。因此，光照影响下丘脑释放的 GnRH、垂体前叶分泌的 FSH 和 LH、卵巢分泌的性腺激素等不同类型生殖激素的合成与分泌，从而影响卵泡发生、发育以及母猪发情、排卵、受精与妊娠等繁殖活动。对猪和羊的大量研究表明，长光照季节的 GnRH 和 FSH、LH 等促性腺激素分泌量和分泌幅度都小于短光照季节，降低生殖激素分泌量和释放波，导致长光照季节动物繁殖性能降低。

雌性早期胚胎中原始生殖细胞（PGCs）游动并定植到未分化的性腺—原始生殖脊后，大量增殖、定向分化为卵巢。当 PGCs 停止有丝分裂增殖进入减数分裂时，就转变成卵原细胞。在整个胚胎发育过程中，卵巢中体细胞一直在增殖，逐渐包裹卵原细胞，便形成原始卵泡（Hirshfield，1991）。此后，卵泡进入由各种激素、蛋白质和信号分子调控的生长发育阶段。卵泡发育分 2 个时期。前期是非激素依赖性的，该阶段卵泡生长发育主要依靠细胞有丝分裂增殖以及自身蛋白、生长因子的合成与积累（Eppig et al.，2002），同时，生殖激素和旁分泌产生的生长因子也参与早期卵泡生长发育的调控（Gougeon，1996）；后期是激素依赖性的，雌性动物进入发情周期后，在激素的作用下，卵泡快速完成从卵泡征集、生长、成熟和排卵等过程。在卵泡发生、生长、成熟和排卵整个过程中，众多蛋白、生长因子、生殖激素合成、分泌及相关信号通路起至关重要的作用。现代化的饲养管理模式能够使母猪一年四季发情配种，但季节性光照变化对母猪繁殖力影响仍然较大，如初配日龄延迟、排卵数少、断奶至发情间隔增加、产仔数减少等（Bertoldo et al.，2012）。这些繁殖性能的降低与卵巢功能如卵泡发生发育，激素、蛋白、生长因子分泌以及相关信号通路的异常有关。因此，光照模式引起上述任何因素的变化都会影响母猪的繁殖性能。

生殖激素与胰岛素样生长因子（IGF）相互作用，协调调控卵泡发育。针对不同动物中有关 IGF 及其结合蛋白（insulin-like growth factor binding protein，IGFBP）和 IGF 受体（IGFR）对卵泡发生发育的影响，已有大量研究（Li et al.，2015）。IGF 是单链多肽物质，在结构上与胰岛素原相同，IGF 家族由 IGF-1（70 个氨基酸组成）、IGF-2（67 个氨基酸组成）、受体 IGFR-1、受体 IGFR-2 及 6 个结合蛋白 IGFBP 1-6 组成（Hwa et al.，1999）。IGF 系统中 IGF 和 IGFBP，特别是 IGFBP-2 和 IGFBP-4 的表达能促进或抑制卵泡发育和成熟。在卵泡发育后期，卵泡液中 IGFs 能提高颗粒细胞对 FSH 的敏感性，促进卵泡快速发育，而 *IGFBP-2* 和 *IGFBP-4* 基因表达参与卵泡发育或闭锁的调控（Gervásio et al.，2014）。LH 促进优势卵泡快速发育并在较高 LH 释放波刺激下诱发卵泡排卵，在优势卵泡征集、发育和排卵过程中 IGF-1 都起关键作用，IGF-1 与 FSH 共同作用于卵泡，促进有腔卵泡快速生长（Rawan et al.，2015）。IGF-1 还能促进性腺发育和性腺激素分泌，并与 FSH 和 LH 协同作用，促进卵泡颗粒细胞的增殖分化（Spicer et al.，1995）。有关 IGF 及其受体或结合蛋白的报道，在鱼类中研究较多较深入（Mazerbourg et al.，2003），在猪等家畜的研究较少（Higuchi et al.，2016）。在水牛的研究表明，IGF-1 和 IGF-2 在不同发育阶段的卵泡颗粒细胞和膜细胞上均有表达，*IGF-1* 及其受体 *IGFR-1* 基因 mRNA 的表达随着卵泡发育而逐渐增加，而 *IGF-2* 及其受体 *IGFR-2* 只在颗粒细胞中少量表达（Singh et al.，2015）。在马中也有类似的报道，*IGF-1* 基因 mRNA 表达在排卵前卵泡中最高，

而 *IGF-2* 及其受体 *IGFR-2* 基因 mRNA 表达量在不同发育阶段的卵泡中无明显差异（Beltman et al.，2014）。IGF 及其受体表达在不同种类动物中差别较大，在鱼类的研究表明，IGF-1、IGF-2 在卵泡中都有较高表达，还有性腺特异性 IGF-3 的表达（Li et al.，2015）。以上研究表明，生殖激素与 IGF 及其受体和结合蛋白相互作用，协同作用于卵泡发育过程。

对哺乳动物而言，光照通过视网膜将外界光转变为光信号，沿视神经传递到下丘脑中视交叉上核，在此又将光信号转变为神经内分泌物质——褪黑激素，从而影响繁殖轴（下丘脑—垂体—卵巢）的生理功能。繁殖轴分泌的生殖激素与卵巢中旁分泌和自分泌产生的各种蛋白、生长因子相互作用，协同调控卵泡发生、生长、成熟和排卵过程。

7.1.2 光照对母猪促性腺激素和性腺激素的影响

正常情况下，母猪断奶后下丘脑 GnRH 合成增加，促进 LH 合成与释放，进而导致卵泡生长以及 E2 的分泌，并在断奶后 3～10d 内达到高潮。但是在长光照条件下，如夏季或初秋时节母猪可能会因为下丘脑分泌 GnRH 不足而导致断奶后发情。比如，无论是下丘脑部位合成的 GnRH 还是垂体前叶部位合成的 LH 在血清中的浓度，在长光照的夏季都显著低于短光照的秋冬季节；对 FSH 来说，尽管其在长光照的夏季血清中的含量比短光照的秋冬季节高，但其在垂体前叶部位较低。受 GnRH 和 FSH、LH 合成分泌模式的影响，断奶母猪在长光照的夏季血清中雌激素的含量和卵泡发育能力均低于短光照的秋冬季节（Armstrong，1985）。研究认为光照对 LH 分泌的影响是脉冲式的。这种分泌模式在绵羊等季节性繁殖动物已经得到确认，LH 分泌峰值受光照周期影响较大。雌激素对 LH 脉冲式分泌的负反馈作用受光照的调节，对调控通路中褪黑激素的分泌起非常重要的作用。此外，在两种短光照繁殖动物，如绵羊和鹿中，光照还能直接影响 LH 的分泌，人为改变光照周期能够影响 LH 分泌的峰值，相关机制在绵羊上有详尽的研究（Lincoln et al.，2005）。对断奶母猪设定每天光照时间 18L∶6D 的光照周期，分别研究光照强度 20 lx、100 lx、200 lx 和 300 lx 对母猪发情和促性腺激素及性腺激素合成分泌的影响。研究认为，在每天光照 18h 的条件下，300 lx 的光照强度对母猪发情是不利的，100 lx 与 300 lx 的光照强度对母猪发情效果类似。最佳的光照强度为 200 lx。此外，研究结果表明，在每组 10 头母猪中，200 lx 组有 6 头母猪发生静立发情反应，100 lx 和 300 lx 组各有 3 头母猪发生静立发情反应，而 20 lx 组没有母猪发生静立发情反应。光照对母猪血清激素含量的研究结果也表明，18h 光照条件下 300 lx 的光照强度对促性腺激素和性腺激素的分泌也有不利影响。随着光照强度的增加，GnRH 和 E2 在血清中的含量均有所增加或显著增加，褪黑激素在血清中的含量却逐渐降低。与 200 lx 相比，300 lx 的光照强度显著降低血清中 LH、FSH 的浓度。

7.1.3 光照对母猪卵巢、卵泡和卵子发育的影响

野猪是严格意义上的季节性繁殖动物，只在短光照的深秋和冬季才进入繁殖期。家猪虽然经过历年选育，仍然受季节性影响较为明显。此种季节性不育现象受光照周期驱动。虽然光照对母猪繁殖性能影响的机制还不是很清楚，但母猪繁殖性能高低受下丘脑—垂体—性腺轴的生理调控。性腺轴功能的正常发挥，起始于 GnRH 的合成与分泌。光照通过改变松果体合成褪黑激素的节律，影响 GnRH 的表达；GnRH 分泌后通过循环系统进入垂

体，促进垂体前叶合成分泌促性腺激素 LH 和 FSH；促性腺激素进入循环系统作用于母猪性腺即母猪卵巢，促进卵巢发育并生成性腺激素，主要为雌激素、雄激素和孕激素。这些性腺激素进入循环系统后，承担两方面功能：一方面是负反馈调节垂体和下丘脑，抑制 GnRH、FSH 和 LH 的合成与释放；另一方面是性腺激素促进母猪性腺发育达到性成熟和调控卵巢中卵子、卵泡发育和排卵（Maffucci et al.，2009）。在绵羊、奶牛和兔子等动物的研究已表明，卵巢卵泡大小与分布受季节性光照的调控。在猪的研究也如此，光照影响卵巢的功能。卵泡的征集发生在发情周期的第 14～16 天，而闭锁则发生在卵泡排卵之前。光照对排卵数也有较大影响，比如在长光照季节的夏季，卵巢未排卵的卵泡数大大高于冬天未排卵的卵泡数。夏季卵巢中存在较多的未排卵卵泡，是因为在长光照的夏季，卵泡对 LH 峰值的感受性不足，或者是夏季 LH 释放峰值降低，不足以诱发更多的卵泡发生排卵。在短光照的秋冬季节，断奶后 4d 内排卵的母猪比例远高于夏季（16% vs 6%）（Bertoldo et al.，2011）。断奶之后母猪解除了哺乳对 GnRH 分泌的抑制作用，同时增加了卵泡对促性腺激素 FSH 和 LH 的敏感性，导致卵泡在断奶之后很短时间内快速发育，而在长光照的夏季，LH 分泌峰值下降，致使较多的卵泡未能发生排卵反应。

光照能够影响母猪卵子的发育。一旦卵子获得了发育的能力，那么它就具备了充分的分子上、生化上的条件，足以支持卵子成熟、胚胎发育以及接下来胚胎着床和发育至胎盘形成这一阶段的物质、能量需求。在短光照繁殖动物中，卵子的发育能力在长光照的夏季受到较大的影响。即使在牛、灵长类等非季节性繁殖的动物中，卵子在夏季的发育能力也没有短光照季节高。Suzuki 等（2010）设定环境温度、湿度相同，研究光照季节对猪卵子发育潜力的影响，结果显示，即使温湿度条件相同，单精子注射（intracytoplasmic sperm injection，ICSI）胚胎的囊胚率为 48%，显著高于春季 24%、夏季 21%和秋季 19%，说明卵子发育潜力受光照影响较大。同样，来自孤雌胚的研究也表明，在短光照的冬季孤雌胚的囊胚率为 55%，显著高于长光照的夏季 21%，对囊胚细胞数的研究也显示，光照也会影响囊胚内细胞团的数量（Bertoldo et al.，2010）。在 18L∶6D 的条件下，在 20 lx、100 lx、200 lx 和 300 lx 光照组母猪中，每组随机选择 3 头进行屠宰获取卵巢，观察卵巢中直径大于 6mm 的卵泡数量。结果显示，100 lx、200 lx 和 300 lx 组母猪平均每个卵巢中卵泡数量差异不显著，依次分别为 8 个、10.33 个和 10.67 个，均显著高于 20 lx 组（6.33 个）。该实验表明，100 lx 的光照强度在每天 18h 的光照条件下，也能够充分刺激卵泡的生长发育。同时也检测了 4 组母猪卵泡液中激素含量的变化，结果表明，卵泡液中 GnRH、E2 和褪黑激素等激素的含量变化情况与血清中变化趋势一致，即 GnRH 和 E2 含量随着光照强度升高而增加，褪黑激素含量则减少。但卵泡液中激素分泌和血清中有着明显不同的特点，主要体现在雌激素 E2 和孕激素 P 上，卵泡液中 E2 含量非常高，是血清中 E2 含量的几百倍甚至上千倍；卵泡液中 P 含量也显著高于血清中的含量，例如，100 lx 组母猪血清中 P 的相对含量为 0.26，而卵泡液中 P 的相对含量则高达 21.37；200 lx 组血清中 P 的相对含量为 0.25，而卵泡液中 P 的相对含量则高达 24.12。这是因为母猪发情阶段卵巢中的体细胞，特别是颗粒细胞分泌大量的雌激素和孕激素，导致卵泡液微环境中 E2 和 P 含量出现急剧升高。实验结果显示，300 lx 的光照强度也显著降低卵泡液中 FSH 的含量。

7.2 光照对母猪繁殖性能的影响及其机制

母猪进入生产阶段或者达到适配年龄后（一般设定在 230 日龄），没有妊娠和哺乳的天数，称之为非生产天数（non-productive days，NPD）。母猪断奶后需要一段时间进行产后恢复才能再次发情配种（一般为 3～6d），这段时间称作必需非生产天数。

非生产天数的计算公式为

$$\text{NPD}=365-\left[\frac{365}{\text{繁殖周期}}\times(\text{妊娠期}+\text{泌乳期})\right]$$

影响非生产天数的关键指标在于每头母猪年分娩的窝数，即 365/繁殖周期。而提高每头母猪年分娩窝数需要后备母猪性成熟日龄的提前或断奶后再配种的时长缩短。研究表明，后备母猪的性成熟时间和首次配种时间会影响自身后期的生长性能和繁殖性能以及母猪的使用寿命（Tummaruk et al.，2001）。初情期的推迟和断奶至发情间隔的延长将导致母猪非生产天数的增加。因此，采用有效手段促使后备母猪初情期提前或减短母猪断奶后至再发情的时长显得尤为重要。有研究表明，后备母猪的初情日龄较早，其断奶至发情间隔也会相应缩短（Sterning et al.，1998）。光照作为影响母猪繁殖性能的关键环境因子之一，不同的光照条件（一般包括光照周期、光照强度和光色）在促进母猪生长发育和提升繁殖性能方面具有重要作用。

7.2.1　光照周期对母猪繁殖性能的影响

1. 光照周期与生物节律

光照周期是一天 24h 内昼夜更替的周期，反映每天光照时间（明期）和无光照时间（暗期）的比例，通常以光照时长比黑暗时长（L∶D）表示。生物节律（也称为生物钟）是动物生理机能与环境变化相同步的节律性生命活动，是由动物适应周围环境改变而形成的。生物节律可分为中枢生物钟和外周生物钟，中枢生物钟受许多环境因子的影响，尤其以光照较为明显（李莹等，2012）。光照周期对不同种类动物生物节律的影响是不同的。经过长期的观察研究发现，鸟类、马、驴、雪貂、狐、猫、野兔等动物在日照时间逐渐延长的季节，其性腺发育、排卵和受孕等繁殖性能更佳，这类动物被称为长日照动物（long-day animals），而绵羊、山羊、鹿和一般野生反刍动物在日照时间逐渐缩短的季节，其繁殖性能表现更佳，这类动物被称为短日照动物（short-day animals）。动物的季节性发情是由于光照时间的交替变化引起的，受可见光光照周期的影响。猪虽然属于常年发情的动物，但其生长繁殖功能也会因季节的改变而表现不同。

2. 光照周期对后备母猪繁殖性能的影响

光照周期对后备母猪的繁殖性能具有重要的影响。在一定条件下，延长光照时间能在一定程度上促进后备母猪的性成熟，使其提前初情期日龄。Christenson 等（1981）研究封闭环境和开放环境饲喂后备母猪对其初情期日龄和体重的影响，结果发现，封闭环境下饲喂将导致后备母猪初情期日龄的推迟和初情期体重的增加。Rampacek 等（1981）的研究也与其一致，这可能是因为母猪饲喂在封闭圈舍条件下，接触光照的时间受到限制。光照对于后备母猪初情期日龄的影响主要表现为光照周期的不同。研究发现，与自然光照相比，荣昌母猪每天补充光照时间到 16h，初情期提前 18.5d。长光照时间对母猪发情高峰期的血液 LH 含量有显著影响，说明光照可能通过调节机体促性腺激素的分泌影响后备母猪的繁殖性能。Hacker 等（1979）分别在黑暗 24h、人工光照 18h 和自然光照 9.0～10.8h 三种不同光照环境下饲养后备母猪，结果发现，3 种不同光照环境下初情期日龄分别为 200.5d、164.8d 和 175.3d，初情期体重分别为 100.7kg、83.3kg 和 90.7kg；相比饲养在 18h 人工光照和 9.0～10.8h 自然光照环境下的后备母猪，黑暗 24h 的环境将推迟后备母猪初情期日龄，并显著降低母猪黄体数（Hacker et al.，1979）。随后，Ntunde 等（1979）也在相同条件下进行试验，结果与 Hacker 等的一致，完全黑暗条件显著推迟后备母猪初情期日龄。完全黑暗环境下母猪初期期日龄和体重为 193.4d 和 103.3kg。而人工光照和自然光照环境下，初情期日龄分别是 175.6d 和 177.1d，初情期体重分别是 90.3kg 和 94.8kg。此外，延长光照时长还有利于母猪子宫、卵巢和卵泡等生殖器官的生长发育。相比在短光照环境下饲喂的后备母猪，长光照条件下，母猪卵泡体积显著增大。由此可知，完全黑暗条件和短光照条件均不利于后备母猪初情期的启动，光照周期在 16L∶8D 和 18L∶6D 条件下能显著缩短后备母猪的初情期日龄。研究发现，饲养在长光照时间条件下的后备母猪，子宫、卵巢重量和卵泡体积均大于饲养在短光照条件下的母猪。研究表明，与饲养在 10L∶14D 光照周期下的后备母猪相比，饲养在 16L∶8D 下能有效提高饲料利用率，促进 FSH 的分泌。这进一步证实延长光照时间对母猪繁殖器官的发育有一定的积极作用，对后备母猪性成熟有促进作用。

光照周期对后备母猪性成熟的作用可能与季节存在一定的联系。Diekman 等（1983）分别于 2～7 月和 8 月至次年 1 月，研究补充光照时间至 15h（300 lx）对后备母猪初情期启动的影响，结果发现，饲养于 8 月至次年 1 月的后备母猪补充光照时间至 15h 组的初情期比不额外补充光照时间组提前 20d；而饲养于 2～7 月的后备母猪，补充光照时间组的初情期日龄与自然光照组无显著差异。这可能是由于 2～7 月，光照时间和温度呈逐渐上升的趋势，母猪接受自然光照时间接近于补充光照时间。不同季节试验结果的不一致揭示了光照周期对后备母猪的影响可能存在季节性。Paterson 等（1990）也开展了不同季节光照周期对后备母猪初情期影响的研究，分别于 9 月和 3 月进行试验，采用 2 种不同光照周期，分别为从 12L∶12D 逐渐变化为 16L∶8D、8L∶16D 和从 12L∶12D 逐渐变化为 14.5L∶9.5D、9.5L∶14.5D 再逐渐恢复到 12L∶12D，结果显示，与 9 月相比，3 月进行试验后备母猪的初情期日龄有缩短的趋势，这进一步说明光照周期对后备母猪初情期启动的作用可能受不同季节的影响。

3. 光照周期对经产母猪繁殖性能的影响

光照周期对经产母猪繁殖性能的影响主要表现在母猪泌乳期失重、断奶至发情间隔时间和断奶仔猪生长性能等方面。Tast 等（2005）研究发现，当泌乳母猪长期处于 16L∶8D

的长光照周期时，母猪断奶至发情间隔时间显著缩短。Mcglone 等（1988）研究表明，母猪分别在 1L∶23D 和 16L∶8D 的光照周期下饲养，与 1L∶23D 光照周期相比，16L∶8D 光照周期下母猪断奶至发情间隔时间缩短 4d，且母猪的泌乳期体重损失降低，尤其是在热应激条件下，与 Tast 等的研究结果相一致。但有关光照周期对母猪断奶至发情间隔时间的影响也有不一致的报道。Gooneratne 等（1990）报道，分娩前 1 周给母猪提供 16L∶8D、8L∶16D 光照周期和间断光照周期 8h 光照 8h 黑暗 2h 光照 6h 黑暗（8L∶8D∶2L∶6D）和 8h 光照 4h 黑暗 8h 光照 4h 黑暗（8L∶4D∶8L∶4D），均对断奶至发情间隔时间无显著影响。Mabry 等（1983）研究发现，16L∶8D 和 8L∶16D 的光照周期对母猪断奶至发情间隔时间无显著影响，与 Gooneratne 等的研究结果一致；但长光照周期组母猪的泌乳量显著增加，断奶仔猪数和断奶仔猪重增加，这可能是由于长光照周期刺激母猪 PRL 的分泌，使泌乳量增加，哺乳频率升高，从而增加断奶仔猪重。Mabry 等（1983）也证实，与 8h 光照时间相比，16h 光照时间显著提高母猪哺乳次数、断奶仔猪数和断奶窝重，表明光照对泌乳期仔猪生产性能的提高作用是通过改善母猪的泌乳性能实现的，但其具体机制尚不清楚。

也有研究发现光照周期对母猪的繁殖性能有负面影响或无显著影响。Perera 等（1984）报道，将约克夏母猪分别饲养于 24L∶0D、12L∶12D 和 0L∶24D 的光照周期下，发现长光照周期显著延长发情持续时间，但对母猪的受胎率、产仔率、产仔数和断奶至发情间隔时间均无显著影响，对 LH、雌激素、孕酮等激素的分泌也无显著影响。Kermabon 等（1995）研究也证实，光照时间对泌乳母猪血浆 LH、FSH 和雌二醇含量无显著影响，且长光照时间可能对断奶后发情有不利影响。Prunier 等（1994）分别于 1 月和 7 月进行试验，研究不同季节光照周期对母猪繁殖性能的影响，光照时间在妊娠期从 12h 逐渐增加到 16h 或缩短到 8h，在泌乳期保持恒定，结果表明，长光照时间组母猪在断奶后 10d 内发情的比例比短光照时间组低；7 月母猪的泌乳体重损失、断奶仔猪重和母猪泌乳期血浆 FSH 含量均高于 1 月，表明光照周期对母猪繁殖性能的影响也同样有季节性。

7.2.2　光照强度对母猪繁殖性能的影响

光照环境因素对母猪繁殖性能的影响不仅包括光照时长的影响，同时，光照强度也是影响母猪繁殖性能的另一重要因素。Canaday 等（2013）在 12L∶12D 的光照周期下，研究明亮环境（433 lx）和昏暗环境（11 lx）对母猪繁殖性能的影响，结果发现，明亮环境下母猪的发情持续时间有增加的趋势。有关不同光照强度对母猪繁殖性能的影响也有报道。Diekman 等（1988）分别将后备母猪饲养在 1200 lx、360 lx、90 lx 和低于 10 lx 的光照强度下，观察其发情率和初情期日龄。母猪在 270 日龄时，1200 lx 光照强度下发情率为 50.0%，在 360 lx 光照强度下为 62.5%，90 lx 光照强度下为 75.0%，当光照强度低于 10 lx 时，发情率仅有 12.5%。自然光照强度和增加光照强度对后备母猪初情期的启动无显著影响，但当光照强度小于 10 lx 时，显著推迟后备母猪的初情期。此外，Tast 等（2001）也有相似的结果，试验母猪在相同的光照周期下，分别提供 3 种不同的光照强度：40 lx、200 lx 和 10 000 lx，发现不同光照强度对母猪 MLT 浓度水平无显著影响。由此，我们推测后备母猪感受光照刺激可能需要光照强度达到一定的阈值，当超过或低于一定的阈值区间，母猪机体将停止对光照环境的响应。在这种情况下，即使延长光照时间也可能对母猪繁殖系统无影响。这或许是光照环境的改变影响母猪繁殖性能的原因之一。

7.2.3　光线波长对母猪繁殖性能的影响

1. 不同波长的可见光（光色）对母猪繁殖性能的影响

可见光指的是人眼可感知的电磁波谱的部分，人眼能感知的光线波长在380～780nm。在可见光范围内，不同光谱范围内的光线在人眼中呈现出不同的颜色。其中，红光波长为622～770nm、橙光波长为597～622nm、黄光波长为577～597nm、绿光波长为492～577nm、蓝光波长为455～492nm、紫光波长为350～455nm。

不同光谱的光线对母猪繁殖性能的影响有所不同。Cardinali 等（1972）报道称，在绿光（530nm）条件下，松果体内羟基吲哚—氧—甲基转移酶受到抑制，但在红光条件下没有表现出抑制作用。羟基吲哚—氧—甲基转移酶是N-乙酰-5羟色胺转化为褪黑激素过程中的关键酶。虽然母猪有能力识别红光，但红光对于母猪来说等同于黑暗条件，无法刺激母猪的性成熟。后备母猪分别饲养于白光、全谱日光、红光和紫外光环境中，红光中的后备母猪性成熟迟缓且体重和松果体重量更大，表明红光不利于后备母猪的性成熟。因此，在光照试验中，黑暗条件下采集样品也常在红光照射下进行。在生产中，白光是保持最佳生长性能和繁殖性能的最经济有效的光色。

2. 紫外线对母猪繁殖性能的影响

波长为10～380nm的光线称之为紫外光，紫外光在生活中一般常用于杀菌和透视功能。在母猪生产过程中，紫外光的作用还表现在对母猪生产繁殖性能的提升上，但这一结果还有待进一步的证实。Bowods（1967）的研究发现，相比白光照射，每天采用紫外光照射15～20min，母猪体增重提高20%。研究发现，在12L∶12D的紫外光光照比在8L∶16D的自然光照，母猪排卵率和产仔数提高。

7.2.4　光照影响母猪繁殖性能的机制

光照影响母猪生殖系统的生长发育主要是通过调控松果体内MLT的分泌来实现的。体内MLT的改变能引起机体内分泌系统的自我调节，进而影响母猪繁殖性能。MLT主要作用于下丘脑—垂体—性腺轴的信号传递，它的浓度水平会影响下丘脑对GnRH的释放，最终影响母猪性器官的发育和情期启动。动物机体MLT的分泌具有一定的昼夜节律性，其浓度水平随着光照和黑暗条件的变化而发生变化。动物MLT的分泌反映环境光照的变化情况，MLT作为光照周期的信号分子在调控动物的季节性繁殖活动方面具有严格的昼夜节律性，MLT的分泌量与光照时间呈显著负相关。MLT抑制长日照发情动物的性活动，刺激短日照发情动物的性活动，MLT供给的持续性是引起性腺反应的关键。

1. MLT的合成

褪黑激素（MLT）是普遍存在于动物体内的一种胺类小分子两亲性激素，合成后直接分泌进入血浆。主要在松果体内合成并调节生物节律和动物的繁殖。同时，在动物视网膜、卵巢、肠道中的嗜铬细胞和红细胞等也能合成。MLT 既具有高效的抗氧化性，也是重要的生殖激素。此外，MLT 在动物免疫功能的调控、动物繁殖遗传、抗癌和抗氧化等方面都具有重要作用。在母猪中，MLT 对母猪性腺激素的分泌、卵巢卵泡发育以及性成熟等方面也有着重要作用。

MLT 的合成最初来源于色氨酸（Trp），色氨酸经过色氨酸羟化酶（trptophan hydroxylase，TPH）的羟化作用转化为 5-羟色氨酸，5-羟色氨酸进一步在 5-羟色氨酸脱羧酶（5-褪黑激素 PIX）的脱羧作用下生成 5-羟色胺（5-HT）。5-羟色胺在 5-羟色胺-N-乙酰基转移酶（serotonin N-acetyltransferase，NAT）的乙酰化作用下生成 N-乙酰-5-羟色胺，最终在羟基吲哚-氧-甲基转移酶的氧甲基化反应下生成 MLT，其中，5-羟色胺-N-乙酰转移酶是 MLT 合成过程中的限速酶。

此外，蛋氨酸也参与机体 MLT 的合成。蛋氨酸通过在机体中形成 S-腺苷-甲硫氨酸（SAM）影响 MLT 的合成。SAM 在机体中是主要的甲基（$-CH_3$）供体，它在甲基化和转甲基作用中起重要作用。在人和动物的松果体中，MLT 合成的最后一步是 N-乙酰-5-羟色胺在羟基吲哚-氧-甲基转移酶的催化作用下，由 SAM 提供氧-甲基生成 N-乙酰基-5-甲氧基色胺，即 MLT。

MLT 由松果体分泌后，通过机体循环的路径作用于各个器官，与组织中相应的 MLT 受体相结合，达到调控机体生物节律的作用。MLT 受体一般有 2 种类型：一类是膜受体；另一类为核受体（Pandi-Perumal et al.，2008）。其中膜受体又具有 2 种不同的蛋白类型，分别为 MLT 1/2（属于 G 蛋白偶联受体）和 MLT3（醌还原酶家族）（Reppert et al.，1994；Sethi et al.，2008）。

MLT 受体分布在体内各个器官中，主要包括视网膜、性腺、肝脏、肾脏、肠道及下丘脑视交叉上核在内的中枢神经系统等，不仅能调节各器官的生理功能，同时也能将环境中的光照周期信号以神经冲动或内分泌信号传递到体内各处。

2. 光照对机体 MLT 分泌的调节

当光线照射进哺乳动物眼睛时，视网膜内的视杆细胞和视锥细胞首先接受光刺激，并将光信号转化为神经冲动，传入到光敏视网膜神经细胞网络，这些细胞具有视蛋白型的感光分子，可触发 G 蛋白调节的光传导通路（Karasek et al.，2003），光信号进一步传导进入视交叉上核（SCN）和松果体（Hattar et al.，2006）。视交叉上核的活动自身具有一定的昼夜节律性，同时也受外界环境及一些外在因素的诱导和影响，光照作为调节动物生物节律的重要环境因素之一，当 SCN 接收光信号刺激后，视交叉上核中枢生物钟基因的表达受到影响，经过神经系统的信号传递释放内分泌输出信息，到达细胞膜上与 β-肾上腺素受体相结合，激活环核苷酶系统与相应催化酶生成 MLT，进而实现对动物繁殖活动的调节。

1）中枢生物钟

中枢生物钟位于下丘脑视交叉上核，具有调节动物机体生理活动和生物节律的功能，例如内分泌活动、睡眠、体温等。中枢生物钟可调节动物机体生物钟基因的表达，从而调控生物节律（Natesan et al.，2002）。

中枢生物钟的基因型分为2种：一类是正调节基因，主要包括*Clock*、*Bmal1*、*Bmal2*，另一类是负反馈基因，主要包括*Per1*、*Per2*、*Per3*、*Cry2*、*E4bp4*等（Cassone，2014）。有研究表明，在哺乳动物接收外界环境因子（如光照、温度等）的变化信号时，生物钟基因在视交叉上核（SCN）神经元中形成正负反馈路径，使生物钟基因在RNA和蛋白质水平周期性表达，最终致使动物产生节律性的行为活动（Pevet et al.，2011）。

（1）生物钟基因的负反馈机制。CLOCK和BMAL1在细胞核内生成CLOCK/BMAL1异二聚体，在其目标基因的启动子E-BOX（CAAGTG）上结合，可激活*Per*和*Cry*基因的表达。同时，*Per*和*Cry*基因通过翻译生成PER和CRY蛋白，二者形成复合物后，在细胞核内可抑制CLOCK/BMAL1异二聚体生成，降低其活性，进而抑制*Per*和*Cry*基因的表达，形成生物钟基因的负反馈机制。

（2）生物钟基因的正反馈机制。CLOCK/BMAL1异二聚体激活*Per*和*Cry*基因的转录后，激活相关孤儿受体基因*Rev-Erbα*的转录，降低BMAL1的RNA水平，致使*Per*和*Cry*基因的表达水平升高。当CRY蛋白进入核内后，可抑制*Per*、*Cry*和*Rev-Erbα*基因的转录，Bmal1则被激活或不被抑制，从而抑制*Rev-Erb*基因的表达，*Per2*具有激活*Bmal1*转录的倾向，完成生物钟基因的正反馈机制过程（周栩等，2014）。

当外界环境因子发生改变，动物中枢生物钟通过生物钟基因的正负反馈机制将信号分子输出，作用于机体各器官，经过神经内分泌系统的传递最终产生相应的生理活动。哺乳动物SCN输出的信号分子主要包括精氨酸加压素（AVP）、血管活性肠肽（VIP）和前动力蛋白2（prokineticin　2，PK2）等。其中，AVP对下丘脑—垂体—肾上腺轴和下丘脑—垂体—性腺轴的调控具有重要作用。有研究发现，AVP经SCN输出后可作用于室旁核神经元，室旁核神经元通过释放kiss神经肽进一步调节GnRH的水平（Vida et al.，2010）。VIP也是SCN重要的输出信号之一，有研究报道PK2和VIP均能在SCN中作用于GnRH神经元，影响GnRH的分泌（Smith et al.，2000），但VIP对调控生殖系统的内分泌作用不大（Dolatshad et al.，2006）。此外，SCN输出信号分子还包括转化生长因子（TGF）、γ-氨基丁酸（GABA）等。

2）光照对生物钟基因的影响

哺乳动物中，光照主要影响*Clock*、*Per*、*Cry*等生物钟基因的表达。在SCN中，*Clock*与不同基因相互关联呈现不同的作用，当与*Bmal1*基因相互并联时成为正调节因子，与*Per1*和*Per2*的表达呈反相位。研究发现，光照周期为12L∶12D时，动物（除小鼠外）SCN中*Per*的mRNA水平的峰值出现在白天；在持续黑暗条件下，*Per1*的mRNA水平峰值在早晨出现，而*Per2*的mRNA水平峰值则出现在傍晚（Turkowska et al.，2014）。在夜间给予人工补充光照时间，可促进哺乳动物SCN中*Per1*、*Per2*表达水平的升高，调节MLT水平，但不对夜间SCN的其他基因产生作用（Caldelas et al.，2003）。有研究结果证实，*Fos*基因也参与光照对生物钟的调控。对敲除*Fos*基因的小鼠进行研究发现，除小鼠生物钟的振幅和相位曲线有降低趋势外，其行为节律和生物钟振荡相位没有发生改变。研究还发现光诱导*c-fos*的阈值与动物行为节律相位位移的阈值相近，推测二者之间可能存在相同的作用机理，但*c-fos*的表达与动物行为节律相位之间的关系仍有待进一步证实（逄文强等，2010）。

环境光照刺激可影响母猪中枢生物钟，而机体 MLT 的水平主要是受中枢生物钟的调节（Rekasi et al.，2006）。在光照环境中，SCN 抑制松果体合成 MLT，而在黑暗环境中，松果体分泌 MLT 抑制 SCN 活性（Karaganis et al.，2009）。光可直接照射到母猪的视网膜，使其产生神经冲动，神经冲动传递到下丘脑 SCN，随后经过室旁核（PVN）等中枢器官的一系列传导，传递到中间旁核，中间旁核再将神经冲动传至交感神经系统前神经节肾上腺皮质纤维，最后传递到颈上神经节（superior cervical ganglion，SCG），并将信号传给松果体。而松果体是一种神经内分泌转换器，能将 SCG 传入的神经信号转换为内分泌信号传出。在松果体中，交感神经末梢根据昼夜更替的节律释放去甲肾上腺素，这种神经递质与膜上 β-肾上腺素受体结合，激活环核苷酶系统，NAT 被激活，MLT 随即合成（Ganguly et al.，2002；Reppert et al.，2002）。在神经内分泌系统中，MLT 在调控生殖生理学方面具有重要作用。研究证明，MLT 对下丘脑—垂体—性腺轴可能发挥着不同程度的抑制作用。在哺乳动物中，MLT1 受体 mRNA 主要在视交叉上核和垂体结节部表达，MLT2 受体 mRNA 在视网膜和大脑表达。研究表明，MLT 可通过直接作用于下丘脑的 GnRH 神经元，调节 *GnRH* 基因表达水平和 G 蛋白偶联褪黑激素受体水平来调节动物生殖生理的神经内分泌系统。

3. MLT 对母猪繁殖性能的调控机理

MLT 对母猪繁殖活动的调节主要是通过调控下丘脑—垂体—性腺轴而实现的。母猪在生殖的各个阶段均会分泌各类激素调节动物的繁殖活动，其中，主要的激素包括 GnRH、LH、FSH、MLT 等。其中 MLT 和 GnRH 与动物中枢生物钟基因的联系最为紧密，而 LH、FSH 则与母猪卵巢发育和卵泡成熟息息相关。

1）MLT 对下丘脑—垂体—性腺轴的作用

GnRH 是一类由动物下丘脑产生的激素，在动物生殖调控过程中起关键作用。GnRH 具有很多类型，哺乳动物为 mGnRH 型，分布于机体许多部位，在神经、内分泌、消化和繁殖等方面均具有重要作用。GnRH 的分泌方式有旁分泌和自分泌两种（Asa et al.，2002），不仅可在下丘脑中调节 FSH 和 LH 的分泌和释放，同时还能调节部分胃肠道的生理功能（Huang et al.，2001）。此外，GnRH 还与癌细胞的增殖和胎盘中人绒毛膜促性腺激素调节有关（叶丹等，2003）。

下丘脑是下丘脑—垂体—性腺轴的神经控制中枢，也是 MLT 调节母猪生殖，发挥抗性腺作用的重要位点。MLT 通过与其位于下丘脑中的受体相结合，抑制 GnRH 的释放。MLT 对 *GnRH* 的调控路径有多条，除可直接作用于母猪下丘脑的相关受体，还可通过增强 GABA 受体的活性来抑制 GnRH 的合成。此外，MLT 能诱导 *GnRH* 的 mRNA 表达，对于切除松果体或注射褪黑激素的成年大鼠，其下丘脑的 *GnRH* 基因表达水平受 MLT 的调节。机体 MLT 的浓度水平具有明显的昼夜周期性，通常白天浓度水平较低，夜晚浓度水平急剧升高，这进一步表明光照是调节 MLT 的关键环境因子。但光信号并不能直接调控 MLT 合成细胞，而是需要经过信号的转化和中枢生物钟的控制。因此，光信号首先需要经过一系列的神经传递作用于机体中枢生物钟，再由中枢生物钟传到松果体调节 MLT 的合成。

2）MLT 对卵巢的作用

研究表明，MLT 也存在于卵母、卵泡和胎盘细胞。人颗粒细胞中可检测到 MLT 受体 MLT1 和 MLT2，MLT 可通过受体调节人颗粒细胞中 FSH、LH 和 GnRH 受体的表达。此外，研究也证实猪的颗粒细胞中也存在 MLT 受体，在母猪卵巢组织细胞内，MLT 与其受体相结合，激活转录因子 EIK-1（ets-like transcription factor-1）和蛋白激酶途径，调节雌二醇、睾酮等性激素的分泌，雌二醇和睾酮可通过负反馈作用调控 GnRH 的合成。

卵泡中的颗粒细胞会产生 ROS，过多的 ROS 能够诱导细胞凋亡，导致卵泡闭锁的发生。MLT 具有很强的抗氧化作用，可以清除 ROS，防止卵泡闭锁的发生。在整个卵泡成熟过程中，激素水平是从 FSH 占据主导地位过渡到 LH 占据主导地位，而卵泡选择性成熟机制与颗粒细胞中 LH 受体的表达有关。卵泡闭锁和颗粒细胞凋亡与卵泡发育情况密切相关，早期闭锁的卵泡便出现颗粒细胞的凋亡，这说明卵泡中颗粒细胞凋亡会诱导卵泡闭锁。而 MLT 具有的抗氧化作用，可通过线粒体途径减少细胞的凋亡，从而减少卵泡闭锁的发生。光照通过对 MLT 的影响，间接影响卵巢的发育和卵泡的存活。

总之，光照作为重要的环境因子，在母猪生产过程中发挥着巨大的作用，尤其在促进后备母猪性成熟方面表现突出。大量研究表明，延长光照周期能有效促进后备母猪初情期启动，提高经产母猪繁殖性能；延长人工光照周期至 16L：8D 能显著提高母猪的生产性能，提高母猪饲料利用率；通过提高后备母猪血清 FSH 分泌，可促进卵泡发育；一定光照强度能够有效抑制后备母猪 MLT 的分泌，并促进后备母猪初情期的提前。

7.3 光照对公猪繁殖性能的影响

野猪属于短日照动物，夏季和初秋性腺活动较弱或停止，在深秋和冬季性腺活动较强（发情、配种），通常在冬季或春季产仔，一年只产 1 胎。现代家猪从野猪驯化而来，经世代圈养驯化选育，已可四季繁殖，其季节性繁殖特性几乎被忽略。

7.3.1　野公猪短日照繁殖特性

野猪属于典型的短日照动物。野猪性腺的大小和性激素的水平呈现明显的季节性差异，成年野公猪冬季睾丸体积大于夏季，血液睾酮水平也高于夏季。Weiler 等（1998）的研究表明，野猪在人工模拟短光照条件下血液中睾酮水平较高，精子密度随着日照时间的缩短呈逐渐上升趋势。Kozdrowski 等（2004）在波兰西南部将 3 只成年野公猪分别圈养在有露天运动场的圈舍，每周人工采精 2 次，经 14 个月的连续观察分析发现，野猪在深秋时节的射精量最大、精子密度最高，而夏季精子活率最低。

7.3.2　现代公猪繁殖性能的季节性变化

现代公猪是从野猪驯化而来的，经几千年的圈养驯化和定向选育，现代公猪可以四季繁殖，但其繁殖性能仍具有季节性差异。公猪精液体积和密度随着每日光照时间缩短而增加。持续 7 年对美国供精站的 2000 头公猪共 15 万份精液的分析结果表明，公猪每年 3～4

月采精液量最少，10～12 月公猪采精液量最大，精子密度在每年的 12 月到次年 4 月最大，而在夏末秋初时节最低。研究表明，秋冬季公猪具有较强性欲以及较高精子密度，而进入春夏季节后公猪性欲减弱，精子密度降低（Kunavongkrit et al.，2005）。公猪精子密度在秋冬季节呈上升趋势，秋冬季总的活精子数高于春夏季（Zasiadczyk et al.，2015）。Knecht 等（2013）的研究表明，大白、长白和杜皮杂交公猪对光照周期的应答反应不同，其中，大白公猪应答反应较小，杜皮杂交公猪应答反应最为敏感，但所有品种的公猪在递减光照周期阶段的平均采精量和总活精子数高于递增光照周期。Fraser 等（2016）的研究表明，秋冬季较短的日照条件可以促进公猪精子发生，秋冬季公猪精子密度、精子活率与精子活力均显著高于春夏季节。Argenti 等（2018）对大白猪的研究也表明，大白猪秋冬季节的射精量、精子密度和总活精子数高于春夏季节，现代公猪的繁殖性能具有明显季节性差异。

人工授精站种公猪的经济效益主要取决于公猪每次采精产生的总活精子数（total motile sperm count，TMSC），TMSC 越高，授精母猪头数越多。张聪（2018）对上海种公猪站饲养在有窗温控舍（15～26℃）中的大白、长白和杜洛克公猪全年 TMSC 的调查分析表明，3 个引进品种的 TMSC 峰值均在 12 月（或 1 月），TMSC 在春季自然光照递增期（1～4 月）几乎呈直线下降（其中杜洛克公猪 TMSC 直线下降期为 1～5 月），随后在 4～10 月维持在较低水平，10 月之后为上升期。杜洛克公猪 TMSC 季节性差异最大，而大白公猪最小。TMSC 夏季高温期（6～8 月）并未出现明显再下降现象，提示夏季高温并未增强春季递增长光照对公猪生殖力的抑制作用。

气温和光照的季节性变化是导致动物季节性繁殖差异的主要环境因素。大量的研究表明，夏季高温高湿损伤公猪的繁殖力（Suriyasomboon et al.，2004）。Casas 等（2009）的研究表明，公猪精子顶体蛋白活性和射精量表现出明显的季节性变化，即冬季射精量多，精子顶体蛋白活性强，夏季射精量少，精子顶体蛋白活性弱。每年的最热月（8～9 月），公猪的精液质量最差，表现为精子密度低、活力低，而畸形率高（Murase et al.，2007）。长白公猪经过持续 7d（$3h \cdot d^{-1}$）37～40℃的高温处理，精细胞凋亡增加（Casao et al.，2010）。Yeste 等（2010）的研究也表明，高温抑制大白和皮特蓝公猪的精子成熟率。高温对公猪性腺的损伤需要至少 5 周的时间才能修复其原有的繁殖力。长期以来，人们认为夏季高温是导致公猪季节性繁殖差异的主要原因，但这无法解释公猪在春季气温适宜的条件下精液质量下降的现象。由此推测，现代家猪仍具有其祖先短日照繁殖特性，春季逐渐延长的光照周期可能抑制公猪的繁殖性能。

7.3.3　光照周期对公猪繁殖性能的影响

1. 光照周期对公猪性成熟的影响

短日照动物通常在日照逐渐减少的条件下性成熟较早。研究表明，在自然递增长光照条件下（春夏季）培育的公猪比在自然递减短光照条件下（秋冬季）饲养的公猪同期达到性成熟的头数少，说明现代家猪可能保留其祖先短光照动物特性（Knecht et al.，2013）。

Andersson 等（1998a）研究表明，在递减短光照条件下（每日光照时间从 14.5h 逐渐减少为 12h，14.5～12L）培育的公猪在 24 周龄时睾丸体积达到 $5.64cm^3$，附睾内总活精子

数为 7.08×10^{10} 个，高于递增长光照条件下（光照时间从每日的 12h 逐渐递增为 14.5h，12～14.5L）培育的公猪（睾丸体积为 $3.58cm^3$ 和附睾内总活精子数为 5.85×10^{10} 个）。公猪在 25 周龄和 26 周龄时，递减短光照组（14.5～12L）比递增长光照组（9.5～12L）表现出更多的爬跨、求偶等性行为特征，以及在爬跨后备母猪时，有更高的性行为得分。

睾丸组织合成和分泌睾酮是雄性动物性腺轴启动的标志，是调节精子生成和成熟的关键激素，同时也是衡量雄性动物性行为和性欲的主要标志物。研究表明，递减短光照组（14.5～12L）公猪血液中睾酮含量从 24 周龄时的 $3.3ng\cdot mL^{-1}$ 增加至 30 周龄时 $12.7ng\cdot mL^{-1}$，而递增长光照组公猪在 24 周龄时血液中睾酮的浓度为 $3.7ng\cdot mL^{-1}$，30 周龄时血液中睾酮的浓度为 $6.9ng\cdot mL^{-1}$，睾酮增加幅度明显低于递减短光照组。Andersson 等（1998b）将冬季出生仔猪在断奶时（40 日龄）的光照时间由 7h 突然提升至 12h，随后模拟秋季递减短光照，将每日光照时间由 12h 逐渐减少至 150 日龄的 7h，150 日龄时递减短光照组公猪血液中睾酮水平明显高于相同温热环境的递增长光照组（自然春季和模拟春季）公猪。另外，递减短光照组公猪的睾丸的重量明显重于递增长光照组。以上结果均说明，相对于递增长光照，递减短光照更能促进公猪性腺发育。

张聪（2018）将 10 头断奶陆川小公猪按照同窝、体重相近进行配对分组饲养于恒定短光照（每天光照时间为 8:00～18:00，记为 10L：14D）和模拟春季递增长光照（从每天 10h 光照逐渐递增到 14h，记为 10～14L，每天早晨开灯时间均为 8:00，每周逐渐延迟 15min 关灯时间）。经 15 周饲养试验，恒定短光照（10L：14D）条件下培育的公猪首次爬跨日龄和初次射出分泌物的日龄均早于递增长光照组，恒定短光照组具有较高的性欲评分；在试验第 13～15 周（155～170 日龄）恒定短光照组粪便中睾酮和 MLT 的浓度均高于递增长光照组，说明相对于递增长光照，恒定短光照条件下培育的公猪性成熟较早，光照周期可影响公猪的睾酮和 MLT 的合成与分泌。

Andersson 等（1998a）将冬季出生仔猪在断奶时（40 日龄）的光照长度由 7h 提升至 17h，模拟秋季短光照将每日的光照时间从 17h 逐渐降至 7h，短光照组猪血液中睾酮升高的日龄早于春季自然（或模拟）光照组的公猪，但在性成熟时其血液中睾酮水平明显低于春季自然（或模拟）光照组，其睾丸和附睾的重量也相对较低。Fredriksen 等（2006）用冬季出生的 173 头公猪在断奶时将光照时间从 8h 提升至 18h（8 月的光照时间），然后模拟秋季递减光照周期（将光照时间逐渐由 18h 降至 8h），180 日龄屠宰时自然春季递增长光照组（从断奶时的 8h 光照逐渐增加至屠宰时的 19h）的雄烯二酮水平高于人工模拟秋季短日照组，而两组血液中睾酮含量无差异。以上结果提示，递减短光照有促进公猪性腺轴的启动和发育的作用，但在早期发育过程中突然过多增加光照时数则可能抑制（或损伤）公猪的性腺发育，并有可能程序化影响其性成熟后的激素水平和生殖力，对此尚需进一步研究。

2. 光照周期对公猪繁殖性能的影响

Weiler 等（1998）的研究表明，在自然光照条件下公猪血液中睾酮峰值出现在日照时间逐渐缩短的 10 月和 11 月，分别为 $3.59ng\cdot mL^{-1}$ 和 $4.13ng\cdot mL^{-1}$；分泌最低值则出现在日照时间逐渐延长的 4 月和 5 月，分别为 $1.47ng\cdot mL^{-1}$ 和 $1.46ng\cdot mL^{-1}$。在春季通过递减短光照处理，可使睾酮峰值出现在 5 月和 6 月（3.07ng · mL^{-1}和 3.20ng · mL^{-1}），秋冬季通过递增长光照处理，可使睾酮分泌最低值出现在 2 月（1.10ng · mL^{-1}）。提示递减短光照可促进公猪性腺活动加强，睾酮的合成和分泌能力增加。

关于递减短光照对公猪繁殖性能影响的报道不一。恒温恒湿[（21±1）℃/60%～70%]舍内 8 月龄长白猪分别自然递减短光照饲养 75d（8 月 14 日～11 月 1 日）精液质量（精子数量、精子密度和精子活力）低于自然递增长光照（2 月 3 日～4 月 17 日）公猪（Sancho et al.，2004）。由于该试验秋季组和春季组猪在培育期（8 月龄之前）分别经历春夏季递增长光照和秋冬季递减短光照，相对于递增长光照，培育期递减短光照有利于公猪性腺发育，说明培育期光照周期可能会影响成年公猪的繁殖性能。

张聪（2018）的研究表明，饲养于相同温热环境中自然递增光照组公猪 TMSC 低于恒定长光照组（14L∶10D），粪便中睾酮和 MLT 含量也低于恒定长光照组。递减自然短光照组猪的 TMSC 和精液质量（精子活率、活力），（表 7-1）均低于恒定短光照组（10L∶14D），且粪便中睾酮和 MLT 含量低于恒定短光照组猪。提示相对于自然递减短光照和递增长光照，恒定光照更有利于公猪的繁殖性能，但恒定光照时数是否影响公猪的繁殖性能尚未见系统报道。

表 7-1　光照周期对精子运动特性影响　（张聪，2018）

项目	递减短光照	恒定短光照（10L∶14D）	*P* 值
精子活率/%	87.39±1.40	91.46±0.89	0.04
前向性运动精子比例/%	83.27±1.30	87.6±1.31	0.04
环状运动精子比例/%	15.38±3.25	16.48±4.12	0.84
快速运动精子比例/%	55.00±3.35	56.57±3.41	0.75
慢速运动精子比例/%	13.98±2.67	4.85±1.25	0.03
原地摆动精子比例/%	4.74±0.70	3.51±0.23	0.19
静止不动精子比例/%	12.61±1.39	8.54±0.89	0.04

注：$P<0.05$ 表示不同组间存在显著差异，$n=8$。

现代家公猪虽然可四季繁殖，但季节性繁殖差异依然存在，光照和气温的年变化是导致公猪季节性繁殖差异的主要原因。光照周期可影响公猪的性腺发育和繁殖性能，值得特别注意的是，培育期光照周期的影响可延迟影响公猪性成熟后的繁殖性能。相比于自然渐变光照周期（递减短光照和递增长光照），恒定的光照周期可能更利于公猪性腺发育和繁殖性能，但恒定光照时数对公猪繁殖性能的影响尚有待进一步研究。

7.4 光照对蛋鸡和种鸡繁殖性能的影响

7.4.1 鸡对光照环境的感受

禽类对光照的感受与哺乳动物相比有两个主要差异点。第一，哺乳动物视网膜上存在分别对蓝光、绿光和红光敏感的 3 种视锥细胞或相应的感光色素，而禽类的视网膜上有 4 种视锥细胞，对 360～480nm 和 580～700nm 波长的光具有高度敏感性，这意味着禽类可以接收部分紫外光（Egbuniwe et al.，2016）。第二，除了视网膜感受器，禽类还具有视网膜外光感受器。Oliver 等（1982）通过对大脑各个区域分别进行光照刺激，发现对繁殖性能产生影响的光感受器位于下丘脑深层。Saldanha 等（2001）的研究也表明对下丘脑的光刺激可以激活 HPG 轴。破坏下丘脑结节部，禽类对光照周期的反应随之消失。光线可以直接通过颅骨作用于下丘脑（Dawson et al.，2001）。视网膜感受器产生视觉是正常生命活动的重要基础。下丘脑中存在的类似于视紫红质的感光色素和下丘脑结节部的类视蛋白（Saldanha et al.，1994），可能参与下丘脑的感光功能。其可与维生素 A 的醛基共价结合形成发色团来吸收传递信号的光子，并转成化学信号传递给下丘脑的其他区域（Bownds，1967）。下丘脑接受光照变化的刺激（例如明暗交替和光照时间逐渐延长或者缩短等），将光子转变为神经冲动，感知昼夜和季节变化，并进一步影响内分泌活动、体温调节、迁徙和季节性繁殖等。家禽的繁殖活动受神经内分泌的调控，尤其是 HPG 轴。下丘脑接受刺激后，引起体内 LH 和 FSH 浓度变化，影响家禽生殖系统发育（Renema et al.，2008）。此外，一些研究表明，松果体也参与光对鸟类繁殖的调控，是其第 3 个光感受器，起校正节律的作用（Rathinam et al.，2005）。松果体分泌的 MLT 的功能较为广泛，在繁殖方面，MLT 能够抑制促性腺激素的释放，抑制性腺的发育和功能。光线作用于松果体影响 MLT 的分泌，MLT 通过其受体作用于下丘脑促性腺激素抑制激素（gonadotropin-inhibitory hormone，GnIH）神经元，提高下丘脑 GnIH 的表达，同时 GnIH 通过其神经纤维或受体抑制下丘脑促性腺激素释放激素（gonadotropin-releasing hormone，GnRH）表达，进而降低血浆中性激素水平。张利卫（2017）发现摘除鸡松果体后，随着 MLT 水平的下降，鸡下丘脑 GnRH 的表达和血浆睾酮水平显著提高。也有研究认为，鸟类对光线的感知并不依赖于视网膜光感受器和松果体，因为视觉正常的鸟类和遗传或者手术致盲的鸟类对光的反应相同（Baxter et al.，2014）。Underwood 等（1970）的研究发现盲眼麻雀的睾丸发育与正常个体没有差异。而且鸟类松果体摘除后其性腺生长和 LH 的季节性分泌不受影响（Wilson，1991）。也有研究发现，视网膜的光刺激会降低鸡的繁殖性能。因此，目前关于禽类的光感受器对繁殖性能影响的相对贡献依旧存在争议。

7.4.2 光照强度对鸡繁殖性能的影响

蛋鸡和种鸡的饲养周期依品种而异，一般长达 60～90 周。根据其生长发育特点，一般又分为育雏期、育成期和产蛋期。不同时期对光照要素的需求存在差异，不同光照要素对不同生长和生产时期鸡的效应也不一致。光照强度对鸡繁殖性能的影响主要体现在产蛋期，因此，关于光照强度对鸡繁殖性能的影响多围绕产蛋期开展。

光照强度虽然是家禽生产的必要条件，但并非强度越大越好，应根据实际需要合理补给。光照强度可能主要是通过影响行为和生理机能间接调控家禽生长和繁殖。光照强度过高将强烈刺激家禽，尤其是高产蛋鸡，诱发打架和啄癖等影响产蛋的行为。目前在规模化密闭式鸡舍养殖中，光照强度主要通过人工照明实现，育雏期、育成期和产蛋期的光照强度通常维持在 5～20 lx 的水平。有研究表明，鸡对低光照强度的视觉适应性随着长期的人工选择逐渐增强，这可能是家禽对长期低光照强度生存环境的一种适应性进化（Roth et al.，2013）。但是光照强度过低可能无法刺激下丘脑光感受器，影响性激素分泌和性腺发育，进而影响家禽性成熟和产蛋等繁殖性能。兰晓宇等（2010）的研究表明，母鸡间脑和中脑对光照强度刺激有不同的反应，视顶盖中央灰质层、圆核、外侧膝状体腹侧核、半月核、峡核大细胞部和峡核小细胞部对 10 lx 和 40 lx 的光照强度反应较低，而对 20 lx 和 30 lx 的光照强度反应最为强烈；在室旁核和弓状核区域，母鸡对 20 lx 的光照强度反应最为强烈，对 30 lx 和 40 lx 的光照强度反应逐渐减弱，这提示适宜光照强度的重要性。

Lewis 等（2008a）研究不同光照强度（25 lx、55 lx 和 71 lx）对肉种鸡性成熟和产蛋早期繁殖性能的影响，结果表明，随着光照强度的增加，肉种鸡的性成熟比例呈增长的趋势，产蛋数也随之增加。光照强度对产蛋期的繁殖性能影响并不显著（Lamia et al.，2009）。Renema 等（2001）研究增加光照强度刺激开始后，不同光照强度（1 lx、5 lx、50 lx 和 500 lx）对两个白壳蛋鸡品种（伊莎白和雪佛 2000）和两个褐壳蛋鸡品种（伊莎褐和雪佛 579）繁殖性能的影响，1 lx 和 500 lx 分别属于极暗和极明的光照环境，结果发现，50 lx 组的卵巢重显著高于 1 lx 和 500 lx 组，且 50 lx 组的开产时间也早于其他 3 组；1 lx 和 500 lx 对蛋鸡的繁殖性能存在限制作用，光照强度 1 lx 条件下的蛋鸡产蛋率和连产性降低，光照强度 500 lx 时会降低蛋壳质量，并快速降低产蛋高峰后期的连产性，而且低强度和高强度光照的危害在褐壳蛋鸡品种中更加明显，这反映了不同品种对光照强度变化的差异化反应。邱如勋等（1996）发现罗曼蛋鸡在 10～90 lx 光照强度下产蛋率和平均蛋重无显著差异。而潘琦等（2001）的研究发现 10.2 lx 光照强度饲养的罗曼蛋鸡的产蛋率高于 16.4 lx 和 6.8 lx，且死淘率最低。牛竹叶等（2000）比较 19.5 lx 和 9.51 x 光照强度对 8 个蛋鸡品种繁殖性能的影响，发现高光照强度会使罗曼和金彗星蛋鸡产蛋率增加，而宝万斯蛋鸡在 9.5 lx 时产蛋率更高。于江明（2016）研究 6～25 lx 光照强度对海兰灰蛋鸡繁殖性能的影响，发现光照强度在 20 lx 时，蛋鸡的产蛋量最高，血清 IgG 和甘油三酯（triglyceride，TG）水平高于其他组，表明 20 lx 光照强度条件下机体免疫调节能力更强，脂类代谢较好；而 6 lx 光照强度时鸡群羽毛覆盖率较差，对动物福利存在影响。综上可知，极端（过明或过暗）光照强度影响鸡的正常繁殖，但是不同品系的蛋鸡最适宜的光照强度可能各有不同，还有待于进一步研究。

7.4.3　光照周期对鸡繁殖性能的影响

畜禽养殖中的光照周期也称为光照制度、光照节律或者光周期，主要指控制光照时间及其变化的规律。种鸡和蛋鸡饲养周期长，不同阶段主要生理活动的差异使其对光照时长的需求也不完全一致。目前蛋鸡生产中所采用的光照周期大多为第 1 周每天光照 24～22h，第二周下降为 18～16h，第三周开始为 8h 或 9h，并一直维持至 18 周育成期结束。从第 18 周开始，光照时长每周增加 1h，后面每周增加 0.5h，直到光照时长 16h 为止，从而刺激其性成熟和开产一致，随后保持光照恒定不变直至产蛋期结束。产蛋期长光照对维持鸡的高产和稳产起关键作用。由于缺乏系统的研究，种鸡一般也参照蛋鸡的光照周期。育成期光照时长，刺激性成熟的时间、光照时长和强度，以及繁殖期的光照时长和强度是种禽光照周期管理的重要控制点。

1．育雏期光照周期对鸡繁殖性能的影响

对于蛋鸡和种鸡来讲，虽然育雏期和育成期不进行生产，但是此时期鸡的生长、发育和性成熟对于产蛋期繁殖性能的发挥具有关键作用。因此，育雏期和育成期的光照管理同样重要。对于初生雏鸡来讲，光照的作用主要是保暖和照明，使其熟悉周围环境，保证正常的采食和饮水，提高活力，刺激运动和食欲，提高育雏成活率。因此，育雏期每天光照时间较长。研究表明，雏鸡的下丘脑在 3 周龄时已经可以对光线产生反应，能够分泌促性腺激素释放激素（Dunn et al.，1990）。因此，无论是蛋鸡、蛋种鸡或肉种鸡，为避免光照刺激使鸡性早熟，育雏期的光照时长均采用递减式。

2．育成期光照周期对鸡繁殖性能的影响

对于育成鸡来讲，需要通过合理光照调控鸡的性成熟时间，使其体成熟后再性成熟，整齐开产，便于产蛋期管理。鸡 12 周龄后性器官发育很快，随着光照时间的延长，会促进育成期鸡只的性成熟。因此，育成期每天光照时长也应保持逐渐减少或恒定，避免鸡性早熟。与自然光照比较，育成期采取 8h 恒定光照能显著促进性成熟，并能提高种鸡受精率（Idris et al.，1994）。吕锦芳等（2009）的研究发现，19 周龄时，8h 的短光照组的卵巢指数显著低于 13h 的长光照组，育成期 8h 短光照组鸡群开产后 GnRH-I mRNA 的表达丰度显著高于 13h 长光照组。Han 等（2017）的研究发现，黄羽种鸡育成期采取恒定 8h 光照，*GnRH-I*、*FSH-β* 和 *LH-β* 基因表达水平以及 LH 和 FSH 激素水平在产蛋后期均高于 10h 或 12h 光照组，且 8h 的恒定光照的产蛋高峰维持时间更长。Lewis 等（2007）研究育成期 8h 或 14h 光照对 Ross、Cobb 和 Hybro 肉种鸡繁殖性能的影响，发现恒定 8h 光照组的开产时间更早，产蛋多。育成期过度减少光照会对肉种鸡行为活动和生理代谢造成影响，进而抑制性腺发育。

关于光照周期对种公鸡繁殖性能的研究相对较少。从 15 日龄起在 9L∶3D∶5L∶7D 光照周期下饲养的种公鸡比自然光照下的种公鸡在性成熟前后的血浆睾酮含量、精液品质、睾丸重、睾丸曲细精管直径和生精上皮厚度，以及生精细胞数量等能衡量公鸡生殖状态的相关指标都有显著提高。先减后增的渐变光照周期下饲养的黄羽肉种鸡睾丸重量、鸡冠大小和睾酮水平都高于连续光照和间歇光照（Sun et al.，2017）。Renden 等（1991）的研究发现，肉用种公鸡在育成期每天接受 4h 或 8h 的光照时长，其性成熟最快，睾丸重和精液量优于其他光照组。但 Yalcin 等（1993）的研究发现，4h 光照反而推延了种公鸡的性成熟，并对精液量和精液浓度无显著影响。上述研究表明，育成期恒定短光照是保证鸡对光照刺激具有良好反应能力的基础。同时，由于公鸡和母鸡的生理结构和种用方向不同，饲养管理中的光环境控制应差异化对待。

3．光照刺激的时间对鸡繁殖性能的影响

母鸡从短光照条件转入到长光照时，光信号可以刺激促性腺激素分泌，从而启动产蛋。开产时间早晚对整个产蛋期的产蛋量有重要影响。此外，为达到整齐开产，可以在性成熟关键时期，通过同时加强光照强度和延长光照时长的光照刺激方式实现。光照刺激的早晚一定程度上可以决定性成熟的快慢。生产中高产蛋鸡多在 18 周龄光照刺激。Silversides 等（2006）发现，蛋鸡 20 周龄光照刺激的开产时间显著晚于 18 周龄光照刺激。也有研究显示，16、18、20 和 22（周龄）光照周期对北京油鸡繁殖性能的影响，发现随着光照刺激时间的推迟，各处理见蛋日龄和开产日龄也显著推迟。22 周龄光照刺激组的见蛋时间和开产时间晚于其他 3 组；20 周龄和 22 周龄光照刺激组从光照刺激至开产的间隔时间短于 16 周龄和 18 周龄；22 周龄光照刺激组的产蛋率有高于 18 周龄的趋势。

从卵黄的形成和主要成分来看，卵黄沉积主要在排卵前的 10d 左右进行。卵黄中 65%的固体成分是脂蛋白复合体（极低密度脂蛋白），其中 88%为脂类，促进繁殖性能的激素也主要是脂类，因此，母鸡开产前脂类的沉积是非常必要的（Joseph et al.，2002）。Renenma 等（2007）发现，种鸡 22 周龄光照刺激组的腹脂率显著高于 18 周龄。但 Pishnamazi 等（2014）和 Robinson 等（1996）并未发现光照刺激时间对鸡腹脂率存在影响。

提前性成熟导致蛋壳质量下降以及闭锁卵泡发生率增加（Lewis et al.，2002），因此，光照刺激时间对蛋品质可能也有一定的影响。Renema 等（2007）的研究发现，22 周龄光照刺激组的初产蛋重显著高于 18 周龄。光照刺激时间较早的肉种鸡产蛋中后期的平均蛋重较小（Pishnamazi et al.，2014）。但是光照刺激时间对蛋品质的影响也因品种而异。例如，Zuidhof 等（2007）以 Ross 和 Hubbard 种鸡为对象，发现光照刺激时间对产蛋初期软壳蛋数和蛋壳畸形蛋数无显著影响。

光照刺激性成熟的时机很重要，一般在体成熟后进行。如果在体成熟前进行光照刺激，饲料营养用于产蛋储备和脂肪沉积，体成熟变缓。光照刺激数周后，即使达到体成熟，鸡只处于光失敏状态，对长光照不再具有反应能力，达不到刺激性成熟的效果（石雷等，2017）。胸肌发育、腹脂沉积和肝脏重量等指标一定程度上能够反映鸡的体成熟状况。光照刺激前均需评估胸肌发育和腹脂沉积，确保光照刺激时已经完成体成熟。Robinson 等（2007）发现 18 周龄光照刺激组 Ross 肉种鸡的输卵管重和卵巢重显著大于 22 周龄鸡。Robinson 等（1996）发现，光照刺激周龄对肉种鸡性成熟前的卵巢重、肝脏重、腹脂重和胸肌重影响显著，但该差异在性成熟后即消失。但 Melnychuk 等（2004）的研究发现，在 24 周龄接受光照刺激的 Cobb 肉种鸡性成熟时的输卵管和肝脏更重，腹脂较多。

实际生产中，种用公、母鸡多混合饲养于同一鸡舍，因而接受相同的光照周期，公鸡繁殖性能的光调控机制和应用研究相对较少。Tyler 等（2011a）研究 Ross 种公鸡分别在 8、11、14、17、21 和 23（周龄）光照刺激对其繁殖性能的影响，发现各处理性成熟时间无显著差异，第一次产生精液的时间均在 164～172d；14 周龄后，公鸡对光照刺激存在反应，且随着光照刺激的推迟，睾丸发育也推迟，这一趋势与母鸡相似，但公鸡的性成熟时间早于母鸡。研究表明，8 周龄接收光照刺激、能够产生精液并有鸡冠发育的种公鸡，与没有发现相关变化的公鸡对比，其后代母鸡的性成熟时间更早，后代公鸡的睾丸发育更快。这一效果在肉种鸡更为明显。

4. 产蛋期光照周期对鸡繁殖性能的影响

进入产蛋期的递增式光照周期以及后期长光照时间的维持对于母鸡产蛋性能的稳定

发挥具有重要作用。Wang 等（2009）的研究发现，在自然光照条件下进行人工补光措施，使每天的光照时长达到 12.0～13.5h 可显著提高产蛋率，且补光组产蛋率主要在 11 月至第 2 年 2 月高于自然光照组，这一阶段正是自然光照组光照时间逐渐变短的阶段。较多的研究聚焦在产蛋期固定光照时长的变异对繁殖性能的影响。FSH 和 LH 是维持母鸡产蛋性能的重要性激素。研究发现，将鸡从 8L∶16D 的光照转变为 10.5L∶13.5D 或 12.75L∶11.25D 的光照周期时，血浆 LH 均会成比例增加。但黄仁录等（2007）的研究并未发现 FSH 和 LH 的激素分泌与产蛋期光照时长的正相关关系。在产蛋期增加光照时长可以提高产蛋量，但过度延长每天的光照时间也会增加蛋鸡肝脏的负荷。目前，在实际生产中蛋鸡或蛋种鸡产蛋期多采用 16h 的光照时长。

产蛋期给予间歇光照周期也影响蛋鸡的产蛋性能。间歇光照周期是指在连续照明期间给予鸡一定时间的黑暗时间。例如王飞（2010）研究蛋鸡产蛋期给予间歇光照对繁殖性能的影响，发现间歇光照周期 2L∶4D∶8L∶10D 和 8L∶4D∶2L∶10D 与对照光照周期 14L∶10D 相比，开产日龄、全期产蛋率和耗料量差异不显著。

光照不应性指家禽对最初诱导或维持其生产性能的光照周期无反应的特性。光照不应性的主要特点是常光照条件下产蛋量逐渐减少。随着产蛋量的减少，垂体逐渐不能对 GnRH 发生反应而释放促性腺激素，有时促性腺激素也会降低到不能维持性腺机能的程度。蛋鸡中光照不应性比较少，而肉种鸡和没有被选育产蛋性能的鸡品种中较多存在光照不应性的情况。例如，Lewis 等（2008b）研究 Cobb 肉种鸡产蛋期光照时长与 LH 上升的响应曲线，发现在 20 周龄时给予每天 9.5h 的光照刺激，LH 水平开始上升；每天 11.5h 光照时长的 LH 水平上升速度最快，13h 时曲线却趋于平稳。Floyd 等（2011）的研究发现，Cobb 种公鸡 20 周龄后维持 8、9、9.5、10、10.5、11、11.5、12、12.5、13、14 和 18（h）光照时长对性成熟、鸡冠面积和正常精子活力均无显著影响，但维持 8～11h 的光照时长，其精子密度最高，随着光照时长的增加，精子密度逐渐下降；睾丸重量随着光照时长的增加也逐渐降低，这可能也是种公鸡光照不应性的表现。在蛋鸡的生产后期通过延长光照时长来维持繁殖力的常规做法在肉种禽上可能不适用，反而会起到相反的效果。例如，在 Ross 种公鸡 40 周龄左右增加光照时间进行 2 次光照刺激，导致种公鸡睾丸重量和睾酮浓度显著下降。种母鸡在产蛋中期增加光照时间对产蛋数和蛋重均没有显著影响（Joseph et al.，2002）。因此，光照周期对肉种禽的影响比蛋鸡的更复杂。

通常生产和研究中的光照周期都是以 24h 的自然光照周期作为基本周期，长于或者短于 24h 的光照周期被称为非自然光照周期。大多数母鸡的卵泡成熟时间为 25h，但实际选育中发现，采用短于 24h 的非自然光照周期可以加速母鸡卵泡发育。短于 24h 的常用非自然光照周期有 14L∶9D、14L∶8D 或 14L∶7D。长于 24h 的常用非自然光照周期（28h 或 27h 为周期）有 14L∶14D、14L∶13D 或 18L∶9D 等的光照周期。鸡的排卵—产蛋周期为 25～27h，所以在一个连产序列中，产蛋时间会逐步后移，当后移至下午时，就会造成连产的中断，在一天或者数天的间歇后再开始一个新的产蛋序列。非自然光照周期的提出，使母鸡的繁殖节律在此光照周期下能够得到较好的同步，更接近蛋的形成时间。Proudfoot（1980）研究发现，27h 和 24h 两种光照周期及其对应的间歇光照周期并不会影响种鸡的性成熟、产蛋数和饲料转化率，但 27h 光照周期能提高蛋重。Hawes

等（1991）研究也发现，蛋鸡采用 26h 光照周期产蛋率比 24h 光照周期低，但蛋重上升。Boersma 等（2002）发现 28h 光照周期能增加肉种鸡产蛋后期（47 周龄）的蛋重，但产蛋量下降快，不合格蛋较多，蛋壳质量变差。

7.4.4　光照波长对鸡繁殖性能的影响

波长是光线的重要属性之一，视网膜受不同波长可见光的刺激产生了不同颜色的感知，不同颜色对应不同的波长值。禽类具有优越的视觉机能，能够区分不同的颜色，接受不同光色刺激后其活动、精神和采食等行为受到影响。不同波长的光线还作用于视网膜和松果体等光感受器，影响机体内分泌从而影响繁殖性能。不同波长光的穿透力不同，这可能是不同光色产生差异性能的根本原因。例如在鸡上，长波长（波长大于 650nm）的光穿透颅骨到达下丘脑的穿透效率比短波长光（400～450nm）高 20 倍（王怀禹，2009），更容易被下丘脑光感受器接收。Mobarkey 等（2010）研究视网膜和外视网膜接受光刺激对 Cobb 种鸡行为的影响。其中视网膜的光受体对绿光的刺激很敏感，能够抑制鸡的生殖行为，而外视网膜的光受体对红光的刺激敏感能够促进其生殖行为，而且与绿光相比，红光组 GnRH-I 水平及产蛋量更高。Reddy 等（2011）发现 62～70 周龄白来航母鸡红光组血浆中 GnRH 和 LH 浓度均高于蓝光组，且间歇性停产的发生率较低。额尔敦木图等（2007）的研究指出 LED 蓝光通过影响 FSH 与 LH 的浓度，使海兰褐蛋鸡产蛋高峰期的持续时间延长（23～35 周龄），一定程度上增加了产蛋量，且料蛋比最低，白光组产蛋高峰期最短（23～29 周龄）。Min 等（2012）在海兰褐蛋鸡的研究中发现，与白炽灯、白色和红光 LED 灯相比，蓝光组的开产时间显著推迟，而红光组的开产时间显著早于白炽灯组和蓝光组，产蛋数也高，而且采食量也最高，但是 41～50 周龄蓝光组蛋重显著大于白光和红光组。Gongruttananun（2011）在泰国地方鸡开产前 14～18 周龄采用不同颜色光处理，发现红光组开产早于白炽灯组，蓝光组开产晚于白炽灯组。而 Lewis 等（2007）的研究发现育成期和产蛋期的白光组和绿光组中罗曼白蛋鸡开产日龄、产蛋量以及蛋品质不存在差异。蒋劲松（2013）从黄羽种鸡 1 日龄时开始进行不同的光处理，结果也发现不同光色处理组间鸡的开产日龄不存在显著差异，但黄光组畸形蛋率显著小于其他各组。王小双（2014）继续研究不同光色对二代种鸡畸形蛋和软壳蛋的影响，却发现黄光组的畸形蛋最多。

光波长对公鸡繁殖性能的影响，与母鸡相关结果存在一定差异。李云雷等（2015）的研究发现红光可以促进睾丸增重。在同等能量水平下，长波长的光比短波长的光所含的光子更多，这可能是长波长的红光对繁殖性状的刺激作用较短波长的蓝光和绿光更显著的主要原因。此外，红光能够增加下丘脑视觉受体蛋白和 GnRH 的表达，促进松果体和下丘脑光感受器合成和分泌 MLT 和 GnRH，而绿光会增加血清素分泌，导致 GnRH、LH 和 FSH 的 mRNA 表达减少和相关激素分泌量下降，从而抑制种禽繁殖性能。但也有一些研究的结果相反，认为短波长的光对公禽的繁殖性能有更好的刺激所用。王小双（2014）的研究结果表明白、黄光下的种公鸡睾丸发育早于蓝、绿光，且睾丸比重较大，绿光组在生长后期睾丸比重增大，红光组的精液品质最差。Rozenboim 等（1999）研究发现光色能够影响公鸡血液睾酮浓度进而影响鸡的生长和繁殖性能，其中蓝、绿光促进睾酮分泌。王小双的研究也发现蓝光组二代种公鸡血浆睾酮浓度最高。

光波长对蛋鸡繁殖性能的影响尚无统一的结论。原因之一可能是由于前期关于光波长的研究存在弊端。首先，试验光源的选择很多是商品化的灯具，虽然从人类视觉看起来是特定颜色的光，但是实际上其发散的光谱范围很宽。不同试验所用同一种单色光的波段范围并一致，往往与波长相近的其他单色光有不同程度的波段重叠。其次，由于人和禽类对各波长的光的敏感性存在差异，在人类看来强度一致的光照，对禽类的影响可能差异较大，因此光波长的效应有可能被光照强度效应所混淆和干扰（孙研研等，2017）。关于光色效应的研究多选用白炽灯、荧光灯或者白色 LED 灯等光源作为对照光源。大部分的研究结果都表明其对繁殖性能的促进作用优于单色光。这可能主要是由于白光是一种复合光谱，是各种波长光的综合。LED 灯是目前最具潜力的新型节能清洁光源，在家禽养殖中广泛推广之前，已有较多研究。根据单色光的效应，一些针对蛋鸡、肉鸡、种鸡的家禽专用 LED 灯已出现，并在研究中继续应用和验证其效应。例如，研究发现与白炽灯、LED 灯相比，虽然采食量并未受光源的影响，但育成期的母鸡更倾向紧凑型荧光灯的环境。Long 等（2016）的研究表明白炽灯、紧凑型荧光灯和冷白型 LED 灯对 ATAK-S 蛋鸡的性成熟体重、采食量和饲料转化效率、产蛋量和蛋品质均无显著影响。研究还表明饲养于暖白型荧光灯和家禽专用 LED 灯等的蛋鸡的蛋重、产蛋量、饲料利用率和病死率也没有显著差异。Liu 等（2018）在海兰蛋鸡的研究表明饲养于偏蓝色的 LED 灯的育雏期鸡的体重与暖白型荧光灯没有显著差异，而且蛋鸡更偏向于荧光灯的饲养环境（Ma et al.，2016）。

光照是生物体重要的生活环境因素之一。禽类具有优越的感光机能，光线通过其光感受器被感知，并转变为生物学信号，继而在生长发育、繁殖和行为等方面产生影响。光照强度、光照周期和波长是光照因素的 3 个重要参数，在现代家禽生产中，人工优化光照参数已成为提高家禽生产性能的一项重要环境管理手段。关于 LED 灯光谱优化的研究近年才兴起，虽然截至目前的研究结果并未提示其在繁殖性能方面具有优于荧光灯的趋势，但因为 LED 灯具有光谱可设计的优势，仍具有进一步研发的空间。

7.5 生物钟对蛋鸡排卵产蛋过程的调控

蛋鸡的排卵—产蛋循环具有明显的节律性和环境适应性。在解剖学和生理学上，家禽与哺乳动物有很大的不同，性成熟的蛋鸡卵巢内含有大量的各种级别和各种状态的卵泡。卵泡的成熟、排卵和蛋的形成是多组织、多过程、多层次参与的生理事件，在此过程中，不同生理过程在时间上的吻合显示了机体自身以及机体与环境之间的协调统一。已有的研究表明，内分泌激素的生成、禁食/采食、葡萄糖和脂质代谢、体温的维持等一系列的行为和生理过程都有生物钟参与调控（Larrondo et al.，2015）。生物钟可使生物体预见环境的改变，从而调整它们的行为和生理机能来适应每天的环境变化。在哺乳动物中，中枢生物钟位于下丘脑前段的视交叉上核（SCN），外周生物钟（peripheral clock）几乎遍布全身各组织器官。中枢和外周生物钟组成一个有等级梯度的生物钟系统，它们既相对独立又互相联系，共同维护机体各项生命活动的协调一致。哺乳动物的中枢生物钟只有一个，即 SCN，而禽类的中枢生物钟至少位于 3 处，分别是松果体、视网膜和 SCN

(Gwinner et al.,2001)。禽类和哺乳动物的生物节律的分子机制高度保守(Cassone,2014)。本节从昼夜生物钟系统切入，整合生命过程中的节律现象，全面解析排卵—产蛋这一复杂又特殊的生理过程。探索生物钟系统在蛋鸡生殖系统中的调控作用对于提高蛋鸡产量、揭示生物体对外在环境的适应机制具有重要意义。

7.5.1 生物钟通过 HPG 轴调控排卵

动物的生殖系统发育和功能维持受 HPG 轴的调控。HPG 轴启动后，首先，下丘脑合成分泌 GnRH；其次，GnRH 与受体结合，刺激垂体释放促性腺激素，包括 LH 和 FSH；最后，促性腺激素激活性腺的发育和类固醇激素的分泌，如雌二醇和睾酮。下丘脑、垂体、性腺在中枢神经系统的调控下形成一个封闭的自动反馈系统，三者相互协调、相互制约使动物的生殖分泌系统保持相对稳定。

排卵最主要的诱发因素来自垂体的 LH 峰。LH 峰的释放可以追溯到上游 GnRH 峰的生成，GnRH 峰的定时性释放在多种动物中都有过报道。早期研究发现，切除 SCN 后性腺轴上的激素失去正常状态时的昼夜节奏性，并且扰乱了排卵的正常发生，这证明 SCN 参与排卵调控。SCN 处衍生出两种神经元直接连接到 GnRH 神经元（Smith et al.，2000），其中一种神经元——前腹侧室周核（AVPV）神经元是雌激素反馈信号与昼夜节律信号的汇合点，即 AVPV 不仅受 SCN 昼夜节律性调控还可接受性激素的反馈性调控，使下游的 GnRH 峰表现为在特定时期（由生物钟调控）雌激素触发（由性激素反馈性调控）的现象（Kyriacou，1990）。除 SCN 外，禽类另一处中枢，即生物钟——松果体合成分泌的 MLT 会直接作用于促性腺激素抑制激素（GnIH）神经元并调控 GnIH 的生成，GnIH 既可以作用于 GnRH 神经元又可直接作用于垂体，从而抑制 LH 峰的生成。

中枢生物钟可以直接感受外部环境信号的刺激，并通过下游的神经内分泌系统向相应的靶组织传递输出信号（Berson et al.，2002）。所以说，外周生物钟接受中枢的同步化信号来维持生物节律。卵巢中存在外周生物钟已经在多个物种被报道(Sellix et al.,2010)，但是卵巢是一个多组分的复杂组织，禽类尤其如此。研究发现，蛋禽排卵前卵泡的颗粒细胞受生物节律的直接调控，并在 F1 中节律震荡最为强烈（张志超，2016）。LH、FSH 都可以影响小鼠卵巢颗粒细胞中生物钟基因的表达（Chen et al.，2013；Chu et al.，2012），而在禽类的研究发现，只有 LH 具有同样的作用（Tischkau et al.，2011）。

光照是影响动物繁殖的主要环境调控因子（Olanrewaju et al.，2006），光信号通过颅骨和视网膜，通过一系列神经信号传导引起下丘脑 VIP 和 PRL 分泌上升，最终通过影响下丘脑 GnRH 和垂体 FSH 和 LH 来调控繁殖活动。禽类的繁殖活动对光照是很敏感的，将成年家雀由 16L∶8D 的光照环境转移到 13D∶11D 后，下丘脑视前区和正中隆起的 GnRH 神经元与神经纤维增多，表明鸟类下丘脑 GnRH 的表达受光照时间的影响。长光照使鸟类脑内的 GnRH 表达以及外周血中 LH 和 FSH 的含量显著下降(Rani et al.,2001)。光照周期也能引起家禽 PRL 的分泌和浓度的改变（Johnston，2004），随着光照时间的增长，处于繁殖期的家禽 PRL 分泌不断上升（Sharp et al.，2003）。上述研究表明，光信号通过调控生物钟影响 HPG 轴，从而调控机体的繁殖活动。

7.5.2　生物钟整合能量/物质代谢调控产蛋

除受 HPG 的神经内分泌调控外，蛋鸡的排卵—产蛋过程还受机体能量代谢的影响。卵泡吸收的卵黄来源于肝脏合成的卵黄前体物质——极低密度脂蛋白（very low density lipoprotein，VLDL）和卵黄蛋白原（vitellogenin，VTG）。肝脏合成卵黄前体物质后，经血液转运至卵巢。卵泡中的初级卵母细胞不断聚集卵黄，使卵泡体积增大，经成熟分化后排出。蛋形成时分泌大量的卵清蛋白并动员大量的钙形成蛋壳，营养或钙的缺乏可能会延长该过程。研究也发现，在能量缺乏时（禁食状态或采食基础饲粮），应激激素抑制卵泡发育和产蛋性能；而在能量充足时（饲喂状态或采食高脂饲粮），这种作用会减弱（Wang et al.，2013）。这表明蛋鸡的卵泡发育和产蛋性能与机体的能量状态有关。研究发现，产蛋鸭卵巢的生物钟基因表达水平与产蛋量密切相关（Tao et al.，2017），产蛋鸡漏斗部（捕获蛋黄的部位）和子宫部（形成蛋壳的部位）的生物钟基因 *Bmal1*、*Clock*、*Per2* 和 *Per3* 在排卵过程中发挥了重要作用（Zhang et al.，2016）。

1. 生物钟调控能量摄入

随着一天中能量需求的波动，动物的采食行为也呈现节律性。研究发现，几乎 80% 的食物消耗于小鼠活跃的夜间。禽类胃肠道相对较短，食糜通过消化道速度较快，因此，禽类有频繁采食的习性，其累积采食量较高。自然光照下，鸡采食高峰发生在清晨和黄昏。通过调整光照改变昼夜节律，能够调节鸡的采食量，这表明生物体的生物钟基因调控食欲和采食行为。研究证明，中枢和外周的生物钟基因 *Bmal1* 能够调控食欲调节系统（Fick et al.，2010；Kettner，2015）。穹隆周区和下丘脑背内侧核的食欲素（orexin）神经元具有昼夜节律性活动（Estabrooke et al.，2001），穹隆周区 orexin 神经元受视交叉上核谷氨酸能和 γ-氨基丁酸能神经元的支配，而视交叉上核同时也是生物钟的中枢调节部位；进一步研究证明，orexin 神经元还参与睡眠/觉醒周期、食欲、自主神经活动以及昼夜节律性的调节（Floyd et al.，2011；Kalsbeek et al.，2010）。鸡与哺乳动物的 orexin 同源性很高（Yan et al.，2011）。在哺乳动物中，瘦素在机体食欲调控和能量代谢中发挥重要作用，敲除 SCN 会破坏瘦素表达的节律性（Kalsbeek et al.，2006）。小鼠敲除生物钟基因 *Bmal1* 后导致瘦素的分泌和基因表达发生改变（Kennaway et al.，2013）。敲除生物钟基因 *Clock* 后，与食欲调控有关的神经肽 orexin 和胃饥饿素 ghrelin 的 mRNA 表达水平均下降（Adamantidis et al.，2009）。

代谢物和进食行为也可以反过来调控生物钟（Asher et al.，2015），其中进食时间可能比食物组分更重要（Vetter et al.，2017；Wehrens et al.，2017）。在不活跃的光照时期给予小鼠食物，此时能量消耗低、呼吸交换率高，导致生物时钟的不同步以及代谢紊乱（Bray et al.，2013）。采食时间的改变使外周生物钟基因与中枢生物钟基因表达的相位发生解偶联（Vetter et al.，2017）。对丧失了基本生物节律的小鼠在特定的时间给予食物，可以恢复其肝脏中某些基因表达的节律性（Vollmers et al.，2009）。对鸡的研究发现，限饲能够改变鸡的生物节律和活动（Nielsen et al.，2003）。采食时间和采食行为对生物钟的影响可能是通过一些与食欲调控和能量代谢相关的细胞因子实现的。研究发现，食物消耗可能通过 AMPK 改变生物钟基因的表达，AMPK 作为细胞能量感受器，缺失时将导致肝脏中生物钟基因 *Cry1* 的稳定性和时钟节律性消失（Lamia et al.，2009）。此外，食物还可能通过瘦素影响生物钟。小鼠肝脏和脂肪组织中缺失瘦素，其正常活动和时钟基因表达节律减弱（Ando et al.，2011），瘦素受体缺失的小鼠在脂肪组织中也表现出生物钟基因功能损伤（Caton et al.，2011），而补充瘦素能够恢复生物钟的功能并改善代谢指标（Ando et al.，2011）。

2. 生物钟调控能量代谢

生物钟可以调控机体多种代谢途径，有效调节整个代谢过程及相关信号以及组织的代谢功能。研究发现，能量代谢活跃的外周组织如肝脏、骨骼肌、脂肪组织中约有 5%～10%的基因都呈节律性表达，并且具有明显的组织特异性（Zvonic et al.，2006）。与能量代谢相关的激素，如胰岛素、脂联素、肾上腺糖皮质激素、瘦素等（Kalsbeek et al.，2006），能量代谢相关酶（Froy，2007）以及与糖脂代谢相关的核受体大多也呈节律性表达（Yang et al.，2006）。禽类的血浆葡萄糖、甘油三酯和肌酐也呈现明显的昼夜节律性（Herichová et al.，2004）。生物钟基因在上述代谢过程中发挥着重要的调控作用，在与卵泡发育密切相关的脂质稳态调控中，*Clock* 和 *Bmal1* 扮演重要角色。Zvonic 等（2006）的研究表明，20%以上的小鼠脂肪转录组表达受昼夜节律性调控。机体通过调节 *Clock* 和 *Bmal1*，能够驱动脂肪代谢关键酶 ATGL 和 HSL 的节律性表达（Shostak et al.，2013），使循环中游离脂肪酸水平保持节律性（Paschos et al.，2012）；*Bmal1* 的 mRNA 水平在脂肪分化的过程中高度表达（Shimba et al.，2005），通过激活视黄酸相关孤儿核受体 α（retinoid-related orphan nuclear receptor a，RORα）调节骨骼肌的脂肪生成和贮存（Lau et al.，2004），在 *Bmal1* 全身性敲除的小鼠中，瘦素、脂联素、抵抗素等脂肪细胞因子的分泌和基因表达均发生改变（Kennaway et al.，2013）；*Clock* 突变的小鼠比正常小鼠更胖，并伴有高血脂、脂肪肝等症状，这主要归因于脂肪的沉积和脂肪细胞肥大（Turek et al.，2005）。鸡的研究也发现，生物钟影响脂肪合成（Garbarino-Pico et al.，2004），与脂肪合成密切相关的转录因子胆固醇调节元件结合蛋白（sterol regulatory element binding protein，SREBP）及其下游的靶基因，也受光照和生物钟的调控（Hatori et al.，2011）。

生物钟对代谢过程的调控通过以下方式实现：①调节代谢途径中重要限速酶的表达。如胆固醇生物合成的限速酶 HMG-CoA 还原酶的激活呈现节律性（Cretenet et al.，2010）。②整合核受体和营养信号蛋白。如过氧化物酶体增殖物激活受体 α（PPARα）是脂肪代谢主要调节因子，生物钟基因 *Clock* 和 *Bmal1* 能够结合到 PPARα 启动子的 E-box 上，直接调节 PPARα 的表达（Canaple et al.，2006）；生物钟基因 *Per2* 与核受体 REV-ERBα 相互作用从而调控肝脏糖代谢（Schmutz et al.，2010）；生物钟基因 *Per3* 通过结合到 PPARγ 的靶位点来抑制其表达，从而阻碍脂肪生成（Costa et al.，2011）。③调节代谢感受器和代谢物。Minami 等（2009）的研究表明，数百种代谢物的含量水平在小鼠胞质中表现出昼夜振荡，包括磷脂、氨基酸和尿素循环的中间产物；AMPK 是细胞能量状态的感受器，在小鼠的肝脏、下丘脑等组织中，AMPK 的活性也是有节律的（Um et al.，2011）。

另一方面，能量代谢也可以反过来调控生物钟。如 PGC-1α 受控于生物钟，反过来又可调控生物钟，是连接生物钟和能量代谢的重要调控因子（Rodgers et al.，2005）。核受体 PPARα 能够结合到 *Bmal1* 启动子的 PPARα 反应元件上，调控 *Bmal1* 的表达（Canaple et al.，2006）。能量感受器 AMPK 可以通过磷酸化 Cry1 来调节生物时钟（Lamia et al.，2009）。一些原本是生物钟的输出信号，也可作为后续时钟循环的输入信号，如 cAMP 和 NAD^+（Nakahata et al.，2009）。

此外，体内的能量状态也可以通过代谢信号反过来作用于生物钟。研究发现，营养水平直接影响 SCN 的时相。给予高脂饲料的小鼠，其生物节律发生改变，自发活动周期延长（Sakkou et al.，2007）。高胆固醇饮食不影响肝脏中生物钟基因（*Per2* 和 *Bmal1*）以及钟控基因（*Dbp* 和 *E4bp4*）的节律性表达，但会使生物钟控制基因 *Pai-1* 的表达量上升（Kudo et al.，2004）。高脂饮食能够显著抑制小鼠脂肪组织中生物钟关键基因 *Clock*、*Bmal1* 及 *Per2* 的表达（Kohsaka et al.，2007）。饲喂低能饲料的鸡，其生物节律发生改变，活动减少（Nielsen et al.，2003）。PGC-1α 和 PPARα 是连接生物钟和能量代谢的重要调控因子（Canaple et al.，2006），因此，推测代谢物和进食行为对生物钟基因的影响可能是通过 PGC-1α 和 PPARα 实现的。

近年研究发现，在生物钟和能量代谢的互作网络中，肠道微生物扮演了重要角色（Asher et al.，2015）。由大量微生物菌群组成的肠道微环境参与机体的免疫调控及能量代谢等生理过程（Suzuki，2013）。肠道内的微生物与宿主相互作用，共同维持机体动态的生物平衡。研究发现，肠道微生物也会受生物钟的调控，这些肠道微生物的生物节律与其宿主具有同步性（Rosselot et al.，2016）。研究发现，在大鼠活跃的暗周期，肠道微生物主要负责消化营养物质、修复并延伸其 DNA；在大鼠不活跃的亮周期，肠道微生物主要参与排毒、感知环境信号、长出鞭毛辅助移动等进程。进一步研究发现，肠道微生物的这种节律性与生物钟基因 *Per1/2* 的调控有关（Thaiss et al.，2014）。肠道微生物的区系和多样性均具有生物节律（Zarrinpar et al.，2014），并且会影响机体代谢物、肝脏转录组和解毒功能的生物节律（Thaiss et al.，2016），影响肝脏功能的节律性（Montagner et al.，2016）。高脂饮食能干扰肠道微生物的这种节律，反过来对肠道微生物的节律进行调控能改善因高脂饮食导致的肥胖（Leone et al.，2015）。因此，肠道微生物能同时响应并调控生物钟和能量代谢过程。

3. 生物钟调控钙代谢

蛋壳的主要成分是碳酸钙，蛋鸡可从骨组织中动员 8%～10%的钙用于形成蛋壳，所以钙在骨组织中的动员和在蛋壳腺中的沉积对蛋的形成非常重要。鸡蛋蛋壳的形成具有明显的生物节律，蛋壳形成的最活跃时期常处于光照周期的黑暗阶段。骨代谢的平衡也与生物钟基因的调控和支配有关，成骨细胞具有生物钟基因，其增殖活性表现为明显的昼低夜高的 24h 节律变化，这表明机体钙代谢是受生物钟调控的。

松果体作为禽类的中枢生物钟之一，其分泌的 MLT 在主导生物节律、调控骨的代谢平衡和钙代谢方面具有重要作用。MLT 可以直接作用于破骨细胞、成骨细胞及直接调节钙代谢平衡或者通过增加非快动眼睡眠时相，增加生长激素的分泌，从而间接影响骨代谢。研究表明 MLT 可通过介导降钙素、甲状旁腺激素（parathyroid hormone，PTH）及雌激素分泌来调节体内钙代谢（Ladizesky et al.，2003）。Cutando 等（2011）的研究发现骨髓细胞中含有高浓度的 MLT，并对骨髓细胞增殖有积极作用。骨髓的 MLT 水平为夜间血浆 MLT 水平的 2 倍。对蛋鸡的研究也发现，MLT 能调节钙的分配，影响骨强度和蛋壳重量（Taylor et al.，2013）。除 MLT 外，PTH 也是与钙代谢相关激素中研究最多的激素之一。在生理情况下，PTH 的分泌具有昼夜节律性，高峰出现在 0:00～6:00。PTH 对钙代谢的影响主要表现为节律的紊乱，用磷酸盐或钙制剂进行时间疗法可以调整内源性 PTH 激素的昼夜节律，钙代谢紊乱也随之显著改善（Fraser et al.，2004）。在产蛋期尤其是产蛋后期，产蛋鸡对钙的需要量增加，夜间补充光照和补充饲喂次数有利于鸡群在形成蛋壳期间摄取饲料中的钙，提高产蛋率、改善蛋壳质量（刘俊美，2006）。

综上所述，营养—生物钟—能量代谢，三者之间相互作用，使生物体适应环境的能力增强，能量利用达到最优。因此，可以通过调整进食时间和食物组分（如饲料能量水平和钙水平），改变能量代谢，从而调节生物钟的功能。

本节从光照和营养两种因素入手，阐述生物钟在神经内分泌、能量摄入和能量代谢中的调控作用，揭示蛋鸡的排卵和产蛋机制。首先，光信号通过调控生物钟影响 HPG 轴，从而调控机体的繁殖活动。在光信号刺激下，位于禽类 SCN 和松果体的中枢生物钟作用于下丘脑，使下丘脑定时性释放 GnRH 和 GnIH，GnRH 和 GnIH 继而作用于垂体调节释放促性腺激素 LH 和 FSH，卵巢中存在的外周生物钟接受中枢的同步化信号来维持生物节律，促使禽类的卵泡成熟和定时排卵；其次，中枢和外周的生物钟基因能够调控食欲调节系统，影响能量摄入；再次，生物钟能够通过调控代谢过程中重要限速酶的表达、整合核受体和营养信号蛋白、调节代谢感受器和代谢物、影响肠道微生物等途径来调节能量代谢，影响卵黄前体物质的合成、转运和沉积；最后，禽类松果体分泌的 MLT 可通过介导降钙素、PTH 及雌激素分泌，节律性地调节体内钙代谢，影响蛋壳的形成。能量摄入的时间和行为、机体能量代谢和能量状态也可以通过 AMPK、PPARα 等一些与食欲调控和能量代谢相关的细胞因子反过来调控生物钟。营养—生物钟—能量代谢三者之间相互作用，使生物体适应环境的能力增强，能量利用达到最优。

7.6 光照对反刍动物生产和繁殖的影响及其机制

光照是家畜生产和繁殖的一个重要环境因素，是畜禽环境的重要组成部分。光照可分为自然光照和人工光照，在自然光照下，一昼夜 24h 为一个光照周期，光照时间为明期，无光照时间为暗期；人工光照时，灯光照射时间为光照时间，其信号可通过视网膜将神经冲动传递给下丘脑视交叉上核（SCN），然后经过室旁核（PVN），最后传递到松果体（pineal gland，PG），促使松果体分泌褪黑素（MLT），进而影响家畜的生理机能和生产性能。光照是家畜保持良好生殖状态不可缺少的条件，对于反刍动物而言更为重要。

7.6.1　光照对奶牛、绒山羊增重的影响

反刍动物活动受纬度影响较大。研究显示，人工长光照可以促进中低纬度地区新生羊体重增长和增加血液中 IGF-1 浓度；在高纬度地区，关于光照对反刍动物生长发育的影响还存在争议。贾志海（1994）发现，在相同的饲喂情况下，短日照显著提高绒山羊日增重，可能是由于黑暗环境减少绒山羊活动量，降低消耗。郭礼祥等（2012）的研究发现光照周期对平均日增重没有显著影响，但缩短光照时间有提高平均日增重的趋势。但据韩迪等（2013）的报道，缩短光照时间对绒山羊日增重有降低趋势，但差异不显著。同样，赵超（2014）的研究表明，自然光照组与短光照组绒山羊体重无显著差异，但长光照组体重明显低于自然光照组。对于肉用羊生长性能的影响还需开展进一步的研究。

光照周期对牛体增重的影响较为一致，即长光照周期（16L∶8D）会增加牛平均日增重。在出生到 8 周龄的犊牛中，长光照周期可以增加平均日增重；同样，长光照周期可以显著提高性成熟后奶牛的平均日增重。造成这一现象的主要原因可能是长光照周期增加奶牛的采食量。有报道显示，长光照周期可以增加性成熟和成年奶牛的采食量，但是对于青春期前的奶牛，光照周期对采食的影响可以忽略不计。一味地增加光照时间也会对牛体重和平均日增重造成不良影响，如 24h 光照不仅没有提高肉牛采食量和平均日增重，而且还对体况和精神状态产生负面影响。

7.6.2　光照对绒山羊产绒的影响

影响山羊绒形成和生长的因素很多，如光照、性别、年龄、营养状况，其中光照是重要的影响因素之一。生产实践表明，羊绒的生长有明显的季节性，每年的秋季开始长绒，长绒速度由慢到快，在冬季 11 月长绒速度达到巅峰，到第 2 年 1 月，绒毛的生长基本停止。每年 8～12 月，绒毛生长总量大约为全年生长量的 88%（许鑫，2015）。研究表明，绒山羊产绒量的这种季节性变化，主要是由产地自然光照周期的季节性变化所致（王宏博，2008）。可见光照是影响绒山羊羊绒量生长的关键因素。

在非长绒时期，人工缩短光照时间可促使山羊长绒。李丰田等（2012）将绒山羊按照不同光照时间分为 5 组，试验时间为 3 个月。结果表明，试验组累计生长羊绒与对照组相比差异极显著。在光照对藏西北绒山羊产绒影响的研究中，研究人员发现控制光照不仅可显著提高藏西北绒山羊的产绒量，还可显著提高羊绒长度，虽然对羊绒纤维直径没有影响（索朗达等，2015）。同样，在光照对陕北白绒山羊羊绒长度影响的研究中也发现，短光照试验组绒山羊羊绒纤维长度比自然光照组（自然光照组持续时间为 5～10 月）提高了 67.24%，差异显著。在光照对羊绒生长速度及绒品质影响的研究结果表明，短光照组绒山羊前 3 个月绒毛生长较快，绒毛生长速度是 1.53～1.71cm·月$^{-1}$，显著高于长光照组，随着时间的延长，绒山羊对短光照的敏感性降低，后 3 个月羊绒生长较慢，绒毛生长速度是 0.15～0.86cm·月$^{-1}$，试验组羊绒总长度均超过纺织工业对绒毛长度的要求；短光照组新生羊绒细度下降幅度较大。

绒山羊羊绒生长的季节正好处于日照渐短的秋季，在长光照周期和短光照周期变化的过程中，MLT 的分泌表现出一种明显的周期性变化，山羊羊绒的生长周期与 MLT 的分泌

周期一致（Dicks et al.，1995）。因此可以认为光照周期变化及其导致的MLT分泌的变化是影响山羊纤维生长的主要因素。Wuliji等（2006）简要说明山羊羊绒的生长机理，即光照作为电子信号在绒山羊神经系统产生作用，使松果体的MLT分泌量发生变化，直接影响山羊绒纤维的生长（Wuliji et al.，2006）。近年来，通过人工控制光照时间，刺激绒山羊松果体，使其增加MLT的分泌，进而使绒山羊在非产绒季节产绒已经成为一种提高年羊绒产量的常见方法。例如，吴丽媛等（2018）通过限时放牧、遮光饲养等技术来促使绒山羊的产绒量升高，使绒山羊由常年秋季长绒变为全年长绒，个体年均产绒量可提高70%。但有研究认为山羊实施短日照处理促使其长绒须经过一段长日照过程，否则短日照将不会对山羊羊绒生长产生作用（Mitchell et al.，1991）。这一观点还需要以后进一步验证。

7.6.3　光照对奶牛、奶山羊产奶的影响

自1987年报告周期性光照（16L∶8D）具有催乳作用以来，许多研究指出长光照对产奶量具有促进作用。现有的研究表明，光照能直接影响动物的生理机能，对奶牛进行光照周期试验，发现不同光照周期能够对奶牛的采食量、产奶量和牛奶的乳脂率产生规律性的影响（Dahl et al.，1997）。光照周期影响奶牛泌乳性能的原因有可能是长光照周期抑制了奶牛松果体MLT的分泌，随着光照时间的延长，血液中高浓度MLT的维持时间缩短。MLT分泌量的变化可以直接影响其他激素分泌量的增多或减少，如PRL和IGF-1。血液中高浓度的IGF-1是奶牛提高产奶量的关键因素（Dahl et al.，1997）。同时，IGF-1还可以介导牛生长激素（bST）发挥作用（Dahl et al.，2000）。bST是牛脑垂体分泌的一种肽类激素，可促进动物生长，外源bST注射可促进奶牛产奶量增多。长光照与bST结合应用，可使产奶量增幅加大。Dahl等（2000）发现奶牛在产奶期接受长日照处理之后，干物质的进食量会随着奶牛产奶量的提高而增加，但是饲料增加的成本远少于产奶量增加带来的收益。值得注意的是，产奶量提高在前，进食量增加在后，所以并不是因为增加光照时间可以让奶牛采食量增加进而导致产奶量的提高。此外，密歇根大学的研究人员也证实，在泌乳期的最初60d内，奶牛每天接受16h的光照，会比相同时期处在短光照的奶牛多产10%～15%的牛奶，差异显著（Phillips et al.，1997）。相比于长光照，在干奶期进行短光照处理，可使奶牛在下一个泌乳期产奶量大幅度增加，且差异显著。有研究表明，干奶期和妊娠后期接受短光照处理的奶牛比同一时期接受长光照处理的奶牛产奶量增加3.2kg·d^{-1}，分析原因可能是由于短光照对奶牛光照周期反应系统产生了影响。但一味地增加光照时间，即过长的光照时间有可能会导致激素分泌紊乱，使泌乳能力下降（李云甫等，2009）。同样的，长光照也可以对奶山羊泌乳性能产生影响。以崂山奶山羊为例，光照时间为13h时奶山羊的产奶量均显著高于光照时间为10h和16h的处理组，而在各试验组之间，乳脂率和总干物质等指标无显著差异。

7.6.4　光照周期影响反刍动物生产的机制

光照周期调控动物性腺反应的机制主要有3个步骤：①光照信息的传入；②光照信息的解析；③光照信息对神经内分泌的调控与传导。反刍动物中一般存在2种分子调节机制调控繁殖功能。这两种调节机制都与MLT存在密切关系。牛为常年发情动物，因此

以下主要阐述光照对短光照周期发情动物——山羊和绵羊生产影响的机制。

1. MLT-Kiss1-GnRH

Kiss1/GPCR54 系统的鉴定对季节性繁殖和性早熟的调控具有里程碑的意义。*Kiss1* 基因编码 145 个氨基酸的蛋白，经过加工产生不同的生物活性多肽，这些多肽称为 Kisspeptins（Kps），它们共同的受体为 G 蛋白偶联受体 54（GPCR54）。诸多研究表明，无论是神经中枢还是末梢区域，注射 Kps 均可刺激 LH/FSH 的分泌（Smith et al.，1997），因此 Kps 被认为是 HPG 轴最强力的促分泌素。对绵羊脑室内注射 Kps，可使 GnRH 释放入脑脊液的水平升高，同时血液 LH 水平升高。这表明 Kps 对 HPG 轴的作用是通过直接影响 GnRH 释放而实现的，并且是通过 GPCR54 唯一直接作用于 GnRH 神经元，继而对繁殖轴进行季节性调控。另外，在母绵羊休情季节注射 Kps 30h 或 48h 后，发现处理组中 80%以上的母绵羊出现排卵现象，而未经注射的母绵羊，排卵不超过 20%，说明 Kps 浓度是启动母羊的季节性繁殖的关键因子。目前研究证实下丘脑中 Kiss1 系统对外界环境信号非常敏感，能够通过一定的通路将外界的信号组织成网络共同调控 GnRH 的表达，即不同繁殖季节 Kiss1 表达均受到 MLT 介导的光照周期控制。研究显示，把母绵羊从长光照周期（16L∶8D）转换到短光照周期（8L∶16D），其下丘脑视前区（POA）和弓状核（ARC）尾部 Kps 浓度增加，这可能是由于 MLT 分泌增加，使 GnRH 进入繁殖季节的分泌状态（Malpaux et al.，1998）。在体外实验中，用 MLT 处理两个细胞系 rHypoE-7 和 rHypoE-8，结果显示 *Kiss1* 表达下调，表明 MLT 同样影响体外 *Kiss1* 的表达。另外有研究发现 MLT 受体和 Kiss1 共同表达于 ARC 尾部，推测 MLT 可能就是通过 ARC 调控不同繁殖季节的 *Kiss1* 基因表达强度。不过目前对 *Kiss1* 表达细胞是否确实含有 MLT 受体的研究还不透彻，需要进一步试验研究 MLT 与 Kiss1 之间的级联调控环节（Smith et al.，1997）。

2. MLT-TH-GnRH

甲状腺是一个重要的内分泌器官，可与神经系统联系并相互配合，共同维持机体内环境的相对稳定。具有生物活性的甲状腺激素（thyroxin，TH）有 T3、T4 两种，它们具有调节动物体生长发育、基础代谢以及繁殖活动等生理功能。催化 TH 的两个关键酶，2 型脱碘酶（type2 deiodinase，Dio2）作为 TH 活性的激活酶可将 TH 激活为 T3，3 型脱碘酶（type3 deiodinase，Dio3）与 Dio2 作用相反，它们共同介导光照周期对下丘脑 TH 浓度的调控。Dio2 与 Dio3 受 TSH 的调控。在 Soay 绵羊中的研究表明，TSH 是光照周期调控季节性繁殖的因子，TSH 及其受体 TSHβ 的表达均随日照长短变化而变化。一条逆向调控通路，即受光照周期影响的 MLT（由松果体分泌，是光照环境信号分子）—TSH（由垂体分泌，是脊椎动物保守调节分子）—TSHβ-Dio2/Dio3—TH（由下丘脑分泌，是季节性繁殖调节关键分子）—GnRH（由下丘脑分泌，是繁殖生理启动信号），可以充分解释光照周期通过 MLT 调控 TH 活性进而调节 GnRH 的分泌，随后改变繁殖状态。

7.6.5 光照对反刍动物繁殖的影响

季节性繁殖动物的繁殖活动受多种因素的影响，如光照、温度、纬度、营养条件，其中光照起重要的作用。奶牛虽然是常年发情动物，但与对照组相比，长光照可以显著降低高温对公牛精液的损害程度（李云甫等，2009）；同样，在对春秋两季出生的犊牛性成熟时间的研究中指出，春季出生公牛性成熟时间短于秋季出生公牛，其主要的原因可能是，在公牛青春期前后，光照周期开始参与调节睾丸功能。绵羊是季节性发情动物，性腺在日照逐渐缩短的秋季开始活动。光照信息以电信号的模式通过视神经传到 SCN，经交叉神经调节，传到颈上神经节，再传至松果体，使松果体分泌 MLT（Smith et al.，1997）。MLT 可以调控 HPG 轴上相关激素的分泌变化，最终影响绵羊的繁殖活动。如 MLT 刺激下丘脑分泌 GnRH，促进垂体分泌 LH、FSH，引起动物发情排卵（Lincoln et al.，1982）。大量研究表明，MLT 参与绵羊 GnRH/LH 日变化的调节，在繁殖季节中，母羊血液中 MLT 与 GnRH/LH 的每日变化趋势存在一定联系。日落后母羊血液中 GnRH 与 LH 浓度往往上升。如果在 14 时注射 MLT，15～16 时血液中 GnRH 与 LH 浓度会上升。GnRH 与 LH 的浓度不仅存在日变化趋势，同时也存在明显的昼夜节律性，夜间 GnRH 与 LH 浓度显著上升（Dahl et al.，1997）。该现象是绵羊及山羊共有的特性，这可能与夜间 MLT 浓度升高有关。

在繁殖期与非繁殖期，光照对绵羊的繁殖有不同的影响，特别是母绵羊，这主要源于繁殖期与非繁殖期机体内部的不同的调节机制（张海容，2008）。机体内部存在各种调节机制以维持机体内分泌的稳定。以繁殖系统为例，自上而下有 3 种调节机制。一是中枢神经系统对下丘脑分泌激素的调节。大脑皮质对机体内外环境信息进行收集与分析，再对下丘脑发出指令，下丘脑则对指令做出及时应答，决定相关激素的分泌量与释放量。在繁殖系统中，主要的内环境信息是血液中的 FSH、LH 等繁殖激素的浓度；外环境信息则是可以感受到的温度、光照等。二是机体内部由上到下的调控，指 GnRH 对垂体前叶 FSH、LH 合成和分泌的调控。三是由上到下的反馈调节，指性腺激素和垂体促性腺激素的浓度对大脑皮质系统、下丘脑和垂体前叶由上到下的反馈调节，存在正反馈调节和负反馈调节 2 种模式（贺建宁，2013）。负反馈是下级腺体所分泌的激素对上级腺体分泌功能的抑制作用。但雌激素（如 E2）对 GnRH、FSH、LH 的负反馈只在母羊乏情季节才表现出来。对于母绵羊而言，正反馈只有在发情期发生，即血液中高浓度的 E2 对 GnRH、FSH 和 LH 起正反馈作用，以加强 GnRH、FSH 和 LH 的分泌，这 3 种激素的合成与释放是母畜排卵前 LH-FSH 形成峰值引起排卵的主要因素。

母绵羊季节性繁殖的内分泌受光照的调节。在乏情季节或处于长日照下，长日照通过视神经激活绵羊下丘脑 LH 抑制中枢，使 LH 抑制中枢对雌激素负反馈作用的敏感性增强，雌激素负反馈作用可以使下丘脑分泌 GnRH 的能力减弱，垂体 FSH、LH 的分泌量减少，最终使卵泡 E2 的分泌量减少，低浓度的 E2 抑制排卵前的 LH 峰，最终抑制卵泡的成熟和排出，使机体处于持续乏情的状态；而在发情季节或处于短日照下，绵羊下丘脑 LH 抑制中枢没有被激活，对 E2 负反馈作用的敏感性也随之减弱，最终使母绵羊正常发情排卵。

光照调控绵羊繁殖内分泌，其中很大一部分原因是 MLT 在发挥作用（Pelletier et al.，2000）。在乏情期给母羊注射外源 MLT 可以使秋季发情的时间提前；延长光照时间，减少 MLT 分泌则会起相反的作用（茆达干等，2001）。在繁殖季节，母羊血液中的 LH/FSH

浓度存在明显的昼夜节律性变化，夜间LH浓度显著上升，公羊在繁殖季节里，LH浓度有类似的变化。饲养在光控棚中的公羊，在光照由亮变暗的情况下，血液中LH浓度会上升，这种情况在秋冬季节表现得更为突出。体格健康的母羊在日落一段时间后，血液中LH浓度开始上升，另外，在14时注射MLT，会发现LH的分泌在15时左右开始上升。因此，MLT对发情期母羊LH的分泌有调控作用。注射MLT，血液中LH浓度开始上升的时间会早于自然状态下的母羊；由于LH的脉冲式分泌受GnRH的调控，向发情期绵羊注射MLT可能引起GnRH的上升（Vanecek et al.，1995）。

此外，有研究表明绵羊繁殖季节开始于秋季，并不是因为秋季的光照周期缩短所致，而是因为绵羊对长光照周期的抑制作用形成反应性（Reiter，1991）。同样，绵羊在晚冬停止繁殖活动，也并非对逐渐变长的光照周期产生抑制作用，而是因为对短光照失去反应性。由此看来，光照周期的作用应该是引导内源性繁殖节律在适当的时间开始或停止繁殖活动。Malpaux 等（1998）的研究指出，春夏两季长光照所起的作用，是协调动物的内源节律性，使绵羊在光照逐渐缩短的秋季开始繁殖。目前，国内外普遍认为，内源性节律与光照周期形成的动态匹配是导致绵羊形成规律性的发情期与非发情期的主要原因（Berlinguer et al.，2009）。

7.7 畜禽季节性生理活动及其光照调控

在接受四季变化的地球生物圈内，直接利用阳光能量合成营养物质的植被表现出最为明显的四季变化。以植被为生处于食物链较高端的动物，为适应自然界食物供应和环境温度变化的季节性变化，最大限度地提高物种的生存能力。在营养代谢、生长、繁殖和被毛发生方面，都相应进化形成配套的季节性变化，生活在寒带或极地的动物尤甚。动物的这些季节性生理活动依赖内分泌调控机制，四季的光照变化成为最直接和精准的外部环境调控因子。人类在将野生动物驯化为家养动物以及发展现代畜牧业的过程中，通过提供良好的养殖环境和全年充足的饲料营养供应，极大地改变了动物的生存环境和生理活动，而某些深受光照影响的生理调控机制仍被保留，至今在畜牧生产上被充分利用以提高生产性能和按照市场需求生产特种产品。

7.7.1 畜禽季节性生理活动

1. 季节性生长

野生动物能够获得的食物供应与植被的季节性生长变化直接相关。与此相对应，无论是鸟类或是哺乳动物，在采食量、体重和体脂沉积方面均表现出巨大的季节性差异。其主要目的或功能是充分利用春夏或秋初的食物供应，通过代谢将能量和营养物质以体组织的生长方式进行贮存，然后在冬季食物短缺时又动用体组织帮助动物存活，特别是初生动物必须获得足够的体脂贮存方能成功越冬。对于长途迁徙的大雁等候鸟，夏秋季的生长和大量皮下脂肪沉积，是长途飞行所需能量的保证。

草食性的羊和鹿等动物的季节性生长表现为在春夏季的体重大幅度增加和在秋冬季的体重大幅度下降，使体重呈现周期性的年度变化（Mitchell et al.，1976）。在北极圈内斯瓦尔巴德群岛的驯鹿，经过一个夏季的采食，体重增长到40～50kg，皮下脂肪增厚到10cm之多。这些脂肪贮存在经过一个冬季之后消耗殆尽。春季鹿几乎不含皮下脂肪，肌肉组织也明显萎缩。这种季节性的生长和采食量变化，也存在于温带地区的马鹿、麋鹿、野生的Soay羊和家羊等动物（Loudon，1994）。在自然光照下，赤鹿和Soay羊的自主采食量均在夏季长日照下达到最高峰，而在冬季降至最低。动物的活动和能量代谢则与采食量的变化密切吻合，如心率在冬季最低仅40次 · min^{-1}，而在夏季达到最高的70次 · min^{-1}（Williams et al.，2017）。光照是调节羊和鹿采食量的最重要的因素，如接受6个月周期的长短光照处理（8L∶16D短光照3个月，16L∶8D长光照3个月）的赤鹿，在人工饲养的状态下其自主采食量和体重在一年内会表现出2个变化周期（Loudon，1994）。

光照时长通过影响家养动物的采食时间从而影响采食量和生长性能。对于野生的雁类，采食量往往受制于植物生长量，因此表现为春夏季长日照促进采食量，摄取营养用于产蛋、繁殖雏鸟，以及雏鸟利用植物性营养加快生长至成年体重，此种长日照下的生长以肌肉和骨骼组织的生长为主，而且氮素营养的摄入较为重要（Lameris et al.，2018）。然而雁类等候鸟在秋季日照缩短时，为了提供能量进行长距离南迁，仍然维持很高的采食量以积聚脂肪作为飞行的能量。野生的加拿大雁南迁前的体脂可以增加46%，其中的甘油三酯量增加209%。在家养条件下，秋季将光照缩短到每天7h，使家养的朗德鹅在自由采食情况下大量沉积脂肪，在12周内使胴体重从4.0kg增加到5.4kg，肝脏重从近100g增加至超过500g，腹脂从近200g增加至近600g（Guy et al.，2013），说明目前家养的鹅仍然保留了野生状态下大雁的短光照促进脂肪沉积的机制。

某些小型哺乳动物如西伯利亚仓鼠，即使在实验室恒温条件下，缩短光照将使采食量降幅达20%左右，其能量代谢相应降低，体重下降1/3，并主要以腹脂和内脏肌肉的下降为主（Ebling，2015）。然而发生冬眠的金黄仓鼠，光照对其体重和脂肪沉积的影响完全相反。金黄仓鼠在长光照下（16L∶8D）的体脂很少，在光照缩短（8L∶16D）之后，采食量增长20%，体重大幅增长并且几乎属于棕色脂肪的沉积，目的是在冬眠时动用脂肪释放能量。对冬眠的金黄仓鼠和其他小型哺乳动物如地松鼠、土拨鼠等的研究表明，无论是置于持续光照、持续黑暗或是平分光照（12L∶12D），动物的自主采食量、饮水量和体重均表现出一个周期略短于一年的节律性变化。

2. 季节性换毛

皮毛动物和啮齿动物如貂、狐狸、西伯利亚仓鼠以及鹿类等动物，全年更换被毛2次。第一次在春季日照延长时更换冬季的绒毛并长出粗短的夏毛，第二次在秋季日照缩短时长出细长的绒毛为过冬准备（Shi et al.，1992）。未经驯化的野生羊种（欧洲盘羊和Soay羊），全年仅在春季一次性更新被毛，包括头年生长的夏毛以及在秋冬季生长的绒毛（Lincoln et al.，1998）。对产毛量进行选育的家羊品种，秋冬季并不蜕换春季长出的夏毛，该夏毛在冬季仍能生长（Lincoln，1990）。

3. 季节性繁殖

季节性繁殖活动是动物最为明显的季节性生理活动。动物一般选择在环境温度适宜和食物充足的春夏季节产仔，发情配种活动也根据妊娠期的长短而相应提前。羊和鹿等在秋季配种，孕期为 5～8 月，貂、狐狸以及鸟类等孕期或孵化期仅 1～3 月，其配种发生于春季。而孕期更长的动物如牛（约 10 个月）和马（约 1 年），为了使子代在春夏季出生，其繁殖交配活动发生在上一年的春夏季（Ortavant，1985）。

动物根据全年的日照变化，调节自身的生殖内分泌，使交配等繁殖活动发生在特定的季节内，形成了长日照和短日照繁殖类型。对于长日照繁殖动物，日照从短到长的变化促进生殖活动；反之，日照从长到短变化，抑制其繁殖活动。对于短日照繁殖动物如羊和鹿等，调控机制则刚好相反（Karsch et al.，1984）。

在光照调控或促进动物繁殖活动表达的过程中，存在一种物极必反的光照调控现象称为光钝化现象（Sharp et al.，2003），就是在长期接受一种光照刺激后，动物的繁殖活动发生与起初的反应相反的变化（Malpaux et al.，1988）。东北籽鹅在早春日照延长时进入繁殖产蛋期，并在春季 3～4 月进入产蛋高峰期，然而其产蛋繁殖活动却在日照更为延长的 5～6 月开始下降并最后在 7 月终止。光钝化现象也存在于短日照繁殖的动物，如羊在过度接受长光照处理之后，不需要接受短光照处理，其繁殖活动就会自然开始。虽然给予短光照处理可以促进其启动繁殖活动，但接受短光照处理时间过长之后，羊的繁殖活动也会自动停止。造成这种光钝化现象的起因是动物的生命活动都表现出周期性的变化节律。动物如羊和鹿的繁殖活动的年节律周期为 10 个月左右（Karsch et al.，1993），此节律又受全年日照变化的影响，最终由四季光照调整为 12 个月的年度周期。与北方依靠自然植被进行生产的羊不同，江浙地区的湖羊适应当地农区全年供应饲料以及养殖圈舍内严重缺乏光照的养殖条件，繁殖活动失去季节性变化而四季发情。在高纬度地区，季节间的日照变化速率均要高于低纬度区域，这也对动物的繁殖活动强弱度和繁殖季节的持续度造成影响。典型例子如南亚次大陆的轴鹿和东南亚的黄麂（Lincoln，1992），因为全年光照时长几乎无变化，群体的繁殖活动失去季节性规律，但在个体之间仍然表现出近一年的周期性变化。

南北各鹅品种的季节性产蛋也受光照变化幅度的影响。在东北和新疆纬度较高地区，东北籽鹅和伊犁鹅春季的产蛋率上升速度较快，高峰产蛋率较南方扬州鹅和马岗鹅的更高。然而南方鹅品种的繁殖季节时间更长。这与低纬度地区的光照变化幅度较小有关。其次，低纬度地区鹅品种的繁殖产蛋季节比高纬度地区的发生时间更早，以至北方鹅品种都为长日照繁殖类型，中部长江流域则兼具长日照和短日照类型，如皖西白鹅为春季产蛋的长日照型、扬州鹅则为秋季开产的长日照型，而处于相同纬度的四川白鹅则为短日照繁殖类型。南方的广东马岗鹅则属于完全的短日照繁殖鹅种。肥肝生产企业将原产于较高纬度的法国朗德鹅引进中国不同地区后，其繁殖产蛋季节呈现从北向南提前发生的趋势。

7.7.2 畜禽季节性生理活动的光照调控

1. 光信号传导机制

光照对动物季节性生理活动的调控，是通过影响脑中枢的神经和内分泌机制实现的。

动物感知光信号的过程主要包括 2 条途径：视网膜感受器和视网膜外感受器，分别位于视网膜和下丘脑。在哺乳动物，眼睛视网膜是唯一的感光器官。光信号通过单突触通路从视网膜传输至下丘脑的视交叉上核（SCN），然后传递到室旁核，再经过颈上神经节传递至松果体（Karsch et al.，1984）。松果体仅在缺乏光信号的黑夜分泌 MLT，光信号的持续时间影响其分泌时间，从而将神经信号转化为内分泌化学信号。

MLT 通过体/血液循环，作用于垂体结节部的促甲状腺激素分泌细胞。光信号的存在（白天）与消失（黑夜），分别启动 *Per1* 和 *Cry1* 两个日节律基因的表达，两基因表达启动的时间差及胞内浓度比例，进一步调节 BMAL1 和 CLOCK 日节律转录因子的表达（Wood et al.，2018）。BMAL1 和 CLOCK 上调转录因子 EYA3 的表达启动 *TSH* 的基因表达。垂体结节部细胞分泌的促甲状腺激素的糖基为唾液酰多支聚糖（Ikegami et al.，2016），上位作用于第三脑室的膜底细胞，调节脱碘酶 Dio2 或 Dio3 的表达。此二酶分别使甲状腺素 T4 脱碘成为有活性的 T3 或无活性的反 T3（rT3）。T3 和 rT3 分别代表长、短光照的作用介质，调节下丘脑的神经和内分泌细胞，使之表现出不同的生理活性和形态变化，调节下丘脑神经激素的合成和分泌，进而调节垂体激素的分泌，调节动物机体对光照的各种反应并呈现季节性生理变化。

在鸟（禽）类，光信号不通过眼睛视网膜而是穿透脑颅直接作用于下丘脑内侧基底部（MBH）区域的深脑光感受器（deep brain photoceptor，DBP），直接激活室旁器官（paraventricular organ，PVO）中视蛋白 Opsin5，激活后的 Opsin5 促进垂体结节部的促甲状腺激素分泌细胞合成和分泌 TSH，TSH 通过调节 *Dio2* 的基因表达和下丘脑 T3 的生成，实现光照对下丘脑和机体生理活动的调节（Nishiwaki-Ohkawa et al.，2016）。

2. 季节性生长的神经内分泌调控机制

光照通过促进垂体 GH 和 PRL 的分泌调节动物的生长（Loudon et al.，1989）。如延长光照促进 Soay 羊（Lincoln et al.，1998）和赤鹿（Suttie et al.，1989）的 GH 和 IGFI 的分泌，促进季节性的蛋白质沉积（Webster et al.，1999）。PRL 是与 GH 类似的激素，其季节性分泌规律与鹿的采食和生长曲线非常吻合。抑制 PRL 分泌将抑制春季光照延长时的食欲上升（Curlewis et al.，1988）。甲状腺激素通过传递光信号调控下丘脑的神经内分泌和季节性生理活动，因此在动物的季节性生长中发挥重要调控作用（Shi et al.，1992）。

瘦素（leptin，LEP）影响能量代谢和食欲，它影响采食、能量代谢和生长的机制也受光照的影响。在羊、鹿以及啮齿类动物西伯利亚仓鼠等，采食量、体增长和血液 LEP 浓度均是在短光照处理下低于长光照处理。仓鼠和田鼠的研究揭示，长光照促进采食使体重显著上升，血液中 LEP 浓度显著上升。在长时间的高浓度 LEP 作用下，动物下丘脑弓状核细胞中的 *SOCS3*（suppressor of cytokine signaling 3）基因表达量显著上调，抑制 LEPR 信号传导因子 STAT3 的磷酸化，降低中枢系统对 LEP 的敏感性形成耐受或抵抗，使动物仍然维持旺盛的食欲，促进快速生长或沉积大量脂肪形成肥胖。长光照也通过促进 PRL 分泌，再通过 PRLR 介导的磷酸化 STAT5 信号传导，上调弓状核细胞的 SOCS3 和 PTP1B，从而进一步抑制 LEP 信号敏感性来提高采食量。如此下丘脑的关键分子 SOCS3 参与 LEP 和 PRL 的季节性食欲调控（Tups，2009），调节季节性生长。

光照对家禽生长的调控研究主要集中在光色或波长的影响。孵出后接受绿光处理仅5d的雏鸡，其胸肌中即有更多肌肉卫星细胞，从而形成更好的肌肉发育基础。对于生长肉鸡持续给予绿光或蓝光处理，或中途从绿光转换为蓝光，都可以显著提高肉鸡的生长，而不影响饲料转化效率（Rozenboim et al.，2003）。绿光对胚胎期的肌肉发育就有影响，可以促进肌肉发育并提高胚胎重量。绿光处理孵化种蛋还上调胚胎肌肉卫星细胞的 *GHR*（growth hormone receptor）基因表达水平、鸡胚血液 GH 和肌肉 IGF-I 水平等，从而可以解释绿光对肌肉发育的促进作用（Rozenboim et al.，2003）。

3. 季节性换毛的内分泌调控机制

春季羊血液 PRL 浓度升高与换毛及夏毛的生长相伴。对羊毛生长经过选育的现代羊品种，毛纤维在冬季可以持续生长不受 PRL 分泌的季节性影响（Lincoln，1990）。在西伯利亚仓鼠、貂、狐狸和山羊中，被毛的季节性生长和更换也与 PRL 的年度分泌周期有关。春季利用短光照、MLT 或溴隐亭抑制催乳素分泌，都抑制春季换毛；而给予 PRL 则可以促进春季换毛或抑制秋季换毛（Lincoln，1990）。总之，催乳素通过促进夏毛的生长和抑制冬毛的生长来控制动物季节性被毛生长。

4. 季节性繁殖的神经内分泌调控机制

对哺乳动物，光信号通过影响下丘脑的 T3 生成和作用，影响前腹侧室周核（AVPV）和弓状核（ARC）中的 *Kiss1* 和 *Rfrp*（RFRP，相当于禽类的 GnIH）两基因的表达。Kiss1 促进、RFRP 抑制下丘脑 GnRH 的表达和分泌（Barrett et al.，2012）。GnRH 促进垂体前叶的促性腺激素细胞分泌 LH 和 FSH，促进动物的性腺发育以启动或维持繁殖活动。至今未发现禽（鸟）类的 *Kiss1* 基因，但发现禽鸟具有与 RFRP 同源的 GnIH。光照调节 GnRH 和 GnIH 的交替分泌，促进或抑制垂体促性腺激素的分泌调节家禽繁殖活动（Zhu et al.，2017）。

除了调节下丘脑和垂体的促性腺激素的分泌，光照还通过 PRL 调控动物的繁殖活动。在鸟类和哺乳动物（Karsch et al.，1989）中，抑制繁殖活动的光钝化效应都与长光照促进的 PRL 分泌高峰有关（Lincoln et al.，1998）。对扬州鹅和马岗鹅，延长光照上调下丘脑 VIP，下丘脑分泌的 VIP 则促进垂体分泌 PRL（Sharp et al.，2003），高水平 PRL 抑制下丘脑 GnRH 分泌从而抑制繁殖产蛋活动（Huang et al.，2008）。利用 LED 灯进行研究，揭示不同的光色或光波长对家禽的繁殖活动有不同的调节作用。如波长较长的红色或橙色光，可以直接透过禽类的脑颅作用于下丘脑中的视蛋白 Opsin5，从而上调 GnRH-I 表达，启动家禽的性腺发育，提高繁殖产蛋（Mobarkey et al.，2010）。绿光和蓝光作用于视网膜的光感受蛋白，这些视蛋白所传导的神经信号具有抑制繁殖的作用，因此鸡和鹅都推迟繁殖产蛋高峰（Zhu et al.，2019）。

5. 季节性生理活动的调控技术

1）生长的调控技术

长光照（16L∶8D）能够促进商品肉羊的采食量、增重和胴体重，而且采用间隔光照（7L∶9D∶1L∶7D）模拟16h的长光照也具有同样的效果（Schanbacher，1988）。对于家禽特别是肉仔鸡，一般从一周龄开始直至40～45日龄上市，都采用23L∶1D的长光照，或者采用间歇光照如16L∶2D∶4L∶1D代替23L∶1D的光照；光照强度则可以采用较弱的5 lx以使仔鸡减少应激和争斗，提高免疫力、健康和成活率（Olanrewaju et al.，2006）。肉仔鸡生产上采用的这种非常长的光照，很明显是为了促进PRL分泌，从而抑制中枢对LEP的敏感性，产生LEP耐受，使仔鸡始终能够保持良好的采食量以提高生长速度，提早上市。

2）皮毛调控技术

在皮毛动物的生产上，可以在秋季日照缩短时采用埋植MLT，模仿光照缩短至非常短的冬季的状态，从而促进冬毛的生长，以缩短饲养时间降低生产成本（王孝胜等，1995）。

3）泌乳调控技术

在奶牛生产上，将光照从不足12h延长至16～18h，可以将奶牛干物质采食量提高3%～5%，同时将每天产奶量提高2～3kg，而不影响乳营养成分（Dahl et al.，2000）。长光照提高产奶性能的作用，可以从泌乳早期一直持续至末期。但只要取消长光照或将光照缩短至自然或短光照，对产奶的促进作用就很快终止。此外，在干奶期用8L∶16D光照处理可以将产奶性能提高3～4kg。因此，生产上都采用干奶期短光照（8L∶16D）和产后泌乳期延长光照（16L∶8D）来最大程度提高产奶性能。以上长短光照对产奶性能的调控，同样适用于绵羊和山羊。

长光照通过促进IGF-1分泌及其在血液中浓度而促进产奶，但光照的此种作用却独立于血液GH浓度或组织GHR表达水平（Dahl et al.，2000）。在干奶期采用短光照处理是通过促进乳腺组织的发育，增加产犊时的泌乳细胞数量从而促进产奶。短光照处理降低垂体PRL的分泌，但同时降低PRLR信号通路中的抑制性因子SOCS3的表达，从而提高乳腺组织、肝脏和免疫细胞中的PRLR的表达水平，提高这些组织和细胞对PRL的反应性（Dahl et al.，2012）。

4）繁殖调控技术

（1）羊。利用光照调控家畜的繁殖性能，一般在季节性繁殖的羊应用较多。羊属于短日照繁殖家畜，缩短光照和延长光照分别促进或抑制促性腺激素LH的分泌和繁殖活动（Karsch et al.，1989）。持续接受某一长或短的光照处理，羊的繁殖活动会表现出周期性的变化，这是由于上述提到的光钝化效应以及动物生理活动的年节律表现。研究发现，将羊置于两种特定的光照下，可以使羊不发生光钝化效应，而使之表现持续的繁殖活动。

第一种是平分光照（12L∶12D）。此光照不长不短，可能不会造成生殖内分泌的钝化反应。因此在该光照处理下，母羊的发情周期失去季节性变化而能够持续多年，只是其发生频率或密集程度稍低于季节性发情（Jackson et al.，1990）。此现象类似于南方鹅种具有更长的产蛋季节，但季节内的产蛋高峰却低于北方鹅种。

第二种是极短周期的光照程序。如将光照从16L∶8D按每天16min的速度，在一个月内缩短到8L∶16D，然后在下一个月按同样的速度再延长到16L∶8D。在这种两个月周期的长短变化光照处理下，短光照显著促进LH分泌。但长光照处理因时间太短不能完全抑制LH和睾酮的分泌。此种短周期的长短光照处理，虽然使羊的睾丸重量呈现与周期性光照变化相符的上升或下降，但变化幅度较小仍然使睾丸处于繁殖状态。利用短周期的光照程序来防止睾丸或繁殖活动的退化，被认为是通过避免光钝化效应的发生及对垂体促性腺激素 LH 分泌的抑制而实现的。此种短周期的长短光照程序，为需要常年生产羊精液的种公羊站提供了简单可靠的实用技术。

在应用人工光照调控畜禽繁殖活动的技术研发中，不仅需要突破因自然光照周期造成的繁殖季节性局限，而且需要最大限度地提高繁殖性能或使动物表现旺盛的繁殖活动。对羊的研究发现，使羊经历一个从长光照到短光照的光照程序，能将繁殖活动调控到最旺盛水平。例如，在给羊 8L∶16D 的短光照处理之前，使羊接受至少一个月的 16L∶8D 的长光照处理，能够使羊在 8L∶16D 的短光照下很快全部进入周期性发情状态（Sweeney et al.，1997）。在草地放牧如果缺乏人工光照的圈舍，可以通过对种羊皮下埋植长效缓释 MLT，从而产生与秋季日照缩短相同的效果。因此，对于经历过夏季长日照的春季出生羔羊，于夏季末期开始接受 MLT 处理，即可以使之加快性成熟，提前产生精液，进行人工授精和自然交配（Chemineau et al.，2007）。如西班牙在秋季配种季节前 2 个月给美丽奴羊埋植 MLT，不仅提高母羊的发情配种率，还将产羔率提高近 0.5 头，从而使母羊整体繁殖性能提高近 85%（Arrebola et al.，2009）。

生产上另一应用人工或自然光照调控动物繁殖性能的工作，是通过促进畜禽适时性成熟以及时配种、提高繁殖效率和降低饲养成本。在春季出生的羊，其生长发育期与夏季的长日照阶段相重合，同时自然放牧条件下春夏季生长良好的牧草获得充足营养后，在日照缩短的秋季达到 30 周龄时即可性成熟，配种后即可于次年春季一年龄时繁殖产羔（Foster et al.，1999）。在秋季所产羔羊，即使给予良好的饲料营养使羔羊在 30 周时达到成年体重，也不能性成熟。因为此时春夏季的日照不断延长，抑制其生殖内分泌和繁殖活动发育，使这些羊必须再过约 20 周，等到秋季日照缩短时才能性成熟。若要降低此类羊的饲养成本，使之在 30 周龄时（春夏季）就及时配种，就必须在秋冬季采用 16L∶8D 的人工长光照处理至少一个月，然后在春季将光照缩短到 8L∶16D 的短光照。这样才可以使羊在春季 30 周龄时进入繁殖状态（Adam et al.，1994）。

（2）家禽。光照普遍应用于种禽生产特别是蛋鸡的生产中。对于鸡和鸭长日照繁殖的家禽，目前的光照程序已经非常成熟，能够使蛋鸡和蛋鸭几乎每天产一个蛋，全年产蛋性能已经达到 300 个以上。其光照程序主要为育成期（5～21 周龄）的短光照（8L∶16D）和 22 周龄至产蛋过程中的 16～17h 的长光照。

鹅属于严格的季节性繁殖家禽，人工光照程序主要用于调控季节性繁殖产蛋，实现反季节繁殖以及提高产蛋性能。对于南方短日照繁殖的鹅种如广东马岗鹅、狮头鹅，在冬末初春采用每天 18h 的长光照处理，促进鹅休产和换羽。在 18h 长光照处理 75～85d 后，于春末夏初将光照缩短为 11L∶13D，可以使鹅在 3 周左右重新开产。只要在产蛋期维持光照在 11L∶13D，即可能使鹅在夏季至冬季维持良好的产蛋性能，不仅在夏秋之季使鹅反季节繁殖，而且将全季节的产蛋性能从 35～40 个发展至 50～55 个（Huang et al.，2008）。

北方的扬州鹅等长日照繁殖鹅种，在育成期或休产期采用 8L∶16D 的短光照以及繁殖期采用 12L∶12D 的光照，即可诱导鹅在春夏季非繁殖季节产蛋。为了提高其产蛋性能，可以参照以上羊的做法（Sweeney et al.，1997），即在 8L∶16D 的短光照处理之前，加用一个为期一个月的 16L∶8D 的长光照处理，可以在开产期间上调鹅脑垂体中促性腺激素 FSH 和 LH 的表达，从而将产蛋性能从 45 个左右提高到 55 个（Zhu et al.，2017）。如果在产蛋期再将光照缩短至 11L∶13D，则可以在开产期间下调脑垂体中催乳素 PRL 的表达，从而推迟光钝化效应发生，将鹅在繁殖季内的产蛋性能从 55 个提高至 70～75 个。

参 考 文 献

额尔敦木图，陈耀星，王子旭，等，2007a. 单色光对蛋鸡产蛋性能的影响［J］. 畜牧兽医学报，38（1）：40-45.

范凌霞，李昊，梁云，等，2015. 光照时间对崂山奶山羊泌乳性能的影响［J］. 安徽农业科学（15）：171-173.

郭礼祥，王永军，黄艳平，等，2012. 控制光照对陕北白绒山羊体重和绒毛长度的影响研究［J］. 家畜生态学报，33（5）：20-22.

韩迪，赵凤立，孙喜光，2013. 控光增绒技术在辽宁绒山羊中应用效果观察［J］. 现代畜牧兽医（7）：50-52.

贺建宁，2013. 绵羊常年发情的内分泌学研究及卵巢差异表达基因筛选［D］. 北京：中国农业科学院.

黄仁录，陈辉，潘栋，等，2007. 不同光照周期对蛋鸡高峰期血液生化指标的影响［J］. 华北农学报，22（3）：168-171.

贾志海，1994. 国外绒山羊研究现状及展望［J］. 中国畜牧杂志（1）：57-59.

蒋劲松，2013. LED 光色对"梅黄"肉鸡与种鸡生产性能的影响［D］. 杭州：浙江大学.

靳二辉，贾菲，王子旭，等，2010. 单色光对肉鸡视网膜和松果体视蛋白基因转录的影响［J］. 畜牧兽医学报，41（10）：1306-1311.

兰晓宇，胡满，程金金，等，2010. 不同强度光照对母鸡中脑和间脑 c-fos 基因表达的影响［J］. 中国农学通报，26（3）：11-14.

李丰田，王红光，郑旭，等，2012. 不同光照时间对辽宁绒山羊羊绒生长、增重和繁殖性能的影响［J］. 现代畜牧兽医（8）：53-56.

李莹，刘曾荣，2012. 哺乳动物生物钟的数学建模及研究进展［J］. 动力学与控制学报（3）：263-267.

李云甫，杨和平，尤彬，等，2009. 光照时间对奶牛泌乳和采食性能的影响［J］. 家畜生态学报（4）：41-43.

李云雷，孙研研，华登科，等，2015. 不同光色对黄羽肉鸡生产性能、胴体性能及性征发育的影响［J］. 畜牧兽医学报，46（7）：1169-1175.

刘俊美，2006. 蛋种鸡夜间补光的效果［J］. 中国禽业导刊（22）：30-30.

吕锦芳，倪迎冬，宁康健，等，2009. 不同光周期下 ISA 褐蛋鸡松果腺 GnRH-Ⅰ mRNA 表达的变化［J］. 中国兽医学报，29（3）：335-338.

茆达干，杨利国，吴结革，2001. 褪黑激素对动物生殖的作用及其调控［J］. 草食家畜（3）：7-10.

牛竹叶，薛娅蓉，王成前，2000. 光照强度对笼养蛋鸡产蛋性能的影响［J］. 家畜生态学报，21（2）：32-33.

潘琦，周建强，2001. 光照强度对笼养蛋鸡生产性能的影响［J］. 当代畜牧（5）：7-8.

逢文强，张建法，2010. 环境光对哺乳动物昼夜节律和大脑功能的影响［J］. 生物物理学报，26（11）：973-982.

邱如勋，伍喜林，1996. 半开放鸡舍不同层次间光照强度对蛋鸡生产性能的影响［J］. 西南民族大学学报（2）：196-198.

石雷，孙研研，许红，等，2017. 光照刺激时间对肉种鸡性成熟的影响［J］. 畜牧兽医学报（11）：108-115.

孙研研，陈继兰，2017. 种公禽繁殖系统对光要素的应答机制研究进展［J］. 中国畜牧兽医，44（9）：2692-2698.

索朗达，益西多吉，吴玉江，等，2015. 非产绒期控制光照和埋植褪黑激素对藏西北绒山羊增绒效果的影响［J］. 中国草食动物科学（2）：15-17.

王飞，2010. 间歇光照对蛋鸡行为节律、生产性能及输卵管形态、血液生化指标的影响［D］. 石家庄：河北农业大学.

王宏博，2008. 绒山羊皮肤毛囊结构及其与产绒量关系的研究进展［J］. 安徽农业科学（29）：12701-12703.

王怀禹，2009. 光色对家禽影响的研究进展［J］. 中国畜牧兽医，36（3）：228-230.

王小双，2014. 不同 LED 光色下繁育的二代种用与肉用三黄鸡生产性能比较［D］. 杭州：浙江大学.

王孝胜，张志明，毕全秀，等，1995. 埋植褪黑激素促进水貂生长，换毛，毛皮早熟的试验报告［J］. 经济动物学报（2）：

3-5.

吴丽媛，赵存发，刘斌，等，2018．内蒙古阿尔巴斯型绒山羊光控增绒效果分析［J］．中国畜牧兽医，45（7）：1972-1977.

许鑫，2015．光照控制对陕北白绒山羊绒毛生长的影响研究［D］．杨凌：西北农林科技大学.

叶丹，潘建伟，廖鸣娟，等，2003．促性腺激素释放激素的结构及其生物学功能［J］．生物化学与生物物理进展，30（1）：49-53.

于江明，2016．LED 灯不同光照强度对层叠笼养蛋鸡生产性能以及福利影响［D］．黑龙江：黑龙江八一农垦大学.

张聪，2018．公猪的光周期繁殖生理及其机理研究［D］．南京：南京农业大学.

张海容，2008．褪黑素调控绵羊季节性发情的研究进展［J］．河北农业科学，12（12）：44-46.

张利卫，2017．褪黑激素介导单色光影响鸡下丘脑 GnRH-I 和 GHRH 表达作用途径的研究［D］．北京：中国农业大学.

张志超，2016．时钟基因在母鸡生殖系统中的节律性表达及颗粒细胞中时控基因的筛选［D］．成都：四川农业大学.

赵超，2014．光照方式和日粮能量水平对陕北白绒山羊生产性能和屠宰性能的影响［D］．杨凌：西北农林科技大学.

周栩，杨慧明，陈耀星，等，2014．光照在中枢生物钟调节褪黑激素和促性腺激素释放激素分泌中的作用［J］．中国畜牧兽医，41（9）：167-173.

ADAM C L, ROBINSON J J, 1994. The role of nutrition and photoperiod in the timing of puberty[J]. Proceedings of the Nutrition Society, 53(1): 89-102.

ADAMANTIDIS A, LECEA L D, 2009. The hypocretins as sensors for metabolism and arousal[J]. Journal of Physiology, 587(1): 33-40.

ANDERSSON H, RYDHMER L, LUNDSTRöM K, et al., 1998a. Influence of artificial light regimens on sexual maturation and boar taint in entire male pigs[J]. Animal Reproduction Science, 51(1): 31-43.

ANDERSSON H, WALLGREN M, RYDHMER L, et al., 1998b. Photoperiodic effects on pubertal maturation of spermatogenesis, pituitary responsiveness to exogenous GnRH, and expression of boar taint in crossbred boars[J]. Animal Reproduction Science, 54(2): 121-137.

ANDO H, KUMAZAKI M, MOTOSUGI Y, et al., 2011. Impairment of peripheral circadian clocks precedes metabolic abnormalities in ob/ob mice[J]. Endocrinology, 152(4): 1347-1354.

ARGENTI L E, PARMEGGIANI B S, LEIPNITZ G, et al., 2018. Effects of season on boar semen parameters and antioxidant enzymes in the south subtropical region in Brazil[J]. Andrologia, 50(4): e12951.

ARMSTRONG D J, 1985. Pulsatile administration of gonadotropin-releasing hormone to anestrous sows: endocrine changes associated with GnRH-induced and spontaneous estrus[J]. Biology of Reproduction, 33(2): 375-380.

ARREBOLA F, ABECIA J, FORCADA F, et al., 2009. Effects of annual rainfall and farm on lamb production after treatment with melatonin implants in Merino sheep: a 4-year study[J]. New Zealand Veterinary Journal, 57(3): 141-145.

ASA S L, EZZAT S, 2002. The pathogenesis of pituitary tumours[J]. Nature Reviews Cancer, 2(11): 836-849.

ASHER G, SASSONE-CORSI P, 2015. Time for food: the intimate interplay between nutrition, metabolism, and the circadian clock[J]. Cell, 161(1): 84-92.

BARRETT P, BOLBOREA M, 2012. Molecular pathways involved in seasonal body weight and reproductive responses governed by melatonin[J]. Journal of Pineal Research, 52(4): 376-388.

BAXTER M, JOSEPH N, OSBORNE V R, et al., 2014. Red light is necessary to activate the reproductive axis in chickens independently of the retina of the eye[J]. Poultry Science, 93(5): 1289-1297.

BELTMAN M E, WALSH S W, CANTY M J, et al., 2014. Hormonal composition of follicular fluid from abnormal follicular structures in mares[J]. Research in Veterinary Science, 97(3): 488-490.

BERLINGUER F, LEONI G G, SUCCU S, et al., 2009. Exogenous melatonin positively influences follicular dynamics, oocyte developmental competence and blastocyst output in a goat model[J]. Journal of Pineal Research, 46(4): 383-391.

BERTOLDO M, HOLYOAKE P K, EVANS G, et al., 2010. Oocyte developmental competence is reduced in sows during the seasonal infertility period[J]. Reproduction Fertility Development, 22(8): 1222.

BERTOLDO M, HOLYOAKE P, EVANS G, et al., 2011. Follicular progesterone levels decrease during the period of seasonal infertility in sows[J]. Reproduction in Domestic Animals, 46(3): 489-494.

BERTOLDO M, HOLYOAKE P, EVANS G, et al., 2012. Seasonal variation in the ovarian function of sows[J]. Reproduction Fertility Development, 24(6): 822-834.

BOERSMA S, ROBINSON F, RENEMA R, 2002. The effect of twenty-eight-hour ahemeral day lengths on carcass and reproductive characteristics of broiler breeder hens late in lay[J]. Poultry Science, 81(6): 760-766.

BOWNDS M D, 1967. Site of attachment of retinal in rhodopsin[J]. Nature, 216: 1178-1181.

BRAY M S, RATCLIFFE W F, GRENETT M H, et al., 2013. Quantitative analysis of light-phase restricted feeding reveals metabolic dyssynchrony in mice[J]. International Journal of Obesity, 37(6): 843-852.

CALDELAS I, POIREL V J, SICARD B, et al., 2003. Circadian profile and photic regulation of clock genes in the suprachiasmatic nucleus of a diurnal mammal Arvicanthis ansorgei[J]. Neuroscience, 116(2): 583-591.

CANADAY D, SALAK-JOHNSON J, VISCONTI A, et al., 2013. Effect of variability in lighting and temperature environments for mature gilts housed in gestation crates on measures of reproduction and animal well-being[J]. Journal of Animal Science, 91(3): 1225-1236.

CANAPLE L, RAMBAUD J, DKHISSI-BENYAHYA O, et al., 2006. Reciprocal regulation of brain and muscle Arnt-like protein 1 and peroxisome proliferator-activated receptor α defines a novel positive feedback loop in the rodent liver circadian clock[J]. Molecular Endocrinology, 20(8): 1715-1727.

CARDINALI D P, LARIN F, WURTMAN R J, 1972. Action spectra for effects of light on hydroxyindole-O-methyl transferases in rat pineal, retina and Harderian gland[J]. Endocrinology, 91(4): 877-886.

CASAO A, CEBRIáN I, ASUMPçãO M E, et al., 2010. Seasonal variations of melatonin in ram seminal plasma are correlated to those of testosterone and antioxidant enzymes[J]. Reproductive Biology Endocrinology, 8(1): 59.

CASAS I, SANCHO S, BRIZ M, et al., 2009. Freezability prediction of boar ejaculates assessed by functional sperm parameters and sperm proteins[J]. Theriogenology, 72(7): 930-948.

CASSONE V M, 2014. Avian circadian organization: a chorus of clocks[J]. Frontiers in Neuroendocrinology, 35(1): 76-88.

CATON P, KIESWICH J, YAQOOB M, et al., 2011. Metformin opposes impaired AMPK and SIRT1 function and deleterious changes in core clock protein expression in white adipose tissue of genetically-obese db/db mice[J]. Diabetes Obesity and Metabolism, 13(12): 1097-1104.

CHEMINEAU P, MALPAUX B, BRILLARD J, et al., 2007. Seasonality of reproduction and production in farm fishes, birds and mammals[J]. Animal, 1(3): 419-432.

CHEN H, ZHAO L, CHU G, et al., 2013. FSH induces the development of circadian clockwork in rat granulosa cells via a gap junction protein Cx43-dependent pathway[J]. American Journal of Physiology-Endocrinology Metabolism, 304(6): E566-E575.

CHRISTENSON R K, 1981. Influence of confinement and season of the year on puberty and estrous activity of gilts[J]. Journal of Animal Science, 52(4): 821-830.

CHU G, MISAWA I, CHEN H, et al., 2012. Contribution of FSH and triiodothyronine to the development of circadian clocks during granulosa cell maturation[J]. American Journal of Physiology-Endocrinology Metabolism, 302(6): E645-E653.

COSTA M J, SO A Y L, KAASIK K, et al., 2011. Circadian rhythm gene period 3 is an inhibitor of the adipocyte cell fate[J]. Journal of Biological Chemistry, 286(11): 9063-9070.

CRETENET G, LE CLECH M, GACHON F, 2010. Circadian clock-coordinated 12 hr period rhythmic activation of the IRE1α pathway controls lipid metabolism in mouse liver[J]. Cell Metabolism, 11(1): 47-57.

CURLEWIS J, LOUDON A, MILNE J, et al., 1988. Effects of chronic long-acting bromocriptine treatment on liveweight, voluntary food intake, coat growth and breeding season in non-pregnant red deer hinds[J]. Journal of Endocrinology, 119(3): 413-420.

CUTANDO A, ANEIROS-FERNáNDEZ J, LóPEZ-VALVERDE A, et al., 2011. A new perspective in oral health: potential importance and actions of melatonin receptors MT1, MT2, MT3, and RZR/ROR in the oral cavity[J]. Archives of Oral Biology,

56(10): 944-950.

DAHL G, BUCHANAN B, TUCKER H, 2000. Photoperiodic effects on dairy cattle: a review [J]. Journal of Dairy Science, 83(4): 885-893.

DAHL G, ELSASSER T, CAPUCO A, et al., 1997. Effects of a long daily photoperiod on milk yield and circulating concentrations of insulin-like growth factor-I[J]. Journal of Dairy Science, 80(11): 2784-2789.

DAHL G, TAO S, THOMPSON I, 2012. Lactation biology symposium: effects of photoperiod on mammary gland development and lactation[J]. Journal of Animal Science, 90(3): 755-760.

DAWSON A, KING V M, BENTLEY G E, et al., 2001. Photoperiodic control of seasonality in birds[J]. Journal of Biological Rhythms, 16(4): 365-380.

DICKS P, RUSSEL A, LINCOLN G, 1995. The effect of melatonin implants administered from December until April, on plasma prolactin, triiodothyronine and thyroxine concentrations and on the timing of the spring moult in cashmere goats[J]. Animal Science, 60(2): 239-247.

DIEKMAN M A, GRIEGER D M, 1988. Influence of varying intensities of supplemental lighting during decreasing daylengths on puberty in gilts[J]. Animal Reproduction Science, 16(3-4): 295-301.

DIEKMAN M A, HOAGLAND T A, 1983. Influence of supplemental lighting during periods of increasing or decreasing daylength on the onset of puberty in gilts[J]. Journal of Animal Science, 57(5): 1235-1242.

DOLATSHAD H, CAMPBELL E, O'HARA L, et al., 2006. Developmental and reproductive performance in circadian mutant mice[J]. Human Reproduction, 21(1): 68-79.

DONG Y, WU T, NI Y, et al., 2010. Effect of fasting on the peripheral circadian gene expression in rats[J]. Biological Rhythm Research, 41(1): 41-47.

DUNN I, SHARP P, HOCKING P, 1990. Effects of interactions between photostimulation, dietary restriction and dietary maize oil dilution on plasma LH and ovarian and oviduct weights in broiler breeder females during rearing[J]. British Poultry Science, 31(2): 415-427.

EBLING F J, 2015. Hypothalamic control of seasonal changes in food intake and body weight[J]. British Poultry Science, 37: 97-107.

EGBUNIWE I, AYO J, 2016. Physiological roles of avian eyes in light perception and their responses to photoperiodicity[J]. World's Poultry Science Journal, 72(3): 605-614.

EPPIG J J, WIGGLESWORTH K, PENDOLA F L, 2002. The mammalian oocyte orchestrates the rate of ovarian follicular development[J]. Proceedings of the National Academy of Sciences, 99(5): 2890-2894.

ESTABROOKE I V, MCCARTHY M T, KO E, et al., 2001. Fos expression in orexin neurons varies with behavioral state[J]. Journal of Comparative Neurology, 21(5): 1656-1662.

FICK L J, FICK G H, BELSHAM D D, 2010. Rhythmic clock and neuropeptide gene expression in hypothalamic mHypoE-44 neurons[J]. Molecular Cellular Endocrinology, 323(2): 298-306.

FLOYD M, TYLER N, 2011. Photostimulation of male broiler breeders to different photoperiods[J]. South African Journal of Animal Science, 41(2): 146-155.

FOSTER D, NAGATANI S, 1999. Physiological perspectives on leptin as a regulator of reproduction: role in timing puberty[J]. Biology of Reproduction, 60(2): 205-215.

FRASER L, STRZEŻEK J, FILIPOWICZ K, et al., 2016. Age and seasonal-dependent variations in the biochemical composition of boar semen[J]. Theriogenology, 86(3): 806-816.

FRASER W D, AHMAD A M, VORA J P, 2004. The physiology of the circadian rhythm of parathyroid hormone and its potential as a treatment for osteoporosis[J]. Current Opinion in Nephrology Hypertension, 13(4): 437-444.

FREDRIKSEN B, NAFSTAD O, LIUM B M, et al., 2006. Artificial light programmes in entire male pig production-effects on androstenone, skatole and animal welfare[J]. Acta Veterinaria Scandinavica, 48(1): P3.

FROY O, 2007. The relationship between nutrition and circadian rhythms in mammals[J]. Frontiers in Neuroendocrinology, 28(2-3): 61-71.

GANGULY S, COON S L, KLEIN D C, 2002. Control of melatonin synthesis in the mammalian pineal gland: the critical role of serotonin acetylation[J]. Cell Tissue Research, 309(1): 127-137.

GARBARINO-PICO E, CARPENTIERI A R, CASTAGNET P I, et al., 2004. Synthesis of retinal ganglion cell phospholipids is under control of an endogenous circadian clock: daily variations in phospholipid-synthesizing enzyme activities[J]. Journal of Neuroscience Research, 76(5): 642-652.

GERVáSIO C G, BERNUCI M P, SILVA-DE-Sá M F, et al., 2014. The role of androgen hormones in early follicular development[J]. ISRN Obstetrics Gynecology, 2014: 1-11.

GOLDMAN B D, 2001. Mammalian photoperiodic system: formal properties and neuroendocrine mechanisms of photoperiodic time measurement[J]. Journal of Biological Rhythms, 16(4): 283-301.

GONGRUTTANANUN N, 2011. Influence of red light on reproductive performance, eggshell ultrastructure, and eye morphology in Thai-native hens[J]. Poultry Science, 90(12): 2855-2863.

GOONERATNE A, THACKER P, 1990. Influence of an extended photoperiod on sow and litter performance[J]. Livestock Production Science, 24(1): 83-88.

GOUGEON A, 1996. Regulation of ovarian follicular development in primates: facts and hypotheses[J]. Endocrine Reviews, 17(2): 121-155.

GUY G, FORTUN-LAMOTHE L, BéNARD G, et al., 2013. Natural induction of spontaneous liver steatosis in Greylag Landaise geese (*Anser anser*)[J]. Journal of Animal Science, 91(1): 455-464.

GWINNER E, BRANDSTATTER R, 2001. Complex bird clocks[J]. Philosophical Transactions of the Royal Society of London Series B: Biological Sciences, 356(1415): 1801-1810.

HACKER R, KING G, NTUNDE B, et al., 1979. Plasma oestrogen, progesterone and other reproductive responses of gilts to photoperiods[J]. Reproduction, 57(2): 447-451.

HäLLI O, PELTONIEMI O, TAST A, et al., 2008. Photoperiod and luteinizing hormone secretion in domestic and wild pigs[J]. Animal Reproduction Science, 103(1-2): 99-106.

HAN S, WANG Y, LIU L, et al., 2017. Influence of three lighting regimes during ten weeks growth phase on laying performance, plasma levels-and tissue specific gene expression-of reproductive hormones in Pengxian yellow pullets[J]. PLoS One, 12(5): e0177358.

HATORI M, HIROTA T, IITSUKA M, et al., 2011. Light-dependent and circadian clock-regulated activation of sterol regulatory element-binding protein, X-box-binding protein 1, and heat shock factor pathways[J]. Proceedings of the National Academy of Sciences, 108(12): 4864-4869.

HATTAR S, KUMAR M, PARK A, et al., 2006. Central projections of melanopsin-expressing retinal ganglion cells in the mouse[J]. Journal of Comparative Neurology, 497(3): 326-349.

HAWES R, LAKSHMANAN N, KLING L, 1991. Effect of ahemeral light: dark cycles on egg production in early photostimulated brown-egg pullets[J]. Journal of Comparative Neurology, 70(7): 1481-1486.

HERICHOVá I, ZEMAN M, JURáNI M, et al., 2004. Daily rhythms of melatonin and selected biochemical parameters in plasma of Japanese quail[J]. Avian Poultry Biology Reviews, 15: 205-210.

HIGUCHI K, GEN K, IZUMIDA D, et al., 2016. Changes in gene expression and cellular localization of insulin-like growth factors 1 and 2 in the ovaries during ovary development of the yellowtail, Seriola quinqueradiata[J]. General Comparative Endocrinology, 232: 86-95.

HIRSHFIELD A N, 1991. Development of follicles in the mammalian ovary[J]. International Review of Cytology, 124: 43-101.

HUANG Y, SHI Z, LIU Z, et al., 2008. Endocrine regulations of reproductive seasonality, follicular development and incubation in Magang geese[J]. Animal Reproduction Science, 104(2-4): 344-358.

HWA V, OH Y, ROSENFELD R G, 1999. The insulin-like growth factor-binding protein (IGFBP) superfamily[J]. Endocrine Reviews, 20(6): 761-787.

IDRIS A A, ROBBINS K R, 1994. Light and feed management of broiler breeders reared under short versus natural day length[J]. Poultry Science, 73(5): 603-609.

IKEGAMI K, YOSHIMURA T, 2016. Comparative analysis reveals the underlying mechanism of vertebrate seasonal reproduction[J]. General Comparative Endocrinology, 227: 64-68.

JACKSON G, JANSEN H, KAO C, 1990. Continuous exposure of Suffolk ewes to an equatorial photoperiod disrupts expression of the annual breeding season[J]. Biology of Reproduction, 42(1): 63-73.

JOHNSTON J, 2004. Photoperiodic regulation of prolactin secretion: changes in intra-pituitary signalling and lactotroph heterogeneity[J]. Journal of Endocrinology, 180(3): 351-356.

JOSEPH N, ROBINSON F, RENEMA R, et al., 2002. Responses of two strains of female broiler breeders to a midcycle increase in photoperiod[J]. Poultry Science, 81(6): 745-754.

KALSBEEK A, PALM I, LA FLEUR S, et al., 2006. SCN outputs and the hypothalamic balance of life[J]. Journal of Biological Rhythms, 21(6): 458-469.

KALSBEEK A, YI C X, LA FLEUR S E, et al., 2010. The hypothalamic clock and its control of glucose homeostasis[J]. Trends in Endocrinology, 21(7): 402-410.

KARAGANIS S P, BARTELL P A, SHENDE V R, et al., 2009. Modulation of metabolic and clock gene mRNA rhythms by pineal and retinal circadian oscillators[J]. General Comparative Endocrinology, 161(2): 179-192.

KARASEK M, GRUSZKA A, LAWNICKA H, et al., 2003. Melatonin inhibits growth of diethylstilbestrol-induced prolactin-secreting pituitary tumor in vitro: possible involvement of nuclear RZR/ROR receptors[J]. Journal of Pineal Research, 34(4): 294-296.

KARSCH F J, BITTMAN E L, FOSTER D L, et al., 1984. Neuroendocrine basis of seasonal reproduction[J]. Recent Progress in Hormone Research, 40: 185-232.

KARSCH F J, DAHL G E, EVANS N P, et al., 1993. Seasonal changes in gonadotropin-releasing hormone secretion in the ewe: alteration in response to the negative feedback action of estradiol[J]. Biology of Reproduction, 49(6): 1377-1383.

KARSCH F J, ROBINSON J E, WOODFILL C J, et al., 1989. Circannual cycles of luteinizing hormone and prolactin secretion in ewes during prolonged exposure to a fixed photoperiod: evidence for an endogenous reproductive rhythm[J]. Biology of Reproduction, 41(6): 1034-1046.

KENNAWAY D J, VARCOE T J, VOULTSIOS A, et al., 2013. Global loss of bmal1 expression alters adipose tissue hormones, gene expression and glucose metabolism[J]. PLoS One, 8(6): e65255.

KERMABON A Y, PRUNIER A, DJIANE J, et al., 1995. Gonadotropins in lactating sows exposed to long or short days during pregnancy and lactation: serum concentrations and ovarian receptors[J]. Biology of Reproduction, 53(5): 1095-1102.

KETTNER N M, MAYO S A, HUA J, et al, 2015. Circadian dysfunction induces leptin resistance in mice[J]. Cell Metabolism, 22(3): 448-459.

KNECHT D, ŚRODOŃ S, SZULC K, et al., 2013. The effect of photoperiod on selected parameters of boar semen[J]. Livestock Science, 157(1): 364-371.

KOHSAKA A, LAPOSKY A D, RAMSEY K M, et al., 2007. High-fat diet disrupts behavioral and molecular circadian rhythms in mice[J]. Cell Metabolism, 6(5): 414-421.

KOZDROWSKI R, DUBIEL A, 2004. The effect of season on the properties of wild boar (*Sus scrofa L.*) semen[J]. Animal Reproduction Science, 80(3-4): 281-289.

KUDO T, NAKAYAMA E, SUZUKI S, et al., 2004. Cholesterol diet enhances daily rhythm of Pai-1 mRNA in the mouse liver[J]. American Journal of Physiology-Endocrinology Metabolism, 287(4): E644-E651.

KUNAVONGKRIT A, SURIYASOMBOON A, LUNDEHEIM N, et al., 2005. Management and sperm production of boars under differing environmental conditions[J]. Theriogenology, 63(2): 657-667.

KYRIACOU C P, 1990. The molecular ethology of theperiod gene in *Drosophila*[J]. Behavior Genetics, 20(2): 191-211.

LADIZESKY M G, BOGGIO V, ALBORNOZ L E, et al., 2003. Melatonin increases oestradiol-induced bone formation in ovariectomized rats[J]. Journal of Pineal Research, 34(2): 143-151.

LAMERIS T K, VAN DER JEUGD H P, EICHHORN G, et al., 2018. Arctic geese tune migration to a warming climate but still suffer from a phenological mismatch[J]. Current Biology, 28(15): 2467-2473.

LAMIA K A, SACHDEVA U M, DITACCHIO L, et al., 2009. AMPK regulates the circadian clock by cryptochrome phosphorylation and degradation[J]. Science, 326(5951): 437-440.

LARRONDO L F, OLIVARES-YAñEZ C, BAKER C L, et al., 2015. Decoupling circadian clock protein turnover from circadian period determination[J]. Science, 347(6221): 1257277.

LAU P, NIXON S J, PARTON R G, et al., 2004. RORα regulates the expression of genes involved in lipid homeostasis in skeletal muscle cells CAVEOLIN-3 and CPT-1 are direct targets of ROR[J]. Journal of Biological Chemistry, 279(35): 36828-36840.

LEONE V, GIBBONS S M, MARTINEZ K, et al., 2015. Effects of diurnal variation of gut microbes and high-fat feeding on host circadian clock function and metabolism[J]. Cell Host, 17(5): 681-689.

LEWIS P, DANISMAN R, GOUS R. 2008a. Illuminance, sexual maturation, and early egg production in female broiler breeders[J]. British Poultry Science, 49(6): 649-653.

LEWIS P, GOUS R, MORRIS T, 2007. Model to predict age at sexual maturity in broiler breeders given a single increment in photoperiod[J]. British Poultry Science, 48(5): 625-634.

LEWIS P, MORRIS T, PERRY G, 2002. A model for predicting the age at sexual maturity for growing pullets of layer strains given a single change in photoperiod[J]. The Journal of Agricultural Science, 138(4): 441-458.

LEWIS P, TYLER N, GOUS R, et al., 2008b. Photoperiodic response curves for plasma LH concentrations and age at first egg in female broiler breeders[J]. Animal Reproduction Science, 109(1-4): 274-286.

LI J, CHU L, SUN X, et al., 2015. IGFs mediate the action of LH on oocyte maturation in zebrafish[J]. Molecular Endocrinology, 29(3): 373-383.

LINCOLN G A, 1992. Biology of seasonal breeding in deer[M]. In The biology of deer (Springer), pp. 565-574.

LINCOLN G A, ALMEIDA O, KLANDORF H, et al., 1982. Hourly fluctuations in the blood levels of melatonin, prolactin, luteinizing hormone, follicle-stimulating hormone, testosterone, tri-iodothyronine, thyroxine and cortisol in rams under artificial photoperiods, and the effects of cranial sympathectomy[J]. Journal of Endocrinology, 92(2): 237-250.

LINCOLN G A, JOHNSTON J D, ANDERSSON H, et al., 2005. Photorefractoriness in mammals: dissociating a seasonal timer from the circadian-based photoperiod response[J]. Endocrinology, 146(9): 3782-3790.

LINCOLN G, 1990. Correlation with changes in horns and pelage, but not reproduction, of seasonal cycles in the secretion of prolactin in rams of wild, feral and domesticated breeds of sheep[J]. Reproduction, 90(1): 285-296.

LINCOLN G, RICHARDSON M, 1998. Photo-neuroendocrine control of seasonal cycles in body weight, pelage growth and reproduction: lessons from the HPD sheep model[J]. Comparative Biochemistry Physiology Part C: Pharmacology, Toxicology Endocrinology, 119(3): 283-294.

LIU K, XIN H, SETTAR P, 2018. Effects of light-emitting diode light v. fluorescent light on growing performance, activity levels and well-being of non-beak-trimmed W-36 pullets[J]. Animal, 12(1): 106-115.

LONG H, ZHAO Y, WANG T, et al., 2016. Effect of light-emitting diode vs. fluorescent lighting on laying hens in aviary hen houses: Part 1-Operational characteristics of lights and production traits of hens[J]. Poultry Science, 95(1): 1-11.

LOUDON A, 1994. Photoperiod and the regulation of annual and circannual cycles of food intake[J]. Proceedings of the Nutrition Society, 53(3): 495-507.

LOUDON A, MILNE J, CURLEWIS J, et al., 1989. A comparison of the seasonal hormone changes and patterns of growth, voluntary food intake and reproduction in juvenile and adult red deer (*Cervus elaphus*) and Père David's deer (*Elaphurus davidianus*) hinds[J]. Journal of Endocrinology, 122(3): 733-745.

MA H, XIN H, ZHAO Y, et al., 2016. Assessment of lighting needs by W-36 laying hens via preference test[J]. Animal, 10(4): 671-680.

MABRY J, COFFEY M, SEERLEY R, 1983. A comparison of an 8-versus 16-hour photoperiod during lactation on suckling frequency of the baby pig and maternal performance of the sow[J]. Journal of Animal Science, 57(2): 292-295.

MAFFUCCI J A, GORE A C, 2009. Hypothalamic neural systems controlling the female reproductive life cycle: gonadotropin-releasing hormone, glutamate, and GABA[J]. International Review of Cell Molecular Biology, 274: 69-127.

MALPAUX B T, DAVEAU A S, MAURICE-MANDON F O, et al., 1998. Evidence that melatonin acts in the premammillary hypothalamic area to control reproduction in the ewe: presence of binding sites and stimulation of luteinizing hormone secretion by in situ microimplant delivery[J]. Endocrinology, 139(4): 1508-1516.

MALPAUX B, MOENTER S M, WAYNE N L, et al., 1988. Reproductive refractoriness of the ewe to inhibitory photoperiod is not caused by alteration of the circadian secretion of melatonin[J]. Neuroendocrinology, 48(3): 264-270.

MAZERBOURG S, BONDY C, ZHOU J, et al., 2003. The insulin-like growth factor system: a key determinant role in the growth and selection of ovarian follicles？a comparative species study[J]. Reproduction in Domestic Animals, 38(4): 247-258.

MCGLONE J J, STANSBURY W F, TRIBBLE L F, et al., 1988. Photoperiod and heat stress influence on lactating sow performance and photoperiod effects on nursery pig performance[J]. Journal of Animal Science, 66(8): 1915-1919.

MELNYCHUK V, KIRBY J, KIRBY Y, et al., 2004. Effect of strain, feed allocation program, and age at photostimulation on reproductive development and carcass characteristics of broiler breeder hens[J]. Poultry Science, 83(11): 1861-1867.

MIN J K, HOSSAN M S, NAZMA A, et al., 2012. Effect of monochromatic light on sexual maturity, production performance and egg quality of laying hens[J]. Avian Biology Research, 5(2): 69-74.

MINAMI Y, KASUKAWA T, KAKAZU Y, et al., 2009. Measurement of internal body time by blood metabolomics[J]. Proceedings of the National Academy of Sciences, 106(24): 9890-9895.

MITCHELL B, MCCOWAN D, NICHOLSON I, 1976. Annual cycles of body weight and condition in Scottish red deer, Cervus elaphus[J]. Journal of Zoology, 180(1): 107-127.

MITCHELL R, BETTERIDGE K, GURNSEY M, et al., 1991. Fibre growth cycles of cashmere-bearing, reproducing does in Southern Hawkes Bay, New Zealand, over a 30-month period[J]. New Zealand Journal of Agricultural Research, 34(3): 287-294.

MOBARKEY N, AVITAL N, HEIBLUM R, et al., 2010. The role of retinal and extra-retinal photostimulation in reproductive activity in broiler breeder hens[J]. Domestic Animal Endocrinology, 38(4): 235-243.

MONTAGNER A, KORECKA A, POLIZZI A, et al., 2016. Hepatic circadian clock oscillators and nuclear receptors integrate microbiome-derived signals[J]. Scientific Reports, 6: 20127.

MURASE T, IMAEDA N, YAMADA H, et al., 2007. Seasonal changes in semen characteristics, composition of seminal plasma and frequency of acrosome reaction induced by calcium and calcium ionophore A23187 in large white boars[J]. Journal of Reproduction Development, 53(4): 853-865.

NAKAHATA Y, SAHAR S, ASTARITA G, et al., 2009. Circadian control of the NAD+salvage pathway by CLOCK-SIRT1[J]. Science, 324(5927): 654-657.

NATESAN A, GEETHA L, ZATZ M, 2002. Rhythm and soul in the avian pineal[J]. Cell Tissue Research, 309(1): 35-45.

NIELSEN B L, LITHERLAND M, NøDDEGAARD F, 2003. Effects of qualitative and quantitative feed restriction on the activity of broiler chickens[J]. Applied Animal Behaviour Science, 83(4): 309-323.

NISHIWAKI-OHKAWA T, YOSHIMURA T, 2016. Molecular basis for regulating seasonal reproduction in vertebrates[J]. Journal of Endocrinology, 229(3): R117-R127.

NTUNDE B N, HACKER R, KING G, 1979. Influence of photoperiod on growth, puberty and plasma LH levels in gilts[J]. Journal of Animal Science, 48(6): 1401-1406.

OLANREWAJU H, THAXTON J, DOZIER W, et al., 2006. A review of lighting programs for broiler production[J]. International

Journal of Poultry Science, 5(4): 301-308.

OLIVER J, BAYLE J, 1982. Brain photoreceptors for the photo-induced testicular response in birds[J]. Experientia, 38(9): 1021-1029.

ORTAVANT R, 1985. Photoperiod: main proximal and distal factors of the circannual cycle of reproduction in farm mammals[J]. Oxford Reviews of Reproductive Biology, 7: 305-345.

PANDI-PERUMAL S R, TRAKHT I, SRINIVASAN V, et al., 2008. Physiological effects of melatonin: role of melatonin receptors and signal transduction pathways[J]. Progress in Neurobiology, 85(3): 335-353.

PASCHOS G K, IBRAHIM S, SONG W L, et al., 2012. Obesity in mice with adipocyte-specific deletion of clock component Arntl[J]. Nature Medicine, 18(12): 1768.

PATERSON A, PEARCE G, 1990. Attainment of puberty in domestic gilts reared under long-day or short-day artificial light regimens[J]. Animal Reproduction Science, 23(2): 135-144.

PELLETIER J, BODIN L, HANOCQ E, et al., 2000. Association between expression of reproductive seasonality and alleles of the gene for Mel1a receptor in the ewe[J]. Biology of Reproduction, 62(4): 1096-1101.

PERERA A, HACKER R, 1984. The effects of different photoperiods on reproduction in the sow[J]. Journal of Animal Science, 58(6): 1418-1422.

PEVET P, CHALLET E, 2011. Melatonin: both master clock output and internal time-giver in the circadian clocks network[J]. Journal of Physiology-Paris, 105(4-6): 170-182.

PHILLIPS C, JOHNSON P, ARAB T, 1997. The effect of supplementary light during winter on the growth, body composition and behaviour of steers and heifers[J]. Animal Science, 65(2): 173-181.

PISHNAMAZI A, RENEMA R, ZUIDHOF M, et al., 2014. Effect of age at photostimulation on sexual maturation in broiler breeder pullets[J]. Poultry Science, 93(5): 1274-1281.

PROUDFOOT F, 1980. The effects of dietary protein levels, ahemeral light and dark cycles, and intermittent photoperiods on the performance of chicken broiler parent genotypes[J]. Poultry Science, 59(6): 1258-1267.

PRUNIER A, DOURMAD J, ETIENNE M, 1994. Effect of light regimen under various ambient temperatures on sow and litter performance[J]. Journal of Animal Science, 72(6): 1461-1466.

RAMPACEK G B, KRAELING R R, KISER T E, 1981. Delayed puberty in gilts in total confinement[J]. Theriogenology, 15(5): 491-499.

RANI S, SINGH S, MISRA M, et al., 2001. The influence of light wavelength on reproductive photorefractoriness in migratory blackheaded bunting (*Emberiza melanocephala*)[J]. Reproduction Nutrition Development, 41(4): 277-284.

RATHINAM T, KUENZEL W, 2005. Attenuation of gonadal response to photostimulation following ablation of neurons in the lateral septal organ of chicks[J]. Brain Research Bulletin, 64(5): 455-461.

RAWAN A, YOSHIOKA S, ABE H, et al., 2015. Insulin-like growth factor-1 regulates the expression of luteinizing hormone receptor and steroid production in bovine granulosa cells[J]. Reproduction in Domestic Animals, 50(2): 283-291.

REDDY I, DAVID C, KIRAN G R, et al., 2011. Pulsatile secretion of luteinizing hormone and GnRH and its relation to pause days and egg production in hens exposed to different wavelengths of light[J]. Indian Journal of Animal Sciences, 81(9): 919-923.

REITER R J, 1991. Pineal melatonin: cell biology of its synthesis and of its physiological interactions[J]. Endocrine Reviews, 12(2): 151-180.

REKASI Z, HORVATH R A, KLAUSZ B, et al., 2006. Suppression of serotonin N-acetyltransferase transcription and melatonin secretion from chicken pinealocytes transfected with Bmal1 antisense oligonucleotides containing locked nucleic acid in superfusion system[J]. Molecular Cellular Endocrinology, 249(1-2): 84-91.

RENDEN J, OATES S, WEST M, 1991. Performance of two male broiler breeder strains raised and maintained on various constant photoschedules[J]. Poultry Science, 70(7): 1602-1609.

RENEMA R, ROBINSON F, FEDDES J, et al., 2001. Effects of light intensity from photostimulation in four strains of commercial egg layers: 2. Egg production parameters[J]. Poultry Science, 80(8): 1121-1131.

RENEMA R, ROBINSON F, ZUIDHOF M, 2007. Reproductive efficiency and metabolism of female broiler breeders as affected by genotype, feed allocation, and age at photostimulation. 2. Sexual maturation[J]. Poultry Science, 86(10): 2267-2277.

RENEMA R, SIKUR V, ROBINSON F, et al., 2008. Effects of nutrient density and age at photostimulation on carcass traits and reproductive efficiency in fast-and slow-feathering turkey hens[J]. Poultry Science, 87(9): 1897-1908.

REPPERT S M, WEAVER D R, 2002. Coordination of circadian timing in mammals[J]. Nature, 418: 935-941.

REPPERT S M, WEAVER D R, EBISAWA T, 1994. Cloning and characterization of a mammalian melatonin receptor that mediates reproductive and circadian responses[J]. Neuron, 13(5): 1177-1185.

ROBINSON F, WAUTIER T, HARDIN R, et al., 1996. Effects of age at photostimulation on reproductive efficiency and carcass characteristics. 1. Broiler breeder hens[J]. Canadian Journal of Animal Science, 76(3): 275-282.

ROBINSON F, ZUIDHOF M, RENEMA R, 2007. Reproductive efficiency and metabolism of female broiler breeders as affected by genotype, feed allocation, and age at photostimulation. 1. Pullet growth and development[J]. Poultry Science, 86(10): 2256-2266.

RODGERS J T, LERIN C, HAAS W, et al., 2005. Nutrient control of glucose homeostasis through a complex of PGC-1α and SIRT1[J]. Nature, 434(7029): 113-118.

ROMEROWICZ-MISIELAK M, OREN D, SOWA-KUCMA M, et al., 2015. Changes in melatonin synthesis parameters after carbon monoxide concentration increase in the cavernous sinus[J]. Journal of Physiology and Pharmacology, 66(4): 505.

ROSSELOT A E, HONG C I, MOORE S R, 2016. Rhythm and bugs: circadian clocks, gut microbiota, and enteric infections[J]. Current Opinion in Gastroenterology, 32(1): 7.

ROTH L S, LIND O, 2013. The impact of domestication on the chicken optical apparatus[J]. PLoS One, 8(6): e65509.

ROZENBOIM I, BIRAN I, UNI Z, et al., 1999. The effect of monochromatic light on broiler growth and development[J]. Poultry Science, 78(1): 135-138.

ROZENBOIM I, HUISINGA R, HALEVY O, et al., 2003. Effect of embryonic photostimulation on the posthatch growth of turkey poults[J]. Poultry Science, 82(7): 1181-1187.

SAKKOU M, WIEDMER P, ANLAG K, et al., 2007. A role for brain-specific homeobox factor Bsx in the control of hyperphagia and locomotory behavior[J]. Cell Metabolism, 5(6): 450-463.

SALDANHA C J, SILVERMAN A J, SILVER R, 2001. Direct innervation of GnRH neurons by encephalic photoreceptors in birds[J]. Journal of Biological Rhythms, 16(1): 39-49.

SALDANHA C, LEAK R, SILVER R, 1994. Detection and transduction of daylength in birds[J]. Psychoneuroendocrinology, 19(5-7): 641-656.

SANCHO S, PINART E, BRIZ M, et al., 2004. Semen quality of postpubertal boars during increasing and decreasing natural photoperiods[J]. Theriogenology, 62(7): 1271-1282.

SCHANBACHER B, 1988. Responses of market lambs and Suffolk rams to a stimulatory skeleton photoperiod[J]. Reproduction Nutrition Développement, 28(2B): 431-441.

SCHMUTZ I, RIPPERGER J A, BAERISWYL-AEBISCHER S, et al., 2010. The mammalian clock component PERIOD2 coordinates circadian output by interaction with nuclear receptors[J]. Genes Development, 24(4): 345-357.

SELLIX M T, MENAKER M, 2010. Circadian clocks in the ovary[J]. Trends in Endocrinology Metabolism, 21(10): 628-636.

SETHI S, ADAMS W, POLLOCK J, et al., 2008. C-terminal domains within human MT1 and MT2 melatonin receptors are involved in internalization processes[J]. Journal of Pineal Research, 45(2): 212-218.

SHARP P J, BLACHE D, 2003. A neuroendocrine model for prolactin as the key mediator of seasonal breeding in birds under long-and short-day photoperiods[J]. Canadian Journal of Physiology Pharmacology, 81(4): 350-358.

SHI Z, BARRELL G, 1992. Requirement of thyroid function for the expression of seasonal reproductive and related changes in red deer (*Cervus elaphus*) stags[J]. Reproduction, 94(1): 251-259.

SHIMBA S, ISHII N, OHTA Y, et al., 2005. Brain and muscle Arnt-like protein-1 (BMAL1), a component of the molecular clock, regulates adipogenesis[J]. Proceedings of the National Academy of Sciences, 102(34): 12071-12076.

SHOSTAK A, MEYER-KOVAC J, OSTER H, 2013. Circadian regulation of lipid mobilization in white adipose tissues[J]. Diabetes, 62(7): 2195-2203.

SILVERSIDES F, KORVER D, BUDGELL K, 2006. Effect of strain of layer and age at photostimulation on egg production, egg quality, and bone strength[J]. Poultry Science, 85(7): 1136-1144.

SINGH J, PAUL A, THAKUR N, et al., 2015. Localization of IGF proteins in various stages of ovarian follicular development and modulatory role of IGF-I on granulosa cell steroid production in water buffalo (*Bubalus bubalis*)[J]. Animal Reproduction Science, 158: 31-52.

SMITH J, DOUGLASS L, COYNE J, et al., 1997. Melatonin feeding that stimulates a short day photoperiod (SDPP) suppresses circulating insulin-like growth factor-I (IGF-1) in pre-pubertal heifers[J]. Journal of Animal Science, 75(Suppl 1): 215.

SMITH M J, JENNES L, WISE P M, 2000. Localization of the VIP2 receptor protein on GnRH neurons in the female rat[J]. Endocrinology, 141(11): 4317-4320.

SPICER L, ECHTERNKAMP S, 1995. The ovarian insulin and insulin-like growth factor system with an emphasis on domestic animals[J]. Domestic Animal Endocrinology, 12(3): 223-245.

STERNING M, RYDHMER L, ELIASSON-SELLING L, 1998. Relationships between age at puberty and interval from weaning to estrus and between estrus signs at puberty and after the first weaning in pigs[J]. Journal of Animal Science, 76(2): 353-359.

SUN Y, TANG S, CHEN Y, et al., 2017. Effects of light regimen and nutrient density on growth performance, carcass traits, meat quality, and health of slow-growing broiler chickens[J]. Livestock Science, 198: 201-208.

SURIYASOMBOON A, LUNDEHEIM N, KUNAVONGKRIT A, et al., 2004. Effect of temperature and humidity on sperm production in Duroc boars under different housing systems in Thailand[J]. Livestock Production Science, 89(1): 19-31.

SUTTIE J M, FENNESSY P F, CORSON I D, et al., 1989. Pulsatile growth hormone, insulin-like growth factors and antler development in red deer (*Cervus elaphus scoticus*) stags[J]. Journal of Endocrinology, 121(2): 351-360.

SUZUKI T, 2013. Regulation of intestinal epithelial permeability by tight junctions[J]. Cellular Molecular Life Sciences, 70(4): 631-659.

SUZUKI Y, WATANABE H, FUKUI Y, 2010. Effects of seasonal changes on in vitro developmental competence of porcine oocytes[J]. Journal of Reproduction Development, 56(4): 396-399.

SWEENEY T, DONOVAN A, KARSCH F, et al., 1997. Influence of previous photoperiodic exposure on the reproductive response to a specific photoperiod signal in ewes[J]. Biology of Reproduction, 56(4): 916-920.

TAO Z, SONG W, ZHU C, et al., 2017. Comparative transcriptomic analysis of high and low egg-producing duck ovaries[J]. Poultry Science, 96(12): 4378-4388.

TAST A, HäLLI O, VIROLAINEN J, et al., 2005. Investigation of a simplified artificial lighting programme to improve the fertility of sows in commercial piggeries[J]. Veterinary Record, 156(22): 702-705.

TAST A, LOVE R J, EVANS G, et al., 2001. The photophase light intensity does not affect the scotophase melatonin response in the domestic pig[J]. Animal Reproduction Science, 65(3-4): 283-290.

TAYLOR A C, HORVAT-GORDON M, MOORE A, et al., 2013. The effects of melatonin on the physical properties of bones and egg shells in the laying hen[J]. PLoS One, 8(2): e55663.

THAISS C A, LEVY M, KOREM T, et al., 2016. Microbiota diurnal rhythmicity programs host transcriptome oscillations[J]. Cell, 167(6): 1495-1510.

THAISS C A, ZEEVI D, LEVY M, et al., 2014. Transkingdom control of microbiota diurnal oscillations promotes metabolic homeostasis[J]. Cell, 159(3): 514-529.

BERSON D M, DUNN FA, TAKAO M, 2002. Phototransduction by retinal ganglion cells that set the circadian clock[J]. Science, 295: 1070-1073.

TISCHKAU S A, HOWELL R E, HICKOK J R, et al., 2011. The luteinizing hormone surge regulates circadian clock gene expression in the chicken ovary[J]. Chronobiology International, 28(1): 10-20.

TUMMARUK P, LUNDEHEIM N, EINARSSON S, et al., 2001. Effect of birth litter size, birth parity number, growth rate, backfat thickness and age at first mating of gilts on their reproductive performance as sows[J]. Animal Reproduction Science, 66(3-4): 225-237.

TUPS A, 2009. Physiological models of leptin resistance[J]. Journal of Neuroendocrinology, 21(11): 961-971.

TUREK F W, JOSHU C, KOHSAKA A, et al., 2005. Obesity and metabolic syndrome in circadian Clock mutant mice[J]. Science, 308(5724): 1043-1045.

TURKOWSKA E, MAJEWSKI P M, RAI S, et al., 2014. Pineal oscillator functioning in the chicken-effect of photoperiod and melatonin[J]. Chronobiology International, 31(1): 134-143.

TYLER N, GOUS R, 2011. Selection for early response to photostimulation in broiler breeders[J]. British Poultry Science, 52(4): 517-522.

UENO-TOWATARI T, NORIMATSU K, BLAZEJCZYK K, et al., 2007. Seasonal variations of melatonin secretion in young females under natural and artificial light conditions in Fukuoka, Japan[J]. Journal of Physiological Anthropology, 26(2): 209-215.

UM J H, PENDERGAST J S, SPRINGER D A, et al., 2011. AMPK regulates circadian rhythms in a tissue-and isoform-specific manner[J]. PLoS One, 6(3): e18450.

UNDERWOOD H, MENAKER M, 1970. Photoperiodically significant photoreception in sparrows: is the retina involved? [J]. Science, 167(3916): 298-301.

VANECEK J, KLEIN D C, 1995. Melatonin inhibition of GnRH-induced LH release from neonatal rat gonadotroph: involvement of Ca^{2+} not cAMP[J]. American Journal of Physiology-Endocrinology Metabolism, 269(1): E85-E90.

VETTER C, SCHEER F A, 2017. Circadian biology: uncoupling human body clocks by food timing[J]. Current Biology, 27(13): R656-R658.

VIDA B, DELI L, HRABOVSZKY E, et al., 2010. Evidence for suprachiasmatic vasopressin neurones innervating kisspeptin neurones in the rostral periventricular area of the mouse brain: regulation by oestrogen[J]. Journal of Neuroendocrinology, 22(9): 1032-1039.

VOLLMERS C, GILL S, DITACCHIO L, et al., 2009. Time of feeding and the intrinsic circadian clock drive rhythms in hepatic gene expression[J]. Proceedings of the National Academy of Sciences, 106(50): 21453-21458.

WANG C M, CHEN L R, LEE S R, et al., 2009. Supplementary artificial light to increase egg production of geese under natural lighting conditions[J]. Animal Reproduction Science, 113(1-4): 317-321.

WANG X J, LI Y, SONG Q Q, et al., 2013. Corticosterone regulation of ovarian follicular development is dependent on the energy status of laying hens[J]. Journal of Lipid Research, 54(7): 1860-1876.

WEBSTER J R, CORSON I D, LITTLEJOHN R P, et al., 1999. Effects of photoperiod on the cessation of growth during autumn in male red deer and growth hormone and insulin-like growth factor-I secretion[J]. General Comparative Endocrinology, 113(3): 464-477.

WEHRENS S M, CHRISTOU S, ISHERWOOD C, et al., 2017. Meal timing regulates the human circadian system[J]. Current Biology, 27(12): 1768-1775.

WEILER U, CLAUS R, SCHNOEBELEN-COMBES S, et al., 1998. Influence of age and genotype on endocrine parameters and growth performance: a comparative study in wild boars, Meishan and large white boars[J]. Livestock Production Science, 54(1): 21-31.

WILLIAMS C T, KLAASSEN M, BARNES B M, et al., 2017. Seasonal reproductive tactics: annual timing and the capital-to-income breeder continuum[J]. Philosophical Transactions of the Royal Society B: Biological Science, 372(1734): 20160250.

WILSON F E, 1991. Neither retinal nor pineal photoreceptors mediate photoperiodic control of seasonal reproduction in American tree sparrows (*Spizella arborea*)[J]. Journal of Experimental Zoology, 259(1): 117-127.

WOOD S, LOUDON A, 2018. The pars tuberalis: the site of the circannual clock in mammals? [J]. General Comparative Endocrinology, 258: 222-235.

WU T, DONG Y, YANG Z, et al., 2009. Differential resetting process of circadian gene expression in rat pineal glands after the reversal of the light/dark cycle via a 24h light or dark period transition[J]. Chronobiology International, 26(5): 793-807.

WULIJI T, LITHERLAND A, GOETSCH A, et al., 2006. Evaluation of melatonin and bromocryptine administration in Spanish goats: III. Effects on hair follicle activity, density and relationships between follicle characteristics[J]. Small Ruminant Research, 66(1-3): 11-21.

YALCIN S, MCDANIEL G, WONG-VALLE J, 1993. Effect of preproduction lighting regimes on reproductive performance of broiler breeders[J]. Journal of Applied Poultry Research, 2(1): 51-54.

YAN A, ZHANG L, TANG Z, et al., 2011. Orange-spotted grouper (*Epinephelus coioides*) orexin: molecular cloning, tissue expression, ontogeny, daily rhythm and regulation of NPY gene expression[J]. Peptides, 32(7): 1363-1370.

YANG X, DOWNES M, RUTH T Y, et al., 2006. Nuclear receptor expression links the circadian clock to metabolism[J]. Cell, 126(4): 801-810.

YESTE M, SANCHO S, BRIZ M, et al., 2010. A diet supplemented with L-carnitine improves the sperm quality of Pietrain but not of Duroc and large white boars when photoperiod and temperature increase[J]. Theriogenology, 73(5): 577-586.

ZARRINPAR A, CHAIX A, YOOSEPH S, et al., 2014. Diet and feeding pattern affect the diurnal dynamics of the gut microbiome[J]. Cell Metabolism, 20(6): 1006-1017.

ZASIADCZYK L, FRASER L, KORDAN W, et al., 2015. Individual and seasonal variations in the quality of fractionated boar ejaculates[J]. Theriogenology, 83(8): 1287-1303.

ZHANG Z, WANG Y, LI L, et al., 2016. Circadian clock genes are rhythmically expressed in specific segments of the hen oviduct[J]. Poultry Science, 95(7): 1653-1659.

ZHU H, HU M, GUO B, et al., 2019. Effect and molecular regulatory mechanism of monochromatic light colors on the egg-laying performance of Yangzhou geese[J]. Animal Reproduction Science, 204: 131-139.

ZHU H, SHAO X, CHEN Z, et al., 2017. Induction of out-of-season egg laying by artificial photoperiod in Yangzhou geese and the associated endocrine and molecular regulation mechanisms[J]. Animal Reproduction Science, 180: 127-136.

ZUIDHOF M, RENEMA R, ROBINSON F, 2007. Reproductive efficiency and metabolism of female broiler breeders as affected by genotype, feed allocation, and age at photostimulation. 3. reproductive efficiency [J]. Poultry Science, 86(10): 2278-2286.

ZVONIC S, PTITSYN A A, CONRAD S A, et al., 2006. Characterization of peripheral circadian clocks in adipose tissues[J]. Diabetes, 55(4): 962-970.

第八章 畜禽饲养密度和群体规模与环境的互作

8.1 饲养密度对猪生产健康的影响

畜禽养殖日趋集约化、标准化、规模化，高密度饲养在一定程度上促进了畜牧业的发展，但也带来一系列的负面影响，如舍内环境恶化、畜禽健康和免疫力低下等。集约化养殖过程中，环境是制约猪生产性能发挥的重要因素。猪只长期处于非舒适的栏舍环境中，处于亚健康状态，无法达到最佳的生长性能和生产水平。适宜的环境条件包括适宜的温度、湿度以及饲养密度等。

饲养密度是畜禽养殖的环境因素之一，直接关乎养殖的成本和利润、动物的健康及福利。饲养密度是指家畜在一定空间范围内的密集程度，通常以单位数量家畜占有生活空间面积或者一定面积的载畜量来表示。饲养密度过小造成土地资源的浪费，极大地增加养殖的成本。温度较低时，饲养密度过小不利于栏舍温度的维持，猪维持体温的能量消耗增加，严重影响猪的生产健康。反之，饲养密度过大带来的负面影响更甚。高饲养密度会引起猪的异常行为等应激反应，严重降低猪的生产、繁殖和肉品质。此外，高饲养密度会使栏舍环境恶化，不仅不利于猪的健康，还危害猪的福利水平。

8.1.1 饲养密度对猪生产的影响

生产过程中猪的生产性能受多种因素制约，其中品种因素约占 1/5，饲料及日常管理约占 1/2，生长环境则约占 1/3（Cole et al.，2000），可见，环境对猪生产性能有很大的影响。饲养密度能直观反映栏舍内畜禽的密集程度，是影响畜禽饲养的众多环境因素之一。集约化生产模式侧重于降低养殖成本，提高利润，但却忽视了饲养密度对猪机体健康的影响。集约化饲养条件下，猪常处于亚健康状态，并未发挥最佳的生产性能（杨伟等，2009）。饲养密度还直接影响猪舍内温湿度、通风状况、有害气体及微生物的含量（郑飞燕等，2002），影响猪的采食、饮水、排粪、排尿、自由活动、争斗等行为，进而对猪的生产性能产生影响（Meyer-Hamme et al.，2016）。夏季高温情况下，降低饲养密度有利于猪群散热，可以减轻猪群的热应激；冬季低温情况下，适当提高饲养密度，可维持猪舍温度，减轻猪群的冷应激。但饲养密度过高，散发水汽增多导致舍内空气湿度增大，舍内有害气体含量增加，病原微生物滋生，栏舍空气卫生状况严重恶化（薛小侠，2011）。此外，过高的饲养密度还会使猪群的平均采食、静卧和休息时间减少，影响猪的生产性能（Young et al.，2008）。饲养密度过高还会使猪群咬斗次数增多，增加皮肤损伤和感染的风险（Estevez et al.，2007）。

1. 饲养密度对猪行为的影响

1）饲养密度对猪采食行为的影响

采食规律由采食时间、采食频率和采食量组成（Beattie et al.，1996）。利用全自动种猪性能测定系统（feed intake recording equipment，FIRE）开展相关试验，试验发现，随着饲养密度的升高，猪的平均日采食次数、平均日采食量及平均日增重均明显下降（雷彬等，2015），见表 8-1。试验表明饲养密度直接影响猪的采食行为，这是饲养密度影响猪生产性能的直接原因。选择合理的饲养密度，对促进猪的采食、生长性能及维持机体健康意义重大。

表 8-1 饲养密度对猪采食行为的影响（雷彬等，2015）

饲养密度/（头 · m^{-2}）	平均日采食时间/min	平均日采食次数	平均日采食量/kg	平均日增重/g
0.56	$59.85^{c}\pm6.25$	$8.54^{c}\pm0.86$	$2.24^{b}\pm0.27$	$778.42^{c}\pm73.53$
0.50	$61.67^{b}\pm3.63$	$8.12^{c}\pm1.19$	$2.37^{b}\pm0.13$	$820.67^{b}\pm57.16$
0.44	$64.95^{a}\pm3.64$	$13.59^{a}\pm1.08$	$2.52^{a}\pm0.27$	$867.39^{a}\pm65.97$
0.39	$62.68^{b}\pm5.17$	$11.67^{b}\pm1.40$	$2.48^{a}\pm0.15$	$864.98^{a}\pm35.4$

注：同列小写字母不同表示差异显著（$P<0.05$），字母相同表示差异不显著（$P>0.05$）。

2）饲养密度对猪站立、躺卧及争斗行为的影响

合理的饲养密度对猪的行为有健康积极的影响。猪群个体之间的竞争性采食可以增加采食量（Boe et al.，2006）；同时保持一定密度可以减轻由环境变化带来的应激反应，比如，在栏舍温度较低时，猪群个体之间通过相互倚靠可维持体温。但是随着饲养密度的升高，密度超出合理范围会对猪的行为产生负面影响。高密度饲养下的猪由于活动空间受限、采食空间不足，一些正常的行为习惯受到抑制，如散步、嬉戏、探究以及与猪群其他个体间的友好交流活动等。由于空间不足，个体间争斗行为的发生更为频繁（D'Eath，2004）。除上述不利影响外，猪群的饲养密度过高还会使猪舍的环境恶化，导致猪一些异常行为的发生，如空嚼行为、咬尾行为、攻击行为、异食癖等（D'Eath，2004；McGlone，1986；崔卫国，2004）。

有试验表明，饲养密度过高、猪群内个体总数过多时，猪的活动频率升高，活动时间延长，休息时间缩短，争斗行为更为频繁（陈友慷等，1994）。随着饲养密度的升高，仔猪每圈、每头的争斗行为和频次均增加，占有食槽时间逐渐减少（周明等，2015），见表 8-2。随着饲养密度的升高，育肥猪的争斗行为也更为频繁，见表 8-3。由此可见，饲养密度会影响猪的正常行为，高饲养密度下休息行为减少，争斗行为增加，直接影响猪的生产性能和机体健康。

表 8-2　不同饲养密度下仔猪的行为差异观察结果（周明等，2015）

饲养密度/（头・m^{-2}）	争斗		占有食槽时间/min	休息	
	圈次	头次		站立时间/h	躺卧时间/h
0.88	$38.96^{d}±2.99$	$6.95^{d}±0.68$	$50.00^{a}±4.76$	$11.11^{d}±1.07$	$12.89^{a}±1.28$
1.11	$40.08^{d}±2.69$	$7.12^{d}±0.11$	$42.00^{b}±3.64$	$13.74^{c}±1.17$	$10.26^{b}±1.19$
1.33	$51.50^{c}±3.15$	$10.35^{c}±1.93$	$30.10^{c}±2.05$	$15.81^{b}±1.25$	$8.19^{c}±1.12$
1.56	$60.07^{b}±3.73$	$12.10^{b}±1.31$	$27.00^{c}±2.87$	$16.06^{b}±1.36$	$7.54^{c}±1.10$
1.79	$75.71^{a}±4.61$	$14.05^{a}±2.93$	$20.00^{d}±1.34$	$18.75^{a}±2.08$	$5.25^{d}±1.01$

注：同列小写字母不同表示差异显著（P<0.05），字母相同表示差异不显著（P>0.05）。

表 8-3　不同饲养密度下育肥猪的行为差异观察结果（周明等，2015）

饲养密度/（头・m^{-2}）	争斗		占有食槽时间/min	休息	
	圈次	头次		站立时间/h	躺卧时间/h
0.88	$15.73^{d}±1.33$	$4.75^{d}±0.34$	$60.00^{a}±4.15$	$9.21^{e}±0.57$	$14.79^{a}±1.36$
1.11	$17.08^{d}±1.14$	$5.03^{d}±0.18$	$56.32^{b}±$ 4.04	$11.04^{d}±1. 17$	$12. 96^{b}±1.28$
1.33	$22.13^{c}±01.84$	$6. 82^{c}±0. 23$	$44.24^{c}±3.43$	$13.83^{c}±1.75$	$10.17^{c}±1. 06$
1.56	$26.27^{b}±2.65$	$7.14^{b}±0.14$	$38.11^{d}±3.07$	$15.04^{b}±1.16$	$8.96^{d}±1.62$
1.79	$30.23^{a}±3.41$	$8.30^{a}±1.23$	$30.10^{e}±2.81$	$16.53^{a}±1.88$	$7.47^{e}±1.07$

注：同列小写字母不同表示差异显著（P<0.05），字母相同表示差异不显著（P>0.05）。

2. 饲养密度对猪生长性能的影响

试验表明，随着饲养密度的升高，猪的平均日采食量和平均日增重明显下降，试验结束时的最终重量也明显降低。料肉比虽无显著差异，但有增加的趋势（Thomas et al.，2016）。当饲养密度过高时，过大的采食竞争压力导致猪群中较弱个体采食不足，进而影响增重。此外，由高饲养密度所引发的应激反应通过活化交感神经，促进邻苯二酚的胺类化合物儿茶酚胺（catecholamine，CA）和糖皮质激素（glucocorticoid，GC）的分泌，使得猪的代谢速率上升，猪的生产性能下降（Kaswan et al.，2015）。温度较低时，饲养密度也不宜过低。研究表明，当饲养密度过低且栏舍内温度较低时，猪的维持净能会明显增加，竞争性采食效果减弱，进而导致生产性能的下降（Schmolke et al.，2004）。

3. 饲养密度对猪繁殖性能的影响

饲养密度与母猪的繁殖性能密切相关。高饲养密度会增加母猪生殖功能发育不全的概率（Hamilton et al.，2003）。高饲养密度从心理和环境等层面引起母猪的应激反应。由于母猪对生活资源要求较高，高饲养密度造成的生活资源不足会严重影响母猪的繁殖性能。研究表明，饲养密度会影响母猪的产仔数。每栏 6 头的母猪比每栏 10 头的平均产仔数多 1 头。

4. 饲养密度对猪肉品质的影响

研究表明，随着高饲养密度下猪群异常行为频发和应激反应的增多，猪体内失水也会逐渐增多，机体内甲状腺素、肾上腺素以及一些毒素的分泌量也随之增多，最终导致猪肉品质的下降（Schmolke et al.，2004）。另有研究表明，猪血清中脂质代谢相关物质，如胆固醇、低密度脂蛋白的含量会随着饲养密度的升高而明显增加（Kerr et al.，2005），这说明饲养密度会影响机体内能量物质代谢过程，影响能量物质的分布和沉积，进而影响猪肉品质和健康。

8.1.2 饲养密度对猪舍环境和猪健康的影响

1. 饲养密度对舍内气体环境和猪健康的影响

随着饲养密度的升高，猪的排泄物总量增加，排泄物发酵及有机物分解会产生诸多有害气体，同时造成微生物大量繁殖，使得猪舍环境恶化。饲养密度过高引起舍内气体环境变化，对猪生产性能和健康十分不利。舍内有害气体的类型主要有 CO_2、NH_3、H_2S 等（Kim et al.，2008；黄藏宇等，2012）。

1）CO_2 对猪机体健康的影响

舍内 CO_2 的来源主要是猪的呼吸排放。CO_2 本身不具有毒性，但高浓度的 CO_2 会造成猪缺氧。猪长时间处在缺氧的环境中，会导致精神不振、采食量下降、生产性能下降、免疫力降低，感染疫病的风险增加（黄藏宇等，2012）。

2）NH_3 对猪机体健康的影响

猪舍内 NH_3 的主要来源是粪便。NH_3 易溶于水，因此，NH_3 极易溶解吸附在猪呼吸道黏膜上。NH_3 会对呼吸道黏膜造成严重损伤，引发气管及肺部疾病。在低浓度 NH_3 的长期影响下，猪的采食量和日增重都明显降低，生殖能力也会受损。猪舍内的 NH_3 浓度不宜超过 $10mg \cdot m^{-3}$（Neumann et al.，1987）。

3）H_2S 对猪机体健康的影响

H_2S 是一种剧毒气体。H_2S 易溶解吸附在呼吸道黏膜上。猪长期处于低浓度的 H_2S 环境中，会导致机体免疫力和采食量下降，增重缓慢。H_2S 浓度过高时引起猪呼吸道炎症，过高浓度的 H_2S 甚至会直接抑制猪的呼吸中枢，导致猪神经麻痹或窒息，进而导致死亡。猪舍内 H_2S 浓度不应超过 $10mg \cdot m^{-3}$（刘希颖等，2004）。

2. 饲养密度对舍内温度和猪生产性能的影响

猪舍的环境温度会直接影响猪的采食量及机体内能量物质的消耗速率（Kerr et al.，2005；Quiniou et al.，2000）。另外，栏舍温度是影响猪免疫力的重要因素之一（Kerr et al.，2005）。在采食水平近似的情况下，当舍内环境温度处于等热区时，猪的产热最少。猪可以通过调整姿势（俯卧、侧卧、站立）和外周血流速度来调节体温，使其保持在正常范围。

猪对低温的反应是增加机体产热。当猪舍环境温度在临界温度下限以下时，育肥猪的采食量随着环境温度的降低呈线性增加，以补偿维持体温的能量消耗（Kerr et al.，2005；

Quiniou et al.，2000）。猪对高温的反应是减少机体产热和增加机体散热，如降低采食频次和采食量，增加呼吸频率和排汗。如果环境温度高于临界温度的上限，猪不能增加蒸发散热，则机体内部的温度升高，代谢速率上升，导致产热进一步增加。猪主要通过减少采食量和与之有关的体增热来减少产热以适应高温环境。高温下，猪日增重的降低主要是由于其采食量的严重下降（Kerr et al.，2005；Quiniou et al.，2000）。

各阶段猪群因年龄、体重、生理阶段的不同所需要的环境温度不同。应综合考虑上述因素，适当调节饲养密度，最大限度地减少温度不适带来的应激。在夏季高温情况下，适当降低饲养密度，可减缓热应激；在冬季低温情况下，适当提高饲养密度，可维持猪舍温度，减缓冷应激。

3. 饲养密度引起的应激对猪生产性能和健康的影响

高饲养密度引起猪的应激反应，通过下丘脑—垂体神经内分泌功能系统，使垂体前叶分泌的 ACTH 增多，ACTH 经血液到达肾上腺，促使 GCS 的释放。应激前期分泌的肾上腺素，也会促进 ACTH 的分泌，阻碍营养物质的吸收，使代谢速率上升，还会抑制免疫反应，导致机体免疫力下降（Weaver，2000）。长时间处于高密度应激情况下，可能会造成猪发病甚至死亡（Becker，1985）。另有研究表明，高密度应激会破坏猪机体内氧化还原稳态，导致机体中活性氧增多，抗氧化物质减少（Wolter et al.，2002；Wolter et al.，2003）。氧化还原稳态被破坏，严重影响机体各个器官的正常功能，进而影响猪的生产性能发挥和猪机体的健康。

8.1.3 饲养密度对猪营养代谢的影响

高饲养密度引起猪的应激反应，影响猪的营养代谢。研究表明，高饲养密度会影响猪的氨基酸代谢，随着饲养密度的升高，仔猪血清中丝氨酸、精氨酸及甲硫氨酸的含量显著降低（周凯等，2019）。其中，丝氨酸是一碳单位的主要来源，一碳单位是合成嘌呤和嘧啶的原料，在核酸生物合成中有重要作用。代谢组学结果显示，高饲养密度下，猪的核苷酸代谢受到影响。此外，饲养密度还影响猪血清葡萄糖含量、血清甘油三酯含量和背膘厚度，说明猪的糖脂代谢也受到饲养密度的影响。饲养密度对猪营养代谢的影响是多方面的。这些营养物质代谢受到影响，必定会对猪的免疫力产生影响，进而影响猪的生产。

8.1.4 饲养密度与动物福利

动物福利包括享有不受饥渴的自由，享有生活舒适的自由，享有不受痛苦、伤害和疾病的自由，享有生活无恐惧和无悲伤的自由，享有表达天性的自由（翁鸣，2003）。

集约化生产中的高密度饲养环境，极大地限制了猪的活动空间，导致猪的采食和饮水不足等问题，还会引发异常的争斗。高密度饲养造成恶劣的舍内空气卫生条件、行为活动受限以及严重的心理和环境应激，极大地降低了动物的福利水平。因此，制定合理的饲养密度对保障动物福利意义重大。

饲养密度与环境是相互影响的。圈舍饲养能通过采食竞争在一定程度上刺激猪的采食行为。圈舍饲养密度应在适宜的范围内。饲养密度过低，圈舍利用率降低，造成圈舍资源的浪费，还会影响圈舍温度的保持，使猪的维持净能增加，生产性能降低。饲养密度过高会造成猪的采食量、采水量、生活空间不足，猪的攻击行为频发，引起猪的应激反应。同时，饲养密度过高增加栏舍环境的压力，使栏舍的卫生条件恶化，导致病原微生物的滋生；还会使猪的抵抗力降低，诱发各种疾病。饲养密度过低或过高，都会对猪的生产健康产生不利影响，因此，选择合理的饲养密度十分必要。

8.2 饲养密度对肉牛生产健康的影响

适宜的饲养密度对畜禽场管理至关重要。适宜的饲养密度是畜禽场环境管理的一个关键指标，一方面，它决定圈舍的合理使用，另一方面，对动物的正常生产性能、行为、福利以及舍内环境有十分重要的作用（Beauchamp，2003）。Honeyman 等（2003）对饲养密度进行研究发现，饲养密度应在适宜的范围内。密度过小，一方面，会降低圈舍利用率，造成圈舍土地资源、基础设施资源等多种资源的浪费，某种程度上增加养殖者的成本；另一方面，会对动物本身生产性能有影响，这主要是由于过低的饲养密度会影响圈舍温度的保持（在低温条件下，尤为明显），致使畜禽维持净能大幅度增加，生产性能减少，从而影响饲料转化率及增重效果。Boe 等（2006）的研究结果显示，适宜密度的圈舍饲养由于能增加动物的竞争性，可以一定程度上增加动物的采食积极性，刺激动物采食，最终使单个动物的采食量相比于单栏饲养的畜禽有一定的增加。

适宜的饲养密度对群养动物生长具有一定的好处。但值得注意的是，不可盲目增加饲养密度，而是应该对其实现一个合理控制。饲养密度对肉牛健康的影响体现在方方面面，包括肉牛生长的舍内环境、生长性能、繁殖性能、肉牛行为及动物福利等。合适的饲养密度不仅能为肉牛的健康生长提供适宜的生活环境，还能有效地降低管理及运营成本，减少因饲养密度不适宜而引起的肉牛心理、生理以及行为习惯的应激，从而大幅度降低疾病发生的概率。

8.2.1 饲养密度对肉牛生产的影响

目前，国内外对畜禽饲养密度的研究较多。关于饲养密度对家畜生产性能的影响，各研究并未有一致结果。主要有两种结论，一种认为，高饲养密度对动物的生产性能不利。周明等（2015）研究发现，随着饲养密度的升高，长白仔猪和育肥猪的日增重均下降。Hyun 等（2001）的研究结果显示，当猪的饲养密度从 0.44 头$\cdot m^{-2}$增长到 0.56 头$\cdot m^{-2}$时，日采食量显著减少；而当饲养密度低于 0.39 头$\cdot m^{-2}$时，日采食量也会减少。另一种认为饲养密度有一个合适的限值，当高于或低于该限值时均会对猪的采食量造成一定的影响，进而对猪群的生产性能产生一定的危害。

国外对牛饲养密度的研究主要集中于奶牛，对肉牛的研究较少，且结果不一。对奶牛而言，主要围绕奶牛的产奶量进行；在肉牛方面，主要围绕日增重以及饲料转化率进行。饲料转化率即为料肉比，料肉比即反映畜禽每增加一千克肉所消耗的饲料量，该值越低，说明用的饲料少而长的肉多。O'Brien 等（1999）的研究表明，高饲养密度下，奶牛的产奶量和奶品品质都会下降。Lobeck-Luchterhand 等（2015）报道，饲养密度为 2.88、5.76、11.52（m^2·头$^{-1}$）时，随着饲养密度的增加，奶牛的采食时间显著上升。Barsila 等（2015）研究表明，在放牧条件下，给予牛群充分的活动区域，占地面积小（432m^2·头$^{-1}$）的条件下，每只牛的产奶量要比占地面积大（861m^2·头$^{-1}$）的条件下少 26%，但高饲养密度试验组牛奶产生总量仍比低饲养密度试验组高 50%。Marquis 等（1991）的研究发现肉牛采食量及日增重均随着饲养密度的增加而显著降低。Lee 等（2012）的研究发现，饲养密度分别为 32、16、10、8、6（m^2·头$^{-1}$），牛群的初始体重范围在 210～250kg 时，肉牛的日增重以及饲料转化率方面存在显著性差异，其中，高饲养密度条件下肉牛的日增重仅为 0.68kg·d^{-1}，显著低于低饲养密度条件下的日增重 0.76kg·d^{-1}。Derner 等（2003）一致认为，饲养密度低时，肉牛有较高的饲料转化率、日增重以及肉脂率，高饲养密度对肉牛的生产性能不利。与 Marquis 等的研究结果不同，Derner 等（2003）和 Lee 等（2012）认为在占地面积分别为 3.72、4.18、4.65（m^2·头$^{-1}$）时，牛的采食量、日增重、料肉比以及脏污程度之间无显著性差异。Keane 等（2017）选取平均体重为 504kg 的育肥青年母牛，分为 3 个密度组饲喂，结果表明，饲养密度为 4.5m^2·头$^{-1}$的母牛采食量显著高于饲养密度为 3.0m^2·头$^{-1}$和 6.0m^2·头$^{-1}$的母牛。三组间躺卧等行为无显著差异。以上研究说明，饲养密度对肉牛生产性能及动物福利的影响并非简单的线性关系。

欧美国家人口较少，自然资源丰富，草地面积辽阔，气候适宜，早期肉牛饲养以放牧为主，如美国、澳大利亚、加拿大等。早在 1987 年以前，就有放牧条件下饲养密度对草地资源、肉牛生产性能及健康影响的研究，对早期肉牛养殖生产起到优化指导的作用，也为后来的研究提供了方向与方法。就 1987～2018 年的研究结果而言，放牧条件下饲养密度过高会对肉牛的采食量、平均日增重、饲料转化效率、胴体重、胴体品质及肉质等主要生产指标产生负面影响，同时也具有对动物的应激产生负面影响的趋势。肉牛间动物本身的差异（如品种、日龄、性别等）和环境条件的差异（如饲养密度范围及梯度差异、季节差异、气候差异等）导致负面影响的程度不同。已有试验结果表明，放牧条件下肉牛饲养密度的差异可以引起肉牛采食饲草种类及数量的不同（表 8-4）。Marquis 等（1991）报道，肉牛的饲养密度高于最适饲养密度时，会引起肉牛采食量、有机物摄入量、中性洗涤纤维摄入量及氮沉积量显著降低，同时进一步导致肉牛平均日增重下降，这种下降趋势在食物匮乏的冬季最为明显。就肉牛母带犊放牧饲养模式而言，Lee 等（2012）研究表明，饲养密度过高会导致母牛产奶量降低，且会引起母牛体重降低、犊牛断奶体重降低及断奶后平均日增重降低：饲养密度由 2.92 对·hm^{-2}上升至 3.75 对·hm^{-2}或由 0.50 对·hm^{-2}上升至 0.83 对·hm^{-2}，均得到相同结果。而在 Barsila 等（2015）试验中发现，在极高和极低饲养密度的对比下，高饲养密度条件下肉牛毛发中的皮质醇含量有显著的提高，证明高饲养密度可能会引发肉牛的长期应激，从而影响肉牛生产健康。

表 8-4　饲养密度对放牧肉牛的影响

年份	饲养密度	生产性能	备注
1996	0	采食饲草种类及数量略有不同，但无显著差异；低密度肉牛增重略高，也无显著差异	阉牛
	1000kg·hm^{-2}		
	1500kg·hm^{-2}		
1992	2.25 头·hm^{-2}	随着饲养密度的增加，不同品种、季节的肉牛平均日增重都有不同程度减小的趋势，冬季更为明显；产肉量先增后降	阉牛
	2.87 头·hm^{-2}		
	3.50 头·hm^{-2}		
	4.13 头·hm^{-2}		
1987	2.92 对·hm^{-2}	低密度母牛体重高（$P<0.01$），犊牛断奶重高（$P<0.05$）	母带犊
	3.75 对·hm^{-2}		
1990	0.50 头·hm^{-2}	低密度犊牛断奶重及平均日增重显著高于其他（$P<0.001$）	母带犊，断奶后移除母牛
	0.67 头·hm^{-2}		
	0.83 头·hm^{-2}		
2017	2.72 头·hm^{-2}	采食量及多种营养物质（有机物、中性洗涤纤维）摄入量及氮沉积呈先增后降趋势（均为二次关系，$P<0.01$、$P=0.01$、$P=0.05$、$P=0.05$）；增重呈下降趋势但不显著（$P>0.05$）	后备母牛
	3.64 头·hm^{-2}		
	4.55 头·hm^{-2}		
2017	14m^{2}·头$^{-1}$	小母牛体重及平均日增重无显著差异，低密度运动量较大。	围栏比放牧但限制饲喂
	0.4 头·hm^{-2}		

注：数据来源为 1996～2017 年的部分文献。

随着对肉牛研究的不断深入，肉牛的养殖模式不断改善。由于规模化、集约化肉牛饲养体系的形成及对肉牛个体日增重与肉品质需求的增加，部分国家，包括我国，肉牛的主要饲养模式由粗放的自由放牧逐渐过渡为围栏饲养或舍内饲养，以便对肉牛进行统一管理。这一阶段饲养密度对肉牛的影响不仅关系到肉牛的健康水平与生长性能，还与牛场的建设成本及收入息息相关，因此，对饲养密度的调整在现阶段我国肉牛饲养模式下更加重要。

Baker 等（2015）的试验探究了冬季传统饲场与深坑舍饲场对肉牛生产性能的影响，二者的主要区别被定义为饲养密度的差异，即 4.65m^{2}·头$^{-1}$与 14.7m^{2}·头$^{-1}$，结果表明，采食量、增重、料肉比均未因饲养密度的差异发生显著变化，且饲养密度的变化也未对肉牛胴体质量造成不利影响。为了剔除饲养密度外其他因素的影响，又进一步探究了深坑舍饲条件下，不同饲养密度对肉牛生产性能的影响。Honeyman 等（2003）的研究结果显示，饲养密度由 4.65m^{2}·头$^{-1}$提高至 3.72m^{2}·头$^{-1}$，肉牛生产性能仍未受到显著影响，但呈逐渐下降的趋势。而在 Cole 等（2000）试验中发现，3.6m^{2}·头$^{-1}$为肉牛最佳饲养密度，即生产条件下饲养密度对肉牛生产性能的影响趋势相同，但影响程度受多种因素的控制。

8.2.2 饲养密度对肉牛舍内环境的影响

Cole 等（2000）的研究发现，畜禽特别是猪，其生产性能的主要制约因素包括品种、饲料和日常管理以及生长环境，各部分所占比重依次为20%、40%～50%、20%～30%。畜舍是家畜活动和生产的主要场所，其类型和许多其他因素都可直接或间接影响肉牛个体的生长和肥育效果。肉牛舍的环境包括外界环境和局部小环境。可见，在品种和饲料管理方式都一定的条件下，饲养环境对畜禽生产性能的影响不容忽视。饲养环境主要包括温度、湿度、舍内风速、有害气体等。当饲养密度过低，并且舍内气温相对较低时，会造成家畜的维持净能增加，竞争性采食效果减少，从而导致饲料报酬率降低，增重速率减少（顾宪红，2017）。当饲养密度过大时，采食的竞争过大，导致弱者采食量不足，影响增重效果。

近年来，国家对畜牧业的发展极为重视，从资金、政策上给予支持，推广畜禽养殖，从而推动畜禽养殖的规模化、标准化、产业化经营及循环发展的探索和研究（汤建平等，2011）。技术层面的进步使得人们更加重视集约化的生产模式，在实际生产中，为了节约空间常使用舍内圈栏饲养和定位饲养工艺。这种工艺模式下的饲养密度通常会过高，从而使畜舍封闭环境中许多指标异常，如舍内温度升高、舍内湿度过高、通风效果较差、有害气体蓄积等。众多环境不良因素最终造成畜禽免疫力降低，造成家畜消化道和呼吸道疾病等高发，甚至出现有害气体中毒现象，严重时造成死亡。

温度对畜禽生产的影响很大，畜禽对气温反应很敏感。适宜的环境温度可以促进畜禽的生长发育，温度过低会影响其生产性能，造成畜禽增重缓慢、生产力下降、成本增高，甚至造成死亡。适宜的舍内温度是所有动物生存生长的必要条件（杨伟等，2009）。近年来农业设施在各国得以迅速发展，这对农业生产的气候环境提出了严格的要求。我国南方气候以高温高湿为主，这无疑给农业生产带来巨大挑战。除了温控设施外，饲养密度也能够影响舍内温度。李雪等（2017）认为，饲养密度对猪舍温度的影响也应该考虑气候因素。天气寒冷时，增加饲养密度有利于猪舍保温，反之，天气炎热时，降低饲养密度可以起降低猪舍内局部温度、减少热应激的作用。

较高的饲养密度由于舍内的拥挤、通风不畅等，会导致舍内湿气无法得到有效排出，从而造成舍内湿度较高。适宜的风速可以加快动物体的蒸发散热，降低体感温度。朱志平（2002）在研究中指出，根据舍内适宜风速可以方便地计算得到舍内要求的通风量，可以满足设计要求。牛舍夏季适宜的风速为 $0.8 \sim 1.0 \mathrm{m \cdot s^{-1}}$（刘玉欢等，2017）。张言等（2015）通过相关研究认为，高湿会降低肉牛被毛和皮肤的隔热性能，非蒸发散热量得到显著增加，而牛群体感温度有一定的降低，极大地增加肉牛呼吸道疾病患病率。在家畜生产中，常用的空气除湿方式有通风除湿、升温除湿、冷却除湿和吸湿剂除湿等。但考虑到除湿经济成本和肉牛耐寒怕热的生理特性，建议采取科学的通风换气方式，实现舍内温度的适当降低、舍内水气的有效排除。

舍内的微生物是影响舍内环境的另一个重要因素，与畜禽的健康状况息息相关。Jaaskeain 等（2014）认为，畜禽舍内微生物的主要来源为呼吸、排泄、体表携带、饲料、垫料、舍外空气、其他生物或者饲养员带入等。随着饲养密度的增加，拥挤的肉牛舍内环境中温度及湿度均会有所提升，最终会影响舍内通风效果。清粪不及时的条件下，堆积的排泄物在高温高湿的条件下，极易发生异常发酵，产生异味及有害气体，导致细菌、病毒、真菌等有害微生物大量繁殖，进而污染食物和水源，使畜群患病概率增加（Kerr et al.，2005）。Marco-Ramell 等（2011）的研究表明，曲霉菌广泛存在于自然界中，成熟后释放的孢子飘浮在空气中，通过孢子的传播易诱发整个猪群不同程度霉菌毒素中毒症。

CO_2 也是影响畜禽健康的一个重要因素，其主要来源于畜禽的呼吸作用。随着饲养密度的增加，舍内 CO_2 浓度急剧升高。值得注意的是，CO_2 虽然本身并没有实质性的毒害作用，但 Andersen 等（2000）的研究发现，CO_2 浓度的升高，会造成畜禽缺氧，诱发畜禽 CO_2 慢性中毒，畜禽表现为精神萎靡、采食量下降、生产力降低、抵抗力下降，并易感染疾病。研究表明，环境洁净的畜舍中，CO_2 的浓度远小于环境相对肮脏的畜舍，这表明，CO_2 也是表示畜舍环境洁净程度的一重要指标，可以作为畜舍环境卫生评定的参考指标。根据《畜禽场环境质量标准》（NY/T 388—1999，2005），CO_2 浓度的最高上限为 $1500mg \cdot m^{-3}$；但是在生产实践中，CO_2 浓度很难满足这个标准，一般认为 CO_2 不影响生产的浓度上限为 $3000mg \cdot m^{-3}$，此时可认为舍内 CO_2 浓度适宜。

NH_3 是影响畜禽健康的另一个重要环境因素。俞守华等（2010）的研究表明，舍中 NH_3 气体来源于腐败饲料和家畜的粪尿，主要以家畜的粪尿来源为主。随着舍内饲养密度的增加，NH_3 浓度也随之增加，舍内高浓度的 NH_3 已成为引发肉牛呼吸系统疾病的最重要因素之一，严重影响生产和饲料报酬。NH_3 易溶于水，极易溶解在人和牛的黏膜、结膜上，会引起黏膜充血、水肿，进而刺激黏膜使其分泌物增多，造成如流泪、喷嚏、咳嗽等。浓度高时引起眼结膜炎、鼻炎、气管炎、肺炎和中枢神经的麻痹。牛舍内的湿度过大或 NH_3 浓度过高一方面能够引起呼吸中枢的麻痹，从而影响牛的呼吸，另一方面是能够直接作用于机体组织，使组织发生溶解和坏死等现象，甚至最终出现心肌损伤等严重症状。低浓度的 NH_3 会引起呼吸中枢的兴奋，并且 NH_3 可以与血红蛋白结合，从而降低血红蛋白与氧气的结合，使机体出现缺氧症状。NH_3 若浓度小、作用时间短则以尿素形式排出体外，但低浓度 NH_3 长期作用也会使牛的体质变弱，抗病力降低，采食量、日增重、生产力下降，引起慢性中毒。

8.2.3 饲养密度对肉牛行为及动物福利的影响

集约化生产下，养殖场为获取较高的生产效益，在不改变原有基础设施的条件下，更多地采用增加群体大小的方式，增加群体大小意味着增加饲养密度，个体活动空间减少（张校军等，2016）。家畜很多都是群居性很强的动物，群居性会给它们带来好处，比如，家畜在适宜的饲养密度条件下，可以通过竞争性采食来实现采食量的提升，也会增加安全感，减少外界环境的不利因素对畜禽带来的应激等。但饲养密度过大会影响畜禽的社会关系，社会关系的改变会在不同程度上妨碍畜禽的正常行为表达，易引发各种应激反应和异常行为的发生，影响畜禽的采食、饮水、睡眠、运动等各种正常行为。

Turner 等（2003）认为，动物福利是指动物享有表达天性，享有不受饥渴、不受伤害威胁和生活舒适的自由。群居能够满足畜禽群居的天性，但是集约化生产程度及规模的扩大，不可避免地造成畜禽始终处于一个高饲养密度环境中。这种情况极大地限制了畜禽的活动空间。因此，常常会出现单个畜禽的饮水量及采食量下降，以及畜禽因争夺这些必需生活资源而经常打架的现象。畜禽在心理上也会因为生活空间小、饥渴、打架争斗等产生负担，畜禽群生活的基本需求空间得不到满足、活动受限，致使其发生严重应激，最终对动物的福利水平产生严重的影响。

动物行为可作为评价动物福利状况的指标之一。异常行为的出现标志着动物福利水平的下降，发生的频率和严重程度可直接、客观地反映动物福利水平的高低（Bartussek，1999）。常见的争斗行为包括争斗（尤其是在食槽及饮水槽周围发生）、咬尾、咬耳、咬腹等行为，同时也包括休息时相互攻击或一方攻击另一方的行为；采食行为主要包括采食时间、采食频率及与采食量相互联系；休息行为主要包括站立时间和躺卧时间以及栏舍内畜禽站立与躺卧时间的比例关系。异常行为的发生与动物福利水平息息相关。异常行为的发生频率、异常行为的严重程度以及持续时间等是动物福利参考的重要依据。除此之外，相关研究表明，动物体表过脏会对畜禽健康产生安全隐患，体表损伤增加了各种病原微生物入侵的机会，造成寄生虫病及蹄病等的泛滥，在伤口周围都会有大量的细菌等微生物滋生，造成感染和炎症反应（Simon et al.，1994）。有研究认为，体表脏污度是影响牛肉品质的一个重要方面，牛群体表的洁净程度与牛肉品质息息相关（Boleman et al.，1998）。

8.3　饲养密度和群体规模对肉鸡生产健康的影响

8.3.1　肉鸡饲养密度和群体规模

饲养密度是指畜禽在特定养殖空间范围内的密集程度。常采用的肉鸡饲养密度表示单位有：①$kg \cdot m^{-2}$，单位面积的出栏活重；②只$\cdot m^{-2}$，单位面积鸡的饲养量；③$m^2 \cdot$只$^{-1}$，每只鸡占有的面积。也有研究认为应当把采食和饮水空间也纳入饲养密度评定体系之中。

肉鸡的饲养密度与环境密切相关，包括饲养方式、群体规模、环境温湿度条件和通风状况等。饲养方式包括地面平养、网上平养和笼养。由于热和NH_3，地面平养容易影响饲养效果。但地面平养通常不分群，肉鸡可以自由走动。网上平养避免了垫料发酵的负面影响，肉鸡也可以自由走动，相对地面平养受饲养密度的影响较少。笼养由于笼底面积的不同，活动空间存在差异。鸡笼面积影响笼内通风效果，也是影响饲养密度的重要因素。

群体规模是指组成一个群体的畜禽数量的多少。规模越大，肉鸡饲养量越多，产生的热量，呼出的CO_2、水蒸气和发酵产生的NH_3越多，对环境条件的要求也越高。饲养密度对肉鸡的影响取决于对饲养环境的控制，群体规模越大，越容易受到环境的影响。目前，群体规模对肉鸡的影响多集中在对肉鸡福利水平和行为分析上。群体规模已被确定为工业生产中影响家禽福利的主要因素之一（Estevez et al.，2007）。在过去的几十年里，由于肉鸡价格不稳定、单只鸡的生产成本增加及市场目标的竞争力增大等多种原因，肉鸡饲养群体规模显著增加。肉鸡饲养密度高、群体规模大，可能会引起肉鸡应激和不适（Estevez et al.，1997；Sorensen et al.，2000）或缺乏足够的自由空间（Newberry et al.，1990）。

8.3.2 饲养密度和群体规模对肉鸡生产性能和效益的影响

关于饲养密度对肉鸡生产性能影响的研究较多。Thomas 等（2004）发现 5、10、15、20 只 · m^{-2} 4 种饲养密度肉鸡对生产性能和料重比的影响无差异。Estevez 等（2007）的研究表明，饲养密度标准可以达到 18 只 · m^{-2}，不会影响肉鸡最终出栏体重。高饲养密度使肉鸡料重比和病死率增加（Cengiz et al.，2015；饶盛达，2015；Beaulac et al.，2019），每只鸡占有空间低于 0.066m^2，容易导致肉鸡日增重和采食量下降（Sorensen et al.，2000）。也有研究认为，高饲养密度限制肉鸡采食量，导致生长速度降低，但对料重比（Simitzis et al.，2012；汤建平等，2012）或病死率（Knierim，2013；Beaulac et al.，2019）的影响不显著。Shanawany（1988）研究发现，随着饲养密度由 10 只 · m^{-2} 增加至 50 只 · m^{-2}，肉鸡出栏体重显著下降，当密度高于 30 只 · m^{-2} 时，下降趋势极为显著。高饲养密度（20 只 · m^{-2}）会显著降低肉鸡体重，降低饲料转化效率及肉品质（李建慧等，2015）。夏季，饲养密度为 18 只 · m^{-2} 的鸡群猝死综合征病死率和总病死率显著高于 12 只 · m^{-2} 和 15 只 · m^{-2} 的鸡群（Imaeda et al.，2000）；冬季，饲养密度 18 只 · m^{-2} 的鸡群猝死综合征病死率则明显高于 12 只 · m^{-2} 的鸡群，但 3 种饲养密度下，鸡群的总病死率并没有明显的不同（Imaeda et al.，2000）。因此，个体采食空间减少造成的采食量下降是造成高饲养密度肉鸡出栏体重下降的可能因素，而增加食槽和饮水器数量可以缓解高饲养密度造成的不良后果（Sorensen et al.，2000；Dozier et al.，2006）。有研究发现，增加食槽密度并不会改变肉鸡的采食行为（Andrews et al.，1997；Febrer et al.，2006），或者保持采食空间一致并不能缓解高饲养密度对出栏体重的负面影响（Hansen et al.，1960）。研究发现，肉鸡饲养密度 30kg · m^{-2} 比 40kg · m^{-2} 的增重多，但两组消耗的饲料相近，说明饲养密度并没有影响采食量。这些发现表明，饲养密度对生产性能的影响与采食空间的关系并不大（Ligaraba et al.，2016）。另外，提供额外的食槽甚至会加剧饲养密度的负面影响，因为食槽会占据大量的空间，使肉鸡可以活动的空间减小，从而增加应激的程度。实际上，肉鸡采食所花费的时间很短，仅占总时间的 11%（Cornetto et al.，2001）；高饲养密度并没有减少肉鸡的采食行为（Febrer et al.，2006）。由于鸡群具有竞争采食机制，饲养密度过大会造成群体的均一性降低，使体增重存在较大差异（汤建平等，2012）。

肉鸡的采食量与鸡舍环境温度有关，高温降低采食量。高饲养密度会提高生长后期 22～42 日龄鸡鸡舍的温度，可能成为降低肉鸡采食量的因素（Simsek et al.，2009）。因而，高饲养密度导致肉鸡生产性能的降低，可能归因于单位面积鸡群呼吸产热的增多，空气流动的不良，舍内环境温度的升高而导致的采食量下降（Feddes et al.，2002）。在高密度饲养条件下，通风得到改善可能有助于缓解高饲养密度的不利影响。由于笼养通风条件相对较差，尤其是面积较大的肉鸡笼，高密度笼养容易引起笼内局部温度升高，这是影响大笼饲养肉鸡效果的重要因素。国内通风条件差的小规模肉鸡场，通常采用小笼饲养，有利于通风的实施，可以很好地避免大笼局部温度升高对饲养效果的不利影响。

但也有一些不同的研究结果。Martrenchar 等（2000）比较了 22 只·m^{-2} 和 11 只·m^{-2} 两种饲养密度对肉鸡生产性能的影响，发现饲养密度对 39 日龄肉鸡体重的影响虽小但统计分析差异显著，而对饲料利用率和屠宰性能影响差异不显著；Pettit-Riley 等（2001）报道，饲养密度由 10 只·m^{-2} 升至 20 只·m^{-2} 时，肉鸡体重和料重比没有显著差异，而饲养密度超过 15 只·m^{-2} 时，肉鸡因热应激死亡增多；Ventura 等（2010）设定了 8、13、18（只·m^{-2}）3 个不同的肉鸡饲养密度，结果显示，高饲养密度不影响 7 周龄末肉鸡的体重、饲料转化率和病死率。以上研究结果之间存在较大的分歧，可能是由各试验密度的设计、禽舍内环境控制条件及管理水平不同造成的。

较高的饲养密度可以减少建筑成本投入，降低劳动成本和固定资产损耗。在高饲养密度条件下，尽管单位肉鸡的经济收益降低，但单位空间的产肉总量增加（Proudfoot et al.，1979；Shanawany，1988；Cravener et al.，1992），利润率提高。不过，饲养密度和经济收入之间的正比关系只在一定范围内有效，因为饲养密度如果过度增加，肉鸡的生长性能就会下降。例如，当公鸡的饲养密度超过 17 只·m^{-2}，母鸡超过 19 只·m^{-2} 时，高低两种饲养密度肉鸡的单位空间产肉量就近乎相同（Puron et al.，1995）。这些结果说明，一旦饲养密度高于一定的阈值，肉鸡的养殖收益就会大大降低。Proudfoot 等（1979）设定 0.037、0.055、0.074、0.0927（m^2·只$^{-1}$）4 种肉鸡饲养密度，结果表明，较高的饲养密度降低出栏体重，增加胴体损伤，降低羽毛评分，增加胸囊肿发生率；当鸡的平均活动空间降至 0.055m^2·只$^{-1}$ 以下时，饲养密度对肉鸡的影响尤其明显。饲养密度低于 0.07m^2·只$^{-1}$（高于 14 只·m^{-2}）时，对肉鸡的生长性能和胴体损伤均有不利的影响（Cravener et al.，1992）。Wang 等（2014）也观测到 60cm×70cm 肉鸡笼，饲养量由 5 只（11 只·m^{-2}），增加到 7 只（15.4 只·m^{-2}）导致体重出现下降的趋势。

国际上，肉鸡多采用地面平养的饲养方式。美国鸡肉协会（National Chicken Council，NCC）（2005）制定的福利指南，推荐上市体重低于 2.0kg 肉鸡的饲养密度为 31.7kg·m^{-2}（14.3 只·m^{-2}），上市体重高于 2kg 肉鸡的饲养密度为 41.5kg·m^{-2}。美国食品经营协会和国家餐饮连锁经营委员会（Food Market Institute-National Council of Chain Restaurants，FMI-NCCR）（2003）限定的肉鸡饲养标准为 30kg·m^{-2}（13.7 只·m^{-2}），这与皇家防止虐待动物协会（Royal Society for the Prevention of Cruelty to Animals，RSPCA）（2002）制定的 30kg·m^{-2} 类似。同时，欧洲目前所采用的饲养密度差别很大，其中，丹麦和荷兰为 45～54kg·m^{-2}，英国为 40kg·m^{-2}，瑞士和瑞典低达 30～36kg·m^{-2}。

我国的肉鸡养殖由地面平养转向网上饲养。受土地限制、机械装备条件改善等的影响正向笼养模式发展。我国目前笼养模式有 2.4m×1.8m 国外式大鸡笼，饲养量达到 20～24 只·m^{-2}，超过 55kg·m^{-2}，也有 0.7m×0.6m，饲养 9～10 只，或 1.0m×0.6m，饲养 12～14 只，出栏体重近 60kg·m^{-2}。

关于群体规模对肉鸡生产性能的影响研究不多。当饲养密度为 17 只·m^{-2} 时，随着群体规模由 1020 只·群$^{-1}$ 增至 4590 只·群$^{-1}$，肉鸡的最终个体重显著下降（Martrenchar et al.，2000）。当饲养密度为 10 只·m^{-2}，分别饲养在 100 只、300 只、1000 只和 5000 只的肉鸡群体规模中，不同群体规模对 38 日龄肉鸡的病死率无显著差异（Kiani et al.，2019）。

8.3.3　饲养密度和群体规模对肉鸡健康的影响

1．饲养密度和群体规模对肉鸡生理应激和免疫机能的影响

应激是评价动物福利状况好坏的一个重要方面。目前虽然认为饲养密度会导致肉鸡机体发生生理应激，但研究结果各不相同。

高饲养密度导致鸡舍环境变差，空气质量下降，鸡只免疫力降低，诱发呼吸道疾病，导致鸡群对疾病更加敏感。高饲养密度降低肉鸡的抗氧化能力（秦鑫等，2018）。随着肉鸡饲养密度的增加，异噬白细胞与淋巴细胞的比值（$H \cdot L^{-1}$）升高，表明高饲养密度会引起肉鸡的应激反应。研究认为，饲养密度的升高，会显著降低肉鸡血清 IgA、IL-10 和肠黏膜 sIgA 水平，显著提高血清 IL-6、TNF-α、IL-1β 水平（饶盛达，2015），还会降低新城疫抗体滴度（Mirfendereski et al.，2015；饶盛达，2015）；使肉鸡免疫器官绝对和相对重量显著下降，免疫机能减弱（Heckert et al.，2002；Sun et al.，2013）。Heckert 等（2002）发现随着饲养密度从 $0.01m^2 \cdot$ 只$^{-1}$ 降低到 $0.05m^2 \cdot$ 只$^{-1}$，肉鸡法氏囊重和法氏囊指数显著降低，并指出当密度超过 $0.066m^2 \cdot$ 只$^{-1}$（15 只 $\cdot m^{-2}$）时，机体将产生较大的应激。蒋守群等（2003）研究高温高密度对黄羽肉鸡血液生化指标和免疫机能的影响，结果表明，高温与高密度对试验鸡血液生化指标、免疫指标及免疫器官重与比例有不同程度的影响，且两者对试验鸡血清 Na^+、尿酸氮、总蛋白、白蛋白含量，白蛋白/球蛋白比值、$CD8^+$ 含量和法氏囊重及其比例影响存在显著或极显著互作。

Bolton 等（1972）对肾上腺重量和 Cravener 等（1992）对 $H \cdot L^{-1}$ 等指标的研究，均未能证明饲养密度与生理应激有关系。Thaxton 等（2006）的研究表明，肉鸡在 $20kg \cdot m^{-2}$ 至 $55kg \cdot m^{-2}$ 的饲养密度下，血液中皮质酮、葡糖糖和胆固醇水平均无显著差异，不会引起肉鸡生理应激。Buijs 等（2009）的研究表明，肉鸡饲养密度从 $6kg \cdot m^{-2}$ 增加到 $56kg \cdot m^{-2}$ 时，法氏囊重、病死率和皮质酮浓度均无显著变化。Dozier 等（2006）通过对重型肉鸡开展相关试验后，认为在 $20 \sim 55kg \cdot m^{-2}$ 的饲养密度内，尽管皮质酮、葡萄糖和胆固醇含量会产生波动，但不会产生生理应激。Dawkins 等（2004）和 Jones 等（2005）发现不同密度条件下肉鸡血清皮质醇浓度有差异，并认为产生这种差异主要是由于饲养环境的影响而非饲养密度的直接影响。实际上，饲养密度并非独立的影响因素，高饲养密度会使舍内温湿度、空气质量、垫料洁净度、采食饮水和运动空间等向着不利于肉鸡生长的方向变化，对鸡只造成持续伤害，导致鸡只免疫力下降。

2．饲养密度和群体规模对肉鸡腿部健康和步态评分的影响

腿部健康和步态评分是评价动物健康的主要指标（Weeks et al.，2000；Bradshaw et al.，2002）。腿疾是影响肉鸡生产的重要因素之一。大型肉鸡体型较大，当饲养密度大时，运动空间不足，容易患上腿部疾病，造成行走障碍。随着饲养密度的增加，运动空间减少，运动量受限以及垫料质量恶化较为快速，使步态评分结果变差（Kestin et al.，1992；Estevez et al.，2007）。Sanotra 等（2001）报道，随着饲养密度的增加，肉鸡胫骨软骨症（tibial dys-chondroplasia，TD）发生率增加；当饲养密度达到 $0.033m^2 \cdot$ 只$^{-1}$（30 只 $\cdot m^{-2}$）时，

27%的肉鸡表现出严重的 TD 迹象。

较高的饲养密度在造成较差的步态评分的同时，也导致较严重的关节和脚垫病变。饲养密度的增大，显著增加了肉鸡腿部发病率、脚垫皮炎和关节灼烧的发生率（Buijs et al.，2009）。Ventura 等（2010）研究发现高密度试验组肉鸡有较严重的脚垫和关节病变，胫骨也较长，对称性较差。高密度饲养引起的垫料质量下降也会造成较差的步态评分（Wang et al.，1998）。Dozier 等（2005）的研究显示，当饲养密度超过 30kg · m^{-2} 时，肉鸡腿部皮炎发生率与垫料湿度显著增加有极显著的相关性，但是，步态评分和弓形腿的发生率却没有显著的差异。Sanotra 等（2001）研究评估不同饲养密度对雌雄混养肉鸡恐惧反应（强直性不动）、跛行（步态）、胫骨软骨发育不良等的影响，结果显示，高饲养密度对肉鸡福利有不利影响，使恐惧反应时间增加，腿部问题增多，肉鸡的行走行为减少，并且随着日龄的增长，腿部问题的发生率显著上升，导致沮丧和恐惧。同时，胫骨软骨发育不良的肉鸡具有明显较长的强直性静止时间。

群体规模大小对肉鸡腿部健康有显著的影响。通过对地面平养、相同饲养密度、不同饲养群体规模（每组 100 只、300 只、1000 只和 5000 只）的肉鸡腿部健康参数进行分析，结果显示，与小群组和中等群组相比，大群体组和超大型群体组的肉鸡行走困难更加严重（Kiani et al.，2019），而肉鸡在较小群体规模中有更好的行走能力，这表明减少群体规模可能促进肉鸡的运动。有研究也表明，任何提高肉鸡运动的措施，如运动器材、较低饲养密度（Knowles et al.，2008）或增加行走距离（Kaukonen et al.，2017）都会改善肉鸡行走能力，有助于减轻胫骨软骨发育不良。与中等群体规模相比，在大群体和超大群体规模中腿关节灼烧的发生率和严重程度较高。超大群体规模与大群体规模相比肉鸡的胫骨软骨发育不良情况更为严重。这可能与肉鸡早期竞争饲料和饮水或者后期饲喂器和营养缺乏产生的更大应激，引起骨骼发育异常有关。中等群体规模与超大群体规模相比有较严重的脚垫皮炎发生率（Kiani et al.，2019）。这可能是由于较小群体中肉鸡有较高体重的磨损作用，可能会增加脚垫皮炎发生率和严重性。另一方面，饲料成分影响排泄物的分解，增加垫料中水分含量，也会导致病变的发生（Mcilroy et al.，1987）。

3. 饲养密度和群体规模对肉鸡福利的影响

动物有充分表达其天性的自由，通过行为表现出自己的愉悦和满足感。动物福利就是动物对其所处的环境适应后达到的状态，这些状态包括动物的健康状况、自身感觉、生理功能是否良好并未受到伤害等。目前常见的肉鸡福利测定指标包括：日常行为学观察、紧张性静止行为观察、羽毛质量评分、步态评分、肢体不对称性评分、跗关节炎症评分、脚垫损伤评分等。动物行为的表现是动物适应环境的反应，某些日常行为的缺乏可能暗示某种不良环境因素的存在。高饲养密度对肉鸡行为的影响主要表现在行动受限和骚动，这是由高密度下肉鸡活动空间不足引起的。高饲养密度对肉鸡其他的行为没有显著影响。然而高饲养密度引起鸡群频繁的骚动，会造成胴体损伤增多，使肉鸡胴体品质和福利状况下降。

大多数研究认为，当肉鸡饲养密度达到或超过 14～16 只 · m^{-2} 时，若按终末体重 2.5kg · 只$^{-1}$ 计算，则等于 35～40kg · m^{-2}（Elfadil et al.，1996；Estevez et al.，1997；

Sorensen et al.，2000；Dawkins et al.，2004），肉鸡的福利水平和健康会受到明显的负面影响。当饲养密度达到一定程度时，会出现拥挤效应，对鸡生长产生不利影响。高饲养密度影响肉鸡个体在群体中的移动距离和行走时间（Estevez et al.，1997；Hall，2001；Febrer et al.，2006）。Buijs 等（2011）观察分析 4～6 周龄，8 种不同饲养密度处理（每 3.3 平方米饲养 8 只、19 只、29 只、40 只、45 只、51 只、61 只和 72 只）肉鸡的行为，发现高密度饲养的鸡有更多的趴卧行为。在饲养的第 6 周，高密度组趴卧的鸡更容易受到干扰，有更多的鸡调整它们的趴卧姿势。Li 等（2018）通过监控技术也发现，高密度降低肉禽的活动量。

家禽可根据活动调整个体间距离，休息时观察到的距离最小，觅食时观察到的距离最大，这显示动物活动和社会动态之间有明显的联系（Keeling et al.，1991）。尽管很多推断认为，肉鸡减少空间的使用是动物因群居而产生的约束性行为，有证据证明这种现象是一种群居动物个体间的屏障保护作用，因为即使在高饲养密度的情况下，肉鸡的侵略性行为依然保持很低的水平（Estevez et al.，1997）。此外，Febrer 等（2006）指出，肉鸡拥有社交吸引性，即使在高商业养殖密度条件下，其仍然会寻求并保持与其他个体接近。然而，不论是在试验条件下（Estevez，1994；Cornetto et al.，2002）还是在商业生产中（Hall，2001；Febrer et al.，2006），随着饲养密度的增加，鸡群被打扰的频率也在增加。被打扰虽然与鸡的侵略性行为并无关联，但因为被打扰引起的肉鸡背部抓痕，会造成严重的胴体损伤。当饲养密度由 $0.14m^2 \cdot 只^{-1}$ 改为 $0.07m^2 \cdot 只^{-1}$ 时，肉鸡胴体中等擦伤（43% vs 71%）和严重擦伤（12% vs 30%）程度有显著差异（Elfadil et al.，1996）。因此，随着饲养密度的增加，肉鸡胴体品质降低。除了走动和骚动这两种行为外，肉鸡其他种类行为，如休息、打扮、站立、采食、饮水等在饲养密度为 0.12～$0.08m^2 \cdot 只^{-1}$（Cornetto et al.，2001），0.5～$0.066m^2 \cdot 只^{-1}$（Arnould et al，2003）以及 0.073～$0.047m^2 \cdot 只^{-1}$（商业生产）（Febrer et al.，2006）的情况下，并无太大的差别。

一般认为家养家禽具有等级森严的啄序系统，等级高的家禽比等级低的家禽可以获得更大的运动自由和资源优先权，等级制度一旦建立起来，群体成员之间的竞争行为就相对较少（Guhl，1968）。因此，大群体中由于缺乏个体认知会导致攻击行为和应激增加（Guhl，1968）。但 Estevez 等（2003）认为，随着群体规模的增大，家禽的攻击性行为减少。有研究表明，大型群体规模（300 只）中鸡的攻击性要比许多小型或中型群体规模中的鸡要低（Hughes et al.，1997）。此外，Lindberg 等（1996）的研究发现，在饲养密度恒定，7.8 $只 \cdot m^{-2}$ 的 70 只群体组和饲养在 0.44 $只 \cdot m^{-2}$ 的 4 只群体组，母鸡更喜欢 70 只的群体规模组。对那些被啄的家禽个体来说，如果在大规模群体中家禽互不认识并且没有企图建立社会关系的话，选择大型群体具有最为明显的优势可能是因为受迫害的个体在大规模群体内更不显眼（Hughes et al.，1997）。Estevez 等（1997）的研究认为，没有证据表明在大群体中肉鸡可以形成子群体中的社会关系。家养畜禽不受等级结构限制，它们的行为更具可塑性，可使动物能够自我调整，更易适应有限群体的环境条件。但有研究认为，如果母鸡能够根据群体的大小来调整自己的行为，我们应该期望它们放弃所有企图建立的主导等级制度。

家禽在大群体中有较低的攻击性，表明大规模群体中饲养家禽可能更有益，但也必须考虑群体大小和饲养密度的影响与啄羽行为有关。在常规或笼内环境试验中，增加群体规模导致啄羽和同类相食的风险增加。但在这些试验中，鸡的数量一般不超过 60 只。Nicol 等（1999）通过对 6 只 · m^{-2}、12 只 · m^{-2}、22 只 · m^{-2} 和 30 只 · m^{-2} 4 个饲养密度，及 72 只、168 只、264 只和 368 只四个群体规模组的产蛋母鸡啄羽行为和攻击行为研究，发现家禽的羽毛状况以 6 只 · m^{-2} 饲养密度组最好，随着群体规模和饲养密度的增加而变差。行为观察分析表明，这与群体规模和饲养密度的增加而造成的轻度啄羽有关。轻度啄羽随着家禽日龄的增加而增加。家禽很少发生严重啄羽现象，特别是在群体规模和饲养密度较低的处理组，但在饲养密度最低的群体中，攻击性啄羽是最常见的（Pettit-Riley et al.，2002）。可能是因为在密度较低的小群体中，家禽试图通过攻击行为形成社会等级，而在密度较高的较大群体中，家禽似乎采取了非社会性、非侵略性的行为策略，增加了社会容忍度。

小群体限制饲喂肉鸡养殖模式显示出更高水平的竞争行为，其竞争水平随着日龄的增长而增加（Mench，1988）。因此，家禽个体社会行为的发生随着环境条件和遗传背景的不同而不同。家禽在小群体中通过攻击行为建立了统治等级，在大群体中则大多数采用宽容的社会策略，仅少数可能是专制的，不加区别地对其他家禽进行侵略。Estevez 等（2002）研究认为家禽的攻击性行为是动态的，即家禽会根据不同时间和地点的成本和收益而作出攻击性行为，而不是根据家禽的群体、数量或它们形成支配关系的能力将攻击性行为固定在一个恒定水平。

饲养密度和群体规模对肉鸡生产健康的影响，不同研究结果之间差异很大。究其原因，部分可归结为群间差异、肉鸡遗传品系差异、试验设施类型差异、环境控制技术差异、试验季节差异、饲养管理差异和其他多种可变因素等。饲养密度和群体规模与鸡舍小环境密切相关，可以直接影响舍内温湿度、空气质量和垫料清洁度等，从而降低动物机体免疫力甚至引起热应激。饲养密度过大则造成鸡体温度升高，肉鸡饮水增加，环境温湿度升高，肉鸡舍 NH_3 等有害气体浓度增加，这些都损害肉鸡的健康。过高饲养密度的环境易使动物产生疲劳和紧张，产生过多自由基的同时导致应激的发生。因此，依靠科学试验来确定一个通用的饲养密度并不容易，单纯地从数量上改变肉鸡的饲养密度，而忽略改善环境条件对肉鸡生长性能、健康及福利的影响是没有意义的。同时，适宜的饲养群体规模可能因环境条件的不同而有所不同。

参 考 文 献

陈友慷，李治沦，潘其清，等，1994. 饲养密度对猪生产效果和行为的影响［J］. 家畜生态学报（2）：14-17.

崔卫国，2004. 群养猪的争斗行为与福利问题［J］. 家畜生态学报，25（2）：37-40.

顾宪红，2017. 动物福利相关问题浅析［J］. 中国猪业（5）：8-9.

黄藏宇，李永明，徐子伟，2012. 舍内气态及气载有害物质对猪群健康的影响及其控制技术［J］. 家畜生态学报，33（2）：80-84.

蒋守群，林映才，周桂莲，等，2003. 高温与高密度对黄羽肉鸡血液生化指标和免疫机能的影响［J］. 畜牧与兽医，35（8）：11-14.

雷彬，宋忠旭，孙华，等，2015. 不同饲养密度下猪的采食规律研究［J］. 养猪（5）：86-87.

李建慧，苗志强，杨玉，等，2015. 不同饲养方式和饲养密度对肉鸡生长性能及肉品质的影响［J］. 动物营养学报，27（2）：569-577.

李雪，陈凤鸣，熊霞，等，2017. 饲养密度对猪群健康和猪舍环境的影响［J］. 动物营养学报（7）：2245-2251.

刘立波，刘茹，张佳，等，2011. 饲养密度对不同时期蛋雏鸡生产性能的影响［J］. 饲料博览（8）：11-13.

刘希颖，赵越，赵永，2004. 封闭猪舍中硫化氢气体浓度变化的研究［J］. 中国饲料（17）：21-22.

刘玉欢，曹子薇，陈昭辉，等，2017. 南方冬季钟楼式肉牛舍通风系统应用效果研究［J］. 黑龙江畜牧兽医（3）：116-120.

秦鑫，卢营杰，苗志强，等，2018. 饲养方式和密度对爱拔益加肉鸡生产性能、肉品质及应激的影响［J］. 中国农业大学学报，23（12）：72-80.

饶盛达，2015. 不同维生素组合和饲养密度对肉鸡生产性能、健康和肉品质的影响研究［D］. 雅安：四川农业大学.

汤建平，蔡辉益，常文环，等，2012. 饲养密度与饲粮能量水平对肉仔鸡生长性能及肉品质的影响［J］. 动物营养学报，24（2）：239-251.

汤建平，常文环，蔡辉益，等，2011. 肉鸡饲养密度研究进展［J］. 中国家禽，20：45-48.

翁鸣，2003. 不可低估的道德壁垒—国际农产品贸易中的动物福利问题［J］. 国际贸易（6）：23-25.

薛小侠，2011. 高温季节猪群的饲养管理［J］. 畜牧兽医杂志，30（6）：106.

杨伟，时建忠，顾宪红，2009. 群体规模和地面空间占有量对猪的福利和生产性能的影响［J］. 中国畜牧兽医（6）：184-189.

俞守华，区晶莹，张洁芳，2010. 猪舍有害气体测定与温度智能控制算法［J］. 农业工程学报（7）：300-304.

张校军，陈丝宇，王占彬，等，2016. 集约化猪场主要动物福利问题及改善对策［J］. 猪业科学（8）：34-37.

张言，程琼仪，陈昭辉，等，2015. 环境自动控制系统在冬季南方肉牛舍上的研究与应用［J］. 黑龙江畜牧兽医（13）：12-16.

郑飞燕，梁园连，2002. 饲养密度对保育猪前期生产效果的影响[J]. 湖南畜牧兽医（5）：3-4.

周凯，吴信，印遇龙，2019. 饲养密度对仔猪生长性能和血清游离氨基酸含量的影响［J］. 动物营养学报（1）：485-490.

周明，张永元，罗忠宝，等，2015. 饲养密度对猪行为表现和福利水平的影响［J］. 黑龙江畜牧兽医，2：93-95.

朱志平，2002. 开放式猪舍通风与喷雾蒸发降温系统的研究[D]. 合肥：安徽农业大学.

ANDERSEN I L, B E K E, HOVE K, 2000. Behavioural and physiolgical thermoregulation in groups of pregnant sows housed in a kennel system at low temperatures [J]. Canadian Journal of Animal Science, 80(1): 1-8.

ANDREWS S, OMED H, PHILLIPS C, 1997. The effect of a single or repeated period of high stocking density on the behavior and response to stimuli in broiler chickens [J]. Poultry Science, 76(12): 1655-1660.

ARNOULD C, FAURE J M, 2003. Use of pen space and activity of broiler chickens reared at two different densities [J]. Applied Animal Behaviour Science, 87(1-2): 155-170.

BAKER R G, BUTTERSJOHNSON A K, STALDER K J, et al., 2019. Finishing steers in a deep-bedded hoop barn and a conventional feedlot: Effects on behavior and temperament in Iowa [J]. Iowa State University Research and Demonstration Farms Progress Reports, 6(1): 655.

BARSILA S R, DEVKOTA N R, KREUZER M, et al., 2015. Effects of different stocking densities on performance and activity of cattle×yak hybrids along a transhumance route in the Eastern Himalaya [J]. Springerplus, 4(1): 398.

BARTUSSEK H, 1999. A review of the animal needs index (ANI) for the assessment of animals' well-being in the housing systems for Austrian proprietary products and legislation [J]. 61(2-3): 179-192.

BEATTIE V E, WALKER N, SNEDDON I A, 1996. An investigation of the effect of environmental enrichment and space allowance on the behaviour and production of growing pigs [J]. Applied Animal Behaviour Science, 48(3-4): 151-158.

BEAUCHAMP G, 2003. Group-size effects on vigilance: a search for mechanisms [J]. Behavioural Processes, 63(3): 141-145.

BEAULAC K, CLASSEN H, GOMIS S, et al., 2019. The effects of stocking density on turkey tom performance and environment to 16 weeks of age [J]. Poultry Science, 98(7): 2846-2857.

BECKER B A, 1985. Peripheral concentration of cortisol as an indicator of stress in the pig [J]. American Journal of Veterinary Research, 46(5): 1034-1038.

BOE K E, BERG S, ANDERSEN I L, 2006. Resting behaviour and displacements in ewes-effects of reduced lying space and pen shape [J]. Applied Animal Behaviour Science, 98(3-4): 249-259.

BOLEMAN S, BOLEMAN S, MORGAN W, et al., 1998. National Beef Quality Audit-1995: survey of producer-related defects and carcass quality and quantity attributes [J]. Journal of Animal Science (1): 96-103.

BOLTON W, DEWAR W A, JONES R M, et al., 1972. Effect of stocking density on performance of broiler chicks [J]. British Poultry Science, 13(2): 157-162.

BRADSHAW R H, KIRKDEN R D, BROOM D M, 2002. A review of the aetiology and pathology of leg weakness in broilers in relation to welfare [J]. Avian and Poultry Biology Reviews, 13(2): 45-103.

BUIJS S, KEELING L J, VANGESTEL C, et al., 2011. Neighbourhood analysis as an indicator of spatial requirements of broiler chickens [J]. Applied Animal Behaviour Science, 129(2-4): 111-120.

BUIJS S, KEELING L, RETTENBACHER S, et al., 2009. Stocking density effects on broiler welfare: Identifying sensitive ranges for different indicators [J]. Poultry Science, 88(8): 1536-1543.

CENGIZ Z, KöKSAL B H, TATLı O, et al., 2015. Effect of dietary probiotic and high stocking density on the performance, carcass yield, gut microflora, and stress indicators of broilers [J]. Poult Sci, 94(10): 2395-2403.

COLE D, TODD L, WING S, 2000. Concentrated swine feeding operations and public health: a review of occupational and community health effects [J]. Environmental Health Perspectives, 108(8): 685-699.

CORNETTO T, ESTEVEZ I, 2001. Behavior of the domestic fowl in the presence of vertical panels[J]. Poultry Science, 80(10): 1455-1462.

CORNETTO T, ESTEVEZ I, DOUGLASS L W, 2002. Using artificial cover to reduce aggression and disturbances in domestic fowl [J]. Applied Animal Behaviour Science, 75(4): 325-336.

CRAVENER T L, ROUSH W B, MASHALY M M, 1992. Broiler production under varying population densities [J]. Poultry Science, 71(3): 427-433.

DAWKINS M S, DONNELLY C A, JONES T A, 2004. Chicken welfare is influenced more by housing conditions than by stocking density [J]. Nature, 427(6972): 342-344.

D'EATH R B, 2004. Consistency of aggressive temperament in domestic pigs: the effects of social experience and social disruption [J]. Aggressive Behavior, 30(5): 435-448.

DERNER J D, HART R H, SMITH M A, et al., 2003. Long-term cattle gain responses to stocking rate and grazing systems in northern mixed-grass prairie [J]. Livestock Science, 117(1): 60-69.

DOZIER W A, THAXTON J P, BRANTON S L, et al., 2005. Stocking density effects on growth performance and processing yields of heavy broilers [J]. Poultry Science, 84(8): 1332-1338.

DOZIER W A, THAXTON J P, PURSWELL J L, et al., 2006. Stocking density effects on male broilers grown to 1.8 kilograms of body weight [J]. Poultry Science, 85(2): 344-351.

ELFADIL A A, VAILLANCOURT J P, MEEK A H, 1996. Impact of stocking density, breed, and feathering on the prevalence of abdominal skin scratches in broiler chickens [J]. Avian Disease, 40(3): 546-552.

ESTEVEZ I, 1994. Density allowances for broilers: where to set the limits? [J]. Poultry Science, 86(6): 1265-1272.

ESTEVEZ I, ANDERSEN I L, NæVDAL E, 2007. Group size, density and social dynamics in farm animals [J]. Applied Animal Behaviour Science, 103(3-4): 185-204.

ESTEVEZ I, KEELING L J, NEWBERRY R C, 2003. Decreasing aggression with increasing group size in young domestic fowl [J]. Applied Animal Behaviour Science, 84(3): 213-218.

ESTEVEZ I, NEWBERRY R C, DE REYNA L A, 1997. Broiler chickens: a tolerant social system [J]. Etologia, 5(5): 19-29.

ESTEVEZ I, NEWBERRY R C, KEELING L J, 2002. Dynamics of aggression in the domestic fowl [J]. Applied Animal Behaviour Science, 76(4): 307-325.

FEBRER K, JONES T A, DONNELLY C A, et al., 2006. Forced to crowd or choosing to cluster? spatial distribution indicates social attraction in broiler chickens [J]. Animal Behaviour, 72(Pt6): 1291-1300.

FEDDES J, EMMANUEL E, ZUIDHOFT M, 2002. Broiler performance, body weight variance, feed and water intake, and carcass quality at different stocking densities [J]. Poultry Science, 81(6): 774-779.

Food Market Institute-National Council of Chain Restaurants, 2003. FMI-NCCR animal welfare program, June 2003 Report [S]. Food Market. Inst.-Natl. Counc. Chain Restaurants, Washington, DC.

GUHL A M, 1968. Social behavior of the domestic fowl [J]. Transactions of the Kansas Academy of Science , 71(3): 379-384.

HALL A L, 2001. The effect of stocking density on the welfare and behaviour of broiler chickens reared commercially [J]. Animal Welfare, 10(1): 23-40.

HAMILTON D N, ELLIS M, WOLTER B F, et al., 2003. The growth performance of the progeny of two swine sire lines reared under different floor space allowance [J]. Journal of Animal Science, 81(5): 1126-1135.

HANSEN R S, BECKER W A, 1960. Feeding ppace, population density and growth of young chickens [J]. Poultry Science, 39(3): 654-661.

HECKERT R A, ESTEVEZ I, RUSSEK-COHEN E, et al., 2002. Effects of density and perch availability on the immune status of broilers [J]. Poultry Science, 81(4): 451-457.

HONEYMAN M S, HARMON J D, 2003. Performance of finishing pigs in hoop structures and confinement during winter and summer [J]. Journal of Animal Science, 81(7): 1663-1670.

HUGHES B O, CARMICHAEL N L, WALKER A W, et al., 1997. Low incidence of aggression in large flocks of laying hens [J]. Applied Animal Behaviour Science, 54(2-3): 215-234.

HYUN Y, ELLIS M, 2001. Effect of group size and feeder type on growth performance and feeding patterns in growing pigs [J]. Journal of Animal Science, 79(4): 803-810.

IMAEDA, N, 2000. Influence of the stocking density and rearing season on incidence of sudden death syndrome in broiler chickens [J]. Poultry Science, 79(2): 201-204.

JAASKEAIN T, KAUPPINEN T, VESALA K, et al., 2014. Relationships between pig welfare, productivity and farmer disposition [J]. Animal Welfare, 23(4): 435-443.

JONES T A, DONNELLY C A, STAMP DAWKINS M, 2005. Environmental and management factors affecting the welfare of chickens on commercial farms in the United Kingdom and Denmark stocked at five densities [J]. Poultry Science, 84(8): 1155-1165.

KASWAN S, PATEL B H M, MONDAL S K, et al., 2015. Effect of reduced floor space allowances on performance of crossbred weaner barrows [J]. Indian Journal of Animal Research, 49(2): 241.

KAUKONEN E, NORRING M, VALROS A, 2017. Perches and elevated platforms in commercial broiler farms: use and effect on walking ability, incidence of tibial dyschondroplasia and bone mineral content [J]. Animal, 11(5): 864-871.

KEANE M P, MCGEE M, O'RIORDAN E G, et al., 2017. Effect of space allowance and floor type on performance, welfare and physiological measurements of finishing beef heifers [J]. Animal, 11(12): 1-10.

KEELING L J, DUNCAN I J H, 1991. Social spacing in domestic fowl under seminatural conditions: the effect of behavioural activity and activity transitions [J]. Applied Animal Behaviour Science, 32(2-3): 205-217.

KERR C A, GILES L R, JONES M R, et al., 2005. Effects of grouping unfamiliar cohorts, high ambient temperature and stocking density on live performance of growing pigs [J]. Journal of Animal Science, 83(4): 908-915.

KESTIN S C, KNOWLES T G, TINCH A E, et al., 1992. Prevalence of leg weakness in broiler chickens and its relationship with genotype [J]. Veterinary Record, 131(9): 190.

KIANI A, VON BORSTEL U K, 2019. Impact of different group sizes on plumage cleanliness and leg disorders in broilers [J]. Livestock Science, 221: 52-56.

KIM K Y, KO H J, KIM H T, et al., 2008. Assessment of airborne bacteria and fungi in pig buildings in Korea [J]. Biosystems Engineering, 99(4): 565-572.

KNIERIM U, 2013. Effects of stocking density on the behaviour and bodily state of broilers fattened with a target liveweight of 2 kg

[J]. Berliner and Muncheney Tierarztliche Wochen Shrift, 126(3-4): 149-155.

KNOWLES T G, KESTIN S C, HASLAM S M, et al., 2008. Leg disorders in broiler chickens: prevalence, risk factors and prevention [J]. PLoS One, 3(2):e1545.

LEE S M, KIM J Y, KIM E J, 2012. Effects of stocking density or group size on intake, growth, and meat quality of Hanwoo steers (*Bos taurus coreanae*) [J]. Journal of Animal Science, 25(11): 1553-1558.

LI W, YUAN J, JI Z, et al., 2018. Correlation search between growth performance and flock activity in automated assessment of Pekin duck stocking density [J]. Computers and Electronics in Agriculture, 152: 26-31.

LIGARABA T J, BENYI K, BALOYI J J, 2016. Effects of genotype and stocking density on broiler performance under three feeding regimes [J]. Tropical of Animal Health and Production, 48(6): 1227-1234.

LINDBERG A, NICOL C, 1996. Space and density effects on group size preferences in laying hens [J]. British Poultry Science, 37(4): 709-721.

LOBECK-LUCHTERHAND K M, SILVA P R B, CHEBEL R C, et al., 2015. Effect of stocking density on social, feeding, and lying behavior of prepartum dairy animals [J]. Journal of Dairy Science, 98(1): 240-249.

MARCO-RAMELL A, PATO R, PEñA R, et al., 2011. Identification of serum stress biomarkers in pigs housed at different stocking densities [J]. The Veterinary Journal, 190(2): e66-e71.

MARQUIS A, GODBOUT S, SEOANE J, 1991. Effect of animal density in feedlot on winter performance of fattening steers under [J]. Canadian Agricultural Engineering, 33: 387-390.

MARTRENCHAR A, HUONNIC D, COTTE J P, et al., 2000. Influence of stocking density, artificial dusk and group size on the perching behaviour of broilers [J]. British Poultry Science, 41(2): 125-130.

MCGLONE J J, 1986. Influence of resources on pig aggression and dominance [J]. Behavioural Processes, 12(2): 135-144.

MCILROY S G, GOODALL E A, MCMURRAY C H, 1987. A contact dermatitis of broilers-epidemiological findings [J]. Avian Pathology Journal of the W. V. P. A, 16(1): 93-105.

MENCH J A, 1988. The development of aggressive behavior in male broiler chicks: A comparison with laying-type males and the effects of feed restriction [J]. 21(3): 233-242.

MEYER-HAMME S E K, LAMBERTZ C, GAULY M, 2016. Does group size have an impact on welfare indicators in fattening pigs? [J]. Animal, 10(1): 142-149.

MIRFENDERESKI E, JAHANIAN R, 2015. Effects of dietary organic chromium and vitamin C supplementation on performance, immune responses, blood metabolites, and stress status of laying hens subjected to high stocking density [J]. Poultry Science, 94(2): 281-288.

NEUMANN R, MEHLHORN G, LEONHARDT W, et al., 1987. Experimental studies on the effect of chronic aerogenous toxic gas stress in suckling pigs using different concentrations of ammonia. I. Clinical picture of NH_3-exposed suckling pigs under the conditions of experimental Pasteurella multocida infection wit [J]. Zentralbl Veterinarmed B, 34(4): 241-253.

NEWBERRY R C, HALL J W, 1990. Use of pen space by broiler chickens: effects of age and pen size [J]. Applied Animal Behaviour Science, 25(1-2): 125-136.

NICOL C J, GREGORY N G, KNOWLES T G, et al., 1999. Differential effects of increased stocking density, mediated by increased flock size, on feather pecking and aggression in laying hens [J]. Applied Animal Behaviour Science, 65(2): 137-152.

O'BRIEN B, DILLON P, MURPHY J J, et al., 1999. Effects of stocking density and concentrate supplementation of grazing dairy cows on milk production, composition and processing characteristics [J]. Journal of Dairy Research, 66(2): 165-176.

PETTIT-RILEY R, ESTEVEZ I, 2001. Effects of density on perching behavior of broiler chickens [J]. Applied Animal Behaviour Science, 71(2): 127-140.

PETTIT-RILEY R, ESTEVEZ I, RUSSEK-COHEN E, 2002. Effects of crowding and access to perches on aggressive behaviour in broilers [J]. Applied Animal Behaviour Science, 79(1): 11-25.

PROUDFOOT F G, HULAN H W, RAMEY D R, 1979. The Effect of four stocking densities on broiler carcass grade, the incidence of breast blisters, and other performance traits [J]. Poultry Science, 58(4): 791-793.

PURON D, SANTAMARIA R, SEGURA J C, et al., 1995. Broiler performance at different stocking densities [J]. Journal of Applied Poultry Research, 4(1): 55-60.

QUINIOU N, DUBOIS S, NOBLET J, 2000. Voluntary feed intake and feeding behaviour of group-housed growing pigs are affected by ambient temperature and body weight [J]. Livestock Production Science, 63(3): 245-253.

Royal Society for the Prevention of Cruelty to Animals, 2002. Welfare standards for chickens [S]. R. Soc. Prev. Cruelty Anim., West Sussex, UK.

SANOTRA G S, LAWSON L G, VESTERGAARD K S, et al., 2001. Influence of stocking density on tonic immobility, lameness, and tibial dyschondroplasia in broilers [J]. Journal of Applied Animal Welfare Science, 4(1): 71-87.

SCHMOLKE S A, LI Y Z, GONYOU H W, 2004. Effects of group size on social behavior following regrouping of growing-finishing pigs [J]. Applied Animal Behaviour Science, 88 (1-2): 27-38.

SHANAWANY M, 1988. Broiler performance under high stocking densities [J]. British Poultry Science, 29 (1): 43-52.

SIMITZIS P, KALOGERAKI E, GOLIOMYTIS M, et al., 2012. Impact of stocking density on broiler growth performance, meat characteristics, behavioural components and indicators of physiological and oxidative stress [J]. British Poultry Science, 53 (6): 721-730.

SIMON B, HAMILTON D L, 1994. Self-stereotyping and social context: the effects of relative in-group size and in-group status [J]. Journal of Personality and Social Psychology, 66 (4): 699-711.

SIMSEK U G, DALKILIC B, CIFTCI M, et al., 2009. The influences of different stocking densities on some welfare indicators, lipid peroxidation (MDA) and antioxidant enzyme activities (GSH, GSH-Px, CAT) in broiler chickens [J]. Journal of Animal and Veterinary Advances, 8 (8): 1568-1572.

SORENSEN P, SU G, KESTIN S C, 2000. Effects of age and stocking density on leg weakness in broiler chickens [J]. Poultry Science, 79 (6): 864-870.

SUN Z W, YAN L, YY G, et al., 2013. Increasing dietary vitamin D3 improves the walking ability and welfare status of broiler chickens reared at high stocking densities [J]. Poultry Science, 92(12): 3071-3079.

THAXTON J P, RD D W, BRANTON S L, et al., 2006. Stocking density and physiological adaptive responses of broilers [J]. Poultry Science, 85(5): 819-824.

THOMAS D, RAVINDRAN V, THOMAS D, et al., 2004. Influence of stocking density on the performance, carcass characteristics and selected welfare indicators of broiler chickens [J]. New Zealand Veterinary Journal, 52(2): 76-81.

THOMAS L, GOODBAND R D, TOKACH M D, et al., 2016. 115 Effects of stocking density on finishing pig growth performance [J]. Journal of Animal Science, 94(suppl 2): 54.

TURNER S P, ALLCROFT D J, EDWARDS S A, 2003. Housing pigs in large social groups: a review of implications for performance and other economic traits [J]. Livestock Production Science, 82(1): 39-51.

VENTURA B A, SIEWERDT F, ESTEVEZ I, 2010. Effects of barrier perches and density on broiler leg health, fear, and performance [J]. Poultry Science, 89(8): 1574-1583.

WANG B, MIN Z, YUAN J, et al., 2014. Effects of dietary tryptophan and stocking density on the performance, meat quality, and metabolic status of broilers [J]. Journal of Animal Science and Biotechnology, 5(1): 44.

WANG G, EKSTRAND C, SVEDBERG J, 1998. Wet litter and perches as risk factors for the development of foot pad dermatitis in floor-housed hens [J]. British Poultry Science, 39(2): 191-197.

WEAVER, S, 2000. Neonatal handling permanently alters hypothalamic-pituitary-adrenal axis function, behaviour, and body weight in boars [J]. Journal of Endocrinology, 164(3): 349-359.

WEEKS C A, DANBURY T D, DAVIES H C, et al., 2000. The behaviour of broiler chickens and its modification by lameness [J]. Applied Animal Behaviour Science, 67(1-2): 111-125.

WOLTER B F, ELLIS M, CORRIGAN B P, et al., 2003. Impact of early postweaning growth rate as affected by diet complexity and space allocation on subsequent growth performance of pigs in a wean-to-finish production system [J]. Jorunal of Animal Science, 81(2): 353-359.

WOLTER B F, ELLIS M, DEDECKER J M, et al., 2002. Effects of double stocking and weighing frequency on pig performance in wean-to-finish production systems [J]. Journal of Animal Science, 80(6): 1442-1450.

YOUNG M G, TOKACH M D, AHERNE F X, et al., 2008. Effect of space allowance during rearing and selection criteria on performance of gilts over three parities in a commercial swine production system [J]. Journal of Animal Science, 86(11): 3181-3193.

第九章　畜禽舍环境颗粒物和微生物气溶胶的形成及危害动物健康的机制

9.1 畜禽舍环境颗粒物和微生物气溶胶组分及形成机制

9.1.1　颗粒物分类及组成

1．颗粒物（PM）分类

目前对 PM 的分类有不同的惯例和方法，如按职业健康、切割粒径和分布方式等，一般很难将 PM 定义为单一类别。在分析前要明确应用哪种分类方式解决目标问题，从而进行有效的比较。

1）按职业健康分类

按职业健康的 PM 分类是由国际标准组织（International Organization for Standardization，ISO）和欧洲标准化委员会（CEN）定义的，以人体呼吸道中的颗粒物行为为基础。分类依据是，可吸入粒子（颗粒物通过口鼻吸入）、入胸粒子（吸入的粒子转运至喉部）和可吸收粒子（吸入的粒子进入呼吸系统）。美国环境保护署（Environmental Protection Agency，EPA）规定以 PM10 和 PM2.5 来评估环境空气质量，代替按职业健康的分类方法。在不同的可吸入颗粒物量化模拟中，明确采样规则和粒子分布曲线。从分布曲线可见按职业健康分类的 PM 与美国 EPA 规定的 PM10 和 PM2.5 相似。PM10 可归类为入胸粒子中（此部分粒子粒径小于 40μm）。PM2.5 则可以等同于 ISO 7708 规定的高风险区（ISO，1995）。EN 481 和 ISO 7708 中描述的可吸入部分还可以定义为 PM4 区。PM2.5 属于超细粒子范畴，对健康危害程度更高，通常被用于评估室外环境空气质量。

2）按颗粒形成机制分类

基于粒子粒径分布和形成机制，PM 可以分为成核、聚集和粗颗粒模式。这主要与 PM 形成机制有关，但同时也与来源、组成、转运和粒径大小相关。在形态模式分类下，还可以按粒径大小进一步分为细颗粒和粗颗粒，按不同来源分为一级颗粒和二级颗粒。第一种模式成核模式是粒径最小的颗粒区，一般是从源头直接外排，寿命短，受布朗运动或扩散影响大，可通过气体成核或冷凝形成。第二种模式聚集模式，该区粒子具有较

大的 d_{50}（中值粒径），寿命比成核模式区粒子长，因粒径较大受布朗运动影响小，且不易在空气中迅速沉降。第三种模式粗颗粒模式，多是机械作用生成的粒子。Brunekreef 等（2005）报道，这种模式下的粒子对健康和环境影响较小，在重力作用下，它们可迅速沉降。但该模式下的粒子在空气动力作用下，可远距离传播。现有许多研究报道粗颗粒与呼吸系统和心血管疾病之间的关系。粗颗粒通常被用作评估人体暴露于 PM 的主要危害评估指标。关于细颗粒和粗颗粒，粒径的临界点是 2.5μm。聚集模式和粗颗粒模式之间中值粒径的分界点是 1μm。国际空气质量标准规定粒径小于 200nm 的微粒为超细颗粒（Cambra-López et al.，2010）。

3）按颗粒物表面附着物分类

一级和二级 PM 可以根据它们的起源进行区分，也可以根据其所携带的化学成分区分（Almeida et al.，2006）。一级粒子主要是粗颗粒，直接排放到大气中，通常是机械作用产生的，主要为地壳物质，富含铝、硅、钠和氯等（Mazzei et al.，2008）；也包括生物起源的粒子，富含 C、H、O、N、P、S，还包括微生物、毒素、花粉、孢子和动植物残骸等。与城市或工业 PM 相比，来自养殖舍的 PM 携带更多的生物来源物质，通常被称为生物气溶胶。二级粒子一般属于细颗粒物质，通常在 PM2.5 大小范围内，是由大气中气体和粒子之间的化学反应生成的。二级粒子富含硫酸盐、硝酸盐、铵，在某些前体气体如 NH_3、氮氧化物（NO_x）、二氧化硫（SO_2）和挥发性有机化合物（volatile organic compounds，VOCs）的存在下，由气态转化为颗粒物，从而形成二级无机颗粒物（Pilinis et al.，2014）。

2. 畜禽舍内颗粒物化学组成

畜禽舍内 90%的 PM 由有机粒子组成（Seedorf et al.，1998），主要有生物来源的初级粒子，如真菌、细菌、病毒、内毒素及过敏原，还有来源于饲料、皮肤和粪便的粒子等。舍内 PM 的组成成分与家畜种类、畜禽舍废弃物（畜禽粪便、畜禽舍垫料、废饲料及散落的羽毛等废物）的组成有关（Shepherd et al.，2015）。有机颗粒物通常用光学显微镜和扫描电子显微镜分析。扫描电子显微镜比光学显微镜具有更高的放大率，可形成三维形状分辨的图像，能更好地识别和表征单个颗粒。扫描电子显微镜联合 X 射线单颗粒分析提高了对粒子物理特性、化学特性和元素分析的可能性。目前这种技术已被广泛用于 PM 分析，其不足之处是需要针对大量的颗粒物进行分析以获得统计学意义，因此，较耗费时间和劳动力（Mamane et al.，2001）。

畜禽舍 PM 成分中主要的元素为 C、O、N、P、S、Na、Ca、Al、Mg 和 K。猪舍和禽舍内的 PM 富含 N 元素，而来自牛舍的 PM 中 N 元素含量少。牛舍中 PM 湿度较大，同时含有较多的矿物质和灰分。对育肥猪舍 PM 成分分析结果发现 Na、Mg、Al、P、S、Cl、K 及 Ca 含量较高。有研究报道，猪舍内不同粒径的 PM 中 P、N、K 及 Ca 含量较高（Schneider et al.，2002）。粪便粒子含有较高的 C、P，和较高的有机磷酸酯和焦磷酸盐。在肉鸡舍中不同来源的 PM2.5 和 PM10 中含有的元素成分不同，粪便来源的 PM 中 N、Mg、P、K 元素含量最高；皮肤来源的 PM 中 S 元素含量最高；木屑来源的 PM 中 Na 和 Cl 元素含量最高；饲料来源的 PM 中 Si 和 Ca 元素含量最高；舍外的 PM2.5 中 Al

元素含量最高（Cambra-López et al.，2011）。

9.1.2　畜禽舍内颗粒物来源

1. 土壤

地面、土壤不仅是微生物最巨大的繁殖场所，也是庞大的贮存体和发生源。一阵风起，尘土飞扬将土块中无数微生物送入大气，畜禽养殖场尘土所到之处空气中的微生物数量都会大增。即使是全封闭的畜禽舍的地面，其微生物数量也比墙表面高许多倍。

2. 水

水体也是畜禽场、畜禽舍微生物气溶胶的重要来源。不论是天然的雨、雪、露水，还是人为的自来水、洗涮水等各种各样的污水，都含有很多的微生物。其在一定能量作用下，也可散发到畜禽场、畜禽舍的环境及空气中。

3. 大气

特别是畜禽舍外的大气，是畜禽场、畜禽舍微生物气溶胶的又一重要来源。冷暖气流形成的峰面可将远方的微生物气溶胶输送下来，这是全球或区域性疫病传播的重要通道。禽流感病毒、新城疫病毒的迅速传播就有这样的特点。

4. 生物体

养殖的动物体不仅是微生物极大的贮存体、繁殖体，也是巨大的散发源。据测每头静卧的母猪每分钟可向空气散发 500～1500 个细菌，活动时则散发的更多。畜禽集约化养殖舍中，带菌、带毒动物的体液形成的飞沫核向空气散发的病原体的感染性更强。由畜禽排出的，以及饲料、饮水、垫草中的微生物经过风化、腐蚀和磨耗过程，通过空气气流弥散与水、尘埃颗粒相结合，悬浮在空气中形成气溶胶（Edmonds，1979）。据报道，动物舍空气中含有链球菌、葡萄球菌、巴氏杆菌、大肠杆菌、沙门氏菌和魏氏梭菌等致病菌，以及鸡新城疫、禽流感、马立克氏病等病毒。这些微生物可引发畜禽多种疾病，尤其是呼吸道疾病（柴同杰等，2003）。牛、羊可从胃中排出大量微生物气溶胶，狗是金黄色葡萄球菌的播散源，鸭场的空气细菌浓度可高达每立方米数万个，接触畜禽污物的各种昆虫散播出来的微生物气溶胶更多。一个正常人在静止状态每分钟向空气排放 500～1500 个细菌，活动时排放量多达成千上万，每次咳嗽或打喷嚏可排放 10^4～10^6 个带菌颗粒，即使是大声说话也排放大量微生物气溶胶。许多微生物气溶胶来源于各类生产活动。除农业、林业、畜牧业生产活动可产生大量的微生物气溶胶外，许多工业生产活动如发酵、制药、食品制革和毛纺织生产均造成空气微生物污染并导致严重后果。

5. 植物

植物的表面可保存多种微生物，当其腐烂时则可产生更多的微生物。腐烂的枯草产生的真菌可引起动物的“霉肺”，更有枯草芽孢杆菌及其芽孢引起人的过敏性疾病花粉症。还有报道表明，植物表层的病毒也可由风力吹走或借助其他外力进入空气。

6. 饲料

猪舍中 PM 主要来源于饲料（Takai et al.，1998），且更倾向粗颗粒。粪便也是猪舍内 PM 的重要来源且大多数属于可吸收粒子，对肺组织有更强的危害作用。对猪舍内 PM 粒径分化来源分析表明，5%～10%的总颗粒物是皮毛颗粒物，占 7～9μm 粒径范围内总粒子数的 50%。有研究认为饲料和皮毛是猪舍 PM 的最主要来源，动物本身也是重要来源之一。在禽舍，羽毛、尿液中的矿物晶状体和垃圾是 PM 的主要来源。研究认为皮肤、羽毛、粪便、尿液、饲料和垃圾是畜禽舍内 PM 的重要来源。在育肥猪舍，以秸秆作为垫料比混凝土地面的猪舍 PM 浓度增加 1 倍。育肥期结束时，秸秆垫料变得更加多尘，也更容易分解，从而产生更多的颗粒物。此外，垃圾的类型和含水量也会影响 PM 的浓度（Kaliste et al.，2004）。

9.1.3　畜禽舍内的微生物气溶胶

现代畜牧业的畜禽养殖采取高密度、封闭式的养殖模式。在这样的环境下，畜禽舍内大量微生物及其代谢产物极易聚集形成微生物气溶胶。高浓度的微生物气溶胶及其代谢产物是危害动物健康和影响动物生产的重要因素（Ravindran et al.，2006）。微生物气溶胶大致可分为 2 大类。一类是飞沫核气溶胶。动物上呼吸道分泌物经过喷嚏、咳嗽等方式散发到空气中的液体气溶胶被称为飞沫，较小的飞沫中水分蒸发后留下的黏液素、蛋白质、无机盐和微生物等又被称为飞沫核，其微粒直径较小，一般在 0.1～2μm，在空气中处于飘浮状态，不易被沉降。另一类是粉尘气溶胶。它是空气微生物的重要载体，主要来源于动物机体掉落的皮屑、毛发、排泄物以及垫料和饲料等。有研究表明微生物气溶胶致病原因与其微粒粒径大小有关，PM 直径（空气动力学当量直径）大于 10μm 的固体颗粒只能到达鼻腔，PM 直径在 5～10μm 的微粒可到达上呼吸道，PM 直径小于 2.5μm 的细小颗粒可通过呼吸道进入小支气管和肺泡，甚至进入血液，危害性更大（Mostafa et al.，2011）

1. 畜舍内气载微生物含量

封闭的畜舍内，由于动物数量多、流动频繁，饲养密度大，舍内分布着大量不同粒径的微生物气溶胶。细菌气溶胶粒径较小，往往含有致病性的病菌，如气载需氧菌、大肠杆菌等细菌。另外气溶胶中微生物的浓度还出现早晚高、中午低的规律。

封闭式舍内气载微生物浓度较高。有学者研究指出，猪舍内的细菌总数范围在（7.8×10^4）～（1.25×10^5）CFU·m^{-3}，气载需氧菌在（1×10^5）～（1.43×10^6）CFU·m^{-3}，厌氧菌在（0.06×10^4）～（2.02×10^4）CFU·m^{-3}，革兰氏阴性菌在（0.01×10^3）～（0.84×10^3）CFU·m^{-3}。另有研究指出，牛舍空气中的气载需氧菌浓度在（6.9×10^3）～（1.06×10^5）CFU·m^{-3}，革兰氏阴性菌浓度在（7.1×10^0）～（5.04×10^2）CFU·m^{-3}（Chang et al.，2000）。在畜舍空气中还发现了嗜温菌，其中猪舍在 568.6～（1408.8×10^3）

CFU · m^{-3}，牛舍在 42.5～（281.5×10^3）CFU · m^{-3}，马舍在 26.3～（150.2×10^3）CFU · m^{-3}。

2. 禽舍内微生物气溶胶成分与分布规律

目前，家禽舍内空气中所含微生物的分布情况在国外得到大量研究。Kasprzyk 等（2008）指出，家禽舍内空气中的细菌数量为（1×10^3）～（1×10^9）CFU · m^{-3}，空气真菌的数量为（2.5×10^1）～（4.9×10^6）CFU · m^{-3}。利用 MAS-100 空气取样器对家禽舍内微生物气溶胶数量进行测试，发现多种细菌和真菌及其浓度范围，其中，嗜中温细菌（1.7×10^3）～（8.8×10^3）CFU · m^{-3}，溶血性细菌（3.5×10^1）～（8.3×10^2）CFU · m^{-3}，葡萄球菌（1.5×10^3）～（4.6×10^4）CFU · m^{-3}，大肠菌群细菌（5.0×10^0）～（2.0×10^2）CFU · m^{-3}，曲霉菌属的真菌（1.7×10^2）～（2.4×10^4）CFU · m^{-3}。另外还研究发现白色念珠菌、隐球菌、青霉素菌等微生物也存在于禽舍内，当达到一定浓度时，会对家禽的健康和生产造成一定影响。

在家禽的 5 种饲料中均检测出金属离子。饲料中 K^+ 的质量浓度为 54 228～88 971mg · kg^{-1}，Na^+的质量浓度为 29 757～42 068mg · kg^{-1}，Ca^{2+}的质量浓度为 830～2110mg · kg^{-1}，Mg^{2+}的质量浓度为 244～649mg · kg^{-1}。家禽饲料中较高的 K^+、Na^+、Ca^{2+}、Mg^{2+}含量是出气口 PM2.5 颗粒相应离子的来源，导致出气口 PM2.5 颗粒所含的 K^+、Mg^{2+}含量显著高于环境本底，Na^+在 90%的置信水平上高于环境本底。但 Ca^{2+}作为一种重要的地壳元素，舍外环境本底 PM2.5 颗粒中同样可能具有较高的 Ca^{2+}浓度，导致出气口和环境本底 PM2.5 颗粒中 Ca^{2+}浓度差异不显著（Martin et al.，2008）。Takai 等（1998）研究认为饲料是颗粒物排放的重要源头，过量喂料，饲料颗粒大小、成分的改变等都对颗粒物的排放有重要影响。有研究认为，由饲料产生的颗粒物和舍外来源的颗粒物一般是细颗粒性质的；而生物结构物质，如羽毛、皮肤、木屑来源的粉尘一般是粗颗粒的，因而饲料的投喂可能在一定程度上影响鸡舍 PM2.5 的排放。

9.1.4 畜禽舍颗粒物的危害

1. 环境危害

畜牧业生产在一定程度上增加了 PM 的产生，因此必然对环境和气候等产生一定的影响。环境中的 PM 导致空气能见度降低、植被应激和生态系统的改变（Grantz et al.，2003），影响单个植物、植物种群及整个陆地生态系统。大多数 PM 对植物的毒性作用与它们所携带或吸附的物质有关。亚微米颗粒比大颗粒散射更多单位质量的光且大气寿命更长，通过散射和吸收太阳能及红外线辐射，产生直接的辐射驱动效应，并通过增加液滴浓度和冰粒子浓度来改变云的形成过程。关于空气中 PM 对环境的危害效应，美国 EPA（Environmental Protection Agency）有较为详尽的研究报告。表面沉积的 PM 也可通过腐蚀、损坏建筑材料等产生破坏力。养殖舍 PM 表面携带大量重金属、挥发性有机化合物、NO_3^-和 SO_4^{2-}等。现有研究表明，导致畜舍异味的主要因素与 PM 所携带的化合物有关。它们可以吸附刺激性气体，特别是 NH_3 和异味化合物。PM 能长时间吸附大量 NH_3 分子（7μg · mg^{-1}），并主要集中在 PM2.5 上，占气相总氨量的 24%。现已从猪场 PM 中鉴定了

50 余种化合物，它们归属不同化学类别，主要是烷烃、醇、醛、酮、酸、胺、硫化物和硫醇、芳族化合物和呋喃类等，研究结果显示较小的颗粒物更倾向携带这些化合物。通过采集不同农场的 PM，发现直径为 5～20μm 的 PM 所吸附的 H_2S、$CH_3(CH_2)_6CHO$、$C_9H_{18}O$ 等化合物的浓度明显高于 20～75μm 的较大颗粒。

PM 自养殖舍排出后，会迅速发生物理变化和化学变化，并不断扩散传播。这些变化会影响它们的粒径大小、分布和化学性质，与农业环境中二次无机颗粒的形成直接相关。由于大气化学反应，PM 在 NH_3 存在下形成二次无机颗粒是目前亟待关注的问题。NH_3 可与硫酸（H_2SO_4）、硝酸（HNO_3）和盐酸（HCl）反应形成二次无机颗粒，如硫酸铵［$(NH_4)_2SO_4$］、硫酸氢铵（NH_4HSO_4）、硝酸盐（NH_4NO_3）和氯化铵（NH_4Cl），可以是固体形式，也可以是液体形式。尽管畜牧业产生的 PM 可能对环境产生诸多影响，但到目前为止，关于畜牧业 PM 排放量既没有充分的评估，也没有证据证实它们与生态系统改变直接相关。

2. 健康危害

空气中的真菌孢子种类非常丰富，已知超过 4 万种，但只有一小部分可以培养在培养基上。空气真菌的优势属是枝孢菌、青霉菌、曲霉菌和链格孢菌等（O'Connor G et al.，2004）。其中，枝孢菌是最丰富的，可以达到空气中真菌总数的 75%，但在不同的气候条件和生态环境中浓度不同（Airaudi et al.，1996）。PM 中的真菌气溶胶在空气中扩散。高浓度的真菌气溶胶会导致环境中的生物污染，从而威胁人类和动物的健康。革兰氏阴性菌只占细菌气溶胶的一小部分，但是大量的致病菌和条件致病菌都包括这种细菌。因此，浓度和成分对公共环境质量具有重要意义（Stojek et al.，2008）。细菌内毒素来自革兰氏阴性菌外膜上的脂多糖蛋白复合物。它对人体和动物体细胞以及体液免疫反应具有广泛影响，可导致体内白细胞数量的急剧变化，从而导致免疫功能紊乱（Donguk et al.，2001）。一些研究表明，空气中的内毒素是空气传播的生物气溶胶的重要组成部分，造成重大健康危害。许多学者报告，内毒素可能会影响人体流感和细胞免疫，并可能影响肺作用（Shang et al.，2016）。

研究发现，各种气象因素（风、温度、湿度等）都会对细菌浓度产生影响。除受自身环境因素影响外，大气中的细菌浓度与人类活动密切相关，如人口数量，流动性等。这些人类活动可导致土壤中的灰尘和小颗粒流动，从而导致微生物气溶胶浓度增加。空气中细菌浓度的变化主要与微环境条件、采样时间、气候条件和人类活动有关。夏季空气中的细菌浓度较高，主要是由于高温中细菌更容易繁殖并沿地面尘埃和土壤颗粒扩散到大气中，导致微生物气溶胶的浓度增加。

微生物气溶胶粒子进入具有不同动态直径的呼吸系统。直径为 4.7～7μm 的气溶胶颗粒可进入鼻腔和上呼吸道；直径为 2.1～4.7μm 的颗粒可以沉积在小支气管中，导致哮喘和其他疾病；而那些直径小于 2μm 的颗粒可以穿透肺泡进入肺并引起肺泡炎症和其他疾病。Andersen 6 级中的 5 级和 6 级采样器相当于 PM2.5。直接吸入人体后，干扰肺动脉交换，导致支气管炎、哮喘、心血管疾病和其他疾病。细菌、真菌和革兰氏阴性细菌在 Anderson 5 级和 6 级采样器中的平均分布分别为 18.5%、19.5%和 14.0%。这个比例相对较大，对人和动物的健康状况构成了极大的威胁（Wu et al.，2017a）。

养殖舍内 PM 的健康危害主要体现在呼吸系统疾病上。气溶胶粒子的物理属性会对人体或动物造成伤害，同时 PM 也是许多病原微生物的主要载体，通过空气传播会造成更广泛的危害。当病原体是人畜共患并能经空气传播时，养殖户和附近居民的健康都将受到严重威胁。通常情况下，PM 所吸附的化合物、所携带的致病和非致病性微生物等，通过刺激呼吸道黏膜、降低呼吸道免疫抵抗力而对动物和人类造成健康危害。PM 所携带的有害物质对饲养人员和饲养动物的呼吸系统可造成严重危害，导致患病率和病死率增加，对动物生产性能造成不良影响。养殖工作人员长期暴露在高浓度 PM 环境中，因此该类人群的呼吸道疾病患病率远远高于其他职业。养殖舍空气中细菌多是以葡萄球菌和链球菌为主的革兰氏阳性菌，而革兰氏阴性菌在养殖舍中的含量相对较低（＜10%），但由于舍中总细菌浓度极高，所以它们仍然算高含量的存在物。另外，养殖舍内及周边内毒素浓度也很高，可达 660～23 220EU · L^{-1}。内毒素是指来自外膜的磷脂多糖复合物，比如来源于大肠杆菌、沙门菌、志贺菌、假单胞菌、奈瑟氏球菌、嗜血杆菌等。长期暴露在高浓度内毒素环境中，会引起真菌气溶胶诱发的肺部感染及呼吸道炎症反应，这是动物呼吸系统常见疾病，对养殖户及周边居民也有很大的潜在健康危害。致病性生物气溶胶，不仅对养殖舍内动物造成直接伤害，还可以大范围传播。例如，口蹄疫病毒通过空气传播，能感染距离源头几公里养殖场的动物。

9.1.5　颗粒物的传播

根据下降速度将颗粒物分为悬浮尘埃和沉落尘埃。悬浮尘埃主要是由 1～10μm 的微粒构成，在静止的空气中分布均匀并有规律地下沉，在轻弱的气流中长时间保持气悬状态，悬浮尘埃常常含有细微的微生物：细菌、病毒和霉菌。细菌与病毒能够以 2 种方式在空气中散布，即借助咳嗽、喷嚏或用鼻子喷出时的动力能和借助空气流能量。

1）借助于咳嗽、喷嚏或用鼻子喷出时的动力能

这种动力能迫使微粒克服空气的阻力迅速向前运动。微粒飞出的距离依赖于它的大小和初始速度。

2）借助于空气流能量

直径小于 0.1mm 的微粒以这种方式传播。当空气流速为 0.2cm · s^{-1} 时，小于 0.01mm 的气溶胶保持空气悬浮状态。特点是弥散范围广，也能在封闭空间散播。

在露天大气中细菌气溶胶能传播很远的距离。在田野废水喷洒浇灌时，可在顺风方向距离喷洒处 392m 检查到肠道细菌。肠寄生虫卵、结核杆菌、致病肠道菌、钩端螺旋体和其他微生物在废水喷洒时同时进入空气。不同强度的风将尘埃粉碎，它们的体积数据间接证明微生物是由空气传输的。

9.1.6　影响微生物气溶胶的因素

1. 通风换气

封闭式畜禽舍是微生物气溶胶形成的重要场所，大量的病原微生物可以通过气溶胶传播，导致传染性疾病蔓延，比如口蹄疫、禽流感、新城疫、鸡痘等病毒（Moon et al.，

2012）。因此畜禽舍内合理的通风换气是控制气源性疾病的重要手段，可有效减少舍内污浊的空气、病原微生物和粉尘，减少疫病的发生与传播。目前，通风换气可分为自然通风和机械通风两种主要方式。

2. 饲养密度

养殖过程中，饲养密度过高时，动物之间相互拥挤、打斗，活动频繁，卧息时间少，排泄物增多，极易造成小环境内有毒气体、灰尘和微生物含量增高。舍内细菌、真菌和病毒等病原微生物与灰尘等结合形成微生物气溶胶，会增加动物感染疾病的概率。大量研究指出，饲养密度过高，空气中的微粒会使肉鸡发生应激反应，使肉鸡免疫能力下降、生产性能降低（Dozier et al.，2006；Estevez，2007；Ravindran et al.，2006）。

3. 垫料种类

目前，大多数养殖场利用垫料发酵技术控制畜禽粪便排放对环境的污染。它主要利用垫料中的微生物菌落的新陈代谢而分解畜禽排泄的粪便和尿液，达到对周围环境的零排放（Rebecca et al.，2007）。但是由于养殖垫料种类繁多，不同的垫料对微生物气溶胶的形成也有不同的影响。有学者研究表明，在养鸡场内，采用黏土或泥炭作为垫料会显著减少微生物颗粒的含量。

4. 饲料因素

动物在采食过程中，饲料碎屑会以粉尘的状态飘浮于空气中，最终形成微生物气溶胶。有研究提出鸡场里微生物气溶胶颗粒的形成主要来源于粉碎的谷物饲料。在干饲料里加入油水会显著减少空气中的微粒含量。也有研究表明使用不同的饲料及饲料添加剂会减少养殖场空气中的微粒含量。

总之，养殖场是空气环境中颗粒物和微生物气溶胶的主要来源之一，是畜禽呼吸道疾病发生的重要原因，尤其是致病性微生物气溶胶，包含口蹄疫、禽流感、布鲁氏菌病等。这些疾病每年给畜牧业生产造成巨大经济损失。颗粒物对环境和畜禽的健康危害很大程度上与其形态、组成成分和浓度水平有关。明确并不断更新背景信息是提出合理减排策略、有效控制其危害水平的重要依据，也是紧跟我国环境治理步伐、加快改善生态环境的重要理论基础。

9.2 畜禽舍环境颗粒物和微生物气溶胶时空分布特点

畜牧业向规模化方向的发展，使得畜产品数量能基本满足需求。与此同时，健康养殖工艺和福利化养殖环境的实现受到越来越多的关注和重视。畜禽生存环境，特别是畜禽舍内的空气质量与畜禽健康和生产密切相关。随着工业化程度的提高以及饲养密度的增加，畜禽生产过程中产生并释放的环境颗粒物（PM）和微生物气溶胶，对畜禽的健康和生产以及现场工作人员健康产生了不利影响。长期暴露于 PM2.5 和微生物气溶胶浓度较高的畜禽舍的一线生产管理人员，易患呼吸道疾病、哮喘以及慢性阻塞性肺病。另外，畜禽舍内环境颗粒物和微生物气溶胶通过通风设施排放到大气中，还会对大气造成污染。畜禽舍内的环境颗粒物和微生物气溶胶浓度和组成受很多因素的影响，主要影响因素包括，通风、温度、相对湿度、气候因素（昼夜和季节变化）、动物本身因素（动物活动、体重和日龄变化）以及人为因素（饲养管理条件）等。上述影响因素使得畜禽舍内的环境颗粒物和微生物气溶胶具有鲜明的时空分布特点。为开发有效措施调控畜禽生产过程中舍内空气污染物的产生，有必要了解畜禽舍中环境颗粒物和微生物气溶胶的时间变化特点和空间分布规律。本节将从环境颗粒物和微生物气溶胶的时间变化动态特征、空间分布规律及形成因素 3 个方面介绍畜禽舍环境颗粒物和微生物气溶胶的时空分布特点。

9.2.1 畜禽舍环境颗粒物和微生物气溶胶的时间变化动态特征

1. 猪舍环境颗粒物和微生物气溶胶的时间变化动态特征

环境颗粒物一般是指粒径小的、分散的、悬浮在气态介质中的固体或气体粒子。颗粒物的分类方法主要有沉降特性法和粒子大小法等。按照沉降特性法，颗粒物分为降尘和飘尘。降尘是指粒径大于 10μm，在空气中易于沉降的粒子；飘尘是指粒径小于 10μm，能在空气中长期飘浮的粒子。根据粒子大小法，颗粒物分为总悬浮颗粒物（TSP，粒子直径为 0～100μm）、粗颗粒物（粒子直径 2. 5～10μm，PM2.5～10）、细颗粒物（粒子直径小于 2.5μm，PM2.5）和超细颗粒物（粒子直径小于 0.1μm，PM0.1）（刘志荣，2013）。

畜禽舍内空气中的颗粒物与微生物、毒素、气体和挥发性有机物等结合后以混合物的形式存在，称之为微生物气溶胶。根据微生物的种类可将微生物气溶胶分为细菌气溶胶、真菌气溶胶和病毒气溶胶等（Anja et al.，2012）。有研究监测了每天不同时间点猪舍微生物气溶胶的浓度变化，发现哺乳猪舍内微生物气溶胶浓度在（3.3×10^3）～（13.7×10^3）CFU · m^{-3}，微生物气溶胶浓度的最大值出现在 15:00，最小值出现在 11:00 和 20:00。保育猪舍内微生物气溶胶浓度在（4.4×10^3）～（8.5×10^3）CFU · m^{-3}，微生物气溶胶浓度的最大值出现在 15:00，最小值出现在 11:00。育肥猪舍内微生物气溶胶浓度在（6.9×10^3）～（26.6×10^3）CFU · m^{-3}，微生物气溶胶浓度的最大值出现在 15:00。由此可见，封闭式猪舍内微生物气溶胶浓度关系为育肥猪舍＞保育猪舍＞哺乳猪舍。前人研究表明，封闭式猪舍冬季细菌气溶胶浓度显著高于夏季（黄藏宇，2012）。另有研究发现，封闭式猪舍内微生物气溶胶中需氧菌浓度在（9.07×10^4）～（28.23×10^4）CFU · m^{-3}，且在冬季（25.96×10^4CFU · m^{-3}）的浓度显著高于夏季（9.38×10^4CFU · m^{-3}）的浓度。

Kristiansen 等（2012）采用原位荧光杂交技术研究封闭式猪舍中微生物气溶胶组成。结果表明，猪舍微生物气溶胶中，细菌以厚壁菌门为主，优势属为链球菌属；真菌以 *Aspergillus-Eurotium* 集群为主。采用 16S rRNA 测序和宏基因组测序手段进一步揭示，猪舍细菌气溶胶中以厚壁菌门、拟杆菌门、放线菌门和变形菌门为主，优势属为普雷沃氏菌属、梭菌属和拟杆菌属。冬季和夏季猪舍细菌气溶胶组成存在显著差异，冬季猪舍细菌气溶胶中放线菌门和变形菌门显著高于夏季。冬季猪舍细菌气溶胶中普雷沃氏菌属、

Blautia 和 *Faecalibacterium* 等丰度显著高于夏季，而 *Capnocytophaga*、*Haemophilus* 和 *Sphingomonas* 等丰度显著低于夏季（Kumari et al.，2014）。此外，Kumari 等（2016）采用绝对定量 PCR 和高通量测序手段比较不同季节猪舍中真菌气溶胶的组成差异，结果表明，冬季猪舍真菌气溶胶中真菌总数显著高于夏季，β 多样性分析显示夏季与冬季气溶胶真菌组成存在明显差异，且夏季不同猪场间真菌气溶胶组成差异大于冬季。同样地，不同生产阶段猪舍微生物气溶胶组成也存在显著差异。研究表明，断奶舍和育肥舍细菌气溶胶中厚壁菌门丰度高于妊娠舍和分娩舍，拟杆菌门丰度低于妊娠舍和分娩舍；保育舍和育肥舍微生物气溶胶组成相似性高于其他猪舍，公猪舍和妊娠舍微生物气溶胶组成相似性高于其他舍（Hong et al.，2012；Yan et al.，2019）。不同类型的猪舍中，育肥舍的细菌多样性最高，微生物气溶胶和环境内毒素浓度最高；保育舍的真菌多样性最高；分娩舍内细菌和真菌的丰度及内毒素浓度最低。因此，猪舍微生物气溶胶特别是细菌和真菌的组成受季节和生产阶段的影响，呈现出冬季微生物气溶胶浓度高于夏季，冬季微生物气溶胶细菌和真菌组成与夏季明显不同，不同生产阶段猪舍微生物气溶胶组成不同的时间变化特点。

2. 鸡舍环境颗粒物和微生物气溶胶的时间变化动态特征

与猪舍一样，昼夜变化和季节对鸡舍环境颗粒物的产生也有极大的影响。陈峰（2014）报道蛋鸡舍环境颗粒物 8:00 到 20:00 的变化规律，PM10 和 PM2.5 在 8:00～14:00 的平均颗粒浓度高于 14:00～20:00，两个时间段的 TSP 浓度一致。8:00～14:00 TSP、PM10 和 PM2.5 的平均浓度分别为 0.40mg · m^{-3}、0.29mg · m^{-3} 和 0.27mg · m^{-3}；14:00～20:00 TSP、PM10 和 PM2.5 的平均浓度分别为 0.40mg · m^{-3}、0.27mg · m^{-3} 和 0.26mg · m^{-3}。此外，冬季蛋鸡舍中 TSP、PM10 和 PM2.5 均高于夏季。同样地，Takai 等（1998）报道，蛋鸡舍白天 PM10 浓度显著高于夜晚，但肉种鸡舍白天和夜晚环境颗粒物浓度无显著差异。肉鸡舍上午 5:00 的 PM10 浓度最高，14:00 时 PM10 浓度最低。沈丹等（2018）报道，肉鸡舍 PM 浓度在 5:00 时最高，21:00 时浓度值最低。冬季任何时间点的 TSP、PM10 和 PM2.5 浓度显著高于夏季。有研究指出，蛋鸡舍在夏季、秋季和冬季 PM2.5 的浓度分别为（67.4±54.9）μg · m^{-3}、（289.9±216.2）μg · m^{-3} 和（428.1±269.9）μg · m^{-3}；PM4 的浓度分别为（73.6±59.5）μg · m^{-3}、（314.6±228.9）μg · m^{-3} 和（480.8±306.5）μg · m^{-3}；PM10 的浓度分别为（118.8±99.6）μg · m^{-3}、（532.5±353.0）μg · m^{-3} 和（686.2±417.7）μg · m^{-3}（沈丹等，2018）。而与此不一致的研究指出，蛋鸡舍夏季 PM10 浓度高于冬季，TSP 和 PM2.5 浓度于每年 6 月浓度最高（Guarino et al.，1999）。此差异出现的原因还不清楚，仍有待进一步研究。研究发现，肉鸡舍 TSP 的浓度随着肉鸡日龄的增加呈线性增加（Hinz et al.，1998）。肉鸡舍 PM2.5 的浓度随着肉鸡日龄的增加呈对数增长。因此，鸡舍环境颗粒物浓度的主要时间变化特征为上午高于下午，冬季高于夏季，随着肉鸡日龄的增加而增长。

研究发现，最高浓度的细菌气溶胶在冬季蛋鸡舍中检出，浓度为 1.5×10^5CFU · m^{-3}；冬季肉鸡舍内真菌气溶胶浓度低于夏季。冬季肉鸡舍和蛋鸡舍内细颗粒物负载细菌和真菌所占比例均高于夏季。鸡舍内微生物气溶胶中需氧菌浓度受季节变化的影响。需氧菌浓度的变化趋势是夏季＞冬季＞秋季。鸡舍微生物气溶胶中葡萄球菌浓度的变化趋势是夏季＞秋季＞冬季；鸡舍微生物气溶胶中金黄色葡萄球菌浓度的变化趋势是冬季＞夏季＞秋季（魏磊等，2012）。不同季节，鸡舍内真菌气溶胶浓度存在差异。夏季真菌气溶胶浓度最高，为（1.78±0.26）×10^3CFU·m^{-3}；春季时最低，为（1.06±0.22）×10^3CFU·m^{-3}；夏季显著高于春季、秋季和冬季（白福娟，2016）。蛋鸡舍白天 PM10 和 PM2.5 中内毒素水平高于夜晚，且 PM10 中内毒素水平随着季节的变化趋势是冬季＞夏季＞春季（Schierl et al.，2007）。肉鸡舍白天微生物气溶胶中大肠杆菌科浓度高于夜晚。Plewa 等（2011）比较肉鸡舍春季、夏季、秋季和冬季微生物气溶胶中异养菌、*Staphylococci*、*Enterobacteriaceae* 和霉菌丰度的差异。结果表明，春季和夏季肉鸡舍微生物气溶胶中异养菌、*Staphylococci*、*Enterobacteriaceae* 和霉菌的丰度高于秋季和冬季。随着日龄的增加，鸡舍内真菌气溶胶浓度也逐渐提高，9 日龄、14 日龄、30 日龄和 37 日龄时鸡舍内真菌气溶胶的浓度分别为 0.11×10^3CFU·m^{-3}、0.49×10^3CFU·m^{-3}、0.46×10^3CFU·m^{-3}和 3.67×10^3CFU·m^{-3}。37 日龄时鸡舍内真菌气溶胶浓度显著高于其他日龄。鸡舍内细菌气溶胶的浓度也随着日龄的增加而提高，3 日龄、22 日龄和 40 日龄时鸡舍内细菌气溶胶浓度分别为 0.91×10^3CFU·m^{-3}、6.86×10^3CFU·m^{-3}和 13.77×10^3CFU·m^{-3}。22 日龄时鸡舍内细菌气溶胶的 OTU 总数最高，即细菌丰富度最大。不同日龄时鸡舍内细菌气溶胶物种分布也不尽相同。3 日龄和 40 日龄时鸡舍内细菌气溶胶的优势门为变形菌门，而 22 日龄时鸡舍内细菌气溶胶的优势门为厚壁菌门。22 日龄时鸡舍内细菌气溶胶中 *Faecalibacterium* 和 *Lachnoclostridium* 丰度高于 3 日龄和 40 日龄；40 日龄时鸡舍内细菌气溶胶中 *Sporolactobacillus* 和 *Shewanella* 丰度高于 3 日龄和 22 日龄；3 日龄时鸡舍内细菌气溶胶中 *Pseudomonas* 丰度高于 22 日龄和 40 日龄（Jiang et al.，2018）。因此，鸡舍微生物气溶胶特别是细菌和真菌的组成受季节和日龄的影响，呈现出冬季微生物气溶胶细菌和真菌组成与夏季明显不同、不同日龄鸡舍微生物气溶胶组成不同的时间变化特点。

3. 其他动物圈舍环境颗粒物和微生物气溶胶的时间变化动态特征

目前关于其他动物圈舍环境颗粒物和微生物气溶胶的昼夜和季节变化规律的报道主要集中在奶牛和肉牛舍。Takai 等（1998）比较了英格兰、荷兰、丹麦和德国肉牛舍冬季与夏季 PM2.5 浓度的差异。结果表明，英格兰和荷兰肉牛舍夏季 PM2.5 浓度高于冬季；丹麦肉牛舍冬季 PM2.5 浓度高于夏季；德国肉牛舍冬季和夏季 PM2.5 浓度无差异。对于奶牛舍而言，白天 PM10 浓度高于夜晚，白天 PM2.5 浓度低于夜晚；对于肉牛舍而言，白天 PM10 和 PM2.5 浓度均低于夜晚；对于犊牛舍而言，白天 PM10 和 PM2.5 浓度均低于夜晚（Takai et al.，1996）。研究发现，散养圈栏的奶牛舍 PM10 和 PM2.5 浓度在 19:00 左右达到最高，在 24:00～11:00 最低；而 TSP 浓度没有明显的昼夜变化规律。奶牛舍环境颗粒物浓度随着季节变化呈现出一定的变化规律。TSP 浓度随着季节变化的趋势是冬季>夏季>秋季>春季；PM10 浓度随着季节变化的趋势是秋季＞夏季＞冬季＞春季；PM2.5 浓度随着季节变化的趋势是夏季＞冬季。因此，牛舍中环境颗粒物浓度白天与夜晚存在差异，随着季节变化而变化。白天奶牛舍、肉牛舍和犊牛舍微生物气溶胶中总细菌和 *Enterobacteriaceae* 浓度均高于夜晚。白天奶牛舍真菌气溶胶浓度低于夜晚；而白天肉牛舍和犊牛舍真菌气溶胶浓度高于夜晚。春季奶牛舍细菌和真菌气溶胶浓度均高于夏季。

春季奶牛舍真菌气溶胶中 *Cladosporium*、*Aspergillus* 和 *Stemphylium* 丰度显著高于夏季，且奶牛舍细菌气溶胶中 *Staphylococcus aureus* 丰度在秋季达到最高（Alvarado et al.，2009）。肉牛舍内毒素水平随着季节变化的趋势是冬季＞夏季＞春季，而奶牛舍内毒素水平随着季节变化无明显差异（Schierl et al.，2007）。此外，不同饲养阶段牛舍环境中微生物气溶胶浓度存在差异，犊牛舍中气载需氧菌浓度最高，泌乳高峰期奶牛舍中气载需氧菌浓度最低；育成期牛舍中气载真菌浓度最高，犊牛舍中气载真菌浓度最低（高云航等，2018）。牛舍微生物气溶胶浓度和组成受昼夜交替、季节轮换和生产阶段的影响，呈现出细菌气溶胶浓度白天高于夜晚，细菌和真菌气溶胶浓度春季高于夏季，随着生产阶段变化而变化的时间变化特点。因此，畜禽舍环境颗粒物和微生物气溶胶的浓度及组成随着昼夜交替、季节轮换和生产阶段变化而发生变化。

9.2.2 畜禽舍环境颗粒物和微生物气溶胶的空间分布规律

畜禽舍环境颗粒物和微生物气溶胶的空间分布有一定的规律，但目前的研究主要集中在猪舍和鸡舍环境颗粒物浓度的空间分布差异。Hinz 等（1998）以猪舍左上角为原点，宽度为 X 轴，长度为 Y 轴，比较不同取样点 TSP 浓度。结果表明，白天猪舍 TSP 浓度最高在 X＝1.93m，Y＝30.4m 的位置，最低在 X＝5.80m，Y＝1.9m 的位置；夜晚猪舍 TSP 浓度最高在 X＝1.93m，Y＝30.4m 的位置，最低在 X＝5.80m，Y＝30.4m 的位置。当 Y 轴值固定时，猪舍白天和夜晚 TSP 浓度在 X＝5.80m 最低，但 X 轴值固定时，猪舍 TSP 浓度随 Y 轴值变化无明显规律。冬季时猪舍 PM5 和 PM10 浓度由远离风机端到风机端逐渐降低；夏季时猪舍 PM5 和 PM10 浓度由远离风机端到风机端逐渐升高。黄藏宇（2012）比较了不同季节猪舍前端、中间和后端的气载需氧菌和气载大肠杆菌浓度。结果表明，春季和秋季猪舍气载需氧菌浓度随着采样位点的变化趋势是前端＜中间＜后端。春季猪舍前端气载需氧菌含量为（1.95×10^4）～（4.31×10^4）CFU · m^{-3}，中间气载需氧菌含量为（2.71×10^4）～（14.85×10^4）CFU · m^{-3}，后端气载需氧菌含量为（4.99×10^4）～（11.28×10^4）CFU · m^{-3}。秋季猪舍前端气载需氧菌含量为（0.79×10^4）～（24.72×10^4）CFU · m^{-3}，中间气载需氧菌含量为（1.55×10^4）～（23.56×10^4）CFU · m^{-3}，后端气载需氧菌含量为（4.68×10^4）～（20.55×10^4）CFU · m^{-3}。夏季和冬季前端、中间和后端气载需氧菌含量变化无明显规律。春季、夏季和冬季猪舍气载大肠杆菌浓度随着采样位点的变化趋势是前端＜中间＜后端。春季猪舍前端气载大肠杆菌含量为 0～42.40CFU · m^{-3}，中间气载大肠杆菌含量为 0～49.47CFU · m^{-3}，后端气载大肠杆菌含量为 7.07～63.60CFU · m^{-3}。夏季猪舍前端气载大肠杆菌含量为 0～21.20CFU · m^{-3}，中间气载大肠杆菌含量为 0～28.27CFU · m^{-3}，后端气载大肠杆菌含量为 7.10～28.27CFU · m^{-3}。冬季猪舍前端气载大肠杆菌含量为 0～314.54CFU · m^{-3}，中间气载大肠杆菌含量为 78.63～235.90CFU · m^{-3}，后端气载大肠杆菌含量为 157.27～550.44CFU · m^{-3}。秋季猪舍气载大肠杆菌含量随着采样位点的变化无明显变化趋势（黄藏宇，2012）。

对于肉种鸡舍而言，沈丹等（2018）比较了 4 个位置（前、后、南和北）TSP、PM10 和 PM2.5 浓度的差异，发现夏季不同位置 TSP、PM10 和 PM2.5 浓度变化幅度小，而冬季不同位置 TSP、PM10 和 PM2.5 浓度变化幅度大。冬季后部的 TSP、PM10 和 PM2.5

浓度显著高于前边。此外，冬季和夏季上、中和下三个高度的 PM10 和 PM2.5 浓度差异不显著，而冬季较高位置的 TSP 浓度显著高于较低位置。对于笼养蛋鸡舍而言，前部 TSP 浓度低于中部和后部，但前部 PM2.5 浓度高于中部和后部，前、中和后三个位置 PM10 浓度无差异。从宽度方向比较不同位置走道 PM2.5 的浓度变化，发现靠近窗口的走道 I 和 IV 的 PM2.5 浓度显著高于走道 II（陈峰，2014）。

限于目前关于畜禽舍环境颗粒物和微生物气溶胶空间分布的报道极少，无法总结出其分布规律。特别是关于畜禽舍内不同位点微生物气溶胶浓度和组成，包括真菌气溶胶和细菌气溶胶的浓度和组成值得进一步的研究。

9.2.3　畜禽舍环境颗粒物和微生物气溶胶时空分布特点形成的因素分析

1. 环境参数

Kumari 等（2016）分析了环境参数在猪舍环境颗粒物和微生物气溶胶的季节分布特点中的贡献作用。结果表明，环境温度和风速与猪舍中 PM2.5 和 PM10 的浓度存在显著相关性。温度与猪舍中 PM2.5 浓度呈极显著负相关，与 PM10 浓度呈显著负相关；风速与猪舍中 PM2.5 浓度呈极显著负相关，与 PM10 浓度呈显著负相关；环境温度、相对湿度和风速与猪舍中 TSP 浓度无显著相关。环境相对湿度与猪舍细菌气溶胶 OTU 丰度呈显著负相关，风速与猪舍中气溶胶 OTU 丰度、总细菌数和微生物组成呈显著负相关。猪舍环境温度与真菌丰度和多样性呈极显著负相关；风速与真菌丰度和多样性呈显著负相关。猪舍环境温度与真菌气溶胶优势门丰度无显著相关性。研究发现，环境温度与猪舍 PM2.5 中的总微生物数量和细菌数量呈显著负相关；环境相对湿度与猪舍 PM10 浓度、总真菌数量和 PM2.5 中的总真菌数量呈显著正相关；通风速率与猪舍空气中总微生物数量、总细菌数量、总真菌数量以及 PM2.5 中的总微生物数量、总细菌数量和总真菌数量呈显著负相关。猪舍夏季环境颗粒物浓度低于冬季，原因在于夏季温度高、相对湿度大和通风强度大。同样地，夏季向地面洒水可降低猪舍环境颗粒物浓度。因此，猪舍环境颗粒物和微生物气溶胶的季节变化特点与不同季节猪舍环境参数有关，温度、湿度和通风速率均与猪舍环境颗粒物浓度呈负相关。夏季温度、相对湿度和风速均高于冬季，进而导致猪舍环境颗粒物和微生物气溶胶浓度在冬季高于夏季。

环境参数与鸡舍内环境颗粒物的形成密不可分。冬季肉种鸡舍相对湿度与 TSP、PM10 和 PM2.5 浓度呈极显著负相关，风速与 TSP 和 PM10 呈极显著负相关。此外，光照与 PM10 和 PM2.5 浓度呈显著正相关。夏季时环境参数与 TSP、PM10 和 PM2.5 浓度无显著相关性（沈丹等，2018）。陈峰（2014）分析了温度和相对湿度与不同粒径颗粒物的关系，指出温度和相对湿度的变化会引起舍内不同粒径颗粒物浓度的改变。鸡舍前部、中部和后部的温度与 TSP 浓度呈显著负相关，鸡舍前部和后部的相对湿度与 TSP 浓度呈显著正相关。鸡舍 PM10 浓度与所有位置的温度呈显著负相关，与相对湿度呈显著正相关。同样地，鸡舍 PM2.5 浓度与前部和后部的温度呈显著负相关，与所有位置的相对湿度呈显著正相关。风速与蛋鸡舍环境颗粒物的浓度呈显著正相关，这是由于通风强度大虽然排出大量的环境颗粒物，但同时也引起新的粉尘。此外，比较了笼养蛋鸡舍中温度与环境颗粒物浓度的相关性。结果表明，舍内温度为10℃时，蛋鸡舍环境颗粒物浓度最低；舍内温度为15～21℃时，蛋鸡舍环境颗粒物浓度随着温度的升高而升高；舍内温度高于37℃时，蛋鸡舍环境颗粒物浓度随着温度的升高呈下降趋势。这可能与蛋鸡本身的适宜温度有关。当舍内温度适宜时，鸡群活动增加导致舍内环境颗粒物浓度增加；当舍内温度过高或过低时，随着温度的升高或降低，鸡群的活动受到抑制，进而降低舍内环境颗粒物浓度。当肉鸡舍空气相对湿度从65%～70%调节到75%以后，PM5～20的颗粒物浓度极大的降低，但对于PM5的浓度没有显著影响。研究认为，鸡舍空气中较低的细菌气溶胶和真菌气溶胶水平可能是由于较低的相对湿度和高通风速率。夏季鸡舍微生物气溶胶中真菌多样性高于冬季的原因在于较高的环境温度和环境湿度，这样的环境条件适于真菌的生长。鸡舍环境温度、相对湿度和风速的变化是环境颗粒物和微生物气溶胶形成明显季节变化特点的主要因素。

虽然环境参数如温度、相对湿度和通风速率与畜禽舍环境颗粒物和微生物气溶胶的浓度和组成之间的相关性已经确立，但存在不一致的结果。因此，环境参数的变化不能完全解释畜禽舍环境颗粒物和微生物气溶胶的季节变化特点，但不同季节畜禽舍环境颗粒物和微生物气溶胶的浓度和组成的差异受环境参数如温度、湿度和通风速率的影响。

2. 动物本身因素

动物本身因素包括动物活动、饲养密度和日龄对畜禽舍环境颗粒物和微生物气溶胶的浓度和组成的时空变化特点的形成也有着重要的作用。黄藏宇（2012）报道，猪舍环境颗粒物浓度在8:00～10:00最高，这是由于该阶段为喂料阶段，动物活动强度最大。此外，每天7:00～9:00猪舍内0.3m处的环境颗粒物浓度显著高于1.5m处，而在9:00～19:00猪舍内0.3m处的环境颗粒物浓度低于1.5m处。究其原因是清晨猪群处于静卧休息状态，对0.3m处的环境颗粒物浓度影响较大，而白天猪群的活动造成1.5m处猪舍环境颗粒物浓度增高。同样地，猪舍环境颗粒物浓度的日变化曲线与动物活动的变化曲线一致。对于鸡舍而言，喂料期间环境颗粒物浓度高于其他时间，这是由于该期间鸡群活动增强（陈峰，2014）。因此，畜禽舍环境颗粒物浓度的昼夜变化特点和空间分布可能主要与动物活动的强弱有关。

饲养密度是影响畜禽舍环境颗粒物浓度的主要因素之一。比较不同饲养密度的禽舍发现，笼养蛋鸡舍颗粒物浓度最低，低于$2mg \cdot m^{-3}$。栖架饲养和大型平养等其他饲养模式蛋鸡舍内环境颗粒物浓度是笼养的4～5倍（陈峰，2014）。研究发现，饲养密度为1.5只$\cdot m^{-2}$的火鸡舍比3.5只$\cdot m^{-2}$的火鸡舍环境颗粒物浓度低很多。猪舍的饲养密度与真菌气溶胶的分布存在一定的联系。饲养密度与真菌气溶胶中球囊菌门的丰度呈显著负相关，且与真菌气溶胶中致病菌或过敏相关真菌的丰度呈显著负相关，但对真菌气溶胶的丰度无显著影响。因此，饲养密度的增加一方面提高环境颗粒物的浓度，另一方面改变微生物气溶胶的组成。不同类型猪舍和鸡舍环境颗粒物和微生物气溶胶的时空分布特点出现差异的原因可能与饲养密度有关。

对于猪舍而言，气溶胶中微生物主要来自粪便。采用分子生物学手段和高通量测序技术证明猪舍气溶胶微生物组成与猪粪便微生物组成极其相似。大量的研究证实，猪粪便微生物随着日龄的增加，以拟杆菌门逐渐被厚壁菌门所替代，普雷沃氏菌丰度逐渐升高（Niu et al.，2015；Zhao et al.，2015）。猪生产的不同阶段，粪便微生物组成显著不同。因此，日龄或生产阶段导致的猪粪便微生物组成差异是猪舍微生物气溶胶浓度和组成随着日龄或生产阶段发生变化的主要原因。对于鸡舍而言，粪便、羽毛和饲料等是微生物气溶胶的主要来源。随着禽类日龄的增加，干粪增多，羽毛量增多，进而导致鸡舍环境颗粒物浓度的升高（Yoder et al.，1988）。因此，畜禽舍环境颗粒物和微生物气溶胶的昼夜变化规律和不同高度分布等特点，与动物活动、饲养密度及动物日龄密切相关。动物活动和日龄是畜禽舍环境颗粒物和微生物气溶胶随着时间和畜禽舍类型变化而变化的主要原因。

畜禽舍环境颗粒物和微生物气溶胶的浓度或组成，随着昼夜时间和季节变化有明显的时间变化动态特征；随着空间位置（不同横向位点或高度）的变化有一定的空间分布规律。这些时空分布特点的形成与环境参数（温度、相对湿度和通风速率）和动物本身因素（动物活动、饲养密度和日龄）有关。充分了解畜禽舍环境颗粒物和微生物气溶胶的时空分布特点，有助于进一步了解畜禽舍环境颗粒物和微生物气溶胶的形成机制，以便提出更为有效的减排措施。

9.3 畜禽舍环境颗粒物和微生物气溶胶对动物生产健康的影响及其机制

9.3.1 畜禽舍环境颗粒物和微生物气溶胶对动物生产健康的影响

1. 不同粒径畜禽舍环境颗粒物和微生物气溶胶对动物生产健康的危害

畜禽舍内环境颗粒物和微生物气溶胶对动物健康的危害主要体现在呼吸系统疾病上。气溶胶粒子的物理属性会对人体或动物造成伤害，同时颗粒物也是许多病原微生物的主要载体。微生物气溶胶中颗粒物被吸收进入动物呼吸系统后的代谢过程主要受颗粒物粒径大小的影响，其中粒径大于 10μm 的颗粒物主要被阻留在鼻腔，而粒径在 5～10μm 的颗粒物可通过呼吸系统到达支气管，只有粒径 5μm 以下的颗粒物才可进一步到达细支气管和肺泡，而沉积在肺泡内的主要是粒径小于 1μm 的颗粒物（Nel，2005）。对于那些粒径小于 0.4μm 的颗粒物，由于能够自由进出肺泡并随呼吸排出体外，在肺泡内的沉积量相对较少。微生物气溶胶中对动物生产健康影响最大的是那些吸附或滞留在支气管和肺泡的颗粒物。这些颗粒物主要通过以下途径影响动物生产健康：随黏液咳出体外或被吞咽后进入消化道；被气管和支气管的纤毛黏液系统以及巨噬细胞清除；被吸收进入血液循环系统；通过淋巴间隙和淋巴结进入血液循环系统；滞留在肺泡内引起动物感染甚至传播疾病。微生物气溶胶中颗粒物携带的有毒有害化学物质随着颗粒物进入血液循环系统之后会加剧颗粒物对动物呼吸系统和免疫功能的损伤。前期大量研究表明，封闭式畜禽舍内高浓度的微生物气溶胶会显著增加动物呼吸道疾病的发生概率，并损伤动物生产性能和免疫功能（赵勇等，2016；黄藏宇，2012）。微生物气溶胶的浓度和颗粒物大小与畜禽呼吸道疾病的相关性在前期研究中已经得到证实，但目前关于微生物气溶胶中特定致病性细菌对动物健康影响的研究较少，且缺乏机理研究。

2. 颗粒物上附着的病原微生物对动物呼吸道健康的损伤

畜禽舍内高浓度颗粒物容易引起家畜呼吸道疾病（Franzi et al.，2016；Viegas et al.，2013）。颗粒物通过以下 3 种方式影响呼吸道健康：第一种是颗粒物直接刺激呼吸道，降低机体对呼吸系统疾病的免疫抵制；第二种是颗粒物表面附着的化合物的刺激；第三种是颗粒物表面病原性和非病原性微生物的刺激（Harry，1978）。第一种方式是颗粒物本身引起的呼吸道损伤（House et al.，2016；Viegas et al.，2013），此种方式同时与第二和第三种方式相关（Raaschou-Nielsen et al.，2016；Skóra et al.，2016）。畜禽舍颗粒物的表面附着大量的重金属离子、挥发性有机化合物（VOCs）、NO_3^-、SO_4^{2-}、NH_3、臭味化合物、内毒素、抗生素、过敏原、尘螨及 β-葡聚糖等物质（Li et al.，2014；Mostafa et al.，2016），这些物质以颗粒物为载体进一步危害呼吸道健康。颗粒物影响呼吸道健康的第三种方式与生物气溶胶相关，颗粒物表面附着的大量细菌、真菌和内毒素，易引起呼吸道感染。畜禽舍空气中革兰氏阴性菌所占比例尽管低于 10%，但所有的革兰氏阴性菌均具有致病性。内毒素是革兰氏阴性菌细胞膜中的脂多糖成分，比如来源于大肠杆菌、沙门氏菌、志贺氏菌、假单胞菌、奈瑟氏球菌、嗜血杆菌等。在畜禽舍周围内毒素的浓度高达 0.66～23.22EU $\cdot$ m^{-3}（Schulze et al.，2006），在牛舍中内毒素浓度最高可达 761EU $\cdot$ m^{-3}（Zucker et al.，1998），散养蛋鸡舍的内毒素最高浓度可达 8120EU $\cdot$ m^{-3}（Spaan et al.，2006）。这些高浓度的内毒素不仅可引起畜禽呼吸道和肺部感染，同时也危害养殖工作人员及其周边居民的呼吸道健康（Schuijs et al.，2015）。致病性生物气溶胶不仅可以直接损害畜禽呼吸道健康，还可以通过空气传播扩散到邻近农场。表 9-1 中列出一些从养殖舍空气中检测到的具有气溶胶传播能力的人畜共患病原微生物。

表 9-1　具有气溶胶传播能力的人畜共患病原微生物

病原微生物	人畜共患病	来源
空肠弯曲杆菌	弯曲菌病	Berrang et al.，2004
禽流感病毒	流感	Ssematimba et al.，2012
新城疫病毒	新城疫	Hugh-Jones et al.，1973
大肠杆菌	大肠杆菌病	Zucker et al.，2000
沙门氏菌	沙门氏菌病	Gast et al.，2004
口蹄疫病毒	口蹄疫	Ryan et al.，2009

3. 畜禽舍颗粒物和微生物气溶胶对动物生产性能的影响

猪舍内颗粒物会影响猪的生产性能。研究表明猪舍内颗粒物浓度过高，可使猪的生长性能下降 8%～10%。究其原因，可能有两方面的因素：一是猪吸入颗粒物后，会引发免疫应答，促炎因子释放，采食欲降低，导致猪的采食量减少（Renaudeau，2009）；二是由颗粒物激活的免疫应答会改变猪体内的代谢过程，代谢过程的改变会使用于生长的部分营养物质重新分配到免疫系统，进而导致机体的生长速度减慢和饲料利用率下降（Sandberg et al.，2007）。另外，在免疫反应中，被激活的单核免疫细胞释放的促炎因子IL-1β、IL-6 和 TNF-α 会通过降低合成代谢激素（如生长激素和胰岛素样生长因子）的释放，以及增加分解代谢激素（如糖皮质激素）的释放，影响血液中葡萄糖的动态平衡，增加蛋白质的氧化，加快肌肉蛋白质的水解，导致原本用以生长和沉积于骨骼肌的能量用于支持免疫应答产生的各种代谢反应，减少机体蛋白质的沉积，进而影响猪的生长性能。

9.3.2　畜禽舍环境颗粒物和微生物气溶胶对动物健康损伤的机制

1. 畜禽舍内颗粒物与微生物气溶胶对不同种类细胞炎症损伤的影响

1）上皮细胞

呼吸道黏膜是机体与外界进行气体交换前的第一道屏障，空气中的颗粒物经呼吸道进入肺组织后，可与呼吸道黏膜及肺组织直接接触，黏附在呼吸道黏膜、肺泡壁，产生毒性作用，损伤呼吸道黏膜、肺组织的屏障和防御功能。颗粒物首先接触的是覆盖在呼吸道上皮的衬液，后者能够限制内皮层气道内皮细胞对颗粒物的反应。肺上皮细胞受刺激释放黏液素及抗菌蛋白等，从而阻止颗粒物对内皮细胞的损伤。持续暴露会消耗黏液素，对肺组织细胞产生影响（Costa et al.，2006）。颗粒物经呼吸道被机体吸入后，沉积、滞留于肺泡区。肺泡 II 型上皮细胞是肺泡表面一类重要的细胞群体，其合成和分泌肺表面活性物质，补充和分化肺泡 I 型上皮细胞，对维持肺泡结构和功能有重要意义。沉积的颗粒物作用于肺泡 II 型上皮细胞，抑制细胞分化和细胞代谢的能力，损伤上皮细胞，通过刺激血小板生长因子（platelet derived growth factor，PDGF）与转化生长因子 α，β（TGF-α，β）的产生，间接促进上皮和间质增生，引起气道壁纤维组织增厚，导致增生性炎症，肺上皮细胞增生发生纤维化（Churg et al.，2003）。

2）巨噬细胞

肺泡巨噬细胞作为肺部和气道抵御外源物质的第一道防线，在维持肺部免疫系统稳态以及宿主防御的过程中发挥重要作用（He et al.，2017a）。由于 PM2.5 粒径极小，可直接被吸入肺泡，产生较大危害。通常情况下，肺泡巨噬细胞可将吸入肺内的 PM2.5 吞噬、溶解和清除，但当机体长时间暴露于高浓度颗粒物环境下，则会诱发肺泡巨噬细胞产生一系列复杂的先天免疫反应及适应性免疫反应，主要包括影响吞噬功能、改变细胞极化状态、识别模式识别受体（Toll 样识别受体和清道夫识别受体），激活转录因子 NF-κB 和 AP-1，产生大量促炎因子。为抵御颗粒物对呼吸道造成的损伤，黏膜防御系统会通过多种机制清除这些异物（Gold et al.，2016）。纤毛的扶梯运输是鼻咽和支气管抵御外界侵染物的重要功能，而一些没有被纤毛完全清除的、进入到肺泡中的细颗粒物则会被支气管上皮细胞或肺泡巨噬细胞吞噬。由于肺泡巨噬细胞的吞噬能力比支气管上皮细胞强（Kuhn et al.，2014），在清除气道和肺泡有害微小组分中发挥重要的作用。当肺泡中沉积的颗粒物过多时，则会对肺泡巨噬细胞产生负面影响，导致其吞噬能力降低。研究发现，猪舍颗粒物会降低猪肺泡巨噬细胞的吞噬能力及其细胞杀伤能力，同时能显著提高 CD163 蛋白的表达水平，而 CD163 蛋白与猪繁殖与呼吸综合征病毒（porcine reproductive and respiratory syndrome virus，PRRSV）感染靶细胞高度相关。Poole 等（2012）通过体外试验发现，猪舍颗粒物可降低人和小鼠巨噬细胞的吞噬能力。此外，PM 还能导致肺泡巨噬细胞膜流动性降低，膜脆性增加，破坏膜的完整性，进而影响肺泡巨噬细胞的吸附作用，使肺泡巨噬细胞的吞噬功能下降。导致肺泡巨噬细胞吞噬能力下降的原因，可能是颗粒物表面携带的许多有害物质易引起肺泡巨噬细胞产生 ROS，从而下调肺泡巨噬细胞的表面标记蛋白、肺泡巨噬细胞甘露糖受体 CD206 和调理素受体 CD11b/CD11c，进而降低肺泡巨噬细胞的吞噬能力（Li et al.，2017）。

肺泡巨噬细胞是具有不同极化类型的细胞群，不同极化类型的肺泡巨噬细胞在宿主抵抗病原微生物、肿瘤免疫、炎症反应和组织修复等过程中发挥不同的功能和作用。根据肺泡巨噬细胞的表型，通常将肺泡巨噬细胞分为经典激活途径巨噬细胞（M1 型）和替代激活途径巨噬细胞（M2 型）（附图 6）。在 IFN-γ 及 LPS 的刺激下，休眠状态的肺泡巨噬细胞（M0）会极化为 M1 型细胞，分泌大量的促炎因子（如 IL-1、IL-6、TNF-α、一氧化氮合酶等）和趋化因子（如 MCP-1、CCL2-4 和 CXCL8-11），并通过趋化性吸引 Th1 细胞，促进 Th1 免疫反应。与之相反的是，肺泡巨噬细胞会在 IL-13、IL-4 或 IL-10 的刺激下，诱导为 M2 型，并释放大量的抑炎因子（IL-4、IL-13 和 IL-10 等）、血管内皮细胞生长因子、精氨酸酶-1、血小板源生长因子及转化生长因子等。M2 型巨噬细胞在血管生成、抗炎因子分泌以及促进组织修复和伤口愈合方面发挥着重要的作用（Zhu et al.，2015）。同时，肺泡巨噬细胞具有高度可塑性、局部组织功能特异性，及在炎症因子诱导下分化异常等特点。当外源物质入侵机体时，肺泡巨噬细胞会极化为 M1 型，产生大量促炎因子，消灭入侵的外源物质并激活适应性免疫。同时这些炎症因子又可诱导肺泡巨噬细胞凋亡或向 M2 型巨噬细胞极化，减轻炎症，避免机体过度损伤（阮静瑶等，2015）。

肺泡巨噬细胞除了抑制病毒的复制，还有助于中和病毒感染，通过消除和破坏含有病毒的细胞，将其细胞碎片及病毒抗原提交到 T 淋巴细胞，增加体液免疫（Chauhan et al.，2003），因而肺泡巨噬细胞在许多呼吸道病毒感染的控制中发挥重要作用。PM 降低肺泡巨噬细胞的抗原提呈能力，改变免疫活性细胞的功能及体液中的杀菌物质，从而使局部肺组织的特异性淋巴细胞的免疫应答降低，致使局部免疫功能下降，而增加易感性。PM 可能通过线粒体介导的凋亡途径作用于肺泡巨噬细胞。PM 还能促使巨噬细胞释放转化生长因子 TGF-β，同时伴随肺泡巨噬细胞向 M2 型极化和遗传毒性的发生。PM 通过血脑屏障后，首先被小胶质细胞（脑中的巨噬细胞）识别，随着后者被激活，脑组织内氧化应激反应增强，血液中多种空气污染物特异性抗原 IgG、IgA 增多；血脑屏障的损坏，以及内皮细胞的激活和固有免疫系统紊乱（Calderon-Garciduenas et al.，2008），引起脑组织中的促炎因子 IL-1α 和肿瘤坏死因子 TNF-α 的增多，这些细胞因子可能通过破坏细胞连接及神经元相关蛋白，引发脑内炎症反应，并且进一步激活内皮细胞、损坏脑血管组织（Calderón-Garcidueñas et al.，2016）。另外，被 PM 激活的小胶质细胞通过 NADPH 氧化酶介导产生细胞内的 ROS，激活细胞的氧化应激反应，导致神经元损伤（Block et al.，2004）。

通过将小鼠暴露于颗粒物环境的体内试验发现，肺泡灌洗液中 M1 型细胞因子（TNF-α、IL-6 和 IFN-γ）显著增加，而 M2 型细胞因子（IL-13 和 IL-10）则维持在较低的水平（Fonceca et al.，2018）。此结论在体外试验中也得到验证，大气来源的 PM10 刺激人的肺泡巨噬细胞后，产生大量的促炎因子，但是 IL-10 的水平没有提高（van Eeden et al.，2001）。以上研究结果表明，颗粒物刺激肺泡巨噬细胞后，会促使其向 M1 型极化。此外，颗粒物还会改变肺泡巨噬细胞的极化状态，颗粒物刺激 M1 型肺泡巨噬细胞后，会产生大量的促炎因子，并招募其他免疫细胞，例如中性粒细胞，当颗粒物被吞噬内化后，这些细胞会凋亡，从而使肺泡巨噬细胞转为 M2 型细胞产生抗炎因子来缓解颗粒物刺激后诱导的炎症反应，而颗粒物会在一定程度上阻止肺泡巨噬细胞由 M1 型向 M2 型转变，加重炎症反应（Hiraiwa et al.，2013）。颗粒物引起肺泡巨噬细胞极化状态改变的机制，可能是由于颗粒物刺激肺泡巨噬细胞后，引起线粒体损伤，继而导致细胞内 ROS 水平上升产生炎症反应，促进其向 M1 状态极化，同时通过激活 mTOR 途径抑制其向 M2 状态极化（Zhao et al.，2016）。

3）内皮细胞

血管内皮细胞是排列在血管腔内的单层细胞，是心血管系统的重要组成部分，在血管稳态中起着重要的生理作用，是维持心血管系统稳定的重要调节者，是心血管系统炎症过程的重要参与者和调节者。内皮损伤是一种复杂的病理生理事件，包括内皮细胞活化增加和内皮功能障碍。颗粒物能引起内皮细胞 ROS 水平增高，激活 NF-κB，促使大量促炎因子的表达与释放，促使炎症的发生，严重时还会致使细胞凋亡（Brook et al.，2013；Montiel-Dávalos et al.，2010）。颗粒物可致脐静脉内皮细胞抗氧化酶，如超氧化物歧化酶、谷胱甘肽过氧化物酶等活力下降，NO 释放量和乳酸脱氢酶析出量升高，影响其内皮素受体的表达，导致脐带血管的损伤，进而可能影响子代的生长发育（Peyter et al.，2014）。

4）淋巴细胞

T 淋巴细胞可分为 $CD4^+$细胞和 $CD8^+$细胞，前者为辅助性 T 淋巴细胞，可辅助 B 细胞和巨噬细胞活化；后者为细胞毒性 T 淋巴细胞（cytotoxic T cells，CTL），能特异性杀伤靶细胞。活化的 $CD4^+$T 细胞可分为辅助性 T 细胞 1 型（T helper type 1，Th1）、辅助性 T 细胞 2 型（T helper type 2，Th2）、调节性 T 细胞（regulatory T cell，Treg）和 Th17 细胞 4 个亚群（Levine et al.，2017；Peyter et al.，2014）。Thl/Th2 分泌不同的细胞因子，具有不同的功能特征，维持着机体的免疫平衡，任何一型的过度表达都会导致疾病的发生。研究表明，长期高浓度颗粒物暴露可影响血液中 T 淋巴细胞免疫表型分布，继而影响免疫功能和子代的免疫发育（Hertz-Picciotto et al.，2005）。颗粒物暴露刺激 TLR2、TLR4 改变，并能导致 Th2 主导型的免疫反应，引发机体局部和系统性炎症反应（Miyata et al.，2011）。颗粒物引发 Th1 型免疫反应也有报道（Park et al.，2011）。至今为止，T 细胞的极化方向、Thl/Th2 的功能在介导颗粒物引发的炎症反应中仍存在广泛争议。Th17 和 Treg 来源于共同的初始 T 细胞，分化共用 TGF-β，提示 Thl7/Treg 可能存在某种关联。TGF-β 单独作用可使 CD4 T 细胞向 Treg 细胞分化，而 TGF-β 与 IL-6 一起可促进 T 细胞向 Th17 分化。研究显示，颗粒物暴露可使小鼠肺部形成 Th1/Th17 型的微环境（Poole et al.，2012；Shaykhiev et al.，2009）。

B 淋巴细胞表面特异性抗原受体识别不同抗原激活 B 细胞分化为浆细胞，产生特异性抗体，是体液免疫功能的主要承担者。颗粒物可激活 B 细胞并促进 B 细胞成熟、增殖分化和产生抗体，介导体液免疫应答及引发变态反应（Lutz et al.，2012）。研究显示大鼠经高剂量颗粒物气管注入染毒后，血清及肺泡灌洗液中 IgM 浓度均增加。颗粒物高暴露的人群血清免疫球蛋白（IgM、IgG 和 IgE）的水平也显著高于普通人群。

5）中性粒细胞

颗粒物暴露可导致中性粒细胞蓄积，并呈一定的剂量效应关系，使机体免疫功能受损（Xu et al. ，2013）。肺灌洗液中性粒细胞增多是肺组织炎性反应的表现。颗粒物在介导免疫炎症发生的过程中，中性粒细胞数量和比例的改变可能是其致炎途径之一。

6）嗜酸性粒细胞

嗜酸性粒细胞是呼吸道高反应（airway hyperresponsiveness，AHR）发生的主要效应细胞。支气管嗜酸性粒细胞聚集和 AHR 是颗粒物诱发哮喘的重要病理学特征（Ogino et al.，2014）。颗粒物诱导嗜酸性粒细胞趋化因子 1 的表达，后者导致嗜酸性粒细胞趋化聚集，嗜酸性粒细胞分泌主要碱性蛋白（major basic protein，MBP），MBP 能够抑制 M2 毒蕈碱样受体，而 M2 毒蕈碱样受体在正常情况下会抑制副交感神经乙酰胆碱的释放，刺激迷走神经，引起支气管收缩，导致 AHR 的产生（Li et al.，2013）。

7）自然杀伤细胞

自然杀伤细胞无需抗原的激活即可发挥细胞毒性效应，并分泌多种细胞因子参与免疫应答，且其杀伤效应无 MHC 分子的限制性。目前的研究显示，颗粒物暴露可引起自然杀伤细胞的数目增加（Herr et al.，2010）。

8）树突状细胞

树突状细胞是目前所知的机体内功能最强的抗原提呈细胞，是连接固有免疫与适应性免疫的桥梁，在颗粒物暴露致哮喘、慢性阻塞性肺疾病过程中均有重要作用。颗粒物暴露可刺激树突状细胞成熟并提高其抗原提呈能力，伴随着 Toll 样受体（TLR2 和 TLR4）的表达下调（Williams et al.，2007a），MHCⅡ类分子（HLA-DR 和 CD83）和共刺激因子（CD80、CD86）的表达增加，引起局部或全身的免疫失调（Schneider et al.，2010；Vassallo et al.，2010）。颗粒物可促进 DC 迁入 MLN，导致 MLN 内 T 淋巴细胞的生成和分化增加（Provoost et al.，2009）。

9）肥大细胞

肥大细胞是介导炎症反应的重要效应细胞之一，在整个过敏反应中居核心地位。活化的肥大细胞释放细胞内颗粒中预先合成的化学递质，产生多种趋化因子和细胞因子，分泌新合成的多种蛋白质而触发过敏反应（Yuan et al.，2018）。低浓度的颗粒物对肥大细胞具有刺激作用，产生 ROS，致使肥大细胞产生炎症因子和细胞因子（β-氨基己糖苷酶、组胺及 IL-4）。随着浓度的逐渐增高，颗粒物可能对肥大细胞产生毒性作用，造成细胞死亡或失活（Jin et al.，2011）。

2. 颗粒物诱导肺部炎症反应的信号传导机制

1）氧化应激

颗粒物诱导炎症反应的一个重要机制是氧化应激（Deng et al.，2014）。氧化应激是 ROS 的产生与抗氧化体系不平衡所造成的（Limón-Pacheco et al.，2008）。颗粒物能刺激机体呼吸道组织细胞产生 ROS，而 ROS 能激活氧化还原敏感性信号传导通路，如 MAPK

和磷脂酰肌醇-3-激酶/蛋白激酶 B（PI3K/AKT）通路（Huang et al.，2011；Naik et al.，2011）。MAPK 包含一组丝氨酸/苏氨酸蛋白激酶 JNK、ERKs、p38），它们能在细胞外应激原的刺激下被激活，调节从细胞表面到核的信号传导，最终导致促炎因子的表达上调而引起细胞炎症反应（Davis，2000）。有研究报道，颗粒物可诱导人和鼠的肺泡巨噬细胞产生过多的 ROS，进而激活 MAPK，诱导转录激活因子 AP-1 的表达上调，诱发细胞炎症反应（Miyata et al.，2011）。柴油机废气粒子能诱导人气管上皮细胞产生 ROS，激活 ERK1/2 和 p38，继而激活下游的核转录因子，最终诱发细胞发生炎症反应（Marano et al.，2002）。钙离子（Ca^{2+}）是维持生命活动不可缺少的离子，其在凝血、肌肉收缩、神经递质的合成与释放、机体免疫功能方面发挥重要的作用（Chan et al.，2015）。研究发现，颗粒物引起肺泡上皮细胞的氧化应激，刺激 Ca^{2+} 从细胞内质网中释放出来，调节转录因子 NF-κB 的表达，促进炎症因子表达的上调（Xing et al.，2016）。Ca^{2+} 是介导和调节细胞功能的第二信使。颗粒物诱导体内 ROS 含量升高会促进内质网中 Ca^{2+} 的释放，导致胞内钙含量增加，Na^{+}-K^{+}-ATP 酶和 Ca^{2+}-Mg^{2+}-ATP 酶的活力逐渐降低，后者导致细胞膜对 Na^{+}、K^{+}、Ca^{2+} 等离子的通透性改变，产生一系列病理生理反应（Mahla et al.，2013）。细胞内钙含量增加会激活钙调蛋白，激活 AP-1 和 MAPK 信号通路，从而调节下游炎症因子的产生。钙拮抗物维拉帕米和 W-7 可通过阻断细胞膜上的钙通道和抑制钙调蛋白，而减少颗粒物暴露所致的巨噬细胞功能紊乱（Jones et al.，2013），说明颗粒物可通过改变钙稳态平衡而使免疫细胞功能紊乱，引起免疫损伤效应。

2）内质网应激与钙稳态紊乱

内质网是细胞合成加工蛋白质和贮存 Ca^{2+} 的主要场所（Pai et al.，2004），对外界刺激极为敏感，其功能紊乱时会出现错误折叠蛋白与未折叠蛋白在内质网腔内聚集及 Ca^{2+} 平衡状态的紊乱，而呈现内质网应激（endoplasmic reticulum stress，ERS）（Watterson et al.，2009）。ERS 主要包括未折叠蛋白反应（UPR）、内质网超负荷反应（endoplasmic reticulum overload response，EOR）和固醇调节级联反应。前两者与蛋白质加工紊乱有关，后者是由内质网表面合成的胆固醇损耗所致。在静息状态下，通常 3 种内质网感应蛋白［PERK、IRE1 和激活转录因子 6（ATF6）］与内质网分子伴侣蛋白 Bip/GRP78 相互结合。ERS 信号刺激可导致 Bip 与内质网感应蛋白解离，PERK 被释放而实现自身活化，并进一步通过激活翻译起始因子 eIF2 而抑制蛋白质的翻译反应，从而保护细胞免受过度的内质网信号刺激。另外，PERK 也可以诱导转录因子 ATF4 表达，并切割活化 ATF6，随后 ATF4 和 ATF6 共同介导内质网相关的细胞凋亡反应。长期的 ERS 的存在使得细胞长期处于高反应性状态，更易导致凋亡，从而使相关疾病的发病率提高。氧化应激和内质网应激可能是大气颗粒物造成短期病理反应的主要机制。颗粒物暴露于支气管上皮细胞 Bears-2B 细胞可使 Bip 表达水平上调、PERK 诱导磷酸化、ATF6 切割、ATF4 诱导表达及一系列热激蛋白表达水平的上调等（Andersson et al.，2009）。此外，颗粒物中的硝化多环芳香烃（nitropolycyclic aromatic hydrocarbon，nitro-PAH）成分作用于人脐静脉内皮细胞（human umbilical vein endothelial cells，HUVEC）后，ERS 的产生与 Bip 表达水平升高、ATF6 剪切和活化相关（Hou et al.，2010）。以上结果显示，颗粒物在呼吸系统和心血管系统中诱导的应激反应也涉及 ERS。

3）TLRs 相关转录因子（NF-κB 和 AP-1）的激活

TLRs 是激活先天免疫的第一步，它可以直接识别来自微生物病原体的病原相关分子模式（pathogen associated molecular patterns，PAMPs）。猪舍颗粒物中的多种生物成分（如 LPS、β-葡聚糖、细菌组分和真菌孢子）都存在与 TLRs 相互作用的潜在机制（He et al.，2017a；He et al.，2017b）。在 13 个 TLRs 中，TLR2 和 TLR4 是连接颗粒物最主要的两个受体。猪场颗粒物中的革兰氏阴性菌壁上的内毒素和革兰氏阳性菌中的酵母聚糖、肽聚糖可分别与 TLR4 和 TLR2 受体结合，从而启动信号级联反应。此外，在细胞膜上，TLR4 和 TLR2 分别有各自的配体，肺泡巨噬细胞膜上的 TLR4 是支气管上皮细胞上的 10 倍（Becker et al.，2005）。Becker 等（2005）通过 PM10 处理细胞的体外试验发现，阻断 TLR4 表达后，肺泡巨噬细胞中 IL-6 的释放被抑制，而阻断 TLR2 表达后，气道上皮细胞中 IL-8 的释放被抑制。另外，He 等（2017b）通过 TLR2、TLR4 和 MyD88 小鼠的体内试验，检测肺泡灌洗液中的免疫因子发现，颗粒物主要通过 TLR4/MyD88 途径引起免疫反应，其次为 TLR2/MyD88 途径。大量的试验证明，TLR2/4 参与由颗粒物引起的先天免疫反应，但是关于颗粒物调节这些受体表达的机制，目前依然没有统一的定论。He 等（2016）将小鼠巨噬细胞 RAW264.7 暴露于浓度为 $3g\cdot mL^{-1}$ PM10 中 3h，结果发现 PM10 显著提高了细胞 TLR2 mRNA 的表达量。但是，Becker 等（2005）将人肺泡巨噬细胞暴露于颗粒物 18h 后则发现，TLR2 和 TLR4 的 mRNA 表达水平均显著降低。Williams 等（2007a）把树突细胞暴露于 PM2.5 中 48h，也得出相似的变化趋势。这些结果可能是由于暴露时间不同。颗粒物短时间暴露（3h），TLRs 表达量升高，可能是由于细胞产生大量的促炎因子；而长时间暴露（18h 或是 48h），TLRs 表达量降低，可能是由于前期产生的大量促炎因子在后期负向调节 TLRs 的表达。但无论变化趋势如何，上述研究结果都表明颗粒物暴露后，TLRs 在肺相关细胞的免疫反应中具有重要作用，并且以 TLR4 最为关键。

研究表明，颗粒物暴露会引起肺细胞炎症因子（IL-1β、TNF-α、IL-6、IL-8 等）的释放（Michael et al.，2013；Sijan et al.，2015），其中，NF-κB 和 AP-1 是目前研究中颗粒物暴露后引起炎症反应最多的两种转录因子。猪舍颗粒物中的微生物成分是转录因子激活的有效刺激物，可通过识别 TLRs 继而激活其下游的转录因子 NF-κB 和 AP-1。NF-κB 是一种可被细胞表面受体（如 TLRs）激活的细胞膜受体，它是潜在的细胞因子，通常是指 p65/p50 亚单位形成的 NF-κB1 二聚体蛋白，与抑制蛋白 IκBα 结合。当巨噬细胞被颗粒物刺激后，抑制蛋白 IκBα 就会从异二聚体上游离出来，使异二聚体转运入核，与特定的 DNA 序列结合，激起下游炎症因子的释放。这表明颗粒物刺激肺泡巨噬细胞后通过 NF-κB 通路产生大量的促炎因子。而 NF-κB 的激活是由肺泡巨噬细胞受颗粒物刺激产生的 ROS 所致。颗粒物引起肺泡巨噬细胞氧化应激损伤，导致细胞内质网中 Ca^{2+} 释放，从而激活 NF-κB，促使下游促炎因子（IL-1β、TNF-α、IL-6、IL-8 等）的表达上调（Sakamoto et al.，2007）。ROS 激活 NF-κB 启动炎症级联反应的同时，也会激活氧化还原敏感的核转录因子 Nrf2 启动细胞的自我保护机制。ROS 的作用机制较为复杂，在氧化应激过程中，Nrf2 和 NF-κB 均与 ROS 呈剂量依赖性。低水平的 ROS 会引起相关抗氧化酶的释放，而中高水平的 ROS 则会引起 NF-κB 和 MAPK（如 ERK、JNK 和 p38）的激活，增加细胞毒性，导致细胞凋亡（Deng et al.，2013），而被激活的 MAPK 则通过下游转录因子（如 AP-1）的磷酸化调节促炎因子的表达。目前已有大量试验使用肺泡Ⅱ型细胞作为研究 MAPK 通路的细胞模型，而在肺泡巨噬细胞中研究较少。

4）细胞凋亡

进入机体的 PM 可通过多种途径诱导细胞凋亡。ROS 增加所导致的氧化应激是常见的凋亡触发因子（Carrí et al.，2003）。PM 暴露激活氧化应激，诱导 ROS 和丙二醛含量升高，ROS 可以通过破坏脂质、蛋白质和核酸等细胞组分而导致细胞损伤、细胞凋亡、组织器官损伤和胚胎发育死亡（Kannan et al.，2000）。

PM 可以通过激活 p53-RB 信号通路，使处于 DNA 合成间期的细胞增多，下调抑制凋亡基因，同时上调凋亡基因，从而促进凋亡的发生（Abbas et al.，2016）。PM 暴露上调 Chk1、下调 Cdc25C，细胞周期蛋白质 B1 表达量，使细胞生长停滞在 G2/M 期。PM 暴露促进内皮细胞分泌 Bax、Caspase-3 和 Caspase-9 等凋亡蛋白，抑制抗凋亡蛋白 Bcl-2 的表达（Yang et al.，2018）。对肺上皮细胞而言，PM 暴露激活 HER2/ErbB2，从而导致 Ras/Raf/MAPK 通路的活化及其下游信号分子 c-Myc 的过度表达，最终导致细胞周期停滞、DNA 损伤、细胞凋亡（Wu et al.，2017b）。

PM 还可以通过 p53 与 Bcl-2 家族蛋白相互作用发挥促凋亡功能。细胞接受 PM 暴露的凋亡刺激后，胞内 p53 含量增加，p53 负调节的因子 Mdm2 的表达下调，进入细胞质区的 p53 与 Bax 相互作用（Yun et al.，2009），使 Bax 从 Bax/Bcl-x1 复合体中释放出来，引起 Bax 蛋白的寡聚糖化，从而增加线粒体外膜通透性，最终引起细胞凋亡（Xu et al.，2011）。

PM 刺激可促进内质网中的 Ca^{2+} 内流（Sager et al.，2008），高浓度的 Ca^{2+} 可激活胞质中的钙调蛋白，也可作用于线粒体，影响线粒体通透性和膜电位的改变，从而促进细胞凋亡。

5）细胞自噬

细胞自噬是一种动态过程，通过捕捉、回收、降解细胞内蛋白质及细胞器，保护细胞器功能，防止细胞废弃产物的毒性堆积，并在饥饿状态下提供底物维持细胞稳态（Katheder et al.，2017；Mizushima et al.，2011）。然而，在某些情况下，细胞自噬可以促进细胞死亡、炎症反应以及组织损伤（Pan et al.，2014）。目前的研究表明气道上皮细胞充分暴露于颗粒物能诱导细胞自噬（Deng et al.，2014），并且细胞自噬是颗粒物介导气道损伤及黏液分泌过程所必需的。该作用可能通过激活 NF-κB 及 AP-1 通路实现。因此，自噬抑制剂可能是治疗颗粒物诱导的气道损伤的有效方法。颗粒物暴露可浓度依赖性地增加大鼠脑梗死体积，促进大鼠脑缺血后自噬的激活，加重神经功能损伤（Zhou et al.，2017）。

6）DNA 损伤与致突变

颗粒物暴露对人肺上皮细胞、静脉内皮细胞和大鼠肺细胞均可造成显著的 DNA 损伤，且细颗粒物的作用比粗颗粒物更明显。颗粒物刺激细胞产生的 ROS 可造成细胞 DNA 的损伤，引起 DNA 单链或双链断裂。另外，蓄积在肺组织的颗粒物激活肺泡巨噬细胞上的一氧化氮合酶，产生的 NO 与 ROS 中极不稳定的 O^{2-} 形成稳定的 $ONOO^{-}$，继而攻击细胞 DNA，造成 DNA 的损伤（Sun et al.，2001）。颗粒物含有多种过渡金属和多环芳烃，其中过渡金属（如镍、铬）和脂质氧化损伤的代谢产物（如醛）可阻止核苷酸修复，导致 DNA 损伤、癌变；多环芳烃可诱发产生活性氧，氧化损伤 DNA，产生 DNA 加合物，激活信号传导途径，引起细胞突变，并且以移码型突变为主（Bonetta et al.，2009）。

7）*表观遗传学改变*

表观遗传机制作为机体对外界环境刺激的响应，可从根本上调控基因产物表达的可遗传变异，却不影响 DNA 的序列，很可能成为干预颗粒物暴露的新靶点。颗粒物暴露与一氧化氮合酶 DNA CpG 位点的甲基化比率有关，表明表观遗传学机制在空气污染所致呼吸道过敏中具有重要作用（Breton et al.，2012）。颗粒物所承载的多环芳烃通过表观遗传学机制影响 Treg 细胞的功能。近年来，某些微小 RNA（miRNAs）、非编码 RNA（non-coding RNA）可调控基因表达，成为颗粒物暴露的关键调控因素（Jardim，2011）。

3. 颗粒物和微生物气溶胶对适应性免疫反应的影响

肺泡巨噬细胞是重要的抗原提呈细胞（antigen-presenting cells，APC），当颗粒物被肺泡巨噬细胞吞噬内化后，颗粒物中的有机成分（如 LPS、β-葡聚糖、细菌组分或真菌孢子）会被消化为小肽片段，与组织相容性复合体（major histcompatibility complex，MHC）Ⅱ类分子结合形成 MHCⅡ复合体，将抗原呈递给 $CD4^+T$ 细胞，这是细胞介导的适应性免疫的关键步骤（Wenzel et al.，2015）。研究表明，LPS 刺激可上调肺泡巨噬细胞中 MHCⅡ表达，因此，吸入含有内毒素的颗粒物后会引起肺泡巨噬细胞中 MHCⅡ表达上调（Williams et al.，2007b）。通过体内试验，使志愿者吸入 6.35mg 的 PM2.5～10，发现支气管灌洗液中 MHCⅡ表达水平上调。而当经过热处理去除颗粒物中的微生物相关成分后，MHCⅡ的过量表达被抑制，因此可以得出结论，颗粒物中的微生物相关成分是引起 MHCⅡ上调的主要原因。与此同时，热处理损害的不仅仅是微生物的相关成分，还会损伤如多环芳烃（polycyclic aromatic hydrocarbons，PAH）等有机挥发性成分。但体外试验中未检测到 MHCⅡ表达水平的升高。原因是体外试验中缺乏 LPS 结合蛋白和 CD14，而 LPS 需要和 LPS 结合蛋白结合，才能将 LPS 传递到细胞表面模式识别受体 CD14 引发免疫反应。

除抗原特异性的 MHC 和 T 细胞受体外，T 细胞还需要共刺激信号才能被完全激活。共刺激信号有 2 种，CD80/CD86 和 CD40L，其激活的 $CD4^+T$ 细胞上都有相应的配体，CD80/86 与配体 CD28 和 CD152 结合，CD40L 与配体 CD154（CD40）结合，从而使 $CD4^+T$ 细胞极化为 Th1 或 Th2 型。而这些信号分子会在抗原提呈细胞（APC）的膜上表达。当成熟的肺泡巨噬细胞被激活时，其吞噬功能会下降，同时 MHCⅡ和共刺激分子会上调。目前，颗粒物刺激肺泡巨噬细胞诱导 Th1/Th2 分化的研究结果有争议。在颗粒物暴露小鼠的试验中发现，肺泡灌洗液中 Th1 细胞因子（IL-12 和 IFN-γ）的表达水平上调，而 Th2 细胞因子（IL-4、IL-10 和 IL-13）表达水平下降（Yoshizaki et al.，2010）。亦有研究表明，颗粒物会增强肺中 Th2 免疫反应，加剧过敏性哮喘和急性哮喘（Pourazar et al.，2004）。这种矛盾观点产生的主要原因是颗粒物的组成成分复杂，其中的微生物组分（内毒素和过渡金属）刺激肺泡巨噬细胞后，产生大量的 ROS，而 Th1 细胞的主要作用是攻击细胞内的病原体和 LPS，其通过 TLR4 信号传导被激活并释放 IL-12，促使 Th1 分化。因此，Th1 分化是颗粒物中微生物组分刺激肺泡巨噬细胞后诱导的自然生理过程。而导致 Th2 分化的原因是氧化应激。谷胱甘肽是中和 ROS 的主要抗氧化剂，且可以通过干扰 IL-4 的产生促进 Th1 分化，而氧化应激可将谷胱甘肽氧化，因此，过量的氧化应激会使谷胱甘肽相对缺乏，导致 Th2 分化。关于颗粒物影响 Th1/Th2 分化的过程十分复杂，且目前相关研究报道较少，其影响的分子机制还需要进一步探讨。

另外，TLRs 的识别以及 NF-κB 的激活介导的先天性免疫对于适应性免疫反应是必不可少的。NF-κB 激活可以促进抗原提呈细胞（APC）成熟，MHC Ⅱ和共刺激分子表达水平上调以及 IL-12 表达水平上升，其中 IL-12 是 Th1 细胞分化的重要因子（Toniato et al.，2017）。由于 NF-κB 的激活对颗粒物呈剂量依赖性，由此，我们可以推测先天性免疫和 NF-κB 的激活在颗粒物引起的适应性免疫反应中存在剂量依赖关系。

4. 颗粒物和微生物气溶胶对呼吸道微生态平衡的影响

正常菌群对保持机体微生态平衡和内环境稳定有重要作用。正常菌群构成的微生态系统可作为生物屏障拮抗致病菌。该微生态系统参与物质代谢，进行营养物质的分解与合成，促进人体吸收；作为免疫原性物质，刺激人体的免疫应答，增强机体免疫力（Fouts et al.，2012）。长期暴露于颗粒物严重污染的畜禽舍中会导致动物呼吸道的急性效应和慢性效应。前者会导致上呼吸道急性损伤，或间接加剧动物的呼吸系统、心血管系统疾病的临床症状和转归时间；长期暴露会使皮肤、口咽部、肺部正常菌群失衡，导致机体代偿功能障碍，对肺泡上皮细胞产生细胞毒性，使气管纤毛受损、变短及不规则，使其免疫功能下降，使皮肤、呼吸系统易感性增强（Juliane et al.，2014），细菌异常定植，造成微生态平衡被打破。另外，颗粒物所承载的耐药基因可以整合到一些可移动基因元件上，如质粒、转座子等，进而在共生微生物之间、革兰氏阳性和阴性菌之间，甚至致病菌和非致病菌之间相互传播，进一步破坏机体的微生态平衡（Ansari et al.，2008）。

微生态平衡的影响因素涉及环境、宿主、微生物 3 个方面，这 3 个方面相互制约又相互联系，三者保持动态平衡。在这个平衡里，正常菌群构成的微生态系统是机体的生理变化与病理变化之间转化的重要因素之一。在一定条件下，这种转化是可逆的，因此可以调节、纠正微生态失调。利用益生菌来保护或修复微生态以防治颗粒物诱导的机体损伤特别是呼吸道损伤成为一个新的研究方向。运用微生态学原理和微生态学的研究方法，比如 Illumina MiSeq 测序技术，发现皮肤、呼吸道常驻菌群和暴露后的菌群差异状况，从而选取对黏膜屏障具有生理性屏障功能的益生菌制成微生态调节剂，可以为颗粒物损伤以及感染的防治提供一个新的手段。

9.3.3 机体缓解畜禽舍环境颗粒物诱导的呼吸道损伤的路径

自噬是一种进化上保守并且与溶酶体信号通路相关的过程，它通过多重通路降解蛋白质、糖原、脂质、核苷酸等大分子以及细胞器（Zeng et al.，2012）。自噬被证明参与许多生理过程，包括宿主防御、细胞生存和死亡（Poon et al.，2012）。近来研究发现颗粒物暴露可诱导细胞自噬发生。利用腺癌人类肺泡 II 型上皮细胞（A549 细胞）研究发现，PM2.5 可诱导 A549 细胞自噬标志蛋白 LC3 II 以一种时间和浓度依赖的方式累积，并且促进自噬起始蛋白 Beclin1 和 Atg5 的高表达。PM2.5 暴露大鼠肺泡巨噬细胞和小鼠腹腔巨噬细胞，可诱导细胞 ROS 产生，激活 PI3K/AKT 信号通路，同时降低自噬中心蛋白——mTOR 的表达，增强 LC3Ⅱ的产生。AMPK 负责细胞能量代谢，它能被外界各种应激原刺激激活，以保持机体葡萄糖代谢平衡。另有研究发现，PM2.5 可激活 A549 细胞 AMPK 的表达，进而抑制 mTOR 的表达，同时促进自噬核心蛋白 ULK1 的表达。细胞自噬和炎症反应关系十分密切。细胞在 PAMP 刺激下引发炎症和自噬，而自噬对炎症具有负调节作用（Jones et al.，2013）。自噬抑制炎症发生的机制可能是通过降低细胞内 ROS 水平实现的。自噬能抑制细胞内线粒体的聚集，及时清除胞内的过氧化物酶体，进而减少由 ROS 诱导的炎症反应（Fan et al.，2015）。

Nrf2 是一种转录因子，细胞在正常状态下，Nrf2 与 Keap1 结合被锚定在细胞质，当应激发生时，Keap1 被降解，Nrf2 解离进入细胞核与 ARE 结合，进而启动下游抗氧化基因的转录表达。细胞在外界应激原刺激下产生 ROS，使细胞发生氧化应激，而过量的 ROS 又激活 Nrf2 抗氧化信号通路，从而减轻细胞的氧化损伤。PM2.5 暴露于 A549 细胞，可诱导细胞产生 ROS，而 ROS 激活 Nrf2 抗氧化信号通路，从而减轻 PM2.5 对细胞的毒性损伤。除了颗粒物刺激，研究证明 Nrf2 信号通路在多种肺部炎症性疾病中发挥作用（Deng et al.，2014）。当肺部组织受到有毒有害物质刺激时，Nrf2 信号通路能被激活，上调抗氧化基因的表达，进而减轻因应激因素造成的肺损伤。此外，也有研究报道，急性肺炎治疗的药物主要通过上调细胞 Nrf2 的表达，抑制 NF-κB 和 AP-1 的生成，降低炎症因子的表达，而最终起到消炎作用。

9.4 封闭式畜禽舍环境颗粒物和微生物气溶胶检测技术及减排措施

畜禽舍内颗粒物与微生物气溶胶的减排降害对切断畜禽呼吸道传染病的传染源和传播渠道具有重要作用，同时对于改善大气环境也具有重要意义。通过相关检测技术，分析封闭式畜禽舍内颗粒物和微生物气溶胶的组成和传播规律，进而通过源头、养殖过程和末端控制多方面综合处理做好减排降害工作，对于畜禽养殖业的持续健康发展意义重大。我国现行的空气质量标准是环境保护部（现为生态环境部）与国家质量监督检验检疫总局于 2012 年发布的《环境空气质量标准》（GB 3095—2012），其中规定 PM2.5 的日平均浓度一级限值为 35μg·m^{-3}。而我国农业部（现为农业农村部）1999 年颁布的《畜禽场环境质量标准》（NY/T 388—1999）中还规定畜禽场区内 PM10 浓度不得超过 1mg·m^{-3}，畜禽舍内 PM10 浓度最高不得超过 4mg·m^{-3}。但是，现今国内外对于畜禽场颗粒物和微生物气溶胶的浓度以及排放系数，尤其是针对 PM2.5 浓度的标准，都没有相应的文件出台。当前国内外对猪场、牛场、鸡场等畜禽养殖场的颗粒物与微生物气溶胶减排进行了一系列的研究，畜禽养殖场微生物气溶胶减排技术有多种，但同一种技术不一定适用于所有的畜禽舍，需要根据畜禽舍具体情况选用相应的技术。本节从颗粒物与微生物气溶胶检测技术、源头控制、过程控制和末端控制介绍封闭式畜禽舍内颗粒物与微生物气溶胶减排降害措施。

9.4.1 封闭式畜禽舍环境颗粒物和微生物气溶胶检测技术

1. 空气中悬浮颗粒物检测技术

悬浮颗粒物浓度的检测方法主要为称量法和光学法。其中称量法得出的是质量浓度，即悬浮颗粒物质量与空气体积之比；而光学法得出的是数量浓度，即悬浮颗粒物数量与空气体积之比。称量法是将一定流量的空气通过采样器的滤膜，将悬浮颗粒物捕集在滤膜上，然后根据滤膜增加的质量计算出单位体积空气悬浮颗粒物的质量，即悬浮颗粒物的质量浓度。畜禽场常见的悬浮颗粒物质量浓度检测设备有微量振荡天平和 β 衰减悬浮颗粒物检测仪。通过在采样器的收集系统上添加不同类型的切割头，可实现对不同粒径的悬浮颗粒物粒径的检测。悬浮颗粒物浓度的光学检测主要有基于光学原理的便携式悬浮颗粒物检测仪和光学粒子计数器等，这类检测仪器便于携带和操作，也常用于畜禽场悬浮颗粒物浓度的检测（Maghirang et al.，1991）。

悬浮颗粒物粒径分布检测方法主要分为空气动力学检测、光学检测以及电子检测。空气动力学检测主要包含级联撞击器以及气动粒度仪。其中级联撞击器采用惯性去除原理将不同粒径的悬浮颗粒物在不同的撞击阶段进行分离，从而对不同粒径范围的悬浮颗粒物进行收集并最终计算其分布。而气动粒度仪则能提供实时、高分辨率的 PSD（particle size distribution，粒径分布）测量，测量范围为 0.5～20μm。相比级联撞击器，气动粒度仪在测量畜禽场颗粒物时效果较好。光学检测包括光学粒子计数器和光散射粒度仪（常志勇等，2015）。电子检测主要是电传感区技术，电传感区技术应用电阻原理来测量静止于电解质中的悬浮颗粒物粒径分布。光散射粒度仪和电子检测均需要提前采集悬浮颗粒物样本，再进行测量。

2. 空气中微生物气溶胶检测技术

18 世纪 60 年代，法国生物学家巴斯德首次证明空气中微生物的存在，开辟了空气中微生物气溶胶研究的新领域。目前微生物气溶胶采集的方法以自然沉降法、撞击法和冲击法等为主，根据采样的目的、对象及灵敏度的要求，可选取不同的采样技术。而且随着细菌学、分子生物学等的发展，研究者对微生物气溶胶的鉴定与定量技术也一直在发展。

1）自然沉降法

德国科学家科赫在 1881 年创立了自然沉降法。由于重力的作用，空气中的微生物气溶胶颗粒在一定时间内会逐步沉降到带有培养基质的平板中，通过收集和计算培养基质中的微生物，实现对空气气溶胶中微生物的采集与定量。该方法不依赖于特殊的采集设备，操作简单，相对经济，是当前采集空气中微生物气溶胶的最常用方法之一。通过在调查点放置培养基平板并计算菌落数，基于奥梅梁斯基公式可以初步计算环境空气中细菌的污染状况。该计算方法的局限性是不同大小的颗粒物沉降量具有明显的差异。自然沉降法收集到的微生物气溶胶颗粒主要为 8μm 以上的颗粒，对小微生物气溶胶颗粒的收集率不高，导致计算的结果会产生偏差，短时间的监测难以获得准确的数据。然而 5μm

以下的微生物气溶胶颗粒是微生物空气传播中危害最大的颗粒，可以通过呼吸道进入畜禽和人类的呼吸系统甚至肺泡（Lohmann，2002）。此外自然沉降法受外界气流的影响较大，在畜禽养殖场难以保证静止无风的状态。因此自然沉降法只能作为畜禽养殖舍对微生物气溶胶的一般性的检测手段，不适合进行精确的定量。

2）撞击法

撞击法是指空气中微生物气溶胶颗粒获得足够的惯性后，脱离气流撞击于固体平板的一种采样方法。该方法的集菌效果优于自然沉降法，且对小于 5μm 的空气微生物气溶胶颗粒有很好的收集效果，但需要使用固体撞击式采样器（Spendlove，1957）。安德森 6 级采样器是目前最为常见的固体撞击式采样器。该设备通过模拟人体呼吸道结构进行采样，不同直径大小的微生物气溶胶颗粒可以逐级撞击至培养基平板上。其捕获直径为：第 1 级大于 7.0μm，第 2 级 4.7～7.0μm，第 3 级 3.3～4.7μm，第 4 级 2.1～3.3μm，第 5 级 1.1～2.1μm，第 6 级 0.65～1.1μm。安德森 6 级采样器采样粒径范围较广，到达 0.2～20μm 粒径，覆盖了 5μm 以下可以进入畜禽和人类呼吸道的颗粒粒径。此外安德森 6 级采样器敏感性高，对流量要求较小，且采集的样品可以立即进入繁殖条件。撞击式采样器的局限是颗粒物可能从采集面滑脱或者被打碎，不适合抗压能力差、比较脆弱的微生物。安德森 6 级采样器已经广泛运用于医学中微生物气溶胶的监测（杨文慧等，2009），也可以运用安德森 6 级采样器进行畜禽养殖场气溶胶的监测。

3）冲击法

冲击法是指运用液体冲击式采样器，基于气流和喷雾的原理，把空气中的微生物或者生物源毒素气溶胶粒子捕获在采样器的液体介质中。液体冲击式采样器按其采样流速和气流冲击方向可以分为高速直线冲击式、高速切线冲击式和低速直线冲击式 3 种。常见的液体冲击式采样器包括 Porton 采样器、AGI-30 采样器等，其中全玻璃冲击采样器（AGI）在第一届国际空气微生物学会议上被推荐为标准采样器。液体冲击式采样器的优点是使用方便，容易消毒，因此可以反复使用。由于收集的样品处于液体中，一方面可以对微生物提供更好的保护，尤其是病毒和支原体等比较脆弱的微生物，另一方面，在高浓度的情况下，可以更加有效地捕获细菌和真菌气溶胶，也便于病毒等样品的进一步处理。通过稀释采集的样品，也可以更加准确地对气溶胶中的微生物进行定量（谈书勤等，2014）。运用液体冲击式采样器采集样品进行畜禽养殖场气溶胶微生物的监测，尤其是监测病毒等脆弱的微生物，具有明显的优势。

4）其他方法

其他采样方法包括离心法、过滤阻留法、气旋法、静电法以及生物采样法等。其中过滤阻留法是通过抽气装置，将空气中的颗粒物阻留在过滤材料上。该法高效且可用于高浓度大量样本的采集，便于后续畜禽舍内大量样本的分析，例如宏基因组、微生物多样性分析等。

9.4.2 源头控制

封闭式养殖舍颗粒物与微生物气溶胶的源头主要包括饲料、粪便、皮屑（禽类羽毛）和发酵床等。畜禽舍内颗粒物源头控制主要是在颗粒物尘源方面进行控制，从而抑制颗粒物的产生，以达到降低畜禽舍内颗粒物浓度的目的。饲料是畜禽舍内颗粒物产生的一个主要尘源，因此，采用湿饲料或者在饲料表面喷洒少量的水、油或者水油混合物，可以减少饲料的悬浮，也可以吸附空气中悬浮的颗粒物，从而达到降低畜禽舍内颗粒物浓度的目的。此外，相比粉类饲料，颗粒类饲料尽管会增加成本，但是可显著降低颗粒物的浓度。此外也有研究表明，通过在饲料中增加动物脂肪，也可以使猪舍内的颗粒物浓度降低 35%～60%（Takai et al.，1996）。同时，采用精细喂养的喂料方式也能降低饲料的浪费率及其引发的颗粒物污染。畜禽舍内的粪便同样是畜禽舍内颗粒物和微生物气溶胶的一个重要尘源。在养殖过程中，对于畜禽粪便的及时清理可减少粪便在舍内的暴露时间，改善舍内空气质量，对于舍内颗粒物与微生物气溶胶浓度也能起到有效的抑制作用。

从外部环境进入畜禽舍内的颗粒物也可携带外来的病毒或细菌，对畜禽健康带来危害，因此需要针对外部进入的颗粒物与微生物气溶胶进行源头控制。新风系统便是一种源头控制技术，对畜禽舍的进风进行过滤处理，以去除外界空气中的颗粒物以及其上携带的可能致病的微生物。

养殖模式的不同也可从源头上对颗粒物与微生物气溶胶产生影响。例如采用垫料床与普通养殖模式相比，颗粒物浓度会因垫料的扬起而相对较高；多层笼养的禽类养殖模式与普通养殖模式相比，颗粒物的浓度也会因禽类翅膀的扇动而相对较高。因此，部分高效的养殖模式虽然可以在生产上提高养殖效率，节约空间成本等，但却也会带来颗粒物与微生物气溶胶浓度升高的环境问题。畜禽场管理者需要综合考虑各种因素，选择合适的养殖模式。此外，畜禽舍内动物和工作人员产生的扰动会使沉积的颗粒物再次悬浮，因此应尽量减少工作人员和各种作业的扰动以及减少畜禽惊吓，尽量不影响畜禽舍内的气流，有效地防止畜禽舍内二次扬尘，达到降低畜禽舍内颗粒物浓度的目的。

源头控制是最常用且经济有效的颗粒物与微生物气溶胶控制方法。但由于各种因素干扰，源头控制所带来的效果往往难以令人满意，因此需要其他控制技术的辅助。

9.4.3 过程控制

1. 通风技术

通风是目前减少畜禽养殖舍内有毒有害气体、有害微生物和粉尘，净化空气的主要方法。通风换气可将舍内大量污浊、潮湿的气体排出，同时带走大量粉尘、微生物和热量，补进干燥、清洁的新鲜空气，保证畜禽健康成长，减少呼吸道疾病的发生。

通风可分为自然通风和机械通风两种。自然通风是指通过有目的的开口，产生空气流动。我国早期的养殖舍主要为敞开式和开窗式自然通风，可以利用自然通风的热压和风压动力作用，形成“扫地风”和“穿堂风”。但由于自然通风受天气、室外风向、养殖舍形状、周围环境等众多因素影响，可控性太差，目前规模化养殖场一般采用机械通风。常用的机械通风方式主要有纵向机械通风、正压过滤通风、地下管道通风、屋顶排风的负压通风、管道正压通风、侧墙体进风、多孔天花板和漏缝地板底部通风等。

根据机械通风系统的驱动原理的不同可将其分为负压通风系统、正压通风系统和等压通风系统三大类。负压通风系统是在相对密封的空间内，通过排风扇等机械设施强行将畜禽舍内的空气抽出，形成瞬时负压，室外空气在畜禽舍内外压力差的驱动下通过进气口自动流入室内的通风模式。负压通风系统的结构相对较简单，投资和管理费用较低，但是，这种系统对跨度在20m以上养殖舍的效果不是很明显，而且对进入舍内空气的状态（如温湿度等）不能有效控制，故对于多风严寒地区不太适用。正压通风系统是利用风机将舍外的空气送入畜禽舍内，造成舍内空气压力稍高于舍外大气压，舍内的空气在舍内外的气压差的驱使下通过排气口排出舍外，实现通风换气。正压通风系统可以对进入空气进行加热、冷却、过滤等预处理，从而有效保证舍内适宜的温湿度和优良的空气品质，特别适用于严寒及炎热地区。其结构一般比较复杂，造价和管理费用相对较高（戴四发等，2004）。等压通风系统是同时使用正压风机和负压风机，正压风机将舍外的新鲜空气通过送风管道送入舍内，使舍内大气压稍微增加；负压风机将舍内的污浊空气排出，使舍内大气压稍微降低，等压通风系统运行时正压风机和负压风机同时运作。

新风系统可有效改善舍内气体质量。新风系统由热交换主机、空气净化器和管道输送系统组成。运行时可将舍内含大量粉尘、病原微生物和有害气体的污浊空气经过滤后不断排出舍外，将洁净空气不断输送进入舍内，使舍内的空气随时得到更新，同时由于新风和浊风在主机中进行了能量交换，降低了舍内空气温度的波动幅度。在封闭式养殖舍内使用新风系统，可明显降低舍内粉尘、病原微生物和有害气体浓度，尤其是对寒冷季节为保温而采取封闭措施的养殖舍，效果更加明显。该系统在资金允许的情况下可作为较好的选择。

欧阳宏飞（2008）研究表明在饲粮中添加丝兰宝和控制通风两种方式可使封闭羊舍中NH_3浓度分别降低31.7%和31.1%，CO_2浓度分别降低5.4%和10.3%，TSP分别降低11.1%和9.5%。刘滨疆等（2004）研究表明在畜禽舍内运行空间电场净化系统可使粉尘含量降低70%～94%，菌落数降低50%～93%。黄藏宇（2012）的研究显示，安装新风系统可以有效降低猪舍内有害气体、粉尘和气载微生物的含量，可使NH_3、粉尘和CO_2浓度分别降低55.2%、65.8%和33.9%，气载需氧菌和大肠杆菌的降幅也在30%～40%。因此，在冬季封闭畜禽舍中可结合使用新风系统和空间电场净化系统，使舍内空气环境得到充分净化。养殖舍空气质量直接影响动物的健康和生产力水平。舍内CO_2、NH_3浓度与动物的饲料转化率呈负相关，而粉尘浓度影响动物的健康及生产性能。对仔猪生产性能的评估显示，安装新风系统可降低舍内不良环境因素对猪只的应激，可增加仔猪日采食量，从而提高仔猪日增重，提高养殖效益。

2. 消毒技术

通风技术是消除有害气体的重要方法，而消毒技术是当前净化环境、控制疾病的最主要手段。消毒技术是指利用物理或化学方法消灭停留在不同传播媒介物上的病原体，借以切断传播途径，阻止和控制传染的发生。消毒分为定期预防消毒和发生疫病时的临时消毒。预防消毒每隔半月或一个月消毒一次，一般在转栏前后进行彻底清洁消毒；而临时消毒一般是在发生疫病或者周边养殖场有疫病发生时进行。

按照消毒方法的不同消毒可分为机械消毒、化学消毒和物理消毒等。机械消毒主要是通过清扫、洗刷进行，做好卫生管理。及时清粪可有效降低有害气体以及微生物的含量。物理消毒主要是指采用紫外线、阳光、干燥等方法。如紫外线具有较强的杀菌力，安装紫外线灯消毒每天或隔天开灯 1 次，1 次开灯 1～2h 即可。化学消毒是最常用的方法，常用的化学消毒剂有石灰、烧碱、甲醛、漂白粉、福尔马林、环氧乙烷、新洁尔灭和百毒杀等。如常用的消毒药 0.3%过氧乙酸，其释放出的 O_2 能氧化空气中的 H_2S 和 NH_3，具有杀菌、除臭、降尘、净化空气的作用。于观留等（2016）分析固体甲醛熏蒸消毒对畜禽舍微生物气溶胶的影响，发现消毒后的动物舍内的气载需氧菌、气载真菌和气载大肠杆菌浓度均显著低于消毒前的浓度，且与舍外的浓度差异不显著，且消毒后舍内的气载需氧菌、气载真菌和气载大肠杆菌在收集器 5、6 层级上的比例整体呈现大幅下降的趋势。由此可见，固体甲醛熏蒸的消毒方式可有效降低畜禽舍内的微生物气溶胶浓度，且对 0.6～2.1μm 的可进入人和动物肺泡的气载微生物颗粒的消毒效果更佳。但是化学消毒剂也会诱导微生物产生耐受性，使其作用效果降低。

微酸性电解水是一种新型的高效无毒的消毒剂。电解水是指利用电化学方法，将低浓度的电解质溶液，如 NaCl 溶解、稀盐酸溶液或两者的混合溶液在电解槽内进行电解，使该溶液的 pH 值、氧化还原电位、有效氯浓度、活性氧等发生变化，从而制成可以杀灭微生物的消毒溶液。电解水可以分为强酸性电解水（pH 2.2～2.7）和微酸性电解水（pH 5.0～6.5）。这两种电解水发生的区别在于电解装置中是否采用离子交换隔膜。微酸性电解水是采用无隔膜电解水发生装置生产的，以低浓度的 NaCl 和稀 HCl 混合液为电解质。微酸性电解水具有以下特点。①高效且广谱杀菌。可以在短时间内杀灭沙门氏菌、绿脓杆菌、大肠杆菌、葡萄球菌、弯曲杆菌、李斯特菌、芽孢杆菌等多种细菌，也可以减少真菌如曲霉菌、毛霉菌、青霉菌等的萌发，另外还可以灭活病毒，如肝炎病毒、肠道病毒、流感病毒等（李盛等，2000）。②杀菌瞬时高效。其杀菌持续时间通常在几秒至几分钟，杀灭致死率较高，一般都可达 90%以上，由于微酸性电解水作用时间短，不会给微生物创造可诱导抗性的化学环境，不利于微生物耐受性的形成。③低成本且制备方便。微酸性电解水采用无隔膜电解方式发生，操作简便，制水一般都采用低浓度的食盐溶液或稀盐酸溶液，与传统化学制剂相比成本低廉。微酸性电解水可根据需要采用间歇式或连续式两种生产方式，生产能力可根据需要设计成小型家庭式或大型工业式，以方便其运行使用，有利于其在农业生产等很多领域中推广使用。④无污染无残留。微酸性电解水与传统的化学消毒、杀菌剂不同，其含有的活性成分性质不稳定，与光、空气以及有机物等接触后，有效成分会逐步分解，杀菌后氧化还原电位迅速下降，很快分解并还原为普通水，对环境没有任何污染，具有安全、无残留、无污染的特点，属于安全、绿色、环保的消毒剂。

目前国内已经在封闭式养殖场推广应用该项技术。研究表明有效氯浓度约为 $80mg \cdot L^{-1}$ 的电解水对鸡舍内空气微生物的杀菌率达到 80.2%，其杀菌效果明显优于百毒杀等（尚宇超，2010）。在立体散养鸡舍内进行微酸性电解水喷雾，在杀菌的同时，还可以有效减少舍内空气中的微生物和粉尘，且主要减少粒径大于 2.1μm 的微生物和粒径大于 7.1μm 的粉尘。在规模化猪舍内用微酸性电解水喷雾消毒可以有效减少空气中金黄色葡萄球菌的数量，且消毒效果可以维持 3d 以上。

3. 空间电场技术

空间电场技术是一种充分利用空间电场生物效应除尘的技术。空间电场净化系统由控制器、直流高压电源、电极线构成，运行时高电压，小电流，确保对人畜无直接危害。养殖舍内空间电场净化系统工作时，空气中的粉尘立即在直流电场中带有电荷，同时在电场力的作用下做定向运动，在极短的时间内吸附于舍内的墙壁和地面上。同时空间电场净化系统放电产生的高能带电粒子（低温等离子体）和微量臭氧可以对舍内有机恶臭气体进行氧化与分解，灭活附着在粉尘粒子、飞沫上的病原微生物。

畜禽舍中空间电场技术的应用设计可按养殖方式不同分为有粪道模式和无粪道模式。在设计中针对不同的模式使用对应的空间电场技术来进行空气净化和疫病防治。常见的有粪道模式为网床养殖方式，即将粪道和畜禽通过网床分离开来，网床上方为畜禽活动区域，下方为粪道。这样畜禽的排泄物会直接流到网床下方的粪道内，从而使排泄物产生的病原菌和畜禽很好地分离，降低了疫病的传播风险。这类畜禽舍的空间电场应用分成两部分，一部分是整个养殖舍内大空间的空气防疫，另一部分是网床下方粪道局部空间的空气防疫。无粪道模式常见于平养养殖方式，即地面养殖方式。畜禽的排泄物和畜禽直接接触，其排泄物产生的病原微生物与畜禽接触时间增加，使疫病的传播风险提高。这种畜禽舍的空气中粉尘等微生物气溶胶、NH_3浓度均高于有粪道模式的畜禽舍。因此在设计中需要在单位面积内增加空间电场的强度来增强净化防疫效率，从而达到理想的防疫效果。

刘滨疆等（2004）进行封闭型仔猪保育舍和笼养蛋鸡舍中空间电场除尘技术的颗粒物和空气微生物去除效果研究。试验中，在仔猪保育舍和笼养蛋鸡舍的上空间和粪道布设禽舍空气电场净化防病防疫系统，系统采用自动循环间歇工作方式，结果显示空间电场除尘效率在70%～94%，去菌效率在50%～93%，粪道内的空间电场净化效果远高于舍内上空间。又有研究者改进了空间电场除尘系统的除尘器用于鸡舍的除尘，发现当正压电场电功率从0上升到$13.5W \cdot m^{-3} \cdot s^{-1}$，负压电场从0上升到$15.3W \cdot m^{-3} \cdot s^{-1}$时，除尘率显著上升，输出负压电场30kV时的除尘率最高，达79%，并且对粒径小于2.1μm的颗粒物有较高的去除率。在畜禽舍内安装空气电场净化系统可明显降低舍内粉尘、各种有害气体及病原微生物浓度，从而改善舍内空气质量。

4. 末端控制

末端控制主要是针对向外排放环节进行的控制，可分为从舍内向舍外的排放和从场区向环境的扩散。末端控制可以减少颗粒物与微生物气溶胶对外界环境的影响，保护畜禽场周边的生态环境。

对于颗粒物与微生物气溶胶从舍内向舍外排放环节的末端控制，在机械通风式畜禽舍的排放口对排放出来的舍内空气进行过滤以及净化，可以去掉舍内空气中的颗粒物与微生物气溶胶。欧洲的研究人员研发了多种畜禽舍排出空气处理技术，通常将所有排出空气导入处理系统（如酸洗系统）时，减排效率最高。在美国及其他国家，畜禽舍通风广泛采用纵向通风技术，将排出的空气全部导入处理系统，但成本较高。

在畜禽舍外建造挡尘墙，能有效控制颗粒物向外界排放。挡尘墙通常位于畜禽舍排风口的下风向，改变排出空气的气流方向，使其排向挡尘墙上方，提高空气污染物的稀释速度。挡尘墙不能减少空气污染物的排放，但是可以加速畜禽舍排出空气污染物的稀释，降低空气污染物在畜禽舍周边环境的浓度。挡尘墙和喷雾结合对畜禽舍排出空气进行净化，可以减少畜禽舍空气污染物的排放。利用生物质挡尘墙对排出畜禽舍的总悬浮颗粒物处理的研究结果表明，挡尘墙对总悬浮颗粒物的滞尘效果明显，挡尘墙内侧 TSP 浓度下降 42%，外侧下降 77%，挡尘墙对 PM10 的滞尘效果亦明显，内侧 PM10 浓度下降 46%，外侧下降 55%。郑炜超（2013）在挡风墙出风口设置微酸性电解水喷雾，通过比较进风口与出风口细菌气溶胶浓度，表明微酸性电解水喷雾挡风墙能有效减少细菌气溶胶排放。由于细菌以空气颗粒物为载体，在挡风墙中直接和雾化的微酸性电解水接触，微酸性电解水中的高浓度有效氯能够杀死细菌或使其失活，因此微酸性电解水喷雾的降尘作用也可以降低细菌气溶胶浓度。

在畜禽场周边科学种植植物可以降低颗粒物与微生物气溶胶从场区向外界环境的扩散。研究人员通过分析植物屏障在家禽舍拦截 NH_3 和粉尘的效率，表明植物屏障对畜禽舍排出的颗粒物具有较强的拦截效率。植物因其叶片特殊的结构，可以通过停留、吸附、黏附的方式滞尘，降低颗粒物污染（Kulshreshtha et al.，2009）。利用植物对颗粒物的降尘作用，可以很好地对畜禽舍颗粒物进行拦截控制。王春（2018）以机械通风式笼养蛋鸡舍为研究对象，对试验蛋鸡舍内外颗粒物浓度进行监测，并在机械通风口处设置植物屏障，研究植物屏障对排出蛋鸡舍的颗粒物的拦截效率，结果显示蛋鸡舍内颗粒物浓度高于蛋鸡舍外，蛋鸡舍内外的颗粒物均以对人体危害最大的细颗粒物为主。风机将蛋鸡舍内颗粒物排到蛋鸡舍外，致使蛋鸡舍内外颗粒物浓度差降低，PM1、PM2.5、PM10 的最小浓度差率为 29.4%、33.7%、34.7%，而通过设置植物屏障可对颗粒物进行有效拦截。枝叶繁茂程度对上下风向颗粒物浓度的影响亦不同，枝叶越繁茂，上下风向颗粒物浓度越容易聚集，有时会造成下风向颗粒物浓度高于上风向的现象。

参考文献

白福娟，2016．鸡舍微生物气溶胶中真菌种类及鉴定［D］．邯郸：河北工程大学．

柴同杰，赵云玲，刘文波，等，2003．鸡舍环境耐药细菌气溶胶及其向环境传播的研究［J］．中国预防兽医学报，25（3）：209-214．

常志勇，杨逍，慕海锋，等，2015．基于粒径谱仪的畜禽养殖场空气颗粒污染物测量研究［J］．农业机械学报，46（8）：246-251．

陈峰，2014．笼养蛋鸡舍颗粒物与有害气体浓度研究［D］．昆明：昆明理工大学．

戴四发，张凌燕，2004．猪舍通风和控温技术研究进展［J］．江西畜牧兽医杂志（1）：6-8．

高云航，张喜庆，勾长龙，等，2018．奶牛舍气溶胶微生物监测及环境影响因素分析［J］．吉林农业大学学报，40（4）：480-485．

黄藏宇，2012．猪场微生物气溶胶扩散特征及舍内空气净化技术研究［D］．杭州：浙江师范大学．

李盛，徐庆华，2000．高氧化还原电位酸性水杀灭微生物效果的试验观察［J］．中国消毒学杂志（1）：9-11．

刘滨疆，钱宏光，李旭英，等，2004．空间电场对封闭型畜禽舍空气微生物净化作用的监测［J］．猪业科学，41（9）：20-22．

刘志荣，2013．谈谈大气颗粒物的分类和命名［J］．中国科技术语，15（2）：31-34．

欧阳宏飞，2008．新疆冬季密闭羊舍的空气环境质量的监测与调控技术的研究［D］．乌鲁木齐：新疆农业大学．
阮静瑶，陈必成，张喜乐，2015．巨噬细胞M1/M2极化的信号通路研究进展［J］．免疫学杂志（10）：911-917．
尚宇超，2010．中性电解水对鸡场消毒效果的试验研究［D］．北京：中国农业大学．
沈丹，凌德凤，戴鹏远，等，2018．封闭式肉种鸡舍内夏季和冬季环境参数监测与分析对比［J］．畜牧与兽医，50（5）：28-35．
谈书勤，顾大勇，侯婷，等，2014．固体空气微生物采样器与液体空气微生物采样器采样效果的比较［J］．中华疾病控制杂志，18（1）：51-54．
王春，2018．机械通风式畜禽舍排风口处颗粒污染物逸散及其拦截控制［D］．长春：吉林大学．
魏磊，崔金生，2012．不同季节鸡舍环境中细菌气溶胶含量的变化分析［J］．中国家禽，34（4）：59-60．
杨文慧，温占波，于龙，等，2009．应用气溶胶发生法评价空气微生物采样器采样效率［J］．中国消毒学杂志（3）：9-12．
于观留，柴同杰，蔡玉梅，2016．固体甲醛熏蒸消毒对畜禽舍微生物气溶胶的影响［J］．中国兽医学报，36（10）：1718-1721．
赵勇，沈伟，张宏福，2016．大气微粒、氨气和硫化氢影响动物繁殖机能和生产性能的研究进展［J］．中国农业科技导报，18（4）：132-138．
郑炜超，2013．电解水喷雾对蛋鸡舍空气中粉尘和微生物的影响机制研究［D］．北京：中国农业大学．
ABBAS I, VERDIN A, ESCANDE F, et al., 2016. In vitro short-term exposure to air pollution PM2.5-0.3 induced cell cycle alterations and genetic instability in a human lung cell coculture model[J]. Environmental Research, 147: 146-158.
AIRAUDI D, MARCHISIO V F, 1996. Fungal biodiversity in the air of Turin [J]. Mycopathologia, 136(2): 95-102.
ALMEIDA S M, PIO C A, FREITAS M C, et al., 2006. Approaching PM2.5 and PM2.5-10 source apportionment by mass balance analysis, principal component analysis and particle size distribution [J]. Science of the Total Environment, 368(2-3): 663-674.
ALVARADO C S, GANDARA A, FLORES C, et al., 2009. Seasonal changes in airborne fungi and bacteria at a dairy cattle concentrated animal feeding operation in the southwest United States [J]. Journal of Environmental Health, 71(9): 40-44.
ANDERSSON H, PIRAS E, DEMMA J, et al., 2009. Low levels of the air pollutant 1-nitropyrene induce DNA damage, increased levels of reactive oxygen species and endoplasmic reticulum stress in human endothelial cells [J]. Toxicology, 262(1): 57-64.
ANJA K, SAUNDERS A M, HANSEN A A, et al., 2012. Community structure of bacteria and fungi in aerosols of a pig confinement building [J]. FEMS Microbiology Ecology, 80(2): 390-401.
ANSARI M I, GROHMANN E, MALIK A, 2008. Conjugative plasmids in multi-resistant bacterial isolates from Indian soil [J]. Journal of Applied Microbiology, 104(6): 1774-1781.
BECKER S, DAILEY L, SOUKUP J M, et al., 2005. TLR-2 is involved in airway epithelial cell response to air pollution particles [J]. Toxicology and Applied Pharmacology, 203(1): 45-52.
BLOCK M L, WU X, PEI Z, et al., 2004. Nanometer size diesel exhaust particles are selectively toxic to dopaminergic neurons: the role of microglia, phagocytosis, and NADPH oxidase [J]. The FASEB Journal, 18(13): 1618-1620.
BONETTA S, GIANOTTI V, GOSETTI F, et al., 2009. DNA damage in A549 cells exposed to different extracts of PM2.5 from industrial, urban and highway sites [J]. Chemosphere, 77(7): 1030-1034.
BRETON C V, SALAM M T, WANG X, et al., 2012. Particulate matter, DNA methylation in nitric oxide synthase, and childhood respiratory disease [J]. Environmental Health Perspectives, 120(9): 1320-1326.
BROOK R D, BARD R L, KAPLAN M J, et al., 2013. The effect of acute exposure to coarse particulate matter air pollution in a rural location on circulating endothelial progenitor cells: results from a randomized controlled study [J]. Inhalation Toxicology, 25(10): 587-592.
BRUNEKREEF B, 2005. Epidemiological evidence of effects of coarse airborne particles on health [J]. European Respiratory Journal, 26(2): 309-318.

CALDERÓN-GARCIDUEÑAS L, REYNOSO-ROBLES R, VARGAS-MARTÍNEZ J, et al., 2016. Prefrontal white matter pathology in air pollution exposed Mexico city young urbanites and their potential impact on neurovascular unit dysfunction and the development of Alzheimer's disease [J]. Environmental Research, 146: 404-417.

CALDERON-GARCIDUENAS L, SOLT A C, HENRIQUEZ-ROLDAN C, et al., 2008. Long-term air pollution exposure is associated with neuroinflammation, an altered innate immune response, disruption of the blood-brain barrier, ultrafine particulate deposition, and accumulation of amyloid beta-42 and alpha-synuclein in children and young adults [J]. Toxicologic Pathology, 36(2): 289-310.

CAMBRA-LÓPEZ M, AARNINK A J A, ZHAO Y, et al., 2010. Airborne particulate matter from livestock production systems: a review of an air pollution problem [J]. Environmental Pollution, 158(1): 1-17.

CAMBRA-LÓPEZ M, TORRES A G, AARNINK A J A, et al., 2011. Source analysis of fine and coarse particulate matter from livestock houses [J]. Atmospheric Environment, 45(3): 694-707.

CARRÍ M T, FERRI A, COZZOLINO M, et al., 2003. Neurodegeneration in amyotrophic lateral sclerosis: the role of oxidative stress and altered homeostasis of metals [J]. Brain Research Bulletin, 61(4): 365-374.

CHAN S L, LINDQUIST L D, HANSEN M J, et al., 2015. Calcium-modulating cyclophilin ligand is essential for the survival of activated T cells and for adaptive immunity [J]. Journal of Immunology, 195(12): 5648-5656.

CHANG C W, CHUNG H, HUANG C F, et al., 2000. Exposure of workers to airborne microorganisms in open-air swine houses [J]. Applied and Environmental Microbiology, 67(1): 155-161.

CHAUHAN A J, JOHNSTON S L, 2003. Air pollution and infection in respiratory illness [J]. British Medical Bulletin, 68: 95-112.

CHURG A, BRAUER M, DEL CARMEN AVILA-CASADO M, et al., 2003. Chronic exposure to high levels of particulate air pollution and small airway remodeling [J]. Environmental Health Perspectives, 111(5): 714-718.

COSTA D L, LEHMANN J R, WINSETT D, et al., 2006. Comparative pulmonary toxicological assessment of oil combustion particles following inhalation or instillation exposure [J]. Toxicological Sciences, 91(1): 237-246.

DAVIS R J, 2000. Signal transduction by the JNK group of MAP kinases [J]. Cell, 103(2): 239-252.

DENG X, RUI W, ZHANG F, et al., 2013. PM2.5 induces Nrf2-mediated defense mechanisms against oxidative stress by activating PI3K/AKT signaling pathway in human lung alveolar epithelial A549 cells[J]. Cell Biology and Toxicology, 29(3): 143-157.

DENG X, ZHANG F, WANG L, et al. , 2014. Airborne fine particulate matter induces multiple cell death pathways in human lung epithelial cells [J]. Apoptosis, 19(7): 1099-1112.

DONGUK P, KAY T, KAREN B, 2001. A model for predicting endotoxin concentrations in metalworking fluid sumps in small machine shops [J]. Annals of Occupational Hygiene, 45(7): 569-576.

DOZIER W A, THAXTON J P, PURSWELL J L, et al., 2006. Stocking density effects on male broilers grown to 1.8 kilograms of body weight [J]. Poultry Science, 85(2): 344-351.

EDMONDS R L, 1979. Aerobiology. The ecological systems approach [J]. Journal of Ecology, 68(2): 699.

EOIN R, WRIGHT C, GLOSTER J, 2009. Measurement of airborne foot-and-mouth disease virus: preliminary evaluation of two portable air sampling devices [J]. The Veterinary Journal, 179(3): 458-461.

ESTEVEZ I, 2007. Density allowances for broilers: where to set the limits? [J]. Poultry Science, 86(6): 1265-1272.

FAN X, WANG J, HOU J, et al., 2015. Berberine alleviates ox-LDL induced inflammatory factors by up-regulation of autophagy via AMPK/mTOR signaling pathway [J]. Journal of Translational Medicine, 13(1): 92.

FONCECA A M, ZOSKY G R, BOZANICH E M, et al., 2018. Accumulation mode particles and LPS exposure induce TLR-4 dependent and independent inflammatory responses in the lung [J]. Respiratory Research, 19(1): 15.

FOUTS D E, SEBASTIAN S, JANAKI P, et al., 2012. Next generation sequencing to define prokaryotic and fungal diversity in the bovine rumen [J]. PLoS One, 7(11): e48289.

FRANZI L M, LINDERHOLM A L, RABOWSKY M, et al., 2016. Lung toxicity in mice of airborne particulate matter from a modern layer hen facility containing proposition 2-compliant animal caging [J]. Toxicology and Industrial Health, 33(3): 211.

GOLD M J, HIEBERT P R, PARK H Y, et al., 2016. Mucosal production of uric acid by airway epithelial cells contributes to particulate matter-induced allergic sensitization [J]. Mucosal Immunology, 9(3): 809-820.

GRANTZ D A, GARNER J B, JOHNSON D W, 2003. Ecological effects of particulate matter[J]. Environment International, 29(2-3): 213-239.

GUARINO M, CAROLI A, NAVAROTTO P, 1999. Dust concentration and mortality distribution in an enclosed laying house [J]. Transactions of the American Society of Agricultural Engineers, 42(4): 1127-1134.

HARRY E G, 1978. Air pollution in farm buildings and methods of control: a review [J]. Avian Pathology, 7(4): 441-454.

HE M, ICHINOSE T, YOSHIDA S, et al., 2017a. PM2.5-induced lung inflammation in mice: differences of inflammatory response in macrophages and type II alveolar cells [J]. Journal of Applied Toxicology, 37(4): 1203-1218.

HE M, ICHINOSE T, YOSHIDA Y, et al., 2017b. Urban PM2.5 exacerbates allergic inflammation in the murine lung via a TLR2/TLR4/MyD88-signaling pathway [J]. Scientific Reports, 7(1): 11027.

HERR C E, DOSTAL M, GHOSH R, et al., 2010. Air pollution exposure during critical time periods in gestation and alterations in cord blood lymphocyte distribution: a cohort of livebirths [J]. Environmental Health, 9: 46.

HERTZ-PICCIOTTO I, HERR C E W, YAP P S, et al., 2005. Air pollution and lymphocyte phenotype proportions in cord blood [J]. Environmental Health Perspectives, 113(10): 1391-1398.

HINZ T, LINKE S, 1998. A comprehensive experimental study of aerial pollutants in and emissions from livestock buildings. Part 2: Results [J]. Journal of Agricultural Engineering Research, 70(1): 119-129.

HIRAIWA K, VAN EEDEN S F, 2013. Contribution of lung macrophages to the inflammatory responses induced by exposure to air pollutants [J]. Mediators of Inflammation, 2013: 619523.

HONG P Y, LI X, YANG X, et al., 2012. Monitoring airborne biotic contaminants in the indoor environment of pig and poultry confinement buildings [J]. Environmental Microbiology, 14(6): 1420-1431.

HOU L, ZHU Z Z, ZHANG X, et al., 2010. Airborne particulate matter and mitochondrial damage: a cross-sectional study [J]. Environmental Health, 9(1): 48.

HOUSE J S, WYSS A B, HOPPIN J A, et al., 2016. Early-life farm exposures and adult asthma and atopy in the agricultural lung health study [J]. Journal of Allergy and Clinical Immunology, 140(1): 249-256.

HUANG J, LAM G Y, BRUMELL J H, 2011. Autophagy signaling through reactive oxygen species [J]. Antioxidants & Redox Signaling, 14(11): 2215-2231.

JARDIM M J, 2011. microRNAs: implications for air pollution research [J]. Mutation Research, 717(1-2): 38-45.

JIANG L, ZHANG J, TANG J, et al., 2018. Analyses of aerosol concentrations and bacterial community structures for closed cage broiler houses at different broiler growth stages in winter [J]. Journal of Food Protection, 81(9): 1557-1564.

JIN C, SHELBURNE C P, LI G, et al., 2011. Particulate allergens potentiate allergic asthma in mice through sustained IgE-mediated mast cell activation [J]. Journal of Clinical Investigation, 121(3): 941-955.

JONES S A, MILLS K H G, HARRIS J, 2013. Autophagy and inflammatory diseases [J]. Immunology and Cell Biology, 91(3): 250-258.

JULIANE S, ACHIM S, INGO E, et al., 2014. Degradation of benzo[a]pyrene by bacterial isolates from human skin [J]. FEMS Microbiology Ecology, 88(1): 129-139.

KALISTE E, LINNAINMAA M, MEKLIN T, et al., 2004. The bedding of laboratory animals as a source of airborne contaminants [J]. Laboratory Animals, 38(1): 25-37.

KANNAN K, SUSHIL K J, 2000. Oxidative stress and apoptosis [J]. Pathophysiology, 7(3): 153-163.

KASPRZYK I, 2008. Aeromycology-main research fields of interest during the last 25 years [J]. Annals of Agricultural and Environmental Medicine, 15(1): 1-7.

KATHEDER N S, KHEZRI R, O'FARRELL F, et al., 2017. Microenvironmental autophagy promotes tumour growth [J]. Nature, 541(7637): 417-420.

KRISTIANSEN A, SAUNDERS A M, HANSEN A A, et al., 2012. Community structure of bacteria and fungi in aerosols of a pig confinement building [J]. FEMS Microbiology Ecology, 80(2): 390-401.

KUHN D A, DIMITRI V, BENJAMIN M, et al., 2014. Different endocytotic uptake mechanisms for nanoparticles in epithelial cells and macrophages [J]. Beilstein Journal of Nanotechnology, 5: 1625-1636.

KULSHRESHTHA K, RAI A, MOHANTY C S, et al., 2009. Particulate pollution mitigating ability of some plant species [J]. International Journal of Environmental Research, 3(1): 137-142.

KUMARI P, HONG L C, 2014. Seasonal variability in airborne biotic contaminants in swine confinement buildings [J]. PLoS One, 9(11): e112897.

KUMARI P, WOO C, YAMAMOTO N, et al., 2016. Variations in abundance, diversity and community composition of airborne fungi in swine houses across seasons [J]. Scientific Reports, 6(1): 37929.

LEVINE A G, MEDOZA A, HEMMERS S, et al., 2017. Stability and function of regulatory T cells expressing the transcription factor T-bet [J]. Nature, 546 (7658): 421-425.

LI F, WIEGMAN C, SEIFFERT J M, et al., 2013. Effects of N-acetylcysteine in ozone-induced chronic obstructive pulmonary disease model [J]. PLoS One, 8(11): 80782.

LI Q F, WANG-LI L, LIU Z, et al., 2014. Major ionic compositions of fine particulate matter in an animal feeding operation facility and its vicinity [J]. Journal of the Air & Waste Management Association, 64(11): 1279-1287.

LI R, ZHAO L, TONG J, et al., 2017. Fine particulate matter and sulfur dioxide coexposures induce rat lung pathological injury and inflammatory responses via TLR4/p38/NF-κB pathway [J]. International Journal of Toxicology, 36(2): 165-173.

LIMÓN-PACHECO J, GONSEBATT M E, 2008. The role of antioxidants and antioxidant-related enzymes in protective responses to environmentally induced oxidative stress [J]. Mutation Research, 674(1-2): 137-147.

LOHMANN U, 2002. Stronger constraints on the anthropogenic indirect aerosol effect [J]. Science, 298(5595): 1012-1015.

LUTZ P M, KELTY E A, BROWN T D, et al., 2012. Environmental cigarette smoke exposure modulates IgE levels of Pb-exposed children [J]. Toxicology, 291(1-3): 43-50.

MAGHIRANG R G, MANBECK H B, ROUSH W B, et al., 1991. Air contamiant distributions in a commerical laying houses. [J]. Transactions of the American Society of Agricultural Engineers, 34(5): 2171-2180.

MAHLA R S, REDDY M C, PRASAD D V, et al., 2013. Sweeten PAMPs: role of sugar complexed PAMPs in innate immunity and vaccine biology [J]. Frontiers in Immunology, 4: 248.

MAMANE Y, WILLIS R, CONNER T, 2001. Evaluation of computer-controlled scanning electron microscopy applied to an ambient urban aerosol sample [J]. Aerosol Science and Technology, 34(1): 97-107.

MARANO F, BOLAND S, BONVALLOT V, et al., 2002. Human airway epithelial cells in culture for studying the molecular mechanisms of the inflammatory response triggered by diesel exhaust particles [J]. Cell Biology and Toxicology, 18(5): 315-320.

MARTIN R S, SILVA P J, MOORE K, et al., 2008. Particle composition and size distributions in and around a deep-pit swine operation, Ames, IA [J]. Journal of Atmospheric Chemistry, 59(2): 135-150.

MAZZEI F, D'ALESSANDRO A, LUCARELLI F, et al., 2008. Characterization of paniculate matter sources in an urban environment [J]. Science of the Total Environment, 401(1-3): 81-89.

MICHAEL S, MONTAG M, DOTT W, 2013. Pro-inflammatory effects and oxidative stress in lung macrophages and epithelial cells induced by ambient particulate matter [J]. Environmental Pollution, 183: 19-29.

MIYATA R, EEDEN F E, 2011. The innate and adaptive immune response induced by alveolar macrophages exposed to ambient particulate matter [J]. Toxicology and Applied Pharmacology, 257(2): 209-226.

MIZUSHIMA N, KOMATSU M, 2011. Autophagy: renovation of cells and tissues [J]. Cell, 147(4): 728-741.

MONTIEL-DÁVALOS A, IBARRA-SÁNCHEZ M D J, VENTURA-GALLEGOS J L, et al., 2010. Oxidative stress and apoptosis are induced in human endothelial cells exposed to urban particulate matter [J]. Toxicology In Vitro, 24(1): 135-141.

MOON H S, LEE J-H, KWON K, et al., 2012. Review of recent progress in micro-systems for the detection and analysis of airborne microorganisms [J]. Analytical Letters, 45(2-3): 113-129.

MOSTAFA E, NANNEN C, HENSELER J, et al., 2016. Physical properties of particulate matter from animal houses-empirical studies to improve emission modeling [J]. Environmental Science and Pollution Research, 23(12): 12253-12263.

MOSTAFA E, WOLFGANG B, 2011. Indoor air quality improvement from particle matters for laying hen poultry houses [J]. Biosystems Engineering, 109(1): 22-36.

NAIK E, DIXIT V M, 2011. Mitochondrial reactive oxygen species drive proinflammatory cytokine production [J]. Journal of Experimental Medicine, 208(3): 417-420.

NEL A, 2005. ATMOSPHERE: enhanced air pollution-related illness: effects of particles [J]. Science, 308(5723): 804-806.

NIU Q, LI P, HAO S, et al., 2015. Dynamic distribution of the gut microbiota and the relationship with apparent crude fiber digestibility and growth stages in pigs [J]. Scientific Reports, 5: 9938.

O'CONNOR G T, WALTER M, MITCHELL H, et al., 2004. Airborne fungi in the homes of children with asthma in low-income urban communities: the inner-city asthma study [J]. The Journal of Allergy and Clinical Immunology, 114(3): 599-606.

OGINO K, ZHANG R, TAKAHASHI H, et al., 2014. Allergic airway inflammation by nasal inoculation of particulate matter (PM2.5) in NC/Nga mice [J]. PLoS One, 9(3): e92710.

PAI H, KANG C I, BYEON J H, et al., 2004. Epidemiology and clinical features of bloodstream infections caused by AmpC-type-beta-lactamase-producing Klebsiella pneumonia [J]. Antimicrobial Agents and Chemotherapy, 48(10): 3720.

PAN H, ZHANG Y, LUO Z, et al., 2014. Autophagy mediates avian influenza H5N1 pseudotyped particle-induced lung inflammation through NF-κB and p38 MAPK signaling pathways [J]. American Journal of Physiology Lung Cellular and Molecular Physiology, 306(2): 183-195.

PARK E J, ROH J, KIM Y, et al., 2011. PM2.5 collected in a residential area induced Thl-type inflammatory responses with oxidative stress in mice [J]. Environmental Research, 111(3): 348-355.

PEYTER A C, DELHAES F, BAUD D, et al., 2014. Intrauterine growth restriction is associated with structural alterations in human umbilical cord and decreased nitric oxide-induced relaxation of umbilical vein [J]. Placenta, 35(11): 891-899.

PILINIS C, CHARALAMPIDIS P E, MIHALOPOULOS N, et al., 2014. Contribution of particulate water to the measured aerosol optical properties of aged aerosol [J]. Atmospheric Environment, 82: 144-153.

PLEWA K, LONE E, 2011. Analysis of airborne contamination with bacteria and moulds in poultry farming: a case study [J]. Polish Journal of Environmental Studies, 20(30): 725-731.

POOLE J A, GLEASON A M, BAUER C, et al., 2012. αβ T cells and a mixed Thl/Th17 response are important in organic dust-induced airway disease [J]. Annals of Allergy, Asthma & Immunology, 109(4): 266-273.

POON A H, CHOUIALI F, TSE S M, et al., 2012. Genetic and histologic evidence for autophagy in asthma pathogenesis [J]. Journal of Allergy and Clinical Immunology, 129(2): 569-571.

POURAZAR J, FREW A J, BLOMBERG A, et al., 2004. Diesel exhaust exposure enhances the expression of IL-13 in the bronchial epithelium of healthy subjects [J]. Respiratory Medicine, 98(9): 821-825.

PROVOOST S, MAES T, WILLART M A M, et al., 2009. Diesel exhaust particles stimulate adaptive immunity by acting on pulmonary dendritic cells [J]. Journal of Immunology, 184(1): 426-432.

RAASCHOU-NIELSEN O, BEELEN R, WANG M, et al., 2016. Particulate matter air pollution components and risk for lung cancer [J]. Environment International, 87: 66-73.

RAVINDRAN V, THOMAS D V, THOMAS D G, et al., 2006. Performance and welfare of broilers as affected by stocking density and zinc bacitracin supplementation & nbsp [J]. Animal Science Journal, 77(1): 110-116.

REBECCA S M, LEE J J, ADRIENNE M H, 2007. The behavior, wefare, growth performance and quality of pigs housed in a deep-litter, large group housing system compared to a conventional confinement system [J]. Applied Animal Behavior Science, 103(1): 12-24.

RENAUDEAU D, 2009. Effect of housing conditions (clean vs. dirty) on growth performance and feeding behavior in growing pigs in a tropical climate [J]. Tropical Animal Health and Production, 41(4): 559-563.

SAGER T M, KOMMINENI C, CASTRANOVA V, 2008. Pulmonary response to intratracheal instillation of ultrafine versus fine titanium dioxide: role of particle surface area [J]. Particle and Fibre Toxicology, 517.

SAKAMOTO N, HAYASHI S, GOSSELINK J, et al., 2007. Calcium dependent and independent cytokine synthesis by air pollution particle-exposed human bronchial epithelial cells [J]. Toxicology and Applied Pharmacology, 225(2): 134-141.

SANDBERG F B, EMMANS G C, KYRIAZAKIS I, 2007. The effects of pathogen challenges on the performance of naive and immune animals: the problem of prediction [J]. Animal, 1(1): 67.

SCHIERL R, HEISE A, EGGER U, et al., 2007. Endotoxin concentration in modern animal houses in Southern Bavaria [J]. Annals of Agricultural and Environmental Medicine, 14(1): 129-136.

SCHNEIDER A, ALEXIS N E, DIAZ-SANCHEZ D, et al., 2010. Ambient PM2.5 exposure up-regulates the expression of costimulatory receptors on circulating monocytes in diabetic individuals [J]. Environmental Health Perspectives, 119(6): 778-783.

SCHNEIDER T, SCHLÜNSSEN V, VINZENTS P S, et al., 2002. Passive sampler used for simultaneous measurement of breathing zone size distribution, inhalable dust concentration and other size fractions involving large particles [J]. The Annals of Occupational Hygiene, 46(2): 187-195.

SCHUIJS M J, WILLART M A, VERGOTE K, et al., 2015. Farm dust and endotoxin protect against allergy through A20 induction in lung epithelial cells [J]. Science, 349(6252): 1106-1110.

SCHULZE A, STRIEN R V, EHRENSTEIN V, et al., 2006. Ambient endotoxin level in an area with intensive livestock production [J]. Annals of Agricultural and Environmental Medicine 13(1): 87-91.

SEEDORF J, HARTUNG J, SCHRÖDER M, et al., 1998. Concentrations and emissions of airborne endotoxins and microorganisms in livestock buildings in Northern Europe [J]. Journal of Agricultural Engineering Research, 70(1): 97-109.

SHANG D, ZHANG Q, DONG W, et al., 2016. The effects of LPS on the activity of Trp-containing antimicrobial peptides against Gram-negative bacteria and endotoxin neutralization [J]. Acta Biomaterialia, 33: 153-165.

SHAYKHIEV R, KRAUSE A, SALIT J, et al., 2009. Smoking-dependent reprogramming of alveolar macrophage polarization: implication for pathogenesis of chronic obstructive pulmonary disease [J]. The Journal of Immunology, 183(4): 2867-2883.

SHEPHERD T A, ZHAO Y, LI H, et al., 2015. Environmental assessment of three egg production systems - Part II. Ammonia, greenhouse gas, and particulate matter emissions [J]. Poultry Science, 94(3): 534-543.

SIJAN Z, ANTKIEWICZ D S, HEO J, et al., 2015. An in vitro alveolar macrophage assay for the assessment of inflammatory cytokine expression induced by atmospheric particulate matter [J]. Environmental Toxicology, 30(7): 836-851.

SKÓRA J, MATUSIAK K, WOJEWÓDZKI P, et al., 2016. Evaluation of microbiological and chemical contaminants in poultry farms [J]. International Journal of Environmental Research and Public Health, 13(2): 192.

SPAAN S, WOUTERS I M, OOSTING I, et al., 2006. Exposure to inhalable dust and endotoxins in agricultural industries [J]. Journal of Environmenal Monitoring, 8(1): 63-72.

SPENDLOVE J C, 1957. Production of bacterial aerosols in a rendering plant process [J]. Public Health Reports, 72(2): 176-180.

STOJEK N M, SZYMANSKA J, DUTKIEWICZ J, 2008. Gram-negative bacteria in water distribution systems of hospitals [J]. Annals of Agricultural and Environmental Medicine Aaem, 15(1): 135-142.

SUN G, CRISSMAN K, NORWOOD J, et al., 2001. Oxidative interactions of synthetic lung epithelial lining fluid with metal-containing particulate matter [J]. American Journal of Physiology Lung Cellular and Molecular Physiology, 281(4): 807-815.

TAKAI H, JACOBSON L D, PEDERSEN S, 1996. Reduction of dust concentration and exposure in pig buildings by adding animal fat in feed [J]. Journal of Agricultural Engineering Research, 63(2): 113-120.

TAKAI H, PEDERSEN J S, JOHNSEN J O, et al., 1998. Concentrations and emissions of airborne dust in livestock buildings in Northern Europe [J]. Journal of Agricultural Engineering Research, 70(1): 59-77.

TONIATO E, FRYDAS I, ROBUFFO I, et al., 2017. Activation and inhibition of adaptive immune response mediated by mast cells

[J]. Journal of Biological Regulators and Homeostatic Agents, 31(3): 543-548.

VAN EEDEN S F, TAN W C, SUWA T, et al., 2001. Cytokines involved in the systemic inflammatory response induced by exposure to particulate matter air pollutants (PM10) [J]. American Journal of Respiratory and Critical Care Medicine, 164(5): 826-830.

VASSALLO R, WALTERS P R, LAMONT J, et al., 2010. Cigarette smoke promotes dendritic cell accumulation in COPD; a lung tissue research consortium study [J]. Respiratory Research, 11(1): 45.

VIEGAS S, FAÍSCA V M, DIAS H, et al., 2013. Occupational exposure to poultry dust and effects on the respiratory system in workers [J]. Journal of Toxicology and Environmental Health Part A, 76(4-5): 230-239.

WATTERSON T L, HAMILTON B, MARTIN R, et al., 2009. Urban particulate matter causes ER stress and the unfolded protein response in human lung cells [J]. Toxicological Sciences, 112(1): 111-122.

WENZEL J, OUDERKIRK J L, KRENDEL M, et al., 2015. Class I myosin myo1e regulates TLR4-triggered macrophage spreading, chemokine release, and antigen presentation via MHC class II [J]. European Journal of Immunology, 45(1): 225-237.

WILLIAMS M A, CHEADLE C, WATKINS T, et al., 2007a. TLR2 and TLR4 as potential biomarkers of environmental particulate matter exposed human myeloid dendritic cells [J]. Biomarker Insights, 2: 226-240.

WILLIAMS M A, PORTER M, HORTON M, et al., 2007b. Ambient particulate matter directs nonclassic dendritic cell activation and a mixed TH1/TH2-like cytokine response by naive $CD4^+$ T cells [J]. The Journal of Allergy and Clinical Immunology, 119(2): 488-497.

WU B, MENG K, WEI L, et al., 2017a. Seasonal fluctuations of microbial aerosol in live poultry markets and the detection of endotoxin [J]. Frontiers in Microbiology, 8: 551.

WU J, SHI Y, ASWETO C O, et al., 2017b. Fine particle matters induce DNA damage and G2/M cell cycle arrest in human bronchial epithelial BEAS-2B cells [J]. Environmental Science and Pollution Research International, 24(32): 1-11.

XING Y F, XU Y H, SHI M H, et al., 2016. The impact of PM2.5 on the human respiratory system [J]. Journal of Thoracic Disease, 8(1): 69-74.

XU X, JIANG S Y, WANG T Y, et al., 2013. Inflammatory response to fine particulate air pollution exposure: neutrophil versus monocyte [J]. PLoS One, 8(8): e71414.

XU Z, XU X, ZHONG M, et al., 2011. Ambient particulate air pollution induces oxidative stress and alterations of mitochondria and gene expression in brown and white adipose tissues [J]. Particle and Fibre Toxicology, 8(1): 20.

YAN H, ZHANG L, GUO Z, et al., 2019. Production phase affects the bioaerosol microbial composition and functional potential in swine confinement buildings [J]. Animals, 9(3): 90.

YANG J, HUO T, ZHANG X, et al., 2018. Oxidative stress and cell cycle arrest induced by short-term exposure to dustfall PM2.5 in A549 cells [J]. Environmental Science and Pollution Research, 25(23): 22408-22419.

YODER M F, WICKLEN G L V, 1988. Respirable aerosol generation by broiler chickens [J]. American Society of Agricultural Engineers, 31(5): 1510-1517.

YOSHIZAKI K, BRITO J M, TOLEDO A C, et al., 2010. Subchronic effects of nasally instilled diesel exhaust particulates on the nasal and airway epithelia in mice [J]. Inhalation Toxicology, 22(7): 610-617.

YUAN W, HOU S, JIA H, et al., 2018. Ketotifen fumarate attenuates feline gingivitis related with gingival microenvironment modulation [J]. International Immunopharmacology, 65: 159-173.

YUN Y P, LEE J Y, AHN E K, et al., 2009. Diesel exhaust particles induce apoptosis via p53 and Mdm2 in J774A. 1 macrophage cell line [J]. Toxicology In Vitro, 23(1): 21-28.

ZENG Y, YANG X, WANG J, et al., 2012. Aristolochic acid I induced autophagy extenuates cell apoptosis via ERK 1/2 pathway in renal tubular epithelial cells [J]. PLoS One, 7(1): e30312.

ZHAO Q, CHEN H, YANG T, et al., 2016. Direct effects of airborne PM2.5 exposure on macrophage polarizations [J]. Biochimica et Biophysica Acta, 1860(12): 2835-2843.

ZHAO W, WANG Y, LIU S, et al., 2015. The dynamic distribution of porcine microbiota across different ages and gastrointestinal tract segments [J]. PLoS One, 10(2): e0117441.

ZHOU W, YUAN X, ZHANG L, et al., 2017. Overexpression of HO-1 assisted PM2.5-induced apoptosis failure and autophagy-related cell necrosis [J]. Ecotoxicology and Environmental Safety, 145: 605-614.

ZHU L, ZHAO Q, YANG T, et al., 2015. Cellular metabolism and macrophage functional polarization [J]. International Reviews of Immunology, 34(1): 82-100.

ZUCKER B A, MÜLLER W, 1998. Concentration of airborne endotoxin in cow and calf stables [J]. Journal of Aerosol Science, 29(1-2): 217-221.

第十章 畜禽环境生物学研究的新技术和新方法

10.1 宏基因组学技术在畜禽环境生物学研究中的应用

畜禽体表、体内以及所处的环境中存在数量庞大且种类繁多的微生物。据初步估算，宿主细胞与其体内微生物的比例大致为1∶1，这些微生物主要存在于畜禽皮肤、口腔、呼吸道、肠道以及生殖道等部位。宿主与其共生的微生物群落共同形成“超级生物体”，尤其是肠道微生物，更是被称作“第二大脑”，深度参与调控宿主的行为、代谢、免疫及相关生理活动。研究微生物在畜禽适应环境中的作用，有利于更加全面地了解畜禽环境生理机制。

宏基因组学（metagenomics），也常被称为元基因组学、环境基因组学，是近年来迅猛发展的新兴学科，已成为研究微生物相关问题的新方法。宏基因组学以某一环境样品中所有微生物基因组为研究对象，直接从环境样品中提取全部微生物的DNA，构建宏基因组文库，利用高通量测序技术分析环境样品中全部微生物的基因组成、功能及参与的代谢通路，解读微生物菌群的多样性与丰度，探求微生物与环境及微生物与宿主之间的关系。宏基因组学研究过程中所产生的宏基因组文库，既包含目前可培养的，又包含尚不可培养的微生物基因和基因组，避开了传统微生物分离培养中的难题。宏基因组学从技术上看包括16S rDNA高变区测序和全基因组的宏基因组测序两个层次。16S rDNA高变区测序可获得微生物多样性、种群结构、进化关系等相关信息。如果对微生物菌群全基因组进行测序，还可进一步对微生物基因功能、各微生物菌群相互协作关系、菌群与环境之间的关系等进行深入研究。

10.1.1 宏基因组概述

德国细菌学家科赫的细菌分离培养方法是微生物的主要研究方法。但是微生物分子生态学的研究发现，更多的微生物无法人工培养。现有的培养技术能够培养的微生物种类小于总微生物种类的1%，99%以上的微生物是无法被人类所培养研究的。因此分离培养的方法大大限制了研究者对微生物的研究和利用。基于新一代测序技术的宏基因组方法很好地解决了这一难题。

宏基因组早期也被称为元基因组。其含义分为广义和狭义两种。广义的宏基因组或宏基因组学泛指研究微生物群体组成、功能基因、代谢产物的学科，以揭示微生物组组成结构、微生物组与宿主及微生物组内的相互作用关系。狭义的宏基因组，即宏基因组DNA测序技术，仅指对微生物群落DNA进行高通量测序，鉴定群体中所有功能基因的种类和丰度。该方法又分为试验和分析两个阶段。试验阶段主要包括样本采集、DNA提取、高通量测序；分析阶段主要包括序列质量控制、组装、基因预测和定量、物种鉴定、样本组间差异功能基因和通路的比较等。研究中通常会多次出现与宏基因组研究相关的三个单词Microbiota、Metagenome和Microbiome，这三个词之间既有区别又存在联系。Metagenome就是宏基因组，侧重微生物群的基因和基因组，包括质粒，强调群体的遗传学潜能。而Microbiota，即微生物群，是指研究动植物体上共生或病理的微生物生态群体，采用16S rRNA研究方法鉴定此环境中微生物的种类。微生物群包括细菌、古菌、原生动物、真菌和病毒等。Microbiome既包括微生物，又包括其基因组以及微生物群的产物与宿主环境（Whiteside et al.，2015）。

作为生命科学的一个新兴重要方向，自2006年Gill等首次利用宏基因组学方法研究人类肠道微生物群落之后，宏基因组学已成为研究微生物群落结构、互作关系及其对微生境影响的主要方法（Gill et al.，2006）。“哪些微生物？”“有什么功能？”“谁在发挥该功能？”“如何与环境互作（整合大数据）”是宏基因组学方法要解决的常见问题。利用宏基因组学的生物信息学方法可以复原各个种类微生物的组成分布。利用该方法不仅可以分析宿主正常菌群的共有结构及功能特性，还可以通过比较正常与疾病状态下或病理发展过程中菌群组成、代谢产物等动态变化来发现新的致病菌或菌群失调在疾病发展过程中的作用（Cho et al.，2012）。利用宏基因组学等手段解析微生物在人或动物生命活动中的作用，已经日益受到各国政府的高度重视。2008年1月，欧盟委员会宣布启动人类肠道宏基因组计划（Metagenomics of Human Intestinal Tract，MetaHIT）。2016年5月，美国宣布启动国家微生物组计划（National Microbiome Initiative，NMI）。在我国，《“十三五”国家科技创新规划》将微生物组相关研究列为特定技术发展方向的重点研究领域，突出强调肠道微生态研究在现代食品制造技术中的应用。2016年12月，中国科学院组织题为“中国微生物组研究计划”的香山科学会议，提出并形成了中国微生物组计划的原则。

10.1.2　宏基因组分析的流程

宏基因组分析基于测序技术发展进化而来。常用的技术手段根据研究目的与层面的不同，主要包括扩增子测序、宏基因组、宏转录组、宏病毒组、宏表观组、宏蛋白组与宏代谢组等几大类。

扩增子测序是以DNA为研究对象，使用PCR扩增一类微生物共有的marker基因，以揭示目标群体的组成与丰度。最常用的有利用16S rRNA基因测序研究细菌、古菌的组成（即常说的16S测序），利用ITS/18S测序研究真菌、原生动物等真核生物组成，利用nifH基因测序研究固氮相关微生物群体等。其优点是简单快速、成本低、分析方法成熟。但只能反映群落组成的变化，无法获得进一步的功能基因信息。16S测序是畜禽环境生理及其他畜牧研究中最常用的技术手段。16S rDNA是细菌分类学研究中最常用的分子钟，其序列包含9个可变区（variable region）和10个保守区（constant region）。可变区因细菌而异，且变异程度与细菌的系统发育密切相关。通过检测 16S rDNA 的序列变异和丰度，可以了解环境样品中群落多样性信息。目前常用的测序平台有 Illumina Hiseq 2500 和 MiSeq 等。

宏基因组测序中 DNA 无须进行 PCR 扩增，测序结果具有较好的无偏性，不仅可以提示微生物群落的物种组成，更能获得功能基因组的种类和丰度。但分析过程的难度和硬件要求较高，而且结果中的功能基因很难与物种对应，因此宏基因组测序是机遇与挑战并存的领域。目前主要采用 HiSeq X Ten 和 NovaSeq 等产出数据。对人类肠道微生物的研究开展工作较早，因此拥有较好的参考基因集；其他环境的研究仍需较大的计算工作量。

宏基因组学研究的重点在于生物信息学分析，即将高通量、大数据分析结果与生物学现象及其背后的机制加以联系，要求研究者有较好的生理生化背景知识、扎实的统计学功底及计算机语言编程基础。其通常流程包括 DNA 抽提、文库构建与高通量测序、物种注释、多样性描述、组装与基因集构建、丰度值计算、差异分析及功能预测、关联互作分析等。以下将对各个流程的步骤加以简介。

1. DNA 抽提、文库构建与高通量测序

首先根据不同样本的特点进行 DNA 抽提，用琼脂糖凝胶电泳检测 DNA 的纯度和完整性；用 Nanodrop 检测 DNA 的纯度（OD260/280）并且利用 Qubit 荧光计对 DNA 浓度进行精确定量。检测合格的 DNA 样品用超声波破碎仪随机打断成长度约 350bp 的片段，经末端修复、3′端加 A、加测序接头、纯化、片段选择、PCR 扩增等步骤完成整个文库制备。文库构建完成后，先用电泳及 Nanodrop 进行初步定量，对浓度≥15ng · μL^{-1} 的文库进行 Qubit 定量，用毛细管电泳对文库的插入片段大小进行检测，插入片段大小符合预期后，使用 qPCR 方法对文库的有效浓度进行准确定量（文库有效浓度＞3nM），以保证文库上机质量。建库质检合格后，把不同文库按照有效浓度及目标数据量的需求混合，然后进行高通量测序。

2. 物种注释

宏基因组物种注释是将经过拆分、质控、去宿主后的高质量干净读数，与参考基因组或 marker 基因做比对。宏基因组常用的四大类参考注释基因组为细菌、古菌、病毒、真菌。它们来源于当前流行的各大数据库，包括 NCBI（http://www.ncbi.nlm.nih.gov/genome）、人体微生物计划（http://www.hmpdacc.org）、GOLD 数据库（https://gold.jgi.doe.gov）、酵母基因组数据库（http://www.yeastgenome.org）、真菌基因组行动（http://www.broadinstitute.org）、人类口腔微生物数据库（http://www.homd.org/）、真菌数据库（http://fungidb.org）。而常用的软件包括：SOAP、BWA（Li et al.，2009）、Bowtie（Langmead et al.，2009）、Martin（Martin et al.，2012）等。新近开发的一些软件既可比对微生物基因组，对微生物分类，又可以统计微生物丰度，例如，MetaPhlAn2（Truong et al.，2015）、Kraken（(Hill et al.，2014）和 Genometa（Davenport et al.，2012）。

在扩增子测序中，研究者通常用 Qiime 软件对序列进行归类操作（cluster）。通过归类操作，将序列按照彼此的相似性分为许多小组，一个小组就是一个操作分类单元（operational taxonomic units，OTU）。可根据不同的相似性水平，对所有序列进行 OTU 划分，通常序列比对的相似性阈值为 97%。然后再采用 RDP classifier 贝叶斯算法对 97%相似水平的 OTU 代表序列进行分类学分析（Wang et al.，2007）。16S 细菌和古菌核糖体常用数据库包括：Silva（http://www.arb-silva.de）（Quast et al.，2013），RDP（http://rdp.cme.msu.edu/）（Cole et al.，2009），Greengene（Release 13.5，http://greengenes.secondgenome.com/）（DeSantis et al.，2006）。ITS 真菌为 Unite（Release 6.0，http:/unite.ut.ee/index.php）（Kõljalg et al.，2013）的真菌数据库。功能基因数据库则是 FGR（Fish et al.，2013）。

3. 多样性描述

α 多样性是指群内物种的个数（丰富度，species richness）以及每个物种的数量及分布（均匀度，evenness）。α 多样性的指数有很多，常用 Simpson index 和 Shannon-Weiner index 等。但是 α 多样性的比较是建立在测序深度能够很好覆盖样品的基础上，即采样数据量具有足够的代表性以形成稀疏曲线。

α 多样性是综合数值，而 β 多样性是以矩阵的数据形式，逐一比较各个物种在两个群落数量与分布上的差异。其标准定义为空间或时间尺度上，物种沿某一方向从一个群落到另外一个群落的变化率。比如最常用的基于 Bray-curtis 距离的计算方式，主要考虑物种的数量与丰度。而微生物群落分析常用的 weighted 以及 unweighted UniFrac，则是结合了物种的进化关系。

γ 多样性描述区域内多样性，是指区域或大尺度的物种数量，也被称为区域多样性（regional diversity），即一定区域内总物种多样性的度量。简单来说，γ 多样性指一个地理区域内一系列生境中的多样性，是用这些生境的 α 多样性和生境之间的 β 多样性结合起来表示。α 多样性和 β 多样性多可以用标量来表示，而 γ 多样性不仅有大小，同时还有方向变化，因此是一个矢量。

4. 组装与基因集构建

由于二代测序技术的局限性，测序得到的较短的 reads 需要组装为较长的 contigs，才能用于下游的生物信息学分析。由于测序所得的 90%微生物未知，研究者需要进行不依赖于参考序列的从头组装。现有的宏基因组组装算法绝大部分是基于 de Brujin 图构建的方法，如 MetaVelve（Namiki et al.，2012）和 Meta-IBDA（Turnbaugh et al.，2006），就是利用 reads 组建 de Briujin 图，再依赖 de Brujin 图的特性识别代表基因组特异性的子图；而 Genovo 则是根据组装概率模型识别最大可能的重构序列，从而得到具有最大似然值的 contigs 集合（Turnbaugh et al.，2006）。有研究者对这些组装软件进行了测评，并提出最优组装软件的选择依赖于样品的类型、可获得的计算资源以及研究目的(更重要)。

宏基因组中的基因编码序列也可以用来预测基因功能。常用的预测软件包括 MetaGeneMark（Zhu et al.，2010），Glimmer-MG（Kelley et al.，2012），MetaGene（Noguchi et al.，2006），Orphelia（Hoff et al.，2009），FragGeneScan（Rho et al.，2010）和 MetaGun（Liu et al.，2013）。在通过统计模拟数据对这些预测方法进行比较之后，研究者发现这

些方法的性能会根据 reads 性质（例如测序错误率和 reads 长度等）而有所变化。因此，建议研究者应根据数据特性选择相应的方法及阈值参数。若研究中有多个宏基因组测序样品需要进行对比分析，那么首先应利用 cd-hit 建立一个去冗余的基因集。第一步将预测的基因序列两两比对，再根据比对结果将可以比对到另外一个较长序列（相似度＞90%且覆盖程度＞95%）的基因序列作为冗余删除。测序数据受限于通量大小会导致一些低丰度的微生物无法被覆盖，所以，可以通过一些已经公开发表的数据集（MetaHIT、HMP、LC 等）进行整合，优化所得到的所有基因集合。

5. 差异分析与功能预测

非正态分布的非参数检验方法 Wilcoxon 秩和检验、Mann-Whitney U 检验和 Wilcoxon signed-rank 检验等多用于宏基因组差异物种分析。

一般分析流程为在每组中过滤掉平均丰度低于 10^{-8} 的基因，然后用差异检验方法来鉴定与变量相关的基因。做差异基因的筛选，需要做多重假设检验。通过检验所获得的 P 值直接与设定的显著性水平进行比较会有很大的误差。所以我们通过多重假设检验，将所获得的 P 值通过 FDR（false discovery rate）来进行校正，并通常设置校正后的 Q 值为 0.05 或 0.1。

宏基因组功能分析的主要参考数据库包括 KEGG 数据库（Kanehisa et al.，2004）、EggNOG 数据库、GO 数据库（Consortium，2017）、耐药基因（ARDB，antibiotic resistance genes database）数据库、碳水化合物酶（CAZY）数据库、群体感应（QSDB）数据库、病原与宿主互作（PHI）数据库、病原菌毒力因子（VFDB）数据库、转运蛋白分类（TCDB）数据库等。代谢信号通路（pathway）的主要参考数据库有 KEGG、EggNOG 和 COG 等。对于数据库的详细功能，感兴趣的可自行查阅。通过序列比对，将基因集比对到相应的参考数据库，获得基因的注释信息，再对注释信息进行分析，了解基因参与的生物学功能。通常使用 BLAST 软件进行基因集注释的序列比对（Altschul et al.，1997）。

10.1.3　宏基因组学技术在畜禽环境生物学研究中的应用

哺乳动物肠道、呼吸道等部位共生的大量微生物，尤其是肠道微生物及其代谢产物，与宿主代谢、肠道稳态、免疫系统发育及脑肠轴调控的行为都密切相关。稳定并且多元的肠道微生物及其代谢产物在维持宿主生理稳态中至关重要。肠脑轴是近来肠道微生物影响宿主生理活动的一个研究热点。肠道微生物通过交换监管，信号整合，双向沟通胃肠道与中枢神经系统，形成一个双向的通道轴，而这一通道轴的启动可以通过直接或间接刺激神经或者免疫途径的方式实现。而环境因素对动物机体内微生物的影响近年来越来越受到重视。长期暴露在空气污染程度较大或 PM2.5 浓度过高的环境，会影响宿主代谢稳态进而诱发 2 型糖尿病（Esposito et al.，2016）。孕期暴露于 PM2.5 中的怀孕母鼠后代雄性小鼠左室收缩末期容积增加，后壁厚度减少，短轴缩短率及射血分数降低，并且炎症、纤维化、氧化应激、抗氧化生物标志物及钙调蛋白、表观遗传学调节因子等基因及蛋白表达上调（Tanwar et al.，2018）。暴露于高浓度空气颗粒物（PM）环境中的小鼠肠道微生物 α 多样性增加，而 PM 暴露引起的小鼠肠道菌群 β 多样性变化在胃肠道的不同部位呈现差异，从近端到远端，PM 引起的 β 多样性变化逐渐增加，并在结肠中增加 TNF-α 的表达，诱发小鼠肠炎的发生（Mutlu et al.，2018）。低温环境使小鼠肠道菌群结构发生明显转变，较低的环境温度提高了 *Adlercreutzia*、*Mogibacteriaceae*、*Ruminococcaceae* 和 *Desulfovibrio* 的含量，而降低 *Bacilli* 和 *Erysipelotrichaceae* 的含量。这些菌群含量的变化与宿主胖瘦有关，且菌群次级代谢产物胆汁酸和 AMPK 途径的激活可能是菌群参与调控宿主脂肪沉积的途径（Ziętak et al.，2016）。室内空气过度潮湿时，空气中菌群会产生更多的对机体有害的代谢产物（Gilbert et al.，2018）。利用宏基因组技术分析养殖场、污水处理厂等大气中的耐药基因（antibiotic resistance genes，ARGs）时发现，畜禽养殖场与污水处理厂空气中的 ARGs 种类多但存在组成差异，前者主要是氨基糖苷类、大环内酯类和四环素类 ARGs，后者主要是多耐药性和杆菌肽 ARGs。畜禽养殖场中的 ARGs 与畜禽排泄物中的接近，说明畜禽粪尿是空气中 ARGs 的主要来源。利用宏基因组技术扩展了研究者对 ARGs 在环境中传播及其对人潜在健康威胁的全面认识（Yang et al.，2018）。

环境因子如光照、温度、湿度、气溶胶等，都会影响肠道微生物的组成，进而影响宿主的生理行为活动。因此通过宏基因组测序手段了解肠道微生物、呼吸道微生物的组成，解析它们在环境因子变化下的改变，以及对宿主代谢免疫行为等的影响，有利于更加全面地认识畜禽环境生理调节机制，进而采取相应的靶向性调控手段。近年来，利用二代测序手段，研究者对环境因子对肠道微生物的影响做了相应研究。以热应激为例，发现在热应激环境中，蛋鸡粪便微生物群中厚壁菌门显著减少，拟杆菌门增加；微生物群半胱氨酸和蛋氨酸代谢以及苯甲酸盐代谢途径表达量提高；相反，视黄醇代谢和苯丙素的代谢途径合成因热应激而降低（Zhu et al.，2019）。32℃热应激持续 8 天使肉鸭的空肠和盲肠微生物群落发生显著变化，而回肠菌群并未受到影响。空肠中厚壁菌门 *Firmicutes* 和变形菌门 *Proteobacteria* 含量与日增重、料重比、血清中甘油三酯等含量存在显著联系。而空肠厚壁菌门 *Firmicutes* 和不动杆菌属 *Acinetobacter* 与热应激下的肉鸭脂肪沉积显著相关，盲肠中未发现菌种与表型数据存在关联，菌群参与调控肉鸭热应激过程的内在机制仍需进一步研究（He et al.，2019）。中度热应激会导致奶牛的瘤胃菌群丰富度升高，瘤胃中的链球菌属 *Streptococcus* 与螺旋体属 *Treponema* 显著升高；链球菌属 *Streptococcus* 的大量增殖导致瘤胃发酵产生的乳酸含量升高，挥发性脂肪酸降低，瘤胃 pH 降低；同时引起乳酸菌属 *Lactobacilli* 含量升高，产生更多的乳酸；该结果从菌群变化的角度阐释了热应激引起奶牛瘤胃酸中毒的机制（闵力，2017）。

其他环境因子对畜禽肠道微生物的研究尽管起步较晚，但也取得了一定的进展。Wang 等（2018）报道了光照周期对肉鸡肠道微生物的影响，研究发现，延长光照会提高变形菌门 *Proteobacteria* 和蓝细菌门 *Cyanobacteria* 的丰度，而缩短光照会提高梭杆菌门 *Fusobacteria* 的丰度。光照延长或者缩短都会降低肠道菌群碳水化合物代谢的功能。研究发现，饲养密度的变化并未引起生长猪空肠和回肠微生物组成的变化，但是高密度养殖会引起氧化应激。保育舍环境带来的肠道微生物改变主要发生在母猪而不是仔猪。Kraemer 等（2018）发现，饲养人员鼻腔菌群的多样性最高，与猪场空气菌群和猪鼻腔菌群的更为接近，与对照组差异较大，而养猪场空气环境中的微生物对猪及养猪工人有相似的影响。

目前关于环境因子、肠道微生物以及畜禽环境生理调节机制的研究仍处于起步阶段，相关报道比较少。肠道微生物菌群及其代谢物在热应激下如何参与宿主的热应激调节机制，或畜禽舍空气颗粒物如何通过水平传递影响肠道微生物菌群的多样性等仍有待研究。

其次，现有的关于微生物组—环境研究的分析平台 Qiita、SourceTracker、Calypso 并未被广泛利用。多数研究只是简单比较微生物群落在环境因子影响下的变化，并未将其内在机制加以阐释说明。现有的方法多使用数学手段，如偏最小二乘回归、冗余分析、典型关联分析、微生物组关联分析（microbiome/metagenome-wide association studies，MWAS）等将环境因子的变化与肠道或黏膜菌群的变化加以联系。尽管该类方法在现阶段为研究者揭示内在联系提供了一个思路，但是存在较大的局限性。首先，不同试验之间采样、测序、生信分析等技术步骤的非标准化放大了差异，使试验之间缺乏可比性，成为孤证。其次，该类方法多是将微生物的分类信息与环境因子相联系，缺乏微生物种群功能的关系分析。最后，相关并不是因果。尽管数学方法研究因果关系在很多领域取得了成功，但应用受限于数据规模与复杂程度。研究因果关系的标准是分离微生物并进行模式动物验证，但在现有技术条件下，绝大多数微生物较难分离，较难实现体外培养。这也是阻碍我们深刻理解环境因子对畜禽微生物影响的关键因素。

尽管现在有一些利用益生菌调控畜禽热应激的文章，但是对于其作用原理的理解远远落后于应用。利用宏基因组更加全面地了解微生物的组成和功能，并利用相关的宏蛋白组和宏转录组预测其可能的生理调控作用，从而精准利用微生物。由相关走向调控，使微生物在宿主应对环境应激的调节机制中发挥更大作用，可能是下一步的重点研究工作。

10.2　蛋白质组学技术在畜禽环境生物学研究中的应用

蛋白质，作为基因表达的产物，是构成生命的重要组成部分，是所有生命活动的基本单位，承载着生老病死等各种生命活动。蛋白质是生命活动的执行者，如何能够准确高效地对生物样本中的蛋白质进行监测，一直是生物学家关心的问题。传统的蛋白质研究是基于埃德曼降解法，即从蛋白质的氨基端开始，逐个降解并测定氨基酸的组成，该方法分析时间长，检测到的序列长度有限，不适合于大规模分析蛋白质。近年来，生物质谱技术和相关定性定量方法的发展，为蛋白质研究注入了强大的活力，并逐渐产生出愈发庞大的数据规模，蛋白质的研究由此进入了大数据时代。

10.2.1　蛋白质组学概述

1994 年，蛋白质组（proteome）的概念首次由澳大利亚学者 Wilkins 和 Willias 提出（Pandey et al.，2000）。1995 年，proteome 一词最早出现在 Electrophoresis 杂志（Wasinger et al.，1995），指一个细胞或组织中基因表达的全部蛋白质。蛋白质组学（proteomics）是在细胞、组织或生物体的层面对基因表达的所有蛋白质进行的研究，是一门大规模、高通量、系统化研究某一类型细胞、组织、体液中所有蛋白质的组成、功能及其蛋白之间相互作用的学科，其本质是通过高通量的方法研究某一特定时刻所有蛋白质的特征。

蛋白质组学是近 20 多年来生命科学研究的重要内容之一。蛋白质组学利用先进的生物学科学仪器（质谱仪等）与方法鉴定生物体内细胞或组织等的蛋白质，分析不同环境、不同时期、不同营养代谢、各种疾病及病理生理过程中蛋白质丰度的变化，阐述这些因素对细胞代谢的影响，解析蛋白质在各种疾病或外界刺激过程中发挥的作用，探讨蛋白质在功能、质量、互作和关联网络的整体调控机能，从而揭示机体的生物学过程与功能（Mörtstedt et al.，2015）。

2001 年，人类基因组测序草图正式公布。随着基因组测序计划的最终完成，生命科学研究开始进入以基因组学、蛋白质组学、营养组学、代谢组学等“组学（omics）”为研究标志的后基因组时代。蛋白质组学研究便是其中一个很重要的内容（Lander et al.，2001）。蛋白质组学作为功能基因组学的重要支柱，已同基因组学（genomics）和生物信息学（bioinformatics）一起成为新世纪生命科学研究的前沿和热门领域。Nature 和 Science 杂志在公布人类基因组序列草图的同时，分别发表了述评和展望，将蛋白质组学的地位提到了前所未有的高度。因为，虽然基因决定蛋白质的表达水平，但信使 mRNA 只包含转录水平的调控，并不能代表细胞内活性蛋白的表达水平（Anderson et al.，1997），且转录水平的分析不能反映翻译后对蛋白质的功能和活性起关键作用的蛋白质修饰过程，如酰基化、泛素化、磷酸化或糖基化等（Humphery-Smith et al.，1997）。蛋白质组学除了能够提供定量的数据，还能提供包括蛋白质定位和修饰的定性信息。通过对生命过程中蛋白质功能、蛋白质之间的相互作用以及特殊条件下蛋白质的变化机制进行研究，才能对复杂的生命活动具有深入而全面的认识。

2014 年，第一版人类蛋白质草图问世。约翰霍普金斯大学的 Akhilesh Pandey 等与德国慕尼黑大学的 Bernhard Kuster 等分别使用 2000 和 16 000 多个质谱文件，描绘了人体内产生的大部分蛋白质（Kim et al.，2014；Wilhelm et al.，2014）。同年，中国人类蛋白质组计划（China Human Proteome Project，CNHPP）在北京启动，目标是测绘中国人类蛋白质组草图，研究人体蛋白质组成及其调控规律。

10.2.2 蛋白质组学的分类

根据研究目的和手段的不同，蛋白质组学可以分为表达蛋白质组学、结构蛋白质组学和功能蛋白质组学。表达蛋白质组学用于细胞内蛋白质样品表达的定量研究。其研究技术为经典的蛋白质组学技术即双向凝胶电泳和图像分析。在蛋白质组水平研究蛋白质表达水平的变化等，是应用最为广泛的蛋白质组学的研究模式。以绘制出蛋白质复合物的结构或以揭示一个特殊细胞器中的蛋白质为研究目标的蛋白质组学称为细胞图谱蛋白质组学或结构蛋白质组学，用于建立细胞内信号传导的网络图谱并解释某些特定蛋白质的表达对细胞产生的特定作用。功能蛋白质组学以细胞内蛋白质的功能及其蛋白质之间的相互作用为研究目的，对选定的蛋白质组进行研究和描述，能够提供有关蛋白质的糖基化、磷酸化，蛋白信号传导通路，疾病机制或蛋白—药物之间的相互作用的重要信息。

10.2.3 质谱技术的发展

质谱（mass spectrometry）是当前蛋白质组学研究中的核心技术。近十几年来，质谱技术飞速发展（Aebersold et al.，2003，2016）。从电离技术上区分，当前的生物质谱主要分为基质辅助激光解吸附电离（matrix assisted laser desorption/ionization，MALDI）（Tanaka et al.，1988）和电喷雾电离（electrospray ionization，ESI）（Fenn et al.，1989）两种方式。MALDI 和 ESI 的发明将生物质谱带入高速发展的阶段。日本人田中耕一和 John B. Fenn 因此获得了 2002 年的诺贝尔化学奖。由于电喷雾电离质谱在肽段二级谱图方面获得的高通量优势，高效液相色谱串联电喷雾电离质谱的分析方式成为蛋白质组学研究的主要工具（Ding et al.，2013）。其产出的生物质谱数据主要包括一级母离子谱图及二级碎片离子谱图，亦有针对特定分析需求而采取的三级及以上离子碎裂的质谱采集方式（Macek et al.，2006；Ting et al.，2011），但后者总体比较少见。二级碎片离子谱图为质谱中特定母离子经过如碰撞诱导碎裂（collision induced dissociation，CID）、高能碰撞解离（high energy collision dissociation，HCD）或电子转移诱导碎裂（electron transfer dissociation，ETD）后产生的碎片离子图，这些二级谱图可用于对应肽段的序列鉴定（Shen et al.，2011）。目前蛋白质组学中常用的数据检索方法为数据库依赖的检索方法。其以 Mascot、Maxquant、Sequest 等搜索引擎为代表（Yuan et al.，2014），将二级谱图中的碎片信息与数据库中蛋白质肽段序列所能产生的理论碎片进行比对，通过一系列数据统计分析，得到检索结果（Soares et al.，2012）。蛋白质数据库是蛋白质组研究水平的标志和基础。目前，瑞士的 SWISS-PROT 拥有世界上最大的、种类最多的蛋白质组数据库。生物信息学的发展给蛋白质组学研究提供了更加方便、更加有效的计算分析软件。

10.2.4 蛋白质组学主要研究方法

蛋白质组学是研究细胞、组织或生物体总体蛋白质变化规律、特征及生物学作用的综合学科。当前定量蛋白质组学技术主要包括以下 5 种：①双向荧光差异凝胶电泳（2D-DIGE）；②同位素亲和标签技术（iCAT）；③细胞培养条件下稳定同位素标记技术（SILAC）；④蛋白质组学非标记定量技术（Label-free）；⑤同位素标记的相对与绝对定量技术（iTRAQ、TMT）。定量蛋白组学技术的发展，使得蛋白质组高通量分析变得简单方便，目前已经被广泛地应用于生物科学领域。

10.2.5 蛋白质组学技术在畜禽环境生物学研究中的应用

随着 2D 电泳和质谱技术在蛋白质组学研究中的应用，蛋白质组学的研究取得了长足进展，但在家养动物中的应用仍然比较有限（Eckersall et al.，2012）。截至 2010 年，家养动物蛋白质组学研究主要集中在畜禽的繁殖、肉奶品质及疾病相关内容（Bendixen et al.，2011）。

常见的畜禽舍环境因子，有光照、温度、湿度、NH_3、H_2S 等（Kristensen et al.，2000）。现代规模化集约化肉鸡生产中，禽舍内空气环境恶化，鸡的福利受到影响。其中，舍内 NH_3 与肉鸡的健康密切相关（Marian et al.，2004）。同时，在集约化养殖的环境下，热应激是现代家禽生产中普遍关注的全球性问题。肉鸡热应激将造成采食量下降，生长速度减慢，体增重降低，饲料转化率降低。高温影响消化代谢，降低肉品质，严重的还会造成肉鸡免疫力下降，病死率升高，给肉鸡生产带来巨大经济损失。

Zhang 等利用 iTRAQ 蛋白质组学技术对高浓度 NH_3（75mg · kg^{-1}）暴露的肉鸡小肠黏膜和肝脏差异表达的蛋白质进行研究。研究发现，肉鸡暴露于高浓度 NH_3 中，生长性能受到影响，其中，平均日增重和采食量显著降低，料肉比增加；同时免疫器官和小肠绒毛的发育也受到影响。通过对小肠黏膜进行蛋白质组学分析，总共发现 43 个差异表达的蛋白质。其中上调表达的蛋白主要与氧化磷酸化、凋亡功能相关。下调表达的蛋白主要与细胞的结构和生长、转录及翻译调控、免疫应答、氧化应激、营养吸收等功能有关。通过对肝脏组织开展蛋白质组学分析，共筛选到 30 个差异表达的蛋白质，代谢通路分析结果显示，差异表达蛋白质的功能涉及营养物质代谢（能量、脂类和氨基酸），免疫应答，转录与翻译调控，应激和解毒功能。其中的两个蛋白质 GLB1 和 AKAP8L 均为慢性肝脏损伤的标志蛋白（Zhang et al.，2015b，2015c）。Tang 等（2015）利用高通量、非标记的蛋白质组学 SWATH 定量技术，研究了长期热应激对肉鸡肝脏蛋白质表达的影响。在肉鸡肝脏中成功鉴定到 257 个与热应激密切相关的蛋白质，GO 注释和通路分析表明，这些蛋白质主要涉及机体氧化还原过程、蛋白质折叠、信号传导及凋亡调控等生物功能，参与能量代谢通路、氨基酸代谢通路、脂类代谢通路和免疫调节相关的代谢通路。Xiong 等（2016）采用 iTRAQ 蛋白质组学技术，研究了高浓度 NH_3（75mg · kg^{-1}）刺激下艾拔益加肉鸡（AA 肉鸡）气管组织的蛋白质表达变化，共鉴定到 3706 个蛋白质（FDR＜1%），其中差异表达蛋白质为 119 个。GO 注释分析发现，参与免疫应答和肌肉收缩的蛋白质显著富集。在免疫应答类别中，上调表达的蛋白质与促炎效应相关，而下调表达的蛋白质参与抗原处理和提呈、免疫球蛋白和抗菌肽的生成，以及免疫缺陷过程。同时在肌肉收缩过程发挥重要作用的蛋白质均表达上调。本研究提示，高氨刺激可能造成肉鸡气管阻塞、降低宿主防御功能，为抵御 NH_3 毒性的畜禽保护措施提供了理论依据。

10.3 代谢组学在畜禽环境生物学研究中的应用

代谢是生命的基石，其在机体细胞内通过一系列化学转化为诸多生物过程（如细胞生长、细胞分化和环境适应等）提供能量。化学转化（一种化合物转变为另一种新的化合物）是由众多酶催化的代谢级联反应。作为代谢途径的主要参与者，酶不仅可以催化机体的代谢反应，还可正向或负向调控代谢途径以维持细胞的能量稳态（Peng et al.，2015）。代谢调控涉及多个水平的调控，包括转录、转录后加工和变构机制，最终影响酶的丰度和动力学（Fuhrer et al.，2015）。这表明代谢是一个动态且复杂的过程，而代谢物代表整个代谢过程的最终执行者，因此对代谢物的解析有助于我们理解复杂的分子过程和生理学。

代谢组学是系统生物学框架内的新兴研究领域，主要关注生物体内小分子代谢物对病理生理刺激的反应，包括代谢物质和代谢量的动态变化。它通常借助质谱、核磁共振作为主要分析平台，检测体液、组织或细胞中所有的代谢物，并在所获取的复杂代谢组数据中挖掘与生理变化发生发展相关的重要代谢物信息，以解决疾病诊疗、兽药或饲料添加剂开发等过程中所面临的问题。畜禽对环境的适应是一个复杂的机体系统协作过程。在畜禽生理研究中合理地运用代谢组学，有助于研究者寻找养殖环境相关疾病的预测性生物标志物，研究其发病机制，从而利用育种、营养以及设施工程手段对畜禽环境健康加以调控。

对代谢物进行全面而彻底的分析即代谢组学（metabolomics/metabonomics）。代谢组学作为系统生物学的分支，是研究代谢组在新陈代谢某一动态时刻的变化规律的一门学科。当外界环境刺激机体后，机体的内环境会发生改变，相关的代谢物质也会出现一定程度或数量的变化，代谢组学主要被用于探索这些机体产生的应答规律（Cui et al.，2013）。早在 1971 年，Horning 等（1971）利用 GC-MS 分析了多种类固醇、有机酸以及尿中药物代谢物，提出代谢物轮廓的研究方法，其研究思路便是代谢轮廓分析的雏形，开创了对复杂样品进行代谢轮廓分析的先河。Nicholson 等（1999）提出“metabonome”和“metabonomics”的概念，将 metabonomics 定义为研究生物系统整体在病理刺激或遗传修饰等不同的条件下产生的代谢物质的质和量的动态变化的规律。Fiehn 等（2000）提出“metabolomics”的概念，是通过观察生物体系受刺激或扰动后（如将某个特定的基因变异或环境变化后）代谢物的变化或其随时间的变化，来研究生物体系的代谢途径，并将其应用于植物代谢物组学的研究。目前，随着技术的发展以及研究的深入，两者之间的区分已逐渐弱化，没有特别的区分，已将 metabonomics 和 metabolomics 统称为代谢组学。

10.3.1 代谢组学研究方法

近年来，代谢组学已广泛用于基础和应用研究，是继基因组学、转录组学和蛋白组学之后的系统生物学又一重要方法（Castro-Santos et al.，2015），主要研究生物细胞在生命周期内产生的分子质量＜10kDa 的活性小分子代谢物。随着多组学研究的不断深入，研究者们逐渐认识到，基因组的变化不一定能够得到表达，而某些蛋白质的浓度会随着外部环境的变化而变化，但这些蛋白质可能不具备活性，而代谢物作为细胞代谢活动的最终执行者，其变化情况更能体现生物的表型变化。转录组学、蛋白组学等数据几乎可以覆盖整个基因组的范围，其更注重于特定的层面而非系统性结果，相比之下，代谢组学比基因组学、蛋白组学展示的结果更接近表型。代谢组学是一个跨学科的领域，它将分析化学、平台技术、质谱和核磁共振与复杂的数据分析相结合。完整的代谢组学研究流程包括代谢组样本的采集、预处理，代谢物检测、数据采集和多变量数据分析等步骤。

1. 样本采集与制备

代谢组学的研究对象通常是生物体液样本，包括血浆、血清、尿液、乳汁和唾液等（Patti et al.，2012），每种生物体液都提供了关于产生其的器官或组织的相关信息，如尿液反映肾脏的相关信息、牛奶反映乳腺的状况等。在畜禽环境领域以尿液和血液样本居多，因二者不仅带有大量代谢信息，且在低成本条件下较易获得。在畜禽消化道环境中存在数量庞大且种类繁多的微生物，为了探索复杂的微生物群体与宿主的互作以及代谢信息，粪便代谢组学也日益引起研究者们的关注（Karu et al.，2018）。

首先需要采集足够数量的代表性样本，减少生物样品个体差异对分析结果的影响。目前在畜禽代谢组学研究中选择的样本量大多在30以内，不同的物种采用最大个体数量分别为1587（牛）、163（绵羊）、80（山羊）、36（马）和506（猪）（Goldansaz et al.，2017）。其次试验设计中对样品收集的时间、部位、种类以及样本群体都应给予充分考虑。代谢产物的变化对分析结果有较大的影响，因此需要对采集到的样品迅速采取相关措施，如液氮冷冻、酸或碱处理等，以终止新陈代谢相关酶的活性（Turi et al.，2018）。

样品的预处理方法是代谢组学研究中重要的一步（Gu et al.，2011）。代谢物种类多、复杂多样，在极性、分子量等方面有较大差异，目前不存在一种普适性的标准化方法适用于任何样品类型的所有代谢物。理想的代谢组学研究样品预处理应满足：①无偏向性全面覆盖生物体内代谢物；②简单快捷；③重复性好；④与代谢淬灭过程兼容性好（Beale et al.，2018）。预处理的一般流程是萃取、浓缩冻干和超滤等。目前萃取方法包括固相萃取（solid phase extraction，SPE）、固相微萃取（solid phase microextraction，SPME）（Belinato et al.，2018）、超临界流体萃取（supercritical fluid extraction，SFE）、液液萃取（liquid-liquid extraction，LLE）等，代谢物通常用水或有机溶剂（甲醇、乙醇、乙腈、异丙醇、氯仿等）提取，从而将非极性相和极性相分开，以便进行分析。在选择提取剂时应充分考虑样品类型以及代谢物的种类。目前很多提取方法还只是针对特定产物的提取，不能涵盖所有代谢物种类，因此多重提取步骤如物理法（超声波、加热、反复冻融）和顺序萃取法相结合已经逐渐应用于代谢组研究。当萃取完成后，若体积过大可使用浓缩的方法以增加代谢物浓度，同时也可提高仪器的检测限。冷冻干燥、真空干燥或使用有机溶剂蒸发系统是常用的浓缩手段。

2. 检测和数据采集

为了精确表征及定量细胞或生物中的小分子代谢物的组成、含量及其变化，代谢组学依靠高通量分析技术来实现检测和数据采集，通过代谢物信息与生物体生理变化的关联分析，寻找生物标志物。然而，样品中成分复杂多样，有效分离并精确鉴定多种代谢物也是代谢组学研究的重要步骤之一。目前代谢组学主要的分析技术包括核磁共振（nuclear magnetic resonance，NMR）与质谱（mass spectrometry，MS）联用技术，质谱中较多使用气相色谱—质谱（gas chromatography-mass spectrometry，GC-MS）、液相色谱—质谱（liquid chromatography-mass spectrometry，LC-MS）和毛细管电泳—质谱（capillary electrophoresis-mass spectrometry，CE-MS）。四种分析方法为高通量代谢组学提供了技术基础，各有其优缺点。

NMR因其样品处理流程简单，且不会破坏样品的结构和性质以及较高的重现性而受到青睐，缺点是灵敏度和动态范围受到限制（Wolfender et al.，2015）。GC-MS融合了高分辨率、重现性高和稳定的代谢物离子碎片模式的优势，非常适合分析挥发性及非挥发性化合物（或具有挥发衍生特性的化合物）（Baidoo et al.，2019）。然而利用GC-MS分析代谢物时，衍生反应增加预处理时间，易引入试验误差，且对于糖类和糖醇等多羟基代谢物，衍生化常会衍生多个官能团，导致一个代谢物出现多峰。其检测种类受挥发性或形成挥发性衍生物的能力的限制。LC-MS 可以分析热不稳定且难挥发的化合物，既可检测极性的糖类、非芳香族的有机酸，又可检测各种各样的脂类物质，样品预处理过程无需衍生化（Commisso et al.，2013）。目前 GC-MS 和 LC-MS 是代谢组学研究的理想工具和最主流的分析平台（Zampieri et al.，2017）。近年来，可用于分析生物样品中极性离子化代谢物 CE-MS 被认为是对 GC-MS 和 LC-MS 的有效补充，而逐渐应用于代谢组学研究（Ramautar et al.，2019）。

代谢组学研究根据目的不同，可分为靶向代谢组学（targeted metabolomics）和非靶向代谢组学（untargeted metabolomics）。靶向代谢组学是利用已知属性的化学标准品对样品中某一种或几种代谢物的绝对定量，特别是针对某一条通路上的关键代谢物，通常是为了针对性验证研究中提出的科学假设。非靶向代谢组学专注于对生物系统中代谢物进行全面系统的分析，尽可能多地对代谢物进行定性和相对定量分析，获取大量数据并对其进行处理，最终得到差异代谢物（Broadhurst et al.，2018）。

3. 数据处理及分析

NMR 或 MS 平台数据采集会得到海量复杂的代谢物信息。这些原始数据首先要经过数据提取，主要包括基线校正、消除噪声、色谱解析、峰匹配、峰归一化、数据转化等。提取到的代谢组学数据借助数据分析软件实现单变量或多元变量等统计分析，数据分析方法包括无监督分析和有监督分析两种（许国旺等，2007）。

聚类分析就是将类似的样本聚在一起，每个样本用特征参数表示为多维空间的一个点。根据物以类聚的原理，在多维空间中相类似的样本相互之间的距离应小于不同类别样本之间的距离。这类方法不需要事先确定样本的类别归属，没有可供学习利用的训练样本，所以称为无监督分析方法。常用的无监督分析方法有主成分分析（principal components analysis，PCA）、非线性映射（nonlinear mapping，NLM）和分级聚类法（hierarchical cluster analysis，HCA）等。HCA 是一种很常用的聚类方法，其主要原理是同类样本应彼此相似，相类似的样本在多维空间中的距离应较小，而不同类的样本在多维空间的距离应较大。其基本做法是先将每个样本自成一类，选择距离最小的一对并成一个新类，计算新类与其他类之间的距离，再将距离最小的两类并成一类，直至所有的样本都成为一类为止。PCA 是采用线性投影将原来的多个变量空间转换转化成一组新的正交变量的统计分析方法。这些相互正交的新变量称为主成分，是原始变量的线性组合，第一主成分轴是原始数据矩阵的最大方差方向，其他主成分所反映的差异程度依次降低，而且这些主成分相互正交，保证了从高维向低维空间投影时尽量保留有用的信息。NLM 与 PCA 相似，也是将多维空间中的样本矢量映射到二维空间上，但它不是简单的投影，而是力图在映射过程中保持各样本点之间的距离不变，以维持原有的数据结构。由于无监督分析方法不能忽略组内误差，不利于组间差异的鉴别，需要进一步结合有监督分析方法突出组间差异。有监督分析方法的基本思路是利用一组已知分类的样本作为训练集，让计算机对其进行学习，获取分类的基本模型，进而可以利用这种模型对未知分类的样本进行类别判断。应用于代谢组学研究的有监督分析方法主要包括偏最小二乘法—判别分析（partial least squares discrimination analysis，PLS-DA）、正交偏最小二乘法—判别分析（orthogonal partial least squares discriminant analysis，OPLS-DA）、K 最邻近法（K-nearest neighbor classification method，K-NN）及软独立建模分类法（soft independent modeling of class analogy，SIMCA）等。PLS 本质上是一种基于特征向量的回归方法，在化学计量学中主要用于回归建模，在很大程度上可取代多元线性回归和主成分回归（Gromski et al.，2015）。K-NN 是一种直接以模式识别（同类样本在模式识别空间相互比较靠近）为依据的分类方法。该方法对每一个待测样本逐一计算其与各训练样本之间的距离，找出其中最为接近的 K 进行判断。SIMCA 解决了 PCA 分析在建模中不包含分类信息、不能直接用于模式识别的问题。其基本原理是对训练集中的每类样本进行主成分分析建模，并在此基础上，通过将未知样本依次拟合各类样本的主成分模型，从而预测该未知样本的分类。

4. 代谢组学数据库

代谢组学研究日益受到人们的关注，但其信息的使用和深入挖掘仍然处于初级阶段。生物信息学在代谢组学中应用最大的障碍在于缺乏合适的数据库以及相应的数据交换格式，使大量的研究工作仅限于小范围交流，研究结果难以共享并获得充分的利用。一些生化数据库可供未知代谢物的结构鉴定或用于已知代谢物的生物功能解释，如连接图数据库（Connections Map DB）、KEGG、METLIN、HumanCyc、EcoCycmetacyc、BRENDA、Meta-Cyc、UMBBD、WIT2、EMP 项目，IRIS、AraCyc、PathDB、生物化学途径（Ex-PASy）、互联网主要代谢途径等。代谢组学的生物信息学研究不是大量代谢分析结果和信息的累计，其真正意义在于理解这些信息所蕴含的意义，了解各种小分子代谢物在生物体内的生物功能、代谢途径和网络。

10.3.2 代谢组学技术在畜禽环境生物学研究中的应用

畜禽健康养殖是品种遗传、环境、饲养管理、饲料营养、生物安全的高度统一体，而环境因素与饲养管理仍是我国畜禽养殖业较为薄弱的环节（张宏福，2015）。养殖舍内环境因子众多，包括温热、有害气体、空气颗粒物、光照、噪声等，各因子间还存在复杂的相互关系，环境因子对动物不同生理阶段及生理活动有很大影响。我国逐渐倡导健康养殖以来，研究者们愈来愈意识到重视养殖环境、维护动物自身健康和免疫抗病能力是保证人类食品安全的重要基础，同时也是畜牧产业的重大技术需求和发展方向（张宏福，2018）。代谢组学通过对细胞、体液或组织中的小分子代谢物进行分析，预测生物体疾病发展中的生物标志物，深入了解疾病的病理生理机制（Turi et al.，2018）。对于畜禽环境生理而言，代谢组学不但提供了一个了解体内物质代谢途径及其调控机制的重要平台，也为研究环境因子对畜禽生理状态的影响提供了新的方法。

环境因子，如温度、湿度、光照、有害气体等，都会对生物体内代谢物的含量及相对组成产生影响，并会在血液和尿液等体液中得到反映。以温度为例，研究发现 32℃热应激使肉鸡血清代谢物组成发生显著变化，与常温环境下肉鸡血清代谢物相比，热应激组血清中分别有 46 种和 32 种代谢物发生显著上调和下调表达；进一步对代谢通路富集分析发现，热应激主要影响氨基酸代谢，如甘氨酸、丝氨酸和苏氨酸代谢、精氨酸和脯氨酸代谢、苯丙氨酸代谢和半胱氨酸和蛋氨酸代谢；同时还发现血清葡萄糖水平下降，这表明热应激条件下机体会出现能量供应不足而打破血液葡萄糖稳态。另一方面通过相关性分析发现料重比与鉴定到的代谢物游离氨基酸（如脯氨酸、蛋氨酸等）以及腹脂、皮下脂肪、肌内脂肪等呈正相关，而与游离脂肪酸（如硬脂酸、花生四烯酸、棕榈酸等）呈负相关，表明热应激导致肉鸡处于能量负平衡状态，无法有效地利用脂肪，从而导致蛋白质分解，进而影响机体生长性能（Lu et al.，2018）。整合转录组学与代谢组学分析结果发现，持续热应激通过抑制细胞周期为修复 DNA 损伤增加时间，肉鸡肝脏通过增加葡萄糖的转运、脂肪分解、β-氧化以及内源性大麻素的合成而抑制免疫系统的激活，避免出现炎症反应。这些结果揭示肉鸡通过自身代谢过程的变化以适应外界环境的改变（Jastrebski et al.，2017）。与其他组学相比，代谢组学与表型更为接近，更适于疾病分型和标志物的发现。唐湘方（2015）利用代谢组学技术对急性热应激下肉鸡粪便代谢物进行分析，筛选得到 10 种潜在生物标志物。通过代谢组学分别在热应激泌乳奶牛肝脏、血浆和牛奶中检测到 33 种、41 种和 53 种潜在候选生物标志物，经过进一步 ROC 分析分别鉴定得到 8 种、13 种和 10 种潜在生物标志物，意外的是，研究者发现包括葡萄糖、乳酸、丙酮酸、甘氨酸、脯氨酸、亮氨酸等在内的 15 种代谢标志物在 3 个组织中均被鉴定为潜在标志物，这表明这些代谢物可以代表热应激状态下奶牛的代谢状况，并可以提供热应激下奶牛机体的精确信息，同时这些指标的发现还能为选育耐高 THI 的奶牛奠定基础（Fan et al.，2018；Tian et al.，2016）。相似的，也有研究对奶牛 4 种体液（瘤胃液、牛奶、血清和尿液）代谢物进行分析，发现其共有的代谢物 29 种，整合关键代谢途径分析表明饲喂苜蓿的奶牛具有更广泛的氨基酸代谢途径，提示这些代谢途径可以作为奶牛高产奶量和乳蛋白品质的生物标志物（Sun et al.，2015）。由此也说明代谢组学在生物体健康评价及预测方面具有很强的应用潜力。热应激下，水牛的体温和呼吸频率都显著低于荷斯坦奶牛，进一步研究发现热应激显著影响包括氨基酸、脂肪酸和胆汁酸等在内的血清代谢物，荷斯坦奶牛可以通过瓜氨酸和脯氨酸代谢缓解热应激，而水牛则通过支链氨基酸和生酮氨基酸代谢以及糖异生途径适应热应激环境，表现出更强的耐热性能（Gu et al.，2018）。利用代谢组学技术研究发现 33℃热暴露改变生长猪肝脏、血清、回肠及盲肠中胆汁酸代谢的组成和分布，不同的是，长期热暴露（21d）降低猪肝脏中牛黄型结合型胆汁酸的含量（Fang et al.，2019），而短期热暴露（3d）则增加牛黄型结合型胆汁酸的含量。妊娠母猪暴露于 28～32℃的热环境中，血清丙酸、丁酸、总短链脂肪酸、琥珀酸、乳酸等的浓度显著降低，果糖和戊二酸的浓度增加，同时肠道微生物群落受到影响，梭菌属 *Clostridiales* 和盐单胞菌属 *Halomonas* 丰度增加，拟杆菌 *Bacterodales* 和链球菌 *Streptococcus* 丰度降低，在 OTU 水平，发现 *Ruminococcaceae UCG-005*、*Ruminococcaceae NK4A214 group*、*Christensenellaceae R-7 group* 和 *Halomonas* 与有机酸（乳酸、苹果酸、延胡索酸）、短链脂肪酸（short-chain fatty acids，SCFAs）、乙醇胺和烟酸呈负相关，表明这些细菌相对丰度的降低能够缓解热应激对胃肠道的损伤，同时促进 SCFAs 等的产生，有助于维持肠道内环境稳态（He et al.，2019）。

其他环境因子对畜禽体内小分子代谢物的研究鲜有报道，但是代谢组学在环境因子影响人及啮齿类动物体内代谢物方面的应用多有报道。Vlaanderen 等（2017）利用非靶向代谢组学描绘人暴露于高污染环境 5h 后血清代谢物轮廓特征，发现 3 种与空气污染密切相关的化合物，分别是酪氨酸、鸟苷和次黄嘌呤，以及 3 种代谢途径：酪氨酸代谢、鸟氨酸循环/氨基代谢和 N-聚糖降解，鸟氨酸循环/氨基代谢涉及空气污染物中氨的处理。Titz 等（2016）的报道也证实小鼠体内甘油磷脂代谢与暴露于香烟环境有密切联系。暴露于臭氧环境中的小鼠增加了糖酵解、长链游离脂肪酸、支链氨基酸和胆固醇的含量，降低了 1,5-脱水山梨糖醇、胆汁酸以及 TCA 循环中代谢物的含量，造成大鼠葡萄糖代谢、蛋白质水解以及脂质和氨基酸代谢紊乱，出现典型的应激反应（Miller et al.，2015）。相较于低 PM2.5 环境，暴露于高 PM2.5 环境中的慢性阻塞性肺疾病（chronic obstructive pulmonary disease，COPD）病人体内与抗氧化相关的代谢物组氨酸和精胺等发生变化，患者氧化还原稳态遭到破坏，肺组织出现过度氧化，同时发现与 PM2.5 相关的标志物中尿酸和甲基尿酸发生变化，尿酸是一种嘌呤衍生物，代表人体的抗氧化状态，而甲基脲酸作为高级灵长类动物的抗氧化剂，是甲基黄嘌呤在黄嘌呤—尿酸代谢过程中的甲基衍生物，它们的减少与 PM2.5 诱导的氧化应激相关。受试者暴露于 PM2.5 环境下 GABP（glyceric acid 1, 3-biphosphate）（糖酵解的代谢中间体）含量降低，降低了呼吸过程中红细胞的氧亲和力。这表明 PM2.5 暴露降低了抗氧化能力的同时还打乱了正常的呼吸节奏，减少呼吸产生的能量，这是增加 COPD 风险的关键因素（Huang et al.，2018）。由以上研究可知，环境污染如颗粒物超标对机体代谢物影响显著，标志代谢物的发现可提供环境刺激和疾病应激引起一系列功能改变的信息。代谢组学可以在先验假设的情况下对环境因素和宿主本身健康相关的代谢物进行定量筛选，这对于研究畜禽环境生理调节机制有重要的借鉴意义。

小分子代谢物在畜禽环境生理调节机制研究中有非常重要的地位，代谢组学作为一项新技术，能用反映整体的代谢物图谱直接认识机体生理和生化状态。目前关于环境因子、小分子代谢物以及畜禽环境生理调节机制的研究已有一定的进展，主要集中在畜禽血液、肝脏及尿液中小分子代谢物在热应激下如何发生变化，如何参与宿主应对热应激的调节机制，除此之外，其他环境因子对畜禽代谢物变化的相关报道仍然较少。在今后的研究中，应着眼于环境因子对畜禽体内代谢物的影响以及机体代谢的变化，为揭示其调节机制提供新的研究思路。

虽然代谢组学的优势显而易见，但是在应用过程中仍然面临许多问题。最大的挑战是如何全面系统地处理如此庞大的数据，其次便是数据解释的问题。由于基因组数据和代谢组数据无直接联系，这就牵涉到如何判断前期代谢组研究发现的关键代谢物的调控基因是否应该敲除或者过表达。另一方面，就代谢组学分析技术而言，挑战仍很多，许多代谢物（如信号分子）通常浓度很低。现有分析手段的灵敏度和动态监测范围对全组分分析仍有不足，合理的方法学平台在环境生理学研究中显得尤为重要。从总体上讲，环境代谢组学研究目前仍然处于发展起始阶段，许多方面亟待开发和完善，同时也面临多方面的挑战。随着更先进分析技术平台的使用、更强大数据处理工具的出现以及更完善的代谢数据库的建立，环境因子对畜禽生理代谢的作用机制将会得到进一步的阐释。

10.4 Meta 方法在畜禽环境生物学研究中的应用

Meta 分析作为一种重要的系统评价手段，是指将已有的具有相同研究目的的不同研究结果进行整合分析，从而得出更正确、更全面的结论的分析方法。该方法可以最大限度地减少传统描述性综述中不可避免的各种偏倚，确保所得结论的科学性、真实性以及客观性（Jackson，2009），已经被广泛应用在社科以及医药研究领域。

动物、养殖者以及环境是畜禽健康养殖体系的三大基本因素。而生产环境是制约我国畜禽生产效率的最主要因素。畜禽环境生理研究是以畜禽为研究对象，研究内容主要包括环境因子与动物机体相互作用机制，畜禽舍环境参数耦合优化形成机制，不同生理阶段畜禽舍有害气体形成的饲料营养因素及其规律等（张宏福，2016a；张宏福等，2003）。其核心就是最大限度地消除环境因素对畜禽健康养殖以及生产效率的制约，提高畜牧生产效率，减少疫苗及药物的使用，保证畜产品安全并减少养殖对生态环境的污染（张宏福，2016b）。

国内外已有学者将 Meta 分析引入畜牧研究中，并进行了许多有价值的实践。畜禽环境生理研究多集中在机理方面的研究，但该研究多研究单项环境因子，采用特定动物试验所得结果说服力较弱，因此需要进行同类研究的整合。并且对畜禽养殖环境的参数进行精准评估，建立有效的决策模型，也需要大量数据的再分析。在这些方面，Meta 分析发挥不可替代的作用。本节将对 Meta 分析方法原理及应用进行系统综述，为畜禽环境生理学的研究提供新的思路。

10.4.1 Meta 分析的概念及作用

1. Meta 分析的概念

Meta 分析（Meta-analysis），也称为荟萃分析、元分析、汇总分析或整合分析，是一种在同一主题背景下对多个独立研究的结果进行数据整理、合并以及再分析的方法。当这些研究在时间以及范围上有一定的相关性以及连续性时，该方法可以用来识别这些研究的共同成果，并且从这些成果中鉴定出一些共性的潜在规律，进而对这些研究做一个定量文献综述，并为之后的试验研究提供指导。

Meta 分析的思想起源于 20 世纪 30 年代由 Tippett 和 Yates 提出的结合概率统计检验（Yates et al.，1938）。而最早提出 Meta 分析这一术语的则是美国教育学家 Glass，他于 1976 年在研究心理疗法的有效性时，将这种定量整合分析的方法首次命名为 Meta-analysis，并创造了效应值（effect size）这一概念（Glass，1976）。社会科学领域（教育学、心理学等）很快认同并接纳了这一全新的分析方法（Hedges et al.，1985）。紧接着该方法渗透到临床医学以及预防医学领域，并在医学领域得到迅猛的发展（Dickersin et al.，1992）。

2. Meta 分析的作用

传统的描述性综述，由于作者在选择文献以及撰写过程中主观性的影响，常选择有利于自己观点或自身较感兴趣的文献，这样的选择会导致针对同一问题，不同综述者会得出不同的结论（Mulrow，1987）。而 Meta 分析所用的流程较为固定，有法可依，通过效应指标利用数学模型量化完成综述，尽可能通过标准化的流程得到客观分析结果，作者主观影响尽可能大的被排除，文献综合分析能力得到提高。该特性使 Meta 分析在阐述结果并不一致的研究问题时说服力和可信度增强（Pettigrew et al.，2006），并且可以获得高于任何独立研究的外部有效性。

与定性类型综述相比，Meta 分析首先可以通过增大样本量来增强参数功效，使得统计结果更能体现样本所在整体的变化趋势，降低二类错误（Type Ⅱ）出现的概率，因此 Meta 分析在整合那些统计功效较小的研究结果时的作用较大。其次，对之前同一研究目的中不同处理因素的作用进行鸟瞰总结。举例来说，大量试验证明环境因子中温度、湿度、NH_3 浓度都会对猪的生长性能产生影响，但是这些试验的目的并不是对生长性能进行预测，而只是说明这些因素的影响。通过 Meta 分析，我们可以对这些处理因素进行整合再分析，可以对该类环境因素调控猪生长性能的作用有一个更全面的认知，发现单一研究中尚未涉及或无法解释的问题，并据此提出新的研究假说与研究方向（Garg et al.，2008）。最后，Meta 分析可以对畜禽舍环境参数机器建模学习过程提供更加准确的参数估计，以及扩大机器学习模型在不同条件的适用范围。并且在已建立模型的评估和不同模型之间的比较上发挥重要的作用（Offner et al.，2003）。

10.4.2　Meta 分析的步骤

Meta 分析是一个数学分析过程，更是一个研究，需要利用科学的态度完成严谨的设计。Meta 分析流程如图 10-1 所示。其基本步骤包括：首先明确研究问题，然后制定文献筛选标准并开始查找收集文献；对文献进行质量评估并提取相关数据；按照统计学方法对收集到的单一研究结果进行分析整合；对分析结果进行敏感性分析；针对结果进行阐释并总结成文。Meta 分析的重要特征之一就是迭代过程，它是在分析人员的控制之下完成的，这种循环重复之前步骤的模式有助于完善 Meta 分析的结果，研究者也可以从中得到更多的新发现（Sauvant et al.，2008）。

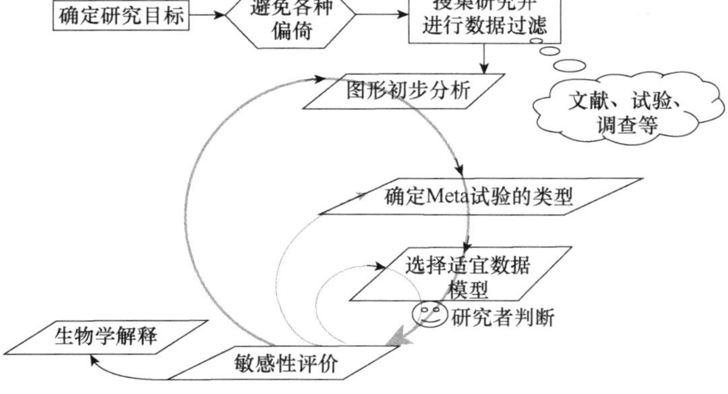

图 10-1　Meta 分析的基本流程

1. 文献的筛选与数据提取

做 Meta 分析之前，首先要明确研究的目的，限定研究包含的内容。着手收集文献时，需尽量收集所有相关文献，减少发表偏倚对研究结果的影响。全面收集整理文献是 Meta 分析有别于传统定性类型综述的重要特征之一。

文献收集的标准尺度应适中，采纳和剔除的标准不宜过高或过低。标准过高，虽然纳入文献的同质性较好，但是往往符合标准的文献数量较少，并不能起到扩大统计样本，增强参数功效的作用。而标准过低时，则会引起所谓“苹果和橘子合并比较”的现象，分析结果的可靠性与有效性有所降低。制定标准应从以下几方面考虑：第一，确定纳入 Meta 分析的研究对象；第二，研究的设计类型；第三，研究所采用的指标参数；第四，研究的样本量（周旭毓等，2002）。首先对搜索到的文献进行初步筛选，通过阅读摘要等部分，将明显不符合标准的文献删除。然后再仔细阅读剩下的文献，根据标准仔细鉴别，若对文献存在疑问应联系作者沟通之后再选择保留或剔除。如 Meta 分析不同粕类饲料原料对生长猪氨基酸消化率的影响（Messad et al.，2016）。首先，将综述文献定于氨基酸、表观回肠消化率（apparent ileal digseatibility）、标准回肠消化率（standardized ileal digseatibility）、猪（pig or swine）、粕类原料（oilseed meal）等关键词，不包括添加外源酶与利用混合粕作为蛋白原料的试验处理。选择数据库 Web of Science、CAB abstracts、Prod INRA and Science Direct。再根据选择出的文献情况区分为不同亚组，如粕类种类（豆粕、菜籽粕和棉粕），试验猪体重（大于或小于 25kg），手术方式（T 型瘘管、回直肠吻合术）等。试验对象为猪，影响因素为粕类种类，测量结果为氨基酸消化率。选择文献的标准并不固定，需根据拟解决的问题制定，既要考虑文献的全面代表性，又要照顾后续分析计算的可能。

2. 数据提取及模型和效应值的选取

试验动物样本量的大小、试验设计是否存在明显的漏洞以及数据分析方法应用是否合理通常是动物营养研究领域文献质量判断的标准。纳入数据库的文献需包含作者信息、发表时间、样本量、研究参数以及选择或剔除原因等信息。

两种类型的试验适用于 Meta 分析，一种为多水平试验，一种为对照试验。多水平试验，如用于发现营养元素的适宜添加量或养殖环境适宜参数。在该试验类型中，试验动物较少、梯度设置有限且不统一等容易造成试验结果不够有说服力、单个研究代表性不足等问题。而利用 Meta 分析可以去除不同试验之间的差异，纠正其数据使其具有可比性，以便获得更为客观公正的结果。其常用模型（陈波，2011）为

$$Y_{ij}=\mathrm{B}_0+\mathrm{B}_1X_{ij}+\mathrm{B}_2X_{ij}^{\ 2}+\mathrm{S}_i+\mathrm{b}_{1i}X_{ij}+\mathrm{b}_{2i}X_{ij}^{\ 2}+\mathrm{e}_{ij}$$

式中，i 为研究个数（$i=1,2,\cdots,8$）；j 为每个研究中的观察数（$j=1,2,\cdots,n$）；B_0 为全部研究的总截距（固定效应）；B_1 和 B_2 分别为研究间的多项式一次项和二次项系数（固定效应）；X_{ij} 为第 i 个研究中第 j 个观察值的自变量 X；S_i 为第 i 个研究的随机效应截距；b_{1i} 和 b_{2i} 分别为第 i 个研究的多项式一次项和二次项系数（随机效应）；e_{ij} 为残差，服从 N（$0,\sigma^2$）分布（随机效应）。

对照试验，多用于动物营养添加剂效果评测类试验。该试验类型的 Meta 分析时常选择的测量指标为加权平均数差（weighted mean difference，WMD）、标准化平均数差（standardized mean difference，SMD）。若同一添加剂试验中测量方法与单位完全相同时，宜采用 WMD；而测量方法与单位不同或者不同研究之间均数差异较大时，则宜选择 SMD 作为合并统计量。值得注意的是，SMD 属于相对指标，尽管具有较好的一致性，但是由于某些情况下相对指标并不能反映添加剂的真实风险情况，效应容易被夸大。并且由于 SMD 并无准确单位，在阐述其生物学意义时应结合具体研究情况加以理解分析。

数据合并整理之前需要进行异质性分析，以判断纳入 Meta 分析的多个研究是否具有同质性。基于统计原理，只有不同研究具有同质性才能进行统计量的合并，反之则不可行。异质性分析一般使用 Q 检验，若检验结果中 $P>0.05$，则判定不同独立研究之间不具有异质性，那么选择固定效应模型（fixed effect model）合并计算统计量。若 $P\leq 0.05$，则认为不同独立研究之间存在异质性，那么采取不同处理方法，如敏感性分析或分层分析等使之达到同质后再利用固定效应模型。若经处理后仍存在异质性，则选择随机效应模型（random effect model）合并计算统计量。

3. 敏感性评价及综合结果的解释

敏感性评价是 Meta 分析真实性评估的重要标准之一，它衡量在不同分析条件下，Meta 分析的结果是否会发生显著的变化。如果不同条件下，Meta 分析的结果基本一致，无本质上的差别，说明 Meta 分析的结果稳定性好，具有较高的参考价值和实用价值。敏感性评价的主要内容包括：选择不同模型时，效应值的点估计与区间估计是否差异显著，结论是否会因此受到影响；根据样本量大小进行分层 Meta 分析对结论的影响；原始文献科学性以及方法的严谨程度；选择偏倚存在与否等。

畜禽环境生理研究自身存在的复杂性使研究者对 Meta 分析的结果应该慎之又慎。首先应考虑文献信息的证据强度。如纳入 Meta 分析的文献是否均为高质量文献，数量是否够多或者文献中样本量是否够大；独立研究之间同质性较好且结果准确可信；Meta 分析的结果能否用生物学解释，且被相关研究所印证。第二，分析结论能否在该领域推行；品种或生理阶段的差异或环境背景是否会影响结论。推广使用时，应结合 Meta 分析所纳入的文献评判标准判断样本的代表性。

尽管起初数据可能出现分散的情况，但是 Meta 分析最后产生的环境参数模型对数据的整合再分析是非常有价值的。其分析过程如前文所说是迭代过程，带有启发性质，允许研究者不断地返回先前的步骤进行优化。而在对所得到的环境参数模型确定之前，必须执行广泛的图形分析，以获得对整体数据结构以及所输入数据的直观理解。并且其结果并不是固定的，现有模型只是对现有文献整合分析得出的结论。随着新研究资料的不断更新和扩充，其结论也会与时俱进，随时为科研人员和产业从业者提供更新的决策信息。

10.4.3 Meta 分析的常用软件

针对不同的 Meta 分析类型需要和条件，研究者开发了多种 Meta 软件。其中有的软件只能进行某一类型的 Meta 分析，而某些软件则可以应对多种类型的需求。这些软件的操作系统有 Windows、Dos、Mac 和 Linux，据此可分为编程类和非编程类软件。由于软件众多，本节仅对畜牧领域 Meta 分析常用的几款软件做简单介绍，以期为使用者提供参考。

1. R

R 软件是基于 S 语言的一种免费开放的统计编程环境，由 Auckland 大学 Ross Ihaka 和 Robert Gentlemen 及其他志愿者开发，目前由 R 核心开发小组维护。R 软件具备完整的数据处理、计算和作图功能，不依赖于操作系统，可以运行于 Linux、Windows 及 Mac 等多个系统。R 语言通过常用的 metafor、meta、rmeta 程序包完成 meta 分析，除完成二分类及连续性变量的 Meta 分析外，还可以行 Meta 回归分析，并绘制森林图、漏斗图、拉贝图等，功能完整，作图精致。

2. Review Manager

Review Manager（RevMan）是国际 Cochrane 协作网制作和保存 Cochrane 系统评价的专用非编程软件，是目前临床医学领域最常用的 meta 分析软件。Revman 软件中预设了干预措施系统评价、精确性系统评价、方法学系统评价和系统评价汇总评价 4 类格式，支持 Windows、Linux 和 Mac OSX 操作系统，可绘制森林图及漏斗图，但不能行 Meta 回归分析、累积 Meta 分析及绘制拉贝图等。

3. SAS

SAS（Statistical analysis system）软件是目前世界上最具影响力的统计软件之一，其使用主要靠输入代码编程驱动，在动物营养、遗传繁殖领域应用最广。并且在畜牧领域的 Meta 分析中，SAS 的应用也最为广泛。其缺点在于无法绘制较为精美和专业的统计图表，并且编程的使用方法对于初学者来说难度较大。举例来说，在前文中适宜环境参数制定的 $Y_{ij}=\mathrm{B}_0+\mathrm{B}_1X_{ij}+\mathrm{B}_2X_{ij}^2+\mathrm{S}_i+\mathrm{b}_{1i}X_{ij}+\mathrm{b}_iX_{ij}^2+\mathrm{e}_{ij}$ 方程中，以下 SAS 基础代码可实现该方程的参数求解（Sauvant et al.，2008）。

```
PROC MIXED DATA=Mydata CL COVTEST;
    CLASS study;
    MODEL Y=X/SOLUTION;
    RANDOM study study*X;
    Run;
```

10.4.4 Meta 方法在畜禽环境生物学研究中的应用

畜禽饲养是一个复杂的系统作业，是品种、养殖环境、人工管理、饲料营养的高度统一体，由于全球一体化等原因，我国用于生产的主要畜禽品种已与畜牧业发达国家基本一致。但忽视养殖环境与人工管理是制约我国畜禽生产效率的最主要因素（张宏福，2015）。

养殖环境中温湿度、有害气体和粉尘对畜禽的影响是科研工作者关注的重点。环境温度对环境致病微生物的致病力有显著的影响作用，温度升高有利于细菌病原菌感染哺乳动物，而其致病力的提高主要依赖于毒力因子表达的上调（Shapiro et al.，2012），而30℃以上的环境温度则可完全抑制禽流感病毒的传播（Lowen et al.，2007）。温度对动物自身先天、后天免疫也存在不同程度的影响。长期处于高温环境中会抑制动物先天免疫系统功能，体现为减少局部巨噬细胞的数量，延缓树突细胞的成熟与降低 IL-6 与 IFN-β 等细胞因子水平（Jin et al.，2011）。而对后天免疫系统的抑制则体现在减少 Th1 免疫反应与 IgG 的生成，降低 T 细胞增殖与细胞因子的生成能力，下调抗原特异性细胞毒性 T 淋巴（CTL）细胞的活性（Hu et al.，2007）。NH_3 是养殖环境中最重要的有害气体应激原，控制其浓度对畜禽自身免疫力至关重要。李聪等（2014a）研究报道，随着鸡舍内 NH_3 浓度的升高，肉鸡的平均日增重和平均日采食量降低。李东卫等（2012）研究报道，80（$mg \cdot kg^{-1}$）NH_3 显著降低肉鸡的平均日增重和平均日采食量。本实验室的研究还发现，50（$mg \cdot kg^{-1}$）NH_3 显著降低 42 日龄肉鸡血清中 IL-1β 和 IL-6 含量（李聪等，2014b）。NH_3 主要破坏呼吸道黏膜结构，显著增加呼吸道疾病的发病率。对大鼠的研究表明，呼吸道腔面随着 NH_3 浓度的改变呈现分层性的变化，并且上皮细胞表面纤毛消失，上皮细胞层加厚，出现炎性细胞的浸润。25$mg \cdot kg^{-1}$ 环境 NH_3 能显著增加猪鼻腔中中性粒细胞数量（Urbain et al.，1994）。20（$mg \cdot kg^{-1}$）NH_3 可以显著降低猪肝脏中单核细胞趋化因子 CXCL14 的表达（Cheng et al.，2014）。20$mg \cdot kg^{-1}$ 的 NH_3 显著降低唾液中皮质醇的水平、引起肾上腺皮质增大（Parker et al.，2010）。而在粉尘的研究中，相关动物试验表明，细粉尘（PM2.5）会显著增加肺部炎症浸润，引发肺部局部及全身的炎症反应（Zhao et al.，2012）。不同来源的 PM2.5 均会引发上皮细胞的炎症与免疫反应、氧化应激（Ding et al.，2014；Huang，2013；Sun et al.，2012）。

近年来，Meta 分析的作用在国内外畜牧领域逐渐引起重视（Douglas et al.，2015；Lean et al.，2009）。Sauvant（2018）总结在动物营养领域运用 Meta 分析手段时文献纳入的标准、数据过滤、不同数据类型的处理方式、数据模型等。在 90 篇文献的基础上，Torres-Pitarch 等（2017）进行了断奶后饲料中添加外源酶对仔猪生长性能以及消化率影响的 Meta 分析，结果显示当甘露聚糖酶和蛋白酶作为复合酶组分加入饲料中时，生长性能和养分消化率得到较为一致的改善。Zimmermann 等（2016）利用 Meta 分析研究了益生菌对猪日增重（67 篇）以及饲料利用率（60 篇）的影响，表明无论是多株益生菌还是单株益生菌的添加，都会显著改善猪日增重和饲料利用率，并且为后续试验的设计提供了一定的理论参考。在外源纤维素酶对奶牛生长性能的影响 Meta 分析中，Arriola 等（2017）利用随机效应模型比较了试验组和对照组的原平均差和标准化平均差，结果发现添加外源纤维素酶可以增加干物质和中性洗涤纤维的消化率，但是对产奶量的影响较小，造成不同研究之间结果差异的原因主要是酶的类型。

Meta 分析在畜禽环境生理研究中的应用主要涉及胁迫环境下的营养需要量变化、适宜环境参数的制定等方面。养殖环境因素众多，而各个因素之间又存在互作，这极大地提高了环境生理研究的难度。而且大多数相关研究由于试验条件的约束，试验动物样本量较小，无法形成环境对畜禽生理的影响的准确结论。若采取 Meta 分析，将许多具有可比性的独立研究结果进行整合再分析，不但可以有效地提高分析样本量，增强统计效力，改善效应，也比大规模、花费巨大的单项研究更为可行。这有助于帮助研究者更好地梳理环境对畜禽生理的复杂影响机制，拓宽畜禽环境生理研究领域的深度与广度。

Salah 等（2014）运用 Meta 分析研究养殖环境温度较高情况下的绵羊、山羊以及奶牛的能量和蛋白质需要量变化情况，结果显示，相比温度适中的养殖环境，较高的温度会提高绵羊和山羊的维持代谢能需要量。这一结果为温度较高地区反刍动物的饲养管理提供了一定的理论参数。通过全面搜集整理相关文献对环境温度与猪采食量和日增重进行量化回归分析，Renaudeau 等（2011）发现环境高温与猪采食量和日增重之间存在曲线效应，并且该效应在体重较大的猪上更为明显。而温度与生产性能回归的截距和回归系数与研究工作实施的时间密切相关，这说明现代化手段育成的猪种对热应激的影响更敏感。Mignon-Grasteau 等（2015）对热应激对蛋鸡的生产性能（采食量、产蛋率、死淘率、蛋重、蛋壳强度等）的影响进行了系统评价，发现年龄和品种是影响蛋鸡热反应性的重要因素，而蛋壳强度、蛋重、产蛋率是评价蛋鸡热稳态的比较好的标记指标。

快速发展的高通量组学技术为畜禽环境生理研究提供了新的领域与途径。如利用 iTRAQ 蛋白质组学技术，研究发现 NH_3 不但会造成动物的应激，还会引发能量、脂质与氨基酸等代谢的紊乱。大量组学试验技术的应用产生了海量的生物学数据，而如何更好地、全面深入地解析隐藏在大数据之后的生物学规律，高效整合分析数据的 Meta-analysis 方法必不可少。如在转录组学研究中，利用 Meta 分析不仅可以大大地提高差异基因的鉴定准确率，还可以实现差异网络与基因的共表达分析（Jupiter et al.，2009；Mabbott et al.，2010；Mehan et al.，2009）、预测分析（Boutros et al.，2010）等，并衍生出整合通路（Kaever et al.，2014）、整合网络（Wang et al.，2009）等一列的后续研究。重复数量较少，不同蛋白质丰度之间无法横向比较（Cox et al.，2008）等现阶段的瓶颈使研究者在蛋白质组学研究上更多地使用 Meta-analysis 的原理算法来整合蛋白质数据从而实现特定的功能。如 Nahnsen 等（2013）开发的 PTMeta 通过整合不同修饰条件下质谱搜库结果，鉴定修饰肽段。Schwartz 等（2009）利用 Meta-analysis 整合不同物种的翻译后修饰信息，可以用于磷酸化与乙酰化位点预测。

10.4.5　Meta 方法的局限性及注意的问题

尽管相比传统的综述方法，Meta 分析方法具有非常显著的优势，但是其仍存在一些不可避免的局限性。首先不同研究对象、试验处理、分析方法不尽相同，强行将其合并分析，就如同将“橙子”与“苹果”放一起比较一样。当前解决方法是进行 Meta 分析之前首先进行同质性检验。第二是发表偏倚，也称抽屉问题。研究者通常倾向于发表有统计学意义的研究结果，而对阴性或者不显著的结果往往塞进抽屉、束之高阁。除了发表偏倚，还有索引偏倚、语种偏倚、查找偏倚等等。系统、全面地搜集与研究相关的文献，是减小各种偏倚的重要手段，也是 Meta 分析结果可靠的基石。最后是研究质量参差不齐的问题。如果将研究水平迥异的文献赋予相同的权值进行比较，那么会给综述结果带来偏差和错误。有研究者认为应纳入质量评估步骤，但质量评估涉及人为主观因素，同样造成偏倚，因此也存在争议。

Meta 分析在国内外社科领域、医学领域的应用已经非常广泛和成熟，而在畜牧领域特别是畜牧环境生理研究领域的研究还处于起步阶段。首先是文献数据的收集困难。环境生理的学科方法体系还处于初步阶段，相关的独立研究较为分散，很难搜集到关于同一研究等质的定量报告。即使收集到数据，试验动物处于不同的生理阶段，环境因子的设置差异及不同环境因子之间的互作，测定指标与方法的不统一等原因，也给数据合并整理造成巨大困扰。第三，数据提供得不够详细。有些研究只是简报，并未提供样本数、SD 值和 P 值等数据。这使得后续人员无法再次利用数据进行分析。在畜禽环境生理研究中，环境因子之间的相互影响以及建立畜禽舍环境参数耦合优化调控方法是 Meta 分析的主要应用领域，符合该领域的 Meta 分析模型还有待于发展和提高。

10.5 表观遗传学及其在畜禽环境生物学研究中的应用进展

10.5.1 表观遗传学概述

真核生物 DNA 复制是高保真的，错配率小于 10^{-7}，其遗传密码与 DNA 序列信息被认为是相同的（McCulloch et al.，2008）。随着对生命科学研究的深入，发现许多有趣的现象并不能用经典的遗传学来解释，比如在一个有机体中有不同的细胞类型，这些细胞的表型和基因表达具有时空特异性；另外，同卵双胞胎的 DNA 被认为是相同的，但在他们的表型中也发现了很多不同之处。

面对以上问题，研究人员进行了开创性的研究工作。1869～1928 年，Miescher、Flemming、Kossel 和 Heitz 定义了核酸、染色质和组蛋白，对常染色质和异染色质进行了细胞学区分。然后，Muller 等（1930）在黑腹果蝇、McClintock（1951）在玉米研究花斑型位置效应（position-effect variegation，PEV）和转座子，提供了非孟德尔遗传的早期线索。随后，对 X 染色体失活和基因组印记现象的描述使人们认识到，相同的遗传物质可以在同一个细胞核中保持不同“开”和“关”的状态，但对其机制却知之甚少。

1942 年，Conrad Hal Waddington 首次使用“表观遗传学”（epigenetics）一词，用来描述细胞表型中可遗传的变化，指的是任何作用于基因以控制最终表型的因果机制（“the branch of biology which studies the causal interactions between genes and their products，which bring the phenotype into being”）（Ingram，2019）。随后，Holliday（1987）对这一定义进行完善，将 DNA 甲基化与基因表达的改变联系起来。随着研究的深入，表观遗传学的定义不断扩大，现在指不使基因本身的核苷酸序列发生改变，而是通过调整遗传信息的生理形式——染色质，以使基因表达发生变化，并可稳定地维持（Egger et al.，2004）。因此，表观遗传学的重点在于：基因表达的变化独立于 DNA 序列的改变而发生，并且这种基因表达的变化可以延伸到发生原始反应的细胞之外，通过有丝分裂传递到其他体细胞，甚至可以通过生殖细胞传递到其他世代。表观遗传修饰是动态的，在内源性因素和环境因素的影响下发生变化。

表观遗传学作为经典遗传学内容的补充，其主要研究内容之一是阐述环境与基因互作的遗传关系。以 DNA 编码序列为基础的遗传信息是生物体内各项生命活动的遗传物质基础，而表观遗传学则为生物体提供了何时、何地、以何种方式应用遗传指令的信息，它与经典遗传学相辅相成，共同构建了完整的基因调控网络。经典表观遗传修饰主要包括 DNA 甲基化、组蛋白修饰、染色质重塑和非编码 RNA（non-coding, ncRNA）调控等。近年来，人们又发现 RNA 也存在表观修饰，以 RNA 甲基化（RNA methylation）为代表的新表观遗传学研究已取得了相当丰硕的成果。

表观遗传调控机制是生物体内普遍存在的一种调控方式，涉及调控生命活动的方方面面。大多数已知的染色质表观遗传修饰是可逆的，为表观遗传调控提供了可能。表观遗传学已经成为现代生物学领域最具创新性的研究领域之一，对畜禽环境生理研究具有重要的价值。

10.5.2　环境与表观遗传学的关系

在真核细胞中，DNA、组蛋白、非组蛋白及少量 RNA 组成高级复合结构——染色质。动植物表观遗传现象是由稳定染色质修饰介导的，对组蛋白的共价修饰和对 DNA 本身的修饰均影响基因的表达。环境因素能调节表观遗传修饰的建立和维持，从而影响基因表达和表型。化学污染物、饮食、温度变化和其他外部压力对机体的发育、新陈代谢和健康产生持久影响，甚至会遗传给后代。

全基因组范围的 DNA 和染色质组蛋白修饰模式在整个生命过程中并不是不变的。这些变化有助于基因的细胞谱系特异性和组织特异性表达（Law et al.，2010）。表观遗传修饰分为两种，一种是从头开始。在哺乳动物和一部分植物中，表观遗传修饰在通过生殖系统发生时被重新设定。这种表观遗传重编程为下一代生殖细胞的发育做准备。另一种是表观遗传修饰的随机变异，通常没有明显的生物学目的。研究认为，这种随机变异是由外在（环境）和内在因素共同调节的。

在外界环境的作用下，特定基因表达形成不同的基因表达谱，细胞产生不同的表型，即其结构和功能发生相应的变化，以对外界环境作出响应。研究表明，表观遗传的改变可作为环境诱导的表型变化机制（Andrea et al.，2012；Baccarelli et al.，2010）。有研究发现，环境诱导基因表达发生变化与 DNA 甲基化模式的改变或组蛋白修饰有关。但到目前为止，很少有研究能提供明确的机理方面的解释。

10.5.3　表观遗传学的调节机制及研究方法

真核生物的基因组被包装成染色质，这是一种异质性的高级结构，在转录、复制和修复中起核心作用。染色质的基本单位是核小体。核小体是由 146bp 的 DNA 包裹在组蛋白八聚体上形成的（Olins et al.，2003）。表观遗传学的调节机制主要包括：组蛋白修饰（histone modification）、染色质重塑（chromatin remodeling）、DNA 甲基化修饰（DNA methylation）以及长链非编码 RNA（long non-coding RNA，lncRNA）等。本章节主要介绍组蛋白修饰和 DNA 甲基化修饰。

1. 组蛋白修饰

组蛋白是与 DNA 一起在细胞核内形成染色质结构的小的碱性蛋白质，有 H1、H2A、

H2B、H3 和 H4 五种。组蛋白 H2A、H2B、H3 和 H4 各 2 个拷贝共同形成组蛋白八聚体，真核生物的 DNA 缠绕此八聚体两圈形成核小体（Peterson et al. ，2004）。相邻的核小体间有一段长 50～60bp 的 DNA 双螺旋链，可以结合 H1 组蛋白。除 H1 外，每个组蛋白都有一个从核小体延伸出来的 N 末端尾部，在转录后被相关酶修饰（Skene et al. ，2013）。这些修饰模式构成调控染色质包装的代码。

很长一段时间，组蛋白被认为对基因的调控没有作用。直到 20 世纪 90 年代初，研究表明组蛋白不仅在 DNA 损伤修复、复制和基因重组中起重要作用，在基因表达调控中也起重要作用，是表观遗传调控的关键因素。通过 ChIP-on-chip 或 ChIP-seq 技术，在植物（Zheng et al.，2019）、酵母（Pokholok et al.，2005）、小鼠（Araki et al.，2009）、人类（Wang et al.，2008）等物种中生成组蛋白标记的全基因组图谱，并发现组蛋白的乙酰化。如在 H3K9 和 H3K14 处的乙酰化与细胞基因表达有关。另外，H3K4 的单甲基化、二甲基化和三甲基化（H3K4me1、H3K4me2、H3K4me3）等组蛋白甲基化与基因激活有关。而 H3K9 和 H3K27 的三甲基化（H3K9me3 和 H3K27me3）与基因沉默有关。这些表观遗传密码在癌症和其他生命活动中的作用显得越来越重要。

组蛋白的共价修饰是多样性的。常见的组蛋白修饰有甲基化、乙酰化、磷酸化和泛素化（ubiquitylation，ub）4 种。首先，同一种组蛋白存在不同的修饰位点，如 H3 存在 R2、K4、K9、R17、K27 等多个修饰位点。其次，同一种组蛋白同一位点也可以存在不同的修饰类型，如 H3K4 可以同时存在甲基化和乙酰化。用肽质量指纹图谱检测牛组蛋白的甲基化、乙酰化、磷酸化和泛素化修饰，发现 H2A 有 13 个修饰位点，H2B 有 12 个修饰位点，H3 有 21 个修饰位点， H4 有 14 个修饰位点（Ma et al.，2019）。此外，同一种组蛋白同一位点的同一修饰可以同时存在多个修饰基团，如赖氨酸的甲基化有单甲基化、二甲基化和三甲基化 3 种。一种组蛋白的修饰往往不能独立发挥作用，组蛋白的修饰多样性以及它们在时空上的组合构成“组蛋白密码”，其他蛋白质读取该密码，产生不同的下游事件。研究最多的组蛋白修饰方式为甲基化和乙酰化。

1）甲基化

组蛋白甲基化是指在组蛋白甲基转移酶（histone methyltransferase，HMTs）作用下，以 S-腺苷甲硫氨酸为甲基供体，将甲基转移到组蛋白赖氨酸（K）或精氨酸（R）残基上。组蛋白甲基化是动态的，由不同类型的 HMTs 和组蛋白脱甲基酶类（HDMTs）调节。HMTs 包括组蛋白赖氨酸甲基转移酶（HKMTs）和组蛋白精氨酸甲基转移酶（PRMTs）。

组蛋白赖氨酸（K）甲基化是组蛋白 N 端发生的一种重要的化学修饰。赖氨酸可以单甲基化、二甲基化或三甲基化，H3K4、H3K9、H3K27、H3K36 和 H4K20 是常见的赖氨酸甲基化位点。精氨酸（R）甲基化是组蛋白甲基化修饰中另一种广泛存在且相对保守的蛋白质翻译后修饰。精氨酸可以发生单甲基化（me1）、对称二甲基化（me2s）、非对称二甲基化（me2a）。蛋白质精氨酸甲基化主要由蛋白质精氨酸甲基转移酶家族成员催化。PRMTs 可分为两类：Ⅰ型催化单甲基精氨酸和不对称二甲基精氨酸的形成；Ⅱ型催化单甲基精氨酸和对称二甲基精氨酸的形成。

2）乙酰化

组蛋白的乙酰化修饰主要是发生在 H3、H4 的 N 末端比较保守的赖氨酸残基上。组蛋白乙酰化是一个可逆的动态过程，通过组蛋白乙酰转移酶（histone acetyltransferase，HATs）和组蛋白去乙酰化酶（histone deacetylase，HDACs）实现。组蛋白乙酰化减少染色质凝聚，HATs 催化乙酰基（带负电荷）从乙酰辅酶 A 转移到赖氨酸氨基末端，中和组蛋白正电荷。由于电荷的作用，DNA 组蛋白和核小体之间松弛，使转录因子进入，与 DNA 发生接触，激活转录。相反，组蛋白脱乙酰化又回到原来的凝聚状态，HDACs 去除乙酰基，恢复组蛋白的正电荷，允许带负电荷的 DNA 与组蛋白之间相互作用，导致染色质结构凝聚，从而抑制转录。基于与酵母 HDACs 酶序列的不同，真核生物 HDACs 可分为 4 类：Ⅰ类 HDACs，包括 HDAC 1、2、3、8；Ⅱ类 HDACs，由 HDAC 4、5、6、7、9、10 组成；Ⅲ类 HDACs（又名 Sirtuins）有 7 种不同的亚型；Ⅳ类 HDACs，包括 HDAC11。在这些 HDACs 中，Ⅰ、Ⅱ和Ⅳ类是锌-依赖性的，而Ⅲ类是 NAD^+-依赖性的。

Wong 等（2016）介绍了组蛋白修饰中常用的研究方法如下。

3）组蛋白修饰的特异性抗体的蛋白质印迹

蛋白质印迹方法是组蛋白翻译后修饰（post-translational modification，PTM）检测的常用方法，依靠的是组蛋白修饰的特异性抗体，利用蛋白印迹进行显色反应。在应用抗组蛋白 PTM 抗体进行试验之前，要对抗体的敏感性和特异性进行检测。为了检测原发性肝细胞癌（HCC）中已知的 591 个表观遗传调控因子的表达，对癌组织和癌旁组织进行 mRNA-seq。结果发现，表观遗传调控因子的表达普遍上调，其中，SETDB1 是表达异常最明显的表观遗传调控因子。之后用 RT-qPCR 和免疫组织化学（Immunohistochemistry，IHC）的方法确认 SETDB1 在 HCC 中表达上调。随后用特异性抗体通过 Western blot 方法研究敲除 SETDB1 细胞中组蛋白修饰水平的变化，发现 SETDB1 通过 H3K9me3 介导的表观遗传机制发挥作用。

4）组蛋白修饰的特异性抗体的蛋白质印迹的替代方法

蛋白质组学方法是鉴定组蛋白修饰的研究方法之一，可以同时对组蛋白的类型及其 PTM 进行定性和定量分析。然而，需要注意的是，组蛋白的 PTM 非常丰富，且组蛋白含精氨酸和赖氨酸较多，因此其用蛋白酶酶切后产生的肽段种类非常多，容易出现分子质量和修饰相同的肽段，如两条甲基化修饰的肽段，MHIQTSK(me)SADK(me)KGAELK 和 MHIQTSK（me）SADKK（me）GAELK，它们不仅分子质量相同，而且质谱碎裂行为接近，用软件进行自动化定量分析时容易发生混淆。因此，质谱法难以应用于全局的组蛋白修饰。目前可以通过结合其他方法获得关于全局组蛋白修饰水平的数据。例如，可以通过 HPLC 分离所有组蛋白（H3、H4、H2A、H2B 和 H1），并通过毛细管电泳（high performance capillary electrophoresis，HPCE）和液相色谱—质谱（LC-MS/MS）分析相应的洗脱级分。

5）ChIP（染色质免疫共沉淀技术）

染色质免疫共沉淀技术（chromatin immunoprecipitation assay，ChIP）主要用于分析目标基因活性或一种已知蛋白的靶基因，是目前研究体内 DNA 与蛋白质相互作用的唯一方法。其基本原理是：当用甲醛处理活细胞或组织时，其内部相互靠近的蛋白质与蛋白质、蛋白质与核酸（DNA 或 RNA）之间交联形成共价键；用超声波或酶将染色质随机切断为一定长度范围内的小片段；然后用免疫学方法对其进行沉淀，以特异性地富集目的蛋白所结合的 DNA 片段；最后对 DNA 片段进行纯化和检测，即可获得蛋白质与 DNA 相互作用的信息。ChIP 技术除了可以用于组蛋白修饰与基因表达的关系研究外，还可以用于转录调控分析、有丝分裂研究等。

为了将组蛋白修饰与特定 DNA 序列相联系，目前最有效的方法是使用 ChIP 技术与针对特定组蛋白修饰的抗体。在该方法中，先将所研究材料用甲醛进行交联，制备染色质提取物并用超声波打断 DNA，然后使用针对每个组蛋白修饰的抗体对带有组蛋白修饰的染色质进行免疫沉淀，最后经过解交联得到纯化的 DNA 片段用于检测。

2. DNA 甲基化修饰

DNA 甲基化修饰是目前表观遗传修饰研究的一个热点。DNA 甲基转移酶（writers）、读码蛋白（readers）、去甲基化酶（erasers）等发生互作，使 DNA 甲基化保持一种可逆的动态平衡。通过调节基因的转录活性，DNA 甲基化修饰参与细胞增殖与器官发育等过程。调节基因表达的 DNA 甲基化修饰主要包括：5-甲基胞嘧啶（5mC）及其氧化衍生产物 5-羟甲基胞嘧啶（5hmC）、5-甲酰基胞嘧啶（5fC）、5-羧基胞嘧啶（5caC）、N6-甲基腺嘌呤（6mA）和 N4-甲基胞嘧啶（4mC），本节主要讲述 5mC 和 6mA。

1）5mC DNA 甲基化

1948 年检测到 DNA 碱基的化学修饰，20 世纪 70 年代 Holliday 和 Pugh 提出 DNA 甲基化在基因调控中的作用，特别是 5mC。1980 年，建立了 DNA 甲基化和基因抑制之间的功能联系，并发现 CpG 岛的存在。DNA 甲基化和 5mC（被称为“第五碱基”）已被确立为许多生物过程的关键表观遗传机制。

DNA 甲基化是 DNA 序列上唯一的共价修饰。在哺乳动物中，胞嘧啶上的 DNA 甲基化（5-甲基胞嘧啶，5mC）对胚胎发育（Li et al.，1992；Reik et al.，2001）和干细胞分化（Bröske et al.，2009）等至关重要。5mC 在大多数真核生物和一些细菌基因组中被发现。在哺乳动物中，5mC 主要发生在 CpG 二核苷酸中。5mC 也出现在植物、真菌和一些无脊椎动物的其他序列胞嘧啶碱基中，例如，植物中常出现 5mC 的序列是 CG、CHG 和 CHH（H 代表 A 或 T）（Zemach et al.，2010）。

5mC DNA 甲基化是指 DNA 甲基转移酶（DNA methyltransferase，DNMT）将 S-腺苷甲硫氨酸上的 1 个甲基基团转移到胞嘧啶-鸟嘌呤二核苷酸（CpG）中胞嘧啶的 5′碳原子上使其共价结合，从而完成甲基化的过程。甲基转移酶是完成细胞中 DNA 甲基化的蛋白质家族，其中，DNMT1 负责“维持甲基化”，主要在 DNA 复制后发挥作用；DNMT3A 和 DNMT3B 负责“从头甲基化”（de novo methylation）；DNMT3L 参与 DNA 甲基化修饰的调控过程。现在普遍认为基因表达的抑制与高 DNA 甲基化水平有关，而基因表达的激活与低 DNA 甲基化水平有关。能从 DNA 序列中去除甲基的酶叫脱甲基酶。哺乳动物体内的 5mC 脱甲基酶主要是 TET（ten-eleven translocation）双加氧酶家族。TET 酶可以将 5mC 依次以 5-羟甲基胞嘧啶（5hmC）、5-甲酰基胞嘧啶（5fC）和 5-羧基胞嘧啶（5caC）的形式迭代氧化，并且 5fC 和 5caC 可以通过碱基切除修复（base excision repair，BER）途径进一步被替换为未修饰的胞嘧啶（Matsunaga et al.，2009）。

2）6mA DNA 甲基化

在真核生物中，最主要的DNA甲基化修饰是5mC，因此以往的研究主要集中在5mC。6mA 是原核生物中的主要 DNA 修饰形式，在限制性修饰（R-M）系统、DNA 复制、核苷分离和基因表达的调节中起关键作用，对某些细菌菌株的生存能力至关重要（Li et al.，2012；Wion et al.，2006）。真核生物中的 6mA 含量低，不易检测，一度被认为不存在于真核生物中。随着检测技术的发展，2015 年 *Cell* 杂志刊登三篇文章，分别报道衣藻、果蝇和线虫的基因组中 6mA 的存在和作用途径，为阐明高等动植物 6mA 甲基化作用机理带来了契机（Fu et al.，2015；Greer et al.，2015；Zhang et al.，2015a）。在接下来的几年中，在其他真核生物中开展了基因组水平的 6mA 研究，如小鼠胚胎干细胞（Wu et al.，2016）、斑马鱼和猪（Liu et al.，2016）、拟南芥（Liang et al.，2018）、人类（Xiao et al.，2018）和水稻（Zhang et al.，2018）等。这些研究表明，6mA 在真核生物中广泛分布，在调控真核生物基因表达方面发挥重要作用，6mA 是真核生物中一种新的表观遗传标记。

6mA DNA 甲基化修饰常用的研究方法见 Xiao（2018）。

首先，使用 SMRT（single molecule real-time）测序技术对人类基因组 DNA 中 6mA 进行鉴定，确定了 881 240 个 6mA 修饰位点，并且明确 6mA 的密度（6mA/A）约为人类基因组总腺嘌呤的 0.051%。随后，进一步应用 6mA-IP-seq 来验证人类基因组 DNA 中 6mA 修饰的存在。应用 6mA-IP-seq 不但证实了 6mA 修饰的存在，而且发现 6mA-IP-seq 与 SMRT 鉴定的 6mA 修饰的 DNA 区域高度重叠。再次，为了进一步验证人类基因组 DNA 中 6mA 的水平，采用液相色谱—串联质谱（LC-MS/MS）法，以纯 6mA 核苷为外标，对 DNA 样品进行检测，结果表明，6mA/A 比例与 SMRT 测序结果一致，并确定 DNA 样本中没有 1mA（1 甲基腺嘌呤）。最后，分别用 6mA-IP-qPCR 和 6mA-RE-qPCR 对 6mA 位点和特异基序进行验证。

由于 SMRT 测序成本很高，在 6mA 的研究中，经常先利用 Dot blot、LC-MS/MS 等方法检测一个物种中 6mA 的丰度水平。然后利用其他高分辨率技术，如 SMRT 和 6mA-IP-seq 等，研究 6mA 在基因组中的特异性分布。之后，可以用 6mA-RE-qPCR 等方法对数据进行单碱基分辨率的验证。

3）斑点杂交（Dot blot）

Dot blot 方法是一种相对简单、快速、低成本的检测甲基化水平的方法。Dot blot 方法耗时短，可以做到在单张薄膜上同时检测多个样品，可快速检测大量样品。但这只是半定量方法，只能粗略评估 6mA 的整体水平。6mA 抗体并不非常特异，还可以识别其他腺嘌呤碱基修饰，例如 N1 甲基腺嘌呤（1mA）。因此需要与 LC-MS/MS 方法结合使用来确定碱基修饰的类型。此外，由于 m6A RNA 修饰也可以被 6mA 抗体识别，因此在基于此方法检测 6mA 中，应适当去除 RNA，以减少污染信号。

Dot blot 的流程一般是：提取 DNA 或 RNA 后稀释成不同的浓度，高温变性后将 DNA 或 RNA 点在硝酸纤维素膜或 Hybond-N^+膜上进行交联，然后将膜进行封闭。用特异性抗体进行孵育，二抗孵育后进行显影。

4）LC-MS/MS 技术

用 LC-MS/MS 检测全基因组 DNA 甲基化时，提取基因组 DNA，然后用酶或酸将其处理为单核苷酸。优化色谱和质谱条件，用单核苷酸的标准品建立标准曲线。再将基因组 DNA 的单核苷酸样品上机检测，即可获得甲基化修饰的类型和含量。LC-MS/MS 获得的是分子离子峰和碎片离子峰，可对碱基同时进行定性和定量分析。该方法所需样品少，灵敏度高，能检出丰度极低的 DNA 甲基修饰。应注意的是，样品污染可能会对试验结果造成很大的偏差。

细菌中普遍含有 6mA 并且含量丰富，因此，在定量 6mA 时需要严格的无菌样品制备。并且，在定量 6mA 之前，需要使用 PCR 方法用 16S 通用引物扩增原核生物的 16S rRNA，以检测样品是否被微生物污染。

5）第三代测序技术（third generation sequencing，TGS）

第三代测序技术是一种非 Sanger 原理的 DNA 测序技术。当 DNA 测序时，不需要 PCR 扩增，每个 DNA 分子都是单独测序的。第三代测序技术主要包括 Helicos Bioscience 公司的 tSMS（Harris et al.，2008）、PacBio 公司的 SMRT（Eid et al.，2009）和 Oxford Nanopore Technologies 公司的纳米孔（Clarke et al.，2009）。Helicos Bioscience 公司于 2008 年推出的 HeliScope 单分子测序平台被认为是第一个商品化的第三代测序仪。但较弱的信号强度使测序错误率较高（Harris et al.，2008）。SMRT 能快速、准确地测定 DNA 序列，直接检测 DNA 甲基化（包括 6mA、5mC、5hmC 等），为表观遗传学研究开辟了一条道路（Eid et al.，2009），该方法已用于各种真核生物物种中的 6mA 的检测（Greer et al.，2015；Wu et al.，2016；Xiao et al.，2018；Zhang et al.，2018）。然而，SMRT 测序需要高测序覆盖率，高成本限制了该方法在大基因组物种中的大规模应用。它不能很好地区分 6mA 和 1mA，还需要使用 LC-MS/MS 等方法来确定观察到的甲基腺嘌呤中 6mA 和 1mA 两种 DNA 甲基化修饰的相对丰度。Oxford Nanopore Technologies 公司的纳米孔（Clarke et al.，2009）是一种经过修饰的跨膜通道蛋白，基于 DNA 分子通过纳米孔时产生的电信号特征，在单碱基分辨率下检测各种修饰。该方法具有检测速度快、成本低、理论测序读长较长等优点。然而，由于纳米孔材料的精度和稳定性等问题，需要进一步优化和改进。总之，第三代测序技术的出现引起了研究者的广泛关注，为 DNA 甲基化的研究提供了一种快速、准确的方法。

6）6mA 相关检测技术

6mA-IP-seq（6mA-immunoprecipitatoin sequencing）是将免疫沉淀与测序技术相结合，用特异性抗体富集 DNA 片段然后进行测序，可用于 DNA 甲基化富集峰的鉴定及注释、DNA 甲基化片段在基因中的分布、差异 DNA 甲基化区的鉴定和注释、差异 DNA 甲基化区的 GO（gene ontology）和信号通路分析等。该方法的优点是可以富集低丰度的 6mA，但有些抗体不能很好地区分 1mA 和 6mA。而且由于抗体沉淀的 DNA 片段通常大于 100bp，因此 6mA-IP-seq 的总分辨率相对较低，约 200bp。6mA-IP-qPCR 用 DNA 甲基化修饰抗体富集 DNA 后，用设计引物代替测序程序，用 qPCR 直接定量富集到的 DNA，即 IP-qPCR。此方法是对甲基化 DNA 的相对定量。需要注意的是，6mA-IP-qPCR 的结果还需要与其他试验如常规的 qPCR、Western blot 等相结合，才能从多个角度对试验进行验证，最终得到想要的结果。IP-qPCR 还可以用于 mRNA 的研究，只是对将特异性抗体富集的 RNA 片段进行洗脱后增加了反转录为 cDNA 的步骤。6mA-RE-qPCR 和 6mA-RE-seq 也可用于验证

6mA 基序。6mA-RE-qPCR 即 restriction-enzyme-digestion assay followed by quantitative PCR，为限制性内切酶切法结合定量 PCR。此方法一般用到三种内切酶，即：DpnI（酶切位点为 5′-G6mATC-3′）、DpnII（酶切位点为非甲基化的 5′-GATC-3′）和 CviAII（酶切位点为非甲基化的 5′-CATG-3′）。用 CviAII 或 DpnII 处理抗体沉淀的基因组 DNA，可以完全消化非甲基化的识别基序，然后设计特异引物做 qPCR。如果 CATG 或 GATC 中的 A 被甲基化修饰了，则不能被限制性内切酶 CviAII 或 DpnII 切断。如果用测序方法替换 qPCR 部分，则称为 6mA-RE-seq。限制性内切酶法能够在单碱基分辨率下灵敏准确地识别 6mA 位点。然而，此方法的局限性也很明显：只能检测到某些特定基序的 6mA；并且由于某些基序的 6mA 位点含量相对较少，此方法可能不能反映基因组中所有特定基序的 6mA 位点。

7）其他碱基修饰的研究方法

一些检测 6mA 的方法，如 Dot blot 方法、LC-MS/MS 方法、SMRT 方法等，也可用于测定其他碱基修饰，如 m6A、5mC、5hmC 等。除了这些方法，重亚硫酸盐测序（bisulfite sequencing，BS-seq）方法一直被认为是研究 5mC 和 m5C 的金标准。此方法将 DNA 和 RNA 中未甲基化的 C 转化为 U，而甲基化的 C 则没有变化；然后经过 PCR 扩增将 U 转化为 T，经过测序，则能判断是否发生了甲基化。BS-seq 在单碱基分辨率下能准确识别胞嘧啶甲基化位点，但亚硫酸氢盐处理导致 RNA 降解，限制了 m5C 的富集，从而阻碍了其在低丰度 RNA 中检测 m5C 的应用。

3. 表观遗传修饰在畜牧方面的研究进展

1）组蛋白修饰

Hebbes 等（1994）通过识别乙酰化组蛋白的抗体对单核小体进行免疫沉淀，然后在基因座中的几个位点进行杂交检测，绘制 15d 鸡胚胎红细胞中核心组蛋白乙酰化在鸡 β-珠蛋白基因座上的分布。Luo 等（2012）报道了用抗 MD 和易感 MD 的鸡在 MDV 感染潜伏期脾脏中 H3K4me3 和 H3K27me3 的第一个全基因组组蛋白修饰图。Spinaci 等（2012）通过免疫荧光评估组蛋白 H4 的乙酰化状态和组蛋白 H3 的 9 位赖氨酸残基（H3K9）的甲基化状态，以确定玻璃化对猪 MII 卵母细胞的表观遗传状态的影响。Jin 等（2018）使用组蛋白去乙酰化酶抑制剂（HDACis）增强了猪表观遗传重编程和体细胞核移植（SCNT）克隆效率。

2）碱基修饰

Liu 等（2016）研究猪的 DNA 6mA 修饰，发现 6mA 在早期胚胎发育过程中累积到相对高的丰度（6mA/A 高达 0.1%～0.2%），但是随着发育的进行逐渐减弱到背景 ppm 级。Long 等（2014）使用 IP-Seq 研究青年猪（0.5 岁）和中年猪（7 岁）背最长肌中的全基因组 5mC DNA 甲基化水平，阐明了在肌肉衰老过程的转折点发生的 DNA 甲基化。He 等（2017）研究猪出生后肝脏发育过程中 mRNA m6A 修饰的变化，发现 m6A 主要分布在终止密码子周围，与生长发育调控、代谢过程调控和蛋白分解代谢过程等重要功能相关，对猪肝脏营养代谢的调节发挥重要作用。

环境因素对基因表达和染色质有长期的影响，尽管近年来取得了很大的研究进展，但仍有许多问题有待解答。环境引发的表观遗传的变化在很大程度上仍是未知的，揭开其分子机制将是一项艰巨的任务。对模式生物进行表观遗传学研究有着明显的优势，因为可以获得近交系动物。与人类和小鼠快速增长的表观遗传学研究相比，家畜的表观遗传学研究相对缓慢。大多数关于家畜的研究仍停留在对健康和某些疾病个体表观遗传修饰状态的描述中。对于这些现象是如何发生的，还缺乏机制研究。牛、羊、猪和鸡的部分基因组测序的完成，为家畜全基因组表观遗传修饰的研究提供了基础。研究家畜的表观遗传学调控将帮助我们重新认识表观遗传、经典遗传和环境因素三者在表型决定中的作用，对揭示外界环境因子控制的家畜生物学性状形成以及相关疫病的调控机制具有重要意义。

参 考 文 献

陈波，2011．基于 Meta 分析对生物素影响奶牛生产性能效果的研究［D］．杭州：浙江大学．

李聪，卢庆萍，唐湘方，2014a．不同浓度氨气对肉鸡生长性能及呼吸道黏膜屏障的影响［J］．中国农业科学，47（22）：4516-4523．

李聪，卢庆萍，唐湘方，等，2014b．不同氨气浓度对肉鸡生长性能及肉质性状的影响［J］．中国农业科学，47（22）：4516-4523．

李东卫，卢庆萍，白水莉，等，2012．模拟条件下鸡舍氨气浓度对肉鸡生长性能和日常行为的影响［J］．动物营养学报，24（2）：322-326．

闵力，2017．基于生理代谢，蛋白组学和菌群多样性解析热应激对泌乳奶牛的影响［D］．北京：中国农业大学．

唐湘方，2015．基于蛋白质组与代谢组的肉鸡热应激分子机制研究［D］．北京：中国农业科学院．

许国旺，路鑫，杨胜利，2007．代谢组学研究进展［J］．中国医学科学院学报，29（6）：701-711．

张宏福，2015．环境生理在畜禽健康养殖中的研究与应用［J］．中国家禽，37（24）：11-14．

张宏福，2016a．养殖环境对畜禽自身免疫的影响［J］．北方牧业（21）：27-27．

张宏福，2016b．加强环境生理研究应用，推进畜禽健康养殖技术升级［J］．兽医导刊（7）：7．

张宏福，2018．加强环境生理研究应用支撑畜禽养殖绿色发展［J］．中国农业科学，51（16）：3159-3161．

张宏福，卢庆萍，董红敏，等，2003．加强应激与环境控制基础研究|为集约化畜牧业健康发展提供理论支撑［J］．中国农业科技导报，5（4）：72-76．

周旭毓，夏旭，2002．医学信息定量综合的新方法-Meta 分析［J］．医学信息，15（5）：303-305．

AEBERSOLD R, MANN M, 2003. Mass spectrometry-based proteomics [J]. Nature, 422(6928): 198-207.

AEBERSOLD R, MANN M, 2016. Mass-spectrometric exploration of proteome structure and function [J]. Nature, 537(7620): 347-355.

ALTSCHUL S F, MADDEN T L, SCHÄFFER A A, et al., 1997. Gapped BLAST and PSI-BLAST: a new generation of protein database search programs [J]. Nucleic acids research, 25(17): 3389-3402.

ANDERSON L, SEILHAMER J, 1997. A comparison of selected mRNA and protein abundances in human liver [J]. Electrophoresis, 18(3-4): 533-537.

ANDREA B, SANJUKTA G, 2012. Environmental exposures, epigenetics and cardiovascular disease [J]. Current Opinion in Clinical Nutrition & Metabolic Care, 15(4): 323-329.

ARAKI Y, WANG Z, ZANG C, et al., 2009. Genome-wide analysis of histone methylation reveals chromatin state-based regulation of gene transcription and function of memory $CD8^{+}$T cells [J]. Immunity, 30(6): 912-925.

ARRIOLA K G, OLIVEIRA A S, MA Z X, et al., 2017. A meta-analysis on the effect of dietary application of exogenous fibrolytic enzymes on the performance of dairy cows [J]. Journal of Dairy Science, 100(6): 4513-4527.

BACCARELLI A, RIENSTRA M, BENJAMIN E J, 2010. Cardiovascular epigenetics basic concepts and results from animal and human studies [J]. Circulation Cardiovascular Genetics, 3(6): 567.

BAIDOO E E K, TEIXEIRA BENITES V, 2019. Mass spectrometry-based microbial metabolomics: techniques, analysis, and applications [J]. Methods in Molecular Biology, 1859: 11-69.

BEALE D J, PINU F R, KOUREMENOS K A, et al., 2018. Review of recent developments in GC-MS approaches to metabolomics-based research [J]. Metabolomics: Official Journal of the Metabolomic Society, 14(11): 152.

BELINATO J R, DIAS F F G, CALIMAN J D, et al., 2018. Opportunities for green microextractions in comprehensive two-dimensional gas chromatography/mass spectrometry-based metabolomics-a review [J]. Analytica Chimica Acta, 1040: 1-18.

BENDIXEN E, DANIELSEN M, HOLLUNG K, et al., 2011. Farm animal proteomics—a review [J]. Journal of Proteomics, 74(3): 282-293.

BOUTROS P C, PINTILIE M, JOHN T, et al., 2010. Re: gene expression-based prognostic signatures in lung cancer: ready for clinical use? [J]. Journal of the National Cancer Institute, 102(21): 1677-1678.

BROADHURST D, GOODACRE R, REINKE S N, et al., 2018. Guidelines and considerations for the use of system suitability and quality control samples in mass spectrometry assays applied in untargeted clinical metabolomic studies [J]. Metabolomics, 14(6): 72.

BRÖSKE A M, VOCKENTANZ L, KHARAZI S, et al., 2009. DNA methylation protects hematopoietic stem cell multipotency from myeloerythroid restriction [J]. Nature Genetics, 41(11): 1207-1215.

CASTRO-SANTOS P, LABORDE C M, DÍAZ-PEÑA R, 2015. Genomics, proteomics and metabolomics: their emerging roles in the discovery and validation of rheumatoid arthritis biomarkers [J]. Clinical and Experimental Rheumatology, 33(2): 279-286.

CHENG Z, O'CONNOR E, JIA Q, et al., 2014. Chronic ammonia exposure does not influence hepatic gene expression in growing pigs [J]. Animal, 8(2): 331-337.

CHO I, BLASER M J, 2012. The human microbiome: at the interface of health and disease [J]. Nature Reviews Genetics, 13(4): 260-270.

CLARKE J, WU H C, JAYASINGHE L, et al., 2009. Continuous base identification for single-molecule nanopore DNA sequencing [J]. Nature Nanotechnology, 4(4): 265-270.

COLE J R, WANG Q, CARDENAS E, et al., 2009. The ribosomal database project: improved alignments and new tools for rRNA analysis [J]. Nucleic Acids Research, 37(Database issue): D141-D145.

COMMISSO M, STRAZZER P, TOFFALI K, et al., 2013. Untargeted metabolomics: an emerging approach to determine the composition of herbal products [J]. Computational and Structural Biotechnology Journal, 4: e201301007.

CONSORTIUM T G O, 2017. Expansion of the gene ontology knowledgebase and resources [J]. Nucleic Acids Research, 45(D1): d331-d338.

COX J, MANN M, 2008. MaxQuant enables high peptide identification rates, individualized ppb-range mass accuracies and proteome-wide protein quantification [J]. Nature Biotechnology, 26(12): 1367-1372.

CUI L, LEE Y H, KUMAR Y, et al., 2013. Serum metabolome and lipidome changes in adult patients with primary dengue infection [J]. PLoS Neglected Tropical Diseases, 7(8): e2373.

DAVENPORT C F, NEUGEBAUER J, BECKMANN N, et al., 2012. Genometa-a fast and accurate classifier for short metagenomic shotgun reads [J]. PLoS One, 7(8): e41224.

DESANTIS T Z, HUGENHOLTZ P, LARSEN N, et al., 2006. Greengenes, a chimera-checked 16S rRNA gene database and workbench compatible with ARB [J]. Applied and Environmental Microbiology, 72(7): 5069-5072.

DICKERSIN K, BERLIN J A, 1992. Meta-analysis: state-of-the-science [J]. Epidemiologic Reviews, 14(1): 154-176.

DING C, JIANG J, WEI J, et al., 2013. A fast workflow for identification and quantification of proteomes [J]. Molecular & Cellular Proteomics, 12(8): 2370-2380.

DING X, WANG M, CHU H, et al., 2014. Global gene expression profiling of human bronchial epithelial cells exposed to airborne fine particulate matter collected from Wuhan, China [J]. Toxicology Letters, 228(1): 25-33.

DOUGLAS S, SZYSZKA O, STODDART K, et al., 2015. Animal and management factors influencing grower and finisher pig performance and efficiency in European systems: a meta-analysis [J]. Animal, 9(7): 1210-1220.

ECKERSALL P D, DE ALMEIDA A M, MILLER I, 2012. Proteomics, a new tool for farm animal science [J]. Journal of proteomics, 75(14): 4187-4189.

EGGER G, LIANG G, APARICIO A, et al., 2004. Epigenetics in human disease and prospects for epigenetic therapy [J]. Nature, 429(6990): 457-463.

EID J, FEHR A, GRAY J, et al., 2009. Real-time DNA sequencing from single polymerase molecules [J]. Science, 323(5910): 133-138.

ESPOSITO K, PETRIZZO M, MAIORINO M I, et al., 2016. Particulate matter pollutants and risk of type 2 diabetes: a time for concern? [J]. Endocrine, 51(1): 32-37.

FAN C, SU D, TIAN H, et al., 2018. Liver metabolic perturbations of heat-stressed lactating dairy cows [J]. Asian-Australasian Journal of Animal Sciences, 31(8): 1244-1251.

FANG W, WEN X, MENG Q, et al., 2019. Alteration in bile acids profile in large white pigs during chronic heat exposure [J]. Journal of Thermal Biology, 84: 375-383.

FENN J B, MANN M, MENG C K, et al., 1989. Electrospray ionization for mass spectrometry of large biomolecules [J]. Science, 246(4926): 64-71.

FIEHN O, KOPKA J, DÖRMANN P, et al., 2000. Metabolite profiling for plant functional genomics [J]. Nature Biotechnology, 18(11): 1157-1161.

FISH J A, CHAI B, WANG Q, et al., 2013. FunGene: the functional gene pipeline and repository [J]. Frontiers in Microbiology, 4(4): 291.

FU Y, LUO G Z, CHEN K, et al., 2015. N6-methyldeoxyadenosine marks active transcription start sites in *Chlamydomonas* [J]. Cell, 161(4): 879-892.

FUHRER T, ZAMBONI N, 2015. High-throughput discovery metabolomics [J]. Current Opinion in Biotechnology, 31: 73-78.

GARG A X, HACKAM D, TONELLI M, 2008. Systematic review and meta-analysis: when one study is just not enough [J]. Clinical Journal of the American Society of Nephrology, 3(1): 253-260.

GILBERT J A, STEPHENS B, 2018. Microbiology of the built environment [J]. Nature Reviews Microbiology, 16(11): 661-670.

GILL S R, POP M, DEBOY R T, et al., 2006. Metagenomic analysis of the human distal gut microbiome [J]. Science, 312(5778): 1355-1359.

GLASS G V, 1976. Primary, secondary, and meta-analysis of research [J]. Educational Researcher, 5(10): 3-8.

GOLDANSAZ S A, GUO A C, SAJED T, et al., 2017. Livestock metabolomics and the livestock metabolome: a systematic review [J]. PLoS One, 12(5): e0177675.

GREER E L, BLANCO M A, GU L, et al., 2015. DNA methylation on N6-Adenine in C. elegans [J]. Cell, 161(4): 868-878.

GROMSKI P S, MUHAMADALI H, ELLIS D I, et al., 2015. A tutorial review: metabolomics and partial least squares-discriminant analysis-a marriage of convenience or a shotgun wedding [J]. Analytica Chimica acta, 879: 10-23.

GU Q, DAVID F, LYNEN F, et al., 2011. Evaluation of automated sample preparation, retention time locked gas chromatography-mass spectrometry and data analysis methods for the metabolomic study of *Arabidopsis* species [J]. Journal of Chromatography A, 1218(21): 3247-3254.

GU Z, LI L, TANG S, et al., 2018. Metabolomics reveals that crossbred dairy buffaloes are more thermotolerant than Holstein cows under chronic heat stress [J]. Journal of Agricultural and Food Chemistry, 66(49): 12889-12897.

HARRIS T D, BUZBY P R, BABCOCK H, et al., 2008. Single-molecule DNA sequencing of a viral genome [J]. Science, 320(5872): 106-109.

HE J, HE Y, PAN D, et al., 2019. Associations of gut microbiota with heat stress-induced changes of growth, fat deposition, intestinal morphology, and antioxidant capacity in ducks [J]. Frontiers in Microbiology, 10: 903.

HE S, WANG H, LIU R, et al., 2017. mRNA N6-methyladenosine methylation of postnatal liver development in pig [J]. PLoS One, 12(3): e0173421.

HEBBES T R, CLAYTON A L, THORNE A W, et al., 1994. Core histone hyperacetylation co-maps with generalized DNase I sensitivity in the chicken beta-globin chromosomal domain [J]. The EMBO Journal, 13(8): 1823-1830.

HEDGES L V, OLKIN I, 1985. Statistical methods for meta-analysis [J]. New Directions for Program Evaluation, 1984(24): 25-42.

HILL J M, BHATTACHARJEE S, POGUE A I, et al., 2014. The gastrointestinal tract microbiome and potential link to Alzheimer's disease [J]. Frontiers in Neurology, 5: 43.

HOFF K J, LINGNER T, MEINICKE P, et al., 2009. Orphelia: predicting genes in metagenomic sequencing reads [J]. Nucleic Acids Research, 37: W101-W105.

HOLLIDAY R 1987. The inheritance of epigenetic defects [J]. Science, 238(4824): 163-170.

HORNING M G, MURAKAMI S, HORNING E C, 1971. Analyses of phospholipids, ceramides, and cerebrosides by gas chromatography and gas chromatography-mass spectrometry [J]. The American Journal of Clinical Nutrition, 24(9): 1086-1096.

HU Y, JIN H, DU X, et al., 2007. Effects of chronic heat stress on immune responses of the foot-and-mouth disease DNA vaccination [J]. DNA and Cell Biology, 26(8): 619-626.

HUANG Q, HU D, WANG X, et al., 2018. The modification of indoor PM(2.5) exposure to chronic obstructive pulmonary disease in Chinese elderly people: a meet-in-metabolite analysis [J]. Environment International, 121(Pt 2): 1243-1252.

HUANG Y C T, 2013. The role of in vitro gene expression profiling in particulate matter health research [J]. Journal of Toxicology and Environmental Health, Part B, 16(6): 381-394.

HUMPHERY-SMITH I, CORDWELL S J, BLACKSTOCK W P, 1997. Proteome research: complementarity and limitations with respect to the RNA and DNA worlds [J]. Electrophoresis, 18(8): 1217-1242.

INGRAM N, 2019. Waddington, holmyard and alchemy: perspectives on the epigenetic landscape [J]. Endeavour, 43(3): 100690.

JACKSON S, 2009. Meta-analysis for primary and secondary data analysis: the super-experiment metaphor [J]. Communication Monographs, 58(4): 449-462.

JASTREBSKI S F, LAMONT S J, SCHMIDT C J, 2017. Chicken hepatic response to chronic heat stress using integrated transcriptome and metabolome analysis [J]. PLoS One, 12(7): e0181900.

JIN L, GUO Q, ZHANG G L, et al., 2018. The histone deacetylase inhibitor, CI994, improves nuclear reprogramming and in vitro developmental potential of cloned pig embryos [J]. Cellular Reprogramming, 20(3): 205.

JIN Y, HU Y, HAN D, et al., 2011. Chronic heat stress weakened the innate immunity and increased the virulence of highly pathogenic avian influenza virus H5N1 in mice [J]. BioMed Research International, 2011: 367846.

JUPITER D, CHEN H, VANBUREN V, 2009. STARNET 2: a web-based tool for accelerating discovery of gene regulatory networks using microarray co-expression data [J]. BMC Bioinformatics, 10(1): 1-7.

KAEVER A, LANDESFEIND M, FEUSSNER K, et al., 2014. Meta-analysis of pathway enrichment: combining independent and dependent omics data sets [J]. PLoS One, 9(2): e89297.

KANEHISA M, GOTO S, KAWASHIMA S, et al., 2004. The KEGG resource for deciphering the genome [J]. Nucleic Acids Research, 32(Database issue): D277-D280.

KARU N, DENG L, SLAE M, et al., 2018. A review on human fecal metabolomics: methods, applications and the human fecal metabolome database [J]. Analytica Chimica Acta, 1030: 1-24.

KELLEY D R, LIU B, DELCHER A L, et al., 2012. Gene prediction with glimmer for metagenomic sequences augmented by classification and clustering [J]. Nucleic Acids Research, 40(1): e9.

KIM M S, PINTO S M, GETNET D, et al., 2014. A draft map of the human proteome [J]. Nature, 509(7502): 575-581.

KÕLJALG U, NILSSON R H, ABARENKOV K, et al., 2013. Towards a unified paradigm for sequence-based identification of fungi [J]. Molecular Ecology, 22(21): 5271-5277.

KRAEMER J G, RAMETTE A, AEBI S, et al., 2018. Influence of pig farming on the human nasal microbiota: key role of airborne microbial communities [J]. Applied and Environmental Microbiology, 84(6): e02470-17.

KRISTENSEN H H, WATHES C M, 2000. Ammonia and poultry welfare: a review [J]. Worlds Poultry Science Journal, 56(3): 235-245.

LANDER E S, LINTON L M, BIRREN B, et al., 2001. Initial sequencing and analysis of the human genome [J]. Nature, 409(6822): 860-921.

LANGMEAD B, TRAPNELL C, POP M, et al., 2009. Ultrafast and memory-efficient alignment of short DNA sequences to the human genome [J]. Genome Biology, 10(3): R25.

LAW J A, JACOBSEN S E, 2010. Establishing, maintaining and modifying DNA methylation patterns in plants and animals [J]. Nature Reviews Genetics, 11(3): 204-220.

LEAN I J, RABIEE A R, DUFFIELD T F, et al., 2009. Invited review: use of meta-analysis in animal health and reproduction: methods and applications [J]. Journal of Dairy Science, 92(8): 3545-3565.

LI E, BESTOR T H, JAENISCH R, 1992. Targeted mutation of the DNA methyltransferase gene results in embryonic lethality [J]. Cell, 69(6): 915-926.

LI H, DURBIN R, 2009. Fast and accurate short read alignment with burrows-wheeler transform [J]. Bioinformatics, 25(14): 1754-1760.

LI W W, LI J, BAO J K, 2012. Microautophagy: lesser-known self-eating [J]. Cellular and Molecular Life Sciences, 69(7): 1125-1136.

LIANG Z, SHEN L, CUI X, et al., 2018. DNA N6-adenine methylation in *Arabidopsis thaliana*[J]. Developmental Cell, 45(3): 406-416.

LIU J, ZHU Y, LUO G Z, et al., 2016. Abundant DNA 6mA methylation during early embryogenesis of zebrafish and pig [J]. Nature Communications, 7: 13052.

LIU Y, GUO J, HU G, et al., 2013. Gene prediction in metagenomic fragments based on the SVM algorithm [J]. BMC Bioinformatics, 14 (Suppl 5): S12.

LONG J, ZHI J, XIA Y, et al., 2014. Genome-wide DNA methylation changes in skeletal muscle between young and middle-aged pigs [J]. BMC Genomics, 15(1): 653.

LOWEN A C, MUBAREKA S, STEEL J, et al., 2007. Influenza virus transmission is dependent on relative humidity and temperature [J]. PLoS Pathogens, 3(10): e151.

LU Z, HE X, MA B, et al., 2018. Serum metabolomics study of nutrient metabolic variations in chronic heat-stressed broilers [J]. British Journal of Nutrition, 119(7): 771-781.

LUO J, MITRA A, TIAN F, et al., 2012. Histone methylation analysis and pathway predictions in chickens after MDV infection [J]. PLoS One, 7(7): e41849.

MA D, ZHAO Y, YU S, et al., 2019. CircRNA as CeRNA mediated by microRNA may be involved in goat lactation [J]. Small Ruminant Research, 171: 63-72.

MABBOTT N A, BAILLIE J K, HUME D A, et al., 2010. Meta-analysis of lineage-specific gene expression signatures in mouse leukocyte populations [J]. Immunobiology, 215(9-10): 724-736.

MACEK B, WAANDERS L F, OLSEN J V, et al., 2006. Top-down protein sequencing and MS3 on a hybrid linear quadrupole ion trap-orbitrap mass spectrometer [J]. Molecular & Cellular Proteomics, 5(5): 949-958.

MARIAN S D, DONNELLY C A, JONES T A, 2004. Chicken welfare is influenced more by housing conditions than by stocking density [J]. Nature, 427(6972): 342-344.

MARTIN J, SYKES S, YOUNG S, et al., 2012. Optimizing read mapping to reference genomes to determine composition and species prevalence in microbial communities [J]. PLoS One, 7(6): e36427.

MATSUNAGA K, SAITOH T, TABATA K, et al., 2009. Two Beclin 1-binding proteins, Atg14L and Rubicon, reciprocally regulate autophagy at different stages [J]. Nature Cell Biology, 11(4): 385-396.

MCCLINTOCK B, 1951. Chromosome organization and genic expression [J]. Cold Spring Harbor Symposia on Quantitative Biology, 16(2): 13.

MCCULLOCH S D, KUNKEL T A, 2008. The fidelity of DNA synthesis by eukaryotic replicative and translesion synthesis polymerases [J]. Cell Research, 18(1): 148-161.

MEHAN M R, NUNEZ-IGLESIAS J, KALAKRISHNAN M, et al., 2009. An integrative network approach to map the transcriptome to the phenome [J]. Journal of Computational Biology, 16(8): 1023-1034.

MESSAD F, LÉTOURNEAU-MONTMINY M, CHARBONNEAU E, et al., 2016. Meta-analysis of the amino acid digestibility of oilseed meal in growing pigs [J]. Animal, 10(10): 1635-1644.

MIGNON-GRASTEAU S, MORERI U, NARCY A, et al., 2015. Robustness to chronic heat stress in laying hens: a meta-analysis [J]. Poultry Science, 94(4): 586-600.

MILLER D B, KAROLY E D, JONES J C, et al., 2015. Inhaled ozone (O_3)-induces changes in serum metabolomic and liver transcriptomic profiles in rats [J]. Toxicology and Applied Pharmacology, 286(2): 65-79.

MÖRTSTEDT H, ALI N, KÅREDAL M, et al., 2015. Targeted proteomic analyses of nasal lavage fluid in persulfate-challenged hairdressers with bleaching powder-associated rhinitis [J]. Journal of Proteome Research, 14(2): 860-873.

MULLER H J, ALTENBURG E, 1930. The frequency of translocations produced by X-rays in *Drosophila* [J]. Genetics, 15(15): 283-311.

MULROW C D, 1987. The medical review article: state of the science [J]. Annals of Internal Medicine, 106(3): 485-488.

MUTLU E A, COMBA I Y, CHO T, et al., 2018. Inhalational exposure to particulate matter air pollution alters the composition of the gut microbiome [J]. Environmental Pollution, 240: 817-830.

NAHNSEN S, SACHSENBERG T, KOHLBACHER O, 2013. PTMeta: increasing identification rates of modified peptides using modification prescanning and meta-analysis [J]. Proteomics, 13(6): 1042-1051.

NAMIKI T, HACHIYA T, TANAKA H, et al., 2012. MetaVelvet: an extension of Velvet assembler to de novo metagenome assembly from short sequence reads [J]. Nucleic Acids Research, 40(20): e155.

NICHOLSON J K, LINDON J C, HOLMES E, 1999. 'Metabonomics': understanding the metabolic responses of living systems to pathophysiological stimuli via multivariate statistical analysis of biological NMR spectroscopic data [J]. Xenobiotica, 29(11): 1181-1189.

NOGUCHI H, PARK J, TAKAGI T, 2006. MetaGene: prokaryotic gene finding from environmental genome shotgun sequences [J]. Nucleic Acids Research, 34(19): 5623-5630.

OFFNER A, BACH A, SAUVANT D, 2003. Quantitative review of in situ starch degradation in the rumen [J]. Animal Feed Science and Technology, 106(1-4): 81-93.

OLINS D E, OLINS A L, 2003. Chromatin history: our view from the bridge [J]. Nature Reviews Molecular Cell Biology, 4(10): 809-814.

PANDEY A, MANN M, 2000. Proteomics to study genes and genomes [J]. Nature, 405(6788): 837-846.

PARKER M, O'CONNOR E, MCLEMAN M, et al., 2010. The impact of chronic environmental stressors on the social behaviour of growing pigs, *Sus scrofa* [J]. Advances in Animal Biosciences, 1(1): 187.

PATTI G J, YANES O, SIUZDAK G, 2012. Innovation: metabolomics: the apogee of the omics trilogy [J]. Nature Reviews Molecular Cell Biology, 13(4): 263-269.

PENG B, LI H, PENG X X, 2015. Functional metabolomics: from biomarker discovery to metabolome reprogramming [J]. Protein & Cell, 6(9): 628-637.

PETERSON C L, LANIEL M A, 2004. Histones and histone modifications [J]. Current Biology, 14(14): R546-R551.

PETTIGREW T F, TROPP L R, 2006. A meta-analytic test of intergroup contact theory [J]. Journal of Personality and Social Psychology, 90(5): 751.

POKHOLOK D K, HARBISON C T, LEVINE S, et al., 2005. Genome-wide map of nucleosome acetylation and methylation in yeast [J]. Cell, 122(4): 517-527.

QUAST C, PRUESSE E, YILMAZ P, et al., 2013. The SILVA ribosomal RNA gene database project: improved data processing and web-based tools [J]. Nucleic acids research, 41(D1): D590-D596.

RAMAUTAR R, SOMSEN G W, DE JONG G J, 2019. CE-MS for metabolomics: developments and applications in the period 2016-2018 [J]. Electrophoresis, 40(1): 165-179.

REIK W, DEAN W, WALTER J, 2001. Epigenetic reprogramming in mammalian development [J]. Science, 293(5532): 1089-1093.

RENAUDEAU D, GOURDINE J, ST-PIERRE N, 2011. A meta-analysis of the effects of high ambient temperature on growth performance of growing-finishing pigs [J]. Journal of Animal Science, 89(7): 2220-2230.

RHO M, TANG H, YE Y, 2010. FragGeneScan: predicting genes in short and error-prone reads [J]. Nucleic Acids Research, 38(20): e191.

SALAH N, SAUVANT D, ARCHIMÈDE H, 2014. Nutritional requirements of sheep, goats and cattle in warm climates: a meta-analysis [J]. Animal, 8(9): 1439-1447.

SAUVANT D, SCHMIDELY P, DAUDIN J J, et al., 2008. Meta-analyses of experimental data in animal nutrition [J]. Animal, 2(8): 1203-1214.

SCHWARTZ D, CHOU M F, CHURCH G M, 2009. Predicting protein post-translational modifications using meta-analysis of proteome scale data sets [J]. Molecular & Cellular Proteomics, 8(2): 365-379.

SHAPIRO R S, COWEN L E, 2012. Thermal control of microbial development and virulence: molecular mechanisms of microbial temperature sensing [J]. ASM Journals, 3(5): e00238-12.

SHEN Y, TOLIC N, XIE F, et al., 2011. Effectiveness of CID, HCD, and ETD with FT MS/MS for degradomic-peptidomic analysis: comparison of peptide identification methods [J]. Journal of Proteome Research, 10(9): 3929-3943.

SKENE P J, STEVEN H, 2013. Histone variants in pluripotency and disease [J]. Development, 140(12): 2513-2524.

SOARES R, FRANCO C, PIRES E, et al., 2012. Mass spectrometry and animal science: protein identification strategies and particularities of farm animal species [J]. Journal of Proteomics, 75(14): 4190-4206.

SPINACI M, BUCCI D, TAMANINI C, et al., 2012. Vitrification of pig oocytes induces changes in histone H4 acetylation and histone H3 lysine 9 methylation (H3K9) [J]. Veterinary Research Communications, 36(3): 165-171.

SUN H Z, WANG D M, WANG B, et al., 2015. Metabolomics of four biofluids from dairy cows: potential biomarkers for milk production and quality [J]. Journal of Proteome Research, 14(2): 1287-1298.

SUN H, SHAMY M, KLUZ T, et al., 2012. Gene expression profiling and pathway analysis of human bronchial epithelial cells exposed to airborne particulate matter collected from Saudi Arabia [J]. Toxicology and Applied Pharmacology, 265(2): 147-157.

TANAKA K, WAKI H, IDO Y, et al., 1988. Protein and polymer analyses up to M/Z 100000 by laser ionization time-of flight mass spectrometry [J]. Rapid Communications in Mass Spectrometry, 2(8): 151-153.

TANG X, MENG Q, GAO J, et al., 2015. Label-free quantitative analysis of changes in broiler liver proteins under heat stress using SWATH-MS technology [J]. Scientific Reports, 5: 15119.

TANWAR V, ADELSTEIN J M, GRIMMER J A, et al., 2018. Preconception exposure to fine particulate matter leads to cardiac dysfunction in adult male offspring [J]. Journal of the American Heart Association, 7(24): e010797.

TIAN H, ZHENG N, WANG W, et al., 2016. Integrated metabolomics study of the milk of heat-stressed lactating dairy cows [J]. Scientific Reports, 6: 24208.

TING L, RAD R, GYGI S P, et al., 2011. MS3 eliminates ratio distortion in isobaric labeling-based multiplexed quantitative proteomics [J]. Nature Methods, 8(11): 937-940.

TITZ B, BOUÉ S, PHILLIPS B, et al., 2016. Effects of cigarette smoke, cessation, and switching to two heat-not-burn tobacco products on lung lipid metabolism in C57BL/6 and apoe-/- mice-an integrative systems toxicology analysis [J]. Toxicological Sciences, 149(2): 441-457.

TORRES-PITARCH A, HERMANS D, MANZANILLA E G, et al., 2017. Effect of feed enzymes on digestibility and growth in weaned pigs: a systematic review and meta-analysis [J]. Animal Feed Science and Technology, 233: 145-159.

TRUONG D T, FRANZOSA E A, TICKLE T L, et al., 2015. MetaPhlAn2 for enhanced metagenomic taxonomic profiling [J]. Nature Methods, 12(10): 902-903.

TURI K N, ROMICK-ROSENDALE L, RYCKMAN K K, et al., 2018. A review of metabolomics approaches and their application in identifying causal pathways of childhood asthma [J]. The Journal of Allergy and Clinical Immunology, 141(4): 1191-1201.

TURNBAUGH P J, LEY R E, MAHOWALD M A, et al., 2006. An obesity-associated gut microbiome with increased capacity for energy harvest [J]. Nature, 444(7122): 1027-1031.

URBAIN B, GUSTIN P, PROUVOST J, et al., 1994. Quantitative assessment of aerial ammonia toxicity to the nasal mucosa by use of the nasal lavage method in pigs [J]. American Journal of Veterinary Research, 55(9): 1335-1340.

VLAANDEREN J J, JANSSEN N A, HOEK G, et al., 2017. The impact of ambient air pollution on the human blood metabolome [J]. Environmental Research, 156: 341-348.

WANG J, NESENGANI L T, GONG Y, et al., 2018. 16S rRNA gene sequencing reveals effects of photoperiod on cecal microbiota of broiler roosters [J]. Peer J, 6: e4390.

WANG K, NARAYANAN M, ZHONG H, et al., 2009. Meta-analysis of inter-species liver co-expression networks elucidates traits associated with common human diseases [J]. PLoS Computational Biology, 5(12): e1000616.

WANG Q, GARRITY G M, TIEDJE J M, et al., 2007. Naive Bayesian classifier for rapid assignment of rRNA sequences into the new bacterial taxonomy [J]. Applied and Environmental Microbiology, 73(16): 5261-5267.

WANG Z, ZANG C, ROSENFELD J A, et al., 2008. Combinatorial patterns of histone acetylations and methylations in the human genome [J]. Nature Genetics, 40(7): 897-903.

WASINGER V C, CORDWELL S J, CERPA-POLJAK A, et al., 1995. Progress with gene-product mapping of the mollicutes: mycoplasma genitalium [J]. Electrophoresis, 16(1): 1090-1094.

WHITESIDE S A, RAZVI H, DAVE S, et al., 2015. The microbiome of the urinary tract-a role beyond infection [J]. Nature Reviews Urology, 12(2): 81-90.

WILHELM M, SCHLEGL J, HAHNE H, et al., 2014. Mass-spectrometry-based draft of the human proteome [J]. Nature, 509(7502): 582-587.

WION D, CASADESÚS J, 2006. N6-methyl-adenine: an epigenetic signal for DNA-protein interactions [J]. Nature Reviews Microbiology, 4(3): 183-192.

WOLFENDER J L, MARTI G, THOMAS A, et al., 2015. Current approaches and challenges for the metabolite profiling of complex natural extracts [J]. Journal of Chromatography A, 1382: 136-164.

WONG C M, WEI L, LAW C T, et al., 2016. Up-regulation of histone methyltransferase SETDB1 by multiple mechanisms in hepatocellular carcinoma promotes cancer metastasis [J]. Hepatology, 63(2): 474-487.

WU T P, WANG T, SEETIN M G, et al., 2016. DNA methylation on N(6)-adenine in mammalian embryonic stem cells [J]. Nature, 532(7599): 329-333.

XIAO C L, ZHU S, HE M, et al., 2018. N6-methyladenine DNA modification in the human genome [J]. Molecular Cell, 71(2): 306-318.

XIONG Y, TANG X, MENG Q, et al., 2016. Differential expression analysis of the broiler tracheal proteins responsible for the immune response and muscle contraction induced by high concentration of ammonia using iTRAQ-coupled 2D LC-MS/MS [J]. Science China Life Sciences, 59(11): 1166-1176.

YANG Y, ZHOU R, CHEN B, et al., 2018. Characterization of airborne antibiotic resistance genes from typical bioaerosol emission sources in the urban environment using metagenomic approach[J]. Chemosphere, 213: 463-471.

YATES F, COCHRAN W G, 1938. The analysis of groups of experiments [J]. The Journal of Agricultural Science, 28(4): 556-580.

YUAN Z F, LIN S, MOLDEN R C, et al., 2014. Evaluation of proteomic search engines for the analysis of histone modifications [J]. Journal of Proteome Research, 13(10): 4470-4478.

ZAMPIERI M, SEKAR K, ZAMBONI N, et al., 2017. Frontiers of high-throughput metabolomics [J]. Current Opinion in Chemical Biology, 36: 15-23.

ZEMACH A, MCDANIEL I E, SILVA P, et al., 2010. Genome-wide evolutionary analysis of eukaryotic DNA methylation [J]. Science, 328(5980): 916-919.

ZHANG G, HUANG H, LIU D, et al., 2015a. N6-methyladenine DNA modification in *Drosophila* [J]. Cell, 161(4): 893-906.

ZHANG J, LI C, TANG X, et al., 2015b. High concentrations of atmospheric ammonia induce alterations in the hepatic proteome of broilers (*Gallus gallus*): An iTRAQ-based quantitative proteomic analysis [J]. PLoS One, 10(4): e0123596.

ZHANG J, LI C, TANG X, et al., 2015c. Proteome changes in the small intestinal mucosa of broilers (*Gallus gallus*) induced by high concentrations of atmospheric ammonia [J]. Proteome Science, 13(1): 9.

ZHANG Q, LIANG Z, CUI X, et al., 2018. N6-methyladenine DNA methylation in *Japonica* and *Indica* rice genomes and its association with gene expression, plant development and stress responses [J]. Molecular Plant, 11(12): 1492-1508.

ZHAO C, LIAO J, CHU W, et al., 2012. Involvement of TLR2 and TLR4 and Th1/Th2 shift in inflammatory responses induced by fine ambient particulate matter in mice [J]. Inhalation Toxicology, 24(13): 918-927.

ZHENG S, JIN X, CHEN M, et al., 2019. Hydrogen sulfide exposure induces jejunum injury via CYP450s/ROS pathway in broilers [J]. Chemosphere, 214: 25-34.

ZHU L, LIAO R, WU N, et al., 2019. Heat stress mediates changes in fecal microbiome and functional pathways of laying hens [J]. Applied Microbiology Biotechnology, 103(1): 461-472.

ZHU W, LOMSADZE A, BORODOVSKY M, 2010. Ab initio gene identification in metagenomic sequences [J]. Nucleic Acids Research, 38(12): e132.

ZIĘTAK M, KOVATCHEVA-DATCHARY P, MARKIEWICZ L H, et al., 2016. Altered microbiota contributes to reduced diet-induced obesity upon cold exposure [J]. Cell Metabolism, 23(6): 1216-1223.

ZIMMERMANN J A, FUSARI M L, ROSSLER E, et al., 2016. Effects of probiotics in swines growth performance: a meta-analysis of randomised controlled trials [J]. Animal Feed Science and Technology, 219: 280-293.

附　　图

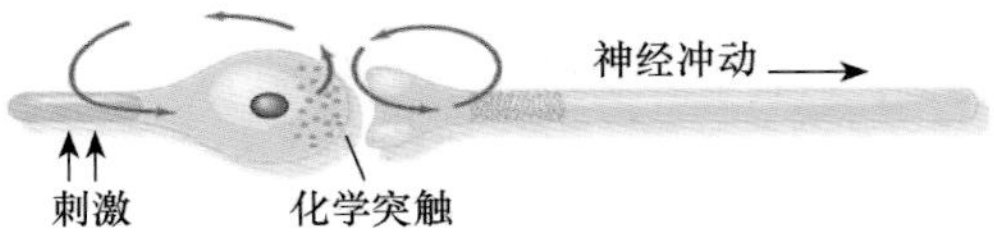

附图 1　突触示意图

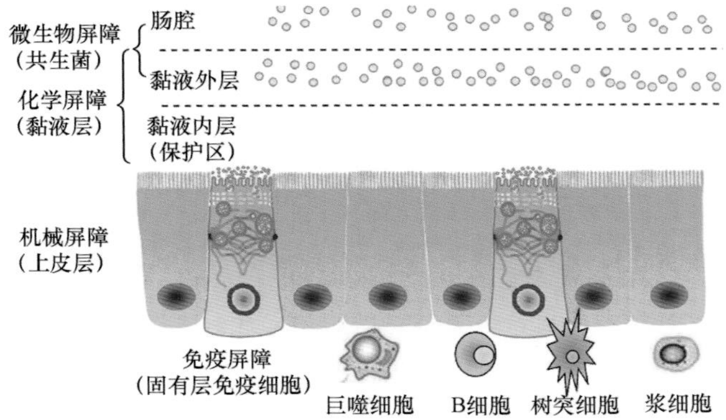

附图 2　肠道屏障的组成

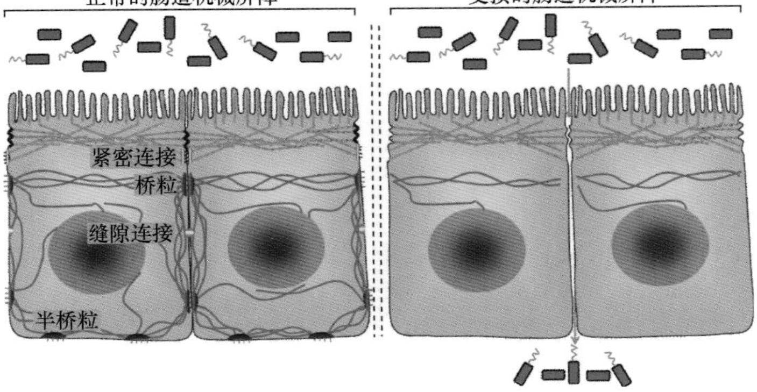

附图 3　肠道机械屏障

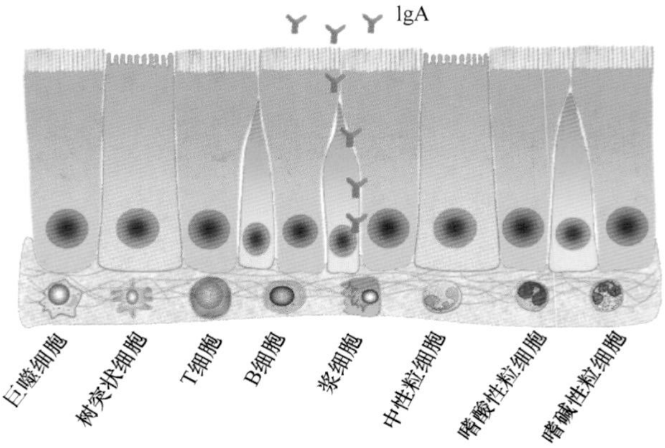

附图 4　肠道免疫屏障

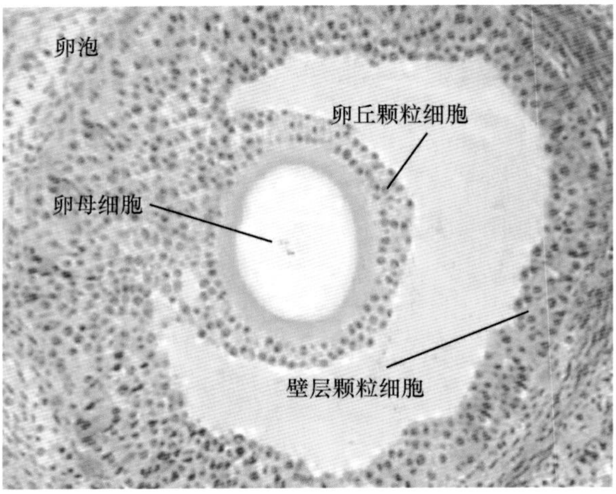

附图 5　有腔卵泡的结构以及卵泡内部细胞分布

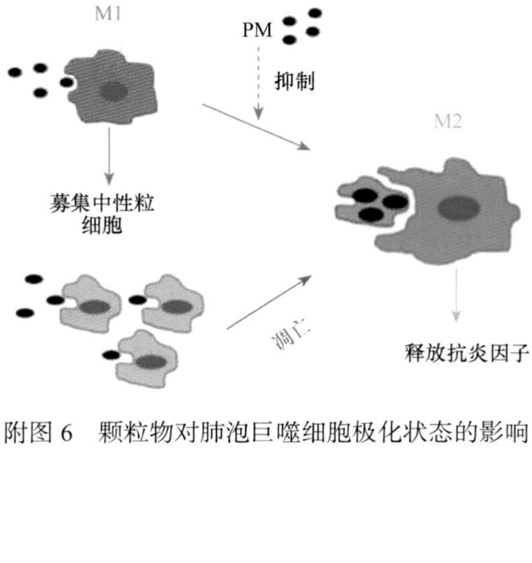

附图 6　颗粒物对肺泡巨噬细胞极化状态的影响